普通高等教育机电类精品教材

单片机与微机原理及应用

（第2版）

张迎新　雷　文　王盛军　等编著

電子工業出版社
Publishing House of Electronics Industry
北京 · BEIJING

内 容 简 介

本书是为响应高等院校计算机教材改革的要求而编写的。当代应用最广泛的计算机包括通用微型计算机（微机）和嵌入式计算机（主要形式是单片机）两大分支。本书的特色是将这两大分支内容结合在一起，形成“二合一”教材，内容包括硬件结构、工作原理、指令系统、汇编语言程序设计、C51 语言及开发环境、接口技术、中断系统及应用等。

本书的特点是由浅入深、循序渐进、阐述清晰、编排合理、例题丰富。

本书可作为高等理工科院校非计算机专业本科生的教材，也适合计算机专业的高职、高专院校学生及自考人员使用，还可作为广大科技人员的自学参考书。

图书在版编目（CIP）数据

单片机与微机原理及应用 / 张迎新等编著. —2 版. —北京：电子工业出版社，2021.4
普通高等教育机电类精品教材

ISBN 978-7-121-41047-5

Ⅰ. ①单… Ⅱ. ①张… Ⅲ. ①单片微型计算机－高等学校－教材 Ⅳ. ①TP368.1

中国版本图书馆 CIP 数据核字（2021）第 076682 号

责任编辑：宁浩洛　　　　特约编辑：田学清
印　　刷：北京捷迅佳彩印刷有限公司
装　　订：北京捷迅佳彩印刷有限公司
出版发行：电子工业出版社
　　　　　北京市海淀区万寿路 173 信箱　　　　邮编：100036
开　　本：787×1092　1/16　印张：24.25　字数：621 千字
版　　次：2011 年 8 月第 1 版
　　　　　2021 年 4 月第 2 版
印　　次：2025 年 1 月第 4 次印刷
定　　价：68.00 元

凡所购买电子工业出版社图书有缺损问题，请向购买书店调换。若书店售缺，请与本社发行部联系，联系及邮购电话：（010）88254888，88258888。

质量投诉请发邮件至 zlts@phei.com.cn，盗版侵权举报请发邮件至 dbqq@phei.com.cn。

本书咨询联系方式：（010）88254465，ninghl@phei.com.cn。

前　言

1. 再版目的与修订内容

本书第1版自出版以来，受到广大读者和使用本书的教师和学生的关注和喜爱，被一些院校选为教材，至今已经多次印刷。但由于出版时间过久，有些内容需要更新，加上选择本书作为教材的教师也提出一些宝贵的修改意见，为了进一步完善本书，使其更适应教学要求，并体现微机与单片机技术的最新进展，我们对本书进行了修订。

此次修订，我们在基本保留第1版结构和内容的基础上，主要做了如下改动：

（1）增加了C51语言与Keil集成开发环境内容，使学生更容易掌握汇编语言与C51语言，学习单片机更容易入门。多数章节中增加了汇编语言与C51语言双语言编程实例，使读者更易于比较与掌握两种语言的特点与使用方法。

（2）增加了Proteus硬件仿真环境的内容。Proteus是一种电子设计自动化软件，在单片机应用系统设计中广泛使用。它使单片机及微机的学习更加容易，是学校进行单片机及微机教学的首选软件。

（3）对于各章节中比较过时的内容做了删减，如删除了关于8255接口芯片的内容。

（4）对于全书均做了适当调整与修改，力求重点更突出，语言更精练，表述更清晰。

2. 教学现状与编写意图

21世纪是信息爆炸的时代，各行业对信息化的要求越来越高，促使计算机技术飞速发展。计算机教学与一些基础学科的教学有较大的区别，其内容和方法必须与时俱进，才不会落后于时代。

为了适应各领域的需要，当代应用最广泛的计算机形成了两大分支，即通用微型计算机（微机）和嵌入式计算机（主要形式是单片机），它们已经完全渗透到人们生活和工作的各个方面。对于现代理工科大学生，这两大分支是最基本的、必须学习的知识，因而在大中专院校增加了“微机原理及应用”和“单片机原理及应用”这两门课程。通过对“微机原理及应用”课程进行调研后发现，学生普遍反映难学，部分内容不好理解。

作者通过多年对“微机原理及应用”和“单片机原理及应用”这两门课程的教学与科研的实践，认为微机与单片机虽然是形态大相径庭的两类产品，但究其基本原理，两者都是建立在计算机理论之上的，并且都源于半导体微处理器，因而它们有很多共性的知识，只是由于后来用途和发展方向的不同而形成了外观不同的两类产品。由于它们存在很多共性的知识，所以这两门课程无论先上哪门，都存在内容重复的问题，会造成时间的浪费。

本书就是针对这类问题所进行的教材改革成果，力求呈现的内容和形式更好地符合人的认知规律，方便学生理解与掌握。

3. 本书特点

本书的编写参考了教育部对理工类计算机基础课程“微机原理与接口技术”教学的基本要求，也参考了高等理工科院校非计算机专业“微机原理及应用”和“单片机原理及应用”两门课程的教学大纲，大胆改变了传统教材的框架，在充分重视原有教材的基础上，尽量处理好经典内容与现代内容的关系，把计算机领域中两大重要分支——嵌入式计算机（单片机）和微机有机结合在一起，形成“二合一”的教材。因为单片机知识相对简单，容易理解和掌握，比较容易进行各种硬件实验，所以，很多学生反映在学习了单片机之后，再学习微机会感到豁然开朗，很多深奥难懂的问题迎刃而解。通过认真分析两者的共性和个性，采取如下教学顺序：首先以共性为基础知识对其进行介绍，然后介绍较容易入门的单片机，再介绍通用微机。这样可使学生较快掌握这两门重要的必修课程，在教学效果上达到多快好省的目的。

本书对于原有的“微机原理及应用”这门课程的内容做了比较多的删减和压缩。除删除与单片机原理部分相同的内容（如模/数转换技术和数/模转换技术）之外，还删除了大部分接口芯片的内容。例如，在微机主板上早已不存在 8255、8253、8251 等较复杂的可编程芯片，它们的功能已经被多功能接口芯片取代。而且在实际应用中，8255 等芯片用于功能扩展的情况已经很少见，所以在书中再去花比较多的篇幅介绍这类较难懂的芯片已经没有必要。对于指令系统及汇编语言程序等内容也尽量做了压缩，删除了微处理器的引脚信号等内容。对于较容易懂的内容也尽量减少叙述篇幅。我们认为，对于非计算机专业的学生，在学习完这门课程后，不要求掌握更深层的硬件技术，所以学习的内容就应该有所侧重。

4．本书内容

本书的内容主要包括三大部分：第 1 篇计算机的基本原理，第 2 篇单片机原理及应用，第 3 篇微机原理及应用。

第 1 篇是全书的基础知识，介绍计算机的发展及计算机两大分支之间的主要异同点。本篇重点介绍和要求掌握的是这两大分支所共有的计算机基础知识，如数制、基本逻辑电路、计算机的工作原理、接口电路及计算机中的中断技术等。

第 2 篇以 AT89S51/52 单片机为例，介绍单片机的结构、工作原理、指令系统、汇编语言和 C51 语言程序设计、接口技术、中断系统及单片机应用等内容。

第 3 篇主要介绍微机中的微处理器、存储器、8086 指令系统、汇编语言程序设计、总线技术和微机系统的应用等内容。

在讲解单片机原理时，以 Intel 公司的 80C51 系列单片机为例进行介绍；而在讲解微机原理时，以 Intel 公司的 80x86 系列微机为例进行介绍，因为它们均为一个公司的产品，所以在工作原理和指令系统方面有很多相似的地方，初学者更易于学习和理解。

本书由张迎新组织编写，参加编写的还有雷文、王盛军、胡欣杰、赵立军、姚静波、陈胜、迟明华等教师。

本书在编写过程中得到了北京航空航天大学何立民教授的指导，在此表示衷心的感谢。

本书是作者多年教学和科研成果的积累，为了使本书内容更加丰富和完整，书中还参考了部分国内外的文献资料，在此，对有关作者表示衷心的感谢。电子工业出版社对“微机原理及应用”和“单片机原理及应用”两门课程的教材改革给予了极大的支持，他们广泛征求了一些院校教师关于《单片机与微机原理及应用》教材改革的反馈意见，在此也表示衷心的感谢。

由于作者水平有限，书中的不妥之处在所难免，恳请广大读者批评指正。

本书的配套课件可登录华信教育资源网（www.hxedu.com.cn）免费下载。

编 著 者

2020 年 11 月

目 录

第1篇 计算机的基本原理

第1章 概述……2
1.1 计算机的发展……2
1.1.1 计算机发展简史……2
1.1.2 微型计算机与嵌入式计算机的发展……3
1.1.3 单片机与微型计算机的主要异同点……4
1.1.4 计算机的主要技术指标……5
1.2 嵌入式系统……6
1.2.1 嵌入式系统的定义与特点……6
1.2.2 嵌入式系统的组成……7
1.2.3 单片机简介……8
1.3 微型计算机系统……9
1.3.1 微型计算机系统的基本组成……9
1.3.2 微型计算机的分类……12
1.3.3 微型计算机系统的发展……13
思考与练习……14
第2章 计算机基础知识……15
2.1 计算机中的数制与编码……15
2.1.1 数制……15
2.1.2 计算机中数的表示及运算……16
2.1.3 二进制编码……18
2.2 计算机的基本组成电路……19
2.2.1 常用简单逻辑电路……19
2.2.2 触发器……19
2.2.3 寄存器……20
2.3 存储器概述……22
2.3.1 存储器的分类……23
2.3.2 半导体存储器的分类……23
2.3.3 存储器中的常用名词术语及主要指标……24
2.3.4 存储单元的地址和内容……25
2.3.5 存储器的寻址原理……25
思考与练习……27
第3章 计算机基本工作原理……28
3.1 时序及时钟电路……28
3.1.1 时序及有关概念……28
3.1.2 振荡器和时钟电路……29
3.2 指令与程序概述……29
3.2.1 指令系统简介……30
3.2.2 程序设计语言……30
3.3 CPU的工作原理……31
3.3.1 控制器……31
3.3.2 运算器……32
3.4 计算机原理简介……33
3.4.1 计算机的工作原理和工作过程……33
3.4.2 程序执行过程举例……34
3.5 输入/输出接口概述……35
3.5.1 输入/输出接口的功能……35
3.5.2 输入/输出接口电路的组成……36
3.5.3 输入/输出端口的编址……37
3.5.4 输入/输出接口的分类……38
3.6 输入/输出的控制方式……38
3.6.1 程序控制方式……38
3.6.2 中断方式……39
3.6.3 直接存储器存取方式……39
3.7 并行通信与串行通信……40
3.7.1 基本通信方式简介……41
3.7.2 并行通信……41
3.7.3 串行通信……42
思考与练习……45
第4章 计算机的中断……46
4.1 概述……46
4.1.1 中断的概念……46

4.1.2 引进中断技术的优点 …………46
4.1.3 中断源 …………47
4.1.4 中断系统的功能 …………48
4.2 中断处理过程 …………49
4.2.1 中断响应 …………49
4.2.2 中断处理 …………50
4.2.3 中断返回 …………50
4.2.4 中断程序的一般设计方法 …………50
思考与练习 …………52

第2篇 单片机原理及应用

第5章 单片机的结构及原理 …………54
5.1 单片机的结构 …………54
5.1.1 标准型单片机的组成及结构 …………54
5.1.2 引脚的定义及功能 …………57
5.2 80C51系列单片机的存储器 …………58
5.2.1 存储器的结构和地址空间 …………58
5.2.2 程序存储器 …………60
5.2.3 数据存储器 …………60
5.3 特殊功能寄存器 …………63
5.3.1 80C51系列单片机的特殊功能寄存器 …………63
5.3.2 AT89S51/52的特殊功能寄存器地址分布及寻址 …………64
5.3.3 特殊功能寄存器的功能及作用 …………65
5.4 输入/输出端口 …………69
5.4.1 P0口 …………69
5.4.2 P1口 …………70
5.4.3 P2口 …………71
5.4.4 P3口 …………72
5.4.5 4个输入/输出端口的主要异同点 …………73
5.5 复位及时钟电路 …………74
5.5.1 复位和复位电路 …………74
5.5.2 时钟电路 …………76
5.6 80C51系列单片机的低功耗工作方式 …………78
5.6.1 电源控制寄存器PCON …………78
5.6.2 待机方式 …………79
5.6.3 掉电方式 …………79
思考与练习 …………80
第6章 80C51的指令系统 …………81
6.1 80C51指令系统简介 …………81
6.1.1 概述 …………81
6.1.2 汇编语言指令格式 …………81
6.2 寻址方式 …………82
6.2.1 符号注释 …………82
6.2.2 寻址方式说明 …………83
6.3 指令分类介绍 …………87
6.3.1 数据传送类指令 …………87
6.3.2 算术运算类指令 …………92
6.3.3 逻辑操作类指令 …………96
6.3.4 控制转移类指令 …………98
6.3.5 位操作类指令 …………101
思考与练习 …………104
第7章 汇编语言程序设计 …………107
7.1 概述 …………107
7.1.1 汇编语言源程序的格式 …………107
7.1.2 汇编语言伪指令 …………108
7.1.3 汇编语言程序设计步骤 …………109
7.2 顺序结构与循环结构程序设计 …………110
7.2.1 顺序结构程序设计 …………110
7.2.2 循环结构程序设计 …………111
7.3 分支程序设计 …………113
7.3.1 分支程序分类 …………113
7.3.2 无条件/条件转移程序设计 …………113
7.3.3 间接转移（散转）程序设计 …………114
7.4 子程序设计 …………116
7.4.1 子程序的结构与设计注意事项 …………116
7.4.2 子程序的调用与返回 …………116
7.4.3 子程序设计举例 …………117
7.5 查表程序设计 …………119
7.5.1 查表程序综述 …………120
7.5.2 查表程序设计举例 …………120
思考与练习 …………121

第 8 章　C51 语言及开发环境……………123
8.1　C51 语言基础知识……………………123
8.1.1　C51 语言简介 …………………123
8.1.2　C51 语言的运算符及表达式 …123
8.1.3　C51 语言的流程控制语句 ……124
8.2　C51 语言对通用 C 语言的扩展 ………127
8.2.1　数据类型 ………………………127
8.2.2　数据的存储类型 ………………129
8.2.3　指针 ……………………………131
8.2.4　函数 ……………………………132
8.2.5　文件包含与宏定义 ……………134
8.2.6　C51 语言对单片机硬件的访问 ……………………………135
8.3　C51 语言编程举例……………………137
8.4　Keil C51 软件开发环境………………139
8.4.1　Keil 软件简介 …………………139
8.4.2　工程的建立与设置 ……………140
8.4.3　运行调试 ………………………142
8.5　Proteus 硬件仿真环境…………………145
8.5.1　Proteus 软件简介 ………………145
8.5.2　Proteus ISIS 的工作界面 ………145
8.5.3　Proteus ISIS 的基本操作 ………147
思考与练习 …………………………………152
第 9 章　主要功能单元…………………………153
9.1　定时/计数器……………………………153
9.1.1　定时/计数器 T0、T1 概述 ……153
9.1.2　定时/计数器的控制方法 ………154
9.1.3　定时/计数器 T0、T1 的工作方式 ……………………………157
9.1.4　定时/计数器 T0、T1 应用举例…159
9.2　UART 串行口…………………………165
9.2.1　80C51 串行口简介 ……………165
9.2.2　串行通信工作方式 ……………169
9.2.3　串行口应用举例 ………………172
9.3　中断系统 ………………………………179
9.3.1　AT89S51 单片机的中断系统 …179
9.3.2　与中断有关的寄存器 …………182
9.3.3　中断请求的撤除 ………………184
9.3.4　扩充外部中断源…………………185
9.3.5　中断程序的设计与应用………185
思考与练习…………………………………193
第 10 章　单片机的系统扩展…………………195
10.1　并行扩展概述 ………………………195
10.1.1　外部并行扩展总线 …………195
10.1.2　并行扩展的寻址方法 ………196
10.2　存储器的并行扩展 …………………197
10.2.1　数据存储器扩展概述 ………197
10.2.2　访问片外数据存储器的操作时序 ……………………………198
10.2.3　数据存储器扩展举例 ………199
10.3　扩展并行 I/O 接口 …………………200
10.3.1　扩展并行 I/O 接口简述……200
10.3.2　简单并行 I/O 接口的扩展…201
10.4　串行扩展概述 ………………………202
10.4.1　常用串行总线与串行口简介 …202
10.4.2　单片机串行扩展的模拟技术…204
10.5　扩展数/模转换器……………………205
10.5.1　D/A 转换原理 ………………205
10.5.2　D/A 转换器的主要技术指标…206
10.5.3　扩展并行 D/A 转换器………206
10.6　扩展模/数转换器……………………210
10.6.1　逐次逼近式 A/D 转换原理…211
10.6.2　A/D 转换器的主要技术指标…212
10.6.3　扩展并行 A/D 转换器………212
10.6.4　扩展串行 A/D 转换器………214
思考与练习…………………………………217
第 11 章　接口技术……………………………218
11.1　键盘接口……………………………218
11.1.1　键盘的工作原理 ……………218
11.1.2　独立式按键 …………………219
11.1.3　行列式键盘 …………………221
11.2　显示器接口…………………………227
11.2.1　显示器概述 …………………227
11.2.2　LED 显示器的结构与原理…227
11.2.3　静态显示方式 ………………229
11.2.4　动态显示方式 ………………229

11.3 功率开关器件接口······232
11.3.1 输出接口的隔离技术······232
11.3.2 功率开关器件接口举例······233
11.4 打印机接口······236
11.4.1 微型打印机简介······236
11.4.2 字符代码及打印命令······237
11.4.3 打印机与单片机的连接举例···238
思考与练习······240
第 12 章 单片机应用系统的设计与开发······241
12.1 应用系统设计过程······241
12.1.1 总体方案设计······241
12.1.2 硬件设计······242
12.1.3 软件设计······244
12.2 开发工具和开发方法······246
12.2.1 开发工具······246
12.2.2 开发方法······248
12.3 单片机用于水位控制系统······249
12.3.1 题目分析······249
12.3.2 硬件设计······250
12.3.3 软件设计······251
12.4 恒温箱温度测控报警系统······251
12.4.1 题目分析······251
12.4.2 硬件设计······252
12.4.3 软件设计······252
思考与练习······256

第 3 篇 微机原理及应用

第 13 章 微处理器······258
13.1 8086 微处理器······258
13.1.1 8086 微处理器的内部结构···258
13.1.2 8086 微处理器的寄存器······260
13.1.3 存储器寻址······262
13.1.4 8086 微处理器的总线周期···263
13.1.5 8086 系统中的部分专用地址空间······264
13.2 80x86 系列微处理器······265
13.2.1 功能的扩展······265
13.2.2 性能的提高······266
13.3 Pentium 系列微处理器······267
13.3.1 内部组成与工作方式······267
13.3.2 Pentium 系列微处理器的寄存器······269
13.3.3 Pentium 系列微处理器采用的新技术······272
13.4 新一代微处理器······273
13.4.1 64 位微处理器······274
13.4.2 多核微处理器······275
思考与练习······277
第 14 章 存储器······278
14.1 微型计算机存储器系统的组成······278
14.1.1 存储器系统的层次结构······278
14.1.2 微处理器与主存储器的连接···279
14.1.3 内存条······281
14.2 高速缓冲存储器······282
14.2.1 高速缓冲存储器简介······282
14.2.2 高速缓冲存储器的结构与工作原理······282
14.2.3 高速缓冲存储器的读/写方法······283
14.2.4 高速缓冲存储器的发展······284
14.3 虚拟存储器······285
14.3.1 虚拟存储器简介······285
14.3.2 虚拟存储管理方案······286
14.3.3 虚拟存储器与 Cache 的主要异同点······286
思考与练习······287
第 15 章 8086 指令系统······288
15.1 寻址方式······288
15.1.1 指令系统符号说明······288
15.1.2 寻址方式说明······289
15.2 指令系统分类介绍······291
15.2.1 数据传送类指令······291
15.2.2 算术运算类指令······295
15.2.3 逻辑运算和移位及循环指令···300
15.2.4 串操作类指令······302

15.2.5 控制转移类指令······305
15.2.6 处理器控制类指令······309
思考与练习······310
第 16 章 汇编语言程序设计······312
16.1 概述······312
16.1.1 汇编语言程序的格式······312
16.1.2 表达式与运算符······313
16.1.3 常用伪指令······315
16.1.4 宏指令······317
16.2 DOS 和 BIOS 系统功能调用······319
16.2.1 DOS 系统功能调用······319
16.2.2 BIOS 系统功能调用······322
16.3 汇编语言程序设计举例······323
16.3.1 循环结构程序举例······323
16.3.2 分支结构程序举例······324
16.3.3 子程序结构程序举例······325
思考与练习······327
第 17 章 微型计算机的中断系统······329
17.1 8086 的中断结构······329
17.1.1 中断源······329
17.1.2 中断向量······330
17.1.3 中断处理过程······332
17.2 可编程中断控制器 8259A······333
17.2.1 8259A 的引脚与结构······333
17.2.2 8259A 的工作过程及工作方式······335
17.2.3 8259A 的级联······336
17.2.4 8259A 的编程······337
17.3 高档微型计算机的中断系统······340
17.3.1 异常和中断向量······340
17.3.2 中断描述符表······341
17.3.3 中断的响应与处理过程······342
思考与练习······342
第 18 章 总线技术······343
18.1 微型计算机的总线······343
18.1.1 总线概述······343
18.1.2 总线的操作及控制······344
18.1.3 PC 机总线的发展······345
18.2 PCI 总线······346
18.2.1 PCI 总线简介······346
18.2.2 PCI 总线的引脚信号······347
18.2.3 PCI 总线的数据传送操作······348
18.3 常用外部总线接口······349
18.3.1 IDE 接口······349
18.3.2 SCSI 接口······350
18.3.3 AGP 总线······351
18.3.4 USB 接口······352
18.3.5 串行通信接口······353
18.3.6 IEEE1394 接口······354
18.4 主板控制芯片组······355
18.4.1 主板控制芯片组简介······355
18.4.2 主板控制芯片组的功能······356
18.4.3 主板控制芯片组的结构······356
思考与练习······358
第 19 章 微型计算机系统的应用······359
19.1 科学计算与信息管理······359
19.1.1 科学计算······359
19.1.2 信息管理······359
19.2 多媒体技术······360
19.2.1 多媒体技术概述······360
19.2.2 多媒体系统的组成······361
19.2.3 多媒体技术的应用······362
19.3 计算机测控系统······363
19.3.1 计算机测控系统的功能······363
19.3.2 计算机测控系统的组成······363
19.3.3 计算机测控系统的分类······365
19.4 计算机网络······366
19.4.1 计算机网络的分类······366
19.4.2 计算机网络系统的组成······367
19.4.3 局域网基本知识······368
19.4.4 Internet 简介······368
思考与练习······370
附录 A 80C51 指令表······371
附录 B 常用芯片引脚图······376
参考文献······378

第1篇

计算机的基本原理

本篇是全书的基础知识，在介绍计算机的发展和现代计算机的两大分支之后，简要介绍单片机与微型计算机之间的主要异同点，然后分别介绍两者概貌。

本章重点介绍和要求掌握的是两者所共有的计算机基础知识，如数制、码制、基本逻辑电路、计算机工作原理、接口电路及计算机中的中断技术。

第1章　概　　述

本章简要介绍计算机、微型计算机和单片机的组成、发展及主要异同点。

1.1　计算机的发展

要想深入全面地了解微型计算机和单片机，首先要了解计算机的发展史。

1.1.1　计算机发展简史

计算机从1946年诞生至今已超过70年，在历史的长河中不过是一瞬间，但就在这一瞬间，计算机的出现使社会产生了翻天覆地的变化，人类在科技、国防、工业、农业及日常生活的各个领域都实现了飞跃。计算机的生产、推广和应用已成为各国现代化的战略产业。

世界上公认的第一台电子计算机是1946年由美国宾夕法尼亚大学研制出来的。在今天看来，这台计算机既昂贵又笨重，性能也很低，但它却开启了20世纪的计算机时代。此后的70多年，计算机的发展日新月异，至今已经历了电子管计算机、晶体管计算机、中小规模集成电路计算机、大规模集成电路计算机和超大规模集成电路计算机五代的发展。

下一代计算机包括基于量子理论的量子计算机、利用DNA及分子生物学原理的生物计算机等，目前均已经取得了较大进展。

由于计算机发挥的作用越来越大，各行业对它的需求也越来越大，这促使计算机不断革新和快速发展。20世纪80年代后，出现了大小不一、具有不同功能的各种类型的计算机。为了区分它们，计算机可以按不同形式分类，例如，按照体系结构可以分为冯·诺依曼体系结构计算机、哈佛体系结构计算机等；按照使用对象可分为专用计算机和通用计算机；按照规模和用途又可以分为超级计算机、大型计算机、服务器、微型计算机和嵌入式计算机等。限于篇幅，本节仅简要介绍典型的超级（巨型）计算机和使用广泛的微型计算机、嵌入式计算机。

超级（巨型）计算机通常是指由数百个、数千个甚至更多的处理器（机）组成的、能解决大型课题的计算机。超级计算机功能最强，运算速度最快，存储容量最大，价格也非常昂贵。它主要用于大型科学研究、试验及在气象、军事、能源、航天、探矿等领域的超高速、大容量的数学计算。它的研制水平可以在一定程度上体现一个国家科技、经济和国防的综合实力。

微型计算机（Microcomputer）简称微机，即大家所熟知的个人计算机（Personal Computer，简称PC机），主要用于一般的计算、管理和办公等。微型计算机的核心部件——中央处理器（Central Processing Unit，CPU）集成在一个小硅片上，为了与超级计算机的CPU相区别，微型计算机的CPU又称微处理器（Microprocessor）。微型计算机的形态有多种，详见1.3.2节。

嵌入式计算机是一种针对某种特定应用，嵌入被测物体中的专用计算机。因此，这种计算机对功能、可靠性、体积成本等综合性要求比较严格。嵌入式计算机早期按形态可分为设备级（工控机）、板级（单板机、模块）、芯片级（单片机等）。因为工控机和单板机无法满足小体积、高可靠性和低价位等要求，近年来，其应用形态多数变成芯片级了。本书所介绍的嵌入式计算机均指芯片级，它的核心部件是嵌入式微处理器，这类嵌入式计算机的外形如同一个普通的电子元器件芯片，因而早期称它为单片机。

因为微处理器充分利用了超大规模集成电路工艺，所以体积小、成本低、容易掌握，加之其适用面广，因此，20 世纪 70 年代微处理器的诞生，就把计算机的应用推向了社会的各行业，以及生活的各个领域，使计算机进入现代计算机快速发展阶段。

1.1.2 微型计算机与嵌入式计算机的发展

微型计算机与嵌入式计算机的工作原理均源于图灵计算机思想和1946年诞生的第一台电子计算机，它们的硬件基础均是半导体微处理器。微型计算机的核心是通用微处理器，嵌入式计算机的核心是嵌入式微处理器。可以认为微型计算机与嵌入式计算机是“同根生”的两兄弟，是当代应用最广泛的计算机的两大分支。它们的形态有巨大差异，用途也不同，前者主要用于计算、仿真、多媒体等，后者主要用于对工具的智能控制。它们从诞生后经历了不同的发展道路。

1）微型计算机的发展

1971 年，Intel 公司研制出第一块 4 位微处理器 Intel 4004，虽然它运算能力差，速度慢，却是微型计算机和嵌入式计算机的鼻祖。在此基础上，多年来，为适应社会发展的需要，微处理器不断地更新换代，新产品层出不穷。

1972—1978 年，诞生了 8 位微处理器，此时的代表产品有 Intel 8080、Z80、MC6800 及 6502 等。1978 年后，又诞生了 16 位微处理器 Intel 8086。以这些微处理器为基础，1976 年诞生了世界上第一台微型计算机，即 Apple II，它是能独立运行、完成特定功能的微型计算机。

得到广泛应用的第一台 PC 机诞生于 1981 年 8 月 12 日，IBM 公司将其命名为 IBM PC，这对全球计算机产业来说是一个值得纪念的日子，它使计算机进入办公室与家庭。

微型计算机的普及与广泛应用，应归功于 Apple 计算机的发明，以及 IBM 公司出品的 PC 机。虽然早在 IBM PC 推出之前，就已经出现了世界上第一台微型计算机，但是，IBM PC 的诞生才真正具有划时代的意义，因为它首创了 PC 机的概念，并为 PC 机制定了全球通用的工业标准。由此揭开了计算机神秘的面纱，使 PC 机变成人人可独立使用的工具。用于微型计算机的通用微处理器以 Intel 微处理器为代表，从 80x86 系列迅速发展到奔腾、安腾、酷睿系列，现在 Intel 酷睿微处理器已经发展到 11 代。微处理器的字长由 8 位、16 位、32 位直至 64 位，主机频率从 2 MHz、4.77 MHz、6～16 MHz、60～133 MHz 直至当前的 3.2～5 GHz，内存最大寻址空间由 640B、64KB、10MB 直至当前的 256TB。相应的各种软件操作系统也随着硬件的进步而逐步完善，例如从 1981 年 IBM PC 诞生后就推出了磁盘操作系统（DOS），1985 年微软公司推出了 Windows 1.0 图形用户界面系统，1990 年推出的 Windows 3.2 由于在界面、人性化、内存管理等方面都取得很大提高，而得到迅速推广。随后又推出了 Windows 95、Windows 98、Windows 2000、Windows XP 直至目前的 Windows 10。硬件与软件的发展相得益彰，不但迅速提高了微型计算机的数据处理能力，也大大提高了智能化、网络化和多媒体等多功能应用能力，使微型计算机日趋完美。与此同时，AMD 公司也推出了自己的有特色的微处理器，成为 Intel 公司强大的竞争对手，竞争使微处理器的发展更快更好。

2）嵌入式计算机的发展

1972 年，Intel 的 8 位微处理器 8008 诞生后，引发了通用微处理器与嵌入式处理器应用热潮。在此期间，随着各种机电设备及众多体积小的家用电器、仪器仪表等的智能化要求的提出，1973 年多家公司开始研制适于用在这些设备中的嵌入式计算机。在此期间陆续制作出各种样机，如 1974 年仙童公司的 F8、1976 年 Intel 公司的 MCS-48、1977 年 GI 公司的 PIC1650、1978

年 Motorola 公司的 6801 等。1980 年诞生的功能较全面的 Intel MCS-8051 单片机较完美地实现了对该类设备的智能化控制，从而快速垄断了单片机市场，掀起了嵌入式应用的热潮。为了与通用微处理器区别，把嵌入被控物体中、实现对物体智能化控制的嵌入式处理器称为单片机，后来统称微控制器（MCU），归类为嵌入式计算机（见 1.2 节）。从 1976 年至今 40 多年的时间里，嵌入式计算机已发展成为一个品种齐全、功能丰富的庞大家族。嵌入式计算机主要承担发展与普及嵌入式系统的任务，使传统的电子系统向智能化、网络化方向发展，现在嵌入式系统不仅在工业和军事等领域大展身手，而且已经普及人们的日常生活，像智能家电、智能家居等，特别是智能手机几乎已经是人人必备的电器，所以现在嵌入式计算机在数量上已经远远超过微型计算机，随着社会需求的发展，嵌入式计算机继续在加速进步。

如果说微型计算机的出现，使计算机进入了办公室和家庭，那么嵌入式计算机的诞生，则推动了各领域的智能化发展。

科技的进步使计算机进入了微型计算机与嵌入式计算机两大分支并行发展的时代，微型计算机与嵌入式计算机的专业化分工共同推动了计算机产业革命的高速发展。这两大分支不仅形成了计算机发展的专业化分工，而且将计算机技术扩展到各个领域，使人类迅速进入全球化的互联网、物联网、云计算、大数据的人工智能新时代。

1.1.3 单片机与微型计算机的主要异同点

由上文可知，单片机与微型计算机均是计算机大家庭的一员，它们的主要异同点如下。

1. 主要相同点

第一台电子计算机是作为一种计算工具出现的，虽然经过半个多世纪的发展，计算机的构成器件、性能和应用都出现了惊人的变化，但是当前大多数计算机的基本组成及工作原理，仍可以用图 1.1 来概括。计算机由中央处理器、存储器（包括程序存储器和数据存储器）、输入/输出（I/O）接口及总线等部分组成。这几大基本组成部分是计算机的实体。

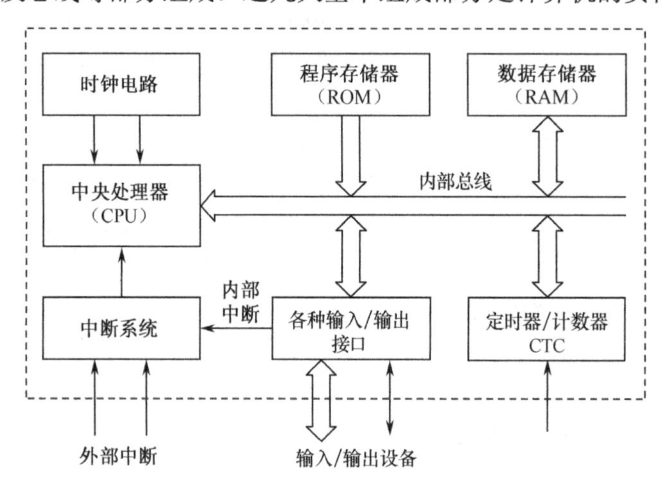

图 1.1 计算机基本组成及工作原理框图

单片机与微型计算机的核心部件都基于计算机的基本原理，衡量它们的主要技术指标也是基本相同的，详见 1.1.4 节。

由图 1.1 可见，计算机的核心部分是中央处理器（CPU），它是计算机的“大脑”，主要由运算器、控制器组成，由它统一指挥和协调各部分的工作，其余各部分说明如下：

（1）时钟电路用于给计算机提供工作时所需要的时序信号。

（2）程序存储器和数据存储器分别用于存放计算机工作的各种软件和临时数据，详见第 2 章。

（3）中断系统用于处理系统工作时出现的突发事件，详见第 4 章。

（4）总线把计算机的各主要部件连接为一体，是 CPU 与各功能部件进行信息交换的通道。总线按功能可分为地址总线、数据总线和控制总线。其中，地址总线的作用是为数据交换提供地址，CPU 通过地址总线将地址输出到存储器或 I/O 接口；数据总线的作用是在 CPU 与存储器或 I/O 接口之间或存储器与外设之间交换信息；控制总线包括 CPU 发出的控制信号线和外部送入 CPU 的应答信号线等。

（5）I/O 接口是计算机与输入/输出（I/O）设备之间的接口。I/O 设备是计算机与人或其他设备交换信息的装置，如显示器、键盘和打印机等。

它们的指令系统的功能大部分也是相同的，程序运行原理也有很多相似之处，详见后面章节的指令系统。

计算机中的 CPU、存储器及中断系统等部件的详细内容将在后面章节陆续介绍。

2. 主要不同点

虽然单片机与微型计算机的基本组成看起来是基本相同的，但由于用途不同，它们的技术要求与发展方向完全不同，所以它们在结构、外形与功能上有很大差别。单片机在组成结构上的最大特点是把图 1.1 中的所有电路集成在一块芯片上，通常还包括其他辅助功能电路。就其基本组成和工作原理而言，一块单片机芯片就是一台计算机，所以它最初被人们称为单片微型计算机，其外形如同一块普通的电子芯片，简称单片机。它体积小、可靠性高，其软件均固化在内部的程序存储器中，通常被安装在控制对象中。单片机的发展方向是不断提高其嵌入性能、控制能力与可靠性。

而微型计算机则是把微处理器、存储器、I/O 接口、定时器等不同的芯片组成在一块底板上，然后配上机箱、外设等。微型计算机可用于高速、海量的数值计算，实现多媒体技术和网络通信，以及办公自动化、计算机辅助设计等功能。微型计算机的技术发展方向是不断提高运算速度，不断扩大存储容量等。

1.1.4 计算机的主要技术指标

衡量计算机的主要技术指标有如下几项。

1）字长

字长是指计算机能处理的二进制数的位数，习惯上称为位长。基本字长一般是指参加一次运算的操作数的位数。基本字长可反映寄存器、运算部件和数据总线的位数。一般情况下，计算机中每个存储单元存放二进制数的位数和其算术运算单元的位数是相同的。例如，计算机的算术运算单元是 8 位，则其字长就是 8 位。字长越长，计算精度越高，速度也越快。

2）主频

主频是指计算机中的主时钟频率，是 CPU 工作的频率。主频在很大程度上可以决定计算机运算的速度。主频的常用单位是 MHz、GHz。

3）运算速度

运算速度是指计算机每秒执行指令的条数，它反映计算机运算和处理数据的速度，单位通常采用 MIPS（百万条指令/s）。

4）内存容量

对于微型计算机，内存容量是指安装在主板上的主存储器（内存）中只读存储器（Read Only Memory，ROM）和随机存储器（Random Access Memory，RAM）的容量之和。对于单片机，内存容量是指在芯片上的 ROM 和 RAM 的容量之和。存储容量越大，能处理的信息量就越大，整体性能越高。内存容量的最小单位是二进制数的位数，以字节 B（Byte）为基本单位。

常用的容量单位有 KB（1 KB=1024 B）、MB（1 MB=1024 KB）、GB（1 GB=1024 MB）、TB（1 TB=1024 GB）。

1.2 嵌入式系统

嵌入式系统现在已经是大家耳熟能详的名词了，嵌入式技术已经逐步渗入人们工作和生活的各个方面，成为人类社会进入全面智能化时代的有力工具。

1.2.1 嵌入式系统的定义与特点

1）嵌入式系统的定义

嵌入式系统（Embedded System）是嵌入式计算机系统的简称，它是相对于通用计算机而言的。嵌入式系统是将计算机技术、半导体技术和电子技术等先进技术与各个行业的具体应用相结合的产物，其应用范围遍及各个领域，通常要求它具有很高的可靠性和稳定性。

根据嵌入式系统的作用和特点，可以把嵌入式系统定义为“嵌入到对象系统（可以是一种装置、仪表或设备等）中的专用计算机系统”。嵌入性、专用性与计算机系统是嵌入式系统的三个基本要素，它的用途是实现对物体的智能控制、监视或辅助工作。

按照上述嵌入式系统的定义，只要满足定义中三要素的计算机系统，都可称为嵌入式系统。

2）嵌入式系统的特点

嵌入式系统的主要特点如下：

（1）功能专一。嵌入式系统只针对某个对象的要求而设计。

（2）抗干扰能力强、可靠性高。嵌入式系统中的软件一般固化在存储器芯片或单片机中，因而可靠性要求可达到工业级或者军品级。

（3）自动化程度高。对于所有的被控对象，包括工业产品、航天产品及家电等，均可实现一旦启动即自动循环操作，不需要人工干预。

（4）体积小。因为嵌入式系统通常安装在为特定应用而设计的对象中，而对象形态多样，大小不一，为尽可能不影响对象的外形与体积，要求嵌入式系统的体积越小越好。

（5）功耗低。因为有很多对象是便携式产品，低功耗将延长它的使用时间，所以一般嵌入式系统产品的功耗均可达到毫瓦级，有的已达到微瓦级。

（6）性能价格比高。在嵌入式系统市场，用户既可以根据实际应用对象“量身定做”，也可以“量身选衣”。所谓“量身定做”，是指根据应用对象的实际要求，请厂家专门定制内存、I/O 接口、外设等符合要求的芯片；所谓“量身选衣”，即根据它在软件和硬件上的可选择性，选择最适合对象要求的芯片，这样可实现产品的最佳性能价格比。

显然，正是由于上述特点，嵌入式系统被迅速推广到各个领域。

1.2.2 嵌入式系统的组成

嵌入式系统是由嵌入式计算机、外围设备（简称外设）、嵌入式操作系统和应用软件等组成的。

1. 嵌入式计算机

嵌入式计算机是嵌入式系统的核心，它是一种软硬件高度专业化的特定计算机。它的核心部件是嵌入式处理器。根据其技术特点的不同，嵌入式处理器主要可以分成如下几类。

1）单片机

单片机一词最初源于“Single Chip Microcomputer（SCM）”，在单片机诞生时，因为其组成与原理是基于计算机的，所以称为 SCM。随着 SCM 在技术上、功能上的进步，以及在控制方面的应用，国际上逐渐采用微控制器（Micro Controller Unit，MCU）来代替 SCM，形成了国际公认的、最终统一的名词。在国内，因为单片机一词已约定俗成，故继续沿用。单片机主要采用哈佛体系结构，通常以 8 位、16 位中低端产品为主。

2）嵌入式微处理器

嵌入式微处理器（Embedded Microprocessor，EMP）在结构与功能上与通用计算机中的标准微处理器基本相同，但在工作温度、抗电磁干扰、可靠性等方面进行了增强，还增加了与嵌入式应用有关的功能，去除冗余部件及功能。嵌入式微处理器主要采用冯·诺依曼体系结构，也有采用哈佛体系结构的，通常是 32 位、64 位的高端产品，常用的产品有 ARM、MIPS、68000 等系列，目前应用最多的是 ARM 系列，如 ARM7、ARM9、ARM10 等系列产品。

3）数字信号处理器

为满足数字滤波、快速傅里叶变换（FFT）、谱分析等运算量大的系统的要求，出现了数字信号处理器（Digital Signal Processor，DSP）。该处理器编译效率高，有专门的乘加指令，指令执行速度快，能满足复杂算法的高速运算要求。

4）片上系统

片上系统（System on Chip，SoC）实现了把嵌入式系统的大部分部件集成到一块芯片上，在这个芯片上面除具有计算机的主要部件之外，还增加了模数（A/D）转换单元、数模（D/A）转换单元及通信单元等用户需要的各种功能模块。这使应用系统电路板更简洁，体积更小，功耗更低，可靠性更高。

5）可编程片上系统

随着现场可编程序门阵列（Field Programmable Gate Array，FPGA）技术的发展，出现了一种新的嵌入式系统，即可编程片上系统（Programmable System on Chip，PSoC），它通过 FPGA 与 SoC 技术结合进行软件和硬件设计，将处理器、片上存储器、I/O 接口、内部外设及自定义逻辑模块集成到一片 FPGA 上，并且软硬件均可剪裁、升级、修改，从而使由处理器构成的单芯片应用系统既稳定可靠，又灵活多样，这也是现代嵌入式系统的一种发展趋势。在 ASIC（Application Specific Integrated Circuit）中加入可编程模块是实现 PSoC 的另一种方法。

2. 外围设备（外设）

外设是指除嵌入式计算机以外的用于通信、存储、调试及显示等的其他部件。按照外设的功能可将其分为如下三类。

1）**存储器**

当微处理器或者单片机本身配置的存储器容量不够用时，应该加配存储器。对于无存储器的处理器，这是必须配备的部件。存储器的容量可根据实际应用需求选择。

2）**I/O 接口**

I/O 接口包括并行接口和串行接口，主要用于嵌入式计算机与外设之间的信息和数据的传输、交换。目前大多数标准的 I/O 接口都可以用于嵌入式计算机。

3）**人机交互设备**

人机交互设备包括显示器、键盘和触摸屏等。

3. 嵌入式操作系统

嵌入式操作系统是一种实时的、支持嵌入式系统应用的系统软件，是嵌入式应用软件的开发平台，通常包括与硬件相关的底层驱动软件、系统内核、设备驱动接口和通信协议等。它使嵌入式系统的开发更方便、快捷。嵌入式操作系统的品种较多，其中较为流行的有 Windows CE、μC/OS-II、Linux、VxWorks 等。

4. 应用软件

应用软件是针对被控对象的实际需求而设计的软件，是嵌入式系统的核心。在绝大部分领域都要求它有极高的可靠性和极高的品质，因而设计好的应用软件在经过反复多次测试并通过测试后，最终要固化在存储器中，以确保软件的可靠性。嵌入式系统装载用户自己编制的应用软件后，一旦启动就执行某一特定的应用软件，中间无须人工干预，直到关机为止。

1.2.3 单片机简介

单片机是嵌入式计算机中常用的，并且是比较容易入门的一种器件，本书以它为代表介绍嵌入式计算机，本节简介单片机的发展历史和现状。

1. 单片机的探索阶段（1974—1978 年）

1974 年，Intel、Motorola、Zilog、仙童等几家半导体公司开始探索如何把计算机的主要部件集成在单芯片上。1976 年 Intel 公司推出的 MCS-48 单片机功能已经比较全面，是在工控领域探索成功的代表。这一阶段诞生了单片微型计算机，单片机一词即由此而来。

2. 单片机的完善阶段（1978—1982 年）

1980 年后，Intel 公司在 MCS-48 单片机的基础上推出了完善的、经典的 MCS-51 系列单片机。它在以下几个方面奠定了典型的通用总线型单片机体系结构。

（1）设置了经典、完善的 8 位单片机的并行总线结构。

（2）外围功能单元由 CPU 集中管理。

（3）具有体现控制特性的位地址空间、位操作方式。

（4）指令系统趋于丰富和完善，并且增加了许多突出控制功能的指令。

MCS-51 系列单片机在结构上的逐渐完善，奠定了它在这一阶段单片机市场的领先地位。在这一阶段，Motorola 公司的 M68 系列单片机和 Zilog 公司的 Z8 系列单片机也占据了一定的市场份额。

3. 向微控制器发展的阶段（1982—1995 年）

Philips 等一些著名半导体厂商在单片机基本结构的基础上，加强了外围电路的功能，突出了单片机的控制功能，将一些用于测控对象的模/数转换器、脉宽调制器等纳入芯片中，出现了为满足串行外围扩展要求而设置的串行总线及接口，同时带有这些接口的各种外围芯片也应运而生。

1994 年后，单片机的首创公司 Intel 将其 MCS-51 系列中的 8051 内核的使用权转让给世界许多著名 IC 制造厂商，如 Philips、Atmel、NEC、SST、华邦等。这些公司的产品都在保持与 8051 单片机兼容的基础上增强了 8051 的许多特性，在工艺上都采用了 CHMOS 和闪存技术，为了与 Intel 早期的 MCS-51 系列产品相区别，后来统称为 80C51 系列，也有人简称为 51 系列。本书中提到的 80C51 已经不是 MCS-51 系列中的 80C51 型号单片机，而是 80C51 系列的一个统称。众多厂家的参与使 80C51 的发展长盛不衰，形成了一个既具有经典性，又有旺盛生命力的单片机系列，继而发展成上百个品种的大家族。

4. 单片机的全面发展阶段（1995 年至今）

随着单片机在各个领域全面深入的发展和应用，出现了高速、寻址范围大、运算能力强的 16 位、32 位通用型单片机以及小型廉价的专用型单片机，还有功能全面的片上单片机系统。由于很多大型半导体厂商都开始进行单片机的研制和生产，单片机产品不再一枝独秀，而是百花齐放。例如，Freescale、PIC、MSP430 等系列单片机的应用也很广泛，现已发展为几百个系列的上千个品种，使用户有较大的选择余地。在准备用单片机开发产品时，要注意单片机市场的情况，选择最合适的单片机、外围器件等，学会“量体裁衣”，或者“量体选衣”。

根据嵌入式应用对产品的要求，今后单片机的发展趋势是进一步向着低功耗、小体积、大容量、高性能、高可靠性、串行扩展技术等几个方面发展。此外，单片机开始由复杂指令集计算机向精简指令集计算机发展，详见 1.3.2 节。

从近年的使用情况看，8 位单片机仍然是低端应用的主要机型，专家预测，在未来的相当长时间中，仍将保持这个局面。专家认为，虽然世界上的 MCU 品种繁多，功能各异，开发装置也互不兼容，但是客观发展表明：尽管 80C51 系列单片机现在并不是最先进的单片机，但综合考虑（如教学的连续性和所用开发装置的普及性等问题），它仍然适合作为单片机教学的首选机型。

本书在介绍具体单片机结构时选用 AT89S51/52 单片机，但在进行单片机一般共性介绍时还是用 80C51。掌握了这种单片机，对于其他型号单片机的学习可以举一反三、触类旁通。

1.3 微型计算机系统

1.3.1 微型计算机系统的基本组成

微型计算机就是以微处理器为核心，配上随机存储器（RAM）、只读存储器（ROM）、系统总线、I/O 接口及相应的辅助电路和各种接口、插槽等构成的微型化的计算机主机装置。为微型计算机配上各种外设和各种软件，就构成了微型计算机系统，简称微机系统。

微型计算机系统由硬件系统和软件系统两部分组成，如图 1.2 所示。

1. 硬件系统

硬件系统是微型计算机系统硬设备的总称，由图 1.2 可见，它的两大组成部分是主机与外设，下面分别予以介绍。

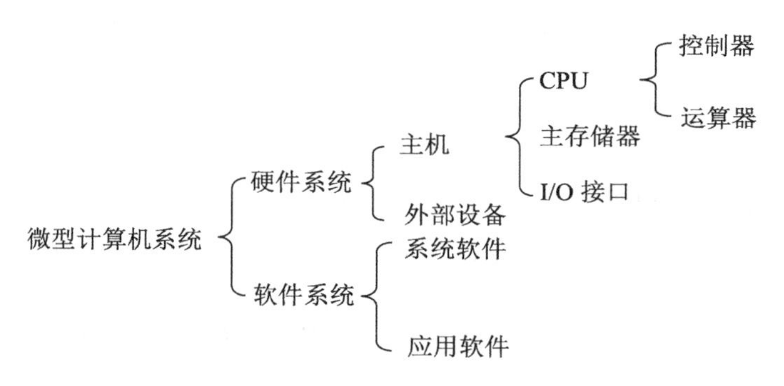

图 1.2　微型计算机系统的组成

1）主机

主机是安装在一个机箱内的。主机包括 CPU、主存储器和 I/O 接口，通常这些部件安装在一块印制电路板上，称为主机板，简称主板，是计算机的核心部件，其上还安装了控制芯片组等。控制芯片组也称为多功能芯片组，在图 1.3（a）中即南桥芯片和北桥芯片，也简称主板芯片组，它不仅要支持 CPU 的工作，还要控制和协调整个微型计算机系统包括总线的正常运行。为了与外设连接，在主板上通常安装了若干插槽或者插座，与不同外设连接的接口电路板卡（如显示卡、声卡和网卡等）可以插入这些插槽。CPU 通过这些板卡控制相应的外设工作，现在有些主板上已经集成了这些板卡的功能。主板的典型结构如图 1.3 所示，通过这张图可以进一步了解微型计算机的组成及工作原理。

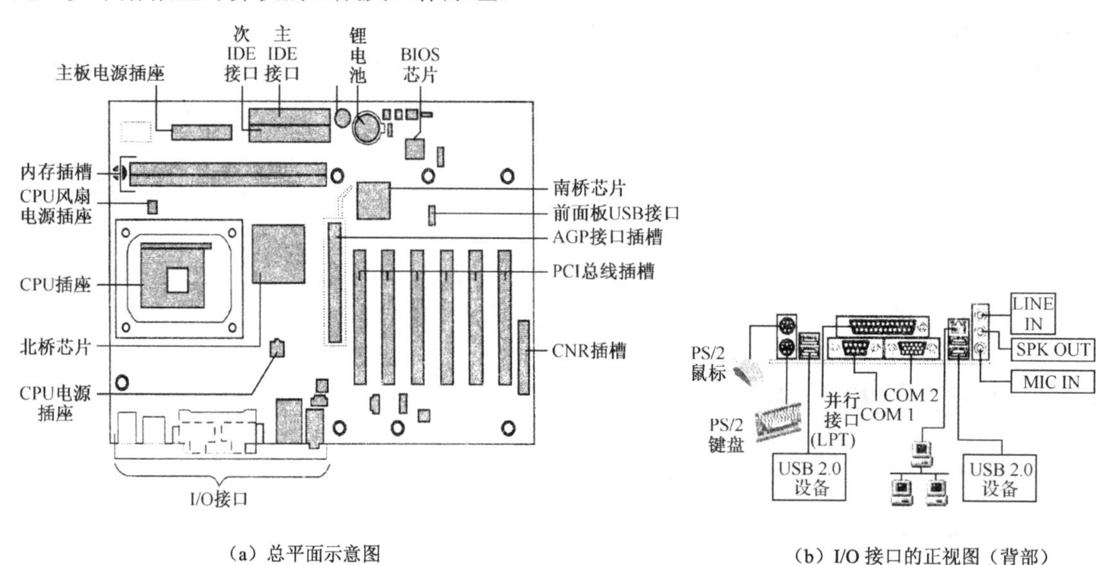

（a）总平面示意图　　（b）I/O 接口的正视图（背部）

图 1.3　微型计算机主板的典型结构

下面介绍微型计算机主板典型结构中各主要部分的作用。

（1）CPU 插座：用于安装 CPU 芯片的底座，其结构取决于 CPU 的封装形式，是整个主板的核心部分。

（2）内存插槽：用于安装内存条（详见第 3 篇）的专用插槽，内存条是主板上的存储器。

（3）总线扩展槽：包括 PCI（Peripheral Component Interconnect，外设部件互连标准）总线插槽、AGP（Accelerated Graphics Port）接口插槽。PCI 总线插槽用于插接 PCI 总线（详见第 3 篇）的板卡，不同的主板，插槽数量不同，AGP 接口插槽专门用于安装 AGP 显示卡。

（4）控制芯片组：它是主板的核心部件，它与微型计算机的系统功能有直接的关系。用于控制、协调信息在 CPU、内存与各部件之间的传输。通常控制芯片组由北桥芯片和南桥芯片组成，北桥芯片是主桥，主要负责与 CPU、主存储器和 PCI 总线之间的信息传输。北桥芯片与南桥芯片相接，南桥芯片的主要功能是控制微型机算机系统内部的 I/O 接口和一些外设的接口等。

（5）BIOS 芯片：BIOS（Basic Input/Output System）芯片是基本输入/输出芯片，它的作用是保存系统与外设之间的基本 I/O 程序、诊断程序和一些实用程序，该芯片是一块 Flash 存储器（闪存），其存储的内容在掉电时也不会丢失。

（6）IDE 接口：IDE（Integrated Drive Electronics）接口是硬盘与主机之间的接口，包括主 IDE 接口和次 IDE 接口。它是两个 40 针的双排线插座，可以用于接硬盘和光盘驱动器。

（7）I/O 接口：I/O 接口（包括并行接口和串行接口，见第 3 章）用于连接各种外设，如键盘、鼠标及显示器等。I/O 接口的正视图如图 1.3（b）所示，图中的 COM1、COM2 分别为两个 9 针的串行接口，并行接口（LPT）是一个 26 针的插座。

（8）USB 接口：可用于连接低速外设，由于其具有的诸多优点，它已经逐渐取代了部分串行接口和并行接口。

（9）CNR 插槽：支持软声卡、局域网卡及 USB 接口等。

（10）锂电池：用于在计算机断电时，保存 CMOS 存储器中的数据和维持时钟正常工作。

2）外设

根据计算机用户的不同要求，现在已经出现了多种用于计算机的外设，如打印机、扫描仪、声音 I/O 设备、摄像头、投影仪等。台式微型计算机系统最基本的、必不可少的外设是显示器、鼠标和键盘，下面予以介绍。

（1）显示器：显示器是微型计算机系统必不可少的输出设备，它用于显示计算机的各种输出，如文字、图形、数字等。

（2）键盘：键盘是计算机硬件中必不可少的输入设备，通过键盘可以向计算机输入数字和文字及各种命令。键盘的类型有多种。键盘的有线接口有 PS/2 与 USB 两种，此外还有一种无线蓝牙接口。

（3）鼠标：鼠标是一种快速定位设备，通过移动鼠标或者点击操作可以大大简化键盘操作，所以目前鼠标也成为计算机必不可少的输入设备。鼠标的接口有 PS/2 与 USB 两种有线接口，以及一种无线蓝牙接口。

此外，在微型计算机系统中还有一个图 1.3 中没有画出但又极为重要的部分，即总线结构，这部分将在第 18 章中专门介绍。

2. 软件系统

软件系统是为了运行、管理、维护和应用计算机所配置或者用户自行编制的各种程序的总称。这些程序或存在于内存中，或存放在外存储器中。微型计算机在没有安装任何软件之前称为“裸机”。“裸机”是不能工作的。软件系统主要包括系统软件和应用软件两大部分。

1）**系统软件**

系统软件包括操作系统、语言处理程序和一些服务程序及工具软件。系统软件是由机器的设计者或销售商提供给用户的。

（1）操作系统。操作系统（Operating System，OS）是应用软件的运行环境，是硬件系统首先应安装的软件，是软件中的核心程序，是计算机系统的指挥调度中心。操作系统的主要功能：合理地安排整个计算机的工作流程，管理和调度各种软、硬件资源，包括CPU、存储器、I/O设备和软件，检查程序和机器的故障，为其他应用软件提供支持等。用户通过操作系统可方便地使用计算机。操作系统通常驻留在磁盘中。目前，常用的操作系统主要有Windows、DOS、UNIX和Linux等。

有了操作系统的微型计算机系统，所有资源都将由操作系统统一管理，用户不必过问各部分资源的分配使用情况，而只需学会使用它的一些命令。

（2）语言处理程序。计算机的工作离不开程序，所有的程序都是用计算机能识别的语言编写的。计算机常用的程序设计语言可分为机器语言、汇编语言和高级语言三类（详见3.2节）。语言处理程序用于处理汇编语言程序和高级语言程序（在处理前把它们称为源程序），将它们转化为计算机能识别的机器语言程序。语言处理程序有三类，即汇编程序、编译程序和解释程序，其中汇编程序用于处理汇编语言源程序，常用的有ASM和MASM等。编译程序或解释程序用于处理各种高级语言程序。常用的高级语言如C语言、PASCAL、C++、Java等都配有相应的编译程序或解释程序。

（3）其他系统软件。包括一些服务程序和工具软件。例如，常用的服务程序有文本编辑程序、连接程序、定位程序、调试程序和诊断排错程序等。常用的工具软件有汉字输入程序、PC tools程序、硬盘管理程序、设备管理程序、网络和通信管理程序等。

2）**应用软件**

应用软件有两类，一类是软件开发商为方便用户利用计算机解决各类问题而提供的各种软件包，如常用的办公软件Office、WPS等，工具软件Delphi、Proteus、AutoCAD等，数据库管理软件FoxBASE、Access、Sybase等，多媒体软件Flash、PowerPlayer、Photoshop等；另一类是用户利用计算机及其所提供的各种系统软件、程序设计语言为解决各种实际问题而开发的应用程序。本书将介绍用汇编语言和C语言设计应用程序。

1.3.2 微型计算机的分类

微型计算机的分类方法有多种，如按字长分类、按速度分类等，但目前较常用的分类方法是按照组装方式分类，以及按指令系统分类。

1. 按组装方式分类

按组装方式分类，微型计算机可分为台式PC机、便捷机和电脑一体机。

1）**台式PC机**

台式PC机是应用广泛的一种办公用计算机。其主机、显示器等设备一般是相对独立的。台式PC机散热性、扩展性都较好，但便携性较差。本书主要以台式PC为例介绍微型计算机。

2）**便携机**

便携机是一种体积小、重量轻的PC机，携带方便。它又分为笔记本计算机和掌上机两种。

（1）笔记本计算机的外形像一个笔记本，其基本配置、功能略低于同期台式机，与相同配置的台式机相比，价格较高。

（2）掌上机是一种体积更小、重量更轻的 PC 机，是一款无须翻盖、没有键盘、大小不等、形状各异、功能完整的计算机。其构成与笔记本计算机基本相同，支持手写输入或语音输入，其移动性和便携性比笔记本计算机更胜一筹。

3）电脑一体机

电脑一体机是由一台显示器、一个键盘和一个鼠标组成的，用途与台式 PC 机相同。它的芯片、主板与显示器集成在一起，因此只要将键盘和鼠标连接到显示器上，机器就能使用。电脑一体机的键盘、鼠标与显示器可实现无线连接，外部只有一根电源线。

2. 按指令系统分类

不同的微处理器有不同的指令系统，指令系统可以分为复杂指令系统和精简指令系统。按指令系统，微型计算机可以分为复杂指令集计算机（Complex Instruction Set Computer，CISC）和精简指令集计算机（Reduced Instruction Set Computer，RISC）。

1）复杂指令集计算机

采用复杂指令系统的计算机称为复杂指令集计算机，它是由早期出现的处理器发展而来的，如 Intel x86 系列。当这种计算机增加新功能后，就要增加新指令，同时为了保持向上兼容，还必须保留原有的指令，因而其指令系统越来越庞大，寻址方式越来越复杂，到奔腾系列，其指令已经超过 300 条。其不同指令的执行时间不同。但这种指令也有许多优点，如有较强的处理高级语言的能力，这对提高计算机的性能是有益的。此外，这类指令编译后生成的指令程序较小，执行较快，读取指令的次数少，占用较少的内存。

2）精简指令集计算机

采用精简指令系统的计算机称为精简指令集计算机。它通过简化指令，使其结构更加简单、合理，并增加了大量通用寄存器，从而提高了 CPU 的运算速度。目前，出现了多种采用精简指令系统的微处理器，尽管结构不完全相同，但它们具有如下共同特点：

（1）指令格式和寻址方式简单，指令条数少，执行一条指令的时间最多为一个计算机周期，大多数操作在寄存器之间进行。

（2）加强了处理器的并行操作能力：精简指令系统能够非常有效地采用流水线、超流水线和超标量技术，从而实现指令级并行操作，提高处理器的性能。目前常用的处理器的内部并行操作技术基本上是基于精简指令系统体系结构的发展而走向成熟的。

1.3.3 微型计算机系统的发展

由于需求的不断扩大和相关技术的飞速发展，微型计算机系统自诞生以来发展神速，PC 机的主要生产商 IBM 公司所用的处理器芯片主要来自 Intel 公司，操作系统来自微软公司，不久之后就催生了微软和 Intel 公司这两大 PC 机时代的霸主。为促使 PC 机产业健康发展，IBM 公司对所有厂商开放 PC 机工业标准，从而使得这一产业迅速地发展成为 20 世纪 80 年代的主导性产业，并造就了 Compaq 等一大批 IBM PC 兼容机制造厂商。

微型计算机系统的发展在很大程度上决定于其核心部件微处理器（Micro-Processor Unit，MPU）的发展。而微处理器的主要生产厂商 Intel 公司生产的微处理器产品从早期的 80x86 系列，后来又发展到奔腾、安腾、酷睿（Core）系列。2006 年，Intel 公司推出第一代酷睿微处理器，至 2020 年酷睿微处理器已经发展到第 11 代（主要用于笔记本计算机），此时酷睿系列微处理器已经实现了 16 核 32 线程，最高主频超过 5GHz。硬件产品的不断更新换代，使微型计算机系统的性能不断提高。

在此期间，与 Intel 公司竞争的 AMD、Motorola、Cyrix 等公司也相继推出了自己的高档微处理器，如 AMD 公司的锐龙等系列产品，Motorola 公司的 MPC800 等系列产品。这些产品在性能和价格上与 Intel 公司产品相当，所以都具有一定的竞争力。

总之，微处理器发展的步伐从来没有减慢，其性能在不断提高，功能在不断增强，所采用的技术也在不断地完善和发展。例如，CPU 从单核发展到多核，高速缓冲存储器从一级发展到两级甚至多级，指令操作从非流水线操作到普通流水线操作，再发展到超级指令流水线操作等。上述技术都在不同程度上提高了计算机的运行速度，加强了它的计算、视频、游戏等功能。

思考与练习

1．按用途分类，计算机可以分为哪几类？

2．单片机与微型计算机的主要异同点是什么？画出微型计算机的典型组成原理图。

3．计算机的主要技术指标有哪几项？请简要解释。

4．嵌入式系统的主要特点是什么？

5．微型计算机系统主要由哪几部分组成？什么是硬件系统？什么是软件系统？

6．下面列出计算机中常用的一些单位，试指出其用途和含义。

（1）MIPS （2）KB （3）MB （4）GB （5）TB

7．什么是计算机总线？一般计算机中有哪些总线？各有什么作用？

第 2 章　计算机基础知识

计算机是计算数学、微电子学与电子技术相结合的产物。微电子学与电子技术的基本元件及其集成电路是计算机的硬件基础，而计算数学的计算方法与数据结构则形成计算机的软件基础。本章简要介绍计算机中最主要的数学知识及最基本的单元电路。本章的内容是必要的入门知识，是以后各章的基础。

2.1　计算机中的数制与编码

2.1.1　数制

数制是人们利用符号来计数的科学方法。数制有很多种，按一定进位方式计数的数制，简称进位制。在计算机的设计与使用中常用到的进位制是十进制、二进制和十六进制。

1．数制的基与权

数制所使用的数码的个数称为基。基数是某种进位制中产生进位的数值，它等于每个数位中所允许的最大数码值加 1。

数制的每一位所具有的值称为权。一个数码处在不同的数位上时，它代表的数值不同，这个与数位相关的常数称为该位的位权（简称权）。在进位制中每个数位都有自己的权，该位数码表示的数值等于该数码本身的值乘该位的权，显然各位的权是不同的。

1）十进制

十进制是在一般的数学计算中常用的数制，十进制的基为“十”，即它所使用的数码为 0～9 共 10 个数字。十进制各位的权是以 10 为底的幂，每一位数的权是其右边相邻那位数的 10 倍。例如，十进制数 567 按权的展开式为

$$567D=5\times10^2+6\times10^1+7\times10^0$$

式中的后缀 D 表示十进制（Decimal），通常十进制数可不加后缀。

2）二进制

因为十进制所用数码较多，如果用电路实现其计算，则电路会很复杂，而二进制只有两个数码，即 0 和 1，在计算机中容易实现。例如，用高电平表示 1，低电平表示 0。采用二进制，就可以方便地利用电路进行计数工作。所以，计算机中常用的进位制是二进制。

二进制的基为“二”，二进制各位的权是以 2 为底的幂。例如，二进制数 1011 按权的展开式为

$$1011B=1\times2^3+0\times2^2+1\times2^1+1\times2^0=8+0+2+1=11$$

式中的后缀 B 表示二进制（Binary）。

3）十六进制

由于二进制数位数太长，不易记忆，不易书写，所以人们又提出了十六进制的书写形式。

十六进制的基为“十六”，即其数码共有 16 个：0，1，2，3，4，5，6，7，8，9，A，B，C，D，E，F，其中 A～F 相当于十进制数的 10～15。例如，十六进制数 A31 按权的展开式为

$$A31H=10\times16^2+3\times16^1+1\times16^0=2560+48+1=2609$$

式中的后缀 H 表示十六进制（Hexadecimal）。由于十六进制数易于书写和记忆，且与二进制之间的转换十分方便，因而人们在书写计算机语言时多采用十六进制。

2．数制的转换

1）二进制数、十六进制数转换成十进制数

根据定义，只需将二进制数、十六进制数按权展开后相加即可。例如，$A5H=10\times16^1+5\times16^0=165$。

2）十进制数转换成二进制数、十六进制数

一个十进制整数转换成二进制数时，通常采用“除 2 取余”法，即用 2 连续除十进制数，直至商为 0，逆序排列余数即可。例如，将 12 转换成二进制数：

```
                         余数   低位
2 | 12          …         0      ↑
   2 | 6        …         0      |
     2 | 3      …         1      |
       2 | 1    …         1      |
           0                    高位
```

结果：12=1100B。

同理，将十进制数“除 16 取余”即可得十六进制数。例如，将 189 转换成十六进制数：

```
16 | 189      …      D   （13）
   16 | 11    …      B   （11）
         0
```

结果：189=BDH。

2.1.2 计算机中数的表示及运算

计算机中的数均是以二进制表示的，通常称为机器数。其数值为真值，真值可以分别用有符号数和无符号数表示，下面分别介绍其表示方法及运算。

1．有符号数的表示方法

数学上有符号数的正、负号分别用“+”和“−”来表示。在计算机中由于采用二进制，只有 1 和 0 两个数字，一般规定最高位是符号位。以 8 位二进制数为例，最高位 D7 为 0 表示正数，为 1 表示负数。因为符号位占据了最高位 D7，故 8 位二进制数可表达的数据位为 D0～D6。

计算机中的有符号数有三种表示法，即原码、反码和补码。在 8 位单片机中，多数情况下以 8 位二进制数为单位表示数字，因而下面所举例子均为 8 位二进制数。下面用两个数值相同、符号相反的二进制数 X_1、X_2 举例说明。

1）原码

正数的符号位用 0 表示，负数的符号位用 1 表示，这种表示法称为原码。

例如：$X_1=+93=+1011101$　　　　　$[X_1]_{原}=01011101$

X_2= –93= –1011101　　　　　　$[X_2]_原$=11011101

左边的数称为真值，即某数的实际有效值；右边为用原码表示的数，两者的最高位分别用0、1代替了“+”“–”。

2）反码

反码是在原码的基础上求得的。如果是正数，则其反码和原码相同；如果是负数，则其反码除符号位为1外，其他各位取反，凡是1转换为0，凡是0转换为1。

例如：X_1= +1011101　　　　　　$[X_1]_反$=01011101

X_2= –1011101　　　　　　$[X_2]_反$=10100010

3）补码

补码是在反码的基础上求得的。如果是正数，则其补码和反码相同，即与原码也相同；如果是负数，则其补码为反码加1。

例如：X_1= +1011101　　　　　　$[X_1]_补$=01011101

X_2= –1011101　　　　　　$[X_2]_补$=10100011

2．有符号数的运算

二进制数的运算规则类似于十进制数，加法为逢二进一，减法为借一为二。利用加法和减法，就可以进行乘法、除法及其他数值运算。在计算机中进行加、减运算时，通常采用补码，因为用原码所需要的电路比较复杂，而采用补码，就可以把减法运算变成加法运算，省去了减法器，大大简化了硬件电路。

在8位单片机中，最高位D7的进位已超出计算机字长的范围，所以是自然丢失的。由此可见，在不考虑最高位产生进位的情况下，减法运算与补码相加的结果完全相同。

例如：$(-5)+(-21)=(-5)_补+(-21)_补= -26$=E6H

用二进制数运算如下：

```
     11111011
 +)  11101011
 ------------
 1   11100110
```

对补码运算的结果仍为补码。本例所求和数的符号位为1，即和为负数的补码。

由上例可见，当数用补码表示时，无论是加法还是减法都可采用加法运算，而且是连同符号位一起进行的，不必关心符号位，因此，在计算机中普遍用补码来表示带符号的数。

3．无符号数的表示方法

无符号数因为不需要专门的符号位，所以8位二进制数的D0～D7位均为数值位，它的表示范围为0～255，即00H～FFH。

综上所述，在计算机中，同一个二进制数当采用不同表达方式时，它所表达的实际十进制数值是不同的，特别典型的数值即10000000B。

要确切地知道计算机中的二进制数所对应的十进制数究竟是多少，首先要确定这个数是有符号数还是无符号数，如果是无符号数则可以直接换算为十进制数，如果是有符号数，还要看是用原码、反码还是补码表示的（注意：计算机中的有符号数通常是用补码表示的）。在此要特别提醒读者注意的是，计算机只能识别机器码，至于1和0代表什么，计算机并不知道，采用什么表达方式是编程者自己确定的。

2.1.3 二进制编码

由于采用二进制数，所以在计算机中数字、字母、字符、汉字等都要用特定的二进制代码表示。把二进制代码按一定规律编排，使每组代码具有一个特定的含义即计算机中的编码。

1．二–十进制编码

因为人们最熟悉和习惯使用的数码是十进制数，所以，在计算机中常采用一种二进制编码表示的十进制数，即二–十进制数。

1）二–十进制数的表示

二–十进制数称为二进制编码的十进制数（Binary Coded Decimal），简称 BCD 码。在 BCD 码中用 4 位二进制数给 0～9 这 10 个数字编码。它在单片机中有两种存放形式，一种是一字节放 1 位 BCD 码，高半字节置 0，常用于显示和输出。例如，十进制数 8 用 BCD 码表示为 00001000，这种表示方法称为非压缩 BCD 码。另一种是一字节存放 2 位 BCD 码，即压缩 BCD 码，这种方法有利于节省存储空间。例如，十进制数 39 用压缩 BCD 码表示即 00111001。

使用这种编码既考虑了计算机的特点，又顾及人们使用十进制数的习惯。在计算机与外设之间输入和输出数据时常采用这种数制。

2）BCD 码与十进制数的相互转换

按照 BCD 的十位编码与十进制的关系，可以很容易地实现 BCD 码与十进制数之间的转换。

例如，001101010110BCD=356。

BCD 码与二进制数之间的转换不是直接的，要先经过十进制数，然后转换为二进制数，反之过程类似。

2．字母与字符的编码

计算机除要处理数字量外，还要处理字母、字符等。因此，计算机中的字母、字符等也必须采用特定的二进制码表示。

字母与字符用二进制码表示的方法很多，目前，在计算机中普遍采用的是美国标准信息交换码（ASCII 码）。ASCII 码表见表 2.1，它采用 7 位（b_0～b_6）二进制编码，故可以表示 128 个字符，其中包括数字（0～9）及英文字母等可打印的字符。

表 2.1 ASCII 码表

$b_6b_5b_4$ / $b_3b_2b_1b_0$	000	001	010	011	100	101	110	111
0000	NUL	DLE	SP	0	@	P	、	p
0001	SOH	DC1	!	1	A	Q	a	q
0010	STX	DC2	”	2	B	R	b	r
0011	ETX	DC3	#	3	C	S	c	s
0100	EOT	DC4	$	4	D	T	d	t
0101	ENQ	NAK	%	5	E	U	e	u
0110	ACK	SYN	&	6	F	V	f	v
0111	BEL	ETB	'	7	G	W	g	w
1000	BS	CAN	(	8	H	X	h	x

续表

$b_6b_5b_4$ / $b_3b_2b_1b_0$	000	001	010	011	100	101	110	111
1001	HT	EM	)	9	I	Y	i	y
1010	LF	SUB	*	:	J	Z	j	z
1011	VT	ESC	+	;	K	[	k	{
1100	FF	FS	,	<	L	\	l	|
1101	CR	GS	−	=	M	]	m	}
1110	SO	RS	.	>	N	↑	n	~
1111	SI	US	/	?	O	←	o	DEL

2.2 计算机的基本组成电路

无论多么复杂的计算机，都是由若干基本电路单元组成的。本节将简要介绍计算机中常见的基本逻辑电路，这些电路是组成计算机的硬件基础，掌握这些知识将有助于理解计算机的工作原理。

2.2.1 常用简单逻辑电路

常用简单逻辑电路是计算机实现运算、控制功能所必需的电路，是计算机的基本单元电路。在逻辑电路中，通常以逻辑 1 和 0 表示电平高、低。常用逻辑门电路的真值表见表 2.2，表中 A 和 B 分别为逻辑门的输入端，其中非门没有 B 输入端。具体电路和逻辑功能可参看有关书籍。

表 2.2 常用逻辑门电路的真值表

输入		输出					
A	B	与门	或门	非门	异或门	与非门	或非门
0	0	0	0	1	0	1	1
0	1	0	1	1	1	1	0
1	0	0	1	0	1	1	0
1	1	1	1	0	0	0	0

2.2.2 触发器

触发器是计算机记忆装置的基本单元，各类触发器是由不同的逻辑门电路组成的。它具有把以前的输入“记忆”下来的功能，一个触发器能储存 1 位二进制代码。下面简要介绍几种计算机中常用的触发器。在触发器中规定 Q 为高，$\overline{Q}$ 为低时，该触发器为 1 状态；反之为 0 状态。

1）D 触发器

D 触发器的逻辑符号如图 2.1 所示。$\overline{RD}$、$\overline{SD}$ 分别为置 0 端、置 1 端，触发器的状态由时钟脉冲 CLK 上升沿到来时 D 端的状态决定。当 D=1 时，触发器为 1 状态；反之为 0 状态。其真值表见表 2.3。CLK 为时钟端，也称锁存端，因为当 CLK 端状态不变化时，D 端与 Q 端的状态相同，即把 D 的状态锁存下来，所以 D 触发器又称为锁存器，它是构成存储器的基础部件。

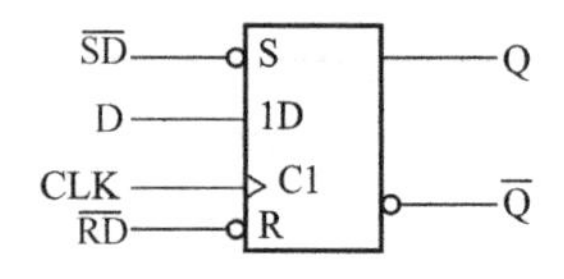

图 2.1　D 触发器的逻辑符号

表 2.3　D 触发器真值表

时钟脉冲	输　入	输　出
	D	Q
↑	0	0
↑	1	1

2）JK 触发器

JK 触发器的逻辑符号如图 2.2 所示。$\overline{RD}$、$\overline{SD}$ 分别为置 0 端和置 1 端，K 为同步置 0 输入端，J 为同步置 1 输入端。触发器的状态由时钟脉冲 CLK 下降沿到来时 J、K 端的状态决定，其真值表见表 2.4。

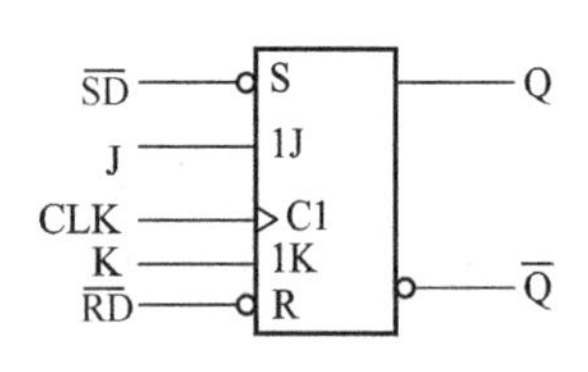

图 2.2　JK 触发器的逻辑符号

表 2.4　JK 触发器真值表

时钟脉冲	输　入		输　出
	J	K	Q
↓	0	0	不变
↓	0	1	0
↓	1	0	1
↓	1	1	翻转

JK 触发器的逻辑功能比较全面，因此在各种寄存器、计数器、逻辑控制等方面的应用最为广泛。由于 D 触发器的电路简单，所以大量应用于移位寄存器中进行二进制计数、存储、移位、累加等。

2.2.3　寄存器

寄存器是由触发器组成的，一个触发器就是一个一位寄存器。多个触发器就可以组成一个多位寄存器。常见的寄存器有缓冲寄存器、移位寄存器、计数器等。下面简要介绍这些寄存器的电路结构及工作原理。

1）缓冲寄存器

由于计算机与外设的传输速率一般不同，为使之匹配，常常需要采用缓冲寄存器（Buffer）暂存某个数据，实现缓冲，以便在适当的时间节拍将数据输入或输出到其他记忆元件中。

图 2.3 所示是一个并行输入与并行输出 4 位缓冲寄存器的电路原理图，它由 4 个 D 触发器组成。

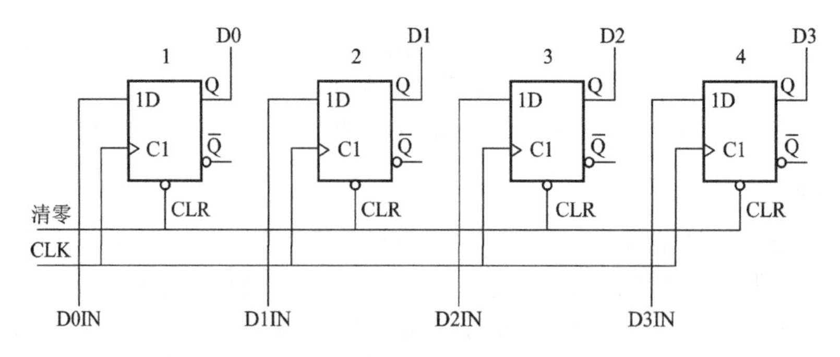

图 2.3　4 位缓冲寄存器的电路原理图

启动时，先在清零端加清零脉冲，把各触发器置 0，即 Q 端为 0；然后把数据加到触发器的输入端D，在CLK时钟信号作用下，输入端的信息就保存在各触发器（D0～D3）中。

计算机中的存储器就是由大量寄存器组成的，其中每一个寄存器就是一个存储单元，可存放一个二进制代码。

2）移位寄存器

移位寄存器（Shifting Register）能将所储存的数据逐位向左或向右移动，以实现计算机运行过程中所需的功能，图2.4所示为一个4位串行输入移位寄存器电路。

启动时，先在清零端加清零脉冲，使D触发器输出置0；然后第1个数据D0加到D触发器1的串行输入端，在第1个CLK脉冲的上升沿，Q0=D0，Q1=Q2=Q3=0；其后第2个数据D1加到串行输入端，在第2个CLK脉冲到达时，Q0=D1，Q1=D0，Q2=Q3=0；以此类推，当第4个CLK脉冲到来之后，各输出端分别是Q0=D3，Q1=D2，Q2=D1，Q3=D0。输出数据可用串行的形式取出，也可用并行的形式取出。

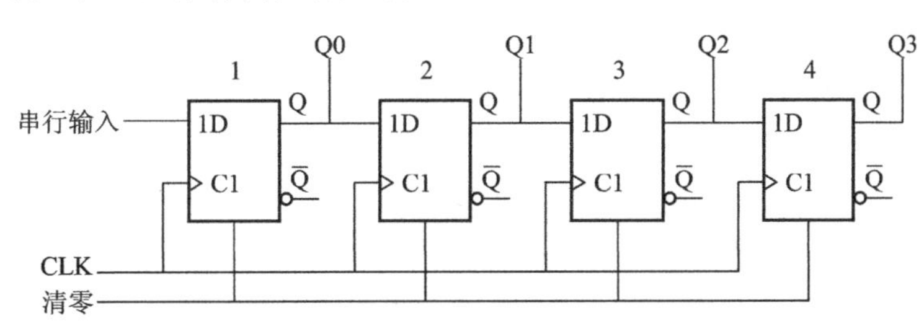

图2.4　4位串行输入移位寄存器电路

3）计数器

计数器（Counter）也是由若干个触发器组成的寄存器，是一种累加时钟脉冲的逻辑部件。它的特点是能够把储存在其中的数字进行加1操作（也有可以进行减1操作的计数器）。它不仅可以用于时钟脉冲计数，还可以产生节拍脉冲，可用于定时、分频及数字运算等。

由计数器组成的顺序脉冲发生器又称为节拍脉冲发生器，它能产生一组在时间上有先后顺序的脉冲，这组脉冲可以使控制器形成所需要的各种控制信号。

计数器的种类很多，有行波计数器、同步计数器等，在此以行波计数器为例进行介绍。

图2.5所示是由JK触发器组成的行波计数器的工作原理图。这种计数器的特点是：第1个时钟脉冲促使最低有效位加1，使其状态翻转（如由0变1）；第2个时钟脉冲促使最低有效位再次翻转，同时推动第2位，使其翻转；同理，第2位翻转时又去推动第3位，使其翻转，这样好像水波前进一样逐位进位下去。

图2.5中各JK触发器的输入端J、K都是悬浮的，这相当于输入端J、K都置1，即各位都处于准备翻转的状态。只要时钟脉冲边沿一到，最右边的JK触发器的状态就会翻转。计数器是4位的，因此可以计0～15的数。如果要计更多的数，需要增加位数，如8位计数器可计0～255的数，16位计数器则可以计0～65535的数。

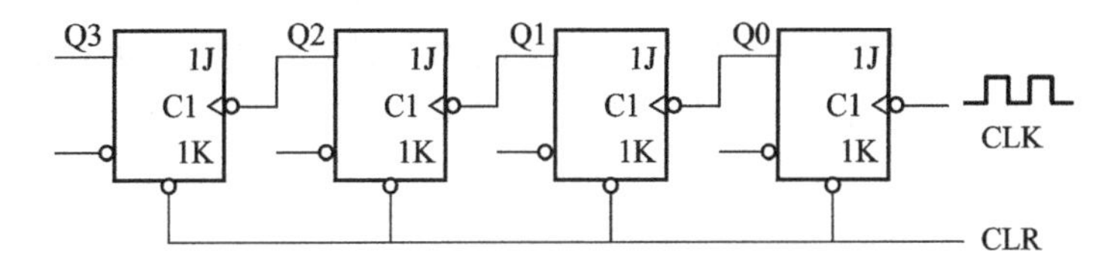

图2.5　行波计数器的工作原理图

正是由触发器、寄存器等逻辑电路的组合构成了计算机中常用的存储器、计数器、寄存器和加法器等。

4）三态门（三态缓冲器）

三态门技术是计算机总线的基础。为减少信息传输线的数目，大多数计算机中的信息传输线均采用总线形式，总线是多个电路传送信号的公共通道。与传统的电路连线相比，总线具有独特的性能：作为总线的每一根导线允许传输多个信号源。接在同一根总线上的多个信号源电路分时占用总线。任何时候只允许其中一个信号源将自己的输出信号接通到总线上，其他电路的输出保持高阻态。即凡要传输的同类信息都走同一组传输线，且信息是分时传输的。在计算机中一般有三组总线，即数据总线、地址总线、控制总线。为防止信息相互干扰，要求凡挂到总线上的寄存器或存储器等，它的输出端不仅能呈现 0、1 两个信息状态，还应能呈现第 3 种状态——高阻抗状态（又称悬浮状态），即此时它们的输出好像被开关断开，对总线状态不起作用，此时总线可由其他器件占用。

三态门可实现上述功能，它除具有输入端和输出端之外，还有一控制端，如图 2.6（a）所示的 E 端。当控制端 E=1 时，输出=输入，此时总线由该器件驱动，总线上的数据由该器件上的输入数据决定；当 E=0 时，输出端呈高阻抗状态，该器件对总线不起作用。将寄存器输出端接至三态门，再由三态门输出端与总线连接起来，就构成了三态输出的缓冲寄存器。图 2.7 所示为一个 4 位三态输出缓冲寄存器，由于此处采用的是单向三态门，所以数据只能从寄存器输出至数据总线。如果要实现双向传输，则要用双向三态门，如图 2.6（b）所示，图中 E1、E2 分别为输入和输出的控制端。

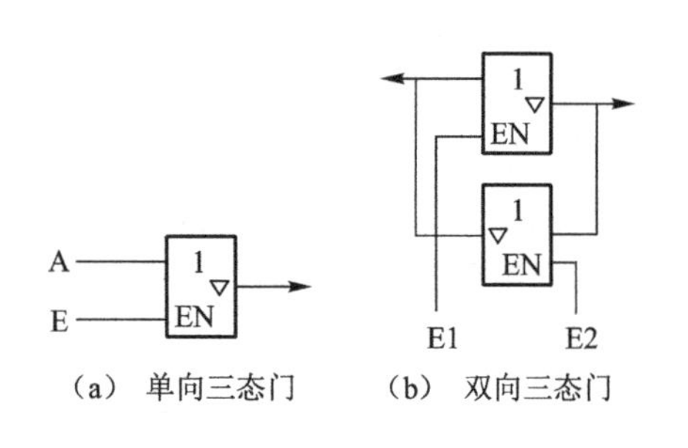

图 2.6　三态门

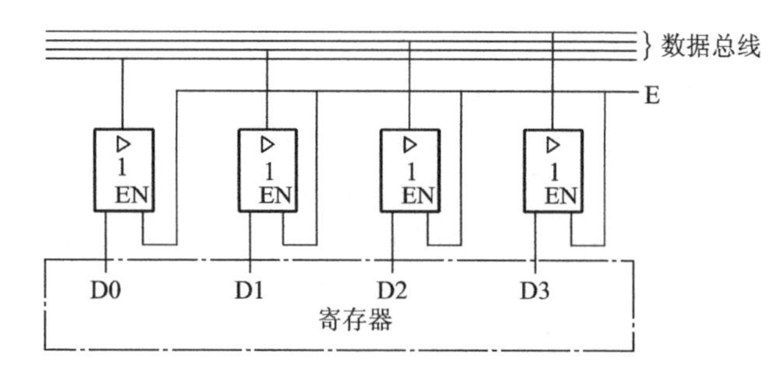

图 2.7　4 位三态输出缓冲寄存器

上述基本电路单元就是组成计算机的存储器、计数器、移位寄存器和总线的主要部件。对它们基本功能的了解将有助于对计算机工作原理的理解。

2.3　存储器概述

计算机中存储器的用途是存放程序和数据，使计算机具有记忆功能。这些程序和数据在存储器中是以二进制代码表示的，根据计算机的命令，按照指定地址，可以把代码取出或存入。存储器是计算机的主要组成部分，要理解计算机的工作原理，首先应了解存储器。不同计算机的存储器的用途是相同的，但结构与存储容量不完全相同，在本书后面章节将以具体实例予以介绍。

2.3.1 存储器的分类

与计算机有关的存储器种类很多，因而存储器的分类方法也较多。例如，按存储介质分类，有半导体存储器、磁表面存储器（如磁盘、磁带）、光盘存储器及电荷耦合存储器等；按存储用途分类，有程序存储器、数据存储器等。但常用的方法是按照与 CPU 的连接方式与工作方式分类。通常把与 CPU 直接进行信息交换的存储器称为主存储器，也称内存，其特点是存取速度快，但容量有限。而把通过内存间接与 CPU 进行信息交换的存储器称为外存储器，简称外存，如磁盘、光盘、U 盘等，其特点是存储容量大，信息可长久保留，但存取速度慢。

2.3.2 半导体存储器的分类

在微型计算机和单片机中主要采用半导体存储器作为内存，因而在此仅介绍半导体存储器的分类。

下面按照半导体存储器的功能特点进行分类。

1．只读存储器

只读存储器（Read Only Memory，ROM）在使用时只能读出不能写入，断电后 ROM 中的信息不会丢失，因此一般用来存放固定程序，如监控程序、字库及数据表等。按存储信息的方法，ROM 又可分为以下三种。

1）掩膜 ROM

掩膜 ROM 也称固定 ROM，它是由厂家编好程序写入 ROM（称为固化）供用户使用。用户不能更改它，其价格最便宜。

2）一次性可编程存储器

一次性可编程（One Time Programmable，OTP）存储器的内容可一次性写入，一旦写入，只能读出，而不能进行更改。这类存储器称为可编程序的只读存储器（Programmable Read Only Memory，PROM）。

3）可电擦写只读存储器

可电擦写只读存储器（Electrically Erasable Programmable Read Only Memory，EEPROM 或 E^2PROM）可用电的方法写入和清除内容，其编程电压和清除电压均与 CPU 的工作电压（5 V）相同，不需另加电压。它既有 RAM 读/写操作简便的特点，又有数据不会因断电丢失的优点。此外，EEPROM 可保存数据超过 10 年，每块芯片可擦写 1000 次以上。

2．随机存储器

随机存储器（Random Access Memory，RAM）又称读/写存储器，它不仅能读取存放在存储单元中的数据，还能随时写入新的数据，写入后原来的数据就丢失了，断电后 RAM 中的信息全部丢失。因此，RAM 常用于存放经常要改变的程序或中间计算结果等。

RAM 按照存储信息的方式，又可分为静态和动态两种。

1）静态 RAM（Static RAM，SRAM）

SRAM 的特点为只要有电源加于存储器，数据就能长期保留。

2）动态 RAM（Dynamic RAM，DRAM）

DRAM 写入的信息只能保持数毫秒，因此，每隔一定时间必须重新写入一次，又称刷新，以保持原来的信息不变。故 DRAM 控制电路较复杂，但其价格比 SRAM 便宜。

3．可改写的非易失存储器

多数 EEPROM 的最大缺点是改写信息的速度比较慢。随着半导体存储技术的发展，出现了各种新的可现场改写信息的非易失存储器，如 Flash 存储器、新型非易失静态存储器（Non Volatile SRAM，NVSRAM）和铁电存储器（Ferroelectric RAM，FRAM）等。这些存储器的共同特点如下：从原理上看，它们属于 ROM 型存储器，但是从功能上看，它们又可以随时改写信息，因而其作用又相当于 RAM。随着存储器技术的发展，过去传统意义上的易失性存储器、非易失性存储器的概念已经发生变化，所以 ROM、RAM 的定义和划分已不是很严格。由于这类存储器写的速度还是慢于一般的 RAM，所以其在计算机中主要还是用作程序存储器；只有当需要重新编程，或者某些数据修改后需要保存时，采用这种存储器才十分方便。

目前，应用最广泛的非易失存储器是 Flash 存储器，简称闪存。它是在 EEPROM 的基础上生产的一种非易失性存储器，它的读/写速度比一般的 EEPROM 快得多，且信息容易长久保存，重复使用性好。现在的微型计算机中存储 BIOS 的存储器多数已经配置为闪存，这样可使 BIOS 易于升级。由于其体积小，便于携带，常把它做成用于微型计算机的带 USB 接口的外部存储器，俗称 U 盘。

2.3.3 存储器中的常用名词术语及主要指标

要了解与正确选择存储器，需要知道其常用名词术语及主要指标。

1．常用名词术语

（1）存储单元：存储器是由大量缓冲寄存器组成的，其中每一个缓冲寄存器就称为一个存储单元。图 2.3 所示的缓冲寄存器就可以作为一个 4 位的存储单元，它可存放一个有独立意义的二进制代码。一个代码由若干位组成，代码的位数称为位长，也称为字长。

（2）位（bit，简写为 b）：计算机中最小的数据单元，是一个二进制位。

（3）字节（Byte，简写为 B）：在计算机中把一个 8 位的二进制代码称为一字节，这是计算机中最基本的计量单位。字节的最低位称为第 0 位（位 0），最高位称为第 7 位（位 7）。2 字节称为一个字（Word），4 字节称为双字。

2．主要指标

衡量半导体存储器芯片的技术指标有很多，如容量、功耗、速度、可靠性、价格及电源种类等，但从应用角度看，最主要的指标是存储器的容量和存取速度。

1）容量

由于现在存储器芯片的字长有 4 位、8 位、16 位的，所以，在标注存储器芯片容量时，经常同时标出存储单元的数目和位数，即存储器芯片容量=单元数×数据线位数，由于在计算机中信息大都是以字节为单位传送的，所以通常把乘积结果再换算为字节单位。

例如，Intel 6264 存储器芯片容量=8K×8 b /片=64 Kb /片=8 KB/片（1B=8b）。

存储器容量的大小由地址线的位数决定。例如，Intel 6264 存储器芯片的地址线为 13 位，则它的最大寻址范围是 8192 个存储单元，所以称其数据存储器的容量最大可扩展至 8 KB。

2）存取速度

存储器的存取速度可以用存取时间和存取周期这两个参数衡量。存取时间是指从 CPU 发出一次读或写存储器命令，到执行完该命令所需的时间，它是影响计算机速度的主要因素之一。存取周期是指连续启动二次读或写存储器操作所需要的时间间隔。由于存储器在完成一次读或写操作后需要恢复一段时间，所以存取周期略大于存取时间。目前高速存储器的存取时间一般小于 20 ns，中速存储器的存取时间一般为 60～100 ns，低速存储器的存取时间一般大于 100 ns。

2.3.4 存储单元的地址和内容

本节所介绍的半导体存储器（简称存储器）仅限于在计算机内使用的情况，暂不涉及作为一片独立的存储器芯片的情况。

在计算机的存储器中往往有成千上万个存储单元。为了使存入和取出时不发生混淆，必须给每个存储单元一个唯一的固定编号，这个编号就称为存储单元的地址。因为存储单元数量很大，为了减少存储器向外引出的地址线，在存储器内部都带有译码器。根据二进制编码译码的原理，除地线公用之外，n 根导线可译成 2^n 个地址号。例如，当地址线为 8 根时可以译成 2^8=256 个地址号，如果地址线为 16 根，则可译成 2^{16} =65536 个地址号，即 16 根地址线的最大寻址范围为 65536 个存储单元。

由此可见，存储单元地址和这个存储单元内容的含义是不同的。存储单元，如同一个旅馆中的房间，存储单元地址则相当于房间的房号，存储单元内容（二进制代码）相当于房间中的房客。表 2.5 为程序存储器和数据存储器中部分存储单元的地址和内容，均用十六进制数表示并且省略后缀 H。

表 2.5 部分存储单元的地址和内容

程序存储器		数据存储器	
地　址	内　容	地　址	内　容
0000	02	0206	3A
0001	00	0207	44
0002	30	0208	C0

2.3.5 存储器的寻址原理

对于存储器工作原理的理解在很大程度上决定于对存储器寻址原理的理解，由于篇幅所限，本书仅以随机存储器为例，介绍 CPU 读出存储单元信息时的寻址原理。

存储器一般由地址译码器、存储体、缓冲器和读/写控制逻辑电路等组成。一个随机存储器的基本结构框图如图 2.8 所示。

图 2.8 中，AB 为地址线，DB 为数据线，$\overline{RD}$ 和 $\overline{WR}$ 分别为读线、写线，片选线用于选择该存储器。随机存储器的主要组成部分说明如下。

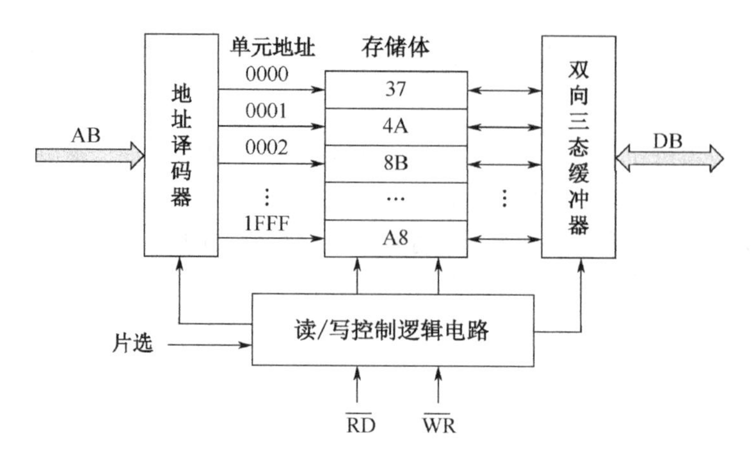

图 2.8 随机存储器的基本结构框图

1．存储体

存储体也称为存储阵列，它是存储器中所有存储单元的集合。这些存储单元按一定方式排列，每个单元都有一个唯一的地址，在一个存储单元中可以存储一位或者多位二进制数，在 8 位单片机中通常是 8 位二进制数。图 2.8 中的存储体就是 8 位的，图中存储体中的数字是以十六进制数表示的，如 0000 单元中当前的内容是 37H，0002 单元中当前的内容是 8BH 等。假设图 2.8 中的地址线为 13 根，8 位单片机每个存储单元是 8 位，其最多可寻址 8192 个存储单元，且该存储体的容量为 8 KB，则其最大寻址单元地址为 1FFFH。

2．地址译码器

地址译码器用于对输入地址译码，以选择指定的存储单元。地址译码器的译码方式与存储器的结构有关，主要有单译码方式和复合译码方式，由于篇幅所限，不再详述。

3．读/写控制逻辑电路

读/写控制逻辑电路接收来自 CPU 的读/写信号，并根据地址译码的结果，控制指定存储器单元中数据的读/写。片选信号将使这个存储体进入工作状态。

4．双向三态缓冲器

存储器中与数据线相连的双向三态缓冲器用于暂存输出和输入的数据。

5．读/写操作

1）存储器的读操作

CPU 首先通过地址线，经译码指定某一单元，然后发出读命令，当读信号有效时，则指定单元的数据读出，经双向三态缓冲器送到数据总线。

2）存储器的写操作

CPU 首先通过地址线，经译码指定某一单元，同时，要写入的数据经数据总线送至双向三态缓冲器。当 CPU 发出写命令时，通过内部控制电路，将外部数据线上的数据写入所指定的单元。

思考与练习

1．将下列二进制数转换为十进制数。

（1）11011110B （2）01011010B （3）10101011B （4）1011111B

2．将上题中各二进制数转换为十六进制数。

3．将下列各数转换为十六进制数。

（1）224D （2）143D （3）01010011BCD （4）00111001BCD

4．什么是原码、反码及补码？

5．已知原码如下，写出其补码和反码（其最高位为符号位）。

（1）$[X]_{原}$=01011001 （2）$[X]_{原}$=11011011

（3）$[X]_{原}$=00111110 （4）$[X]_{原}$=11111100

6．当计算机把下列数看成无符号数时，它们相应的十进制数为多少？若把它们看成补码，最高位为符号位，那么它们相应的十进制数是多少？

（1）10001110 （2）10110000 （3）00010001 （4）01110101

7．触发器、寄存器及存储器之间有什么关系？

8．三态门有何作用？其符号如何画？

9．除地线公用外，6 根地址线和 11 根地址线各可选多少个地址？

10．存储器分为哪几类？各有何特点和用途？

11．假设有一个存储器，有 4096 个存储单元，其首地址为 0，则末地址为多少？

12．什么是存储单元、位、字节？存储器芯片的容量如何表示？

第3章　计算机基本工作原理

本章将介绍与计算机工作有关的时序、指令系统、CPU 的工作原理及 I/O 接口电路，并通过实例说明计算机执行程序的过程，进而讲解其工作原理。通过本章的学习，可以对计算机的工作概貌有初步了解。

3.1　时序及时钟电路

计算机的时序就是 CPU 在执行指令时各控制信号之间的时间顺序关系。为了保证各部件间协调一致，计算机内部的电路应在唯一的时钟信号控制下严格按时序同步工作。时钟电路用于产生计算机所需要的时序信号，不同的计算机，其时钟电路的运行速度有很大差别。

3.1.1　时序及有关概念

CPU 执行指令的一系列动作都是在统一的时钟脉冲控制下一拍一拍进行的，这个脉冲是由计算机控制器中的时序电路发出的。为了便于对 CPU 时序的理解，在此以比较简单易懂的 80C51 系列单片机为例进行分析。在计算机中通常按指令的执行过程规定了几种时序定时单位，即时钟周期、状态周期、机器周期和指令周期，下面分别予以说明。

1）时钟周期

在计算机中有一个按照一定频率产生的时钟脉冲信号，此频率即计算机的时钟频率，也称为主频率，简称主频。时钟周期定义为主频的倒数，它是计算机中最基本的、最小的时间单位，也可以称为振荡周期，在图 3.1 中即一个节拍（P）的时间。在一个时钟周期内，CPU 仅完成一个最基本的动作。时钟周期由计算机的主频决定。例如，如果某种计算机采用 1 MHz 的主频，则时钟周期为 1 μs；若采用 4 MHz 的主频，则时钟周期为 250 ns。由于振荡脉冲是计算机的基本工作脉冲，它控制着计算机的工作节奏（使计算机的每一步都统一到它的步调上）。显然，对同一机型的计算机，主频越高，计算机的工作速度就越快。但是，由于不同的计算机的硬件电路和器件不完全相同，其所要求的主频范围也不一定相同，所以主频是不能随意提高的。例如，AT89S 系列单片机的主频范围是 0～33 MHz。80C51 系列其他型号单片机的主频范围不完全相同，在使用时需要注意。而微型计算机中的微处理器的时钟周期，用户只需要在购买时考虑，在使用计算机编程时一般不需要再考虑。

2）状态周期

在 80C51 系列单片机中把一个时钟周期定义为一个节拍，用 P 表示；两个节拍定义为一个状态周期，用 S 表示，由图 3.1 可以看出它们之间的关系。在大多数计算机中没有采用这个单位。

3）机器周期

在计算机中，为了便于管理，常把一条指令的执行过程划分为若干个阶段，每一阶段完成一个基本操作，如取指令、存储器读、存储器写等。完成一个基本操作所需要的时间称为机器周期。一般情况下，一个机器周期由若干个状态周期组成。例如，80C51 系列单片机的一个机器周期由 6 个状态周期组成。在微型计算机中机器周期也称为总线周期。

4）指令周期

指令周期是执行一条指令所需要的时间，一般由若干个机器周期组成。指令不同，所需的机器周期数也不同。对于一些简单的单字节指令，在取指令周期中，指令取出到指令寄存器后，立即译码执行，仅用一个机器周期即可完成。对于一些比较复杂的指令，如转移指令、乘/除指令，则需要两个或者两个以上的机器周期才能完成。

下面以 80C51 系列单片机为例，说明时钟周期、状态周期、机器周期、指令周期之间的时序关系。如图 3.1 所示，选用的是两个机器周期的指令。一个指令周期包括若干个机器周期，一个机器周期又包括若干个时钟周期。图 3.1 中还标明了 CPU 取指令和执行指令的时序。

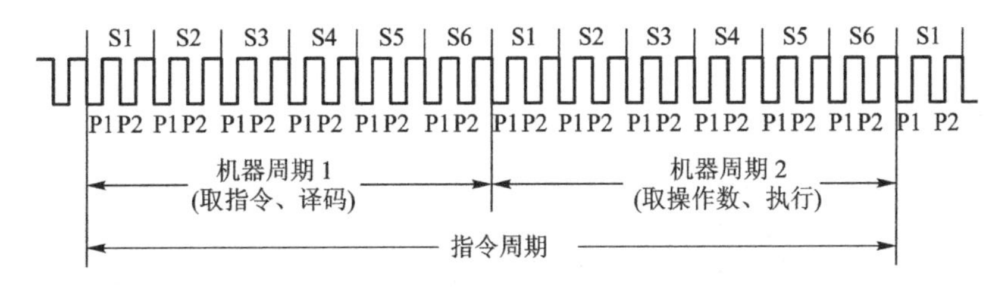

图 3.1　80C51 系列单片机的基本定时时序关系

通常，包含一个机器周期的指令称为单周期指令，包含两个机器周期的指令称为双周期指令，目前的发展趋势是尽可能都精简为单周期指令。在此仅说明 CPU 是如何按照这种时序有条不紊地控制指令执行的。

注意，不同计算机的时序关系一般是不完全相同的，对于复杂指令集计算机，由于指令的字节数不同，取这些指令所需要的时间就不同，即使是字节数相同的指令，由于执行操作有较大差别，不同指令的执行时间也不一定相同。例如，每个指令周期包含的机器周期数、每个机器周期包含的时钟周期数都可能不同。但采用精简指令系统的单片机或者微型计算机已经没有机器周期、状态周期等时序单位了，它的时序单位只有一个，即时钟周期。它执行一条指令所需要的时间就是一个时钟周期，所以在相同的运行速度下可大大降低时钟频率，也即在相同的时钟频率下可大大提高运行速度。

3.1.2　振荡器和时钟电路

要给 CPU 提供上述时序需要有相关的硬件电路，即振荡器和时钟电路，这是计算机工作的必备电路。通常微型计算机的振荡器和时钟电路是厂商安装好的，用户不需关心，但在单片机中要形成时序电路，外部有时还需附加电路，或者要配置晶振及附加电容等（详见第 2 篇）。但是，也有少数单片机在其内部已经配置了振荡器和时钟电路，不过这种内部配置的时钟电路的时间精度都不够高。

3.2　指令与程序概述

计算机的指令与程序是计算机所有软件的基础，不管是单片机中的应用软件还是微型计算机中的各种软件都是依据机器的指令系统采用各种计算机语言编制而成的。

3.2.1 指令系统简介

指令是指挥计算机执行某种操作的命令，CPU 就是根据指令指挥和控制计算机各部分协调动作，完成规定的操作的。指令是由二进制代码表示的，通常指令包括操作码和操作数两部分，操作码规定操作的类型，操作数给出参加操作的数据或存放数据的地址（只有少数指令是没有操作数的）。计算机能够执行的各种指令的集合称为指令系统。指令系统的性能与计算机硬件系统密切相关，不同的计算机，指令系统不完全相同。

计算机的主要功能是由指令系统来体现的。一般计算机的指令系统功能越强，寻址方式越多，且每条指令的执行速度越快，则它的总体功能越强。

不同种类的计算机，指令系统一般是不同的，但 Intel 系列微处理器的指令系统是向下兼容的，且由 Intel 公司研发的 80C51 系列单片机及其兼容产品的指令系统完全相同，其指令系统在功能与形式上也与 Intel 系列的微处理器的指令系统有很多相似之处。

3.2.2 程序设计语言

程序是根据任务要求编排的有序指令集合，程序的编制称为程序设计。

程序设计语言是用来编写程序的语言，是一种人和计算机之间交换信息的工具。只有按工作需求将指令编排为一段完整的程序，才能完成某一特定任务。计算机是按照给定的程序，逐条执行指令，完成某项规定的任务的。因此，要使用计算机，首先必须编写出计算机能执行的程序。

计算机能执行的程序，可以用很多种程序设计语言来编写，但从语言的结构及其与计算机的关系来看，程序设计语言可分为机器语言、汇编语言和高级语言三大类。

1）机器语言

机器语言是一种用二进制代码 0 和 1 表示指令和数据的最原始的程序设计语言。因为计算机只能识别二进制代码，所以机器语言与计算机的关系最为直接，计算机能够立即识别机器语言，并加以执行，响应速度最快。但对于使用者来说，用机器语言编写程序非常烦琐、费时，且不易看懂、不便记忆，容易出错。为了克服这些缺点，才产生了汇编语言和高级语言。

2）汇编语言

汇编语言是一种用助记符来表示的面向计算机的程序设计语言。不同的计算机所使用的汇编语言一般是不同的，这种语言比机器语言直观、易懂、易用、易于记忆，指令中的操作码和操作数也容易区分。

用汇编语言书写程序确实比用机器语言方便，但计算机不能直接识别汇编语言，所以程序不能执行，故用汇编语言编写的源程序，在交由计算机执行之前，必须将它翻译成机器语言程序，这一翻译过程称为汇编。汇编是由专门的程序来进行的，这种程序称为汇编程序（不同指令系统的汇编程序不同）。汇编程序可以把用汇编语言编写的源程序翻译成由机器语言表示的目的程序（也称目标程序）。源程序、汇编程序和目的程序之间的关系如图 3.2 所示。

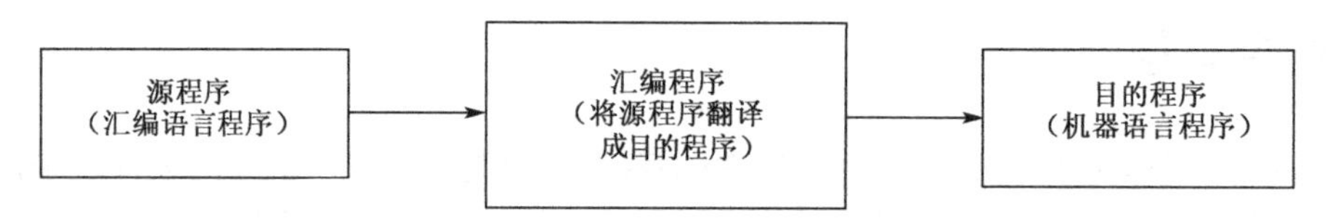

图 3.2　源程序、汇编程序和目的程序之间的关系示意图

第 7 章所举各例均为汇编语言程序，显然汇编语言比机器语言前进了一大步。因为汇编语言和机器语言一样是面向机器的，所以汇编语言能把计算机的工作过程刻画得非常精细而又具体。这样可以编制出结构紧凑、运行时间精确的程序，所以汇编语言非常适合于实时控制的场合。但是用汇编语言编写和调试程序的周期较长，程序可读性较差，因而对实时性要求不高的情况，最好使用高级语言。

3）高级语言

高级语言是一种面向过程而独立于计算机硬件结构的通用计算机语言，如 C、FORTAN、PASCAL、C++、Java 等，这些语言是参照数学语言而设计的近似于日常会话的语言。使用高级语言编程，用户不必了解计算机的内部结构，因此，高级语言比汇编语言更易学、易懂，而且通用性强，高级语言程序易于移植到不同类型的计算机上。

高级语言不能被计算机直接识别和执行，需要翻译为机器语言才可以。这一翻译工作通常称为编译或解释，进行编译或解释的程序称为编译程序或解释程序。

高级语言的语句功能强，高级语言的一条语句，往往需要多条指令来完成其功能，因而用于翻译的程序要占用较多的存储空间，而且执行时间长，且不易精确掌握，故在高速实时控制中一般是不适用的。

综上所述，三种语言各自的特点是显而易见的。因为本书介绍的是单片机与微型计算机的基础知识，要想深入理解和掌握单片机及微型计算机的硬件结构，首先应该打下扎实的汇编语言基础，再学习相关高级语言等。

3.3 CPU 的工作原理

在计算机的工作中起关键作用的是 CPU，CPU 主要由运算器和控制器两大部分组成。控制器根据指令码产生控制信号，使运算器、存储器、I/O 端口之间能自动协调地工作；运算器用于进行算术、逻辑运算及位操作处理等。本节内容可参考图 3.3 和图 13.1。

3.3.1 控制器

控制器是用来统一指挥和控制计算机工作的部件，它的功能是从存储器中逐条取指令，对指令进行译码，并通过定时和控制电路，在规定的时刻发出各种操作所需的全部内部控制信息及 CPU 外部所需的控制信号，使各部分按照一定的节拍协调工作，完成指令所要求的各种操作。它由指令部件和操作控制部件两部分组成。

1. 指令部件

指令部件是一种能对指令进行分析、处理和产生控制信号的逻辑部件，也是控制器的核心。不同 CPU 的内部组成不完全相同，但主要部件是相似的。通常，CPU 由程序计数器、指令寄存器、指令译码器等组成。

1）程序计数器

在一般的 8 位单片机中，程序计数器（Program Counter，PC）是用于存放和指示下一条要执行指令地址的寄存器。它是一个 16 位专用寄存器，由两个 8 位寄存器 PCH（存放地址的高 8 位）和 PCL（存放地址的低 8 位）组成。它有自动加 1 的功能，当一条指令（确切地说是指令字节）按照程序计数器所指向的地址从存储器中取出之后，程序计数器就会自动加 1。

由于在单片机中取指令的操作是以字节为单位进行的(80C51系列单片机中的指令长度一般为1～3字节)，因而程序计数器在自动加至该指令字节个数后，才指向下一条将要执行的指令地址，如果指令大于1字节，则指向的是下一条指令的第1字节。程序计数器是维持单片机有秩序地执行程序的关键寄存器。计算机执行程序的过程是把存储器内的指令依次取到指令寄存器里进行识别，然后执行指定的操作。要取的指令地址码就是由程序计数器提供的，程序计数器可保证程序中的指令按顺序执行。如果要求不按顺序执行指令，例如，想要跳过一段程序再执行指令，这时可通过执行一条跳转指令或调用指令，将要执行的指令地址送入程序计数器，取代原有指令地址，来实现程序的跳转或调用。

在微型计算机所采用的16位以上的微处理器中，预取指令的当前代码段偏移地址存放在指令指针寄存器（Instruction Pointer，IP）中，CPU从代码段中偏移地址为IP的内存单元中取出1字节指令地址的代码后，IP自动加1。代码段的实际物理地址是通过代码段寄存器CS与IP共同形成的。CS与IP的关系详见第13.1节。

2）地址寄存器

地址寄存器用于保存当前要访问的存储器或I/O外设的地址。程序计数器中的地址值送入地址寄存器中保存，直至读/写操作完成。

3）指令寄存器

指令寄存器用于暂时存放指令，等待译码，其位数与计算机位长相同。

4）指令译码器

指令译码器用于对送入指令译码器中的指令进行译码。所谓译码，就是把指令转变成执行此指令所需要的电信号，CPU 根据指令译码器输出的信号，控制电路定时地产生执行该指令所需的各种控制信号，使计算机正确执行程序所要求的各种操作。

2. 操作控制部件

操作控制部件与时序信号相配合，把指令译码器输出的信号转变为执行该指令所需的各种微命令，以完成要求的操作。该部件也可以处理外部输入的信号，如复位、中断源等信号。

3.3.2 运算器

运算器是对数据进行算术运算、逻辑操作和位运算的执行部件，主要包括算术/逻辑部件、累加器、暂存器、寄存器、BCD 码运算调整电路等。本节简要介绍其中几个部件，后续章节将进行更全面的介绍。

1）算术/逻辑部件

算术/逻辑部件（Arithmetic and Logic Unit，ALU）由加法器和其他逻辑电路（移位电路、判断电路等）组成。在控制信号的作用下，它能完成算术加、减、乘、除，逻辑与、或、异或等运算及循环移位操作、位操作等功能。ALU 的运算结果将通过数据总线送到累加器，同时影响程序状态字寄存器（PSW）的有关标志位。

2）暂存器

暂存器用于暂存进入ALU之前的数据，这些数据来自寄存器、立即数、直接寻址单元及内部RAM，此外，还可以暂存累加器中的数。不同CPU中暂存器的数量不完全相同。暂存器不能通过编程访问，设置暂存器的目的是暂时存放某些中间过程产生的信息，以避免破坏通用寄存器中的内容。

3）寄存器

为了提高数据处理速度和增加 CPU 的管理功能，片内增加了一个通用寄存器组和一些专用寄存器。根据在计算机中的作用不同，寄存器被赋予了不同的名称。专用寄存器的作用一般是固定的，通常在这些寄存器中存放着一些控制信息，或者是一些专门的参数，用于管理某些功能部件（详见第 5 章、第 13 章）。通用寄存器组类似 CPU 中的 RAM，可由编程者规定其用途，在需要重复使用某些操作数或者中间结果时，就可将它们暂时存放在这些寄存器中，避免频繁访问存储器，这样加快了 CPU 的运算速度，也给用户带来方便。不同的计算机，专用寄存器的作用与数量是不同的，通用寄存器的数量与位数也不完全相同。

CPU 正是通过对这几部分硬件的控制与管理，使计算机完成指定的任务。

3.4 计算机原理简介

对大多数计算机用户来说，并不需要十分详细地了解计算机内部结构中的具体电路。但为了便于对后面章节的学习和理解，需要读者清楚计算机的工作原理。计算机是通过执行程序工作的，执行不同的程序就能完成不同的任务，因此，计算机执行程序的过程实际上也体现了计算机的工作原理。

3.4.1 计算机的工作原理和工作过程

1946 年冯·诺依曼提出的计算机的工作原理概要即，在计算机工作前必须事先编制好要求计算机完成某种功能的相应程序，然后通过输入设备将程序和数据（均为二进制形式）存放到计算机内部的存储器中，计算机中的控制器根据存放在存储器中的指令序列（程序）自动工作，并由一个程序计数器控制指令执行的顺序。在程序中指令的控制下逐步进行处理，完成指令要求的操作，直到程序执行结束，通过输出设备输出结果。

计算机的工作过程实质就是存储程序、执行程序的过程，即逐条执行指令的过程。计算机执行指令的过程可分为三个阶段，即取指令、译码分析指令和执行指令。

取指令阶段的任务：根据程序计数器中的值，从程序存储器中读出当前要执行的指令，并将其送到指令寄存器。然后程序计数器自动加 1，指向本指令的下一字节地址，或者下一条指令地址。

译码分析指令阶段的任务：将指令寄存器中的指令操作码取出后进行译码，分析指令要求实现的操作的性质，如是执行传送还是加/减等操作。

执行指令阶段的任务：执行指令要求的操作。例如，对于带操作数的指令，在取出操作码之后，再取出操作数，然后按照操作码的性质对操作数进行操作。

大多数 8 位单片机取指令、译码分析指令和执行指令这三步是按串行顺序进行的，32 位/64 位计算机的这三步也是不能缺少的，但 32 位/64 位计算机采用预取指令的流水线方法操作，有些 32 位/64 位计算机采用精简指令系统，均为单周期指令，它允许指令并行操作。例如，在第 1 条指令取出后，开始译码的同时，就取第 2 条指令；在第 1 条指令开始执行，第 2 条指令开始译码的同时，就取第 3 条指令，如此循环，从而使 CPU 在同一时间可以对不同指令进行不同的操作。这样就实现了不同指令的并行处理，显然这种方法大大加快了指令的执行速度。

计算机执行程序的过程实际上就是对指令逐条重复上述操作过程，直至遇到停机指令（80C51 系列单片机没有专门的停机指令）或循环等待指令。

3.4.2 程序执行过程举例

为便于了解计算机执行程序的过程，在此介绍单片机执行一条指令的过程。图 3.3 是在第 5 章图 5.2 的基础上予以简化和提炼而成的一个内部结构简图，图中所画部件均与指令运行过程直接相关，图中大部分功能前面已说明，在此不赘述。另外，图 5.2 中的 I/O 接口、中断系统等部分因与指令执行无关，在图 3.3 中没有画出，图 3.3 中 ACC（Accumulator）为累加器，指令助记符常简写为 A，是一个非常重要的寄存器。

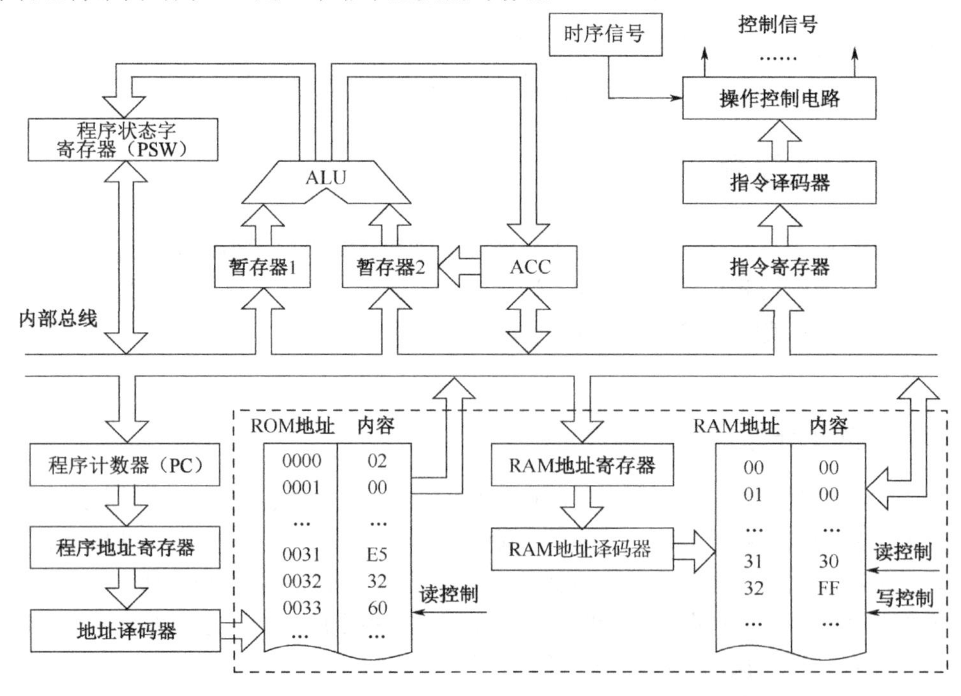

图 3.3 单片机内部结构简图

一般微型计算机工作时，首先要把程序和数据从外部设备（如光盘、磁盘等）输入微型计算机内部的存储器，然后逐条取出执行。单片机中的程序一般事先已固化在程序存储器中，因此单片机执行程序时，必须把程序指令按一定顺序从程序存储器的存储单元中取出。每个存储单元都有称为地址的固定编号，只要给出地址，就能访问相应的存储单元。因而单片机上电后，即可执行指令。

下面以单片机执行一条指令的过程为例，简要说明计算机的工作过程。

假设准备执行的指令是“MOV A, 32H”，这条指令的作用是把片内 RAM 32H 单元（参考图 3.3）中的内容 FFH 送入累加器 ACC 中。这条指令存放在程序存储器 ROM 的 0031H 和 0032H 单元，这条指令的机器码（计算机能识别的数字）是“E5H, 32H”，存放形式如图 3.3 所示。复位后单片机在时序电路作用下自动进入执行程序的过程。执行过程实际上就是单片机取指令（取出程序存储器中事先存放的指令阶段）和执行指令（分析执行指令阶段）的循环过程。

为便于说明，现在假设程序已经执行到 0031H，即程序计数器中的内容变成 0031H。在 0031H 单元中已存放 E5H，0032H 单元中已存放 32H。当单片机执行到 0031H 时，首先进入取指令阶段，然后进行译码分析和执行指令。其执行过程如下：

（1）将程序计数器中的内容（此时是 0031H）送到程序地址寄存器。

（2）程序地址寄存器中的内容（0031H）通过地址译码电路（地址译码器）选中地址为 0031H 的单元。

（3）CPU 使读 ROM 的控制线有效。

（4）在读命令控制下，选中 ROM0031H 单元的内容（此时应为操作码 E5H）并将其送到内部数据总线上，该内容通过数据总线被送到指令寄存器，因为这个 E5H 是操作码，经过指令译码器译码后操作控制电路就会知道该指令是要把一个数（FFH）送到累加器 ACC 中，而该数存储在片内 RAM 的 32H 单元中。

（5）程序计数器中的内容自动加 1（变为 0032H），0032H 被送入程序地址寄存器，通过地址译码电路（地址译码器）选中地址为 0032H 的单元，当读 ROM 的控制线有效时，地址 0032H 中的内容 32H 被取出（参考图 3.3）。经译码后，操作控制电路使操作数 32H 进入 RAM 地址寄存器。

（6）指令译码器结合时序信号，产生 E5H 操作码的微操作，使 RAM 地址译码器选中 RAM 的 32H 单元，同时使读 RAM 的控制线有效，从而数据 FFH 从 RAM 的 32H 单元读出，然后使取出的数据（FFH）经内部数据总线进入累加器 ACC。

至此，一条指令执行完毕。

程序计数器在 CPU 每次向存储器取指令或取数时都自动加 1，此时程序计数器中的内容变为 0033H，指向下一条指令地址。单片机又进入下一个取指令阶段。这一过程一直重复下去，直到收到暂停指令或循环等待指令才暂停。CPU 就是这样一条一条执行指令，完成指令所要求的功能。这就是单片机执行程序的基本工作过程。

不同计算机的指令类型、功能及执行时间是不完全相同的，因此，其执行的具体步骤和涉及的硬件部分也不完全相同，但它们执行指令的三个阶段是相同的，且执行原理也是相似的，限于篇幅，不再一一列举。

读者通过对后面章节单片机及微型计算机不同指令系统的学习，将能逐渐了解每条指令的作用及执行过程，从而能更透彻地理解计算机的工作原理。

3.5 输入/输出接口概述

在计算机应用系统中通常需要配置能实现人机对话功能的外设，例如，常用的输入设备有键盘、鼠标等；常用的输出设备有显示器、打印机等。通常各种外设与计算机在传输速率、信号类型、信号电平和传输格式等方面是不完全相同的。为解决计算机与外设之间以及计算机之间连接与数据通信的硬件及软件问题设计了 I/O 接口电路，所以，I/O 接口电路是 CPU 与外设连接的纽带，用于协调它们之间的工作，要理解计算机的全部工作，必须理解它的 I/O 接口电路。

3.5.1 输入/输出接口的功能

输入/输出接口简称 I/O 接口，是用于解决计算机与外设之间数据传输（或者称为通信）问题的，通常应该具有如下几个基本功能。

1）信号形式的变换

信号形式的变换是指把各种非数字信号（这些信号可以是开关量、模拟电压量及脉冲信号等）转换为计算机能识别的统一的二进制数字信号。

2）电平转换

计算机内部通常采用的电平范围是0～5V（目前，在一些单片机中甚至可以是0～2V），而外设的电平通常并不完全符合要求，所以需要有电平转换功能的外设或者器件。

3）数据传输格式转换

外设传输的数据格式可能是并行的，也可能是串行的，此时需要I/O接口电路把CPU输出的并行数据转换成串行数据，或者把外设输入的串行数据转换成并行数据。

4）锁存与缓冲

由于CPU与外设（I/O设备）在时序上通常不匹配，因而在工作时一般不同步，于是通过在I/O接口电路中设置锁存器与缓冲器，使CPU在执行输出指令时把数据放入锁存器，以后外设可按自己的时序从锁存器取得数据。

对于外设准备输入到CPU中的数据，可以先送到三态缓冲器的输入端，等CPU执行输入指令时，缓冲器中的数据就通过数据总线进入CPU。

5）可编程功能

为了适应外设的不同情况与功能要求，有些I/O接口电路具有可编程功能，这种接口电路可以通过计算机指令来设置不同的工作方式，完成不同的功能。通常在这种I/O接口电路芯片中都有控制寄存器、程序状态字寄存器和数据寄存器。早期各芯片厂商设计了多种通用I/O接口电路芯片。例如，可编程并行接口Intel 8255A芯片、串行接口Intel 8250芯片及计数定时器Intel 8253/4芯片等，这些芯片的功能现在多数已经整合到多功能芯片中。

6）地址译码及外设选择

CPU通过译码电路可以选择I/O接口芯片，同时通过该芯片选择不同的外设。

以上所述是I/O接口电路的主要功能。此外，有些I/O接口电路还具有对外部信号放大和缩小的功能。注意，并不是所有的接口电路都同时具有上述功能。例如，最简单的接口芯片可能只具有锁存或者缓冲功能，有的可能只具有数据传输格式转换功能等。所以，在选择I/O接口电路时要具体问题具体分析。

3.5.2 输入/输出接口电路的组成

由于接口电路是CPU与外设或者其他计算机间的一个纽带，因此，接口电路应能对CPU发来的地址信息进行译码，能接收CPU发来的控制命令，能传递外设的状态及实现CPU和外设之间的数据传输等。

接口电路的基本组成示意图如图3.4所示，图中的DB、AB、CB分别是数据总线、地址总线和控制总线。对于有中断功能的接口芯片，还应有中断请求和中断响应线。地址译码电路主要用于对CPU的地址信号进行译码，实现对图中端口的寻址，控制逻辑电路主要用于接收CPU的读/写控制信号，以实现对各端口的读/写操作。I/O端口通常是一个可以由CPU直接访问的寄存器，它可分为控制端口、数据端口和地址端口，端口一般以字节为单位组织。例如，控制端口、数据端口和地址端口各 1 字节，也可以用两个地址相邻的 8 位端口构成一个 16 位的端口。

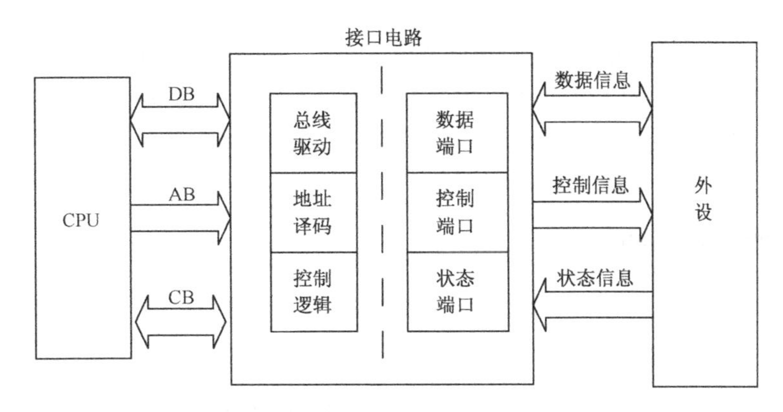

图 3.4　接口电路的基本组成示意图

（1）数据端口（缓冲器）。数据端口是 CPU 与外设之间传输数据的中转站，一般具有锁存和三态缓冲功能，是接口中最主要的部分。数据端口根据需要，可能是单向输出、单向输入或者是双向的，通常包括数据输入寄存器和数据输出寄存器。前者用来暂时存放从外设送来的数据，以便 CPU 将它取走；后者用来存放 CPU 送往外设的数据，以便外设取走。

（2）控制端口。CPU 通过控制端口发出对外设的控制命令，这些控制命令的作用包括设置接口的工作方式、工作速度，指定某些参数及功能。控制端口一般具有锁存功能。

（3）状态端口。该端口用于保存外设的当前状态信息，如忙、闲状态，准备就绪状态等，以供 CPU 查询、判断。状态端口是只读端口，一般包含三态缓冲器。

以上三种端口均可由程序进行读/写，类似于存储器单元，所以，又称它们为可编程的 I/O 端口，统称为端口（Port）。通常由系统给它们分配一个地址码，称为端口地址。CPU 访问外设就是通过寻址端口来实现的。

通常为使用方便，把接口电路做成各种不同功能的接口芯片，这些接口芯片从简单到复杂，功能差别很大，并非所有的接口芯片都同时具有数据端口、状态端口和控制端口功能，也不是都具有可编程功能。例如，最简单的接口芯片可能只有数据端口和片选线，而有些具有中断功能的接口芯片可能需要多个中断控制端口，必须通过编程实现对不同端口的管理。在单片机中通常把常用的一些接口电路集成到芯片中，当这些接口电路功能不够用时，才扩展其他接口芯片，而在微型计算机中已经把大部分接口电路都集成到控制芯片组中，具体实例见后续章节。

3.5.3　输入/输出端口的编址

为了识别不同的 I/O 端口，计算机给接口电路中的每个端口都分配一个端口地址。因此，CPU 在访问这些端口时，只需指明端口地址。这样，在 I/O 程序中只看到访问端口，而看不到寄存器。这也说明 CPU 的 I/O 操作就是对 I/O 端口的操作，而不是对外设的直接操作。I/O 端口通常有两种编址方式，即统一编址和独立编址。

1）统一编址

统一编址方式也称为存储器映像方式，是从存储器空间划出一部分地址给 I/O 端口。I/O 端口空间就是存储空间的一部分，把一个 I/O 端口看成一个存储单元。采用 I/O 端口和存储器统一编址的 CPU，所有访问存储器单元的指令都可用来访问端口，没有设置专门的 I/O 指令，但这种方式占用存储器地址空间。例如，Intel 公司的 80C51 系列单片机就采用这种编址方式。

2）独立编址

I/O 端口独立编址是指 I/O 端口和存储器单元各占一块空间，各自单独编址。在此方式下，CPU 的指令系统中设置了访问 I/O 端口的专用指令，在 CPU 执行这些指令时，会产生专门的选通信号，确定地址总线上传送的是 I/O 地址还是存储器地址。例如，Intel 公司的系列微处理器都采用这种编址方式。

3.5.4 输入/输出接口的分类

I/O 接口根据信号特点、传输形式及控制方式等，主要可以分为如下三类。

1）按照传输数据的方式分类

计算机与外界的信息交换称为通信，在计算机中传输数据（通信）的基本方式可以分为并行通信和串行通信两类，与之对应的接口就是并行接口和串行接口两类，这是常见的一种分类方法。通信的基本方式及并行接口与串行接口的详细内容见 3.7 节。

2）按照传输信号分类

因为外界信号通常可分为数字量与模拟量两大类，所以接口电路也相应分为两类：数字量信号通过数字量接口可以直接与计算机通信；模拟量信号在输入计算机时必须先经过 A/D 转换电路形成计算机能识别的数字量。当需要由计算机输出一个模拟信号时，必须经过 D/A 转换电路才能实现（详见第 2 篇）。

3）按照传输控制方式分类

传输控制方式指计算机是如何控制数据在计算机与外设之间传输的，通常可分为程序控制方式、中断方式和直接存储器存取方式（详见 3.6 节）。

此外，还可以按照接口的总线标准、时序控制方式或者几种分类方法相结合的方法分类。

3.6 输入/输出的控制方式

输入/输出的控制方式是指在计算机和外设数据端口之间传送数据的方式。计算机外设种类繁多，其工作原理与性能也有较大差别，因而要求 CPU 对不同外设接口采用不同的控制方式，下面简要介绍这几种方式。

3.6.1 程序控制方式

程序控制方式是指通过计算机中编写的程序控制计算机与外设之间的数据传输，它又分为直接传送方式与查询方式，下面分别予以介绍。

1）直接传送方式

直接传送方式又称为无条件传送方式，指 CPU 在需要和数据端口进行数据传送时，直接对其发出 I/O 指令，即 CPU 认为数据端口和自己完全同步，它要求外设（例如，开关、发光二极管及扬声器等）时刻处于就绪状态，CPU 可用输出接口驱动它们，不需要判断它们的状态。以上传送过程没有不协调的可能，所以也称为同步传送或无条件传送。

直接传送方式由 CPU 直接对数据端口发出一条 I/O 指令启动并完成，其接口也最简单，只需要数据端口，但其应用范围有局限性。

2）**查询方式**

查询方式是指在进行 I/O 操作时，由 CPU 先输入外设状态端口信号，在外设准备好传送数据时，会发出“准备好”信号，CPU 查询状态信号并确认外设准备好后再传送数据。这些“准备好”信号一般由外设自己发出，由 CPU 完成传送后清除。由于外设的速度相对较慢，所以这种方式效率很低。

3.6.2 中断方式

程序控制方式中，由 CPU 作为主动的一方去控制管理外设，这种方式虽然简单，但适用范围有限，且查询方式效率较低，不能满足高速 CPU 的要求，因此在实时性要求较高的计算机系统中常采用中断方式（详见第 4 章）控制 I/O 操作。典型的中断方式由需要执行传送的外设主动发起。当某个外设需要传送数据时，先向 CPU 发出中断申请信号。CPU 完成当前指令后，响应申请，转去执行中断服务程序。在中断服务程序中完成 I/O 数据传送，然后返回被中断的例行程序继续执行。

采用中断方式传送数据提高了效率，消除了查询方式中的等待时间，CPU 对外设的请求响应较快，因此中断方式得到广泛应用。但响应后数据的传送还是依靠 CPU 执行中断服务程序完成，其速度仍受到软件的限制。

3.6.3 直接存储器存取方式

以上两种传送方式都需要 CPU 参与数据传送，当传送数据量较大，而接收数据的外设速度较慢时要占用 CPU 的很多工作时间。例如，在磁盘与内存储器之间传送数据时，希望 CPU 不参与其中，让外设与内存储器之间直接进行传输，这就是直接存储器存取（Direct Memory Access，DMA）方式。这种方式不需要 CPU 干预传输操作，而是利用系统的数据总线，由 DMA 控制器直接在外设和存储器之间进行读出、写入操作，可以达到极高的传送速率，因而越来越广泛地用于高速外设的接口。现在也实现了存储器与存储器之间、外设与外设之间的 DMA 传输。这种方式早期只用于微型计算机系统，后来配备了 DMA 控制器的单片机也实现了这种方式。

1）**DMA 控制器的基本功能**

通用的可编程 DMA 控制器应具有以下功能：

（1）可编程设定 DMA 的传输模式、所访问的内存地址及其字节数。

（2）对外设的 DMA 请求，可编程进行屏蔽或允许，当有多个外设同时请求时，还要进行优先级排队，首先接受最高优先级的请求。

（3）向 CPU 转达 DMA 请求，发出总线请求信号（HRQ）。

（4）接收 CPU 的总线响应信号（HLDA），并接管总线控制权。

（5）向被响应的外设转达 DMA 允许信号（DACK），接着在 DMA 控制器的管理下，实现该外设和由地址指定的存储器之间的数据直接传送。

（6）在传送过程中进行存储器的地址修改和字节计数。在传送完要求的字节数后，发出结束信号（EOP），撤销总线请求，于是 CPU 收回总线的控制权，继续执行指令。

总结以上功能，DMA 控制器一方面可以接管总线，直接在外设和存储器之间进行读/写操作，就像 CPU 一样成为总线的主控器件，这是它与其他 I/O 控制器的根本不同之处；另一方面，作为一个可编程 I/O 部件，其 DMA 控制功能正是通过初始化编程来设置的。当 CPU 用 I/O 指令对 DMA 控制器写入或者读出时，它又和其他 I/O 电路一样成为总线的从属器件。

直接存储器存取方式既由硬件请求信号启动，又由硬件 DMA 控制电路完成数据传送，整个过程完全由硬件实现，没有软件参与，所以传送速率非常高。

2）DMA 传送的工作原理

DMA 控制器是一种专用的 DMA 控制电路，具有独立的控制三大总线访问存储器和 I/O 接口的能力。图 3.5 是 DMA 传送的工作原理图，其传送过程简要说明如下。

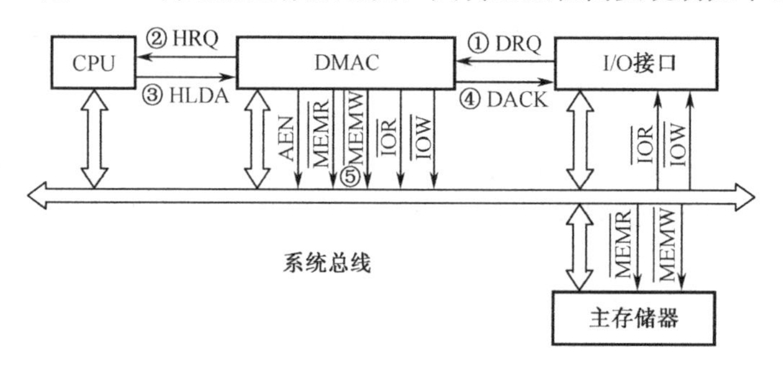

图 3.5 DMA 传送的工作原理图

当某个外设需要传送数据时，首先对 DMA 控制器进行初始化设置，然后该外设通过 I/O 接口向 DMA 控制器（DMAC）发出 DMA 请求信号（DRQ），DMAC 发出总线请求信号（HRQ），该信号输入 CPU 的总线保持请求输入端 HOLD（图中没有标注）。CPU 响应后，暂停正在执行的当前指令（例行程序中的某条指令），发出总线响应信号（HLDA）通知 DMAC 并交出总线的控制权，由 DMAC 接管总线。

DMAC 接管总线后向 I/O 接口发出 DMA 允许信号（DACK），然后发出 AEN 信号（该信号是 DMA 地址允许信号），当此信号有效时，允许 DMAC 向 I/O 接口和主存储器发出地址信号，而禁止 CPU 接管系统总线。此后 DMAC 再发出要访问的主存储器地址及读控制信号、写控制信号 $\overline{\text{MEMR}}$ 、$\overline{\text{MEMW}}$ ，同时对该外设的数据端口发出写控制信号 $\overline{\text{IOW}}$ 、读控制信号 $\overline{\text{IOR}}$ ，使主存储器和外设直接通过数据总线完成数据传送，不需要 CPU 的控制。

DMAC 还可以进行地址修改和字节计数，在一次请求得到响应后完成一批数据的传送，然后撤销总线请求信号，CPU 收回总线控制权，继续完成被打断的指令。

显然 DMA 传送方式是存储器与外设之间传输速度最快的一种，但这种方式也有一定的局限性，即通常一个 DMAC 只能对一类外设进行控制。对于外设不多的微型计算机系统采用此方法是适合的，但对于大中型的计算机系统采用此方法就不太适合，因为其配置的外设多，CPU 的任务重，而使用多种形式的 DMAC 又不经济，这种情况通常采用多处理机的方式。

以上几种控制方式各有利弊，在实际使用时，要根据具体情况，综合考虑硬件、软件方案，选择既能满足要求，又尽可能简单的方式。

3.7 并行通信与串行通信

并行通信与串行通信是计算机中基本的、常用的两种通信方式，不同的通信方式需要选择不同的通信接口，本节介绍这两种通信方式。

3.7.1 基本通信方式简介

基本通信方式有以下两种。

（1）并行通信：所传输数据的各位同时发送或接收。

（2）串行通信：所传输数据的各位按顺序一位一位地发送或接收。

在并行通信中，一个并行数据有多少位二进制数，就需要多少根传输线。这种方式的特点是通信速度快，但所需传输线多，价格较贵，适合近距离传输；串行通信仅需 1～3 根传输线，故在长距离传输数据时，这种方式比较经济，但由于它每次只能传输 1 位二进制数，所以传输速度较慢。图 3.6（a）和（b）所示分别为计算机与外设或计算机之间的并行通信及串行通信的连接方法。在并行通信时两台计算机或者外设中采用并行接口，在串行通信时两台计算机或者外设中采用串行接口。

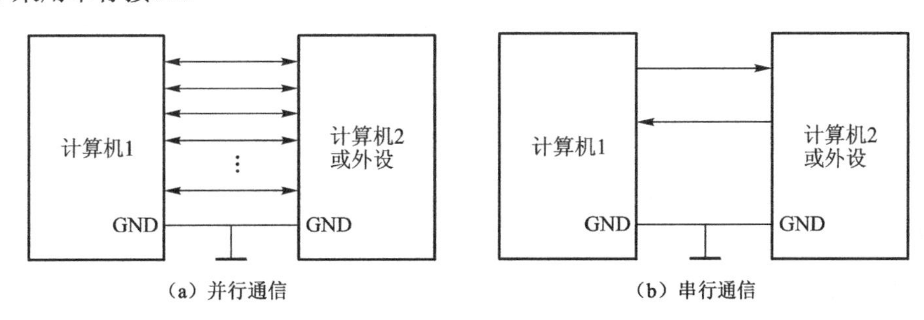

图 3.6 基本通信方式示意图

3.7.2 并行通信

由第 1 章可知，CPU 与计算机主板上的 3 条总线都是并行总线，且计算机内部的数据传输都采用并行数据传输方式，所以并行接口是计算机中最基本、最常用的数据接口。并行接口与其他计算机或者外设之间的连接线主要是双向数据总线，传输的数据宽度通常为 8 位，也可以扩展为 16 位。它不仅可以配合 8 位单片机工作，还可以配合 16 位、32 位、64 位计算机的工作。

1）并行接口的组成

并行接口的组成可以用图 3.4 概括，但实际上不同的接口电路的组成差别很大，通常除了必备的数据线，并不同时具有状态端口和控制端口。此外，并行接口可以是单向输入或者输出接口，也可以是双向接口。例如，显示器的接口属于单向输出接口，而连接磁盘的接口属于双向接口。

2）并行接口的功能

并行接口通常具有如下功能：能实现数据总线与外设或者其他计算机的电气缓冲隔离，锁存系统数据总线上的并行输出数据，协调收发双方的逻辑关系与时间关系。一些特殊的并行接口还具有控制中断传送的功能。

3）并行接口及通信的工作过程

通过并行接口与外界进行数据传输，称为并行通信。并行接口又分为可编程接口与非编程接口。可编程接口的功能与工作方式通过编程设定，不同可编程接口芯片的功能不同，这类接口一般较复杂，但使用起来方便灵活。非编程接口的工作方式与功能由硬件电路决定，这类接口简单，常用于接收开关信号及锁存地址/数据等。

可编程接口的工作控制过程较复杂，在使用前，首先要对该接口芯片进行初始化设置，确定它的I/O方式和功能，设置完毕才可进行I/O通信操作。

在数据输入时，首先要通过并行接口读取外设的工作状态，在外设不忙时，启动外设工作。在外设准备好数据后，向并行接口发出“数据准备好”信号，并行接口将该数据送入数据缓冲区暂存，然后可以通过发出“中断请求”信号通知计算机读取数据，也可以设置状态标志位，由CPU来查询该位，两种方法都可以使计算机执行读取数据命令。

在数据输出时，也要通过并行接口读取外设的工作状态，在外设不忙时，启动外设工作。在外设与并行接口均准备就绪后，可以通过发出“中断请求”信号通知计算机输出数据，也可以设置状态标志位，由CPU来查询该位，然后CPU执行输出数据指令。在外设收到数据后，通常会发出“数据输出应答”信号，并使标志寄存器的相应位清零，完成1次数据通信。

3.7.3 串行通信

串行通信是计算机与外界交换信息的一种基本通信方式。为了实现串行通信，绝大多数计算机都配置了串行接口，串行接口实例见9.2节。本节将介绍串行通信的通信方式、工作原理及数据传输速率等。

1. 通信方式

串行通信的数据是逐位传输的，发送和接收的每一位都具有固定的时间间隔，并且接收方还要确定一个信息组的开始和结束。因此，串行通信对传输数据的格式有严格的规定。不同的串行通信方式具有不同的数据格式，常用的串行通信方式有异步通信和同步通信。

1）**异步通信**（Asynchronous Communication，ASYNC）

异步通信是指在通信的信息流中，字符与字符间的传输是异步的，即字符间传输时间间隔是随机的，不固定的，而在一个字符内各位的时间间隔是固定的，即每个字符内部各位间还是基本同步传输的。异步通信时收、发字符间的同步是依靠通信协议实现的，字符内各位间的收、发同步是依靠收、发时钟实现的。在异步通信中，每接收一个字符，接收方都要重新与发送方同步一次，所以接收端的同步时钟信号并不需要严格地与发送方同步，收、发时钟只需在一个字符内保持同步即可，所以收、发双方在数据传输时没有累积时间误差。这种方式对时间一致性要求不高，进行串行通信的收、发计算机可使用各自独立的时钟，其时钟频率可以不同，传输时将传输速率设置为相同即可，不要求有同步时钟信号。

在异步通信中字符是一帧一帧地传输的。帧定义为一个字符的完整的通信格式，通常也称为帧格式，每个字符都要独立地确定起始位和结束位。常见的帧格式是先用一个起始位0表示字符的开始，然后是5～8位数据，最后是停止位。

图3.7所示是一种11位异步通信的帧格式，图中各位的作用如下所述。

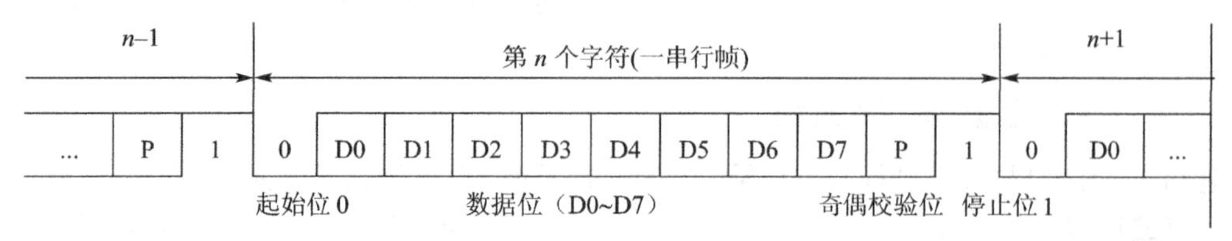

图3.7　一种11位异步通信的帧格式

（1）起始位。通信线上没有数据传输时，保持高电平（逻辑 1），当要发送数据时，首先发送一个低电平（逻辑 0）信号，此信号称为“起始位”，表示开始传输一帧信息。

（2）数据位。起始位之后的位即数据位，通常是 5～8 位（不同计算机的规定不同），图 3.7 所示为 8 个数据位，规定低位在前，高位在最后，即先传输低位。

（3）奇偶校验位。数据位之后的位即奇偶校验位，此位通过对数据奇偶性的检查，来判别字符传输的正确性。它有三种可能的选择，即用于奇校验、偶校验或者无校验，用户可根据需要选择，在有的格式中此位可省略。

（4）停止位。字符的最后一位是停止位，用于表示一帧结束，采用高电平（逻辑 1）。停止位可以是 1 位、1.5 位、2 位，不同计算机的规定有所不同。从起始位开始到停止位结束就构成完整的一帧。

由于异步通信每传输一帧有固定的格式，通信双方只需按约定的帧格式来发送和接收数据，每接收一个字符，接收方与发送方都要重新同步一次，这样传输的数据就没有时间累积误差，通信双方的时钟频率可以不完全一样，只要发送与接收时钟误差在 5%以内就可以正确接收数据，所以硬件结构比同步通信方式简单。异步通信接口的操作不由系统时钟控制，它是在主计算机与从计算机或者 I/O 接口之间采用应答方式传输数据的。双方在数据传输前要发出请求信号和应答信号，在应答之后，才开始传送数据。请求信号和应答信号之间的时间间隔由实际操作时间决定。此外，它还能利用奇偶校验位检测错误，因此，这种通信方式应用较广泛。在早期的单片机通信中主要采用异步通信方式，现在这种方式仍然被普遍使用。

2）同步通信（Synchronous Communication，SYNC）

在同步通信中，信息流中的字符与字符间和字符内部位与位之间都需要有一个同步时钟 CLK 实现同步。在这种方式下可以把许多字符组成一个信息组，也称一帧。数据或字符开始处用同步字符（常约定 1～2 个字符）启动，以实现发送端和接收端同步。一旦检测到约定同步字符，下面就可按顺序连续接收数据，同步通信传输数据的位数几乎不受限制，通常一次通信传输的数据有几十到几千字节。由于发送和接收双方采用同一时钟，所以，在传输数据的同时还要传输时钟信号，以便接收方用时钟信号来确定每个信息位。图 3.8 所示是一种同步通信的帧格式。

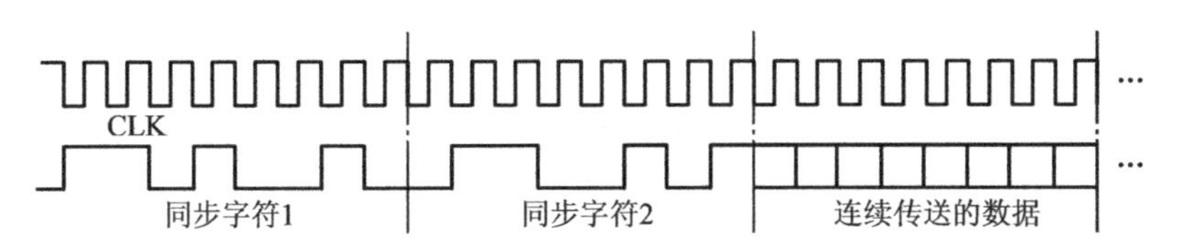

图 3.8　一种同步通信的帧格式

因为同步通信数据块传输时去掉了字符开始和结束的标志，所以其传输效率高于异步通信。但这种方式要求通信时时钟严格保持同步，所以收、发双方必须采用同一个精确的同步时钟控制数据的发送和接收。其发送器和接收器比较复杂，软件编写起来也较复杂。同步通信接口的操作都是在主机的系统时钟控制下进行的，与主计算机的 CPU 节拍同步，它的 I/O 操作周期只能取系统时钟周期的整数倍。

由于这种方式的传输速率较高，也较易于进行串行外围扩展，所以，目前很多型号的单片机都增加了串行同步通信接口，如目前已经得到广泛应用的 I^2C 串行总线和 SPI 串行接口等（详见第 2 篇）。同步通信的数据传输速率一般为 100 b/s～2 Mb/s，同步通信方式及系统时钟不同，传输速率也不同。

2. 串行通信的数据传输速率

传输速率是信息传输快慢的指标。在异步通信中数据传输速率的单位用 b/s 表示，其意义是每秒钟传输多少位二进制数，称为比特率。在二进制的情况下，比特率与波特率（Baud Rate）数值相同，因此，本书在串行通信中就把传输速率称为波特率。

假设数据传输速率为每秒 960 个字符，每个字符由 1 个起始位、8 个数据位和 1 个停止位组成，则其传输速率为

$$10\times960\ \text{b/s}=9600\ \text{b/s}$$

每 1 位的传输时间即波特率的倒数，即

$$T_{\text{d}}=1/9600\ \text{s}=0.104\ \text{ms}$$

异步通信的传输速率一般为 50～9600 b/s，常用于计算机到 CRT 终端及双机或多机之间的通信等。

3. 数据传输方式

在串行通信中，数据是在两机之间传输的。按照数据传输方向，串行通信可分为单工（Simplex）、半双工（Half Duplex）和全双工（Full Duplex）方式，通信方式示意图如图 3.9 所示。

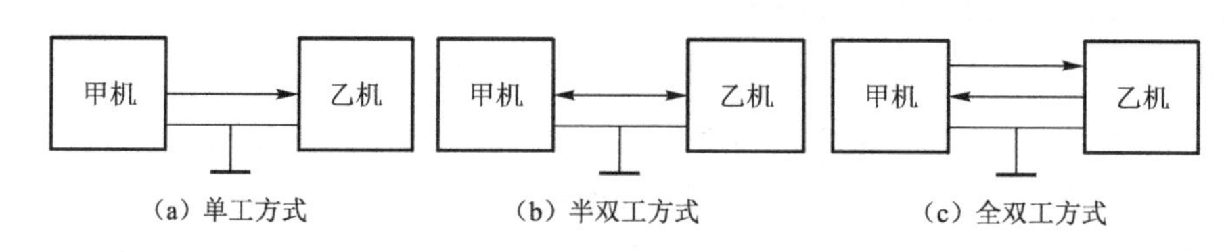

图 3.9　通信方式示意图

1）单工方式

在单工方式下，甲机和乙机之间只允许单方向传输。例如，只允许甲机发送、乙机接收，因而两机之间只需一根数据线。此时甲机称为发送器，乙机称为接收器。

2）半双工方式

在半双工方式下，甲机和乙机之间允许双向传输，但它们之间只有一个通信回路，接收和发送不能同时进行，只能分时发送和接收，即甲机发送、乙机接收，或者乙机发送、甲机接收，因而两机之间只需一根数据线。此时甲机和乙机均称为收发器。

3）全双工方式

在全双工方式下，甲、乙两机之间数据的发送和接收可以同时进行。全双工方式的串行通信必须使用两根数据线。此时甲机和乙机均称为收发器。

4. 通信协议

通信协议是指在计算机之间进行数据传输时的一些约定，包括通信方式、波特率和握手信号的约定等。为保证计算机之间能准确、可靠地通信，无论是同步通信还是异步通信，收、发双方相互之间都必须遵循统一的通信协议。在通信之前一定要先设置好通信协议。

串行接口和并行接口的具体实例见第 10 章。

思考与练习

1．什么是计算机的时序？常见时序定时单位有哪几种？

2．什么是计算机的指令和指令系统？程序设计语言有哪几种？各有什么特点？

3．CPU 内部主要由哪些部件组成？试说明它们的主要功能。

4．如何理解计算机的工作过程？它的实质是什么？

5．什么是 I/O 端口？为什么需要 I/O 接口电路？

6．在计算机中，常用的 I/O 寻址方式有哪几种？试比较它们各自的优缺点。

7．接口电路的功能是什么？试用图的形式说明接口电路的基本组成。

8．微型计算机的 I/O 控制方式有哪几种？各有什么特点？

9．简述直接存储器存取（DMA）方式的主要特点。

10．试说明并行通信与串行通信在数据传输上的主要区别。

11．串行通信有几种方式？说明它们各自的特点及主要区别。

12．以 11 位的帧格式举例说明异步通信的帧格式中各位的作用是如何定义的。

13．串行通信中的数据传输速率是如何定义的？已知在一次传输中数据的帧格式为 11 位，数据传输速率是 4800 b/s，计算其每位的传输时间。

14．串行通信中的数据传输方式有哪几种？请图示说明。

第4章　计算机的中断

中断技术是计算机的重要技术之一，它既和硬件有关，也和软件有关。正因为有了中断，计算机的工作更加灵活、效率更高，所有的计算机都采用了中断技术。本章将介绍中断的概念、中断源、中断系统的功能及中断处理过程等。

4.1　概述

在程序正常运行时，计算机内部或外部常会随机或定时（如定时器发出的信号）出现一些紧急事件，多数情况需要CPU立即响应，予以处理。为了解决这一问题，在计算机中引入了中断技术。

4.1.1　中断的概念

中断是通过硬件来改变CPU程序运行方向的一种技术。在执行程序的过程中，由于计算机内部或外部的某种突发原因，有必要尽快中止当前程序的执行，去执行相应的处理程序，待处理结束后，再回来继续执行被中止的原程序，这种程序在执行过程中由于外界的原因而被打断的情况称为中断。

中断之后所执行的处理程序，通常称为中断服务程序或中断处理程序，原来运行的程序称为主程序。主程序被断开的位置（地址）称为断点。引起中断的原因，或发出中断申请的来源，称为中断源。中断源要求服务的请求称为中断请求（或申请）。

调用中断服务程序的过程类似于程序设计中的调用子程序，主要区别在于调用子程序指令在程序中是事先安排好的；而何时调用中断服务程序事先无法确知，因为中断的发生是由外部因素决定的，程序中无法事先安排调用指令，所以调用中断服务程序的过程是由硬件自动完成的（详见4.2节）。

4.1.2　引进中断技术的优点

计算机引进中断技术主要有如下优点。

1）分时操作

在计算机与外设交换信息时，高速的CPU和低速的外设（如打印机等）之间存在速度不匹配的问题，若采用软件查询的方式，则不但占用CPU操作时间，而且响应速度慢。有了中断功能，就解决了高速的CPU与低速的外设之间的速度不匹配的问题。此时，CPU在启动外设工作后，继续执行主程序，同时外设也在工作。每当外设做完一件事，就发出中断申请，请求CPU中断它正在执行的程序，转去执行中断服务程序（一般情况是处理I/O数据）。中断处理完之后，CPU恢复执行主程序，外设仍继续工作。这样CPU可以命令多个外设（如键盘、打印机等）同时工作，从而大大提高了CPU的工作效率。

2）实现实时处理

在实时控制中，现场的各个参数、信息是随时间和现场情况不断变化的。有了中断功能，外界的这些突发变化量可以根据要求，随时向 CPU 发出中断请求，要求 CPU 及时处理，CPU 就可以马上响应（若中断响应条件满足）并加以处理。这样的及时处理在查询方式下是做不到的，从而大大减少了 CPU 的等待时间。

3）故障处理

计算机在运行过程中，难免会出现一些事先无法预料的故障，如存储出错、运算溢出、电源突跳等。有了中断功能，计算机就能自行处理，而不必停机处理。

4.1.3　中断源

发出中断请求的来源一般统称为中断源。中断源有多种，常见的中断源有以下几种。

1）外设中断源

计算机的外设，如键盘、磁盘驱动器、打印机等，可以通过 I/O 接口电路向 CPU 申请中断。

2）故障源

故障源是产生故障信息的来源，把它作为中断源可使 CPU 能够以中断方式对已发生的故障进行及时处理。

计算机故障源有内部和外部之分：内部故障源一般是指执行指令时产生的错误，如除法中除数为零、溢出等情况，通常把这种中断源称为内部软件中断。注意：一般微型计算机中都有几种软件中断，而多数 80C51 系列单片机没有内部软件中断功能；外部故障源主要有电源掉电等情况，在电源掉电时可以接入备用的电池供电电路，以保存存储器中的信息。当电压因掉电降到一定值时，就发出中断申请，由计算机的中断系统自动响应并进行相应处理。

3）控制对象中断源

用计算机进行实时控制时，被控对象常常用作中断源。例如，电压、电流、温度等超越上限或下限时，以及继电器、开关闭合或断开时都可以作为中断源申请中断。

4）定时/计数脉冲中断源

定时/计数脉冲中断源是由定时/计数器溢出时自动产生的。对于计算机内部的 CPU 而言，该中断源也有内部和外部之分。内部定时/计数中断是由其内部的定时器引起的，外部计数中断是由外部脉冲通过 CPU 的中断请求输入线或定时/计数器的输入线引起的。对于微型计算机而言，该中断在 CPU 外部。

所有外部中断又可分为两种情况，一种是可屏蔽中断，即通过设置中断控制寄存器中相应中断源的控制位确定允许哪个中断源申请中断，一般计算机均有此功能；另一种是非屏蔽中断，即只要请求，CPU 必须立即响应，有些 8 位单片机不具备此功能。

要求每个中断源所发出的中断请求信号符合 CPU 响应中断的条件，如电平的高、低，持续的时间，脉冲的幅度等。

4.1.4 中断系统的功能

为了满足上述各种情况下的中断要求，中断系统一般具有如下功能。

1）能实现中断及返回

当某一个中断源发出中断请求时，CPU 决定是否响应这个中断请求。当 CPU 在执行更急、更重要的程序时，可以暂不响应中断请求，若允许响应这个中断请求，CPU 必须在当前执行的指令执行完后，把断点处的程序计数器的值（下一条应执行的指令地址）推入堆栈保留下来，这称为保护断点，这一步是硬件自动执行的。同时用户在编程时，要注意把有关的寄存器内容和状态标志位推入堆栈保留下来，这称为保护现场。保护断点和现场之后即可执行中断服务程序，执行完毕，需恢复原保留在寄存器的内容和标志位的状态，称为恢复现场，并执行中断返回指令，这个过程由用户编程实现。中断返回指令（RETI）的功能是恢复程序计数器的值（称为恢复断点），使 CPU 返回断点，继续执行主程序，这个过程如图 4.1 所示。

2）能实现优先权排队

通常，在系统中有多个中断源，有时会出现两个或更多个中断源同时提出中断请求的情况。这就要求计算机既能区分各个中断源的请求，又能确定首先为哪一个中断源服务。为了解决这一问题，通常给各中断源规定了优先级别，称为优先权。当两个或者两个以上的中断源同时提出中断请求时，计算机首先为优先权最高的中断源服务，服务结束后，再响应优先权较低的中断源。计算机按中断源优先权高低依次响应的过程称为优先权排队。这个过程可以通过硬件电路来实现，也可以通过程序查询来实现。

3）能实现中断嵌套

当 CPU 响应某一中断请求，正在进行中断处理时，若有优先级别更高的中断源发出中断申请，则 CPU 能中断正在执行的中断服务程序，并保留这个程序的断点（类似于子程序嵌套），响应高级中断请求，在高级中断处理完以后，再继续执行被中断的中断服务程序。这个过程称为中断嵌套，其示意图如图 4.2 所示。如果发出新的中断申请的中断源的优先级别与正在处理的中断源同级或比它更低，则 CPU 暂时不响应这个中断申请，直至正在处理的中断服务程序执行完以后才去处理新的中断申请。

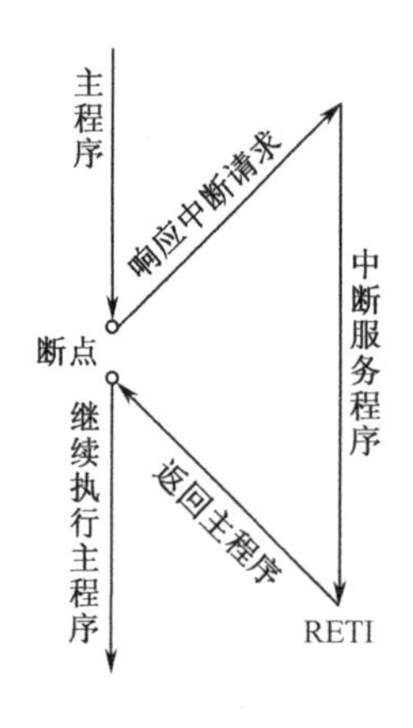

图 4.1 中断流程图

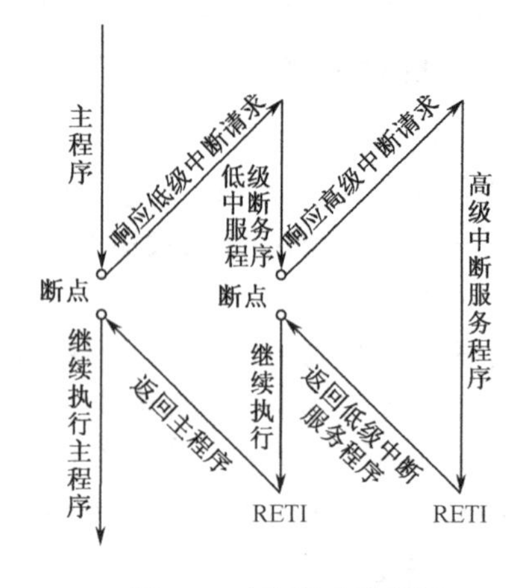

图 4.2 中断嵌套流程图

4.2 中断处理过程

中断处理过程可分为三个阶段，即中断响应、中断处理和中断返回。所有计算机的中断处理都有这样三个阶段，虽然不同的计算机由于中断系统的硬件结构不完全相同，因而中断响应与处理的方式不完全相同，但其基本过程还是相似的。在此仅以 80C51 系列单片机和 80x86 系列微处理器为例来介绍中断处理过程。

4.2.1 中断响应

中断响应是在满足 CPU 的中断响应条件之后，CPU 对中断源中断请求的回答。在这一阶段，CPU 要完成执行中断服务程序之前的所有准备工作，这些准备工作包括保护断点和把程序转向中断服务程序的入口地址（通常称为向量或向量地址）。

计算机在运行时，并不是任何时刻都会响应中断请求，只有在中断响应条件满足之后才会响应。

1. 中断响应条件

一般情况下，中断响应条件（CPU 响应中断请求的条件）主要有以下几点。

（1）有中断源发出中断请求。

（2）中断允许总控制位为 1（不同的计算机该标志位符号不同，例如，在 80C51 系列单片机中为 EA，在 8086 处理器中为 IF 等），此时 CPU 允许所有可屏蔽中断源申请中断。

（3）申请中断的中断源的中断允许控制位为 1，即此中断源可以向 CPU 申请中断。

以上是 CPU 响应中断请求的基本条件。如果满足这些条件，CPU 一般会响应中断请求，但如果下列任何一种情况存在，则中断响应会受到阻断。

（1）CPU 正在执行一个同级或高一级的中断服务程序。

（2）当前的机器周期不是正在执行指令的最后一个周期，即正在执行的指令完成前，任何中断请求都得不到响应。

（3）正在执行的指令是中断返回指令（例如，在 80C51 系列单片机中是 RETI，在 80x86 中是 IRET），此时，在执行完中断服务程序返回之后，不会马上响应中断请求，至少再执行一条其他指令，才响应中断请求。

若存在上述任何一种情况，都不会马上响应中断，而是会把该中断请求锁存在各自的中断标志位中，然后在下一个机器周期再按顺序查询。

在每个机器周期，CPU 对各中断源采样，并设置相应的中断标志位。CPU 在下一个机器周期按优先级顺序查询各中断标志，如果查询到某个中断标志为 1，将在下一个机器周期按优先级进行中断处理。中断查询在每个机器周期重复执行，如果中断响应条件已满足，但中断请求由于上述三种情况之一而未被及时响应，则上述情况消失之后，由于中断标志还存在，仍会响应。

在微型计算机中通常还有一类不可屏蔽中断，其不受中断允许控制位的影响，只要有中断请求都会被响应，详见 17 章。

2. 中断响应过程

如果中断响应条件满足，且不存在中断被阻断的情况，则 CPU 将响应中断请求。

不同计算机的中断响应过程基本相同，但由于中断系统结构不完全相同，所以其中断响应过程也有一定区别，下面以较简单的 80C51 系列单片机为例进行说明。在 80C51 系列单片机的中断系统中有两个优先级状态触发器：一个是“高优先级状态”触发器；一个是“低优先级状态”触发器，这两个触发器是由硬件自动管理的，用户不能对其编程。当 CPU 响应中断请求时，它首先使优先级状态触发器置位，这样可以阻断同级或低级的中断。然后，中断系统自动把断点地址压入堆栈保护（但不保护状态寄存器 PSW 及其他寄存器内容），再由硬件执行一条调用指令将对应的中断服务程序入口地址装入程序计数器，使程序转向该中断服务程序入口地址，并执行中断服务程序。

4.2.2 中断处理

中断服务程序（又称中断处理程序）从入口地址开始执行，直到中断返回指令为止，这个过程称为中断处理。此过程主要处理中断源的请求，但由于中断处理程序是由随机事件引起的实时响应，因而它与一般的子程序有一定差别。

在编写中断服务程序时需注意以下几点。

（1）注意保护现场和恢复现场。因为一般主程序和中断服务程序都可能会用到累加器、标志寄存器及其他一些寄存器，CPU 在执行中断服务程序，用到上述寄存器时，就会破坏原来保存在寄存器中的内容，一旦中断返回，将会造成主程序的混乱。因此，在执行中断服务程序时，一般要先保护现场，通常是把这些需要保护的内容压入称为堆栈的存储区（有关堆栈的内容详见 5.3 节），然后执行中断服务程序，在返回主程序以前，再恢复现场，即把保护的内容再从堆栈中弹出到累加器或者寄存器中。对于要保护的内容一定要全面考虑，不能遗漏。

（2）在 CPU 响应中断请求后，使程序转向该中断源的中断服务程序入口地址，然后执行中断服务程序。

（3）若要在执行当前中断服务程序时禁止优先级更高的中断源的中断，应先用软件关闭 CPU 中断，或屏蔽优先级更高的中断源的中断，在中断返回前再开放中断。

（4）在保护现场和恢复现场时，为避免在现场的保护和恢复过程中有其他优先级更高的中断源打断这个过程，造成现场数据保留或者恢复不完全，导致不能正确返回原执行程序，一般规定此时 CPU 不响应新的中断请求。这就要求在编写中断服务程序时，注意在保护现场之前要关中断，在恢复现场之后要开中断。如果在中断处理时允许有优先级更高的中断打断它，则在保护现场之后再开中断，恢复现场之前关中断。

4.2.3 中断返回

中断返回是指中断服务程序执行完成后，计算机返回断点（原来断开的位置），继续执行原来的程序。中断返回由专门的中断返回指令实现，该指令的功能是把断点地址取出，送回到程序计数器中。另外，它还通知中断系统已完成中断处理，将优先级状态触发器清零，并且使部分中断源标志位清零。

在中断服务程序中特别要注意不能用子程序返回指令代替中断返回指令。

4.2.4 中断程序的一般设计方法

中断处理过程是一个和硬件、软件都有关的过程，因而中断服务程序的编写方法有一定的特殊性。图 4.3 将中断处理的硬件和软件过程进行了概括。

由图 4.3 可见，与中断有关的程序一般包含两部分：一部分是在主程序中的中断初始化程序；另一部分是中断服务程序。因为只有中断初始化，并且开放相关中断后，中断源的申请才可能得到响应，所以，中断初始化一定要在中断源申请中断前设置。

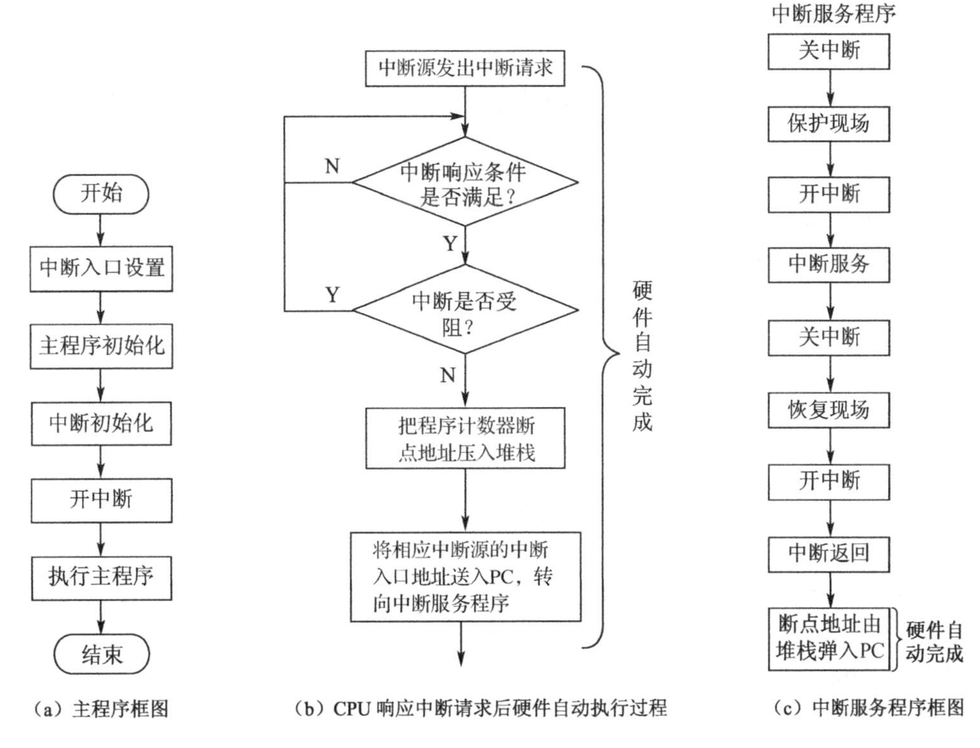

（a）主程序框图　　（b）CPU 响应中断请求后硬件自动执行过程　　（c）中断服务程序框图

图 4.3　中断处理过程流程图

1）主程序中的中断初始化程序

在计算机复位后，与可屏蔽中断有关的寄存器都复位为 0，程序即都处于中断关闭状态。要实现中断功能，必须进行中断初始化设置。主程序中的中断初始化程序主要包括两部分：一部分用于对与中断有关的特殊功能寄存器进行中断初始化；另一部分用于对相关中断源进行初始化。除此之外，在多数情况下还需要重新设置堆栈指针，因为系统复位后堆栈指针的值恢复为初值，这个值在不同的计算机中是不完全相同的。

对于与中断有关的特殊功能寄存器的相应位，按照要求进行状态预置后，CPU 就会按照要求对中断源进行管理和控制，主要包括以下内容：

（1）CPU 开中断与关中断。

（2）某中断源中断请求的允许和禁止（屏蔽）。

（3）各中断源优先级别的设定（中断源优先权排队）。

（4）外部中断请求的触发方式。

中断管理（包括初始化）与控制程序一般不单独编写，而是包含在主程序中，根据需要通过几条指令来实现。例如，上述管理和控制中断的功能都是通过对与中断有关的特殊功能寄存器的设置实现的。对相关中断源的初始化也要在主程序中进行，如图 4.3（a）所示。

当主程序初始化完成，并且开中断后，硬件等待中断源申请中断，并自动完成响应中断请求和保护断点地址等工作，这个过程如图 4.3（b）所示。不同的计算机中断时自动保护的内容不完全相同。例如，80C51 系列单片机仅保护断点地址，而 80x86 微处理器还要保护标志寄存器，其他过程基本是相同的，详见 17 章。

2）中断服务程序

中断服务程序是一种具有特定功能的独立程序段。它为中断源的特定要求服务，以中断返回指令结束。如图 4.3（c）所示，图中的最后一个框表示恢复断点地址，这项工作是硬件自动完成的。在中断响应过程中，断点地址的保护与恢复主要由硬件电路实现。对用户来说，在编写中断服务程序时，主要应考虑是否有需要保护的现场（指在主程序中要用到的寄存器、存储单元等，在中断中也使用了）。如果有则应注意不要遗漏，在恢复现场时，要注意压栈与弹栈指令必须成对使用，先入栈的内容应该后弹出，还要及时利用软件使中断标志位清零。如果有两个以上中断源，在优先级低的中断服务程序中保护和恢复现场时建议加关中断和开中断指令（详见第 2 篇举例）；如果不需要保护现场，则可不关中断。

保护现场之后的开中断是为了允许优先级更高的中断打断此中断服务程序。如果不允许其他中断，则在中断服务程序执行过程中要一直关中断。

在计算机技术中中断技术是比较难懂的一种技术，只有在学完指令系统，经过软件与硬件实践之后才能理解与掌握它。

思考与练习

1．什么是中断？在计算机中中断能实现哪些功能？

2．什么是中断优先级？中断优先级处理的原则是什么？

3．CPU 响应中断的条件是什么？

4．引进中断技术的主要优点是什么？

5．在中断请求响应过程中，为什么要保护现场？如何保护？

第2篇

单片机原理及应用

本篇在第1篇基础上，以AT89S51/S52单片机为例，介绍单片机的硬件结构、工作原理、80C51的指令系统、汇编语言、C51语言、主要功能单元、中断系统、接口技术及单片机应用等内容。通过本章的学习将加深对计算机原理的理解，并为下一篇的学习打下基础。

第 5 章　单片机的结构及原理

本章内容是单片机的硬件基础知识，是本书的重点，也是难点。本章将以 80C51 系列的 AT89S51/52 单片机为例，详细介绍单片机的结构、引脚功能、工作原理、存储器、复位及时钟电路等内容。通过对这些内容的学习，可以为读者学习其他型号单片机奠定基础。

5.1　单片机的结构

Atmel 公司的标准型 AT89S51/52 单片机与 Intel 公司 MCS-51 系列的 80C51 型号单片机的芯片结构与功能基本相同，外部引脚完全相同，但 AT89S51/52 单片机的程序存储器全部采用快擦写存储器(简称闪存)。此外，Atmel 公司的 AT89S51/52 单片机与 2003 年停产的 AT89C51/52 单片机相比，增加了 ISP 串行口（可实现串行下载功能）和看门狗定时器。本书中提到的 AT89C51/52 泛指与 Atmel 公司的 AT89C51/52 单片机兼容的其他公司的同型号产品，如 P89C51/52 等。

5.1.1　标准型单片机的组成及结构

本节介绍单片机的组成及结构，为读者了解其工作原理奠定基础。

1．标准型单片机的组成

AT89S51/52 属于标准型单片机，其基本组成如图 5.1 所示。从图 5.1 中可以看出，在这块芯片上集成了一台微型计算机的各个主要部分，包括 CPU、存储器（包括程序存储器和数据存储器)、并行 I/O 口、串行口、定时/计数器等，各部分通过内部总线相连。

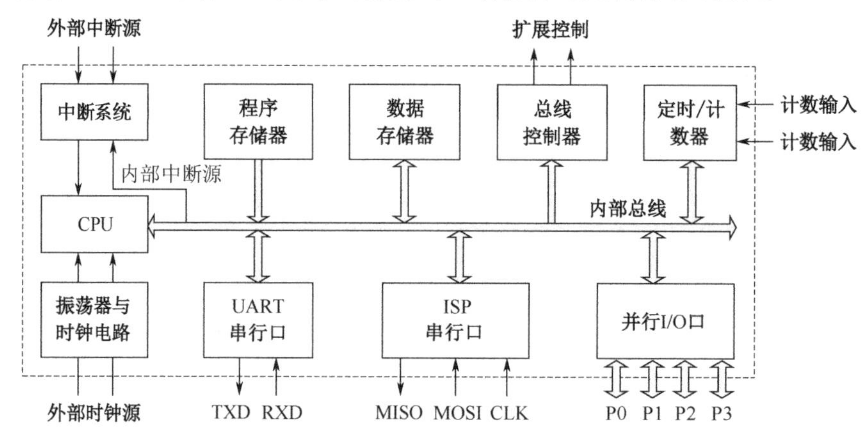

图 5.1　AT89S51/52 的基本组成框图

1）CPU

CPU 是单片机最核心的部分，是单片机的大脑，具有运算和控制功能。这一点与通用微处理器基本相同，只是 CPU 的控制功能更强。80C51 系列单片机的 CPU 是一个字长为 8 位的中央处理单元，它对数据的处理是以字节为单位进行的。CPU 中的主要部件（如程序计数器、

ALU、指令寄存器等）的功能已在 3.3 节介绍过。

2）数据存储器（内部 RAM）

数据存储器用于存放变化的数据。在 80C51 系列单片机中，通常把控制与管理寄存器（简称专用寄存器）在逻辑上划分到内部 RAM 中，因为其地址与 RAM 是连续的。AT89S51 中数据存储器的地址空间为 256 个 RAM 单元，但其中能作为数据存储器供用户使用的仅有前 128 个，后 128 个 RAM 单元被专用寄存器占用；AT89S52 中可供用户使用的数据存储器比 AT89S51 多 128 个 RAM 单元，共 256 个 RAM 单元。

3）程序存储器（内部 ROM）

程序存储器用于存放程序和固定不变的常数等，通常采用 ROM，且其有多种类型，在 AT89 系列单片机中全部采用闪存。AT89S51/C51 内部配置了 4KB 闪存，AT89S52/C52 内部配置了 8KB 闪存。

4）定时/计数器

定时/计数器用于实现定时和计数功能。AT89S51 共有 2 个 16 位定时/计数器，AT89S52 共有 3 个 16 位定时/计数器（详见第 9 章）。

5）并行 I/O 口

AT89S51/52 共有 4 个 8 位的 I/O 口（P0、P1、P2、P3），这些 I/O 口主要用于实现外设中数据的并行输入或输出，但有些 I/O 口的引脚还可作为其他功能电路的引脚，详见 5.4 节。

6）串行口

AT89S51/52 有 1 个 UART（全双工异步）串行口，用以实现单片机和其他具有相应接口的设备之间的异步串行数据传送（详见第 9 章）。AT89S51/52 还有一个 ISP 串行口，用于实现串行在线下载程序。

7）振荡器与时钟电路

振荡器与时钟电路的作用是产生单片机工作所需要的时钟脉冲序列。AT89 系列单片机内部的时钟电路需要外接晶振和微调电容才能工作（详见 5.5 节）。几年前已经出现了可以不需外接晶振和微调电容的单片机。

8）中断系统

中断系统的主要作用是对外部或内部的中断请求进行管理与处理，有关中断的作用及使用方法详见第 9 章。AT89S51/52 的中断系统可以满足一般控制应用的需要：AT89S51 共有 5 个中断源，其中有 2 个外部中断源 INT0 和 INT1、3 个内部中断源（2 个定时/计数中断源和 1 个串行口中断源）；此外，AT89S52 还增加了一个定时器 2 的中断源。

9）总线控制器

当 AT89 系列单片机需要扩展外围接口芯片时，总线控制器用于控制外接芯片的寻址与数据传输。

2. 单片机的内部结构

图 5.2 所示为 AT89S51/52 的内部结构框图。从图 5.2 中可以看出，单片机内部除了有 CPU、RAM、ROM、定时/计数器和串行口等主要功能部件，还有驱动器、锁存器、地址寄存器等辅

助电路部分。CPU 的主要组成部分，如指令寄存器、指令译码器、ALU 等全部按基本运行关系分别画于图 5.2 中。由图 5.2 还可以看出各功能模块在单片机中的相互关系。

图 5.2 中的 4 个并行 I/O 口都配置了 1 个驱动器和 1 个锁存器。UART 串行口的 I/O 线是利用 P3 口 2 个引脚的第二功能实现的，ISP 串行口的 I/O 线是利用 P1 口 3 个引脚的第二功能实现的（详见 5.4 节）。

图 5.2 中 RAM 地址寄存器用于存放 RAM 地址，程序地址寄存器用于存放 ROM 地址，还用于存放 P0 口和 P2 口的地址，这 2 个端口在单片机访问片外存储器或者其他外设时将被用作地址/数据总线的控制器，如图 5.1 所示。

图 5.2 中的定时和控制电路包括时序部件及控制部件，作用详见 5.5 节。

图 5.2 中 PSW、ACC 等部件的作用将在 5.3 和 5.4 节陆续介绍。

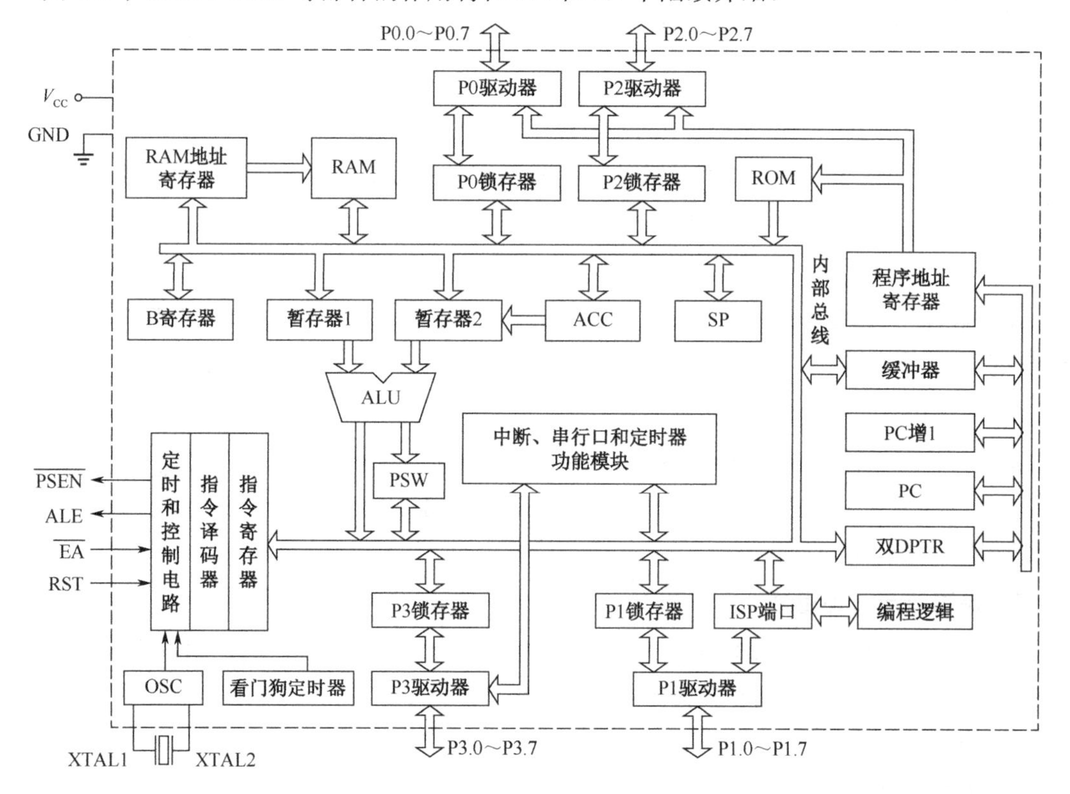

图 5.2　AT89S51/52 的内部结构框图

AT89S51 与 AT89S52 的主要差别是程序存储器和 RAM 的容量不同，AT89S52 相对于 AT89S51 增加了一个定时器 2，其余完全相同。

AT89C51/52 与 AT89S51/52 在结构上的主要不同点是，后者有看门狗定时器、双 DPTR 和 ISP 端口。

由上述可知，虽然 AT89S51/52 仅是一块芯片，但它包括了构成计算机的基本部件，因此，可以说它是一台简单的计算机。又由于其主要作用是控制，所以又称为微控制器。

本章重点介绍 AT89S51/52 的 CPU、并行 I/O 口、存储器、时钟电路等，硬件结构的其他部分将在以后章节中陆续介绍。

5.1.2 引脚的定义及功能

AT89S51/52 单片机实际有效的引脚有 40 个，有三种封装形式，这三种封装形式的引脚图如图 5.3 所示。图 5.3（a）是 PDIP（Plastic Dual In-line Package）封装形式，这是普通 40 脚塑封双列直插形式；图 5.3（b）是 PLCC（Plastic Leaded Chip Carrier）封装形式，这种形式是具有 44 个 J 形脚（其中有 4 个空脚）的方形芯片，使用时需要插入与其相匹配的方形插座中；图 5.3（c）是 PQFP（Plastic Quad Flat Package）封装形式，这种形式也是具有 44 个 J 形脚的方形芯片，但它的体积更小、更薄，是一种表面贴焊的封装形式。

注意：名称相同的引脚的作用是完全相同的，但不同封装形式的引脚排列不一致。为了尽可能缩小体积，减少引脚数，AT89S51/52 单片机的不少引脚具有第二功能，也称复用功能。下面说明这些引脚的名称和功能。

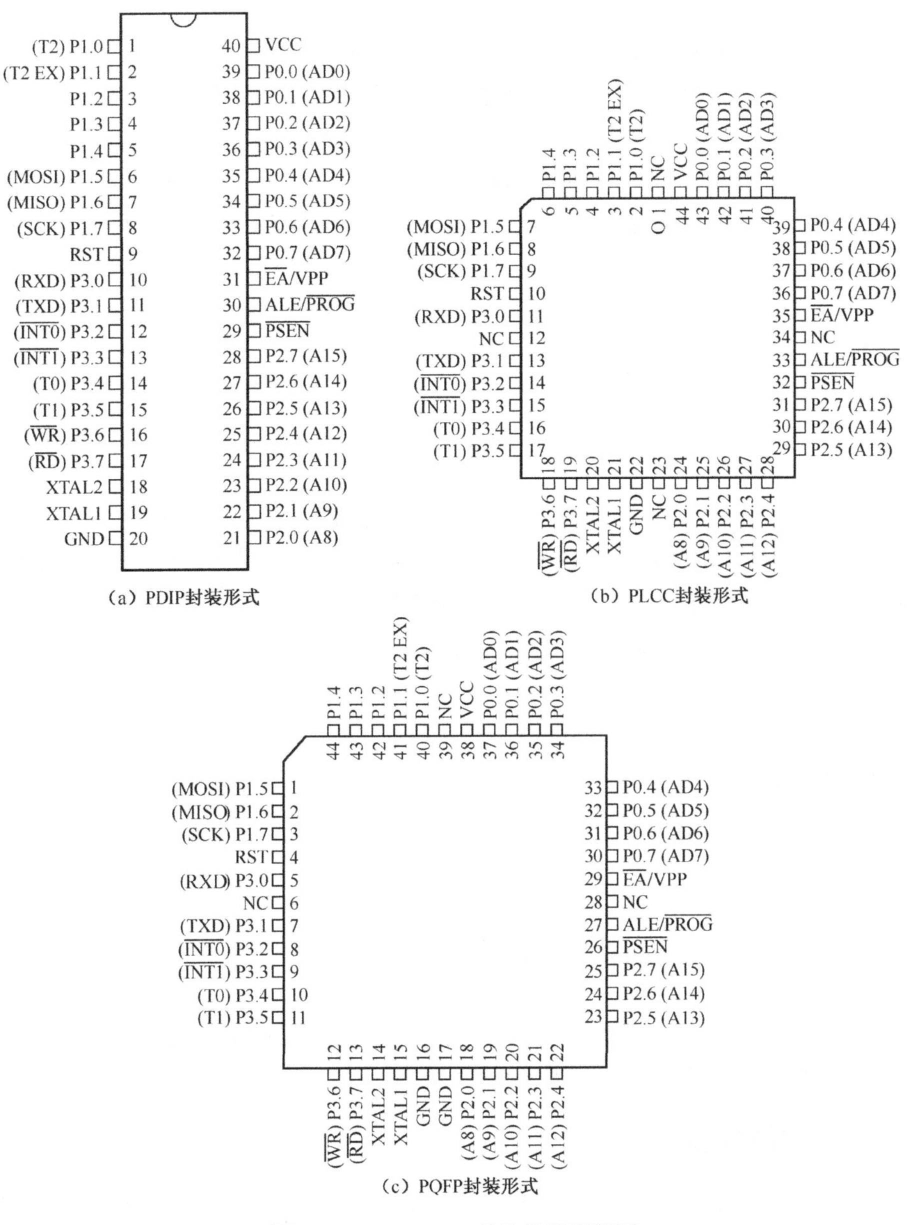

（a）PDIP封装形式

（b）PLCC封装形式

（c）PQFP封装形式

图 5.3 AT89S51/52 单片机的引脚图

1）主电源引脚 GND **和** VCC

（1）GND：接地端。

（2）VCC：接电源正端，接 4～5.5 V。

2）时钟电路引脚 XTAL1 **和** XTAL2

（1）XTAL1：接外部晶振的一端。它是片内振荡器中反相放大器的输入端。在采用外部时钟电路时，外部时钟振荡信号直接送入此引脚（作为驱动端），其频率范围为 0～33MHz。

（2）XTAL2：接外部晶振的另一端。它是片内振荡器中反相放大器的输出端，振荡电路的频率是晶振频率。若需采用外部时钟电路，则此引脚应悬空不用。

3）控制引脚 RST、ALE/$\overline{\text{PROG}}$、$\overline{\text{PSEN}}$、$\overline{\text{EA}}$/VPP

（1）RST：复位信号输入端。

在该引脚输入两个机器周期以上的高电平将使单片机复位。

（2）ALE/$\overline{\text{PROG}}$：该引脚可作为地址锁存允许输出/编程脉冲输入端。

在访问片外存储器时，ALE 作为地址锁存允许输出端，提供锁存扩展地址低字节的输出控制信号（允许锁存地址），在一个指令周期中将丢失一个脉冲。在不访问片外存储器时，ALE 也以 1/6 的时钟振荡频率固定输出正脉冲，可供定时或其他需要使用，还可检测 CPU 是否已经工作。ALE 的负载驱动能力为 8 个 LSTTL（低功耗高速 TTL）。

在固化片内存储器的程序（也称为烧录程序）时，该引脚用于输入编程负脉冲。

（3）$\overline{\text{PSEN}}$：片外程序存储器选通控制信号端。

在访问片外程序存储器时，此端输出负脉冲作为程序存储器读选通信号。CPU 向片外程序存储器取指令期间，$\overline{\text{PSEN}}$ 信号在 12 个时钟周期中生效两次。不过，由于现在基本不再使用片外程序存储器，所以该引脚就没有用了。

（4）$\overline{\text{EA}}$/VPP：该引脚可作为内、外程序存储器选择/编程电源输入端。

当 $\overline{\text{EA}}$ 端接高电平时，CPU 从片内程序存储器 0000H 单元开始执行程序。当地址超出 4KB（AT89S52 为 8KB）时，将自动执行片外程序存储器的程序。当 $\overline{\text{EA}}$ 端接低电平时，CPU 仅访问片外程序存储器，即 CPU 直接从片外程序存储器 0000H 单元开始执行程序。

在对片内程序存储器编程时，该引脚用于施加编程电压 V_{PP}。80C51 系列不同型号单片机的编程电压不同，有 12 V 和 5 V 等几种。

4）I/O 引脚（P0 口～P3 口引脚）

P0 口～P3 口是 AT89S51/52 单片机与外界联系的 4 个 8 位双向并行 I/O 口，其工作原理与使用详见 5.4 节。

5.2　80C51 系列单片机的存储器

存储器是用来存放程序和数据的。不同计算机的存储器用途是相同的，但结构与存储容量不完全相同，在此将以 80C51 系列单片机为例予以介绍。

5.2.1　存储器的结构和地址空间

80C51 系列单片机的存储器的结构与通用计算机不同。通用计算机通常只有一个逻辑空间，即它的程序存储器和数据存储器是统一编址的。通用计算机访问存储器时，同一地址对应唯一的存储空间，可以是 ROM 也可以是 RAM，并使用同类访问指令，这种存储器结构称为冯・诺伊曼结构。而 80C51 系列单片机的程序存储器和数据存储器在物理结构上是分开的，这种结构称为哈佛结构。80C51 系列单片机的存储器在物理结构上可以分为如下 4 个存储空间：

（1）片内程序存储器；

（2）片外程序存储器；

（3）片内数据存储器；

（4）片外数据存储器。

80C51 系列单片机各具体型号的基本结构与操作方法均相同，但存储容量不完全相同，下面以 AT89S51 为例予以说明。图 5.4 为 AT89S51 存储器的结构与地址空间，AT89S52 的存储器结构与 AT89S51 略有不同，详见下面的介绍。由图 5.4 可以清楚地看出这 4 个存储空间的地址范围。虚线部分是单片机片内存储器。存储空间是指可以容纳的存储单元总量，片内存储器的地址范围与其实际容量是一致的，且固定不变。而片外程序存储器和片外数据存储器的空间不一定全部被占满。此外，其他 I/O 设备地址将占用部分数据存储器空间，为合理利用这个空间，通常可把 I/O 设备地址安排在高地址空间，如 FFE0H～FFFFH。

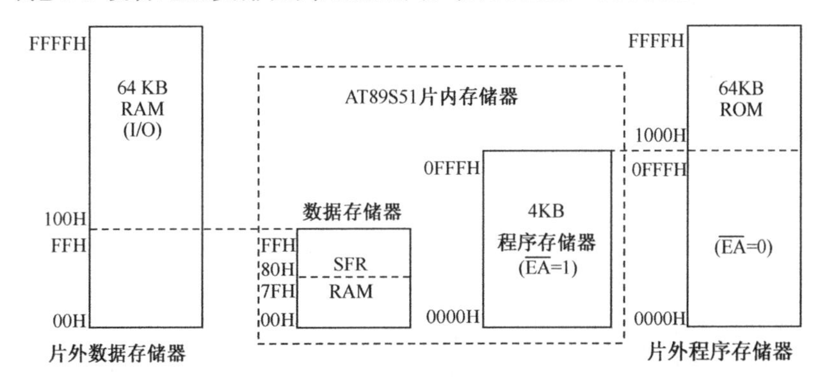

图 5.4　AT89S51 存储器的结构与地址空间

在此要特别说明的是，随着单片机片上存储器容量的不断加大，在很多情况下只需要采用片上的两个存储器空间（图 5.4 的虚线框内）即可，即片外的存储器空间不是必须使用的，特别是现在已经不需要扩展程序存储器了。

这种结构在物理上是把程序存储器和数据存储器分开的，但在逻辑上，即从用户使用的角度上，80C51 系列单片机有 3 个存储空间：

（1）片内外统一编址的 64 KB 程序存储器地址空间（用 16 位地址）；

（2）片内数据存储器地址空间，寻址范围为 00H～FFH；

（3）64 KB 片外数据存储器地址空间。

由图 5.4 可以看出，片内程序存储器的地址空间与片外程序存储器的低地址空间的地址（0000H～0FFFH）是相同的，片内数据存储器的地址空间与片外数据存储器的低地址空间的地址（00H～FFH）是相同的。通过采用不同形式的指令（详见第 6 章），产生不同存储空间的选通信号，可以访问这 3 个不同的存储空间。

下面分别叙述程序存储器和数据存储器的配置特点。

5.2.2 程序存储器

程序存储器用于存放用户的程序和数据表格。

1. 程序存储器的结构和地址分配

AT89S51 片内有 4KB(AT89S52 为 8KB)闪存，通过片外 16 位地址线最多可扩展到 64 KB，两者是统一编址的。如果 $\overline{EA}$ 端保持高电平，AT89S51 的程序计数器在 0000H～0FFFH 范围内（前 4 KB 地址），则执行片内 ROM 的程序（AT89S52 的片内程序存储器的地址范围为 0000H～1FFFH）。当寻址范围在 1000H～FFFFH 时，则从片外存储器取指令。当 $\overline{EA}$ 端保持低电平时，AT89S51 的所有取指令操作均在片外程序存储器中进行，这时可以从 0000H 开始对片外存储器寻址。现在有很多其他型号的单片机片上闪存已经可以达到 64 KB，而且价格并不高，所以当需要较大的程序存储器时，可以更换芯片，而不必扩展一片程序存储器芯片，因此现在已经没有人采用扩展片外程序存储器的方法了。

2. 程序存储器的入口地址

在程序存储器中，以下 7 个单元具有特殊用途。

0000H：上电复位后，PC=0000H，程序将自动从 0000H 单元开始取指令并执行。

0003H：外部中断 0 入口地址。

000BH：定时器 0 溢出中断入口地址。

0013H：外部中断 1 入口地址。

001BH：定时器 1 溢出中断入口地址。

0023H：串行口中断入口地址。

002BH：定时器 2 溢出中断入口地址（仅 AT89S52/C52 有）。

在上述地址中 0000H 是单片机复位后的起始地址，通常设计程序时应该在 0000H～0002H 地址空间内存放一条无条件跳转指令（详见第 6 章），用来跳转到用户设计的主程序入口地址。其余的 6 个单元已经被指定为外部中断 0 等的中断程序入口地址。通常在这些入口地址处存放一条绝对跳转指令，使程序跳转到用户安排的中断程序起始地址。通常在 0003H～002FH 的空闲单元不再安排程序，一般从 30H 后面的单元开始安排主程序。

5.2.3 数据存储器

单片机中的数据存储器主要用于存放经常要改变的中间运算结果、暂存数据或标志位等，通常由 RAM 组成。数据存储器可分为片内和片外两部分，如果片内的数据存储器够用，则不必扩充片外的数据存储器。

1. 片内数据存储器的结构及操作

片内数据存储器的地址分布如图 5.5 所示。片内数据存储器地址为 8 位，寻址范围为 00H～FFH，AT89S51 片内供用户使用的 RAM 为片内低 128 字节，地址范围为 00H～7FH，对其访问可采用直接寻址和间接寻址的方式。其中 80H～FFH 为特殊功能寄存器（Special Function Register，SFR）所占用的空间。图 5.5 中*表示仅 AT89S52 有的寄存器，这些寄存器只能采用直接寻址方式访问。

AT89S52 片内供用户使用的 RAM 为 256 字节，地址范围为 00H～FFH。显然，80H～FFH 这个存储器空间还有与特殊功能寄存器地址相同的 128 字节数据存储器，通过采用不同的寻址方式区分它们。对于 AT89S52 片内 RAM 的 80H～FFH 地址空间，只能采用间接寻址方式访问，访问实例详见 6.3.1 节。

特殊功能寄存器虽然在地址空间上被划分在数据存储器中，但它们并不是作为数据存储器使用的，它们的作用非常重要，将在 5.3 节专门介绍。

2．低 128 字节 RAM

低 128 字节 RAM 根据用途又可以分为三部分，如图 5.5 所示。其中 00H～1FH 地址空间为通用工作寄存器区，20H～2FH 地址空间为位寻址区，30H～7FH 地址空间为用户 RAM 区，下面分别予以介绍。

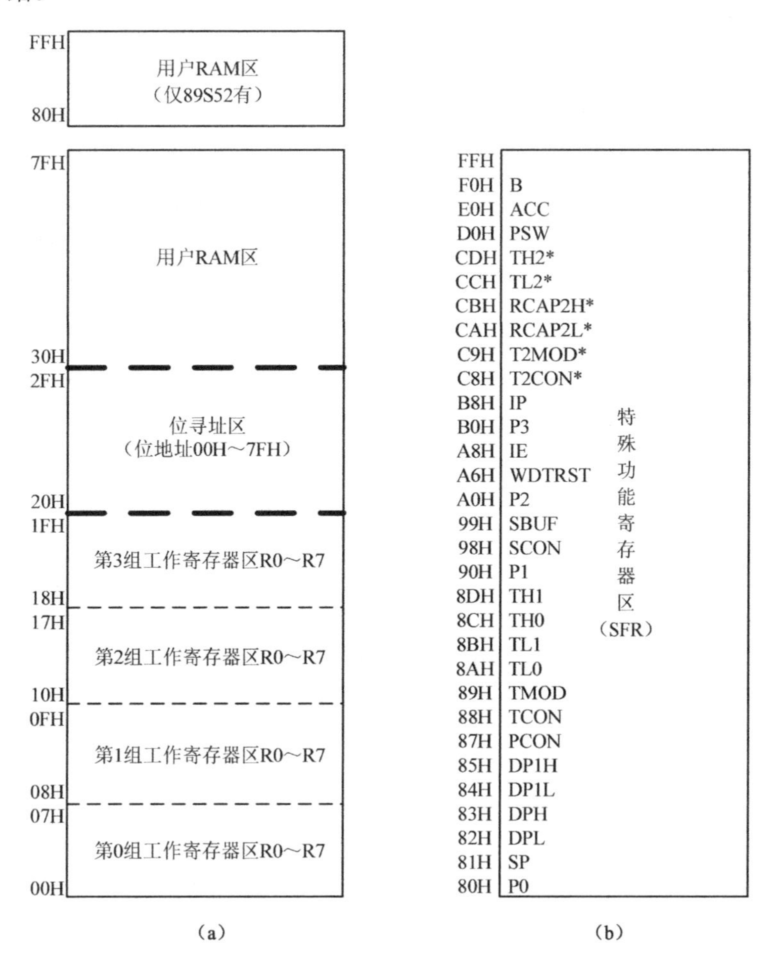

图 5.5　片内数据存储器的地址分布

1）通用工作寄存器区

80C51 系列单片机的通用工作寄存器区共分为 4 组，每组有 8 个工作寄存器（R0～R7），共占 32 个单元。表 5.1 为工作寄存器的地址表。每组寄存器均可作为 CPU 当前的工作寄存器组，通过对程序状态字寄存器 PSW 中 RS1、RS0 的设置来决定 CPU 当前使用哪一组寄存器。如果在程序中使用了 4 组寄存器，只要在使用前确定它的组别，每组寄存器之间就不会因为寄存器名称相同而发生混淆。在对这些寄存器操作时，可以使用 R0～R7 表示这些寄存器，也可以直接使用它的地址。所以，如果不通过设置 RS1、RS0 确定组别，则可以直接用它的地址来操作。若程序中并不需要用 4 组寄存器，则其余的寄存器可用作一般的数据存储器。CPU 复位后，选中第 0 组工作寄存器。

表 5.1　工作寄存器的地址表

组	RS1　RS0	R0	R1	R2	R3	R4	R5	R6	R7
0	0　　0	00H	01H	02H	03H	04H	05H	06H	07H
1	0　　1	08H	09H	0AH	0BH	0CH	0DH	0EH	0FH
2	1　　0	10H	11H	12H	13H	14H	15H	16H	17H
3	1　　1	18H	19H	1AH	1BH	1CH	1DH	1EH	1FH

2）位寻址区

通用工作寄存器区后的 16 字节（20H～2FH），称为位寻址区，可用位寻址方式访问其各位，字节地址与位地址（位地址指的是某个二进制位的地址）的关系见表 5.2。它们可用作软件标志位或用于 1 位（布尔）的处理。这种位寻址能力体现了单片机主要用于控制的特点。这 128 位的位地址为 00H～7FH，而低 128 字节 RAM 单元地址的范围也是 00H～7FH，80C51 系列单片机是采用不同的寻址方式（详见 6.2 节）来区别 00H～7FH 的数值是位地址还是字节地址的。

表 5.2　RAM 位寻址区位地址表

字节地址	位 7	位 6	位 5	位 4	位 3	位 2	位 1	位 0
2FH	7F	7E	7D	7C	7B	7A	79	78
2EH	77	76	75	74	73	72	71	70
2DH	6F	6E	6D	6C	6B	6A	69	68
2CH	67	66	65	64	63	62	61	60
2BH	5F	5E	5D	5C	5B	5A	59	58
2AH	57	56	55	54	53	52	51	50
29H	4F	4E	4D	4C	4B	4A	49	48
28H	47	46	45	44	43	42	41	40
27H	3F	3E	3D	3C	3B	3A	39	38
26H	37	36	35	34	33	32	31	30
25H	2F	2E	2D	2C	2B	2A	29	28
24H	27	26	25	24	23	22	21	20
23H	1F	1E	1D	1C	1B	1A	19	18
22H	17	16	15	14	13	12	11	10
21H	0F	0E	0D	0C	0B	0A	09	08
20H	07	06	05	04	03	02	01	00

3）用户 RAM 区

30H～7FH 地址空间为用户 RAM 区，可以通过直接或间接寻址方式（详见第 6 章）访问这个 RAM 区。通用工作寄存器区和位寻址区在不用作寄存器或不用于位寻址时都可作为一般的用户数据区。例如，如果在程序中只用到第 0 组工作寄存器，那么 08H～1FH 的区域就可以作为一般的 RAM 使用。

在 AT89S52/C52 单片机中还增加了 128 字节的用户 RAM 区，其地址范围为 80H～FFH，与特殊功能寄存器的地址相同。通过采用不同的寻址方式访问它们加以区别：访问特殊功能寄存器必须采用直接寻址方式，访问 AT89S52/C52 增加的 128 字节用户 RAM 区，需要采用间接寻址方式。

3．片外数据存储器的结构及操作

片外数据存储器最多可扩充到 64KB，由图 5.4 可见，片内 RAM 和片外 RAM 的低地址空间的地址（00H～FFH）是相同的，但它们是两个地址空间。区分这两部分地址空间的方法是采用不同的寻址方式，详见 6.2 节。

对片外数据存储器采用间接寻址方式时，R0、R1 和 DPTR 都可以作为间址寄存器。R0、R1 是 8 位地址指针，寻址空间仅为 256B，而 DPTR 是 16 位地址指针，寻址空间可达 64KB。这个地址空间除了可安排数据存储器的地址，还可安排其他需要和单片机连接的外设地址，详见 6.2 节。

5.3 特殊功能寄存器

特殊功能寄存器（Special Function Register，SFR），也称专用寄存器，主要用于管理和控制单片机的工作。用户通过对特殊功能寄存器进行编程，即可方便地管理与单片机有关的所有功能部件（指定时器、串行接口、中断系统及外部扩展的存储器、外围芯片等），并且可方便地完成各种操作和运算。通过对这些特殊功能寄存器的逐步了解，可逐渐理解单片机的工作原理，并学会使用它。

5.3.1 80C51 系列单片机的特殊功能寄存器

80C51 系列单片机的特殊功能寄存器在数量与功能上大同小异，在此以 AT89 系列单片机的特殊功能寄存器为例进行说明。AT89S51 有 26 个（AT89S52 有 32 个）特殊功能寄存器，它们离散地分布在片内数据存储器的高 128 字节地址 80H～FFH 中，但它们是不能作为数据存储器使用的，所以在这些特殊功能寄存器中是不能随意写入数字的。特别是功能部件中的控制寄存器，不同的数字将使它们具有不同的工作方式。

特殊功能寄存器并未占满 80H～FFH 整个地址空间，对空闲地址的操作是无意义的。若访问到空闲地址，则读出的是随机数。

这些特殊功能寄存器的符号和名称如下：

ACC	累加器 A	B	B 寄存器
PSW	程序状态字	SP	堆栈指针
DPTR0	数据指针 0（由 DP0H 和 DP0L 组成）	DPTR1	数据指针 1（由 DP1H 和 DP1L 组成）
P0～P3	端口 0～3	IP	中断优先级
IE	中断允许控制	TMOD	定时/计数器方式控制
TCON	定时/计数器控制	TH0	定时/计数器 0（高字节）
TL0	定时/计数器 0（低字节）	TH1	定时/计数器 1（高字节）
TL1	定时/计数器 1（低字节）	TH2 *	定时/计数器 2（高字节）
TL2 *	定时/计数器 2（低字节）	T2CON *	定时/计数器 2 控制
T2MOD *	定时/计数器 2 方式控制	RCAP2H *	定时/计数器 2 捕获寄存器高字节
RCAP2L *	定时/计数器 2 捕获寄存器低字节	SCON	串行控制

SBUF　串行数据缓冲器　　PCON　电源控制
WDTRST　看门狗复位寄存器　　AUXR　辅助寄存器
AUXR1　辅助寄存器 1

*表示仅 AT89S52 有。

5.3.2　AT89S51/52 的特殊功能寄存器地址分布及寻址

AT89S51/52 的特殊功能寄存器的地址分布见表 5.3。访问这些特殊功能寄存器仅允许使用直接寻址的方式。对于 AT89S52 单片机，其片内 RAM 的 80H～FFH 地址上有两个物理空间，如图 5.5 所示，一个是特殊功能寄存器的物理空间，一个是扩展的高 128 字节的数据存储器的物理空间，通过不同的寻址方式区分这两个地址范围相同的空间。

这 26/32 个特殊功能寄存器都可以字节寻址，其中有 11/12 个特殊功能寄存器还具有位寻址能力，它们的字节地址正好能被 8 整除。

表 5.3　AT89S51/52 特殊功能寄存器的地址表

SFR		位地址/位定义							
名称	字节地址	7	6	5	4	3	2	1	0
ACC	E0H	E7	E6	E5	E4	E3	E2	E1	E0
		ACC.7	ACC.6	ACC.5	ACC.4	ACC.3	ACC.2	ACC.1	ACC.0
B	F0H	F7	F6	F5	F4	F3	F2	F1	F0
		B.7	B.6	B.5	B.4	B.3	B.2	B.1	B.0
PSW	D0H	D7	D6	D5	D4	D3	D2	D1	D0
		CY	AC	F0	RS1	RS0	OV		P
IP	B8H	BF	BE	BD	BC	BB	BA	B9	B8
		—	—	PT2*	PS	PT1	PX1	PT0	PX0
P3	B0H	B7	B6	B5	B4	B3	B2	B1	B0
		P3.7	P3.6	P3.5	P3.4	P3.3	P3.2	P3.1	P3.0
IE	A8H	AF	AE	AD	AC	AB	AA	A9	A8
		EA	—	ET2*	ES	ET1	EX1	ET0	EX0
P2	A0H	A7	A6	A5	A4	A3	A2	A1	A0
		P2.7	P2.6	P2.5	P2.4	P2.3	P2.2	P2.1	P2.0
SBUF	(99H)								
SCON	98H	9F	9E	9D	9C	9B	9A	99	98
		SM0	SM1	SM2	REN	TB8	RB8	TI	RI
P1	90H	97	96	95	94	93	92	91	90
		P1.7	P1.6	P1.5	P1.4	P1.3	P1.2	P1.1	P1.0
WDTRST+	A6H								
TH2*	(CDH)								
TL2*	(CCH)								
RCAP2H*	CBH								
RCAP2L*	CAH								

续表

SFR		位地址/位定义							
名称	字节地址	7	6	5	4	3	2	1	0
T2CON*	C8H	TF2	EXF2	RCLK	TCLK	EXEN2	TR2	C/T2	CP/RL2
T2MOD*	C9H							DCEN	T2OE
AUXR+	(8EH)				WDIDLE	DISETO			DISALE
AUXR1+	(A2H)								DPS
TH1	(8DH)								
TH0	(8CH)								
TL1	(8BH)								
TL0	(8AH)								
TMOD	(89H)	GATE	C/$\overline{T}$	M1	M0	GATE	C/$\overline{T}$	M1	M0
TCON	88H	8F	8E	8D	8C	8B	8A	89	88
		TF1	TR1	TF0	TR0	IE1	IT1	IE0	IT0
PCON	(87H)	SMOD	—	—	—	GF1	GF0	PD	IDL
DP1H+	(85H)								
DP1L+	(84H)								
DP0H	(83H)								
DP0L	(82H)								
SP	(81H)								
P0	80H	87	86	85	84	83	82	81	80
		P0.7	P0.6	P0.5	P0.4	P0.3	P0.2	P0.1	P0.0

注：+表示 AT89C51/52 单片机没有；*表示仅 AT89S52 有。

特别需要注意的是，对于表 5.3 中的大多数特殊功能寄存器，在直接寻址指令中可以采用其符号，但对于有*和+后缀的特殊功能寄存器，则只能用直接地址寻址，因为汇编指令不能识别它们的符号，如不能识别 TH2 等。

5.3.3 特殊功能寄存器的功能及作用

因为单片机的工作是由特殊功能寄存器统一控制和管理的，所以，学会应用特殊功能寄存器就基本掌握了单片机的应用。本节将介绍与 CPU 内核相关的特殊功能寄存器的功能及应用，其余与单片机功能部件（如定时器、串行接口等）有关的特殊功能寄存器将在后面有关章节中陆续介绍。

1. 程序状态字寄存器

程序状态字寄存器（PSW）是用于反映程序运行状态的 8 位寄存器，当 CPU 进行各种逻辑操作或算术运算时，为反映操作或运算结果的状态，把相应的标志位置 1 或清零。这些标志位的状态，可由专门的指令来测试，也可通过指令来读出。它的每一位均可以单独访问，它为计算机确定程序的下一步运行方向提供依据。

程序状态字寄存器 PSW 的字节地址是 D0H，各位名称及位地址见表 5.4，该寄存器可以位寻址。

表 5.4　程序状态字寄存器 PSW 的标志位

PSW	位 7	位 6	位 5	位 4	位 3	位 2	位 1	位 0
位地址	D7H	D6H	D5H	D4H	D3H	D2H	D1H	D0H
位名称	CY	AC	F0	RS1	RS0	OV		P

下面说明各标志位的作用。

（1）CY（PSW.7）：进位标志位。该位（在指令中用 C 表示）表示当进行加法或减法运算时，操作结果最高位（位 7）是否有进位或借位。

CY=1，表示操作结果最高位（位 7）有进位或借位。

CY=0，表示操作结果最高位（位 7）没有进位或借位。

在进行位操作时，CY 又作为位累加器 C。

（2）AC（PSW.6）：半进位标志位。该位表示当进行加法或减法运算时，低半字节向高半字节是否有进位或借位。

AC=1，表示低半字节向高半字节有进位或借位。

AC=0，表示低半字节向高半字节没有进位或借位。

（3）F0（PSW.5）：用户标志位，由用户置位或复位。

（4）RS0（PSW.4）、RS1（PSW.3）：工作寄存器组选择位。这两位用以选择当前所用的工作寄存器组。用户用软件改变 RS0 和 RS1 的组合，可以选择当前所用的工作寄存器组，其对应关系见表 5.5。

表 5.5　RS0、RS1 的组合对工作寄存器组的选择

RS0	RS1	寄存器组	片内 RAM 地址
0	0	第 0 组	00H ~ 07H
1	0	第 1 组	08H ~ 0FH
0	1	第 2 组	10H ~ 17H
1	1	第 3 组	18H ~ 1FH

单片机在复位后，RS0=RS1=0，CPU 默认第 0 组为当前工作寄存器组。根据需要，用户可利用传送指令或位操作指令来改变其状态，这样的设置便于在程序中快速保护现场。

（5）OV（PSW.2）：溢出标志位。该位表示在有符号数进行算术运算时，运算结果是否发生了溢出。

OV=1，表示运算结果发生了溢出。

OV=0，表示运算结果没有发生溢出。

对于有符号数，其最高位表示正、负号，所以只有 7 位有效位，能表示−128～+127 之间的数。如果运算结果超出这个数值范围，就会发生溢出，此时，OV=1，否则 OV=0。

下面例 5.1 所示两个正数（97、118）相加之和大于+127，使其符号由正变负，由于溢出得负数，结果是错误的，这时 OV=1。

下面例 5.2 所示两个负数（−66、−105）相加之和小于−128，由于溢出得正数，OV=1。

例 5.1

```
        0 1 1 0 0 0 0 1   (+97)
     +) 0 1 1 1 0 1 1 0   (+118)
  ----------------------------------
  CY=0 1 1 0 1 0 1 1 1（结果为负数）
```

例 5.2

```
        1 0 1 1 1 1 1 0   (−66)
     +) 1 0 0 1 0 1 1 1   (−105)
  ----------------------------------
  CY= 1 0 1 0 1 0 1 0 1（结果为正数）
```

其实单片机本身并不能识别所处理的数是否为有符号数，因而只要有加减操作，OV 位一律按照它是有符号数的规定变化，只有当规定操作数是无符号数时，才不必理睬 OV 位的变化。

在执行乘法指令后，OV=0 表示乘积没有超过 255，乘积就在累加器 A 中；OV=1 表示乘积超过 255，此时乘积的高 8 位在 B 寄存器中，低 8 位在累加器 A 中。

在执行除法指令后，OV=0 表示除数不为 0，OV=1 表示除数为 0。

（6）PSW.1：用户标志，由用户置位或复位，在汇编语言中没有给该位定义位名称。

（7）P（PSW.0）：奇偶标志位。该位表示累加器 A 中内容的奇偶性。在 80C51 的指令系统中，凡是改变累加器中内容的指令均影响奇偶标志位 P。

P=1，表示有奇数个“1”。

P=0，表示有偶数个“1”。

2. 累加器 A

累加器 A（ACC）是 CPU 中工作最繁忙的 8 位寄存器，通过暂存器与 ALU 相连，它参与所有的算术、逻辑类操作。运算器的一个输入多为累加器 A 的输出，而运算器的输出即运算结果也大多要送到累加器 A 中。此外，在大多数传送指令和部分转移指令中也要用到累加器 A。在指令系统中累加器 A 的助记符一般写为 A，但在堆栈指令中其助记符必须写为 ACC。

3. 数据指针寄存器

数据指针寄存器（DPTR0/1）主要用于存放存储器和 I/O 接口电路的 16 位地址，作为间址寄存器使用。为方便对 16 位地址的片内、片外存储器和外部扩展 I/O 器件的访问，在 AT89S51/52 中有两个 16 位的数据指针寄存器 DPTR0 和 DPTR1（80C51 系列单片机大多只有一个）。它们也可分别拆成高字节数据指针寄存器（DPH）和低字节数据指针寄存器（DPL）两个独立的 8 位寄存器，占据地址为 82H～85H（见表 5.3）。在 80C51 的指令系统中数据指针寄存器只有 DPTR 一种表示方法，通过辅助寄存器 1（AUXR1）的 DPS 位选择 DPTR0 或 DPTR1。

AUXR1 的字节地址是 A2H，各位名称见表 5.6，该寄存器不能位寻址。

表 5.6　辅助寄存器 AUXR1 的各位名称

AUXR1	位 7	位 6	位 5	位 4	位 3	位 2	位 1	位 0
位名称	—	—	—	—	—	—	—	DPS

DPS 位的作用如下：当 DPS=0 时，选择 DPTR0；当 DPS=1 时，选择 DPTR1。应用举例见第 6 章。用户在访问各自的数据指针寄存器之前，应将 DPS 位初始化为适当的值，系统默认的数据指针寄存器是 DPTR0。

4. B 寄存器

B 寄存器通常作为一般寄存器使用，在乘法、除法运算中用来暂存其中的一个数据。乘法指令的两个操作数分别取自（累加器）A 和 B（寄存器），结果的高字节存于 B 中，低字节存于 A 中。除法指令中被除数取自 A，除数取自 B，商存于 A 中，余数存放在 B 中。

在其他指令中，B 寄存器可作为 RAM 中的一个单元使用，B 寄存器的地址为 B0H。

5. 堆栈指针

堆栈指针（Stack Pointer，SP）是一个 8 位的特殊功能寄存器，它用于存放堆栈栈顶的地址。每存入或取出一字节数据，SP 就自动加 1 或减 1，SP 始终指向新的栈顶。

1）堆栈的概念

堆栈是在计算机内部数据存储器中专门开辟的一个特殊的存储区，主要功能是暂时存放数据和地址，通常用来保护断点和现场（详见第 4 章）。它的特点是按照“先进后出”的原则存取数据，此处的“进”与“出”是指进栈与出栈操作，也称压入和弹出。如图 5.6 所示，第一个进栈的数据所在的存储单元称为栈底，然后依次进栈，最后进栈的数据所在的存储单元称为栈顶，随着存放数据的增/减，栈顶是变化的，从栈中取数，总是先取栈顶的数据，即最后进栈的数据。在图 5.6（a）中，堆栈的栈底为 60H，堆栈指针 SP 的内容为 6BH，即它的栈顶为 6BH，栈顶中内容为 98H。在图 5.6（b）中，向堆栈中压入一个数 D0H 后，SP 的内容为 6CH。在图 5.6（c）中，从堆栈中连续取两个数，即连续取出 D0H 和 98H 后，SP 的内容为 6AH。此时，栈顶的数为 40H。而最先进栈的数据最后取出，即图中 60H 中的数 57H 最后取出。

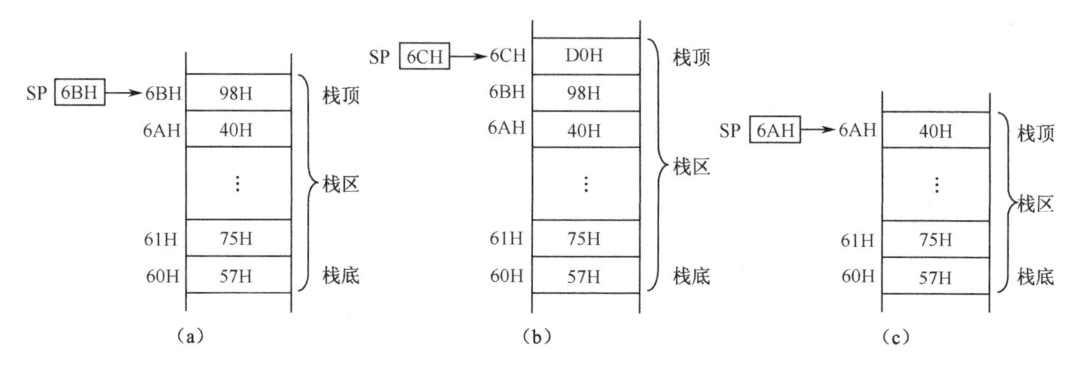

图 5.6　堆栈和堆栈指针示意图

2）堆栈的操作

堆栈的操作有两种方式，一种是自动方式，即在调用子程序或产生中断时，返回断点地址自动进栈。程序返回时，断点地址再自动弹回程序计数器。这种堆栈操作不需用户干预，是通过硬件自动实现的。另一种是指令方式，即使用堆栈操作指令进行“进/出”栈操作。用户可根据其需要使用堆栈操作指令对现场进行保护和恢复。

3）堆栈的设置

在 80C51 单片机中，通常指定片内数据存储器 08H～7FH（AT89C52/S52 可到 FFH）中的一部分作为堆栈。在使用堆栈前，一般要先给它赋值，规定堆栈的起始位置即栈底。系统复位后，SP 初始化为 07H，使得堆栈事实上由 08H 开始。因为 08H～1FH 单元为第 1～3 组工作寄存器区，20H～2FH 为位寻址区，在程序设计中很可能要用到这些区，所以，用户在编程时最好把 SP 初值设为 2FH 或更大值，当然还要顾及其允许的深度。在使用堆栈时要注意，由于堆栈的占用，会减少片内 RAM 的可利用单元，如果设置不当，可能引起片内 RAM 单元冲突。

6. 端口寄存器 P0～P3

端口寄存器 P0～P3 分别用于控制 P0 口～P3 口的 I/O 操作。在 AT89S51/52 单片机中，是把 I/O 口寄存器当作一般的特殊功能寄存器来使用的，详见 5.4 节。

5.4 输入/输出端口

AT89S51/52 单片机有 4 个 8 位并行输入/输出端口，简称为 I/O 口，这 4 个 I/O 口的名称为 P0、P1、P2、P3。I/O 口是单片机与外界联系的重要通道，由于在数据传输过程中，CPU 需要对接口电路中 I/O 数据的寄存器进行读/写操作，所以在单片机中对这些寄存器像对存储单元一样进行编址。通常把接口电路中这些已编址并能进行读/写操作的寄存器称为端口（Port），简称口。

通过对 I/O 口结构的学习，可以深入理解 I/O 口的工作原理，学会正确合理地使用端口，而且可以对单片机外围逻辑电路的设计提供帮助。

5.4.1 P0 口

P0 口是一个标准的双向 8 位并行口，既可以作为通用 I/O 口使用，也可以作为地址/数据线使用。由特殊功能寄存器 P0 管理 P0 口各位的工作状态，其地址为 80H，各位地址为 80H～87H。

在访问片外存储器时，它分时提供低 8 位地址和 8 位数据，故这些 I/O 线有地址/数据总线之称，简写为 AD0～AD7。在不做总线时，P0 口也可以作为普通 I/O 口使用。

1. P0 口位电路结构

P0 口各位的电路结构完全相同，但又相互独立，即均可单独操作。P0 口某位（P0.*n*，*n*=0～7）的电路结构如图 5.7 所示，它由一个锁存器、两个三态输入缓冲器（B1、B2）和输出驱动电路（由场效应管 VT1 和 VT2 组成）及控制电路（由多路开关 MUX、与门、非门组成）等组成，它的输出级在结构上的主要特点是无内部上拉电阻。

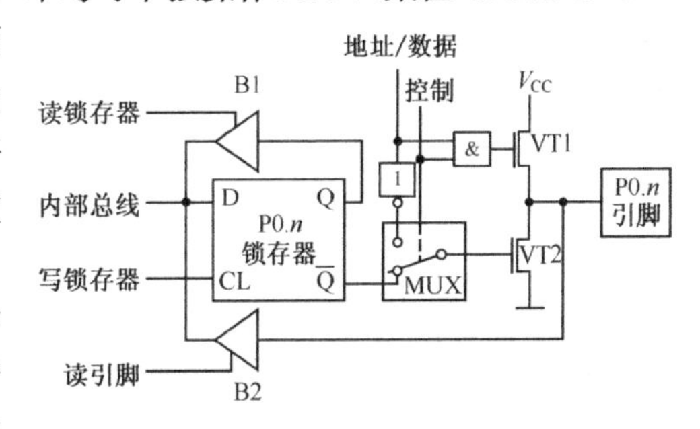

图 5.7 P0 口某位的电路结构

锁存器用于锁存输出数据，两个三态输入缓冲器 B1 和 B2 分别用于对锁存器和引脚输入数据进行缓冲。在 P0 口的电路中有一个多路开关 MUX，它的一个输入来自锁存器，一个输入为地址（低 8 位）/数据线的反相输出。在内部控制信号的作用下，多路开关 MUX 可以分别接通锁存器输出端和地址/数据线。两个输出驱动场效应管（VT1 和 VT2）用于驱动输出的地址/数据信息。

2. 工作原理

下面按照 P0 口的不同功能分别介绍其工作原理。

1）**P0 口作为一般 I/O 口**

当 P0 口作为一般 I/O 口使用时，通过执行传送指令（详见第 6 章），CPU 内部发出控制电平“0”，封锁“与”门，将输出上拉场效应管 VT1 截止；同时控制多路开关 MUX，将锁存器 Q 端与输出驱动场效应管 VT2 的栅极接通。此时，其输出与输入的工作原理分别如下：

当 P0 口用作输出口时，内部总线与 P0 口同相位，写脉冲加在锁存器的 CL 端上，内部总线就会向引脚输出数据。由于输出驱动级是漏极开路电路（简称开漏电路），若驱动 NMOS 或其他拉电流负载，则需要外接上拉电阻（阻值一般为 5 kΩ～10 kΩ）。

当 P0 口用作输入口时，分为读端口（读锁存器）和读引脚两种输入方式，因此，P0 口中设有 2 个三态输入缓冲器用于读操作。CPU 发出不同指令，可实现不同的输入方式。

读引脚时，需要先向对应的锁存器写入“1”，以使场效应管截止。通过执行传送指令，读脉冲把三态输入缓冲器 B2 打开，引脚上的数据经过 B2 读入内部总线。同样，P1 口～P3 口在进行读操作时，也需要先向对应的锁存器写入“1”。

读端口时，也必须先向对应的锁存器写入“1”，使场效应管截止，如果执行一般的输入指令，则读脉冲把三态输入缓冲器 B1 打开，这样锁存器中的数据经过 B1 读入内部总线。

如果执行“读－改－写”指令（详见第 6 章），读端口时，首先读入锁存器的内容，读入后按指令要求修改该值，再把改后的内容写到端口。这个操作过程是 CPU 自动进行的，用户不必考虑。这类指令可以按字节操作，也可以按位操作。

2）P0 口作为地址/数据总线

在扩展系统中（见第 10 章），P0 口作为复用的地址/数据总线使用，可分为以下两种情况。

一种情况是由 P0 口各引脚输出地址/数据信息。通过执行指令，CPU 内部发出控制电平“1”，打开与门，同时用多路开关 MUX 把低 8 位地址/数据线的某一位通过反相器与驱动场效应管 VT2 的栅极接通。从图 5.7 可以看到，上、下 2 个场效应管处于反相接通状态，从而构成了推拉式输出电路。推拉式输出电路驱动能力较大，因而 P0 口的输出级驱动能力比 P1 口～P3 口大。当地址/数据线状态为“1”时，VT1 导通，VT2 截止，VT1 相当于一个较大的电阻，从而使加在 VT1 上的电源与外接电路形成回路，输出为高电平“1”；当地址/数据线状态为“0”时，VT2 导通，VT1 截止，VT2 相当于一个较大的电阻，从而使 VT2 经过地与外接电路形成回路，输出为低电平“0”。

另一种情况是由 P0 口输入数据。此时，通过执行指令，CPU 将自动对该口写入“1”，以使场效应管截止，此时输入信号从引脚通过三态输入缓冲器 B2 进入内部总线。

5.4.2 P1 口

P1 口是一个准双向的 8 位并行口，主要作为通用 I/O 口使用，由特殊功能寄存器 P1 管理 P1 口各位的工作状态，其地址为 90H，各位地址为 90H～97H。

1. P1 口位电路结构

P1 口各位的电路结构完全相同，但又相互独立。P1 口某位的电路结构如图 5.8 所示。其主要部分与 P0 口相同，但输出驱动部分与 P0 口不同，它内部有与电源相连的上拉负载电阻，实质上该电阻也是一个场效应管，称为负载场效应管（下面的一个场效应管称为工作场效应管）。

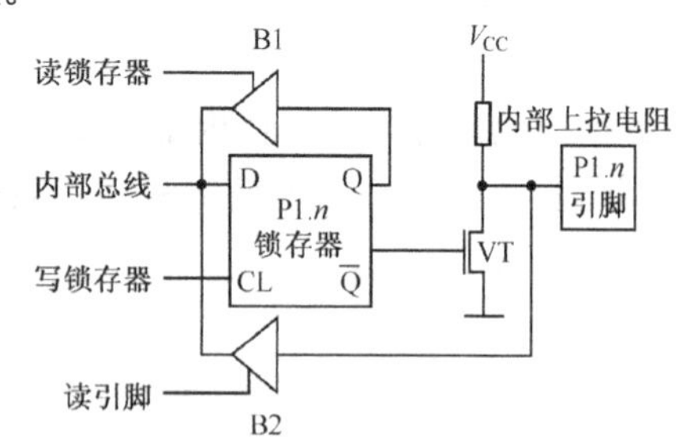

图 5.8 P1 口某位的电路结构

2. 工作原理

下面按照 P1 口的不同功能分别进行介绍。

1）P1 口作为输出口

当 CPU 输出 1 时，Q=1，$\overline{Q}$=0，使 VT 截止，此时 P1 口该引脚输出为 1，能向外提供拉电流负载，所以可以不外接上拉电阻；当 CPU 输出 0 时，Q=0，$\overline{Q}$=1，使 VT 导通，此时 P1 口该引脚输出为 0。

2）P1 口作为输入口

P1 口作为输入口时有读锁存器和读引脚两种输入方式。读锁存器时，锁存器 Q 端的状态通过三态输入缓冲器 B1 进入内部总线；读引脚时，需要先向对应的锁存器写入“1”，使 VT 截止，然后引脚的状态通过三态输入缓冲器 B2 进入内部总线，由于片内负载电阻较大，为 20 kΩ～40 kΩ，所以不会对输入的数据产生影响。

AT89S51/52 单片机的 P1 口除了可以作为一般的 I/O 口，其中 5 位还有第二功能，见表 5.7。由表 5.7 可见，P1.0、P1.1 用于定时器 2（AT89S51 除外），P1.5、P1.6、P1.7 用于 ISP（In System Programmable，在系统编程）功能。它的作用是把在 PC 机上编好的程序通过所定义的这三根 ISP 接口线进行在线下载，即直接传输并且固化（也称为“烧录”）到 AT89S51/52 单片机中的闪存中。固化时 RST 引脚要接到 VCC 端，接入 SCK 引脚的时钟频率不能大于单片机频率的 1/16。这种方法比使用一般的编程器廉价、方便。一般厂商配有在线下载接口板和相应软件，读者只需要学会使用即可。

表 5.7　P1 口各位的第二功能

P1 口的位	第二功能的名称及作用
P1.0	T2(定时/计数器 2 的外部计数输入/时钟输出)
P1.1	T2EX(定时/计数器 2 的捕获触发和双向控制)
P1.5	MOSI(主机输出线，用于在系统编程)
P1.6	MISO(主机输入线，用于在系统编程)
P1.7	SCK(串行时钟线，用于在系统编程)

5.4.3　P2 口

P2 口是一个准双向的 8 位并行口，既可以作为通用 I/O 口使用，也可以作为高 8 位地址线使用。由特殊功能寄存器 P2 管理 P2 口各位的工作状态，其地址为 A0H，各位地址为 A0H～A7H。在访问片外存储器时，它输出高 8 位地址，即 A8～A15。

1. P2 口位电路结构

P2 口各位的电路结构完全相同，但又相互独立。P2 口某位的电路结构如图 5.9 所示，从图中可看到，P2 口的位电路结构比 P1 口多了一个转换控制部分，其余部分相同。当 P2 口作为通用 I/O 口使用时，多路开关 MUX 接通锁存器 Q 端，构成输出驱动电路，此时 P2 口的用法与 P1 口相同；当 P2 口作为高 8 位地址线使用时，多路开关 MUX 与内部高 8 位地址线的某一位接通。

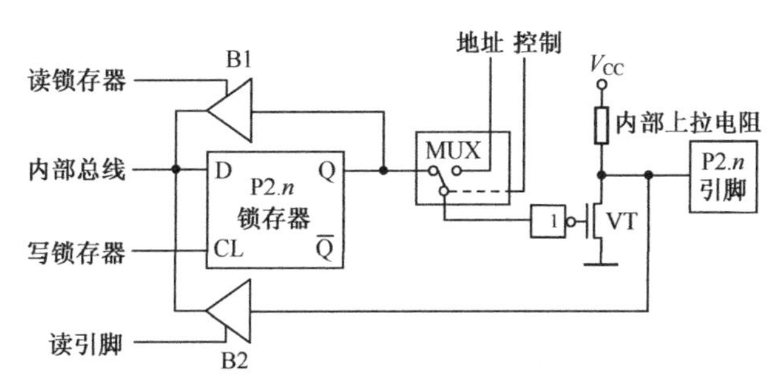

图 5.9　P2 口某位的电路结构

2．工作原理

下面按照 P2 口的不同功能分别进行介绍。

1）作为高 8 位地址线

在扩展片外存储器时，若扩展的数据存储器或外部器件的寻址空间为 64KB，则要使用“MOVX　@DPTR, A”和“MOVX　A, @DPTR”类指令，高 8 位地址由 P2 口输出（低 8 位地址由 P0 口输出），此时多路开关 MUX 在 CPU 的控制下与内部地址线相接。当地址线电平为 0 时，VT 导通，P2 口的引脚输出 0；当地址线电平为 1 时，VT 截止，P2 口的引脚输出 1。因为访问片外存储器的操作往往接连不断，P2 口要不断送出高 8 位地址，所以这时 P2 口无法再作为通用 I/O 口使用。

在不需外接程序存储器而只需扩展较小容量的片外数据存储器的系统中，如果使用“MOVX　A, @Ri”和“MOVX　@Ri, A”类指令访问片外 RAM，寻址范围为 00～FFH 时，则只需低 8 位地址线就可实现。P2 口不受该指令影响，仍可作为通用 I/O 口使用。

如果寻址空间大于 256B 又小于 64KB，也可以只用 P1 口～P3 口中的某几根口线输出高位地址，而保留 P2 口中的部分口线作为通用 I/O 口使用。

2）作为通用 I/O 口

在内部控制信号作用下，多路开关 MUX 受 CPU 的控制与锁存器的 Q 端相接。CPU 输出 1 时，Q=1，VT 截止，P2 口的引脚输出 1；CPU 输出 0 时，Q=0，VT 导通，P2 口的引脚输出 0。

P2 口作为输入口时，多路开关 MUX 仍然保持与锁存器的 Q 端相接，有读锁存器和读引脚两种输入方式，同 P0 口和 P1 口。

5.4.4　P3 口

P3 口是一个多功能的准双向 8 位并行口，它的每一位既可以作为通用 I/O 口使用，又都具有第二功能。由特殊功能寄存器 P3 管理 P3 口各位的工作状态，其地址为 B0H，各位地址为 B0H～B7H。

1．P3 口位电路结构

P3 口各位的电路结构完全相同，但又相互独立。P3 口某位的电路结构如图 5.10 所示，与 P1 口相比，P3 口的位电路结构多了一个与非门和三态输入缓冲器 B3，与非门的作用相当于一个开关。

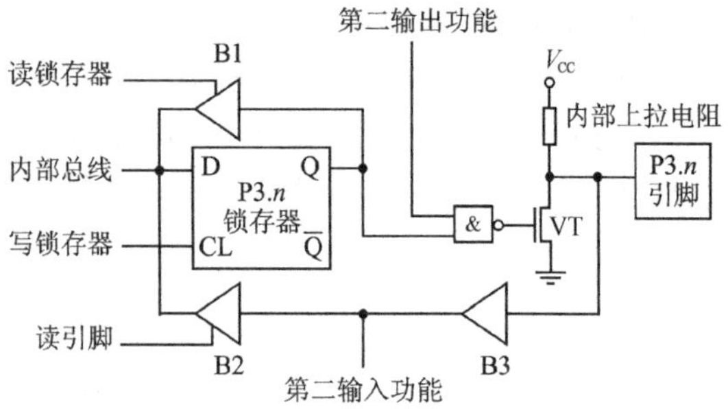

图 5.10　P3 口某位的电路结构

2．工作原理

下面按照 P3 口的不同功能分别进行介绍。

1）作为通用 I/O 口

P3 作为输出口时，如果内部控制信号使第二输出功能端为高电平，则与非门打开，锁存器 Q 端输出可通过与非门送至 VT，当锁存器 Q 端输出为 1 时，VT 截止，P3 口该引脚输出为 1，当锁存器 Q 端输出为 0 时，VT 导通，P3 口该引脚输出为 0。

P3 口作为输入口时第二输出功能端也为高电平，也需要向对应的锁存器写入“1”，VT 截止，CPU 发出读命令时，使三态输入缓冲器 B2 上的“读引脚”功能有效，三态输入缓冲器 B3 是常开的，于是引脚信号读入 CPU。

2）用于第二功能

内部控制信号使锁存器 Q 端输出 1，打开与非门，P3 口用于第二功能，这 8 个引脚都具有专门的第二功能，见表 5.8。第二输出功能端用作输出时，信号通过与非门和 VT 送至引脚，当第二输出功能端为 1 时，VT 截止，P3 口引脚输出为 1；当第二输出功能端为 0 时，VT 导通，P3 口引脚输出为 0，从而实现第二功能信号输出。

表 5.8　P3 口各位的第二功能

P3 口的各位	第二功能的名称及作用
P3.0	RXD（串行口输入）
P3.1	TXD（串行口输出）
P3.2	$\overline{\text{INT0}}$（外部中断 0 输入）
P3.3	$\overline{\text{INT1}}$（外部中断 1 输入）
P3.4	T0（定时/计数器 0 的外部输入）
P3.5	T1（定时/计数器 1 的外部输入）
P3.6	$\overline{\text{WR}}$（片外数据存储器写选通控制输出）
P3.7	$\overline{\text{RD}}$（片外数据存储器读选通控制输出）

当第二输入功能端用作输入时，该位的锁存器和第二输出功能端均置 1，VT 保持截止，引脚的第二功能信号通过三态输入缓冲器 B3 送到第二输入功能端。

以上各引脚的功能与作用只有在后面章节的学习中才能逐渐加深理解并学会应用。

5.4.5　4 个输入/输出端口的主要异同点

综上所述，AT89S51/52 单片机这 4 个 I/O 口在结构和特性上是基本相同的，但也有一定差别，它们的负载能力和接口要求既有相同之处，又各具特点，因而在使用上也有一定差别。对它们的主要异同点总结如下。

1）主要相同点

（1）4 个 I/O 口都是 8 位双向口，在无片外扩展存储器的系统中，这 4 个 I/O 口的每一位都可以作为双向通用 I/O 口使用。

（2）每个 I/O 口都包括锁存器（特殊功能寄存器 P0～P3）、输出驱动器和输入缓冲器。

（3）在作为一般的输入口时，都必须先向锁存器写入 1，使驱动场效应管截止。

（4）系统复位时，4 个 I/O 口锁存器全为 1。如果程序执行后没有改变 I/O 口的状态，则作为输入口时不必再写 1。

（5）4 个 I/O 口均可以按字节访问，也可以按位访问。

2）主要不同点

（1）P0 口是一个真正的双向口，它的每一位都具有输出锁存状态、输入缓冲状态和悬浮状态（高阻态）三种工作状态。

（2）P1 口～P3 口称为准双向口。它的每位都具有输出锁存和输入缓冲两种工作状态。

（3）P0 口的每位可驱动 8 个 LSTTL 负载。P0 口在低电平状态下每位的灌入电流为 3.2 mA。P1 口～P3 口每位可驱动 4 个 LSTTL 负载，每位的灌入电流为 1.6 mA。

（4）P0 口既可作为 I/O 口使用，也可作为地址/数据总线使用。当把它作为通用输出口时，输出级是开漏电路，在驱动 NMOS 或其他拉电流负载时，只有外接上拉电阻，才有高电平输出；作为地址/数据总线时，无须外接电阻，此时不能作为 I/O 口使用。

（5）P1 口除作为一般的 I/O 口之外，某些位还增加了第二功能。

（6）P2 口除作为一般的 I/O 口之外，在具有片外并行扩展存储器的系统中，P2 口通常作为高 8 位地址线，P0 口分时作为低 8 位地址线和双向数据总线。

（7）P3 口除作为一般的 I/O 口之外，其各位均增加了第二功能。

5.5 复位及时钟电路

复位及时钟电路是单片机中与外界有关的两个主要电路，它们可支持单片机的正常工作。

5.5.1 复位和复位电路

复位是单片机的初始化操作。单片机在启动运行时，需要先复位。复位的作用是使 CPU 和系统中其他部件都处于一个确定的初始状态，并从这个状态开始工作。例如，复位后，程序计数器初始化为 0，于是单片机自动从程序存储器中地址为 0 的单元开始执行程序。因此，复位是一个很重要的操作方式。

1．内部复位信号的产生

单片机的整个复位电路包括芯片内、外两部分，外部电路产生的复位信号通过复位引脚 RST 进入片内一个施密特触发器（起抑制噪声作用），再与片内复位电路相连。80C51 内部复位电路原理图如图 5.11 所示。复位电路每个机器周期对施密特触发器的输出采样一次。当 RST 引脚保持两个机器周期（24 个时钟周期）以上的高电平时，80C51 进入复位状态。

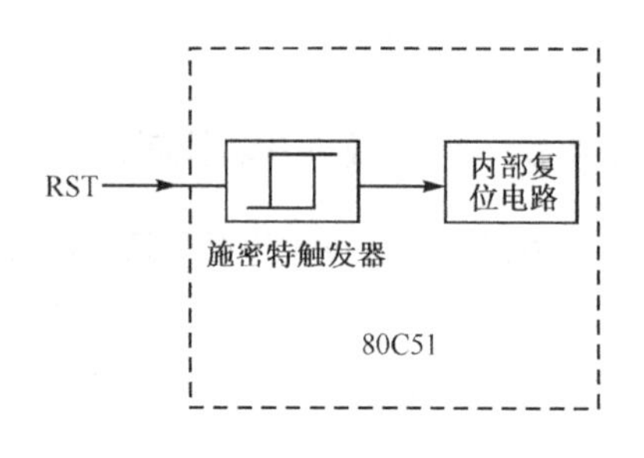

图 5.11　80C51 内部复位电路原理图

能够引起单片机复位的复位源，除了外部复位引脚 RST，还有内部的看门狗定时器发生溢出时引起的复位。

2．复位状态

复位后，片内各特殊功能寄存器的状态见表 5.9，表中 X 表示此值为不确定数。

表 5.9　复位后特殊功能寄存器的状态

寄　存　器	内　　容	寄　存　器	内　　容
PC（程序计数器）	0000H	TMOD	00H
ACC	00H	TCON	00H
B	00H	TH0	00H
PSW	00H	TL0	00H
SP	07H	TH1	00H

续表

寄存器	内容	寄存器	内容
DPTR0	0000H	TL1	00H
DPTR1	0000H	TH2*	00H
P0～P3	FFH	TL2*	00H
IP	XX000000B	T2MOD*	XXXXXX00B
IE	0X000000B	T2CON*	00H
SCON	00H	RCAP2H*	00H
SBUF	XXXXXXXXB	RCAP2L*	00H
PCON	0XXX0000B	WDTRST	XXXXXXXXB
AUXR	XXX00XX0B	AUXR1	XXXXXXX0B

注：* 仅 AT89S52 有。

复位时，ALE 和 $\overline{\text{PSEN}}$ 呈输入状态，即 ALE=$\overline{\text{PSEN}}$=1，片内 RAM 不受复位影响。但在系统刚上电（也称冷启动）时，RAM 的内容是随机的。复位后，P0 口～P3 口输出高电平，使这些双向口皆处于输入状态，并且将 07H 写入堆栈指针 SP，同时将程序计数器清零，其余特殊功能寄存器置初始状态，此时单片机从起始地址 0000H 开始重新执行程序，所以，单片机运行出错或进入死循环时，可使其复位后重新运行。

3. 外部复位电路与复位方式

1）基本复位电路

几种基本复位电路如图 5.12 所示，参数的选取应保证复位高电平持续时间大于两个机器周期，通常选择的时间大于 10 ms（图 5.12 中参数适用于 12 MHz 晶振）。

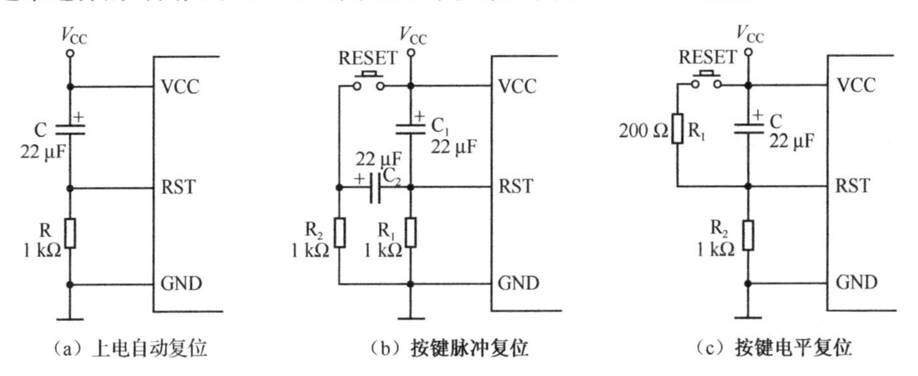

图 5.12　几种基本复位电路

在实际的应用系统中，有些外围芯片也需要复位，如果这些复位端的复位电平要求与单片机的要求一致，则可以与之相连。

复位电路关系到一个系统能否可靠地工作。由电阻、电容元件和门电路组成的复位电路虽然在多数情况下均能正常工作，但对于电源瞬时跌落的情况，这种电路可能无法保证复位脉冲的宽度。另外，RC 复位电路的复位触发门限在设计时较难确定，因为它与电阻、电容的精度，供电电源的精度以及门电路的触发电平有关，且受温度的影响较大。对于要求不高的场合，选用电阻、电容元件和门电路组成复位电路是一种廉价且简单的方案，并且这种电路多数情况下均能正常工作。但对于应用现场干扰大、电压波动大的工作环境，常常要求系统在任何异常情况下都能自动复位，这样的系统选用专用复位监控芯片作为复位产生器是最理想的。复位监控芯片在上电、掉电情况下，均能提供正确的复位脉冲，其宽度和触发门限值均是由生产厂家设计并经出厂测试保证的。近年来已陆续出现了多种专用复位监控芯片。当应用系统中有多个需要复位的器件时，这种芯片能保证可靠地同步复位。

目前，有的型号的单片机内部已配有复位电路，这样外部就不需要接复位电路了。

2）复位方式

80C51系列单片机有冷启动（也称上电自动复位）和热启动（也称按键手动复位）两种复位启动方式。

冷启动是指在关机（断电）状态下，给单片机加电，上电瞬间RC电路充电，RST引脚出现正脉冲，只要RST引脚保持两个机器周期以上高电平（通常设计时间大于10 ms），就能使单片机有效地复位，如图5.12（a）所示。

热启动是指单片机已经加电，此时通过按键的方法，给RST引脚一个复位电平，使单片机重新运行。按键手动复位（热启动）又分为按键脉冲复位和按键电平复位。按键脉冲复位如图5.12（b）所示，当按复位键后，利用RC复位电路在复位端产生正脉冲实现复位；按键电平复位如图5.12（c）所示，按复位键后，复位端通过电阻与电源接通实现复位。

80C51系列单片机中有些型号的单片机内部是不能自动复位的，必须配合相应的外部电路才能复位，但也有很多型号的单片机内部有看门狗定时器，可以通过看门狗定时器自动复位。目前不少系列单片机还具有其他能引起单片机自动复位的复位源，如低压检测复位、非法操作码复位、时钟失锁或缺失复位和后台调试复位等。在这类单片机中通常有一个复位状态寄存器，用于指示复位源，它们内部的这些复位源引起的复位均属于热启动复位。

5.5.2 时钟电路

单片机内部的时钟电路用于产生单片机工作时所需要的时序信号，该时序信号控制CPU及相关部件严格地按时序同步工作。

1．振荡器和时钟电路

要提供上述时序信号，需要有相关的硬件电路，即振荡器和时钟电路，下面介绍其工作原理。图5.13为振荡器和时钟电路原理图，80C51系列单片机内部有一个高增益反相放大器，用于构成振荡器，但要形成时钟，外部还需附加时钟发生电路（时钟发生器），引脚XTAL1为反相放大器和时钟发生电路的输入端，XTAL2为反相放大器的输出端。

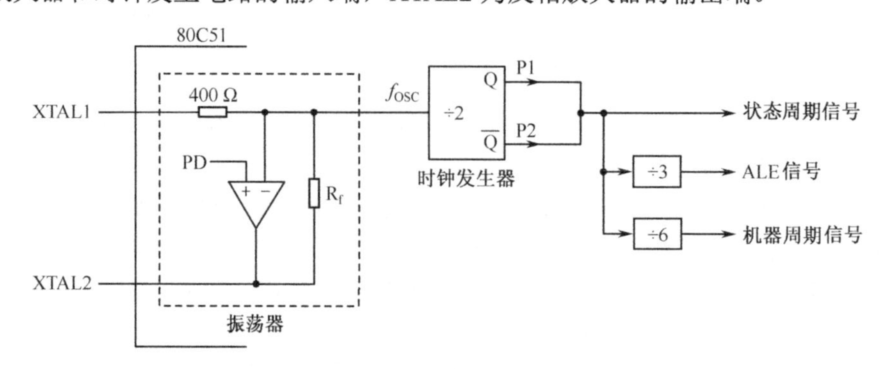

图5.13 振荡器和时钟电路原理图

片内时钟发生器实质是一个 2 分频触发器，其输入来自振荡器，频率为f_{OSC}，输出为 2 相时钟信号，即节拍信号 P1、P2，其频率为$f_{OSC}/2$。两个节拍信号为一个状态周期信号，状态周期信号经 3 分频后成为 ALE 信号，其频率为$f_{OSC}/6$。状态周期信号经 6 分频后成为机器周期信号，其频率为$f_{OSC}/12$。

特殊功能寄存器 PCON 的 PD 位可以控制振荡器的工作，当 PD=1 时，振荡器停止工作，单片机进入低功耗工作状态，复位后 PD=0，振荡器正常工作。

2. 80C51 系列单片机的指令时序

80C51 系列单片机的一个机器周期包含 6 个状态周期 S，每一个状态周期划分为两个节拍，即图 3.1 和图 5.13 中的 P1、P2，所以一个机器周期可依次表示为 S1P1，S1P2，S2P1，S2P2，…，S6P1，S6P2，共 12 个节拍（时钟周期）。

在 80C51 指令系统中，根据各种操作的繁简程度，其指令可由单字节、双字节和 3 字节组成。从单片机执行指令的速度看，单字节指令和双字节指令的执行时间都可能是单周期或双周期，而 3 字节指令的执行时间都是双周期，只有乘、除法指令的执行时间为 4 个周期。所以不同指令的取指令与操作指令的时序与执行时间是不完全相同的，此外，不同指令所用到的控制信号也不完全相同。例如，ALE、$\overline{RD}$、$\overline{WR}$ 这几个控制信号只在扩展片外存储器或者其他外围器件时用到。通过图 10.3 所示访问片外数据存储器的操作时序可以对时序与控制信号的关系有一定了解，并可以更好地理解 ALE、$\overline{RD}$、$\overline{WR}$、P0 及 P2 等信号和数据线的作用。

一般用户不必了解每条指令的取指令与操作指令的时序，但要知道当振荡周期确定后每条指令的执行时间。例如，如果采用 24MHz 晶振，则执行 1 条单周期、双周期和 4 周期指令的时间（指令周期）分别为 0.5μs、1μs 和 2μs。在编制软件延时程序或者定时中断程序时需要有这方面的知识。

3. 时钟电路接法

不同单片机的时钟电路接法是不完全相同的，80C51 系列单片机的时钟电路接法有以下两种。

1）内部时钟方式

内部时钟方式是指在 XTAL1 引脚和 XTAL2 引脚间跨接晶振或陶瓷谐振器，它与芯片内部的振荡电路构成稳定的自激振荡器，自激振荡器发出的脉冲直接送入内部时钟电路，如图 5.14 所示。外接晶振时，C_1 和 C_2 的电容通常为 20～30pF；外接陶瓷谐振器时 C_1 和 C_2 的电容为 30～50pF。C_1、C_2 对频率有微调作用，影响振荡的稳定性和起振速度。所采用的晶振或陶瓷谐振器的频率为 0～24/33 MHz（具体型号有差别）。为了减少寄生电容，更好地保证振荡器稳定可靠的工作，晶振和电容应尽可能靠近单片机芯片安装。

2）外部时钟方式

外部时钟方式是指将外部振荡脉冲送入 XTAL1 引脚，对于 AT89S51/52 单片机，因内部时钟发生器的信号取自反相放大器的输入端，故采用外部时钟源时，外部时钟信号从 XTAL1 引脚输入，XTAL2 引脚悬空，如图 5.15 所示。

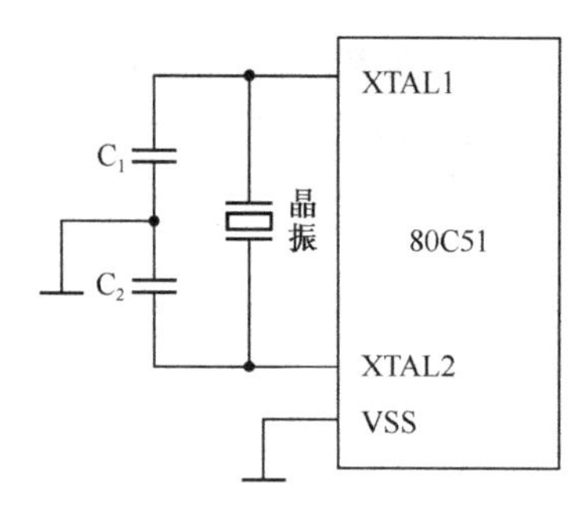

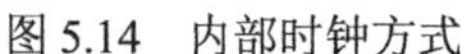
图 5.14　内部时钟方式

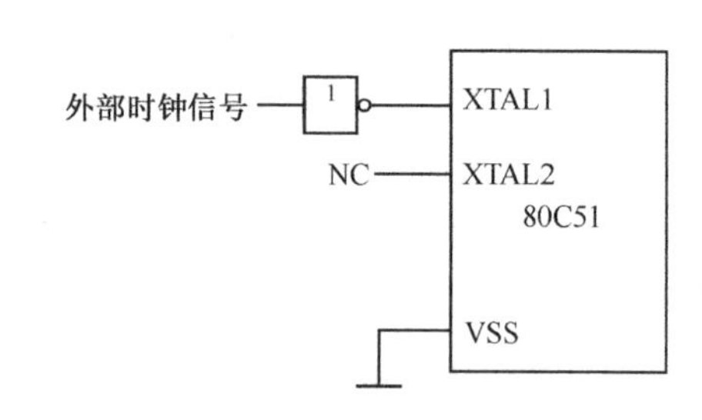

图 5.15　外部时钟方式

外部时钟信号经振荡器中的 400 Ω电阻直接进入 3 分频触发器而成为内部时钟信号，要求这个信号高、低电平的持续时间都大于 20 ns，这个信号一般为频率低于 24/33 MHz 的方波信号。当多块芯片同时工作时，外部时钟方式便于同步。

现在已有某些型号的单片机将振荡器集成到单片机内部，不接外部晶振即可工作。但这种方法的时钟精度不如采用外部晶振的方法高，因此不能用在对时钟精度要求高的系统中，实际应用时应注意使用场合。

单片机在工作时的内部时钟信号无法从外部观察，故当采用在 XTAL1 引脚和 XTAL2 引脚之间接晶振的方法时，可通过示波器观察 XTAL2 引脚信号，判断晶振是否已经起振。ALE 信号可用作内部工作状态指示信号。通过 ALE 信号，可简单判断 CPU 是否已经工作。在此要特别提醒读者注意：单片机通过 ALE 引脚访问外部存储器时，在一个指令周期内将丢失一个脉冲。

由上所述可知，给内部含有程序存储器的单片机配上时钟电路和复位电路，就可构成单片机的最小应用系统。

5.6　80C51 系列单片机的低功耗工作方式

为了降低单片机的功耗，也为了减少外界干扰，单片机通常有可由程序控制的低功耗工作方式。低功耗工作方式也称为省电方式，80C51 系列单片机除具有一般的程序执行方式外，还具有两种低功耗工作方式：待机（也称空闲方式）和掉电（也称停机方式）。备用电源直接由 VCC 端输入。待机方式可使功耗减小，电流一般为正常工作时的 15%，而掉电方式可使功耗减到最小，电流一般小于 6 mA。因此，80C51 系列单片机适合于低功耗应用场合。

5.6.1　电源控制寄存器 PCON

在 80C51 系列单片机中有一个电源控制寄存器 PCON，通过对其中有关位的设置，可以选择待机方式和掉电方式。电源控制寄存器 PCON 的字节地址是 87H，各位名称见表 5.10，该寄存器不可以位寻址。

表 5.10　电源控制寄存器 PCON 的各位名称

PCON	位 7	位 6	位 5	位 4	位 3	位 2	位 1	位 0
位名称	SMOD	—	—	—	GF1	GF0	PD	IDL

其各位作用如下所述。

SMOD：波特率倍增位。在串行口工作方式 1、2 或 3 下，SMOD=1，使波特率加倍。

GF1 和 GF0：通用标志位。用户用软件置位、复位。

PD：掉电方式位。若 PD=1，则进入掉电工作方式。

IDL：待机方式位。若 IDL=1，则进入待机工作方式。

如果 PD 和 IDL 同时为 1，则进入掉电工作方式。复位时 PCON 中所有定义位均为 0，则进入正常工作方式。

5.6.2 待机方式

1. 待机方式的工作特点

在待机方式下，振荡器继续运行，时钟信号继续提供给中断逻辑电路、串行口和定时器，但提供给 CPU 的内部时钟信号被切断，CPU 停止工作。这时堆栈指针 SP、程序计数器 PC、程序状态字寄存器 PSW、累加器 ACC 以及所有的工作寄存器内容都被保留下来。

通常 CPU 耗电量占芯片耗电量的 80%～90%，所以 CPU 停止工作就会大大降低功耗。在待机方式下，AT89S51/52 消耗的电流可由正常的 20 mA 降为 6 mA，最小可降到 50 μA，甚至更低。

2. 单片机进入待机方式的方法

如果向 PCON 中写 1 字节，使 IDL=1，单片机即进入待机方式。例如，执行过“ORL PCON, #1”指令后，单片机即进入待机方式，此指令即待机方式的启动指令。

3. 单片机退出待机方式的方法

单片机退出待机方式的方法有以下两种。

1）通过硬件复位

由于在待机方式下时钟振荡器一直在运行，RST 引脚上的有效信号只需保持两个时钟周期就能使 IDL 恢复为 0，单片机即退出待机状态，从它停止运行的地址恢复程序的执行，即从待机方式的启动指令之后继续执行。

注意：为了防止对端口的操作出现错误，启动待机方式指令的下一条指令不应该为写端口或写外部 RAM 的指令。

2）通过中断方法

若在待机期间，任何一个允许的中断被触发，IDL 都会被硬件置 0，从而结束待机，单片机就进入中断服务程序，这时通用标志 GF0 或 GF1 可用来指示中断是在正常操作时还是在待机期间发生的。例如，使单片机进入待机方式的那条指令也可同时将通用标志位置位，中断服务程序可以先检查此标志位，以确定服务的性质。中断结束后，程序将从待机方式的启动指令之后继续执行。

5.6.3 掉电方式

1）掉电方式的工作特点

在掉电方式下，V_{CC} 可降至 2 V，使片内 RAM 处于 50 μA 左右的“饿电流”供电状态，以最小的耗电量保存信息。在进入掉电方式之前，V_{CC} 不能降低到正常电压以下，而在退出掉电方式之前，V_{CC} 必须恢复到正常的电压值。V_{CC} 恢复正常之前，不可复位。当单片机进入掉电方式时，外围器件、设备均处于禁用状态。因此，在请求进入掉电方式之前，应将一些必要的数据写入 I/O 口的锁存器中，以禁止外围器件或设备产生误动作。

在掉电方式下，片内振荡器被封锁，一切功能都停止，只有片内 RAM 的内容被保留，端口的输出状态值保存在对应的特殊功能寄存器中，ALE 引脚和 $\overline{\text{PSEN}}$ 引脚都为低电平。

2）单片机进入掉电方式的方法

电源控制寄存器 PCON 的 PD 位控制单片机进入掉电方式。当 CPU 执行一条置 PCON 的 PD 位为 1 的指令后，单片机就进入掉电方式。例如，执行“ORL PCON, #2”指令后，单片机即进入掉电方式。

3）单片机退出掉电方式的方法

单片机退出掉电方式的唯一方法是硬件复位，硬件复位 10ms 即能使单片机退出掉电方式。复位后将所有的特殊功能寄存器的内容重新初始化，但片内 RAM 中的数据不变。

思考与练习

1．AT89S51/52 单片机内部包含哪些主要逻辑功能部件？各有什么功能？

2．简述 ALE/$\overline{\text{PROG}}$ 和 $\overline{\text{EA}}$/VPP 引脚的功能。

3．如何认识 80C51 系列单片机的存储器在物理结构上可划分为四个空间，而在逻辑上又可划分为三个空间？

4．开机复位后，80C51 系列单片机的 CPU 使用的是哪组工作寄存器？它们的地址是什么？CPU 如何确定和改变当前工作寄存器组？

5．什么是堆栈？堆栈有何作用？在程序设计时，为什么有时要对堆栈指针 SP 重新赋值？如果 CPU 在操作中要使用两组工作寄存器，SP 的初值应为多少？

6．AT89S51/52 单片机的时钟周期、机器周期、指令周期是如何分配的？当振荡频率为 8MHz 时，一个单片机周期为多少微秒？

7．在 AT89S51/52 扩展系统中，片外程序存储器和片外数据存储器共处同一地址空间，为什么不会发生总线冲突？

8．程序状态寄存器 PSW 的作用是什么？常用状态标志有哪几位？作用是什么？

9．位地址 7CH 与字节地址 7CH 有何区别？位地址 7CH 具体在内存中什么位置？

10．AT89S51/52 单片机的 4 个 I/O 口的作用是什么？片外三总线是如何分配的？

11．AT89S51/52 单片机的 4 个 I/O 口在结构上有何异同？使用时有何注意事项？

12．复位的作用是什么？有几种复位方法？复位后单片机的状态如何？

13．AT89S51/52 单片机有几种低功耗方式？如何实现？

第6章　80C51的指令系统

指令系统是单片机应用软件的基础，学习和使用单片机的一个很重要的环节就是理解和熟练掌握它的指令系统。不同种类的单片机的指令系统一般是不同的，但89系列单片机与80C51系列单片机的指令系统完全相同，本章将详细介绍80C51系列单片机指令系统的寻址方式、各类指令的格式及功能。

6.1　80C51指令系统简介

6.1.1　概述

80C51系列单片机的指令系统功能比较齐全，易学易用，共有111条指令，见附录A。单片机的指令有多种分类方法，如按字节数分类，可分为单字节、双字节和三字节指令；按运算速度分类，可分为单周期、双周期和四周期指令，还可以按功能和寻址方式分类（详见6.2节和6.3节）。

指令一般由操作码和操作数组成，但其组成形式不完全相同。对于单字节指令有两种情况：一种情况是操作码、操作数均包含在这一字节之内；另一种情况是只有操作码无操作数。对于双字节指令，均为一字节是操作码，一字节是操作数。对于三字节指令，一般是一字节为操作码，两字节为操作数。

由于计算机只能识别二进制数，所以计算机的指令均由二进制代码组成。为了阅读和书写方便，常把它写成十六进制形式。通常称这样的指令为机器指令。现在一般的计算机都有几十甚至几百种指令。显然，书写和记忆十六进制数是极不方便的。因而，制造厂家对指令系统的每一条指令都给出了助记符。助记符是根据机器指令不同的功能和操作对象来描述指令的符号，由于助记符是用英文缩写来描述指令特征的，因此它不但便于记忆，而且便于理解和分类。这种用助记符形式表示的机器指令称为汇编语言指令，计算机的指令一般用汇编语言指令来表示。

6.1.2　汇编语言指令格式

80C51系列单片机的汇编语言指令格式如下：

操作码　[操作数1], [操作数2], [操作数3]　; [注释]

在书写时，操作码与操作数之间必须用空格分隔，操作数与操作数之间必须用逗号“,”分开。指令中只有操作码是必不可少的，带方括号的项均为可选择的。

操作码：是由助记符表示的字符串，它规定了指令的功能。在80C51系列单片机的指令系统中，操作码是指令的核心。操作码通常是一字节，或者与操作数同在一字节之内。

操作数：如果指令中有操作数，则它是指参加操作的数据或数据的地址。表示操作数的方法有多种。例如，既可用三种数制的常数（二进制数、十进制数、十六进制数，其中十六进制数若是以字母开头，则在使用汇编语言指令时前面需加一个0）表示，也可用寄存器名、标号及表达式表示，还可以使用一个特殊符号“$”来表示程序计数器的当前值，这通常用在转移指令中。

不同功能的指令，其操作数可以是 1 个、2 个、3 个，也可以没有。此外，不同功能指令的操作数的作用也不同。例如，传送类指令多数有两个操作数，写在左边的称为目的操作数（表示操作结果存放的单元地址），写在右边的称为源操作数（指出操作数的来源）。

注释：是对这条指令的说明，以便于阅读。

例如，一条传送指令的书写格式为

```
MOV   A, 46H          ; (46H)→A
```

它表示将 46H 存储单元的内容送到累加器 A 中。

6.2 寻址方式

指令的一个重要组成部分是操作数，它指出了参与操作的数或数所在的地址。寻址方式是指在指令代码中用于表示操作数地址的各种规定。这些操作数可以在片内或片外的存储器中，也可以在 I/O 设备或特殊功能寄存器中。寻址方式与计算机的存储器空间结构是密切联系的，寻址方式越多则计算机的功能越强，灵活性越好，能更有效地处理各种数据。为了很好地理解、掌握指令系统，需要先了解它的寻址方式。80C51 系列单片机共有 7 种寻址方式，本节将以指令为例逐一介绍。

6.2.1 符号注释

在描述 80C51 系列单片机指令系统的功能时，规定了一些描述寄存器、地址及数据等的符号，其意义如下。

（1）Rn（n=0～7）：当前选中的工作寄存器组 R0～R7，它在片内数据存储器中的地址由 PSW 中 RSl 位、RS0 位确定，可以是 00H～07H（第 0 组）、08H～0FH（第 1 组）、10H～17H（第 2 组）、18H～1FH（第 3 组）。

（2）Ri（i=0 或 1）：当前选中的工作寄存器组中可作为地址指针的两个工作寄存器 R0、R1，它在片内数据存储器中的地址由 RS0 位、RS1 位确定，可以是 00H、01H，08H、09H，10H、11H，18H、19H。

（3）#data：8 位立即数，即包含在指令中的 8 位常数。

（4）#data16：16 位立即数，即包含在指令中的 16 位常数。

（5）direct：8 位片内 RAM 单元（包括特殊功能寄存器）的直接地址。

（6）addr11：11 位目的地址，用于“ACALL”和“AJMP”指令中，目的地址必须与下一条指令第 1 字节放在同一个 2 KB 程序存储器地址空间。

（7）addr16：16 位目的地址，用于“LCALL”和“LJMP”指令中，目的地址的范围在 64 KB 程序存储器地址空间。

（8）rel：补码形式的 8 位地址偏移量，用于相对转移指令中。偏移量以下一条指令第 1 字节地址为基值，偏移范围为–128～+127。

（9）bit：片内 RAM 或特殊功能寄存器的直接寻址位地址。

（10）@：间接寻址方式中表示间址寄存器的符号。

（11）/：在位操作指令中表示对该位先取反再参与操作，但不影响该位原值。

以下符号仅出现在指令注释或功能说明中，不同教科书的表达方式可能略有差异。

（12）×：片内 RAM 的直接地址或寄存器。

（13）(×)：表示×中的内容。

（14）((×))：在间接寻址方式中，表示由间址寄存器×指定的地址单元中的内容。

（15）→：指令操作流程，将箭头左边的内容送入箭头右边的寄存器或地址单元内。

6.2.2 寻址方式说明

80C51 单片机指令系统共有 7 种寻址方式，下面逐一进行介绍。

1．立即寻址

在立即寻址方式中，由指令直接给出参与操作的数据，它就是存放在程序存储器中的 8 位或 16 位常数，又称立即数，数据前加“#”号。

例 6.1 指令助记符：MOV A, #3AH，指令代码为 74H、3AH，是双字节指令。

这条指令的功能是把立即数 3AH 送入累加器 A（ACC）中。假设把指令存放在存储区的 100H、101H 两个单元（存放指令的起始地址是任意假设的）中。该指令的执行过程如图 6.1 所示（从图 6.1 开始，图中数字均为十六进制数并且省略后缀 H）。

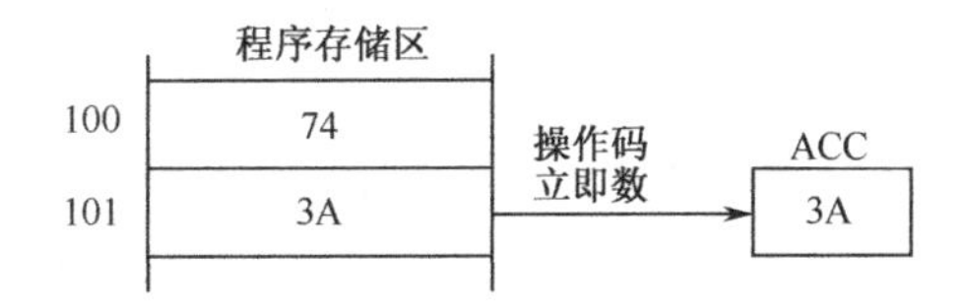

图 6.1 “MOV A, #3AH”指令的执行过程示意图

在 80C51 系列单片机的指令系统中，仅有一条指令的操作数是 16 位的立即数，其功能是向数据指针寄存器 DPTR 传送 16 位的地址，即把立即数的高 8 位送入 DPH，低 8 位送入 DPL。

例 6.2 指令助记符：MOV DPTR, #0B578H，指令代码为 90H、B5H、78H。

假设把该指令存放在存储区的 1000H、1001H、1002H 三个单元。当该指令执行后，立即数 B578H 被送到 DPTR 中。该指令的执行过程如图 6.2 所示。

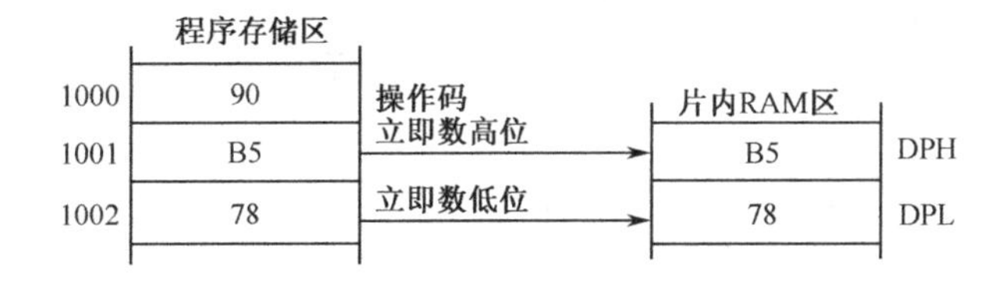

图 6.2 “MOV DPTR, #0B578H”指令的执行过程示意图

2．直接寻址

在直接寻址方式中，操作数项给出的是参加运算的操作数的地址。在 80C51 系列单片机中，直接地址可访问的空间包括特殊功能寄存器和内部数据存储器的 00H～7FH（包括位操作数的地址）单元，特殊功能寄存器和位地址只能用直接寻址方式访问。

例 6.3 指令助记符：MOV A, 38H，指令代码为 E5H、38H。

假设把该指令放在存储区的 500H、501H 两个单元，且 38H 单元中存放的数值为 38H。执行该指令后，数值 38H 就被送到累加器 A 中。该指令的执行过程如图 6.3 所示。

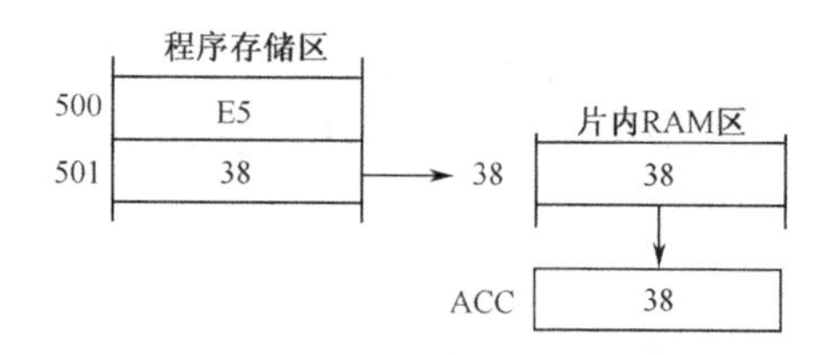

图 6.3 “MOV A, 38H”指令的执行过程示意图

3．寄存器寻址

寄存器寻址方式是指对选定的 4 组工作寄存器（组的选择是由 PSW 中的 RS1 位、RS0 位确定的）R0～R7、累加器 A（ACC）、B 寄存器、数据指针 DPTR 和进位标志位 CY 中的数进行操作。

例 6.4 指令助记符：MOV A, R2，指令代码为 EAH，为单字节指令，该指令操作码与操作数在同一字节内。

现假设这条指令存放在 1020H 单元，且 PSW 中 RS1 位、RS0 位的值分别为 1、0，则可知现在的 R2 属于第 2 组工作寄存器，那么它的地址为 12H。现已知 12H 单元中存放着数值 CDH，则执行该指令后，CDH 就被送到累加器 A（ACC）中。该指令的执行过程如图 6.4 所示。

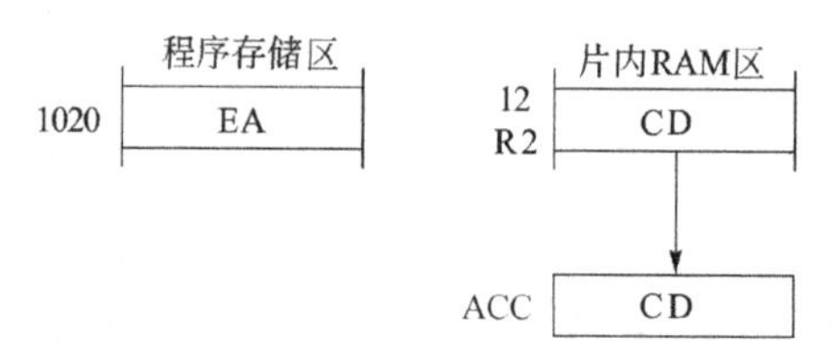

图 6.4 “MOV A, R2”指令的执行过程示意图

4．寄存器间接寻址

在寄存器间接寻址方式中，操作数所指定的寄存器中存放的不是操作数本身，而是操作数的地址。为了与寄存器寻址区别，寄存器前加符号@。

这种寻址方式用于访问片内数据存储器或片外数据存储器。在指令中用 R0、R1、SP 和 DPTR 作间址寄存器。

（1）当访问片内 RAM 或片外 RAM 低 256 个单元时，可采用当前工作寄存器组中的 R0 或 R1 作为间址寄存器，即由 R0 或 R1 间接给出操作数所在的地址，这样 R0 或 R1 为存放操作数单元的地址指针。对 AT89S52 单片机片内 RAM 中 80H 以上单元寻址时，只能采用这种方式。

（2）当访问片外数据存储器时，可用 DPTR 作间址寄存器。DPTR 是 16 位寄存器，故它可对整个 64KB 片外数据存储器空间寻址。

例 6.5 指令助记符：MOV A, @R0，指令代码为 E6H，其功能是把 R0 指定的片内 RAM 中的内容送到累加器 A 中。

假设此指令存放在 2030H 单元，所用工作寄存器为第 0 组，R0 中存放 50H，50H 为片内 RAM 的一个单元，50H 单元中存放的数值为 ACH，则执行该指令后，ACH 就送入累加器 A（ACC）中。该指令的执行过程如图 6.5 所示。

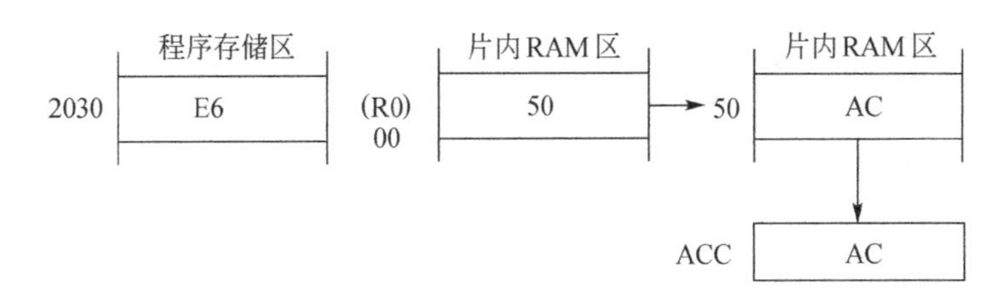

图 6.5 “MOV A, @R0”指令的执行过程示意图

例 6.6 指令助记符：MOVX A, @DPTR，指令代码为 E0H，其功能是把 DPTR 指定的片外 RAM 中的内容送到累加器 A 中。

假设此指令存放在 50H 单元，DPTR 中存放的地址为片外 200H，片外 200H 单元中存放的数据是 34H，则执行该指令后，34H 就送入累加器 A（ACC）中。该指令的执行过程如图 6.6 所示。

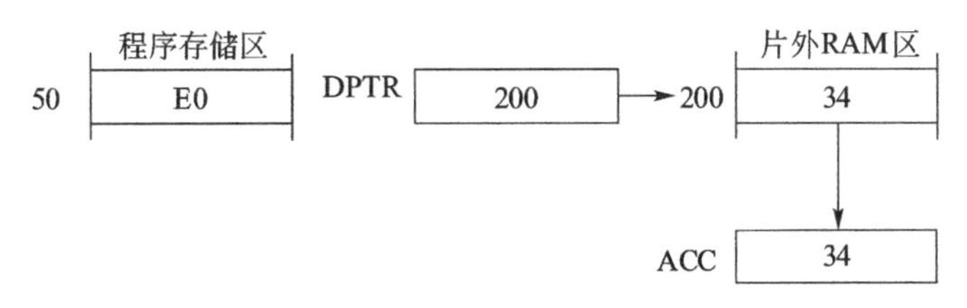

图 6.6 “MOVX A, @ DPTR”指令的执行过程示意图

在执行“PUSH”（压栈）和“POP”（出栈）指令时，采用 SP 进行寄存器间接寻址，只不过 SP 没有出现在指令中。

5．变址寻址（基址寄存器+变址寄存器间接寻址）

变址寻址方式以 DPTR 或程序计数器 PC 为基址寄存器，累加器 A 为变址寄存器。变址寻址时，把这两者的内容相加，所得到的结果作为操作数的地址，这种寻址方式常用于查表操作。

例 6.7 指令助记符：MOVC A, @A+DPTR，指令代码为 93H。

假设此指令存放在 1070H 单元，累加器 A(ACC)中原存放值为 DCH，DPTR 中值为 1000H，则 A+DPTR 形成的地址为 10DCH。10DCH 单元中的内容为 1FH，则执行该指令后，累加器 A（ACC）中原 DCH 被 1FH 代替。该指令的执行过程如图 6.7 所示，图中 ALU 为算术/逻辑部件，本次操作是加法。

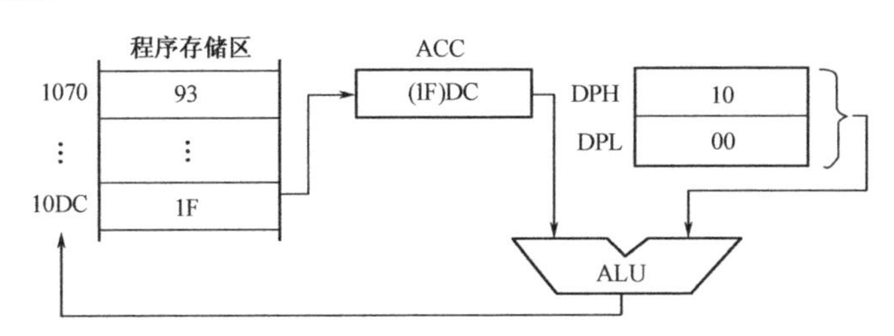

图 6.7 “MOVC A, @A+DPTR”指令的执行过程示意图

6．相对寻址

相对寻址方式通常用于相对转移指令中。相对寻址是指将程序计数器 PC 中的当前内容与指令第 2 字节所给出的数相加，其结果作为相对转移指令的转移地址。转移地址也称为转移目

的地址，是相对于程序计数器 PC 的基地址而言的。程序计数器 PC 中的当前内容称为基地址（它实际是此指令之后的字节地址），指令第 2 字节给出的数据称为偏移量。偏移量为带符号的数，它的范围为−128～+127，在指令中用 rel 表示。

例 6.8 指令助记符：JC 07H，指令代码为 40H、07H，是双字节指令。

此指令表示若进位标志位 CY=0，则程序顺序执行，PC=PC+2；若进位标志位 CY=1，则以程序计数器 PC 中的当前内容为基地址，加上偏移量 07H 后所得到的结果为该转移指令的转移目的地址。

假设此指令存放在 1000H、1001H 两个单元中，且目前 CY=1，则取指令后，程序计数器 PC 中的当前内容为 1002H，对 CY 进行判断后，把程序计数器 PC 中的当前内容与偏移量 07H 相加，得到转移目的地址 1009H，所以执行完此指令后，程序计数器 PC 中的值为 1009H，程序将从 1009H 处开始执行。该指令的执行过程如图 6.8 所示。

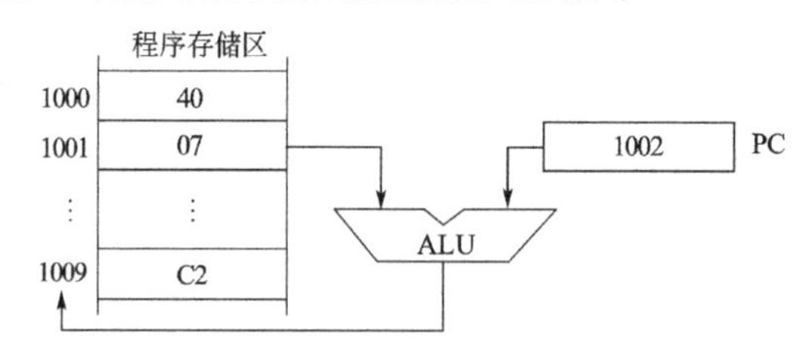

图 6.8 “JC 07H”指令的执行过程示意图

7．位寻址

位寻址是指对片内 RAM 的位寻址区和某些可位寻址的特殊功能寄存器中的任一二进制位进行位操作时的寻址方式。

在进行位操作时，用进位标志位 CY 作为位累加器 C。操作数直接给出该位的地址，然后根据操作码的性质对其进行位操作。位地址与字节直接寻址中的字节地址的形式完全一样，主要由操作码来区分，使用时需注意。

例 6.9 指令助记符：SETB 3DH，指令代码为 D2H、3DH，是双字节指令。

3DH 这一位是片内 RAM 中 27H 单元的第 5 位，假设 27H 单元中原内容为 00H，那么执行此指令后，就把 3DH 这一位置 1，所以 27H 单元中内容就变为 20H。图 6.9 所示为该指令的执行过程示意图。

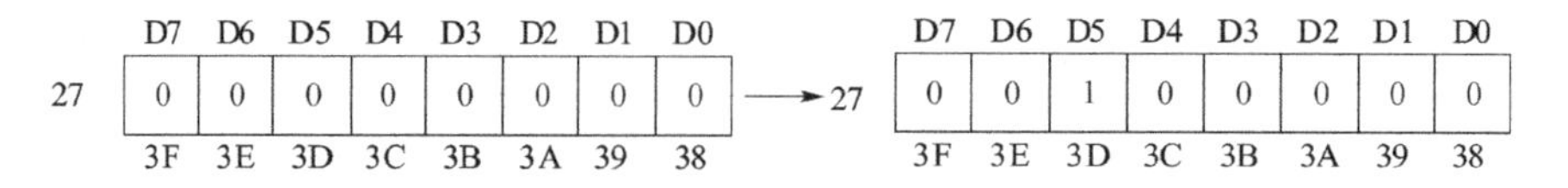

图 6.9 “SETB 3DH”指令的执行过程示意图

以上介绍了 80C51 系列单片机指令系统的 7 种寻址方式，表 6.1 概括了 7 种寻址方式所涉及的存储器空间。

表 6.1 7 种寻址方式所涉及的存储器空间

寻 址 方 式	寻 址 空 间
立即寻址	程序存储器（ROM）
直接寻址	片内 RAM 低 128 个单元和特殊功能寄存器
寄存器寻址	工作寄存器 R0~R7、累加器 A、B 寄存器、CY、DPTR

续表

寻 址 方 式	寻 址 空 间
寄存器间接寻址	片内 RAM [@R0,@R1,SP(仅 PUSH,POP 指令使用)], 片外 RAM(@R0,@R1,@DPTR)
变址寻址	程序存储器(@A+PC,@A+DPTR)
相对寻址	程序存储器的 256 个单元(PC+偏移量)
位寻址	片内 RAM 的 20H~2FH 单元和部分特殊功能寄存器

6.3 指令分类介绍

80C51 系列单片机的指令按功能特点可以分为 5 类，即数据传送类、算术运算类、逻辑操作类、控制转移类和位操作类。本节将分类介绍指令的助记符及功能，并举例说明它们的应用方法。

6.3.1 数据传送类指令

数据传送类指令是最常用、最基本的一类指令，这类指令的功能一般是把源操作数传送给目的操作数，指令执行后，源操作数不变，目的操作数修改为源操作数，但交换指令（数据传送类指令中的一种）不丢失目的操作数，它只是把源操作数和目的操作数交换了存放单元。数据传送类指令一般不影响标志位，但对于目的操作数为累加器 A 的传送指令将影响奇偶标志位 P。

数据传送类指令用到的助记符有 MOV、MOVX、MOVC、XCH、XCHD、SWAP、PUSH、POP 共 8 种。源操作数可以采用寄存器寻址、寄存器间接寻址、直接寻址、立即寻址、变址寻址共 5 种寻址方式，目的操作数可以采用前 3 种寻址方式。数据传送类指令共有 29 条，为便于记忆和掌握，根据这些指令的特点分以下 5 类进行介绍。

1. 内部 RAM 数据传送指令

单片机内部的数据传送指令最多，包括寄存器、累加器 A、RAM 单元及特殊功能寄存器之间数据的相互传送指令，下面分别介绍。

1）以累加器 A 为目的操作数的指令

```
MOV   A, Rn          ; (Rn)→A
MOV   A, direct      ; (direct)→A
MOV   A, @Ri         ; ((Ri))→A
MOV   A, #data       ; data→A
```

这组指令的功能是将源操作数所指定的内容送入累加器 A。源操作数有寄存器寻址、直接寻址、寄存器间接寻址和立即寻址 4 种寻址方式。

上述指令在前面均有例题和图示，不再赘述。

2）以寄存器 Rn 为目的操作数的指令

```
MOV   Rn, A          ; (A)→Rn
MOV   Rn, direct     ; (direct)→Rn
MOV   Rn, #data      ; data→Rn
```

这组指令的功能是把源操作数所指定的内容送到当前工作寄存器组 R0～R7 中的某个寄存器中。源操作数有寄存器寻址、直接寻址、立即寻址 3 种寻址方式。注意：没有“MOV Rn, Rn”指令。

例 6.10 (A)=66H，(R1)=10H，(R2)=20H，(R3)=5FH，(30H)=68H，执行指令：

```
MOV   R1, A          ; (A)→R1
MOV   R2, 30H        ; (30H)→R2
MOV   R3, #99H       ; 99H→R3
```

执行后，(R1)=66H，(R2)=68H，(R3)=99H。

这一类指令的操作过程同以累加器 A 为目的操作数的指令。

3）以直接地址为目的操作数的指令

```
MOV   direct, A                ; (A)→(direct)
MOV   direct, Rn               ; (Rn)→(direct)
MOV   direct2, direct1         ; (direct1)→(direct2)
MOV   direct, @Ri              ; ((Ri))→(direct)
MOV   direct, #data            ; data→(direct)
```

这组指令的功能是把源操作数所指定的内容送入由直接地址 direct 所表示的片内存储单元中。源操作数有寄存器寻址、直接寻址、寄存器间接寻址、立即寻址等寻址方式。

注意："MOV direct2, direct1"指令在译成机器码时，源地址在前，目的地址在后。例如，"MOV 0A0H, 90H"指令的机器码为 85H、90H、A0H。

另外，在汇编语言指令中，寄存器可以用其地址表示，也可用它的符号名表示。例如，"MOV 0A0H, A"指令也可写成"MOV P2, A"，因为 A0H 为 P2 的地址。

例 6.11 已知 R0 中的内容为 56H，片内存储单元 56H 中的内容为 AAH，执行如下指令：

```
MOV   66H, @R0         ; ((R0))→(66H)
```

这条指令的执行过程如图 6.10 所示，执行结果使 66H 单元中的内容为 AAH。

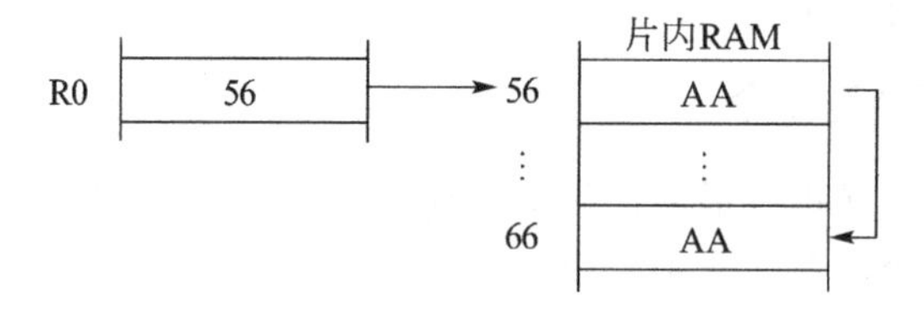

图 6.10 "MOV 66H, @ R0"指令的执行过程示意图

4）以间接地址为目的操作数的指令

```
MOV   @Ri, A           ; (A)→(Ri)
MOV   @Ri, direct      ; (direct)→(Ri)
MOV   @Ri, #data       ; data→(Ri)
```

这组指令的功能是把源操作数所指定的内容送入以 R0 或 R1 为地址指针的片内存储单元中。源操作数有寄存器寻址、直接寻址和立即寻址 3 种寻址方式。

例 6.12 累加器 A 中内容为 36H，要求把其存入 AT89S52 单片机片内 E0H 单元中。

解：根据题意可编如下程序：

```
MOV   R0, #0E0H        ; E0H→R0
MOV   @R0, A           ; (A)→(E0H)
```

指令执行后，E0H 单元中的值为 36H。

5）16 位数据传送指令

```
MOV   DPTR, #data16      ; dataH→DPH，dataL→DPL
```

这是唯一的16位立即数传送指令，其功能是把16位数送入DPTR，在6.2.2节已举例。

注意，在AT89S51/52单片机中，DPTR的高、低字节默认值为DP0H和DP0L，如果要使用另一个数据指针，则应在对DPTR操作前执行一条“MOV A2H, #1”指令，此时将选择DPTR1为数据指针，其高、低字节将分别为DP1H和DP1L，但指令形式仍然为DPH和DPL，见例6.14。

2. 外部数据传送指令

累加器A与片外数据存储器之间的数据传送是通过P0口和P2口进行的，片外数据存储器的地址总线低8位和高8位分别与P0口和P2口相接，数据信息通过P0口与低8位地址选通信号分时传送。

在80C51系列单片机的指令系统中，CPU对片外RAM的访问只能采用寄存器间接寻址方式，且仅有如下4条指令：

```
MOVX   A, @DPTR          ; ((DPTR))→A
MOVX   @DPTR, A          ; (A)→(DPTR)
MOVX   A, @Ri            ; ((Ri))→A
MOVX   @Ri, A            ; (A)→(Ri)
```

前两条指令以DPTR为片外数据存储器16位地址指针，寻址空间达64 KB，其功能是在DPTR所指定的片外数据存储器与累加器A之间传送数据。

后两条指令以R0或R1作为低8位地址指针，数据由P0口送出。这两条指令的功能是在以R0或R1为地址指针的片外数据存储器与累加器A之间传送数据。这两条指令的寻址范围与P2有关，当P2=00H时，寻址范围为000H～0FFH，此时，P2口仍可全部作为通用I/O口使用；当P2=01H时，寻址范围为100H～1FFH，此时，P2.0就不能再作为I/O口使用，因此，这两条指令很少使用。

在80C51系列单片机的指令系统中，没有专门对外设的I/O指令，且片外扩展的I/O口与片外RAM是统一编址的。因此，如果在片外数据存储器的地址空间设置I/O口，则上面的4条指令就可以作为I/O指令。80C51系列单片机只能用这些指令与外设交换数据。

例6.13 现有一输入设备单元地址为8000H，这个单元中的内容为66H，欲将其读入累加器A，则可编写如下指令：

```
MOV    DPTR, #8000H      ; 8000H→DPTR
MOVX   A, @DPTR          ; (8000H)→A
```

指令执行后，累加器A中的值为66H。

例6.14 把程序存储器中起始地址为1000H、长度为20H的数据块传送到以1A00H为起始地址的外部RAM中，要求使用两个DPTR来简化程序，注意辅助寄存器AUXR1的地址为A2H。

解：根据题意可编制如下程序：

```
      MOV    DPTR, #1A00H    ; 1A00H→DPTR0，作为外部RAM首地址
      ORL    A2H, #1         ; 使辅助寄存器AUXR1的DPS位为1，选择DPTR1
      MOV    DPTR, #1000H    ; 1000H→DPTR1，作为程序存储器首地址
      MOV    R1, #20H        ; 数据块长度→R1
LP2:  MOVC   A, @A+DPTR      ; 取程序存储器中的数据
      INC    DPTR            ; DPTR1加1
      ANL    A2H, #0FEH      ; 恢复RAM的指针
```

```
        MOVX    @DPTR, A              ; 数据送到外部 RAM 中
        INC     DPTR                  ; DPTR0 加 1
        ORL     A2H, #01              ; 恢复 ROM 的指针
        DJNZ    R1, LP2               ; 数据没有传送完，继续传送
```

为便于说明问题，本例用到了后面章节的指令。

上电复位时，DPS 位为 0，因而 16 位数据指针寄存器 DPTR 默认为 DPTR0。

3．查表指令

在 80C51 系列单片机的指令系统中，有以下两条查表指令，其数据表格放在程序存储器中。

```
MOVC    A, @A+PC              ; (PC)+1→PC，((A)+(PC))→A
MOVC    A, @A+DPTR            ; ((A)+(DPTR))→A
```

这两条指令都采取变址寻址方式，都是把程序存储器中指定单元的内容送到累加器 A 中。

第 1 条指令的功能是在程序计数器 PC 的内容自动加 1 后，将新的 PC 内容与累加器 A 内 8 位无符号数相加形成地址，取出该地址单元中的内容，将其送入累加器 A。这条指令只能查找指令所在地址后 256 个单元（字节）的代码或常数。另外，为了使 A+PC 能正确指向所要取的数据，此时需要用“MOVC”指令和表首地址之间的字节数对 A 进行修正，见例 6.15。

第 2 条指令以 DPTR 为基址寄存器进行查表。使用前，先给 DPTR 赋予某查表地址，其范围为整个程序存储器 64 KB 空间。但此前，若 DPTR 已赋值用于其他用途，装入新查表地址值之前必须保存原值，可用堆栈操作指令“PUSH”保存。

上述两条指令执行后，不改变 PC 或 DPTR 的内容。

例 6.15 执行如下程序：

```
300H：MOV     A, #0DH          ; 0DH→A
302H：MOVC    A, @A+PC         ; (0DH+303H)→A
303H：MOV     R0, A            ; (A)→R0
```

数据表格：

```
310H：07H
311H：04H
312H：0AH
```

结果：(A)=07H，(R0)=07H，(PC)=304H。

例 6.16 执行如下程序：

```
104H：MOV     A, #12H             ; 12H→A
106H：MOV     DPTR, #2000H        ; 2000H→DPTR
109H：MOVC    A, @A+DPTR          ; (12H+2000H)→A
```

数据表格：

```
2010H：22H, 34H, 06H, 48H
```

结果：(A)=06H，(PC)=10AH。

4．堆栈操作指令

```
PUSH    direct                ; (SP)+1→SP，(direct)→(SP)
POP     direct                ; ((SP))→(direct)，(SP)−1→SP
```

第 1 条指令是入栈（或称压栈、进栈）指令，其功能是先将堆栈指针 SP 的内容加 1，然后将直接寻址单元中的数传送（或称压入）到 SP 所指示的单元中。若数据已推入堆栈，则 SP 指向最后推入数据所在的存储单元（指向栈顶）。

第 2 条指令是出栈（也称弹出）指令，其功能是先将堆栈指针 SP 所指示单元的内容送入直接寻址单元中，然后将 SP 的内容减 1，此时 SP 指向新的栈顶。

使用堆栈时，一般需重新设定 SP 的初值。由于压入堆栈的第 1 个数必须存放在(SP)+1 存储单元，故实际栈底是在（SP）+1 所指出的单元。

另外，要注意留出足够的存储单元作为栈区，因为栈顶是随数据的弹入和弹出而变化的，如果栈区设置不当，则可能发生数据重叠，这样会引起程序混乱甚至无法运行。

一般情况下，执行此指令不影响标志位，但如果目的操作数为 PSW，则有可能使一些标志位改变。这也是通过指令强行修改标志位的一种方法，一般不提倡这样使用。

注意：在对累加器 A 进行堆栈操作时，只能用 ACC 和 E0H 表示，不能用 A 表示。例如，将累加器 A 的内容入栈，应该写为“PUSH　ACC”或“PUSH　E0H”。对于特殊功能寄存器是可以使用其名称的，但对于通用工作寄存器组则只能使用地址。

下面举例说明入栈和出栈指令的执行过程。

例 6.17　已知片内 RAM 的 60H 单元中存放的数值为 86H，设堆栈指针为 30H，把此数值压入堆栈，然后弹出到 50H 单元中。

根据题意编写如下指令：

```
MOV     SP, #30H      ; 30H→SP
PUSH    60H           ; (SP)+1→SP，(60H)→(31H)
POP     50H           ; (31H)→(50H)，(SP)–1→SP
```

程序执行过程如图 6.11 所示。由图 6.11 可见程序执行结果：50H 单元内装入数值 86H，SP 的终值为 30H。

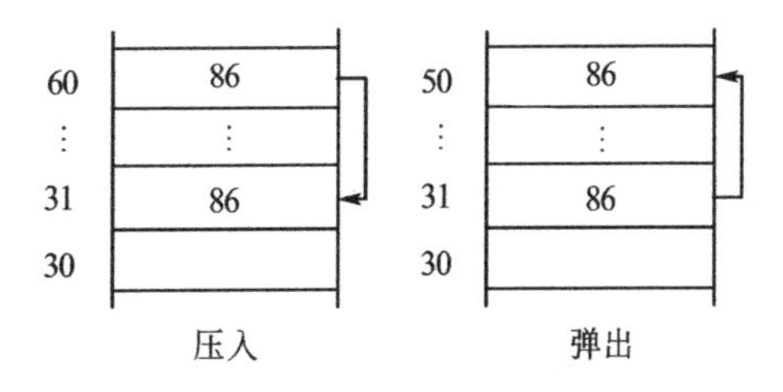

图 6.11　例 6.17 程序执行过程示意图

5. 交换指令

```
XCH     A, Rn         ; (A)←→(Rn)
XCH     A, direct     ; (A)←→(direct)
XCH     A, @Ri        ; (A)←→((Ri))
XCHD    A, @Ri        ; (A)3~0 ←→((Ri))3~0
SWAP    A             ; (A)3~0 ←→(A)7~4
```

这组指令的前三条为全字节交换指令，其功能是将累加器 A 中的数据与源操作数所指示的数据相互交换。其执行过程示意图如图 6.12 所示。

这组指令的后两条为半字节交换指令，其中“XCHD　A, @Ri”指令是将累加器 A 中低 4 位数据与 Ri 的内容所指示的片内 RAM 单元中的低 4 位数据相互交换，各自的高 4 位数据不变。

例 6.18　累加器 A 中的内容为 FFH，R0 中的内容为 5BH，5BH 单元中的内容为 6DH，执行指令“XCHD　A, @R0”后，累加器 A 中的内容变为 FDH，5BH 单元中的内容变为 6FH。该指令执行过程如图 6.13 所示，括号中的数为交换前的值。

"SWAP　A"指令是将 A 的高、低两个半字节交换。例如，（A）=16H，执行指令"SWAP　A"后，（A）=61H。

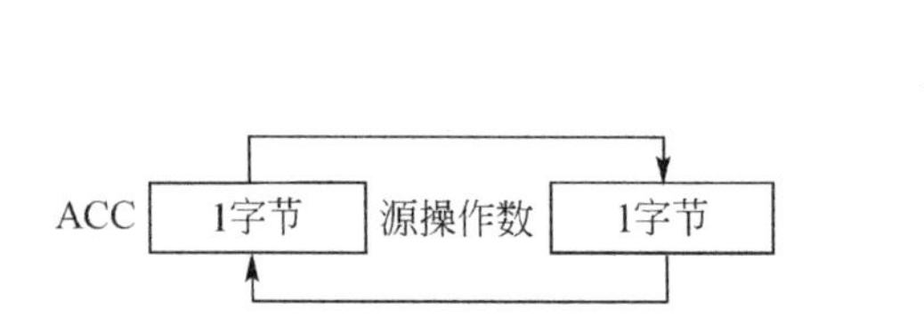

图 6.12　全字节交换指令执行过程示意图

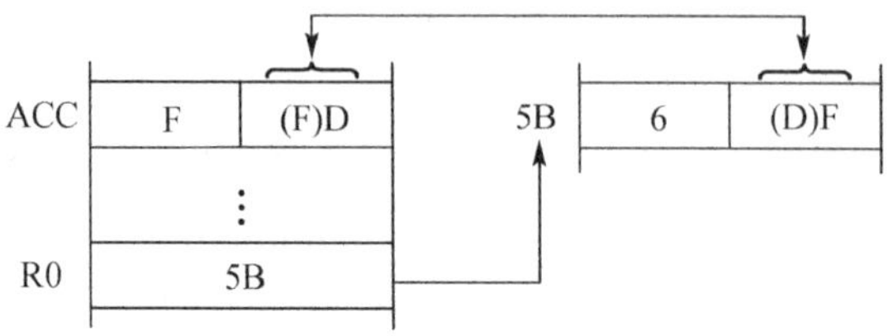

图 6.13　"XCHD　A, @R0"指令执行过程示意图

从上述数据传送类指令中可以看出，累加器 A 是一个特别重要的寄存器，无论累加器 A 是作为目的寄存器还是作为源寄存器使用，CPU 都有针对它的专用指令。若用累加器 A 的地址 E0H 直接寻址，也可以实现上述功能，但机器码要多一字节，工作寄存器 Rn 也有类似特点。

6.3.2　算术运算类指令

算术运算类指令的功能是对 8 位无符号数据进行算术操作。算术运算类指令有加法、减法、加 1、减 1 及乘法和除法运算指令；借助溢出标志，可对有符号数进行补码运算；借助进位标志，可对多精度数进行加、减运算，也可以对压缩 BCD 码进行运算。

算术运算类指令都影响程序状态字寄存器 PSW 的有关位。例如，加法、减法运算指令的执行结果影响 PSW 的进位标志位 CY、溢出标志位 OV、半进位标志位 AC 和奇偶标志位 P，乘法、除法运算指令的执行结果影响 PSW 的溢出标志位 OV、奇偶标志位 P。加 1、减 1 指令仅当源操作数为 A 时，对 PSW 的奇偶标志位 P 有影响。对这一类指令要特别注意正确地判断结果对标志位的影响。

算术运算类指令共有 24 条，下面分类加以介绍。

1. 加法指令

```
ADD    A, Rn          ; (A)+(Rn)→A
ADD    A, direct      ; (A)+(direct)→A
ADD    A, @Ri         ; (A)+((Ri))→A
ADD    A, #data       ; (A)+data→A
```

这组指令的功能是把源操作数所指出的内容与累加器 A 中的内容相加，其结果存放在累加器 A 中。加法指令执行示意图如图 6.14 所示。

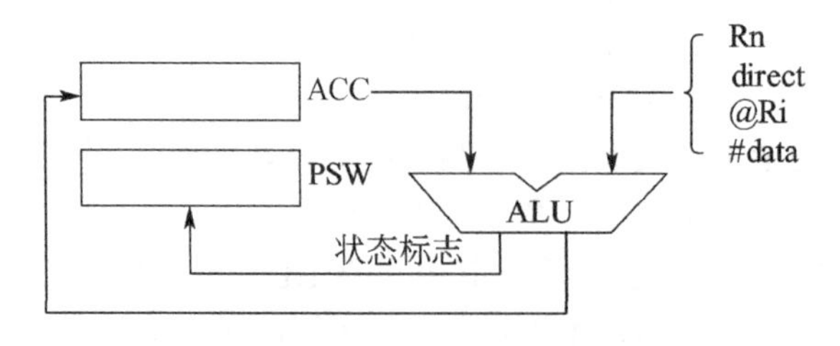

图 6.14　加法指令执行示意图

在加法运算中，如果位 7 有进位，则进位标志位 CY 置 1，否则清零；如果位 3 有进位，则半进位标志位 AC 置 1，否则清零。若两个有符号数相加，还要判断溢出位 OV，若 OV 为

1，表示和数溢出。

例 6.19 (A)=89H，(R1)=AEH，执行指令“ADD　A, R1”，则操作如下所示：

```
        1 0 0 0 1 0 0 1
    +） 1 0 1 0 1 1 1 0
  ---------------------
  1     0 0 1 1 0 1 1 1
```

结果：(A)=37H，CY=1，OV=1，P=1。

此例中，若把 89H、AEH 看作无符号数，则相加结果为 137H，在看作无符号数时，不考虑 OV 位；若把上述两值看作有符号数，则有两个负数相加得到正数的错误结论，此时 OV=1 表示和数溢出，指出了这一错误。

2. 带进位加法指令

```
ADDC   A, Rn           ; (A)+(Rn)+CY→A
ADDC   A, direct       ; (A)+(direct)+CY→A
ADDC   A, @Ri          ; (A)+((Ri))+CY→A
ADDC   A, #data        ; (A)+data+CY→A
```

这组指令的功能是把源操作数所指出的内容和累加器 A 的内容及进位标志位 CY 相加，并将结果存放在累加器 A 中。运算结果对 PSW 各位的影响同上述加法指令。

带进位加法指令多用于多字节数的加法运算，低字节相加时可能产生进位。因此，高字节运算时，必须使用带进位的加法指令。

例 6.20 (A)=93H，(R3)=EDH，CY=1，执行指令“ADDC　A, R3”，则操作如下所示：

```
        1 0 0 1 0 0 1 1
        1 1 1 0 1 1 0 1
    +)                1
  ---------------------
  1     1 0 0 0 0 0 0 1
```

结果：(A)=81H，CY=1，OV=0，AC=1，P=0。

例 6.21 编写计算 23CDH+0F88H 的程序，将和的高 8 位存入 R4，低 8 位存入 R5。

解：两个 16 位数相加可分为两步进行，第 1 步加低 8 位，第 2 步加高 8 位。因为第 1 步相加时可能产生进位，所以第 2 步必须用带进位加法指令，根据题意可编写如下程序：

```
MOV    A, #CDH         ; CDH →A
ADD    A, #88H         ; (A)+88H →A
MOV    R5, A           ; (A) →R5
MOV    A, #23H         ; 23H →A
ADDC   A, #0FH         ; (A)+0FH+CY →A
MOV    R4, A           ; (A) →R4
```

3. 带借位减法指令

```
SUBB   A, Rn           ; (A)−( Rn)−CY→A
SUBB   A, direct       ; (A)−(direct)−CY→A
SUBB   A, @Ri          ; (A)−((Ri))−CY→A
SUBB   A, #data        ; (A)−data−CY→A
```

这组指令的功能是将累加器 A 中的数减去源操作数所指出的数和进位标志位 CY，将运算结果存放在累加器 A 中。运算结果影响 PSW 的进位标志位 CY、溢出标志位 OV、半进位标志位 AC 和奇偶标志位 P。

在多字节数减法运算中，被减数低字节有时会向高字节产生借位（CY 置 1），所以在多字节数运算中必须用带借位减法指令。在进行单字节数减法或多字节数的低 8 位字节减法运算时，应先将 PSW 的进位标志位 CY 清零（注意，80C51 系列单片机的指令系统中没有不带借位的减法指令）。本组指令的执行过程与带借位加法指令类似，不再图示。

例 6.22 已知(A)=DBH，(R4)=73H，CY=1，执行指令“SUBB A, R4”。

计算结果：(A)=67H，CY=0，AC=0，OV=1。

此例中，若看作两个无符号数相减，结果 67H 是正确的；若看作有符号数相减，则得出负数减去正数的结果是正数的错误结论，OV=1 指出了这一错误。

例 6.23 编写计算 23CDH−0F88H 的程序，将差的高 8 位存入 R4，低 8 位存入 R5。

解：两个 16 位数相减运算也要分两步进行，先进行低 8 位运算，若产生借位，则在高 8 位运算时一起减去。根据题意可编写如下程序：

```
CLR     C               ; 进位标志位 CY 清零
MOV     A, #CDH         ; CDH→A
SUBB    A, #88H         ; (A)–88H–CY→A
MOV     R5, A           ; (A)→R5
MOV     A, #23H         ; 23H→A
SUBB    A, #0FH         ; (A)–0FH–CY→A
MOV     R4, A           ; (A)→R4
```

4．乘法指令

```
MUL   AB                ; (A)×(B)→BA, B15~8, A7~0
```

这条指令的功能是把累加器 A 和 B 寄存器中两个无符号 8 位数相乘，所得 16 位积的低字节（0～7 位）存放在 A 中，高字节（8～15 位）存放在 B 中。若乘积大于 FFH，则 OV 置 1，否则清零，CY 总是 0。另外，此指令也影响奇偶标志位。

例 6.24 已知(A)=8AH，(B)=3DH，执行指令“MUL AB”。

计算结果：(B)=20H，(A)=E2H，OV=1，P=0。

5．除法指令

```
DIV   AB                ; (A)÷(B)的商→A，余数→B
```

这条指令的功能是用累加器 A 的内容除以 B 寄存器的内容，累加器 A 和 B 寄存器的内容均为无符号 8 位整数。指令执行后，商存于 A 中，余数存于 B 中。

此指令执行后，进位标志位 CY 和溢出标志位 OV 均复位，只有当除数为 0 时，A 和 B 中的内容为不确定值，此时 OV 置 1，说明除法运算结果溢出。另外，此指令影响奇偶标志位 P。

例 6.25 已知(A)=A7H，(B)=09H，执行指令“DIV AB”。

计算结果：(A)=12H，(B)=05H，CY=0，OV=0，P=0

6．加 1 指令

```
INC   A                 ; (A)+1→A
INC   Rn                ; (Rn)+1→Rn
INC   direct            ; (direct)+1→ (direct)
```

```
INC   @Ri          ; ((Ri))+1→ (Ri)
INC   DPTR         ; (DPTR)+1→DPTR
```

这组指令的功能是将操作数所指定单元的内容加 1，其操作除第 1 条指令影响奇偶标志位外，其余指令操作均不影响 PSW。

第 3 条指令，若直接地址是 I/O 口地址，则进行“读—改—写”操作，其功能是修改输出到端口的内容。指令执行过程中，首先读入端口的内容，然后在 CPU 中加 1，继而输出到端口。注意，读入内容来自端口锁存器而不是端口引脚。

最后一条指令是唯一的一条 16 位数加 1 指令，这条指令在加 1 过程中，若低 8 位有进位，可直接向高 8 位进位。

例 6.26 已知(DPTR)=2FFH，执行指令“INC DPTR”。

计算结果：(DPTR)=300H。

7．减 1 指令

```
DEC   A            ; (A)–1→A
DEC   Rn           ; (Rn)–1→Rn
DEC   direct       ; (direct)–1→(direct)
DEC   @Ri          ; ((Ri))–1→(Ri)
```

这组指令的功能是将操作数所指定单元的内容减 1，其操作除第 1 条指令影响奇偶标志位外，其余指令操作均不影响 PSW，其他情况与加 1 指令相同。

8．十进制调整指令

十进制调整指令的格式及注释如下：

```
DA   A             ; 对累加器 A 中内容进行十进制调整
```

这条指令是在进行 BCD 码加法运算时，跟在“ADD”和“ADDC”指令之后的，用来对压缩 BCD 码的加法运算结果进行自动修正，使其仍为 BCD 码形式。下面说明为什么要用“DA A”指令以及如何使用该指令。

在计算机中，十进制数 0～9 这 10 个数码可以用 4 位二进制数来表示，即 BCD 码，然而计算机在进行运算时，是按照二进制运算规则进行的，用于表达 BCD 码的 4 位二进制数在计算机中是逢 16 进位的，不符合十进制运算规则，可能导致错误的结果。

例如，执行加法指令“ADD A, #65H”，已知累加器 A 中 BCD 码是 29。

由于在 CPU 中是按二进制加法进行的，所以上述指令在正常情况下结果如下：

```
     0 1 1 0 0 1 0 1（65 的 BCD 码）
  +）0 0 1 0 1 0 0 1（29 的 BCD 码）
  ----------------------------------
     1 0 0 0 1 1 1 0（非法 BCD 码）
```

显然，所得值为非法 BCD 码，但如果在这条指令后接着执行一条“DA A”指令，则 CPU 将自动把上述结果低 4 位加 6 调整，就可得到正确的 BCD 码，“DA A”指令将自动进行如下操作：

```
     1 0 0 0 1 1 1 0
  +）0 0 0 0 0 1 1 0（加 6 调整）
  ----------------------------------
     1 0 0 1 0 1 0 0（94 的 BCD 码）
```

所得BCD码对应的十进制数为94，结果正确。上例只是两个BCD码之和出现的一种非法BCD码的情况。此外，还有高4位相加大于9及进位标志位CY=1等情况，此时都必须对结果的高4位或低4位加6进行十进制调整，才能得到正确的BCD码。

该指令正是针对上述情况对BCD码的运算结果进行调整，其实现的功能如下：

当结果A的低4位A.0～A.3>9，或半进位标志位AC=1时，则自动执行(A)+6→A。

当结果A的高4位A.4～A.7>9，或进位标志位CY=1时，则自动执行(A)+60H→A。

当结果A的高4位A.4～A.7>9，且低4位A.0～A.3>9时，则自动执行(A)+66H→A。

在计算机中，遇到十进制调整指令时，中间结果的修正是由ALU中的十进制修正电路自动进行的，用户不必考虑何时该加“6”，使用时只需在上述加法指令后面紧跟一条“DA　A”指令即可。注意：“DA　A”指令不能对减法指令的结果进行修正。

6.3.3　逻辑操作类指令

逻辑操作类指令主要用于对两个操作数按位进行逻辑操作，并将操作结果送到累加器A或直接寻址单元中。这一类指令所能执行的操作主要有逻辑与、逻辑或、逻辑异或及循环移位、取反、清零等。这些指令执行时一般不影响PSW，仅当目的操作数为A时对奇偶标志位有影响。

逻辑操作类指令共24条，下面分类加以介绍。

1．逻辑与指令

```
ANL   A, Rn            ; (A) ∧ (Rn)→A
ANL   A, direct        ; (A) ∧ (direct)→A
ANL   A, @Ri           ; (A) ∧ ((Ri))→A
ANL   A, #data         ; (A) ∧ data→A
ANL   direct, A        ; (direct) ∧ (A)→(direct)
ANL   direct, #data    ; (direct) ∧ data→(direct)
```

这组指令中前4条指令是将累加器A的内容和操作数所指的内容按位逻辑与，结果存放在累加器A中，指令执行结果影响奇偶标志位P。

后两条指令是将直接地址单元中的内容和操作数所指的内容按位逻辑与，结果存入直接地址单元中。若直接地址为I/O口地址，则为“读—改—写”操作。

例6.27　已知(A)=8FH，(40H)=96H，执行指令“ANL　A, 40H”，则操作如下：

```
        10001111（8FH）
    ∧） 10010110（96H）
    ─────────────────
        10000110（86H）
```

结果：(A)=86H，(40H)=96H，P=1。

2．逻辑或指令

```
ORL   A, Rn            ; (A) ∨ (Rn)→A
ORL   A, direct        ; (A) ∨ (direct)→A
ORL   A, @Ri           ; (A) ∨ ((Ri))→A
ORL   A, #data         ; (A) ∨ data→A
ORL   direct, A        ; (direct) ∨ (A)→(direct)
ORL   direct, #data    ; (direct) ∨ data→(direct)
```

这组指令的功能是将两个指定的操作数按位逻辑或，前 4 条指令的操作结果存放在累加器 A 中，执行后影响奇偶标志位 P；后两条指令的操作结果存放在直接地址单元中。

例 6.28 已知(A)=1AH，(R0)=45H，(45H)=39H，执行指令“ORL A, @R0”。

按位或的结果：(A)=3BH，(R0)=45H，(45H)=39H，P=1。

例 6.29 将累加器 A 中低 4 位的状态通过 P1 口的高 4 位输出。

解：根据题意可编写如下程序：

```
ANL   A, #0FH      ; 屏蔽 A.7～A.4 位
SWAP  A            ; 高、低半字节交换
ANL   P1, #0FH     ; 使 P1 口高 4 位清零
ORL   P1, A        ; 使 P1.7～ P1.4 按累加器 A 中初值的 A.3～A.0 位置位
```

3. 逻辑异或指令

```
XRL   A, Rn          ; (A) ⊕ (Rn )→A
XRL   A, direct      ; (A) ⊕(direct)→A
XRL   A, @Ri         ; (A) ⊕((Ri))→A
XRL   A, #data       ; (A) ⊕ data→A
XRL   direct, A      ; (direct)⊕ (A)→(direct)
XRL   direct, #data  ; (direct)⊕ data→(direct)
```

这组指令的功能是将两个指定的操作数按位异或，前 4 条指令的操作结果存放在累加器 A 中，后两条指令的操作结果存放在直接地址单元中（若直接地址为 I/O 口地址，同样为“读—改—写”操作）。

例 6.30 已知(A)=87H，(32H)=77H，执行指令“XRL 32H, A”。

按位异或的结果：(A)=87H，(32H)=F0H，P=0。

4. 循环移位指令

```
RL    A    ; 累加器 A 中内容循环左移 1 位
RR    A    ; 累加器 A 中内容循环右移 1 位
RLC   A    ; 累加器 A 中内容与进位标志位 CY 一起循环左移 1 位
RRC   A    ; 累加器 A 中内容与进位标志位 CY 一起循环右移 1 位
```

前两条指令的功能是将累加器 A 的内容循环左移或右移 1 位，指令执行后不影响 PSW 中各位；后两条指令的功能是将累加器 A 的内容与进位标志位 CY 一起循环左移或右移 1 位，指令执行后影响 PSW 中的进位标志位 CY 和奇偶标志位 P。

图 6.15 所示为循环移位指令执行示意图。

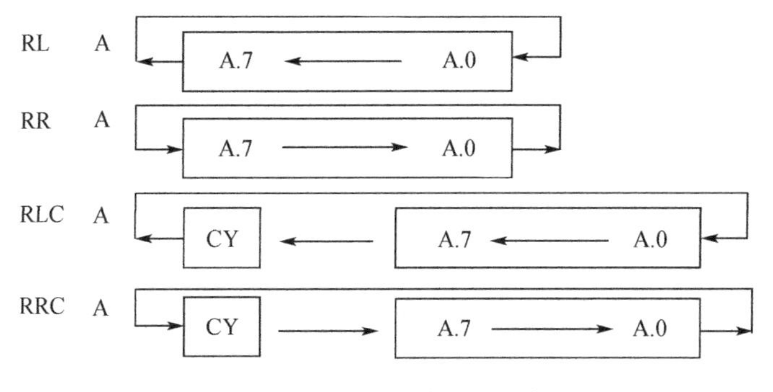

图 6.15 循环移位指令执行示意图

例 6.31　已知(A)=7AH，CY=1，执行指令“RLC　A”。

结果：(A)=F5H，CY=0，P=0

5．取反指令

```
CPL   A              ; /A →A
```

该指令的功能是将累加器 A 的内容按位取反。

例 6.32　已知(A)=0FH，执行指令“CPL　A”。

结果：(A)=F0H。

6．清零指令

```
CLR   A              ;0→A
```

该指令的功能是将累加器 A 的内容清零。

6.3.4　控制转移类指令

控制转移类指令的功能主要是控制程序从原顺序执行地址转移到其他指令地址上。

计算机在运行过程中，有时因为任务要求，程序不能按顺序逐条执行指令，需要改变程序的运行方向，或者需要调用子程序，或者需要从子程序中返回，此时都需要改变程序计数器 PC 中的内容，控制转移类指令就可实现这一功能。

80C51 系列单片机的指令系统中有 17 条控制转移类指令（不包括位操作类的 5 条转移指令），它们是无条件转移指令、条件转移指令、间接转移指令、调用子程序及返回指令、空操作指令等。这类指令多数不影响 PSW，下面分类加以介绍。

1．无条件转移指令

```
LJMP   addr16        ; addr16→PC
AJMP   addr11        ; (PC)+2→PC，addr11→PC.10～PC.0
SJMP   rel           ; (PC)+2+rel→PC
```

这组指令的功能是当程序执行完该指令时，程序就无条件地转到该指令所提供的地址上。

第 1 条指令称为长转移指令，为三字节指令。因为该指令中包含 16 位地址，所以转移的目的地址范围是程序存储器的 0000H～FFFFH。该指令执行的结果是将 16 位地址 addr16 送至程序计数器 PC。

第 2 条指令称为绝对转移指令或短转移指令，为双字节指令。该指令中包含 11 位地址，转移的目的地址在从下一条指令地址开始的 2 KB 范围内。如图 6.16 所示，它把指令操作码（第 1 字节）的高 3 位（A.10～A.8）及操作数（第 2 字节）的 8 位与 PC 原来的高 5 位并在一起，构成 16 位的转移地址。

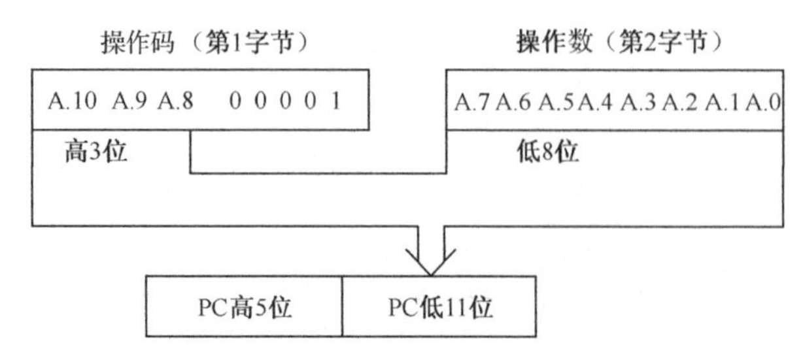

图 6.16　16 位转移地址形成示意图

因为地址高 5 位保持不变，仅低 11 位发生变化，所以寻址范围只能在该指令地址加 2 后的 2 KB 区域内。

第 3 条指令是无条件相对转移指令。该指令为双字节指令，指令的操作数是相对地址，rel 是一个带符号的偏移字节数（2 的补码），其范围为–128～+127。负数表示向后转移，正数表示向前转移，该指令执行后的目的地址值=本指令地址值+2+rel。

其执行过程类似于图 6.8 所示的例子，只是不需判断 CY。

因为前两条指令均涉及具体的转移地址，所以不适宜用在子程序中，而第 3 条相对转移指令既可用在主程序中也可用在子程序中。

这 3 条指令的转移范围有区别，但由于目前汇编软件的进步，多数汇编器都能根据具体情况自动将助记符 JMP 恰当地翻译为 SJMP、AJMP 或 LJMP 的机器码。因而读者在编写程序时可不考虑三者的差异，只需在 JMP 后面写上转移的目的地址的标号即可。

如果在这 3 条指令后面加“$”符号，则表示转移到指令的当前地址，实际上就是在此循环等待。因为 80C51 系列单片机的指令系统中没有暂停指令，只能采用这种方法停止程序的运行。

例 6.33 执行指令：LJMP 1E00H，该指令地址为 100H。

执行后 PC 值由 103H 变为 1E00H。

例 6.34 执行指令：AJMP 260H，该指令地址为 130H。

执行后 PC 值由 132H 变为 260H。

例 6.35 执行指令：SJMP 8，该指令地址为 200H。

执行后 PC 值由 202H 变为 20AH。

在实际编程时，通常是不写具体的转移地址和转移字节数的，而是写目的地址的标号，详见第 7 章。

2. 条件转移指令

```
JZ      rel                 ; (A)=0：(PC)+2+rel→PC
                            ; (A)≠0：(PC)+2→PC
JNZ     rel                 ; (A)≠0：(PC)+2+rel→PC
                            ; (A)=0：(PC)+2→PC
CJNE    A, direct, rel      ; (A)=(direct)：(PC)+3→PC，0→CY
                            ; (A)>(direct)：(PC)+3+rel→PC，0→CY
                            ; (A)<(direct)：(PC)+3+rel→PC，1→CY
CJNE    A, #data, rel       ; (A)=data：(PC)+3→PC，0→CY
                            ; (A)>data：(PC)+3+rel→PC，0→CY
                            ; (A)<data：(PC)+3+rel→PC，1→CY
CJNE    Rn, #data, rel      ; (Rn)=data：(PC)+3→PC，0→CY
                            ; (Rn)>data：(PC)+3+rel→PC，0→CY
                            ; (Rn)<data：(PC)+3+rel→PC，1→CY
CJNE    @Ri, #data, rel     ; ((Ri))=data：(PC)+3→PC，0→CY
                            ; ((Ri))>data：(PC)+3+rel→PC，0→CY
                            ; ((Ri))<data：(PC)+3+rel→PC，1→CY
DJNZ    Rn, rel             ; (Rn)–1→Rn，(Rn)≠0：(PC)+2+rel→PC
                                           (Rn)=0：(PC)+2→PC
```

```
DJNZ    direct, rel          ; (direct)-1→(direct),
                             ; (direct)≠0：(PC)+3+rel→PC
                             ; (direct)=0：(PC)+3→PC
```

这一类指令先测试某一条件是否满足，只有满足规定条件，程序才能转到指定的转移地址，否则程序将继续执行下一条指令。条件是由条件转移指令本身提供（或规定）的。

这组指令中前两条是累加器 A 判零转移指令，通过判别累加器 A 中是否为 0，决定转移还是顺序执行。

第 3～6 条指令为比较转移指令，是本指令系统中仅有的具有三个操作数的指令。这些指令的功能是比较前两个无符号操作数的大小，若不相等，则转移，否则顺序执行。这 4 条指令影响 CY 位，执行结果不影响任何操作数。

最后两条指令是减 1 非零转移指令。在实际问题中，经常需要多次重复执行某段程序，在程序设计时，可以设置一个计数值，每执行一次某段程序，将计数值减 1，计数值非零则继续执行，直至计数值减至 0 为止。使用这两条指令前要将计数值预置在工作寄存器或片内 RAM 直接地址中，然后执行某段程序和减 1 非零转移指令。

例 6.36 将累加器 A 的内容由 1 递增，加到 100，结果存放在累加器 A 中。

解：根据题意可编写如下程序：

```
        MOV     A, #1        ; 1→A
        MOV     R2, #64H     ; 64H→R2
L1：    INC     A            ; (A)+1→A
        DJNZ    R2, L1       ; R2 不为 0，则转 L1 继续执行
```

3. 间接转移（散转）指令

```
JMP   @A+DPTR                ; ((A)+(DPTR))→PC
```

该指令也属于无条件转移指令，其转移地址由 DPTR 的 16 位数和累加器 A 的 8 位无符号数相加形成，并直接送入程序计数器 PC。指令执行过程对 DPTR、累加器 A 和标志位均无影响。这条指令可代替众多的判别跳转指令，实现程序的多分支转移，具有散转功能，所以又称散转指令。

该指令使用举例详见 7.3 节。

4. 调用子程序及返回指令

```
LCALL   addr16               ; (PC)+3→PC，(SP)+1→SP，
                             ; PC.7～PC.0→(SP)，(SP)+1→SP，
                             ; PC.15～PC.8→(SP)，addr16→PC
ACALL   addr11               ; (PC)+2→PC，(SP)+1→SP，
                             ; PC.7～PC.0→(SP)，(SP)+1→SP，
                             ; PC.15～PC.8→(SP)，addr11→PC.10～PC.0
RET                          ; (SP)→PC.15～PC.8，(SP)-1→SP，
                             ; (SP)→PC.7～PC.0，(SP)-1→SP
RETI                         ; 与“RET”指令功能类似，还将自动使相应中断标志位清零
```

在程序设计时常把需要多次执行的某段程序独立出来作为子程序，原来的程序称为主程序。子程序可以被主程序多次调用，能实现这种功能的指令称为调用指令。子程序执行完毕需自动返回到主程序原断点地址处继续执行主程序，在子程序结尾放一条返回指令，即可实现此

功能。调用和返回构成子程序调用的完整过程。

第 1 条指令是长调用指令（三字节指令）。执行时，自动将程序计数器 PC 的内容加 3，指向下一条指令地址（断点地址），然后自动将断点地址压入堆栈，再把指令中的 16 位子程序入口地址装入 PC，程序转到子程序。

第 2 条指令是绝对调用指令或短调用指令（双字节指令），其保护断点地址的过程同上，但 PC 的内容只需加 2，其转入子程序入口的过程同“LCALL”指令。被调用的子程序入口地址必须与调用指令“ACALL”下一条指令的第 1 字节在相同的 2 KB 存储区之内。其转移地址的形成同“AJMP”指令。

与无条件转移指令类似，汇编器也能根据具体情况自动将助记符 CALL 恰当地翻译为 ACALL 或 LCALL 的机器码。

“RET”指令是子程序返回指令，执行时自动将堆栈内的断点地址弹出送入 PC，使程序返回到原断点地址。

“RETI”指令是中断返回指令，执行时自动将堆栈内的断点地址弹出并送入 PC，使程序返回到原断点地址，同时自动清除中断响应前被置位的优先级标志位。注意它只能用于中断服务程序作为结束指令，“RET”指令与“RETI”指令决不能互换使用，详见第 9 章。

上述指令对程序计数器 PC 和堆栈指针 SP 的操作均是自动进行的，此类指令不影响标志位。

例 6.37 某子程序 SUB1 的入口地址是 340BH，调用指令“LCALL SUB1”的地址为 2042H，该段程序调用过程中 PC 及 SP 的变化如下：

```
地址        指令                  注释
2040H   MOV     SP, #40H      ; 设置堆栈指针，40H→SP
2042H   LCALL   SUB1          ; 调用子程序，2045H→PC，41H→SP，45H→（41H），
                              ; 42H→SP，20H→（42H），340BH→PC
 …
340BH   SUB1：MOV   A,R0
 …
3412H   RET                   ; (42H)→PCH，(41H)→PCL，此时 PC=2045H，
                              ; SP=40H
```

5. 空操作指令

NOP

这是一条单字节指令，它控制 CPU 不进行任何操作（空操作）而转到下一条指令。这条指令常用于产生一个机器周期的延迟。

6.3.5 位操作类指令

80C51 系列单片机的指令系统中有丰富的位操作指令，包括位数据传送指令、位修正指令、位逻辑运算指令、判位转移指令等。利用这些指令可方便地进行各种逻辑控制。80C51 系列单片机的特色之一就是具有丰富的位处理功能。

在 80C51 系列单片机的内部数据存储器中，20H～2FH 为位操作区域，位地址空间为 00H～7FH，共 128 位，每一位均可单独操作。另外，对于字节地址能被 8 整除的特殊功能寄存器的每一位也可单独操作。在位操作时，位累加器 C 即进位标志位 CY。

在汇编语言中位地址有 4 种表达方式，如对于 PSW 的第 0 位（位 0）可以用如下几种方式表达。

（1）直接（位）地址方式：D0H。

（2）点操作符号方式：PSW.0 或（D0H）.0。

（3）位名称方式：P。

（4）用户定义名方式：用伪指令 BIT（详见 7.1 节）定义，如 EG　BIT　P。

上面 4 种方式都可表达 PSW 的位 0，它的位地址是 D0H，名称为 P，用户定义为 EG。

位操作类指令共 17 条，下面分类加以介绍。

1．位数据传送指令

```
MOV     C, bit                  ; bit→C
MOV     bit, C                  ; C→bit
```

这两条指令均为双字节指令，主要用于实现对位累加器 C 的数据传送。

前一条指令的功能是将指定位的内容送入位累加器 C 中，不影响其他标志位。后一条指令的功能是将位累加器 C 的内容传送到指定位。在对端口操作时，先读入端口 8 位的全部内容，然后把位累加器 C 的内容传送到指定位，再把 8 位的内容传送到端口锁存器，所以也是"读—改—写"指令。

例 6.38　已知片内 RAM（21H）=8FH，把 21H 单元的最低位传送到位累加器 C 中。

解：按题意编写如下指令：

```
MOV     C, 08H                  ; (21H).0→C
```

结果：C=1。

例 6.39　把 P1.0 状态传送到 P1.6。按题意编写如下指令：

```
MOV     C, P1.0                 ; P1.0→C
MOV     P1.6, C                 ; C→P1.6
```

2．位修正指令

```
CLR     C                       ; 0→C
CLR     bit                     ; 0→bit
CPL     C                       ; /C→C
CPL     bit                     ; /bit→bit
SETB    C                       ; 1→C
SETB    bit                     ; 1→bit
```

前两条指令的功能是将位清零。第 3～4 条指令的功能是对位取反。最后两条指令的功能是置位进位标志位 CY 或直接寻址位。这类指令的执行结果不影响其他标志位。当直接位地址为端口中某一位地址时，执行"读—改—写"操作。

3．位逻辑运算指令

```
ANL     C, bit                  ; C∧bit→C
ANL     C, /bit                 ; C∧/bit→C
ORL     C, bit                  ; C∨bit→C
ORL     C, /bit                 ; C∨/bit→C
```

这组指令的功能是把进位标志位 CY 的内容及直接位地址的内容进行逻辑与、逻辑或，并将操作结果送回 CY 中。斜杠“/”表示对该位取反后再参与运算，但不改变原来的数值。

例 6.40 已知位 0AH=1，CY=1。

执行指令 ANL　C, /0AH　　; C $\wedge$ $\overline{0AH}$ →C，结果 C 为 0

执行指令 ORL　C, 0AH　　; C $\vee$ 0AH→C，结果 C 为 1

例 6.41 将 68H 位与 ACC.3 进行逻辑与的结果，通过 P1.1 输出。

解：按题意可编写如下程序：

```
MOV   C, ACC.3        ; ACC.3→C
ANL   C, 68H          ; 68H ∧ C→C
MOV   P1.1, C         ; C→P1.1
```

4．判位转移指令

```
JC    rel             ; C=1：(PC)+2+rel→PC
                      ; C=0：(PC)+2→PC
JNC   rel             ; C=0：(PC)+2+rel→PC
                      ; C=1：(PC)+2→PC
JB    bit, rel        ; bit=1：(PC)+3+rel→PC
                      ; bit=0：(PC)+3→PC
JNB   bit, rel        ; bit=0：(PC)+3+rel→PC
                      ; bit=1：(PC)+3→PC
JBC   bit, rel        ; bit=1：(PC)+3+rel→PC，0→bit
                      ; bit=0：(PC)+3→PC
```

这组指令的功能是分别判断进位标志位 CY 或直接寻址位是 1 还是 0，条件符合则转移，否则继续执行程序。

前两条指令是双字节指令，所以程序计数器 PC 的内容要加 2，后三条指令是三字节指令，所以 PC 的内容要加 3。最后一条指令的功能是：若直接寻址位为 1 则转移，并同时将该位清零，否则顺序执行。这类指令也具有“读—改—写”功能。

例 6.42 比较片内 RAM 的 40H、50H 单元中的两个无符号数的大小，若 40H 单元中的数小，则把片内 RAM 的 40H 位置 1，若 50H 单元中的数小，则把 50H 位置 1；若 40H、50H 单元中的两个数相等，则把 20H 位置 1，然后返回。

解：根据题意可编写如下程序：

```
        MOV   A, 40H
        CJNE  A, 50H, L1      ; 两数不等则转 L1
        SETB  20H             ; 两数相等， 则 20H 位置 1
        RET                   ; 返回
L1:     JC    L2              ; 若 C 为 1，则(40H)数小，转 L2
        SETB  50H             ; (50H)数小，则 50H 位置 1
        RET
L2:     SETB  40H             ; (40H)数小，则 40H 位置 1
        RET
```

至此，80C51 系列单片机的指令系统全部介绍完毕。指令系统是熟悉和应用单片机必要的软件基础，但要真正掌握指令系统，一方面必须与单片机的硬件结构结合起来，另一方面要结合实际问题多进行程序分析和简单程序设计。

思考与练习

1．简述下列基本概念：指令、指令系统、程序、汇编语言指令。

2．80C51 系列单片机有哪几种寻址方式？这几种寻址方式是如何寻址的？

3．要访问特殊功能寄存器和片外数据存储器，应采用哪些寻址方式？

4．80C51 系列单片机的指令系统中的指令可分为哪几类？试说明各类指令的功能。

5．外部数据传送指令有哪几条？试比较下面每一组中两条指令的区别。

（1）MOVX　A, @R0；　MOVX　A, @DPTR

（2）MOVX　@R0, A；　MOVX　@DPTR, A

（3）MOVX　A, @R0；　MOVX　@R0, A

6．在 80C51 系列单片机的片内 RAM 中，已知(30H)=38H，(38H)=40H，(40H)=48H，(48H)=90H，请分析下面一段程序中各指令的作用，并翻译成相应的机器码，说明源操作数的寻址方式，以及按顺序执行每条指令后的结果。

```
MOV     A, 40H
MOV     R0, A
MOV     P1, #0F0H
MOV     @R0, 30H
MOV     DPTR, #1246H
MOV     40H, 38H
MOV     R0, 30H
MOV     90H, R0
MOV     48H, #30H
MOV     A, @R0
MOV     P2, P1
```

7．试说明下列指令的作用，执行最后一条指令对 PSW 有何影响？累加器 A 的终值为多少？

```
（1） MOV    R0, #72H
      MOV    A, R0
      ADD    A, #4BH
（2） MOV    A, #02H
      MOV    B, A
      MOV    A, #0AH
      ADD    A, B
      MUL    AB
（3） MOV    A, #20H
      MOV    B, A
      ADD    A, B
      SUBB   A, #10H
      DIV    AB
```

8．“DA　A”指令的作用是什么？怎样使用？

9．试编程将片外数据存储器的 60H 单元中的内容传送到片内 RAM 的 54H 单元中。

10．试编程将寄存器 R7 中的内容传送到寄存器 R1 中。

11．已知当前程序计数器 PC 值为 210H，请用两种方法将程序存储器的 2F0H 单元中的常数送入累加器 A 中。

12．试说明下面一段程序中每条指令的作用，并分析每条指令执行后，R0 中的内容是什么。

```
MOV     R0, #0A7H
XCH     A, R0
SWAP    A
XCH     A, R0
```

13．请用两种方法将累加器 A 与 B 寄存器的内容交换。

14．试编程将片外 RAM 的 40H 单元的内容与寄存器 R1 的内容交换。

15．已知：(A)=0C9H，(B)=8DH，CY=1。

执行指令“ADDC　A, B”后结果如何？

执行指令“SUBB　A, B”后结果如何？

16．试编程将片外 RAM 的 30H 和 31H 单元中的内容相乘，结果存放在 32H 和 33H 单元中，且高位存放在 33H 单元中。

17．试用三种方法将累加器 A 中的无符号数乘 2。

18．请分析执行下面指令的结果。

```
MOV     30H, #0A4H
MOV     A, #0D6H
MOV     R0, #30H
MOV     R2, #47H
ANL     A, R2
ORL     A, @R0
SWAP    A
CPL     A
XRL     A, #0FFH
ORL     30H, A
```

19．说明下列指令执行后，累加器 A 及 PSW 中 CY、P 和 OV 位的值。

（1）当(A)=5BH 时，执行 ADD　A, #8CH。

（2）当(A)=5BH 时，执行 ANL　A, #7AH。

（3）当(A)=5BH 时，执行 XRL　A, #7FH。

（4）当(A)=5BH、CY=1 时，执行 SUBB　A, #0E8H。

20．指令“LJMP addr16”和“AJMP　addr11”的区别是什么？

21．试说明指令“CJNE　@R1, #7AH, 10H”的作用。若该指令地址为 250H，则其转移地址是多少？

22．试说明入栈指令和出栈指令的作用及执行过程。

23．下列程序执行后，(SP)=？(A)=？(B)=？解释每一条指令的作用。

```
        ORG     200H
        MOV     SP, #40H
        MOV     A, #30H
        LCALL   250H
        ADD     A, #10H
        MOV     B, A
L1：    SJMP    L1
        ORG     250H
        MOV     DPTR, #20AH
        PUSH    DPL
        PUSH    DPH
        RET
```

24．用 80C51 单片机的 P1 口作为输出口，经驱动电路接 8 个发光二极管，如图 6.17 所示。当输出位是 0 时，发光二极管点亮；输出位是 1 时，发光二极管变暗。试分析下述程序的执行过程及发光二极管点亮的工作规律。

```
LP： MOV     P1, #7EH
     LCALL   DELAY
     MOV     P1, #0BDH
     LCALL   DELAY
     MOV     P1, #0DBH
     LCALL   DELAY
     MOV     P1, #0E7H
     LCALL   DELAY
     MOV     P1, #0DBH
     LCALL   DELAY
     MOV     P1, #0BDH
     LCALL   DELAY
     SJMP    LP
```

子程序：

```
DELAY： MOV    R2, #0FAH
   L1： MOV    R3, #0FAH
   L2： DJNZ   R3, L2
        DJNZ   R2, L1
        RET
```

25．在 24 题中，若系统的晶振频率为 6 MHz，求子程序 DELAY 的延时时间。若想延长或缩短延时时间，应怎样修改？

26．根据图 6.17 所示电路，试编制灯亮移位程序，即 8 个发光二极管每次亮一个，循环左移，一个一个地亮，循环不止。

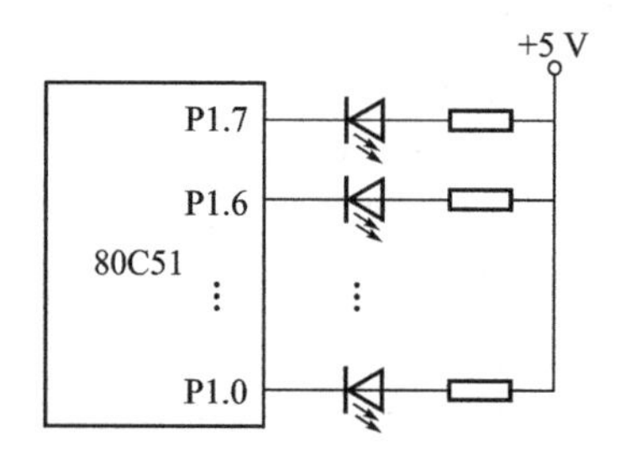

图 6.17　第 24～26 题图

27．试编程将内部数据存储器的 40H 单元的第 0 位和第 7 位置 1，其余位取反。

28．请用位操作指令求下面逻辑方程：

（1）$P1.7 = ACC.0 \times (B.0 + P2.1) + \overline{P3.2}$

（2）$PSW.5 = P1.3 \times ACC.2 + B.5 \times \overline{P1.1}$

第 7 章　汇编语言程序设计

本章主要介绍 80C51 系列单片机常用的汇编语言程序设计方法，并列举一些具有代表性的汇编语言程序实例，作为读者设计程序的参考。通过对程序的设计和调试，可以加深读者对指令系统的了解和掌握。

7.1　概述

由前所述，计算机的语言可分为 3 类，3 类语言各自的特点是显而易见的。本篇介绍单片机基础知识，要想深入理解和掌握单片机，首先应该打下扎实的汇编语言功底，而通过程序的设计、调试和执行，可以在一定程度上提高读者对单片机的应用水平。

7.1.1　汇编语言源程序的格式

汇编语言是面向机器的程序设计语言， CPU 不同的单片机，其汇编语言一般是不同的。但是，它们所采用的语言格式有很多相似之处。在此，以面向 80C51 系列单片机的汇编语言为例说明汇编语言的格式。

汇编语言源程序是由汇编语句（指令语句）构成的。汇编语句由 4 部分组成，每一部分称为一段，其格式如下：

[标号:]　操作码　[操作数]　[; 注释]

这 4 部分只有操作码段是必须具有的，其余部分为可选项。对于包含操作数的指令，操作数段也是必须具有的。在书写汇编语句时，上述各部分应该严格地用定界符加以分离。定界符包括空格符、冒号、分号、逗号等，例如：

```
PU:     MOV     A, #60H     ; 60H →A
```

在标号 PU 之后要加冒号 “:”，在操作码 MOV 与操作数 A 之间一定要有空格。在操作数 A 和 60H 之间要用逗号 “,” 将源操作数与目的操作数隔开，在注释段之前要加分号 “;”。

下面分别解释这几段的含义。

（1）标号段中的标号是用户设定的一个符号，表示存放指令或数据的存储单元地址。

标号由以字母开始的 1～8 个字母或数字串组成。注意不能用指令助记符、伪指令或寄存器名作为标号。

标号是任选的，并不是每条指令或数据的存储单元都要有标号，只在需要时才设标号。例如，转移指令所要访问的存储单元前面，一般要设置标号，而转移指令的转移地址也用相应的标号表示。采用标号既便于查询、修改程序，又便于转移指令的书写。

一旦使用某标号定义一个地址单元，在程序的其他地方就不能随意修改这个定义，也不能重复定义。

（2）操作码段和操作数段与第 6 章的说明相同。

（3）注释段是对该指令的执行目的和在程序中所起作用的说明，便于以后阅读和交流。在汇编时，对这部分不予理会，不会把它译成任何机器码，不影响程序的汇编结果。

7.1.2 汇编语言伪指令

在用汇编程序对用汇编语言编写的源程序进行汇编时，有一些控制汇编用的特殊指令，这些指令不属于指令系统，汇编后不产生机器码，因此称为伪指令或汇编指令。利用伪指令可告知汇编程序如何进行汇编，同时它也为人们编程提供了方便。下面介绍几条 80C51 系列单片机中常用的伪指令。

1）**汇编起始指令** ORG（Origin）

汇编起始指令 ORG 是用于定位程序汇编起始地址的伪指令，即用来规定汇编语言程序汇编时，目的程序在程序存储器中存放的起始地址，该起始地址也可以作为数据块的起始地址，它总是出现在每段源程序或数据块的开始。

格式：[标号：]　　ORG　表达式（exp）

表达式必须是 16 位的地址值，也可以是已经定义的地址标号。如“ORG　60H”表示这段程序从 0060H 开始。在一个源程序中，可多次使用 ORG 伪指令，以规定不同程序段的起始位置，地址应按从小到大顺序排列，不允许重叠，标号应根据需要设置。

2）**汇编结束指令** END

汇编结束指令 END 用在程序的末尾，表示程序已结束。汇编程序对 END 以后的指令不再汇编。

3）**赋值指令** EQU（Equate）

赋值指令 EQU 也称等值伪指令，它的作用是把操作数段中的表达式的值赋给标号段中的符号名。该指令要先定义后使用，应放在程序开头。

格式：符号名　EQU　表达式

表达式可以是数据地址、代码地址、位地址、寄存器及立即数，表达式的值可以是 8 位或者 16 位的。

例 7.1　E9　EQU　R3　　　　　　　; R3 与 E9 等值

因此，“MOV　A, E9”指令与“MOV　A, R3”指令结果相同。

例 7.2　L1　EQU　3000H

　　　　LJMP　L1　　　　　　　　; 3000H →PC

4）**定义字节指令** DB（Define Byte）

定义字节指令 DB 的功能是从指定单元开始定义（存储）若干字节的数或 ASCII 码字符，在每个数或字符之间要用逗号“，”隔开，在表示 ASCII 码字符时需要用单引号标识。该指令常用于定义数据常数表。

格式：[标号:]　　DB　表达式

表达式可以是字节常数或 ASCII 码字符。

例 7.3　ORG　0200H

　　　　DB　0A3H, 73, 'A', 46H, 09　　　；在表示 ASCII 码字符时要用单引号

汇编后，(200H)=0A3H，(201H)=49H，(202H)=41H，(203H)=046H，(204H)=09。

5）**定义字指令** DW（Define Word）

定义字指令 DW 的功能是从指定单元开始定义（存储）若干个字的数据或 ASCII 码字符。

存储时高字节存入低地址，低字节存入高地址。

格式：[标号：] DW 表达式

表达式可以是字常数或 ASCII 码字符。

例 7.4 ORG 520H

DW 0A66H, 9BH, 'B'

汇编后，(520H)=0AH, (521H)=66H, (522H)=00, (523H)=9BH, (524H)=00, (525H)=42H。

6）定义位地址指令 BIT

定义位地址指令 BIT 的功能是给位地址赋予规定的字符名称，即符号名，注意后面无冒号。

格式：符号名 操作码 操作数

字符名称 BIT 位地址

例 7.5 F1 BIT PSW.1

Q2 BIT P1.2

汇编后，位地址 PSW.1、P1.2 分别赋给变量 F1 和 Q2。

7）数据地址赋值指令 DATA

数据地址赋值指令 DATA 的功能是给标号段中的数据地址标号赋值。

格式：字符名称 DATA 表达式；表达式通常是一个常数

例 7.6 M6 DATA 4A00H

汇编后，M6 的值为 4A00H。

DATA 与 EQU 在给地址赋值时作用类似，区别在于用 DATA 定义的地址标识符汇编时作为标号登记在符号表中，所以可以先使用后定义。而 EQU 定义的标识符必须先定义后使用，因为后者不登记在符号表中。

8）定义存储空间指令 DS

定义存储空间指令 DS 的功能是从指定地址开始定义一个存储区，保留由表达式指定的若干字节空间作为备用空间，这个存储区预留的存储单元数由 DS 指令中表达式的值决定。

格式：DS 表达式；表达式通常是一个常数

例 7.7 ORG 100H

DS 30H

DB 56H, 8AH

汇编后，从 100H 地址开始保留 48 个单元，对这 48 个单元不赋值，然后从 131H 开始按 DB 指令给存储器赋值，即(131H)=56H，(132H)=8AH。

在编写汇编语言源程序时，必须严格按照汇编语言的规范书写。在伪指令中，ORG 和 END 最重要，不可少。

7.1.3 汇编语言程序设计步骤

要想使计算机完成某一具体的工作任务，首先要对任务进行分析，然后确定计算方法或者控制方法，再选择相应的指令，按照一定顺序编排这些指令，就构成了实现某种特定功能的程序。这种按工作要求编排指令序列的过程称为程序设计。

使用汇编语言作为程序设计语言的编程步骤与高级语言编程步骤类似，但又略有差异，其程序设计步骤大致可分为以下几步。

（1）熟悉与分析工作任务，明确要求和要达到的工作目的、技术指标等。

（2）确定解决问题的数学模型和工作步骤。

（3）画工作流程图（其图形符号的规定均与高级语言流程图相同，在此不再赘述）。

（4）对单片机资源进行分配，如内存单元、寄存器及程序与数据的存放地址。

（5）按流程图编写源程序。

（6）上机调试、修改，最后确定源程序。

在进行程序设计时，必须根据实际问题和所使用的计算机的特点来确定算法，然后按照尽可能使程序简短和缩短运行时间两个原则编写程序。编程技巧需经大量实践后才能逐渐提高。

由上述步骤可以看出，在用汇编语言进行程序设计时，主要方法和思路与高级语言相同，主要不同点，也是非常重要的一点是第（4）点，而这也正是汇编语言面向机器的特点，即在设计程序时还要考虑程序与数据的存放地址。注意，在使用内存单元和工作寄存器时它们相互之间不能发生冲突。

下面将结合 80C51 系列单片机的特点，介绍汇编语言程序的基本结构和设计方法。

7.2 顺序结构与循环结构程序设计

顺序结构程序和循环结构程序是汇编语言程序中较常见的程序，这两种结构的程序是所有复杂程序的基础或某个组成部分。

7.2.1 顺序结构程序设计

顺序结构程序是一种最简单、最基本的程序（也称为简单程序），它的特点是按程序编写的顺序依次执行，程序流向不变。

顺序结构程序虽然并不难编写，但要设计出高质量的程序，仍需要掌握一定的技巧。因此，需要熟悉指令系统，正确地选择指令，掌握程序设计的基本方法，以达到提高程序执行效率、缩短程序长度、最大限度地优化程序的目的。

例 7.8 将寄存器 R5 中的两个 BCD 码拆开并变成 ASCII 码，然后存入 61H、62H 单元。

解：这里采用把 BCD 码除以 10H 的方法，除后相当于把此数右移 4 位，刚好把两个 BCD 码分别移到 A、B 的低 4 位。由于 ASCII 码的 0～9 为 30H～39H，再各自与 30H 进行逻辑或运算，即变为 ASCII 码。

源程序如下：

```
       ORG   0000H
       LJMP  MAIN
       …
       ORG   30H                ；主程序起始地址
MAIN： MOV   A, R5
       MOV   B, #10H            ；用 10H 作除数
       DIV   AB
       ORL   B, #30H            ；低 4 位 BCD 码变为 ASCII 码
       MOV   62H, B
```

```
        ORL     A, #30H                 ; 高 4 位 BCD 码变为 ASCII 码
        MOV     61H, A
        SJMP    $                       ; 循环等待
        END
```

这是一个简单的但是格式完整的小程序，一开始的无条件跳转指令 LJMP 是所有程序中都必须写的，当然也可以根据转移范围用无条件跳转指令 AJMP 或 SJMP。主程序起始地址选择 30H 是因为 03H～2BH 之间是系统保留作为中断入口地址的一些单元，主程序应该避开这个区域。最后的指令 SJMP 后面加"$"表示在此指令处循环等待。80C51 系列单片机的指令系统没有专门的暂停指令和程序结束指令，通常采用此方法表示等待或者程序结束。伪指令 END 仅表示汇编过程到此结束，不表示程序执行结束。为节约篇幅，以后有类似的情况都不再重复说明，多数情况只写出相关的程序段。

例 7.8 中，如果采用把高 4 位、低 4 位 BCD 码分别交换出来，再各自变为 ASCII 码的方法，则占用字节数比上述方法少，执行时间也比上述方法短，在程序较大时要考虑这些细节。

7.2.2 循环结构程序设计

在很多实际程序中会遇到需多次重复执行某段程序的情况，这时可把这段程序设计为循环结构程序（通常称其为循环体）。采用循环结构可大大缩短程序。

循环结构程序一般包括以下几部分。

1）循环初始化部分（或称初始条件）

循环初始化部分用来设置循环过程中工作单元的初值，如设置循环次数计数器、地址指针初值、存放数据的单元初值等。

2）循环体

循环体是重复执行的程序段，用来完成主要的计算或操作任务，也包括对地址指针的修改。

3）循环控制部分

循环控制部分用于控制循环的执行和结束。对循环的控制有多种方法，最常见的是循环次数控制，这种情况通常在循环初始化时已经给出了循环次数初值，然后用计数器控制循环。此外，还可以通过设置条件控制循环，数值符号、内存单元的数据及逻辑位的值等均可以作为循环控制的条件。循环结构程序每执行一次，都检查结束条件，当条件不满足时，则修改地址指针和控制变量；当条件满足时，则停止循环。

同高级语言类似，汇编语言循环结构程序分为单重循环程序和多重循环程序。

例 7.9 已知 80C51 系列单片机使用的晶振的频率为 12 MHz，要求设计一个软件延时程序，延时时间为 20 ms。

解：程序的延时时间主要与两个因素有关：一个是所用晶振；另一个是延时程序中的循环次数。一旦确定晶振，则主要考虑如何设计与计算需给定的延时循环次数。在本题中晶振的频率为 12MHz，则可知机器周期为 1μs，那么可预计采用单重循环是有可能实现 1ms 的延时的。现根据题意编写如下源程序：

```
周期数
  1          MOV   R0, #14H        ; 毫秒数→R0
  1    DL2:  MOV   R1, #MT         ; 1ms 延时的预设值 MT→R1
```

```
1   DL1: NOP
1        NOP
2        DJNZ   R1, DL1          ; 1ms 延时循环
2        DJNZ   R0, DL2          ; 毫秒数减 1，不等于 0 则继续循环，等于 0 则结束循环
```

该延时程序是一个双重循环程序，外循环的初值已经设为 20，内循环中的 NOP 只用于调整延时时间，内循环的初值 MT 尚需计算。因为各条指令的执行时间是确定的，需延时的总时间也已知，所以 MT 可计算如下：

$$(1+1+2)\times 1\times MT=1000\mu s$$

$$MT=250=FAH$$

因此，用 FAH 代替上述程序中的 MT，则该程序执行后，能实现 20ms 的延时。

若考虑其他指令的执行时间，则该段延时程序的精确延时时间计算如下：

$$1\mu s\times 1+\{(1+2)\times 1\mu s+(1+1+2)\times 1\mu s\times 250\}\times 20=20061\mu s$$

若需要延时更长时间，可采用更多重的循环，如 1s 延时可用 3 重循环，而 7 重循环可延时 1 年。

例 7.10 从 22H 单元开始有一无符号数据块，其长度为 20H 个单元，求出数据块中最大值，并存入 21H 单元。

解：根据题意，先设初始最大值为 0，然后逐个取出队列中的数与初始最大值进行比较，当所有数均比较完后，则可得到最大值。程序流程图如图 7.1 所示。

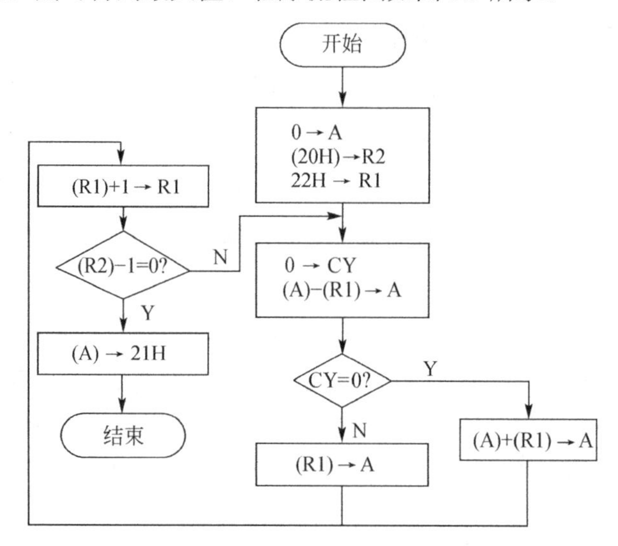

图 7.1　求最大值流程图

源程序如下：

```
        CLR     A           ; 累加器 A 清零，作为初始最大值
        MOV     R2, 20H     ; 数据个数初值
        MOV     R1, #22H    ; 数据存放区首地址
LP:     CLR     C           ; 进位标志位清零
        SUBB    A, @R1      ; 初始最大值减去队列中的数
        JNC     NEXT        ; 小于初始最大值，则继续
        MOV     A, @R1      ; 大于初始最大值，则用此数作为最大值
        SJMP    NEXT1
```

```
NEXT:   ADD    A, @R1      ; 小于初始最大值，则恢复原最大值
NEXT1:  INC    R1          ; 修改地址指针
        DJNZ   R2, LP      ; 依次重复比较，直至R2=0
        MOV    21H, A      ; 最大值存入21H单元
```

这是一个单重循环程序，前三条指令为循环初始条件，第4条指令至“DJNZ”指令之间的程序段为循环体，“DJNZ R2, LP”指令用于循环控制。

7.3 分支程序设计

分支程序的特点是程序中含有转移指令。分支程序可以根据程序的要求无条件或有条件地改变程序执行顺序，选择程序流向。

7.3.1 分支程序分类

编写分支程序的重点在于正确使用转移指令。转移指令有三种，无条件转移指令、条件转移指令和间接转移（散转）指令，由这三种指令形成的分支程序各自的特点如下。

1）无条件转移程序

无条件转移程序的转移方向是设计者事先安排的，与已执行程序的结果无关，使用时只需给出正确的转移目的地址或偏移量即可。

2）条件转移程序

条件转移程序是根据已执行程序对标志位或累加器或内部RAM某位的影响结果，决定程序的走向，形成各种分支。在编写条件转移语句时要特别注意以下两点：

（1）在使用条件转移指令形成分支前，一定要安排可供条件转移指令进行判别的条件。例如，若采用“JC rel”指令，在执行此指令前必须使用影响进位标志位CY的指令，以便为判别准备条件。

（2）要正确选择所用的转移条件和转移目的地址。

3）间接转移（散转）程序

计算机实现间接转移功能，通常采用逐次比较和算法处理的方法，这些方法一般较麻烦，易出错。80C51系列单片机具有一条专门的间接转移指令，也称散转指令，使用它可以较方便地实现间接转移功能。它是根据某种已输入的或运算的结果，使程序转到各个处理程序中执行。

7.3.2 无条件/条件转移程序设计

这是分支程序中最常见的一类。其中，条件转移程序编写时较容易出错，编程时需要确定转移条件，下面举例说明。

例7.11 设5AH单元中有一个小于15的变量X，请编写计算下列函数式的程序，结果存入5BH单元。

$$Y=\begin{cases}X^2-1, & X<5\\ X^2+8, & 10\geqslant X\geqslant 5\\ 41, & X>10\end{cases}$$

解：该函数式有三条路径可以选择，显然需要采用分支程序。根据题意，首先计算X^2并

暂存于 R1 中。因为 X^2 的最大值为 225，所以可只用一个寄存器。然后根据 X 值的范围，决定 Y 的值。本题程序流程图如图 7.2 所示，R0 用作中间寄存器。

源程序如下：

```
        MOV   A, 5AH
        MOV   B, A
        MUL   AB           ; X²→BA
        MOV   R1, A
        MOV   A, 5AH       ; 重新把 X 装入 A
        CJNE  A, #5, L1
L1:     JC    L2           ; X<5 则转 L2
        MOV   R0, #41      ; 先假设 X>10
        CJNE  A, #11, L3   ; 与 11 比较
L3:     JNC   L4           ; X>10 则转 L4
        MOV   A, R1
        ADD   A, #08       ; 10 ≥ X ≥5，Y=X²+8
        MOV   R0, A
        SJMP  L4
L2:     MOV   A, R1
        CLR   C
        SUBB  A, #01       ; X<5，Y=X²-1
        MOV   R0, A
L4:     MOV   5BH, R0
        SJMP  $
```

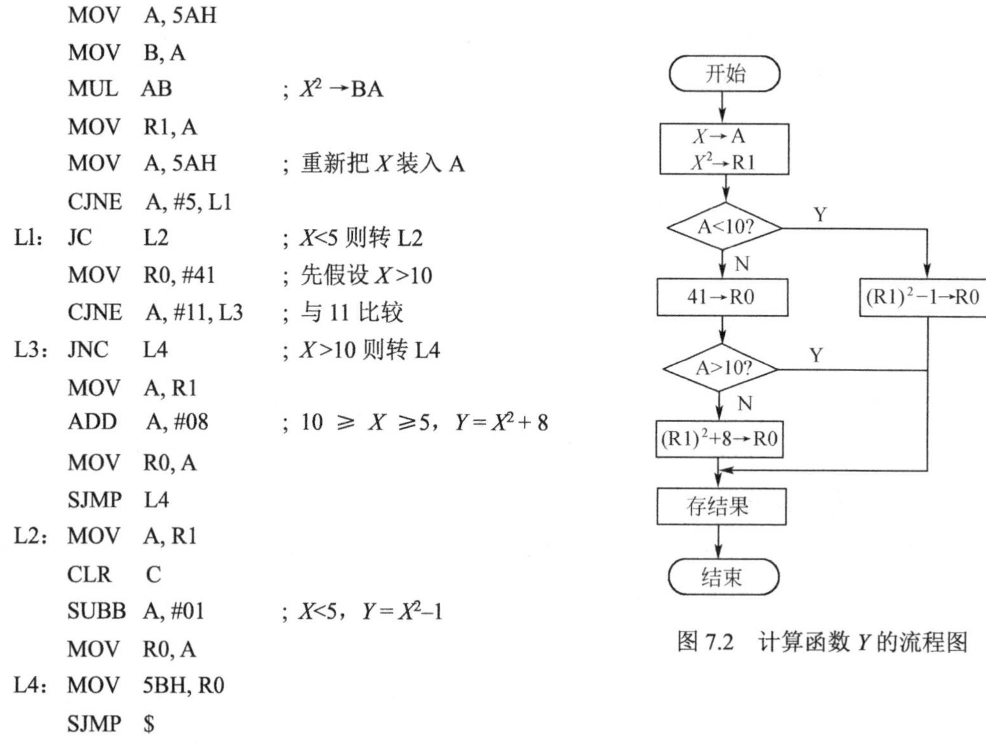

图 7.2　计算函数 Y 的流程图

根据本题的具体情况，在判别 A<5 和 A>10 时采用“CJNE”指令和“JC”指令以及“CJNE”指令和“JNC”指令相结合的方法。

从以上条件转移程序可见，它与简单程序的区别在于：条件转移程序存在两个或两个以上的结果，这时要根据给定的条件进行判断，以得到某一个结果。这样，就要用到比较指令、测试指令以及无条件/条件转移指令。条件转移程序设计的技巧就在于正确而巧妙地使用这些指令。

7.3.3　间接转移（散转）程序设计

间接转移（散转）指令的操作是把 16 位数据指针 DPTR 的内容与累加器 A 中的 8 位无符号数相加，形成新的目的地址，并将其装入程序计数器 PC，此即间接转移（散转）的目的地址，其操作结果不影响累加器 A 和 DPTR。

间接转移程序的设计可采用以下两种方法。

（1）数据指针 DPTR 固定，根据累加器 A 的内容，使程序转到相应的分支程序中执行。

（2）累加器 A 清零，根据数据指针 DPTR 的值确定程序转向的目的地址，DPTR 的值可用查表或其他方法获得。

下面介绍采用上述两种方法设计的间接转移程序。

1. 采用转移指令表

在许多应用中，需要根据某标志单元的内容（输入或运算结果）0, 1, 2, …, n，分别转向分支程序 0，分支程序 1，分支程序 2，…，分支程序 n。针对这种情况，可以先用无条件直接转移指令（“AJMP”指令或“LJMP”指令）按次序组成一个转移指令表，再将转移指令表首

地址装入数据指针 DPTR 中，然后将标志单元的内容装入累加器 A，经运算后作为变址值，最后执行“JMP @A+DPTR”指令实现间接转移。

例 7.12 设有 n 个分支程序，n<256，将 n 存放在寄存器 R4 中，设计间接转移程序。

解： 源程序如下：

```
        MOV     DPTR, #TAB1      ；将转移指令表首地址送入数据指针
        MOV     A, R4
        ADD     A, R4            ；(R4)×2 →A（修正变址值）
        JNC     NOAD             ；判断是否有进位
        INC     DPH              ；有进位则加到高字节地址
NOAD：  JMP     @A+DPTR          ；转向形成的转移入口地址
TAB1：  AJMP    OPR0             ；转移到分支程序 OPR0
        AJMP    OPR1
        …
        AJMP    OPRn
```

程序中，转移指令表是由双字节短转移指令“AJMP”组成的，各转移指令的地址依次相差 2 字节，所以累加器 A 中变址值必须进行乘 2 修正。若转移指令表是由 3 字节长转移指令“LJMP”组成的，则累加器 A 中变址值必须乘 3。当修正值有进位时，应将进位先加在数据指针高字节 DPH 上，然后转移。

转移指令表中使用“AJMP”指令，这就限制了转移的入口地址 OPR0, OPR1, …, OPRn 必须和转移指令表首地址 TAB1 位于同一个 2 KB 空间内。另一个局限性表现在散转点不得超过 256 个，这是因为工作寄存器 R4 为单字节。为了克服上述两个局限性，除了可用“LJMP”指令组成转移指令表，还可采用双字节的工作寄存器存放散转点，并利用对 DPTR 进行加法运算的方法，直接修改 DPTR，然后用“JMP @A+DPTR”指令实现间接转移。

2. 采用转向地址表

前面的例子采用了 DPTR 不变，根据累加器 A 的内容转移到其他地址的方法。下面的例子中，在转移前，将累加器 A 清零，然后根据数据指针 DPTR 的值，决定程序转向的目的地址。这种方法需要将所要转向的双字节地址组成一个表，即建立一个转向地址表。在间接转移时，先用查表方法获得转向地址，然后将该地址装入数据指针 DPTR 中，再使累加器 A 清零，最后执行“JMP @A+DPTR”指令，使程序转到目的地址中。

例 7.13 根据寄存器 R2 的内容转到各对应的分支程序中。

解： 设转移入口地址为 OPR0, OPR1, …, OPRn，间接转移程序及转移地址表如下：

```
        MOV     DPTR, #TAB1
        MOV     A, R2
        ADD     A, R2            ；(R2)×2 →A
        JNC     NADD
        INC     DPH              ；(R2)×2 的进位加至 DPH
NADD：  MOV     R3, A            ；暂存
        MOVC    A, @A+DPTR       ；取地址高 8 位
        XCH     A, R3            ；转移地址高 8 位暂存到 R3
        INC     A
        MOVC    A, @A+DPTR       ；取地址低 8 位
        MOV     DPL, A           ；置转移地址低 8 位
```

```
        MOV     DPH, R3         ; 置转移地址高 8 位
        CLR     A
        JMP     @A+DPTR         ; 转向分支程序
TAB1：  DW      OPR0            ; 16 位转向地址表的首地址
        DW      OPR1
        …
        DW      OPRn
```

这种间接转移方法显然可以实现在 64 KB 地址空间内的转移，但是其散转数 n<256。若要 n>255，则要用双字节加法运算的方法来修改 DPTR。

可以实现间接转移的方法有多种，以上仅是较常用的两种方法。

7.4　子程序设计

在实际问题中，常常会遇到在一个程序中有许多相同的运算或操作的情况，如多字节的加、减、乘、除、代码转换、字符处理等。在实际应用中，通常把这种多次使用的程序段按一定结构编好，存放在内存中，当需要时，程序可以调用这些独立的程序段。通常将这种可以被调用的程序段称为子程序。调用子程序的程序称为主程序，使用子程序的过程称为调用子程序，子程序执行完后返回主程序的过程称为子程序返回。

7.4.1　子程序的结构与设计注意事项

子程序是一种具有某种功能的程序段，其资源需要为所有调用程序共享。因此，子程序在功能上应具有通用性，在结构上应具有独立性。它在结构上与一般程序的主要区别是，在子程序末尾有一条子程序返回指令（RET），其功能是当子程序执行完后通过将堆栈内的断点地址弹出至程序计数器 PC 而返回到主程序中。

子程序设计注意事项如下：

（1）给每个子程序赋一个名称，实际上是一个入口地址的代号。

（2）能正确地传递参数。即首先要有入口条件，说明进入子程序时，它所要处理的数据如何得到（例如，是把它放在累加器 A 中还是放在某工作寄存器中）。另外，要有出口条件，即处理的结果是如何存放的。当然也有不需要传递参数的情况。

（3）保护现场和恢复现场。在执行子程序时，可能要使用累加器或某些工作寄存器。而在调用子程序之前，这些寄存器中可能存放了主程序的中间结果，这些中间结果是不允许被破坏的。因而在子程序使用累加器和这些工作寄存器之前，要将其中的内容保存起来，即保护现场。当子程序执行完即将返回主程序之前，再将这些内容取出，送回到累加器或原来的工作寄存器中，这一过程称为恢复现场。保护和恢复现场通常用堆栈进行。

（4）使子程序具有一定的通用性。子程序中的操作对象，应尽量用寄存器或内存单元，而不用立即数。另外，子程序中如果含有转移指令，应尽量用相对转移指令，以便它不管放在内存的哪个区域都能正确执行。

7.4.2　子程序的调用与返回

主程序调用子程序是通过子程序调用指令“LCALL　add16”和“ACALL　add11”实现的。子程序调用指令的功能是将程序计数器 PC 中的内容（调用指令的下一条指令地址，也称

为断点地址）压入堆栈（保护断点），然后将调用地址送入 PC，使程序转入子程序的入口地址。

子程序的返回是通过返回指令“RET”实现的。这条指令的功能是将堆栈中存放的返回地址（断点地址）弹出堆栈，送回到 PC 中，使程序继续从断点处执行。

主程序在调用子程序时要注意以下问题：

（1）在需要保护现场的程序中，在主程序初始化时要正确地设置堆栈指针。

（2）在主程序中，要安排相应指令，满足子程序的入口条件。

（3）在主程序中，要安排相应指令，在子程序返回后，处理子程序提供的出口参数。

7.4.3 子程序设计举例

由于应用子程序给程序设计带来很多方便，在实际程序中，特别是在监控程序中，经常把一些常用的运算、操作等编成子程序。

下面举例说明子程序的设计和调用。

例 7.14 有两个以 ASCII 码值表示的字符串，这两个字符串的首地址分别为 50H 和 70H，每个字符串的第一字节存放字符串长度。求出这两个字符串中字符 A 的个数 ，并将其和存入 4FH 单元。

解：本例采用分别求出两个字符串字符 A 的个数，然后求和的方法，求字符 A 的个数的过程可采用子程序。子程序的入口条件是字符串首地址，返回参数即个数值，放在累加器 A 中。

下面分别列出主程序和子程序：

主程序

```
        MOV     R1, #50H        ; 置入口条件参数
        ACALL   ZF              ; 调用求字符 A 的个数的子程序
        MOV     40H, R0         ; 第一个数据块 A 的个数暂存 40H 单元
        MOV     R1, #70H        ; 置入口条件参数
        ACALL   ZF              ; 调用求字符 A 的个数的子程序
        MOV     A, R0
        ADD     A, 40H          ; 两个字符 A 的个数相加
        MOV     4FH, A          ; 把和送入 4FH 单元
        SJMP    $
```

子程序

```
        ; 子程序入口参数：R1 为字符串首地址
        ; 子程序出口参数：R0 为字符串中 A 的个数
ZF:     MOV     R0, #0          ; 将 R0 清零，作为初值
        MOV     A, @R1          ; 取字符个数初值
        MOV     R2, A           ; 将字符个数初值送入 R2
LP：    MOV     A, @R1          ; 取字符
        CJNE    A, #41H, LP1    ; 与字符 A 比较
        INC     R0              ; 等于加 1 后继续
LP1：   INC     R1              ; 修改地址指针
        DJNZ    R2, LP          ; 依次重复比较，直至 R2=0
        RET                     ; 返回
```

例 7.15 在图 7.3 所示电路中，AT89S51 的 P1 口各位分别与 8 个发光二极管相接，当 P1 口为低电平时发光二极管可被点亮。P3.1 与 P3.2 引脚各通过开关 S1、S2 与地相接。当开关闭

合时 P3.1 与 P3.2 引脚为低电平。设单片机采用晶振的频率为 6MHz，编制一个控制发光二极管发光方式的程序。要求当 S1 闭合时，发光二极管的发光方式为：发光二极管从第 0 位开始发光，延时 1s 后，第 0 位发光二极管（LED0）灭，第 1 位发光二极管（LED1）开始发光；延时 1s 后，第 1 位发光二极管灭，第 2 位发光二极管（LED2）开始发光；以此类推，直至第 7 位发光二极管（LED7）开始发光。

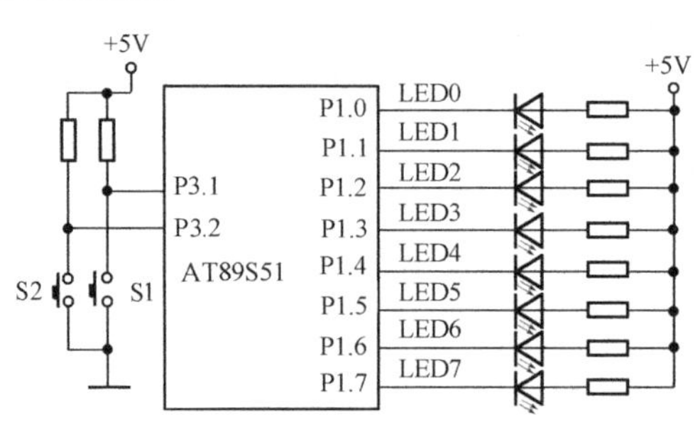

图 7.3　发光二极管闪烁线路

当 S2 闭合时，发光二极管发光方式为：LED0 开始发光，延时 1s 后，LED1 开始发光；延时 1s 后，LED2 开始发光；延时 1s 后……直至 8 个发光二极管全部发光。

解：根据本题的要求，在发光二极管的第一种发光方式下，P1 口的输出值应该按如下规律变化：

11111110→延时 1s→11111101→延时 1s→11111011→延时 1s→11110111→延时 1s→11101111→延时 1s→11011111→延时 1s→10111111→延时 1s→01111111→延时 1s→返回主程序。

在发光二极管的第二种发光方式下，P1 口的输出值应该按如下规律变化：

11111110→延时 1s→11111100→延时 1s→11111000→延时 1s→11110000→延时 1s→11100000→延时 1s→11000000→延时 1s→10000000→延时 1s→00000000→延时 1s→返回主程序。

源程序如下：

```
            S1      EQU P3.1
            S2      EQU P3.2
            ORG     0000H
            LJMP    MAIN
            …
MAIN:       MOV     P3, #0FFH       ；设 P3 口为输入口
MAIN2:      JB      S1, FF1         ；检查是否按过 S1 键
            LCALL   DELAY10ms       ；延时 10ms 去键抖动
            JB      S1, FF1         ；如果又变为 1，说明刚才是干扰信号
            LCALL   FF11            ；如果仍然为 0，说明确实按过 S1 键，
                                    ；则调用第一种发光方式子程序
FF1:        JB      S2, MAIN2       ；检查是否按过 S2 键
            LCALL   DELAY10ms       ；延时 10ms 去键抖动
            JB      S2, MAIN2       ；如果又变为 1，说明刚才是干扰信号
            LCALL   FF22            ；如果仍然为 0，说明确实按过 S2 键，
                                    ；则调用第二种发光方式子程序
```

```
            SJMP    MAIN2           ; 反复循环
FF11:       MOV     A, # 0FEH       ; 第一种发光方式初值
L1:         MOV     P1, A           ; 将累加器 A 的内容送至 P1 口
            LCALL   DL1S            ; 1s 延时
            JNB     ACC.7, MA1      ; 累加器 A 的内容的第 7 位是否为 0
            RL      A               ; 累加器 A 中数据循环左移一位
            SJMP    L1              ; 未完继续
MA1:        RET
FF22:       MOV     A, # 0FEH       ; 第二种发光方式初值
L2:         MOV     P1, A           ; 将累加器 A 的内容送至 P1 口
            LCALL   DL1S            ; 1s 延时
            JZ      MA2             ; 累加器 A 的内容是否为 0
            RL      A               ; 累加器 A 中数据循环左移一位
            ANL     A, P1           ; P1 口当前值与移位后值进行逻辑与运算
            SJMP    L2
MA2:        RET
DELAY10ms:  MOV     R0, # 10
DL2:        MOV     R1, # 125       ; 1ms 延时的预设值
DL1:        NOP
            NOP
            DJNZ    R1, DL1         ; 延时循环
            DJNZ    R0, DL2
            RET
DL1S:       MOV     R3, # 100       ; 1s 延时的预设值
DL3:        LCALL   DELAY10ms       ; 延时循环
            DJNZ    R3, DL3
            RET
            END
```

在这一节里，只举了几个简单应用子程序的例子。实际上，可以把各种功能的程序均编成子程序，如任意数的平方，数据块排队，多字节的加、减、乘、除等程序。把子程序结构用到编写大块的复杂程序中，就可以把一个复杂的程序分割成很多独立的、关联较少的功能模块，这通常称为模块化结构。这种方式不但结构清楚、节省内存，而且易于调试，是大程序中经常采用的编程方式。

7.5　查表程序设计

在控制应用场合或在智能化仪器仪表的软件设计中，经常使用查表法。所谓查表法，就是根据输入量 X，在表格中查找输出量 Y。事先把 Y 的全部可能取值或函数值（$Y=f(X)$）按一定规律编成表格，存放在程序存储器中。当用户程序中需要用到这些值时，可以按编排好的索引值（或程序号）寻找答案。这种方法节省了运算步骤，使程序更简单、执行速度更快。这种方法唯一的不足是要占用较多的存储单元，但随着存储器价格的大幅度下降，这已成了微不足道的问题，所以查表法的应用越来越广泛。

7.5.1 查表程序综述

为了便于实现查表功能，在 80C51 系列单片机的汇编语言中专门设置了两条查表指令：

```
MOVC    A, @A+DPTR
MOVC    A, @A+PC
```

第 1 条查表指令采用 DPTR 存放数据表格的地址，其查表过程比较简单。查表前需要把数据表格起始地址存入 DPTR，然后把所查表的索引值送入累加器 A 中，最后使用“MOVC A, @A+ DPTR”指令完成查表。

采用第 2 条查表指令时，其操作过程与第 1 条查表指令不同，可分为以下三步。

（1）使用数据传送指令把所查数据的索引值送入累加器 A。

（2）用“ADD A, #data”指令对累加器 A 的内容进行修正，data 值由下式确定：

PC+data=数据表格的首地址

其中，PC 是“MOVC A, @A+PC”指令的下一条指令的地址，因此，data 值实际等于查表指令地址和数据表格地址之间的字节数。

（3）采用查表指令“MOVC A, @A+PC”完成查表。

为了便于查表，要求数据表格中的数或符号按照便于查找的次序排列，并将它存放在从指定的首地址（或称基地址）开始的存储单元。函数值在数据表格中的序号（索引值）应该和函数值有直接的对应关系，函数值的存放地址即等于首地址加上索引值。

已知变量 *X* 的表示方法有两种，即规则变量和非规则变量。数据表格中答案存放的格式与 *X* 值的表示方法密切相关，下面分别加以介绍。

7.5.2 查表程序设计举例

规则变量 *X* 的值与数据表格中的 *Y* 值是一一对应的。*Y* 值可以是单字节、双字节或三字节的，但所有的 *Y* 值必须具有相同的字节数，这样的数据表格具有规律，结构简单，便于编制查表程序。

例 7.16 在某仪器的键盘程序中，将命令的键值（0, 1, 2, …, 9）转换成相应的双字节 16 位程序入口地址，其键值与对应入口地址的关系如下：

键值	0	1	2	3	…	8	9
入口地址	0098	0186	0234	0316	…	0818	0929

解： 设键值存放在 40H 单元中，出口地址值存放在 42H、43H 单元中。

按题意编写子程序如下：

```
地址  机器码         ORG    200H
200   90  02  12    MOV    DPTR, #TAB      ; 将表格的首地址送入 DPTR
203   E5  40        MOV    A, 40H          ; 取键值
205   23            RL     A               ; 键值乘 2 作为查表偏移量
206   F5  40        MOV    40H, A          ; 暂存偏移量
208   93            MOVC   A, @A+DPTR      ; 取高 8 位地址
209   F5  42        MOV    42H, A          ; 暂存高 8 位地址
20B   A3            INC    DPTR            ; 指向数据表格首地址低 8 位
20C   E5  40        MOV    A, 40H          ; 取偏移量
20E   93            MOVC   A, @A+DPTR      ; 取低 8 位地址
20F   F5  43        MOV    43H, A          ; 暂存低 8 位地址
```

```
211     22              RET
212              TAB:   DB      00, 98H         ; "0"输入口地址
                        DB      01, 86H         ; "1"输入口地址
                        DB      02, 34H         ; "2"输入口地址
                        …
                        DB      08, 18H         ; "8"输入口地址
                        DB      09, 29H         ; "9"输入口地址
```

在此程序中，因 Y 值为双字节的，所以把键值乘 2 作为查表偏移量。例如，当键值为“2”时，偏移量为 4，则@A+DPTR 的地址值为 216H，216H 单元的内容为 02，217H 单元的内容为 34H，正好为“2”输入口地址。

以上所举例题中的 X 为规则变量，如果 X 为非规则变量，即 X_i 并非 0～n 中的所有数，对应某些正整数 i，$Y_i=f(X_i)$无定义，即在 0～n 区域中，仅有部分正整数与 Y_i 有对应关系，这种情况编程较复杂，限于篇幅不具体举例，可参考文献［1］。

通过上述程序，可以看出在使用查表指令时一定要正确地确定数据表格首地址，另外，“MOVC A, @A+DPTR”指令比“MOVC A, @A+PC”指令更容易理解和操作。

思考与练习

1. 试编程将片内 40H～60H 单元中的内容送到以 3000H 为首地址的存储区中。

2. 编写计算下列算式的程序：

（1）23H+45H+ABH+03H

（2）CDH+15H－38H－46H

（3）1234H+8347H

（4）AB123H－43ADCH

3. 编程计算片内 RAM 区 50H～57H 这 8 个单元中数的算术平均值，结果存放在 5AH 单元中。

4. 编写计算下式的程序，设乘积和平方结果均小于 255。a、b 值分别存放在片外 1001H 和 1002H 单元中，结果存放于片外 1000H 单元中。

$$Y=\begin{cases}(a+b)^2+10, & (a+b)^2<10\\(a+b)^2, & (a+b)^2=10\\(a+b)^2-10, & (a+b)^2>10\end{cases}$$

5. 设有两个长度均为 15 字节的数组，分别存放在以 2000H 和 2100H 为首地址的存储区中，试编程求其对应项之和，结果存放到以 2200H 为首地址的存储区中。

6. 设有 100 个有符号数，连续存放在以 2000H 为首地址的外部数据存储区中，试编程统计其中的正数、负数和零的个数。

7. 请将片外数据存储器地址为 1000H～1030H 的数据块全部转移到片内 RAM 的 30H～60H 单元中，并将原数据块区域全部清零。

8. 试编写一个子程序，使间址寄存器 R1 所指向的两个片外 RAM 连续单元中的高 4 位二进制数合并为一字节并装入累加器 A 中。已知 R1 指向低地址，并要求该单元高 4 位放在累加器 A 的高 4 位中。

9. 试编程把以片外 40H 为首地址的连续 50 个单元中的无符号数按降序排列，并存放到以 300H 为首地址的存储区中。

10. 试编写一个查表程序，从首地址为 1000H、长度为 100 字节的数据块中找出 ASCII 码字符 A，将其地址送到 10A0H 和 10A1H 单元中。

11. 设在 200H～204H 单元中存放有 5 个压缩 BCD 码，编程将它们转换成 ASCII 码，存放到以 205H 单

元为首地址的存储区中。

12．在以 200H 为首地址的片外存储区中，存放着 20 个用 ASCII 码表示的 0～9 之间的数，试编程将它们转换成 BCD 码，并以压缩 BCD 码（一个单元存放 2 位十进制数的 BCD 码）的形式存放在 300H～309H 单元中。

13．试编写程序实现下列逻辑表达式的功能。设 P1.7～P1.0 为 8 个变量的输入端，而其中 P1.7 又作为变量输出端。

（1）$Y = X_0 X_1 \overline{X_2} + \overline{X_3} + X_4 X_5 X_6 + \overline{X_7}$

（2）$Y = \overline{X_0 X_1} + \overline{\overline{X_2 X_3 X_4} + \overline{X_5 X_6 X_7}}$

14．试编写一个多字节无符号数加法子程序。

15．试编写一个多字节无符号数减法子程序。

16．试编写分别延时 1s、1min、1h 的子程序。

17．试编程将片内存储器 40H～60H 单元中的数逐个对应传到片外 540H～560H 单元中。

18．从片内存储器 30H 单元开始有一个长度为 10 字节的数据块，编程求这个数据块的最小值。

19．用 P1 口作为数据读入口，为了读取稳定的值，要求连续读 8 次后取平均值。

20．根据图 7.3 所示的电路，设计发光二极管点亮的移位程序，要求 8 个发光二极管每次亮一个，点亮时间为 40ms，依次一个一个地循环右移点亮，循环不止，已知时钟频率为 24 MHz。

21．根据图 7.3 所示的电路，设计发光二极管点亮程序，要求 8 个发光二极管分两组，每组 4 个，两组交叉轮流发光，反复循环不止，变换时间为 100 ms，已知时钟频率为 12 MHz。

22．求两个无符号数据块中的最大值。数据块的首地址分别为 60H 和 70H，每个数据块的第 1 字节都存放数据块长度，结果存入 5FH 单元。

23．将累加器 A 中 00H～FFH 范围内的二进制数转换为 BCD 码（0～255）。

24．把累加器 A 中的压缩 BCD 码转换成二进制数。

25．将 R0 所指单元中的 ASCII 码转换成十六进制数，并把结果仍存于原单元中。

26．在片内存储器 30H 和 31H 单元中各有一个小于 10 的数，编程求这两个数的平方和，用调用子程序的方法实现，结果存入 40H 单元。

27．用 P1.0 引脚输出 1 kHz 和 2 kHz 的变调音频，每隔 2 s 交替变换一次。

第 8 章　C51 语言及开发环境

由于汇编语言编程难度大，编程周期长，可移植性差，多年前就已经出现了用于单片机的高级语言。目前，绝大多数嵌入式系统工程都使用 C 语言作为编程语言。本章介绍用于 80C51 系列单片机的 C51 语言程序设计，重点介绍 C51 语言与通用 C 语言的不同之处和 C51 语言应用于单片机编程时的注意事项，并列举相关实例。最后介绍 C51 语言程序的软件开发环境。

8.1　C51 语言基础知识

汇编语言对单片机的操作直接、简单，汇编语言程序结构紧凑，实时性强，但对于复杂的运算或者大型程序，用汇编语言编制周期长，出错率高，不方便交流，且不易移植。使用高级语言编程可以克服这些不足。C 语言是一种计算机中使用较广泛的程序设计语言。C51 语言是建立在通用 C 语言基础上的，用于 80C51 系列单片机编程的最流行的高级语言。许多以前只能采用汇编语言来解决的问题现在都可以改用 C51 语言来解决。因为两种语言各有优缺点，一个好的单片机程序员应该在掌握汇编语言的基础上，学会用于单片机编程的 C51 语言。

8.1.1　C51 语言简介

C51 语言是一种结构化语言，可产生紧凑代码，语言简洁，使用方便灵活。C51 语言既具有一般高级语言的特点，又可以对计算机硬件直接进行操作，可直接访问单片机的物理地址，包括寄存器、存储器以及外部接口器件，还能与汇编语言混合编程，这些正是单片机编程应用所需要的。除此之外，其与汇编语言相比，主要有如下优点：

（1）不要求十分熟悉单片机的指令系统，仅要求对单片机的基本硬件结构有一定了解；

（2）C51 语言具有丰富的数据结构类型及多种运算符，表达和运算能力较强，使用方便；

（3）C51 语言是以函数为程序设计基本模块的，程序容易移植；

（4）具有丰富的库函数，其中包括许多标准子程序，具有较强的数据处理能力；

（5）源代码可读性较强，容易理解和编程，源文件简短，易于交流。

大多数计算机都支持对 C 语言的应用，因而可以方便地在 PC 机上直接编写和测试部分程序。多数情况下，在 PC 机上调试正常的代码段可以直接移植到目标单片机上，这样可以在没有硬件的情况下编写和调试程序，大大缩短了编程和调试时间，从而提高了编程效率。

8.1.2　C51 语言的运算符及表达式

运算符是完成某种运算的符号，用于进行数据处理，包括算术运算符、关系运算符、逻辑运算符等。表达式是由运算符和括号将运算对象连接成的具有指定功能的式子。由运算符或表达式可以构成 C51 语言程序的各种语句，因而其是 C51 语言的基础知识。

1. 算术运算符和赋值运算符

算术运算符包括：+（加或取正值运算符）、-（减或取负值运算符）、*（乘运算符）、/（除运算符)、%（模运算符，或称求余运算符)。赋值运算符为 =。

算术运算符中的优先级规定为：先乘除模，后加减，括号最优先。

2．关系运算符

关系运算符包括：<（小于运算符）、>（大于运算符）、<=（小于或等于运算符）、>=（大于或等于运算符）、==（测试等于运算符）、!=（测试不等于运算符）。

前 4 种运算符的优先级相同，后 2 种运算符的优先级相同，前 4 种运算符的优先级高于后 2 种运算符。关系运算符的优先级低于算术运算符，高于赋值运算符。

3．逻辑运算符

逻辑运算符包括：&&（逻辑与运算符）、||（逻辑或运算符）、!（逻辑非运算符）。

逻辑运算符的优先级从高至低依次为：!→&&→||。逻辑非运算符的优先级高于算术运算符，逻辑或运算符的优先级低于关系运算符，高于赋值运算符。

4．位操作运算符

位操作运算符包括：&（按位与运算符）、|（按位或运算符）、^（按位异或运算符）、~（按位取反运算符）、<<（按位左移运算符）、>>（按位右移运算符）。例如：

a<<b，表示 a 变量的值按位左移 b 位；

a>>b，表示 a 变量的值按位右移 b 位。

上述两条移位指令执行后，空白位补 0，溢出位舍弃。

位操作运算符的优先级从高至低依次为：~→<<和>>→&→^→|。

注意：位操作运算与上述的逻辑运算是两个不同的概念。

5．自增减运算符

++ 为自增运算符。例如，a++，++a，表示 a 变量的值自动加 1。

-- 为自减运算符。例如，a--，--a，表示 a 变量的值自动减 1。

自增减运算符的位置不同，变量的运算过程也不一样。++a（或--a）是在使用 a 值之前，先使 a 值加 1（或减 1)，而 a++（或 a--）是在使用 a 值之后，再使 a 值加 1（或减 1)。

6．复合赋值运算符

在赋值运算符“=”前面加上其他运算符，就构成了复合赋值运算符。C51 语言中共有 11 种复合赋值运算符，即+=、-=、*=、/=、%=、>>=、<<=、&=、|=、^=、~=。

这种复合赋值运算符可简化程序，提高 C51 语言编程效率。例如：

a+=b，相当于 a=a+b；

a>>=b，相当于 a= a>>b。

当表达式中出现多种运算符时，要注意运算符的优先级及结合性。

8.1.3　C51 语言的流程控制语句

C51 语言是一种结构化语言，其基本单元是模块，每个模块包含若干基本结构，基本结构中可以有若干语句。C51 语言程序的基本结构是顺序结构、选择结构和循环结构。顺序结构是最基本、最简单的结构，下面仅简要介绍选择结构和循环结构中所用到的流程控制语句。

1．选择结构

在选择结构中都有一个条件语句，按照不同的条件选择执行不同的分支。在 C51 语言中实现选择的语句主要是 if 语句、switch/case 语句。

1）if 语句

if 语句是 C51 语言中的基本判断语句，有 3 种形式的 if 语句：

（1）if(表达式){语句; }

例如：

```
if (x==y)   P1=0 ;       /* 如果 x 等于 y，则执行 P1=0 */
```

（2）if(表达式) {语句 1; }else{语句 2; }

例如：

```
if(x==y) P1=0;
else P1=0xff ;           /* 如果 x 等于 y，则执行 P1=0，否则执行 P1=0xff */
```

（3）if(表达式 1) {语句 1; }

else if(表达式 2) {语句 2; }

else if(表达式 3) {语句 3; }

…

else if(表达式 m−1) {语句 m−1; }

else {语句 m; }

例如：

```
if(a>3) { b=60; }
else if(a>2) { b=50; }
else if (a>1) {b=40; }
else { b=100; }
```

2）switch/case 语句

switch/case 语句是专门处理并行多分支的选择语句。它的格式如下：

```
switch(表达式)
{
    case  常量表达式 1: {语句 1;   break; }
    case  常量表达式 2: {语句 2;   break; }
    …
    case  常量表达式 n: {语句 n;   break; }
    default: {语句 n+1;   break; }
}
```

当表达式的值与某个常量表达式的值相同时，就执行这个常量表达式后面的语句，例如：

```
switch(y)
{
    case 1: x=1;    break;
    case 10: b=2;    break;
    case 100: a=20;    break;
    default:break;
}
```

2. 循环结构

循环结构用于实现程序段的重复执行，可实现循环的语句为：while 语句、do-while 语句、for 语句。

1）while 语句

while 语句用于实现在循环执行之前检测循环结束条件。它的格式如下：

```
while(表达式)        /*表达式是能否循环的条件*/
{循环体语句; }
```

例如：

```
    while(a>10)                /* a>10，执行循环体*/
    {b=20; }
```

2）do-while 语句

do-while 语句用于实现在循环体的结尾处检测循环结束条件。它的格式如下：

```
do{
     循环体语句; }
while(表达式);
```

例如：

```
    int sum=0, i=0;
        do { sum +=i;          /* sum 求和*/
           i++;                /*循环*/
           }while (i<=10) ;    /*判定条件*/
```

3）for 语句

for 语句是使用最多，也最灵活的一种循环语句，它既可用于循环次数确定的情况，也可用于循环次数不确定，但已经给出循环条件的情况。它的一般格式如下：

```
for(表达式 1; 表达式 2; 表达式 3)
    {循环体语句; }
```

例如：

```
    int i, sum;
    sum=0 ;
    for(i=0; i<=10; i++)        /*i 的初值为 0，在 i≤10 时执行循环体，每循环一次后 i+1*/
    {
        sum=sum+i;              /*循环体*/
    }
```

注意：以上表达式都是选择项，可省略，但分号“;”不能省略，多数情况下，表达式 1 为循环变量初值，表达式 2 为循环条件，表达式 3 用于变量循环更新。特例见文献［14］。

3. 跳转结构

在循环语句执行过程中，如果需要在满足循环条件时跳出当前执行程序段，则可以采用 continue 语句、break 语句；如果要从当前执行程序段跳到程序的其他地方，可以使用 goto 语句。

1）continue **语句**

如果在循环体中遇到continue语句，则跳过循环体中continue下面的语句，然后从最后一行（通常是右括号“}”）开始继续下一次循环。

2）break **语句**

如果在循环体中遇到break语句，则跳出循环体，继续执行下面的语句；如果在switch分支结构中遇到break语句，则跳出当前switch分支结构，继续执行下面的语句。

3）goto **语句**

goto语句是无条件跳转语句，它的格式如下：

goto 标号;

标号可以是字母、数字和下画线，但第一个字符必须是字母或者下画线。

goto 语句可以在一个函数内任意跳转，但这个特点破坏了程序的结构，所以在正常的程序中一般不用该语句。

8.2　C51语言对通用C语言的扩展

由于C语言最初是为通用计算机设计的，在通用计算机中只有一个程序和数据统一寻址的内存空间。但在80C51系列单片机中，程序保存在ROM中，而数据存放在RAM中。标准C语言并没有提供对这部分内存地址的定义，但为了支持80C51系列单片机的硬件结构，C51语言加入了一些扩展的内容。扩展的内容包括：数据类型、存储类型、存储模式、中断服务函数等。本节将简要介绍C51语言对通用C语言的扩展，以及扩展后对单片机硬件的访问。

8.2.1　数据类型

在C51语言程序中用到的变量一定要先定义数据类型，定义之后C51编译器才能在内存中按数据类型的长度给该变量分配存储空间，C51语言支持的数据类型列于表8.1。除了这些数据类型，变量可以组合成结构、联合及数组。在用C51语言编写单片机程序时，需要根据单片机的存储器结构和内部资源定义相应的数据类型和变量。

表8.1　C51语言支持的数据类型

数据类型	长　度	数值范围
signed char	1字节	−128～+127
unsigned char	1字节	0～255
signed int	2字节	−32768～+32767
unsigned int	2字节	0～65535
signed long	4字节	−2147483648～+2147483647
unsigned long	4字节	0～4294967295
float	4字节	±（1.175494E−38～3.402823E+38）
bit	1位	0或1
sbit	1位	0或1
sfr	1字节	0～255
sfr16	2字节	0～65535

表 8.1 所列的数据类型中，bit、sbit、sfr 和 sfr16 这 4 种类型是 C51 编译器中新增的数据类型，在通用 C 语言中没有。sbit、sfr 和 sfr16 类型的数据用于定义 80C51 系列单片机的特殊功能寄存器。

1．bit 类型

bit 类型用于定义 1 个位变量，可能在变量声明参数列表和函数返回值中会用到。所有的 bit 类型变量均放在 80C51 系列单片机内部 RAM 存储区的位操作数段。因为这个区域只有 16 字节，所以最多只能声明 128 个位变量。

bit 类型变量的声明中，应包含存储类型。但是 bit 类型变量存储在 80C51 系列单片机的内部数据存储区，只能用 data、bdata 和 idata（只限于可位操作的部分）存储类型，不能使用别的存储类型，详见 8.2.2 节。

一个 bit 类型变量的声明与其他数据类型相似，例如：

```
bit flag1;              /*定义 flag1 为位变量 */
bit bdata ag1;          /*定义 ag1 为位变量 */
```

bit 类型变量和 bit 声明有以下限制：

（1）不能把位变量定义为 xdata 存储类型，例如，bit xdata ag1 为非法。

（2）不能用位变量定义指针，例如，bit *ptr 为非法。

（3）不能用位变量定义数组，例如，bit ware[5]为非法。

2．sbit、sfr 和 sfr16 类型

80C51 系列单片机用特殊功能寄存器（SFR）来控制计时器、计数器、串行口、并行口和外围设备。它们可以用位、字节和字访问。与此对应，sbit、sfr 和 sfr16 数据类型用于定义特殊功能寄存器。下面说明这些数据类型。

1）sfr 类型

sfr 类型可定义一个 8 位的特殊功能寄存器。例如：

```
sfr P0=0x80;            /*定义 80C51 系列单片机的 P0 口，地址为 80H */
sfr TL0=0x8A;           /*定义 80C51 系列单片机定时器低字节 TL0，地址为 08AH*/
```

P0 和 TL0 是声明的特殊功能寄存器名。在等号（=）后指定的地址必须是一个常数值，不允许使用带操作数的表达式。传统的 80C51 系列单片机支持特殊功能寄存器地址从 0x80 到 0xFF。在 C51 语言中表示十六进制数时，在数字前面加 0x，所以 0x80 即 80H。

2）sfr16 类型

sfr16 类型将定义两个 8 位的特殊功能寄存器作为一个 16 位的特殊功能寄存器。访问该 16 位的特殊功能寄存器时，只能是低字节跟着高字节，即将低字节的地址用作 sfr16 声明的地址。例如：

```
sfr16 DPTR=0x82;     /* 定义数据指针 DPL 的地址为 082H，DPH 的地址为 083H */
```

在这个例子中，DPTR 被声明为 16 位特殊功能寄存器。

sfr16 声明和 sfr 声明遵循相同的原则。任何符号名都可用在 sfr16 声明中。等号（=）指定的地址，必须是一个常数值。不允许使用带操作数的表达式，而且必须是特殊功能寄存器的低字节地址。

3）sbit 类型

编译器用 sbit 类型定义可位寻址的特殊功能寄存器中的位。例如：

```
sbit EA=0xAF;          /* 定义 EA 位的地址为 0AFH */
sbit RS0=PSW^3;        /*定义 RS0 是 PSW 的第 3 位 */
```

需要注意：int 整型数与 long 长整型数在 C51 语言中的存放格式与标准 C 语言不同，在 C51 语言中是高字节存放在低地址，低字节存放在高地址，而标准 C 语言则相反。在使用结构体和共用体定义变量时，要明确其存放的前后顺序，其他情况可不考虑。

8.2.2 数据的存储类型

80C51 系列单片机的存储区域有以下两个特点：

- 程序存储器和数据存储器是截然分开的；
- 特殊功能寄存器与内部数据存储器是统一编址的。

C51 编译器支持 80C51 系列单片机的这种存储器结构，能够访问 80C51 系列单片机的所有存储器空间。

针对 80C51 系列存储器存储空间的多样性，C51 语言提供了存储类型（用标识符表示）与存储空间的对应关系，用以指明所定义的变量应分配在什么样的存储空间，见表 8.2。

表 8.2 C51 语言存储类型与 80C51 系列单片机存储空间的对应关系

存储类型	与 80C51 系列单片机存储空间的对应关系
code	程序存储区（64 KB）；通过“MOVC @A+DPTR”访问
data	直接访问的内部数据存储区（128 B）；访问速度最快
idata	间接访问的内部数据存储区（256 B）；可以访问所有的内部存储区
bdata	可位寻址的内部数据存储区（16 B）；可用字节或位方式访问
xdata	外部数据存储区（64KB）；通过“MOVX @DPTR”访问
pdata	分页的外部数据存储区（256 B）；通过“MOVX @Ri”访问

1．程序存储区

程序存储区是只读的，不能写入。单片机硬件决定最多只能有 64KB 的程序存储区。

当用 code 存储类型定义数据时，其将被定位在片内、片外统一编址的程序存储区，寻址范围为 0～65535。在此空间存放程序编码和其他非易失性信息。在汇编语言中是用间接寻址的方式访问程序存储区中数据的，如“MOVC A, @A+DPTR”或“MOVC A, @A+PC”。

定义举例：

```
char code  text[ ] = "ENTER ";  /*在程序代码段定义了一个字符型数组 */
```

2．内部数据存储区

内部数据存储区是可读、可写的。80C51 系列单片机最多可有 256 字节的内部数据存储区。内部数据存储区有三种不同的存储类型，即 data、idata 和 bdata。

data 类型定义的变量、常量，定位在低 128 字节的内部数据存储区（data 区），为片内直接寻址的 RAM 空间，寻址范围为 0～127。在此空间内存取速度最快。

idata 类型定义的变量、常量，定位在全部 256 字节的内部数据存储区（idata 区），为片内间接寻址的 RAM 空间，寻址范围为 0～255。在汇编语言中采用的寻址指令形式为“MOV

@Ri”。由于只能间接寻址，这部分存储空间的访问速度比直接寻址的 RAM 存储空间慢。

bdata 类型定义的变量、常量，定位在可位寻址的 16 字节内部数据存储区（20H～2FH，即 bdata 区），位地址范围为 0～127。此空间允许按字节寻址和按位寻址。在此区域可以声明可位寻址的数据类型。

定义举例：

```
char data vr ;          /*定义字符变量 vr 在低 128 字节的内部数据存储区*/
float idata x, y;       /*定义浮点变量 x，y 在 256 字节的内部数据存储区*/
bit bdata flags ;       /*定义位变量 flags 在可位寻址的 16 字节内部数据存储区*/。
```

3. 外部数据存储区

外部数据存储区是可读、可写的。可通过一个数据指针加载一个地址间接访问外部数据存储区。因此，访问外部数据存储区的速度比访问内部数据存储区慢。

外部数据存储区最多为 64KB。外部数据存储区的地址不一定都用来作为数据存储区。因为单片机外设的地址也在该存储区（详见第 9 章）。

编译器提供两种不同的存储类型 xdata 和 pdata 用于访问外部数据存储区。

xdata 类型定义的变量、常量，定位在外部数据存储区（64KB）内的任何地址，寻址范围为 0～65535。汇编语言中采用的寻址指令形式为“MOVX A, @DPTR” 和“MOVX @DPTR, A”。

pdata 类型定义的变量、常量，仅可定位在一页或 256 字节的外部数据存储区，寻址范围为 0～255。具体页数由 P2 口决定。汇编语言中采用的寻址指令形式为“MOVX A, @Ri” 和“MOVX @Ri, A”。

在定义变量时，通过指明存储类型，可以将所定义的变量存储在指定的存储区中。

访问内部数据存储区比访问外部数据存储区快得多。因此，应该把频繁使用的变量存放在内部数据存储区中，把很少使用的变量存放在外部数据存储区中。

在变量的声明中，可以包括存储类型和有符号 signed 或无符号 unsigned 属性。

定义举例：

```
unsigned long xdata array[10];        /*定义无符号长整型数组 array[10]在外部数据存储区*/
unsigned int pdata dimension;         /*定义无符号整型数 dimension 在一页范围内的外部数
                                        据存储区 */
unsigned char xdata vector[5][4][4];  /*定义无符号字符型三维数组变量 vector[5][4][4]
                                        在片外数据存储区 */
char bdata flags;                     /*定义字符型变量 flags 在片内位寻址区 */
```

如果在变量的定义中，没有包括存储类型，将自动选用默认的存储类型。

虽然 C 语言程序看起来操作很简单，但实际上 C 编译器需要用一系列指令对其进行复杂的变量存储类型、数据类型的处理，特别是对于浮点变量的处理，将大大增加运算时间和程序长度。如果在编程时使用大量不必要的数据类型、存储类型，最终会导致程序过于庞大，运行速度减慢，甚至可能导致程序运行异常，所以必须特别慎重地选择变量的数据类型和存储类型。

4. 存储模式

在 C51 编译器中，可以用存储模式修饰符 small、compact 和 large 定义存储模式，用以指明所定义变量的默认存储空间。

1）小（Small）模式

在这种模式下，所有变量都默认定义在内部数据存储区中，这和用 data 定义变量的作用相同。一般情况下，应该使用小模式，它能产生最快、最紧凑、效率最高的代码。如果没有指定，则系统都默认为小模式。

2）紧凑（Compact）模式

在这种模式下，所有变量都默认存放在外部数据存储区的一页中，最多只能提供 256 字节的变量，这和用 pdata 定义变量的作用相同。

3）大（Large）模式

在这种模式下，所有的变量都默认存放在外部数据存储区中。这和用 xdata 定义变量的作用相同。

存储模式定义格式如下：

类型说明符　函数标识符（形参表） 存储模式修饰符{small，compact，large}

在指定了存储模式之后，变量所在空间将不再随编译模式而变。例如：

```
extern int func (int i, int j) large;          /* 定义为大模式 */
```

在定义变量时，如果已经指定存储类型，就不必加上述存储模式修饰符。

8.2.3 指针

指针是 C 语言中的一个重要概念，也是主要特色之一。简言之，指针就是存放变量的地址。它用于间接访问变量，类似于汇编语言中的寄存器间接寻址方式。正确使用指针，可以有效地表示复杂的数据结构，直接处理内存地址，并可以方便、有效地使用数组，可以使程序简洁、高效。

1. 指针的概念

指针的两个基本概念就是变量的指针和指针变量。

（1）变量的指针。在 C 语言中，变量的指针就是该变量的地址。若程序中定义了一个变量，C51 编译器在编译时就给这个变量分配一定的内存单元。通常字符型（char）变量、整型（int）变量和浮点型（float）变量分别被分配 1 字节、2 字节、4 字节的内存单元。变量名相当于内存单元的地址，变量的值即该内存单元中的内容。

（2）指针变量。用于存放“变量的指针”的变量称为指针变量。如果有一个变量 b，它被指定用于存放整型变量 a 的地址，则 b 就被称为 a 的指针变量。

2. 指针变量的定义

C 语言规定所有的变量在使用前必须定义，以确定其类型。为了表示指针变量与变量地址之间的关系，C51 语言规定了以下两个运算符：

&为取地址运算符，“&变量名”表示变量地址。

*为指针变量运算符或者指针变量类型说明符，说明如下：

*在不同的场合所代表的含义是不同的，例如：

```
int   *sp                  /*此时的*为指针变量类型说明符*/
x=*sp                      /*此时的*为指针变量 sp 的运算符，即把 sp 所指向的变量值赋给 x*/
```

指针变量定义的一般形式如下：

类型说明符 [存储类型] *指针变量名

类型说明符用来指定指针变量的类型，存储类型是可选项，如果没有则是指一般指针变量（简称一般指针，也称为通用指针），如果有则是指存储器指针变量（简称存储器指针）。一般指针需要 3 字节存储。第一字节中的内容表示存储类型，第二字节是指针的高字节，第三字节是指针的低字节。

一般指针可以用来访问所有类型的变量，而不管变量存储在哪个存储空间中。因而许多库函数都使用一般指针。通过使用一般指针，一个函数可以访问数据，而不必考虑它存储在什么存储区中。C51 语言中一般指针的声明和标准 C 语言中一样。例如：

```
char   *s;              /* 定义一个指向字符串变量的指针变量 s */
sp=&s ;                 /*通过取地址运算符&使 sp 指向变量 s 的地址 */
```

3. 存储器指针

存储器指针在定义时要包含一个存储类型标识符。用这种指针访问对象，可以只占用 1～2 字节。存储类型为 idata、data、bdata、pdata 的存储器指针使用 1 字节来保存；存储类型为 code、xdata 的存储器指针用 2 字节来保存。例如：

```
char data   *str;       /* 在 data 区域中定义一个指向字符串变量的指针变量 str，
                           占用空间为 1 字节*/
int xdata   *numtab;    /* 在 xdata 区域中定义一个指向整型变量的指针变量 numtab，
                           占用空间为 2 字节*/
long code   *powtab;    /* 在 code 区域中定义一个指向长整型变量的指针变量 powtab，
                           占用空间为 2 字节*/
```

使用存储器指针比一般指针效率高，速度快。然而，使用存储器指针不是很方便，通常在所指向目标的存储空间明确且不会变化的情况下使用它。

4. 指针变量的引用

在对变量、指针变量定义之后，就可以间接访问指针了。下面举例说明。

```
int x;                  /*定义整型变量 x */
int a;                  /*定义整型变量 a */
int *sp;                /*定义指针变量 sp */
a=10;                   /*给整型变量 a 赋值为 10*/
sp=&a ;                 /*通过取地址运算符&使 sp 指向变量 a 的地址 */
x=*sp ;                 /*整型变量 a 的值 10 通过间接寻址方式赋给 x */
```

在对变量、指针变量定义之后，C 编译器会自动给它们在内存中安排相应的内存单元。例如，把 a 安排在 120、121 内存单元中，把 sp 的地址安排在 200、201 内存单元中。在实际的编程和运算过程中变量和指针变量的地址都是不可见的，它们的对应关系完全是由 C 编译器自动确定的。程序设计者只需要通过取地址运算符&和指针变量运算符*把变量、指针变量联系起来。

8.2.4 函数

C51 语言程序是由函数构成的。函数是 C51 语言程序中的基本模块，类似汇编语言中的子程序，是可以完成一定功能的代码段。C51 语言函数分为两类，一类是库函数，库函数是在库文件中已经定义的函数；另一类是用户定义函数，用户定义函数是用户自己设计的函数。

C51 语言程序是由一个主函数和若干个子函数构成的。C51 语言程序都是从主函数 main()开始执行的，函数在使用前要先定义。

C51 语言中函数的定义、参数和函数值及函数调用等内容与标准 C 语言基本相同，下面仅说明有区别的 3 项内容。

1. 中断服务函数（interrupt 修饰符的应用）

为实现在 C51 语言源程序中直接编写中断程序，C51 编译器允许用 C 语言创建中断服务程序。在 C51 编译器中增加了一个扩展关键字 interrupt，在函数声明时包括“interrupt m”，将把所声明的函数定义为一个中断服务程序。其格式如下：

void 函数标识符（void）interrupt m [using n]

其中，m＝0～31，0 对应于外部中断 0；
1 对应于定时器 0 中断；
2 对应于外部中断 1；
3 对应于定时器 1 中断；
4 对应于串行口中断；
5 对应于定时器 2 中断；
其他为预留。

using n 是可选项，用于为中断服务函数指定所用的寄存器组，n 为组号，默认为 0。

从定义中可以看出，中断服务函数必须是无参数、无返回值的函数。举例如下：

```
unsigned int interruptcnt;                 /*定义一个无符号整型数 interruptcnt */
unsigned char second;                      /*定义一个无符号字符串 second */
void  timer0 (void)  interrupt  1 using  2 /*定义函数名为 timer0 的定时器 0 中断 1,
                                             使用第 2 组寄存器 */
{
    if (++interruptcnt == 4000)            /* 加 1 计数，测试是否计到 4000 */
    {                                      /* 计数开始*/
        second++;                          /* 秒计数器加 1 */
        interruptcnt = 0;                  /* 清除中断计数器 */
    }
}
```

在 C51 语言中调用中断服务函数，用户只需关心中断号和寄存器组的选择。编译器将自动产生中断向量和程序的入栈及出栈代码。对于累加器 A 及 PSW 等寄存器的保护与恢复都是由 C51 编译器自动进行的，用户不必考虑，但其他寄存器和内存是要考虑保护的。

需要注意的是，在任何情况下用户都不能直接调用中断服务函数，当有中断发生时，CPU 将自动调用相应的中断函数。还要注意，如果在中断函数中调用了其他函数，则要保证使用寄存器组的一致性，通常要用到 using 选项。结合第 9 章的内容，能更深刻地理解这个问题。

2. using 函数的应用（寄存器组的切换）

在 80C51 系列单片机中有 4 个寄存器组，每个寄存器组包含 8 个通用寄存器。在采用中断服务程序时，经常需要保护某些寄存器组，此时采用交换寄存器组的方法很方便快捷，可避免使用很多入栈及出栈指令。C51 编译器定义了一个函数 using，可方便地用于寄存器组的交换。

函数使用指定寄存器组的定义格式如下：

```
void   函数标识符（形参表）   using   n
```

其中 n=0～3，为寄存器组号，对应 80C51 系列单片机中的 4 个寄存器组。

函数使用了 using n 后，C51 编译器自动在函数的汇编代码中加入如下的函数头段和尾段：

```
{    PUSH   PSW
     MOV    PSW, #与寄存器组号 n 有关的常量
     ...
     POP    PSW
}
```

应该注意的是，using　n 不能用于有返回值的函数。因为 C51 函数的返回值是存放在寄存器中的，而返回前寄存器组已经改变了，将会导致返回值发生错误。

3．库函数

C51 编译器提供了很多常用的与 80C51 系列单片机有关的可以直接调用的库函数，用户如果能充分利用这些库函数，将会大大提高编程效率。下面介绍几个重要并且常用的库函数。

（1）reg51.h /reg52.h：包含 8051/8052 单片机中所有的特殊功能寄存器及位定义。

（2）absacc.h：该文件定义了几个宏，以确定各类存储空间的绝对地址。

（3）string.h：该文件包含缓冲区的字符串处理函数，即字符串复制、移动、比较等函数。

（4）stdlib.h：该文件包含动态内存分配函数和字符转换函数。

（5）stdio.h：该文件包含 I/O 流函数的声明，可通过串行口或者用户定义的 I/O 口读/写数据。串行口是默认的，用户定义的 I/O 口需要修改目录中的 getkey.c 和 putchar.c 源文件，然后在库中替换它们。

8.2.5　文件包含与宏定义

文件包含与宏定义是 C51 语言中最重要和常用的预处理指令，下面予以简介。

1．文件包含

文件包含是指一个程序文件将另一个被指定的文件内容全部包含进来，用户在编程时只要用#include 指令将头文件（包含了该函数的原型声明）包含到用户文件中即可。文件包含指令的一般格式如下：

```
#include<文件名>    或者  #include“文件名”
```

例如，#include <reg51.h>表示将 80C51 单片机中的特殊功能寄存器定义文件全部包含到程序中。

使用#include 指令有如下几个注意事项：

（1）通常该指令要放在程序开始位置，因为其是包含文件引入的位置。

（2）一个#include 指令只能指定一个被包含文件。

（3）采用<文件名>格式时，会在安装程序的头文件目录中查找被指定文件；采用“文件名”格式时，会在当前目录中查找被指定文件。

2．宏定义

宏定义指令是用一些标识符作为宏名，来代替其他一些符号和常量的预处理指令。采用宏定义可以减少字符输入的工作量，还可以增加程序的可读性。宏定义包括简单的宏定义和带参

数的宏定义。

1）**简单宏定义**

简单宏定义的格式如下：

```
#define 宏名 宏替换体
```

宏名一般用大写英文字母表示，宏替换体可以是数值、算术表达式、字符等。宏定义指令可以出现在程序的任何位置，程序在编译时将宏替换为定义的宏替换体。

2）**带参数的宏定义**

带参数的宏定义格式如下：

```
#define 宏名（形参） 带形参的宏替换体
```

带参数的宏定义与简单宏定义的不同之处：将宏替换为定义的宏替换体时用实参代替形参，参数一定要带括号，由于可带参数，增强了宏定义功能。

宏定义举例：

```
#define   uchar   unsigned   char   //宏定义无符号字符型变量，方便书写
#define   add_value(a,b)   a+b      //宏定义对两数求和
```

8.2.6 C51 语言对单片机硬件的访问

用于单片机的 C51 语言的最主要特色就是解决了与单片机的硬件接口问题。通常的做法是，对于片内/片外的 I/O 口、特殊功能寄存器及存储器的地址等用文件包含指令#include 进行定义，定义后变量就与实际地址建立了联系，就可以用软件对硬件进行操作了。下面分别介绍如何用 C 语言访问单片机的特殊功能寄存器、存储器及片外接口器件。

1．访问特殊功能寄存器

在 C51 语言中定义了一个头文件 reg51.h（对于 52 系列单片机，如 AT89S52 对应的是 reg52.h），它定义了 80C51 系列单片机的所有功能寄存器和中断。在 C51 语言的源程序中采用#include<reg51.h>就可包含这个文件。在包含了这个文件后，程序就可以识别这些寄存器以及可位寻址的寄存器位的符号，而不必再用 sbit 和 sfr 定义这些寄存器的地址。例如：

```
#include<reg51.h>          /*包含寄存器头文件 */
P0=0;                      /*将端口 P0 全部设为低电平，就可不写 sfr P0=0x00 了*/
unsigned char   in1;       /*定义一个字节变量 in1 */
unsigned char   in2;       /*定义一个字节变量 in2 */
in1=P0;                    /*读取端口 P0 中的数据到变量 in1 中*/
in2=TL0;                   /*读取 TL0 中的数据到变量 in2 中*/
CY=0;                      /*将进位标志位 CY 清零*/
```

2．访问存储区

在 C51 语言中可以通过变量的形式访问存储区，也可以通过绝对地址访问存储区。通过变量的形式访问存储区实际就是通过指针的方法访问存储区，用户可不关心具体地址。但有些情况是需要知道绝对地址的，在此主要介绍如何通过绝对地址访问存储区。通过绝对地址访问存储区主要有如下 3 种形式。

1）**采用 C51 语言中的预定义宏**

C51 编译器提供了 8 个宏定义，用于对 80C51 系列单片机的存储区进行绝对寻址，其函

数原型如下：

```
#define CBYTE ((unsigned char volatile code *) 0)
#define DBYTE ((unsigned char volatile data *) 0)
#define PBYTE ((unsigned char volatile pdata *) 0)
#define XBYTE ((unsigned char volatile xdata *) 0)
#define CWORD ((unsigned int volatile code *) 0)
#define DWORD ((unsigned int volatile data *) 0)
#define PWORD ((unsigned int volatile pdata *) 0)
#define XWORD ((unsigned int volatile xdata *) 0)
```

其中宏名 CBYTE 表示以字节形式访问 code 区，DBYTE 表示以字节形式访问 data 区，PBYTE 表示以字节形式访问 pdata 区，XBYTE 表示以字节形式访问 xdata 区。后面 4 个函数原型则表示以字形式访问这 4 个区，访问形式如下：

宏名[地址]

这些函数原型放在头文件 absacc.h 中。使用时采用#include<absacc.h>就可包含这些函数。例如：

```
#include<reg51.h>                /*包含寄存器头文件 */
#include<absacc.h>               /*包含绝对地址头文件 */
#define uchar unsigned char      /*定义符号 uchar 为数据类型符 unsigned char */
#define uint unsigned int        /*定义符号 uint 为数据类型符 unsigned int */
void main (void)
{
    uchar var1;
    uint  var2;
    var1= DBYTE[0x30];           /*把 data 区中 30H 单元中的数赋给 var1 */
    var2= XWROD[0x1000];         /*把 xdata 区中 1000H 和 1001H 单元中的 16 位数赋给 var2 */
    …
}
```

2）通过指针访问

采用指针访问存储区可以不关心具体地址，但可以实现对任意指定存储单元的访问。例如：

```
uchar data var1;
uchar data *dp1;                 /*定义一个 data 区中指针 dp1 */
uint xdata *dp2;                 /*定义一个 xdata 区中指针 dp2 */
uchar pdata *dp3;                /*定义一个 pdata 区中指针 dp3 */
dp1=&var1;                       /*取 data 区中变量 var1 的指针  */
*dp1=0xa0;                       /*给变量 var1 赋值 a0H */
dp2=0x2000;                      /*给 dp2 指针赋值，指向 xdata 区的 2000H 单元 */
*dp2=0x16;                       /*将数据 16H 送到片外 RAM 区的 2000H 单元 */
dp3=0x20;                        /*给 dp3 指针赋值，指向 pdata 区的 20H 单元 */
*dp3=0x80;                       /*将数据 80H 送到 pdata 区的 20H 单元*/
```

3）采用扩展关键字_at_

采用扩展关键字_at_访问存储区绝对地址的一般格式如下：

[存储类型] 数据类型说明符 变量名 _at_ 地址常数

例如：

```
data   uchar   x1 _at_ 0x20;            /*在 data 区中定义字符型变量的地址为 20H */
xdata   uint   x2 _at_ 0x2000;          /*在 xdata 区中定义整型变量的地址为 2000 H*/
```

注意：这个关键字的定义必须放在主函数前。

3．访问外围接口器件地址

当单片机内部功能部件不够用时，可以采用扩展系统的方法接入外围芯片，它们都可以直接与单片机连接（参看第 10 章）。扩展的外围芯片 I/O 口采取与数据存储区相同的寻址方式，与片外数据存储区统一编址，可以采取上述寻址方式中的任何一种。例如，假设一块名称为 PD8255 的外围芯片的地址为 FFADH，则可以编制如下程序段：

```
#define PD8255 XBYTE [0xFFAD]      /* 定义芯片地址为片外 RAM 的 FFADH */
PD8255=0x80;                       /* 给该芯片端口赋值 80H */
```

8.3 C51 语言编程举例

C51 语言的一般程序设计方法与汇编语言相似，一般的 C51 语言程序都是顺序、选择、循环三种结构的复杂组合。C51 语言中有一大批控制语句，用于控制程序的流程，以实现程序的选择结构和循环结构。本节将举例说明用 C51 语言编程的方法。通过对比，读者将更容易理解 C 语言编程与汇编语言编程的异同及各自的优缺点。随着后续章节对单片机内部功能模块的学习，就可逐步掌握单片机的 C51 语言编程要领。

例 8.1 对数字 1 到 100 求和，结果存放在片内 40H 和 41H 单元中。

用汇编语言编程如下：

```
            ORG     0000H
            SJMP    MAIN
            ORG     0030H
MAIN:
            MOV     A,#00H
            MOV     40H,A
            MOV     41H,A
            MOV     R7,#01
LOOP:       MOV     A,R7
            ADD     A,41H
            MOV     41H,A
            CLR     A
            ADDC    A,40H
            MOV     40H,A
            INC     R7
            CJNE    R7,#65H,LOOP
            SJMP    $
            END
```

用 C51 语言编程如下：

```
#include < reg51.h >                /*包含寄存器头文件 */
#include <absacc.h>                 /*包含绝对地址头文件 */
```

```
#define uchar unsigned char                  /*定义符号 uchar 为数据类型符 unsigned char */
int   addresult _at_ 0x40;                   /*定义变量在片内 40H 和 41H 单元中*/
void main (void)                             /*主函数*/
{
    uchar   i;
    addresult = 0;                           /*变量清零*/
    for (i=1 ;i<=100;i++)
        addresult =addresult+i;              /*求和*/
    while(1){ };
}
```

例 8.2 把第 7 章的例 7.15 用 C51 语言编写。

C51 语言程序如下。

```
#include   <reg51.h>
#include <intrins.h>                         //包含内部函数，其中包括空操作
sbit   S1=P3^1;
sbit   S2=P3^2;
unsigned   char   show;
void   delay10ms(void);
void   delay1s(void);
void main()
{   unsigned   char   times;                 //用于第二种发光方式的变量
    while(1)
    {
        P3=0xff;                             //设 P3 口为输入口
        while((S1==1)&&(S2==1));             //检查是否按过 S1 或 S2 键
        delay10ms();                         //延时 10ms 去键抖动
        if(S1==0)                            //如果 S1 仍然为 0，说明确实按过 S1 键，
                                             //则调用第一种发光方式子程序
        {
            show=0xfe;                       //第一种发光方式初值
            while(show!=0xff)                //如果还未显示完执行循环中的程序
            {
                P1=show;                     //值送入 P1 口
                delay1s();                   //延时 1s
                show=show<<1;                //数据左移一位，末位添 0
                show=show+1;                 //末位加 1
            }
        }
        if(S2==0)                            // 如果 S2 仍然为 0，说明确实按过 S2 键，
                                             //则调用第二种发光方式子程序
        {
            show=0xfe;                       //第二种发光方式初值
            for(times=0;times<8;times++)     //循环显示 8 次
            {
                P1=show;                     //值送入 P1 口
```

```
                delay1s();                      //延时 1s
                show=show<<1;                   //数据左移一位，末位添 0
            }
        }
    }
}
void delay10ms()                                //延时 10ms 子程序
{
    unsigned char i,j;
    for(i=0;i<10;i++)
    {
        for(j=0;j<125;j++)
        {
            _nop_();
            _nop_();
        }
    }
}
void delay1s()                                  //延时 1s 子程序
{
    unsigned char i;
    for(i=0;i<100;i++)
        delay10ms();
}
```

通过对比，显然采用 C51 语言编程可使程序更简洁，且易于理解。C51 语言编程与汇编语言编程各有所长。为了充分发挥 C51 语言与汇编语言各自的优势，在有些情况下希望能够实现它们的混合编程。此时通常是用 C51 语言编写主程序，把有严格时间限制的与硬件有关的子程序用汇编语言编写。在混合编程时汇编语言要按照 C51 语言的规定进行函数名的转换和函数调用，在函数调用时要注意参数传递与返回值问题，读者可参考相关文献。

8.4 Keil C51 软件开发环境

Keil C51 是 Keil 公司开发的可用于 80C51 系列单片机的集成开发环境（Integrated Development Environment，IDE）。它的作用是编辑、汇编、编译、仿真与调试 80C51 系列单片机的应用程序等，最终形成一个可执行文件。本节将以 Keil μVision5 IDE 为例进行介绍。

8.4.1 Keil 软件简介

1. Keil μVision5 IDE 的主要功能

Keil 公司所提供的集成开发环境 μVision5 IDE 是 Windows 系统下的集成开发环境，可仿真 80C51 系列单片机及 ARM 等多种嵌入式微处理器，支持软件仿真和用户系统实时调试两种功能。Keil C51 开发软件包中有宏汇编、C 编译器、连接器、库管理及仿真调试器等软件工具，可以对 C51 语言程序、汇编语言程序进行编译，对于所生成的目标代码可重新连接，最后生成一个可以直接写入单片机存储区的绝对地址目标模块或文件，还可以用在线仿真器对程序进行调试。

Keil μVision5 IDE 可以在没有单片机和硬件仿真器的条件下进行软件仿真调试，不过该仿真调试与真实的硬件调试还是有区别的，所以在软件仿真调试完成后，还需要用硬件进行调试。

2. Keil μVision5 IDE 主界面简介

Keil μVision5 IDE 的安装方法与一般软件的安装方法相同，安装后启动 Keil μVision5 IDE 程序，就出现如图 8.1 所示的主界面。

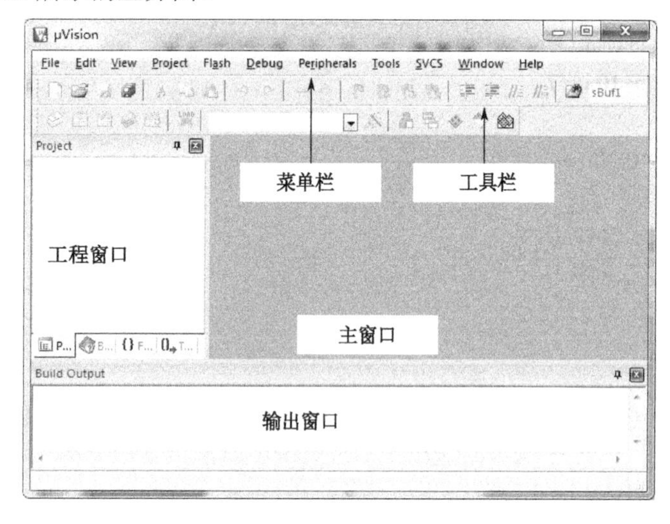

图 8.1 Keil μVision5 IDE 的主界面

在主界面标题栏下是菜单栏，选取菜单栏上的任意一个选项，都会立即出现一个该选项的下拉菜单，有 File（文件）菜单、Edit（编辑）菜单、Project（工程，也可译为“项目”）菜单、Debug（调试）菜单等。通过鼠标或者键盘选取该下拉菜单中的命令，则可快速执行 Keil μVision5 IDE 的许多命令。

菜单栏下是工具栏，工具栏中的命令按钮允许用户快速执行一些常用的操作命令。图 8.1 中的工程窗口即工程管理窗口，主窗口用于编辑程序文件，输出窗口用于输出各种信息。这些窗口均可以通过 View（视图）菜单中的命令打开与关闭。

8.4.2 工程的建立与设置

在 Keil μVision5 IDE 中对文件的管理是以工程（项目）方式进行的，即将所需要的 C51 语言源程序、汇编语言程序和头文件等都放在一个工程里统一管理。一般步骤如下。

1. 建立工程文件

通常用 Project 菜单下的 New Project 命令建立工程文件，操作如下：

选择 New Project 命令后，出现如图 8.2 所示的 Create New Project 对话框。此时可以在文件名文本框中输入工程文件名，如图 8.2 中 Myproject。然后单击“保存”按钮，就创建了一个文件名为 Myproject.uvproj 的新工程文件。

2. 选择用户芯片的型号

在 Create New Project 对话框中设置好新建的工程文件的位置、名称后，单击“保存”按钮，将弹出 Select Device for Target‘Target1’对话框，如图 8.3 所示。Keil μVision5 IDE 将按公司分类以列表形式给出其所支持的单片机型号（不只限于 80C51 系列单片机，还包括 ARM 微处理器等），用户应该根据实际所采用的单片机选择型号，也可在 Search 文本框中输入待选择的 AT89S51，选择后，右边的描述框中将出现该型号单片机的相关信息。单击 OK 按钮，系统提示是否加入 STARTUP.A51，单击“否”按钮，进入图 8.1 所示的主界面。

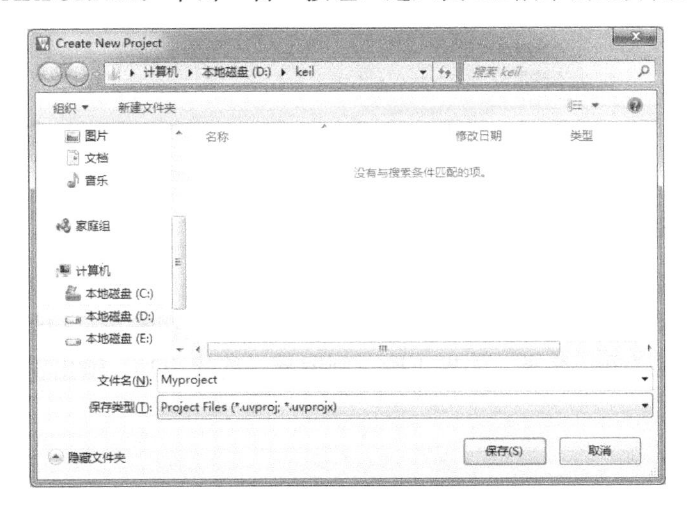

图 8.2　Create New Project 对话框

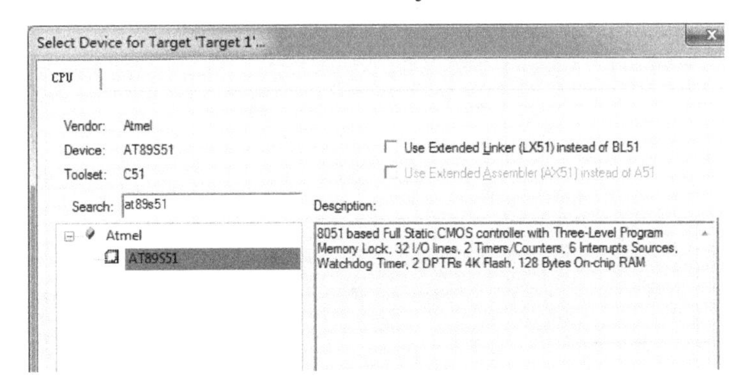

图 8.3　Select Device for Target‘Target1’对话框

3．在工程文件中添加程序文件

在建立好或者选择好工程文件后，要在工程文件中添加程序文件。如果还没有程序文件，则应选择 File 菜单下的 New 命令建立程序文件。添加的程序文件可以是汇编语言程序，也可以是 C51 语言程序。用户可用任意一种文本编辑工具编写源文件，在录入和编辑源文件时注意一定要用英文字符和符号。如果是新建立的程序，则应将汇编语言程序文件名后加.asm 后缀，C51 语言程序文件名后加.c 后缀存盘后再添加到工程文件中。具体步骤如下。

在工程管理窗口下打开 Target1 文件夹，选择 Source Group1 并单击鼠标右键，则出现 Add Files to Group‘Source Group1’对话框，如图 8.4 所示。

在图 8.4 所示的对话框中，就可以选择要添加的文件，单击 Add 按钮，即可把所选择的文件添加到工程中，一次可连续添加多个文件。

如果添加的文件是已经存在的文件，则添加结束就可以进行编译连接；如果添加的文件是新文件，则要先输入文件内容并存盘，然后进行编译连接。

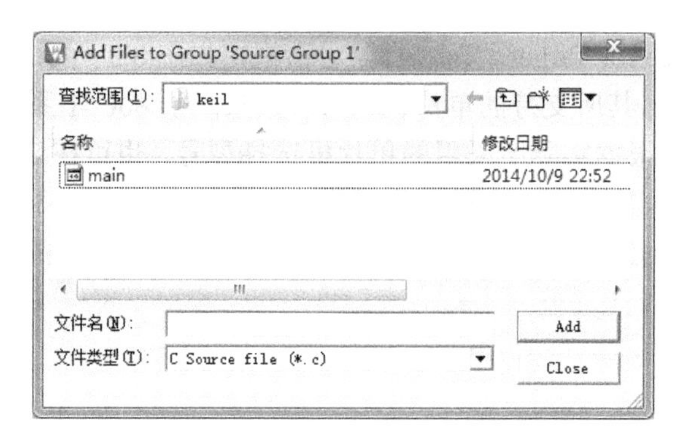

图 8.4 Add Files to Group‘Source Group1’对话框

4. 编译、连接工程

通常用 Project 菜单下的 Built Target 命令对工程文件中的程序进行编译、连接，以便形成目标文件。如果源程序有语法错误，则编译不能通过，并在输出窗口给出错误类型和行号。修改程序后，对程序重新编译，如果正确，则编译、连接成功，输出窗口给出提示信息，如图 8.5 所示。

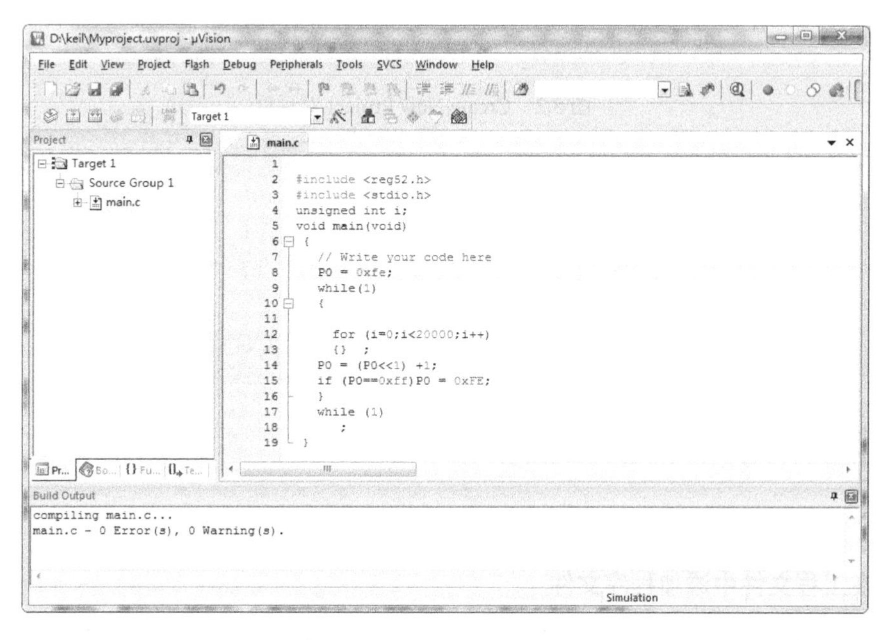

图 8.5 对工程文件中的程序进行编译、连接后的显示界面

8.4.3 运行调试

当编译、连接成功后，就可以开始对程序进行调试了。利用 Project 菜单中的 Options for Target 命令可以对软件仿真参数和硬件仿真参数进行设置，如图 8.6 所示。硬件仿真时需要相应的驱动程序与硬件仿真器（详见 12.2 节），以便把各种调试命令发送到硬件仿真器，控制单片机的实时硬件仿真，同时可以接收单片机返回的实时数据。通过 Debug 菜单下的 Start/Stop Debug Session 命令可启动调试过程，如图 8.7 所示。

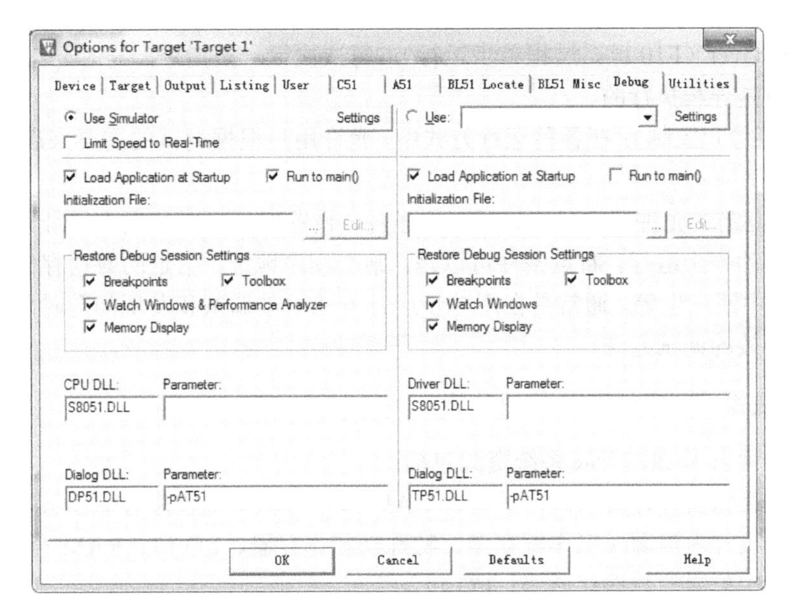

图 8.6　仿真参数设置界面

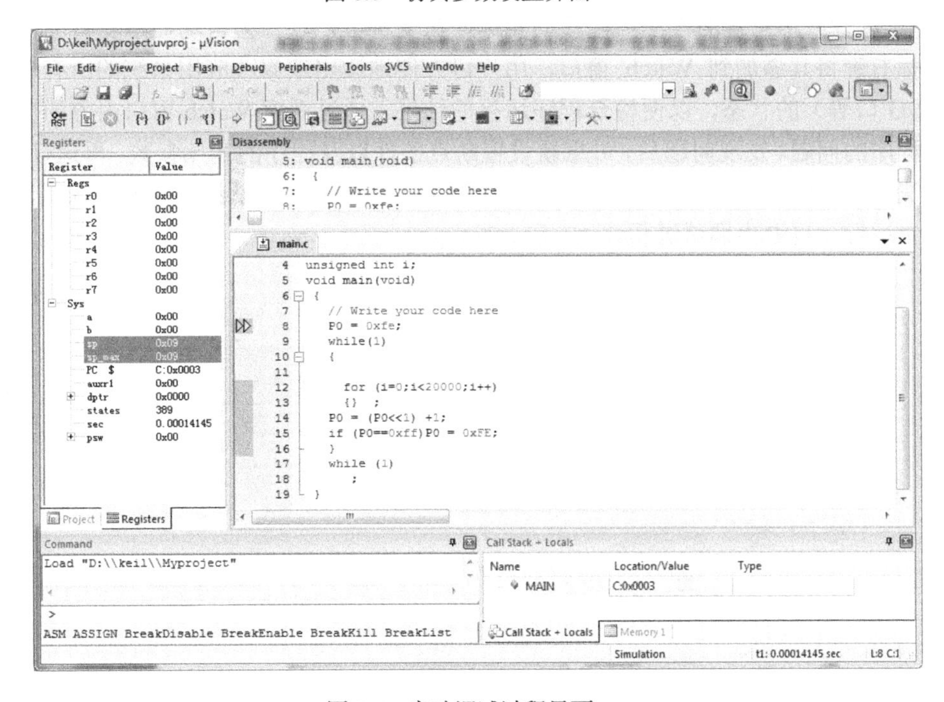

图 8.7　启动调试过程界面

Keil µVision5 IDE 主要具有下列调试功能。

1．运行控制功能

运行控制功能使用户可有效地控制应用程序的运行，以便检查程序运行的结果，对存在的硬件故障和软件错误进行定位。具体运行控制功能如下：

（1）Run（F5 键，连续运行）：能使 CPU 从指定地址开始连续地全速运行应用程序。

（2）Step（F11 键，单步运行）：能使 CPU 从任意程序地址开始，每执行一条指令后暂停运行。此时可查看寄存器、变量或者存储器等的内容是否正确。

（3）Step Over（F10 键，过程单步运行）：每次执行一条指令，与 Step 功能的不同之处是遇到子程序时是连续执行的。

（4）Stop（停止控制）：在各种运行方式中，允许用户根据调试的需要来启动或者停止 CPU 执行应用程序。

（5）断点运行：允许用户任意设置断点条件，设置好后可以从指定地址开始运行，当符合断点条件后自动停止运行。断点条件可以是：某个程序地址、指定的数据存储器单元、变量达到一定值、有中断产生等。通常是在用单步运行方法很难调试和发现问题时才采用此方法，它是一种非常有效的调试方法。

2. 对应用系统状态的读出/修改功能

可供用户读出/修改的开发系统资源包括：

（1）程序存储器（开发系统中的仿真 RAM 或单片机中的程序存储器）；

（2）单片机片内资源（工作寄存器、特殊功能寄存器、I/O 口、RAM 存储器、位单元）；

（3）系统中扩展的数据存储器、I/O 口。

利用 Watch 窗口可以查看和修改程序变量。图 8.8 中右下角的窗口就是 Watch 窗口。当 CPU 停止执行应用系统的程序后，移动光标停在变量上，软件会自动显示变量的内容，也可单击鼠标右键将其添加到 Watch 窗口，用户可方便地读出或修改应用系统的所有资源（如寄存器、I/O 口等）的状态，以便检查程序运行的结果。通过观察 Watch 窗口内容的变化可以帮助判断程序的问题。发现问题后，可重新设置断点条件以及程序的初始参数，再运行调试程序，直至解决程序中的所有问题。此时用 Run 功能连续运行程序，确认结果正确无误后，可用 Stop 功能停止运行，再退出调试过程。

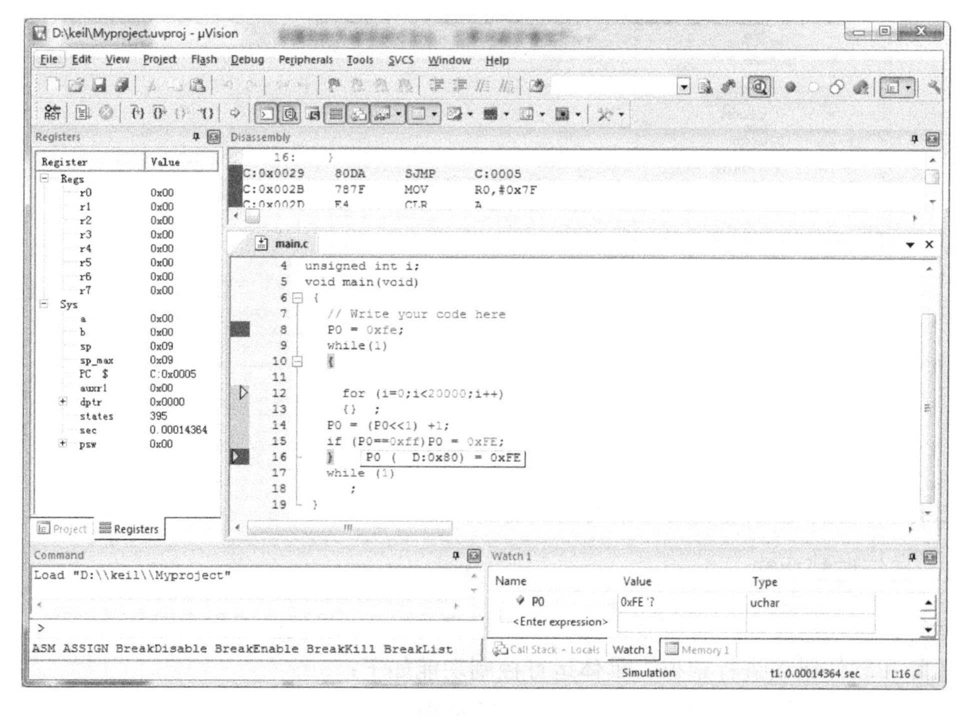

图 8.8　Watch 窗口

当系统程序调试完成后，要生成用以烧录到单片机的HEX格式文件，以便写到单片机中。生成HEX格式文件的操作步骤如下：

选中Target1并单击鼠标右键，选择Options for Target ‘Target1’ 命令，然后激活输出窗口，选择Creat Hex File命令，即生成HEX格式文件。

8.5 Proteus 硬件仿真环境

Proteus 是英国 Labcenter Electronics 公司推出的电子设计自动化（Electronic Design Automation，EDA）软件。它不仅能仿真包括外围接口、模数混合电路在内的单片机、微处理器应用系统，还是模拟电路、数字电路、模数混合电路的设计与仿真平台，而且可直接验证硬件设计中的大多数问题。因此，Proteus在国内已经得到广泛应用。

8.5.1 Proteus 软件简介

Proteus 软件是目前世界上比较先进的适用于大多数微处理器和单片机的硬件仿真平台，真正实现了在没有系统原型的情况下，在计算机上就可完成从原理图设计、对系统的实时软件仿真和硬件仿真调试、测试与验证，直至形成印制电路板（PCB）的电子设计。使用 Proteus 软件进行单片机、微处理器等系统的仿真设计，有利于培养学生的电路设计能力及仿真软件的操作能力，在不需要硬件投入的条件下，解决了传统的电子设计流程费时、费力、费用高等问题，缩短了产品的开发周期，降低了开发风险，可以更快捷、有效地掌握单片机、微处理器等技术，是学校进行教学的首选软件。

Proteus软件具有以下主要特点。

（1）实现了单片机、微处理器仿真和SPICE（一种电路模拟软件）电路仿真相结合。Proteus软件具有模拟电路及数字电路仿真、单片机及其外围电路的仿真功能，可对RS232等各种接口、键盘和LCD系统等进行仿真，还支持多种虚拟仪器等。

（2）支持主流微处理器和单片机系统的仿真。目前Proteus软件支持的单片机、微处理器包括8051、8086、PIC、ARM、AVR和MSP430等系列，还支持各种相关的外围芯片，可以提供接近实时的硬件仿真环境。

（3）提供软件调试功能。在Proteus软件的硬件仿真系统中具有全速、单步、设置断点等调试功能，还支持第三方的软件编译和调试环境，如Keil C51和IAR等软件。

（4）具有强大的原理图绘制功能，具有“线路自动路径”功能，支持多层次原理图设计。

Proteus由ISIS和ARES两个软件构成。ISIS是智能原理图输入系统，是系统原理图设计与仿真的基本平台。ARES是高级布线和编辑软件，可实现最终印制电路板的设计。本节主要介绍ISIS软件。

8.5.2 Proteus ISIS 的工作界面

在PC机上安装并运行Proteus 8 软件后，进入Proteus ISIS的工作界面，如图8.9所示。其主要包括标题栏、主菜单栏、图形编辑窗口、预览窗口、对象选择器窗口、主工具栏、仿真进程控制按钮、绘图工具栏。下面主要介绍后7项。

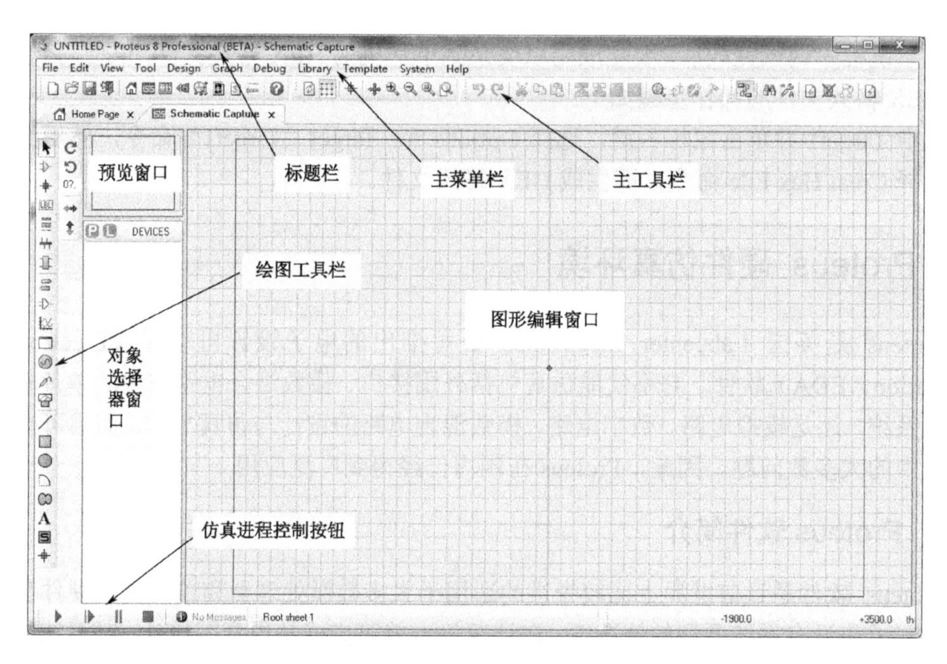

图 8.9 Proteus ISIS 的工作界面

1. 主菜单栏

Proteus ISIS 的主菜单栏包括 File（文件）、Edit（编辑）、View（视图）、Tool（工具）、Design（设计）、Graph（图形）、Debug（调试）、Library（库）、Template（模板）、System（系统）和 Help（帮助）共 11 个菜单项，如图 8.9 所示。单击任一菜单项后都将弹出其下拉菜单。使用者可根据需要选择该菜单中的命令。有些命令的右方标注了该命令的快捷键，如 Redraw Display（刷新命令）的快捷键为 R 等。

2. 图形编辑窗口

图形编辑窗口用于放置元器件，进行连线，绘制原理图，设计电路及选择各种符号、元器件模型等，是电路系统的仿真平台。图形编辑窗口中的蓝色方框内是可编辑区，所有的硬件设计在此框内完成。

3. 预览窗口

预览窗口可显示如下内容。

（1）当单击对象选择器窗口中的某个对象时，预览窗口中就会显示该对象的符号。

（2）当用鼠标在图形编辑窗口中操作时，在预览窗口中会出现一个蓝色方框与一个绿色方框。蓝色方框中显示图形编辑窗口中原理图的缩略图，绿色方框内显示图形编辑窗口中当前在屏幕上的可见部分。

4. 对象选择器窗口

对象选择器窗口用于选择元器件、终端、图表、信号发生器及虚拟仪器等。该窗口左上角有 P 按钮和 L 按钮。其中 P 按钮为对象选择按钮，L 按钮为库管理按钮。窗口右上方显示的内容为当前所处模式及其下所列对象类型，若当前所处模式为元器件模式，则显示 DEVICES。

5. 主工具栏

Proteus ISIS 的主工具栏位于主菜单栏下面，以图标形式给出，包括 File 工具栏、View 工具栏、Edit 工具栏和 Design 工具栏四个部分。工具栏中每一个按钮都对应一个具体的菜单命令，可快捷而方便地执行命令。

6. 仿真进程控制按钮

仿真进程控制按钮的功能从左至右依次为：运行、单步运行、暂停和停止。

7. 绘图工具栏

绘图工具栏主要包括模型选择工具、配件和各种图形模型等按钮。

8.5.3 Proteus ISIS 的基本操作

Proteus ISIS 运行于 Windows 环境，本节通过本章例 8.2 说明如何使用 Proteus ISIS 快速绘制电路原理图以及进行仿真调试。

1. 创建工程文件

在图 8.9 所示的 Proteus ISIS 主界面中选择 File→New Project 命令或双击快捷图标，即弹出 New Project Wizard：Start 对话框，如图 8.10 所示。

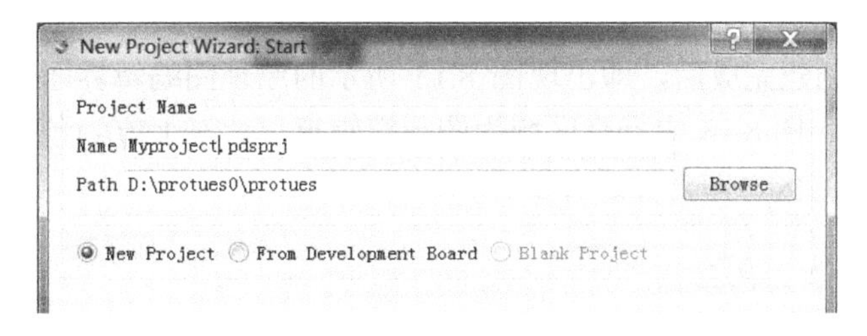

图 8.10　新工程向导对话框

在该对话框中修改工程文件名为 Myproject.pdsprj，并修改路径至 D 盘下，就形成一个新的原理图工程文件，单击 Next 按钮，进入原理图设计对话框。此时，在该对话框中选中 Create a schematic from the selected template 单选按钮和 Landscape A4 模板，单击 Next 按钮，进入 PCB 设置对话框，本例不需要 PCB，选择默认设置，单击 Next 按钮，进入 New Project Wizard：Firmware（硬件）对话框，如图 8.11 所示。

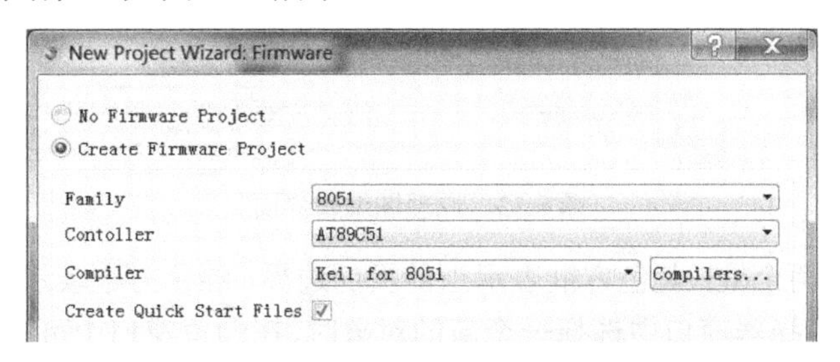

图 8.11　New Project Wizard：Firmware 对话框

在该对话框中选中 Create Firmware Project 单选按钮，从 Family 下拉列表里选择 8051 系列，从 Contoller 下拉列表里选择 AT89C51 型号，从 Compiler 下拉列表里选择 Keil for 8051（在

本机中事先要装入 Keil C51），单击 Next 按钮，进入 New Project Wizard：Summary 对话框，如图 8.12 所示，单击 Finish 按钮，新工程文件创建完成。

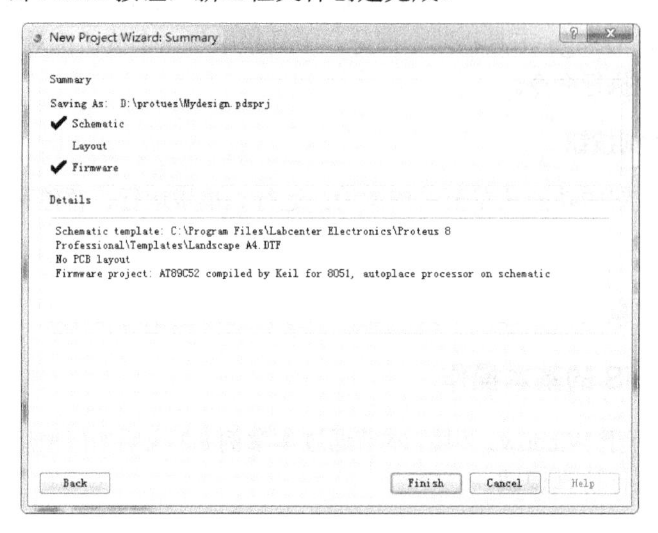

图 8.12　New Project Wizard：Summary 对话框

2. 绘制电路图

1）选择元器件

在新工程文件创建完成后，即出现图 8.13 所示的原理图编辑界面，其中已经放入了选择的单片机 AT89C51。图 8.13 中栅格区域为图形编辑窗口，左上方为预览窗口，左下方为元器件列表（DEVICES）区，即对象选择器窗口。

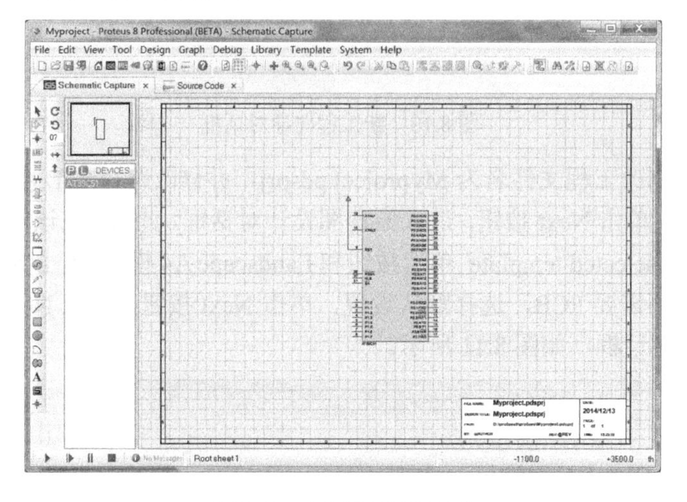

图 8.13　原理图编辑界面

在预览窗口中有两个框，蓝色方框表示当前页的边界，绿色方框表示当前图形编辑窗口显示的区域。当从对象选择器窗口中选择一个新的对象时，在预览窗口中可以预览已选择的对象。在预览窗口中单击，Proteus ISIS 将会以单击位置为中心刷新图形编辑窗口。其他情况下，预览窗口显示将要放置的对象。

选择 Library→Pick Device→Symbol 命令或者单击元器件列表区中的 P 按钮，弹出元器件选择对话框，如图 8.14 所示。该对话框左侧分类列出各元器件，便于查找。也可以在该对话框左上方 Keywords 文本框中输入关键字，该对话框中间会列出结果，右侧是元器件的原理图和封装图。注意：在 Keywords 文本框中输入关键字后，最好在 Category 框中选择 All Categories，因为关键字搜索的依据是 Category 框中的类别。例如，选择“RSE”（电阻），单击 OK 按钮，元器件名就会出现在元器件列表区中。

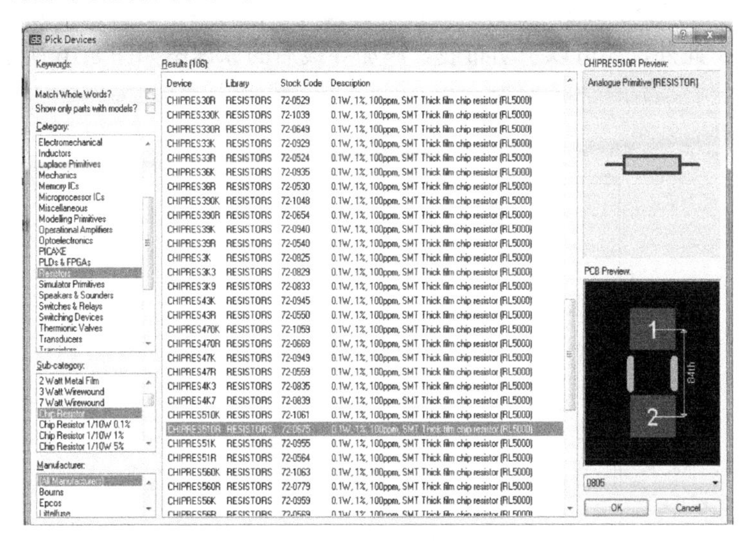

图 8.14　元器件选择对话框

从元器件库中选择本电路文件要用的元器件，并放入元器件列表区中就可以画原理图了。

2）放置与调整元器件

在元器件列表区中单击需要摆放的元器件，左上方的缩略图中显示该元器件的图形，在图形编辑窗口中单击，元器件即出现在该位置上。例如，选择电阻“RES”，在图形编辑窗口中连续单击两次，则出现两个电阻“RES”，用此方法可以添加 8 个电阻，如图 8.15 所示。用同样的方法摆放其他元器件。默认情况下，摆放的元器件方向固定，如果要改变元器件的方向，可以使用左上角的旋转与翻转命令按钮。

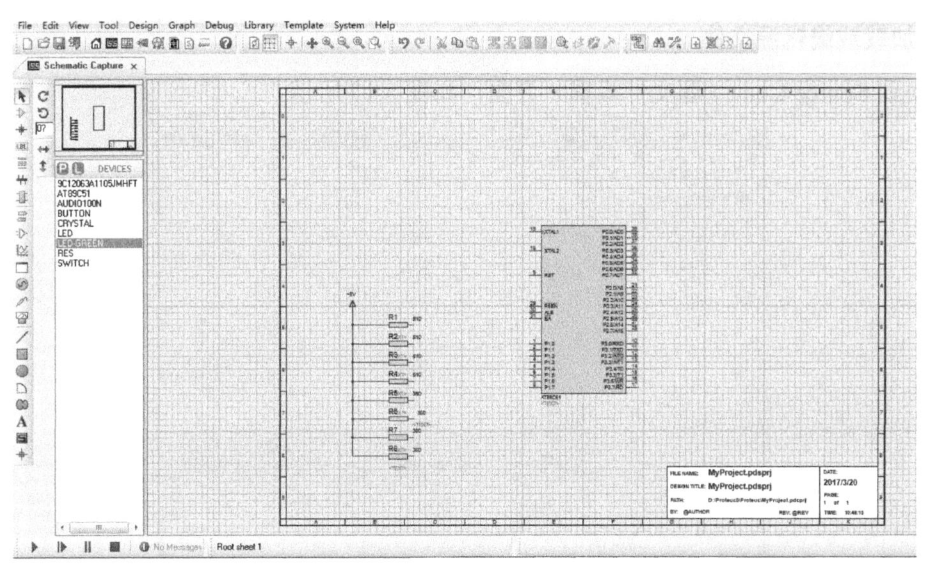

图 8.15　放置元器件

在绘图工具栏中单击 Terminals MODE 图标，弹出的列表中显示可用的终端，单击 POWER 图标，摆放电源终端，单击 GROUND 图标，摆放接地终端，摆放方法与一般元器件相同。

3）连接元器件（添加导线）

Proteus ISIS 支持自动布线，分别单击两个引脚（不管这两个引脚在何处），两个引脚之间会自动添加导线，此外，还可以手动布线。添加导线后的原理图如图 8.16 所示。

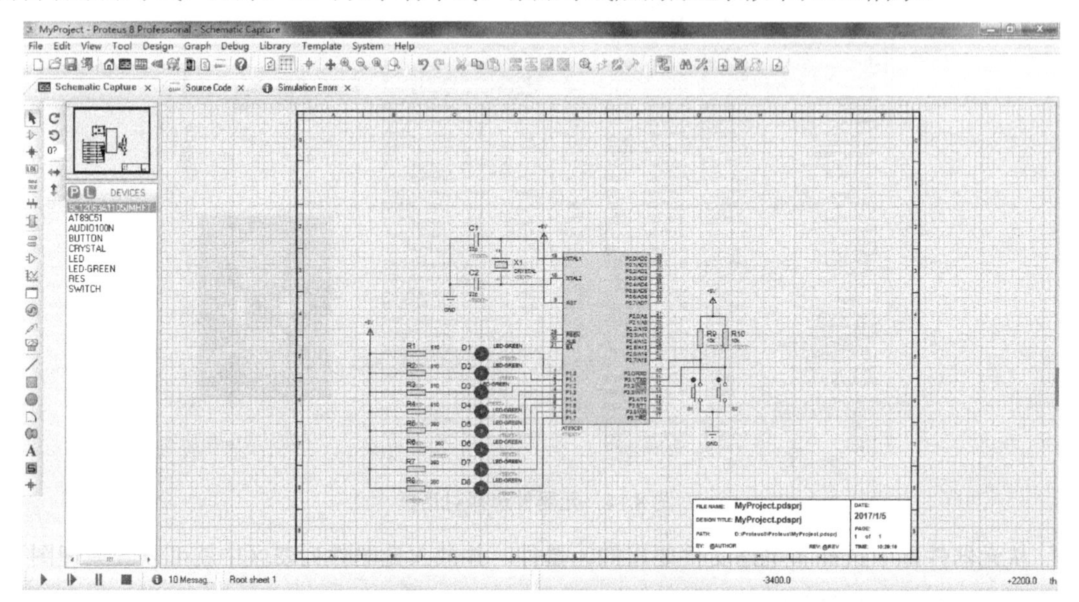

图 8.16　添加导线后的原理图

在电源终端上双击，出现 Edit Terminal Label 对话框，在其中输入对应的电源符号如 V_{CC}。选择 Design→Configure Power Rails 命令，出现 Power Rail Configuration 对话框，通过此对话框可对不同符号的电源输入确定的电压。

3．加载源文件及调试

1）加载或编辑源文件

切换到 Source Code（源文件编辑）界面，如图 8.17 所示。

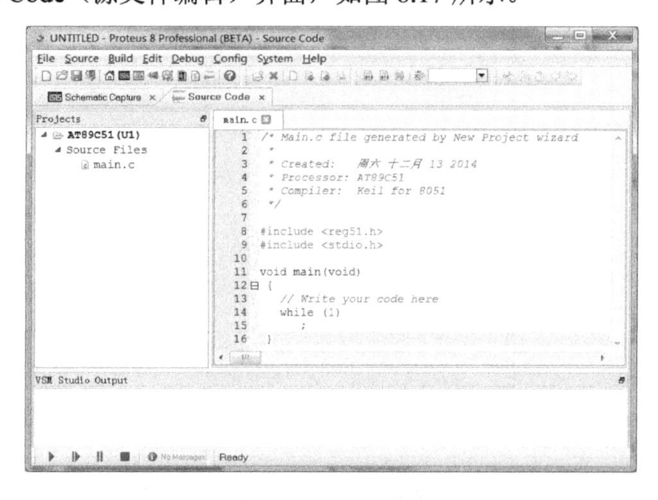

图 8.17　Source Code 界面

右击图 8.17 中的 AT89C51(U1)文件夹，弹出文件处理菜单。此时可选择在 Keil C51 中已经编好的源文件并导入，也可以直接在 Source Code 界面中录入源程序。

选择 Build→Build Project 命令，对源代码进行编译，如果出现错误，按提示进行修改，直至系统提示编译成功。

2）仿真调试

虽然 Proteus 自带汇编编译器，但其程序调试功能不如 Keil C51，所以通常在 Keil C51 集成开发环境中调试文件。Proteus ISIS 支持与 Keil 的联合调试。

联合调试步骤如下：

（1）安装 Proteus 的 Keil 联机调试驱动程序 vdmagdi.exe。

（2）在 Proteus ISIS 中画出正确的电路原理图。

（3）在 Proteus ISIS 中打开工程文件，选择 Debug→Use Remote Debug Monitor 或 Enable Remote Debug Monitor 命令（在 Proteus 8 Professional 版本中），开启远程调试模式。

（4）在 Keil 的主界面上，单击 按钮，或者选择 Flash→Configure Flash Tools 命令，弹出 Options for Target ‘Target1’ 对话框，如图 8.18 所示。选中 Use 单选按钮，并在单片机仿真器列表中选择 Proteus VSM Simulator，其余采用默认值即可。然后单击 Settings 按钮，并在弹出的 VDM51 Target Setup 对话框中进行设置，如图 8.18 所示。

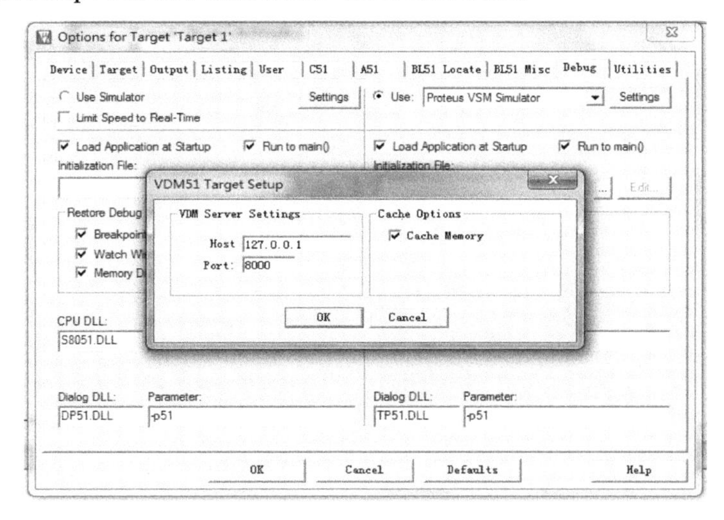

图 8.18　VDM51 配置情况

（5）打开 Proteus ISIS 电路原理图，即可在 Keil 中运行和调试该程序。

（6）在 Keil 中将程序编译正确后，即可运行程序，此时 Keil 中的程序即可控制在 Proteus ISIS 中设计的电路，即实现了 Proteus ISIS 和 Keil 的联合调试。

如果程序与电路均正确，则单击图 8.16 中的模拟开关按钮，即可观察到屏幕上 LED 按照程序要求闪烁点亮。按停止仿真按钮，停止运行。如果仿真结果不正确，可以采取单步调试、设置断点等方法，并通过调试菜单观察单片机的特殊功能寄存器、存储器中的内容变化，观察窗口与仿真电路可同时实时显示，更利于发现问题。

思考与练习

1. 在单片机领域，目前应用最广泛的是哪种程序设计语言？它有哪些优越性？使用这种语言编写的程序，单片机能否直接执行？

2. C51 语言中哪些数据类型是直接支持 80C51 系列单片机的？C51 语言特有的数据类型是哪些？

3. 在 C51 语言中有哪几种存储类型？分别表示哪些存储器区域？

4. 在 C51 语言中 bit 与 sbit 有什么区别？

5. 在 C51 语言中中断函数与一般函数有什么不同？

6. 循环结构程序有何特点？80C51 系列单片机的循环转移指令有何特点？编程时应注意什么？请分别用汇编语言和 C51 语言编写下列程序。

（1）请编写延时 1s（秒）的延时程序段，主频为 6MHz。

（2）请编写多字节十进制数（BCD 码）减法程序段。

（3）请编写多字节无符号十进制数（BCD 码）除法程序段，并画出程序流程图。

第 9 章　主要功能单元

由第 5 章的单片机组成结构图可见，单片机把计算机中的主要功能单元集成在一块芯片上，要想正确地使用单片机，必须了解这些功能单元的使用方法，本章将介绍它们的结构、原理及使用方法。

9.1　定时/计数器

在单片机应用系统中，为实现定时控制以及对外界脉冲事件进行计数，常采用定时器和计数器。80C51 系列单片机内部都具有定时/计数器，有的型号还具有输入捕获和监视定时功能。本节将介绍定时/计数器的结构、原理、工作方式及使用方法。

9.1.1　定时/计数器 T0、T1 概述

80C51 系列单片机内部都设有两个 16 位的可编程定时/计数器，可简称为定时器 0（T0）和定时器 1（T1）。不论哪一种型号，T0、T1 的结构和原理都是相同的。其工作方式、定时时间、量程、启动方式等均可由指令确定和改变。

1. 定时/计数器 T0、T1 的结构

定时/计数器 T0、T1 的原理结构框图如图 9.1 所示。点画线框内即 T0、T1 的结构图，T0 和 T1 通过内部总线与 CPU 相接。此外，由 TCON 寄存器还引出两根中断源信号线，将中断信号送入 CPU。

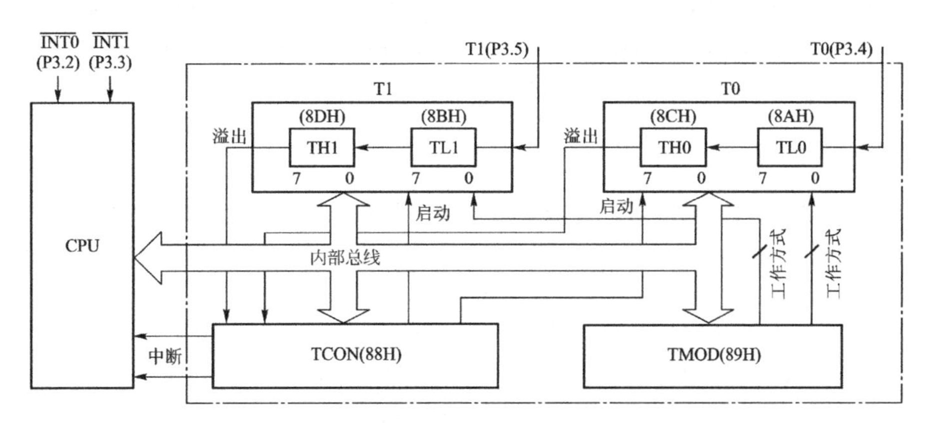

图 9.1　定时/计数器 T0、T1 的原理结构框图

从图 9.1 可以看出，这些寄存器之间是通过内部总线和控制逻辑电路连接起来的。与 T0、T1 有关的 8 位寄存器一共有 6 个，其中 16 位的定时/计数器分别由两个 8 位专用寄存器组成，即 T0 由 TH0 和 TL0 构成；T1 由 TH1 和 TL1 构成。这 4 个寄存器的访问地址分别为 8AH、8BH、8CH、8DH，每个寄存器均可被单独访问，这些寄存器是用于存放定时或计数初值的。除了这两个 16 位的定时/计数器，在 T0、T1 中还有两个特殊功能寄存器，一个是 8 位的工作方

式寄存器 TMOD，另一个是 8 位的控制寄存器 TCON。TMOD 主要用于选定 T0、T1 的工作方式；TCON 主要用于控制 T0、T1 的启动与停止。此外，TCON 还可保存 T0、T1 的溢出和中断标志。当 T0、T1 工作在计数方式时，外部事件通过引脚 T0（P3.4）和引脚 T1（P3.5）输入。

2．定时/计数器的原理

定时/计数器实质上是一个加 1 计数器，其控制电路由软件控制、切换。通过软件可以将定时/计数器设置为 4 种工作方式（详见 9.1.3 节），每种工作方式都可以用于定时或者计数。

1）定时器的工作原理

当定时/计数器作为定时器工作时，计数器的加 1 信号由振荡器的 12 分频信号产生，即每经过一个机器周期，计数器加 1，直至计数器达到最大值 FFFFH，此时再来一个脉冲，计数器即清零，此即定时器溢出。显然，定时器的定时时间与计数器的初值和系统的振荡频率有关。因为一个机器周期等于 12 个振荡周期，所以计数频率 $f_{\mathrm{COUNT}}=1/12f_{\mathrm{OSC}}$。如果晶振的频率为 12 MHz，则计数周期为

$$T=\frac{1}{(12\times10^6)\times1/12}=1\ (\mu s)$$

这是最短的定时周期，若要延长定时时间，则需改变定时器的初值，并要适当选择定时器的位数，如 8 位、13 位或 16 位等。

2）计数器的工作原理

当定时/计数器作为计数器工作时，通过引脚 T0 和引脚 T1 对外部信号计数，外部脉冲的下降沿将触发计数。计数器在每个机器周期的 S5P2 期间对引脚输入电平采样。如果一个机器周期的采样值为 1，下一个机器周期的采样值为 0，则计数器加 1，新的计数值装入计数器。当计数器达到 FFFFH 时再来一个脉冲，计数器即清零，此即计数器溢出。检测一个由 1 至 0 的跳变需要两个机器周期，故外部事件的最高计数频率为振荡频率的 1/24。例如，如果选用 24 MHz 的晶振，则最高计数频率为 1 MHz。虽然对外部输入信号的占空比无特殊要求，但为了确保某给定电平在变化前至少被采样一次，外部计数脉冲的高电平与低电平保持时间均需在一个机器周期以上，其幅值不能超过单片机的电源电压。

3．计数脉冲来源

当定时/计数器作为定时器时，计数脉冲是由单片机内部产生的，这个信号的频率和幅值都是稳定的；作为计数器时，计数脉冲是由单片机外部提供的，这个信号的频率和幅值可以是随机变化的，但一定要注意这两者的限制范围。

当用软件给定时/计数器设置了某种工作方式之后，定时/计数器就会按设定的工作方式自动运行，不再占用 CPU 的操作时间，除非定时/计数器计满溢出，才可能中断 CPU 当前操作。CPU 也可以随时重新设置定时/计数器的工作方式，以改变定时/计数器的操作。

9.1.2　定时/计数器的控制方法

定时/计数器 T0、T1 是一种可编程部件，它不会自动开始工作，必须通过软件确定它的工作方式，并启动它开始工作，所以在 T0、T1 开始工作之前，CPU 必须将一些命令（称为控制字）写入 T0、T1 的特殊功能寄存器。将控制字写入 T0、T1 的过程称为 T0、T1 的初始化。本节将详述这些控制字的格式和各位的功能以及控制 T0、T1 工作的方法。

1. 定时/计数器 T0、T1 的寄存器

控制与管理定时/计数器 T0、T1 工作的特殊功能寄存器有两个，在初始化程序中，要将工作方式控制字写入工作方式寄存器 TMOD，工作状态控制字（或相关位）写入控制寄存器 TCON。

1）工作方式寄存器 TMOD

TMOD 为 T0、T1 的工作方式寄存器，它的字节地址是 89H，各位名称及排列格式见表 9.1，该寄存器不能位寻址，只能用字节传送指令设置 T0、T1 的工作方式，低半字节定义 T0，高半字节定义 T1。

表 9.1 工作方式寄存器 TMOD

TMOD	T1				T0			
位序	位 7	位 6	位 5	位 4	位 3	位 2	位 1	位 0
位名称	GATE	$C/\overline{T}$	M1	M0	GATE	$C/\overline{T}$	M1	M0

各位功能如下：

（1）M1 和 M0——方式选择位。由这两位的组合可以定义 4 种工作方式，见表 9.2。有关这 4 种工作方式的介绍详见 9.1.3 节。

表 9.2 定时/计数器工作方式选择表

M1	M0	工 作 方 式	功 能 描 述
0	0	方式 0	13 位计数器
0	1	方式 1	16 位计数器
1	0	方式 2	自动装入 8 位计数器
1	1	方式 3	定时器 T0:分成两个 8 位计数器 定时器 T1:停止计数

（2）$C/\overline{T}$——功能选择位。当 $C/\overline{T}=0$ 时，为定时器方式；当 $C/\overline{T}=1$ 时，为计数器方式。

（3）GATE——门控位。当 GATE=0 时，只要控制位 TR0 或 TR1 置 1，即可启动相应的定时器开始工作；当 GATE=1 时，除需要将 TR0 或 TR1 置 1 外，还需要使 $\overline{INT0}$ 或 $\overline{INT1}$ 引脚为高电平，才能启动相应的定时/计数器开始工作。

2）控制寄存器 TCON

控制寄存器 TCON 是一个多用途寄存器，其中有控制位，也有状态位，有 4 位用于定时/计数器，另外 4 位用于外部中断。其中有的位用于控制定时/计数器的启、停，有的位用于标志定时/计数器的溢出，有的位用作外部中断的请求标志，有的位用于外部中断触发方式的选择。

TCON 的字节地址是 88H，各位名称及排列格式见表 9.3，该寄存器可以位寻址。

表 9.3 控制寄存器 TCON

位序	位 7	位 6	位 5	位 4	位 3	位 2	位 1	位 0
位地址	8FH	8EH	8DH	8CH	8BH	8AH	89H	88H
位名称	TF1	TR1	TF0	TR0	IE1	IT1	IE0	IT0

各位功能如下：

（1）TF1——T1 溢出标志位。当 T1 计满溢出时，由硬件使 TF1 位置 1。如果采用中断方

式，此位作为中断标志位申请中断，进入中断服务程序后，由硬件自动清零；如果采用查询方式，此位作为状态位供查询，查询完毕要用软件清零。

（2）TR1——T1 运行控制位。当 TR1=1 时，启动 T1 工作；当 TR1=0 时，使 T1 停止工作。

（3）TF0——T0 溢出标志位。其功能及操作情况同 TF1。

（4）TR0——T0 运行控制位。其功能及操作情况同 TR1。

（5）IE1——外部中断 1 中断请求标志位。

（6）IT1——外部中断 1 触发方式选择位。

（7）IE0——外部中断 0 中断请求标志位。

（8）IT0——外部中断 0 触发方式选择位。

TCON 中低 4 位与中断有关，因此将在 9.3.2 节中详细介绍。

当系统复位时，TMOD 和 TCON 的所有位均清零，定时/计数器 T0、T1 处于停止工作状态。

2．定时/计数器 T0、T1 的初始化与启动

由于 T0、T1 的功能是由软件编程确定的，所以在使用 T0、T1 前都要对其进行初始化，使其按设定的功能工作。一般初始化步骤如下：

（1）确定工作方式：对 TMOD 赋值。

（2）预置定时或计数的初值：可直接将初值写入寄存器 TH0、TL0 或 TH1、TL1。

（3）如果需要则使 T0、T1 按中断方式工作：直接对 IE 寄存器的定时/计数器中断位赋值。

（4）启动 T0、T1 工作：在对 T0 和 T1 初始化后，即可准备启动其工作。在初始化时，如果已规定用软件启动，则把 TR0 或 TR1 置 1；如果已规定由外中断引脚电平启动，则需给外中断引脚加启动电平。当实现了启动要求之后，T0、T1 即按规定的工作方式和初值开始计数或定时。

3．定时/计数器 T0、T1 初值的确定方法

因为不同工作方式下计数器的位数不同，所以最大计数值也不同。下面介绍确定定时/计数器 T0、T1 初值的具体方法。

现假设最大计数值为 M，那么各方式下的 M 值如下：

方式 0：$M=2^{13}=8192$。

方式 1：$M=2^{16}=65536$。

方式 2：$M=2^{8}=256$。

方式 3：T0 分成两个 8 位计数器，所以两个 M 均为 256。

因为 T0、T1 进行加 1 计数，并在计满溢出时产生中断，所以初值 X 的计算方法如下：

$$X = M - \text{计数值}$$

现举例说明定时初值的计算方法。若 80C51 系列单片机的时钟频率为 6 MHz，要求产生 1 ms 的定时，试计算初值。

在时钟频率为 6 MHz 时，计数器每加 1 一次所需的时间为 2 μs。如果要产生 1 ms 的定时时间，则需加 1 共计 500 次。那么 500 即为计数值，如果要求在方式 1 下工作，则初值为

$$X=M-\text{计数值}=65536-500=65036=\text{FE0CH}$$

上式表示如果初值为 65036，再计 500 个脉冲，就到了 65536，定时器产生溢出。一旦溢出，计数器中的值就变为 0，在时钟频率为 6 MHz 时，正好产生 1 ms 的定时时间。如果下一次计数从 0 开始，定时时间就不是 1 ms 了，所以在定时溢出后，要马上把 65036 再送入计数器。但是对于具有自动重装载功能的方式 2，不必由用户软件重新装入初值（详见 9.1.3 节）。

9.1.3 定时/计数器 T0、T1 的工作方式

由 9.1.2 节可知，通过对 M1、M0 位的设置，T0 有 4 种工作方式，T1 有 3 种工作方式。本节将介绍这 4 种工作方式的逻辑电路结构、特点及工作过程。

1. 方式 0

T0、T1 都可以设置为方式 0。在方式 0 下，T1 与 T0 的逻辑电路结构和操作完全相同，均为 13 位的定时/计数器。由于采用方式 0 计算初值比较麻烦，容易出错，一般应尽量避免采用此方式。它是为了与早期产品兼容而保留下来的功能，在实际应用中完全可以用方式 1 代替。为节省篇幅，本书不予介绍。

2. 方式 1

T0、T1 都可以设置为方式 1。在方式 1 下，T1 与 T0 的逻辑电路结构和操作完全相同，均为 16 位的定时/计数器。在方式 1 下，T0、T1 的逻辑电路结构和操作与方式 0 基本相同，唯一的差别是：在方式 1 中，T0、T1 是以全 16 位二进制数参与操作的。图 9.2 所示是 T0 在方式 1 时的逻辑电路结构，当寄存器 TL0 的低 8 位溢出时向寄存器 TH0 进位，而当寄存器 TH0 溢出时向中断标志位 TF0 进位（称为硬件置位 TF0），并申请中断。通过查询 TF0 位是否置位，或 T0 是否产生中断，可判断 T0 计数是否溢出。

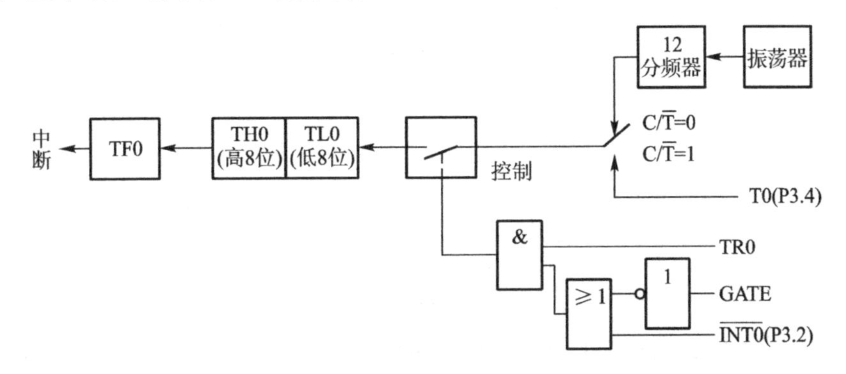

图 9.2　T0（或 T1）在方式 1 时的逻辑电路结构

下面通过图 9.2 进一步说明方式 1 的工作原理。

当 C/$\overline{T}$ =0 时，多路开关连接振荡器的 12 分频器输出，T0 对机器周期计数，这就是定时工作方式，其定时时间为

$$t=(2^{16}-\text{T0 初值})\times\text{时钟周期}\times 12$$

当 C/$\overline{T}$ =1 时，多路开关与引脚 T0（P3.4）相连，外部计数脉冲由引脚 T0 输入，当外部信号电平发生 1 到 0 跳变时，计数器加 1，这时 T0 成为外部事件计数器。

当 GATE=0 时，封锁或门，这时，或门输出 1，使引脚 $\overline{\text{INT0}}$ 输入信号无效。此时打开与门，仅由 TR0 位控制 T0 的开启和关闭。若 TR0=1，接通控制开关，启动 T0 工作，允许 T0 在原计数值上进行加法计数，直至溢出。溢出时，计数寄存器值为 0，TF0 位置位，并申请中断，T0 从 0 开始计数。因此，如果希望计数器从原计数初值开始计数，在计数溢出后，应给计数器重新赋初值。如果 TR0=0，则关断控制开关，停止计数。

当 GATE=1 且 TR0=1 时，或门、与门全部打开，外部信号通过引脚 $\overline{\text{INT0}}$ 直接开启或关闭定时/计数器计数。当引脚 $\overline{\text{INT0}}$ 输入 1 时，允许计数，否则停止计数。这种操作方法可用来

测量外部信号的脉冲宽度等。

3. 方式 2

T0、T1 都可以设置为方式 2，在方式 2 下，T1 的逻辑电路结构和操作与 T0 完全相同，T0、T1 为能重置初值的 8 位定时/计数器。方式 2 在使用方法与结构上与方式 0、方式 1 有区别。方式 0、方式 1 用于循环重复定时/计数时（如产生连续脉冲信号），每次计满溢出，寄存器全部为 0，第 2 次计数还得重新装入计数初值。这样不仅在编程时麻烦，且影响定时精度。而方式 2 有自动恢复初值（初值自动再装入）功能，避免了上述缺陷，适合用作较精确的定时脉冲信号发生器，其定时时间为

$$t=(2^8-\text{TH0 初值})\times\text{时钟周期}\times 12$$

T0（或 T1）方式 2 的逻辑电路结构如图 9.3 所示，由图可见，16 位的定时/计数器被拆成两个，寄存器 TL0 用作 8 位计数器，寄存器 TH0 用于保持初值。在程序初始化时，寄存器 TL0 和 TH0 由软件赋予相同的初值。一旦寄存器 TL0 计数溢出，则置位 TF0，并将寄存器 TH0 中的初值再装入寄存器 TL0，继续计数，重复循环不止。

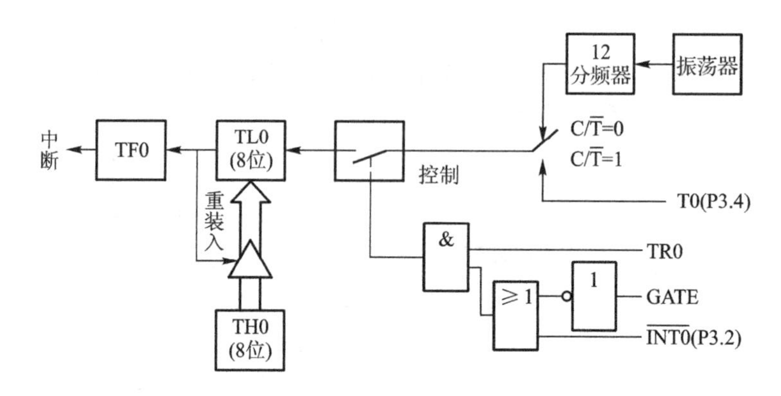

图 9.3　T0（或 T1）方式 2 的逻辑电路结构

这种工作方式可省去用户在软件中重装常数的程序，并可产生相当精确的定时时间，特别适合作为串行口波特率发生器（详见 9.2 节）。

4. 方式 3

只有 T0 可以设置为方式 3。T0 在方式 3 下被拆成两个独立的 8 位计数器 TL0 和 TH0，如图 9.4 所示。其中原 T0 的控制位、引脚，即 $C/\overline{T}$、GATE、TR0、TF0、T0（P3.4）引脚和 $\overline{\text{INT0}}$（P3.2）引脚，均用于寄存器 TL0 的控制。8 位寄存器 TL0 的功能和操作与方式 0、方式 1 完全相同，可定时也可计数。

从图 9.4 中可看出，此时寄存器 TH0 只可用于简单的内部定时，它占用原 T1 的控制位 TR1 和 TF1，同时占用 T1 的中断源，其启动和关闭仅受 TR1 置 1 和清零控制。方式 3 为 T0 增加了一个 8 位定时器，所以通常在需要用到两个 8 位定时器时，才采用方式 3。

当 T0 工作在方式 3 时，T1 仍可设置为方式 0～方式 2，如图 9.5 所示。由于 TR1、TF1 和 T1 中断源均被 T0 占用，此时仅有控制位 $C/\overline{T}$ 切换其定时器或计数器工作方式，计数溢出时，只能将输出送入串行口。由此可见，在这种情况下，T1 一般用作串行口波特率发生器。当设置好工作方式后，T1 自动开始运行；若要停止操作，只需送入一个设置 T1 为方式 3 的方式字。此时把 T1 设置为方式 2 作为串行口波特率发生器比较合适。

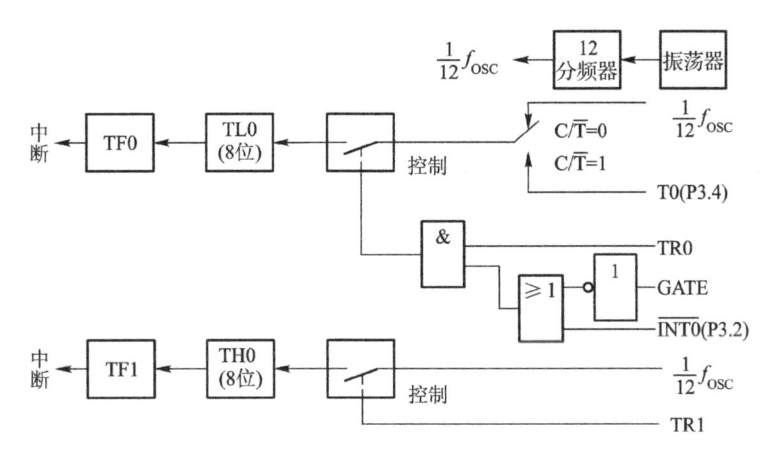

图 9.4 T0 方式 3 逻辑电路结构

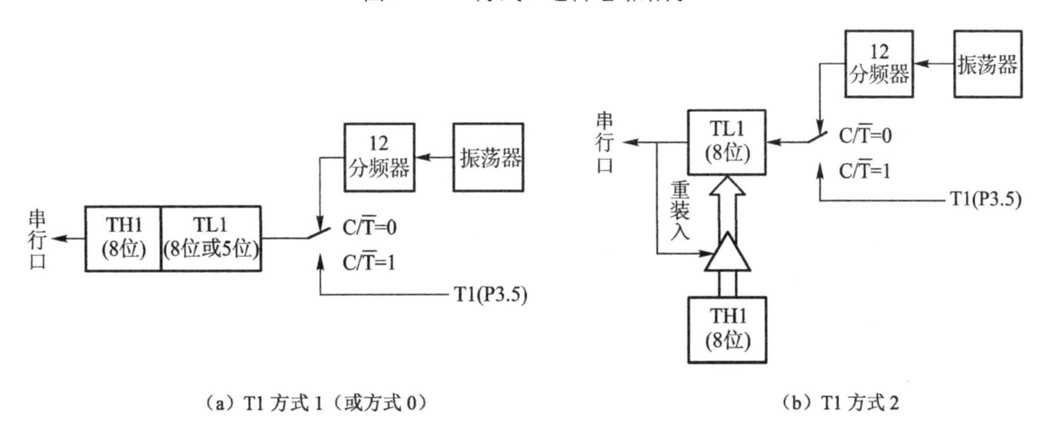

（a）T1 方式 1（或方式 0）　　（b）T1 方式 2

图 9.5 T0 工作在方式 3 时的 T1 逻辑电路结构

9.1.4 定时/计数器 T0、T1 应用举例

定时/计数器 T0、T1 是单片机应用系统中的重要功能部件，通过灵活应用其不同的工作方式，可减轻 CPU 负担和简化外围电路。它的 4 种工作方式都可以实现定时或计数的功能，此外，它的门控位可以方便地用于测量脉冲宽度。本节将通过应用实例，说明 T0、T1 的使用方法。

1. 定时器应用举例

例 9.1 用 T1 定时，完成日历时钟秒、分、时的定时，设晶振的频率为 12 MHz。

解： 根据题目要求，首先要完成 1 s 的定时，在这个基础上，每计满 60 s，分钟数加 1，而每计满 60 min，时数加 1，计满 24 h，时钟清零，从零时开始继续上述循环，因此要完成日历时钟的设计，首先要解决 1 s 的定时。AT89S51 单片机在方式 1 下定时时间最长，最大的定时时间为

$$T_{max}=M\times 12/f_{OSC}=65536\ \mu s=65.536\ ms$$

显然不能满足 1 s 的定时时间要求，因而需要设置一个软件计数器，对分、时的计数同样通过软件计数完成。在此采用片内 RAM 的 50H、51H、52H、53H 单元分别进行秒、分、时及天的计数。

可要求 T1 定时 50 ms，此时 T1 的初值 X 的表达式为

$$(M-X)\times 1\times 10^{-6}=50\times 10^{-3}$$

$$X=65536-50000=15536=3CB0H$$

汇编语言源程序如下：

```
        MOV    50H, #20        ; 定时 1 s 循环次数
        MOV    51H, #60        ; 定时 1 min 循环次数
        MOV    52H, #60        ; 定时 1 h 循环次数
        MOV    53H, #24        ; 定时 24 h 循环次数
        MOV    TMOD, #10H      ; 设 T1 为方式 1
        MOV    TH1, #3CH       ; 赋定时初值高字节
        MOV    TL1, #0B0H      ; 赋定时初值低字节
        SETB   TR1             ; 启动 T1
L2：    JBC    TF1, L1         ; 查询计数溢出，有溢出则使 TF1 位清零
        SJMP   L2
L1：    MOV    TH1, #3CH       ; 重赋定时初值
        MOV    TL1, #0B0H
        DJNZ   50H, L2         ; 未到 1 s 继续循环
        MOV    50H, #20
        DJNZ   51H, L2         ; 未到 1 min 继续循环
        MOV    51H, #60
        DJNZ   52H, L2         ; 未到 1 h 继续循环
        MOV    52H, #60
        DJNZ   53H, L2         ; 未到 24 h 继续循环
        MOV    53H, #24
        SJMP   L2              ; 反复循环
```

C51 语言程序如下：

```
#include <reg51.h>                                    //包含寄存器头文件
#define  sec_data 20                                  //定义秒计数上限
#define  min_data 60                                  //定义分计数上限
#define  hou_data 60                                  //定义时计数上限
#define  day_data 24                                  //定义天计数上限
unsigned char  second,minute,hour,day;                //定义各变量
void main (void)
{
    TMOD = 0x10;                                      //设 T1 为方式 1
    TH1 = 0x3c;                                       //赋初值
    TL1= 0xb0;
    TR1 = 1;                                          //启动 T1
    for (day =0;day<day_data;day++)                   //天计数循环
    {
        for(hour=0;hour<hou_data;hour++)              //时计数循环
        {
            for(minute=0;minute<min_data;minute++)    //分计数循环
            {
                for(second=0;second<sec_data;second++) //秒计数循环
                {
                    while(TF1 ==0);
```

```
                TF1 = 0;                          //标志位清零
                TH1 =0x3c;                        //重赋初值
                TL1=0xb0;
            }
        }
    }
  }
}
```

在 C51 语言中没有对位操作判别并清零的语句，因此只能先判别 TF1 的状态，然后对 TF1 进行清零，此处比汇编语言程序复杂一点。

2. 计数器应用举例

例 9.2 用 T0 对外部信号计数，要求每计满 50 次，将 P1.0 引脚电平状态取反。

解： 外部计数信号由 T0（P3.4）引脚引入，每产生一次负跳变，计数器加 1，由程序查询 TF0 位。方式 2 具有初值自动重装入功能，初始化后不必再置初值。初值计算如下：

$$X=2^8-50=206=CEH$$

汇编语言源程序如下：

```
        MOV   TMOD, #06H       ; 设置 T0 为方式 2 下计数工作方式
        MOV   TH0, #0CEH       ; 赋初值
        MOV   TL0, #0CEH
        SETB  TR0              ; 启动 T0
DEL：   JBC   TF0, REP         ; 查询计数溢出，使 TF0 位清零
        SJMP  DEL
REP：   CPL   P1.0             ; 输出取反
        SJMP  DEL
```

C51 语言程序如下：

```
#include <reg51.h>
sbit  output = P1^0;
void  main (void)
{
    TMOD = 0x06;                    //设置 T0 为方式 2 下计数工作方式
    TH0 = 0xce;                     //赋初值
    TL0 = 0xce;
    TR0 = 1;                        //启动 T0
    while(1)
    {
        do{}while(TF0 ==0);         //等待计数溢出
        TF0 = 0;                    //标志位清零
        output = !output;           //输出取反
    }
}
```

3. 定时/计数器综合应用举例

例 9.3 已知单片机的晶振频率为 6MHz。由 T0 的 P3.4 引脚输入一低频（小于 0.5kHz）脉

冲信号，要求输入 P3.4 引脚的信号每发生一次负跳变，P1.0 引脚就输出一个 500 μs 的同步负脉冲。

解：按题意，时序示意图如图 9.6 所示。P1.0 引脚的初态为高电平（系统复位时实现），将 T0 设置为方式 2 下计数工作方式（初值为 FFH）。当加在 P3.4 引脚上的外部脉冲发生负跳变时，T0 加 1 计数器溢出，程序查询到 TF0 位为 1，则改变 T0 为 500 μs 定时器工作方式，并且使 P1.0 引脚输出 0。500 μs 到后，P1.0 引脚恢复 1，T0 恢复外部计数状态。

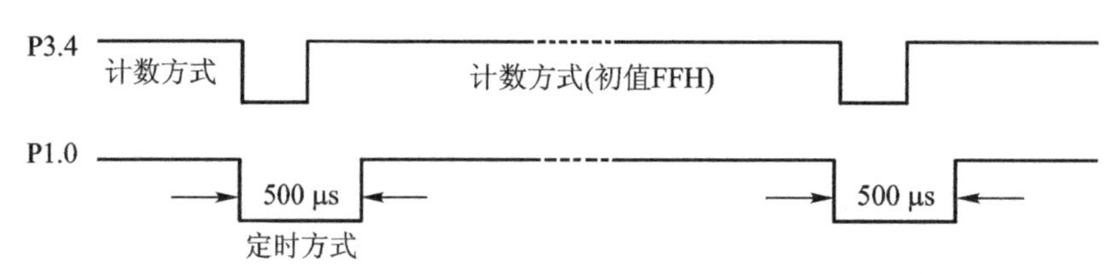

图 9.6　例 9.3 时序示意图

设定时 500 μs 的初值为 X，则

$$(256-X)\times 2\times 10^{-6}=500\times 10^{-6}$$

$$X=256-250=6$$

汇编语言源程序如下：

```
BEGIN：  MOV   TMOD, #06H    ；设 T0 为方式 2 下计数工作方式
         MOV   TH0, #0FFH    ；计数值加 1 即溢出
         MOV   TL0, #0FFH
         SETB  TR0           ；启动计数器
 DEL1：  JBC   TF0, RESP1    ；检测外跳变信号
         SJMP  DEL1
RESP1：  CLR   TR0
         MOV   TMOD, #02H    ；重置 T0 为 500μs 定时
         MOV   TH0, #06H     ；重置定时初值
         MOV   TL0, #06H
         CLR   P1.0          ；P1.0 引脚清零
         SETB  TR0           ；启动 T0
 DEL2：  JBC   TF0, RESP2    ；检测第 1 次 500 μs 到否
         SJMP  DEL2          ；没到继续
RESP2：  SETB  P1.0          ；P1.0 引脚恢复 1
         CLR   TR0
         LJMP  BEGIN
```

C51 语言程序如下：

```
#include <reg51.h>
sbit   output = P1^0;
void   main (void)
{
    while(1)
    {
        TMOD = 0x06;              //将 T0 设为方式 2 下计数工作方式
        TH0 = 0xff;               //赋计数初值，加 1 即溢出
        TL0 = 0xff;
        TR0 = 1;                  //启动 T0
```

```
            do{}while(TF0 ==0);         //检测外跳变信号
            TF0 = 0;                    //标志位清零
            TMOD = 0x02;                //重置 T0 的工作方式为定时模式
            TH0 = 0x06;                 //重置定时初值
            TL0 = 0x06;
            output = 0;                 //同步输出为 0
            TR0 = 1;                    //启动 T0
            do{}while(TF0 ==0);         //等待 500μs 时间
            output = 1;                 //同步输出为 1
            TR0 =0;
        }
    }
```

例 9.1～例 9.3 采用的工作方式均为较常用的方式 1 和方式 2，方式 3 的例题见 9.3 节。

4．门控位应用举例

门控位 GATE 为 1 时，允许外部输入电平控制定时/计数器的启、停。利用这个特性可以测量外部输入脉冲的宽度。

例 9.4 利用门控位测量一个低频方波信号的周期，被测信号从 $\overline{\text{INT0}}$（P3.2）引脚输入。图 9.7 所示为门控位应用示意图。已知低频信号的频率在 100 Hz～100 kHz 范围内，晶振频率为 12 MHz，测量结果依次存入片内 RAM 的 71H、70H 单元。

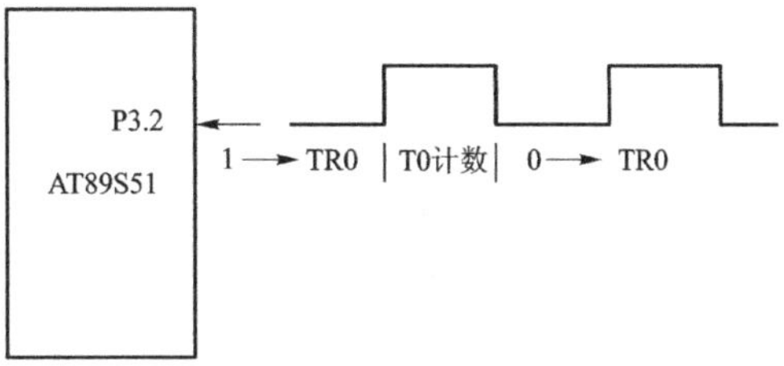

P3.2
AT89S51
1 → TR0 | T0计数 | 0 → TR0

图 9.7 门控位应用示意图

解： 为实现方波信号周期的测量，可以利用定时/计数器的门控位测量出方波信号的高电平时间，这个时间的两倍就是方波信号的周期。T0 设置为方式 1 下的定时工作方式（16 位定时/计数器），对输入的时钟信号定时计数，门控位 GATE 设为 1。测量时，应在 $\overline{\text{INT0}}$ 引脚为低电平时，设置 TR0 位为 1，这样当 $\overline{\text{INT0}}$ 引脚信号变为高电平时，就自动启动定时/计数器开始工作；当 $\overline{\text{INT0}}$ 引脚信号再次变为低电平时，定时/计数器自动停止计数。此时读出的计数值对应被测信号的高电平时间，这个值乘以 2 就是方波信号的周期。根据信号的频率范围，在 100 Hz 时，方波信号的周期为 10 ms，所以高电平期间定时/计数器可能计数的最大值为 5000。

汇编语言源程序如下：

```
        MOV     TMOD, #09H    ; 设 T0 的工作方式为方式 1，GATE=1
        MOV     TL0, #00H     ; 计数器清零
        MOV     TH0, #00H
        MOV     R0, #70H
        SETB    P3.2          ; 置 P3.2 为输入方式
        JB      P3.2, $       ; 等待 P3.2 引脚信号变为低电平
        SETB    TR0           ; 允许由 INT0 引脚信号启、停计数器
        JNB     P3.2, $       ; 等待 P3.2 引脚信号变为高电平
        JB      P3.2, $       ; 等待 P3.2 引脚信号再次变为低电平
        CLR     TR0           ; 关闭 T0
        MOV     A, TL0
```

```
        RLC       A                ; 低字节乘以 2
        MOV       @R0, A           ; 存放计数的低字节
        INC       R0
        MOV       A, TH0
        RLC       A                ; 高字节乘以 2
        MOV       @R0, A           ; 存放计数的高字节
        RET
```

C51 语言程序如下：

```
#include <reg51.h>
sbit input=P3^2 ;                           //定义信号输入引脚
data unsigned int count _at_ 0x70;          //定义测量结果存放位置
void main (void)
{
    TMOD = 0x09;                            //设 T0 为方式 1，GATE＝1
    TL0 = 0;                                //计数器清零
    TH0 = 0;
    input = 1;                              //置 P3.2 为输入方式
    while(input ==1);                       //等待输入变为低电平
    TR0 = 1;                                //允许由 INT0 引脚信号启/停计数器
    while(input ==0);                       //等待输入变为高电平
    while(input ==1);                       //等待输入再次变为低电平
    TR0 = 0;                                //T0 停止工作
    count = TL0;                            //取计数值的低 8 位
    count +=TH0*256;                        //高 8 位乘以 256 后与低 8 位相加，得到计数值
    count = count*2;                        //计数值乘以 2 得到方波信号的周期
    while(1);
}
```

在以上用 C51 语言编写的程序中定义了一个无符号的整型变量，占用两个存储单元 70H 和 71H。C51 语言中数据在内存中按高字节存放在低地址，低字节存放在高地址的顺序存放。因此，在 70H 单元存放的是 TH0，71H 单元存放的是 TL0。在大多数情况下，不需要定位变量的绝对地址，如果程序在运行过程中与定义的变量发生地址冲突，则会造成整个系统崩溃。

例 9.4 中由于靠外部信号启动、停止计数器的工作，测量精度主要取决于时钟频率的稳定度和计数中的±1 误差，因此测量精度较高。而例 9.3 通过指令判断 T0 溢出位的状态来停止 T0 对被测信号的计数，这样会引入一定的测量误差，误差大小与相关指令的执行时间有关。

当采用软件控制计数器的启、停时，在某些情况下，不希望在读计数值时打断计数过程，因为打断计数过程则读取的计数值有可能是错的。原因是不可能在同一时刻读取 THX 和 TLX 的内容。比如，先读 TL0，然后读 TH0，由于定时/计数器在不停地运行，读 TH0 前，若恰好出现 TL0 溢出向 TH0 进位的情形，则读得的 TL0 值就完全不对了。同样，先读 TH0 再读 TL0 也可能出错（对于 T1 情况相同）。

一种解决错读问题的方法是：先读 THX，后读 TLX，再读 THX。若两次读得的 THX 没有发生变化，则可确定读得的内容是正确的。若前后两次读得的 THX 有变化，则再重复上述过程，重复读得的内容就应该是正确的了。下面是按此思路编写的程序段，读得的 TH0 和 TL0

放在 R1 和 R0 内。

```
        ...
RP: MOV     A, TH0          ; 读 TH0
    MOV     R0, TL0         ; 读 TL0
    CJNE    A, TH0, RP      ; 比较两次读得的 TH0，若不等则重读
    MOV     R1, A
        ...
```

以上所举的例题中定时/计数器多数采用查询方式工作，使 CPU 在执行其他操作时要不断查询定时/计数器，影响了 CPU 的工作效率，没有体现出定时/计数器能独立运行的优越性，因而定时/计数器最好采用中断方式工作，在 9.3 节中将详细介绍定时/计数器的中断工作方式。

在 AT89C52/S52 单片机中，增加了一个 16 位定时/计数器，称为定时器 2，简称 T2。T2 与 T0 和 T1 有类似的功能，它不但可以作为定时器或计数器使用，而且增加了捕捉等新的功能，它的功能比 T0 和 T1 更强，使用也较复杂。在 80C51 系列单片机的有些型号中增加了看门狗定时器（Watchdog Timer，WDT），俗称看门狗。这是一个通过软、硬件相结合的重要的常用抗干扰技术。在 AT89S51/52 单片机中的定时器 3 即 WDT，简称 T3。由于篇幅关系，在此省略了对 T2、T3 的介绍，可参考文献［1］。

9.2 UART 串行口

为了实现串行通信，绝大多数单片机配置了串行接口（Serial Communication Interface，SCI，简称串行口），本节将介绍 80C51 单片机串行口的结构、原理及应用。

9.2.1 80C51 串行口简介

为了使单片机能实现串行通信，在 80C51 系列单片机及其他很多型号单片机芯片内部都设计了串行口，以前介绍 80C51 串行口的书籍中通常将它称为 UART（Universal Asynchronous Receiver/Transmitter）串行口，这是因为在大多数情况下它是采用异步通信方式工作的，而实际上它也可作为同步移位接收器和发送器使用。它是一个可编程的全双工串行通信接口，通过软件编程，它可以作为通用异步接收器和发送器使用，还能实现多机通信。其帧格式有 8 位、10 位和 11 位几种，并能设置各种波特率，使用灵活方便。

1．串行口的结构与工作原理

80C51 串行口的结构框图如图 9.8 所示，由图可见，它由两个数据缓冲寄存器 SBUF、一个输入移位寄存器及一个串行口控制寄存器 SCON 等组成。SCON 用于存放串行口的控制和状态信息。串行口波特率发生器用于控制串行通信的速率，它由内部的分频器和控制开关等电路组成。串行口波特率发生器的振荡源可以是单片机的振荡器，也可以是定时/计数器的时钟输出，通过软件可设定通信的速率和振荡源。接收 SBUF 与发送 SBUF 采用同一个地址代码 99H，其寄存器名也同样为 SBUF。CPU 通过不同的操作命令区别这两个寄存器，所以不会因为地址代码相同而产生错误。当 CPU 发出写 SBUF 命令时，即向发送 SBUF 中装载新的信息，同时启动数据串行发送；当 CPU 发出读 SBUF 命令时，就是读接收 SBUF 的内容。80C51 串行口正是通过对上述专用寄存器的设置、检测与读取来管理串行通信的。

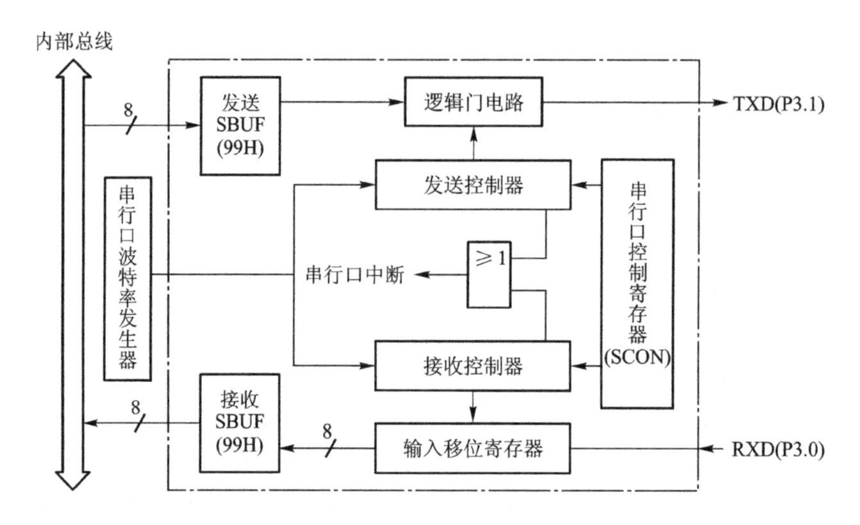

图 9.8　串行口的结构框图

在进行串行通信时，外界数据是通过引脚 RXD（P3.0，串行数据接收端）输入的。输入数据先逐位进入输入移位寄存器，再送入接收 SBUF。在接收 SBUF 中采用了双缓冲器结构，以避免在接收到第 2 帧数据之前，CPU 未及时响应接收 SBUF 的前一帧中断请求，没有把前一帧数据读走，而造成两帧数据重叠的错误。在发送时，因为 CPU 是主动的，不会产生写重叠问题，一般不需要双缓冲器结构，以保持最大传输速率。要发送的数据通过发送控制器控制逻辑门电路，经逻辑门电路中的输出移位寄存器一位一位输出到引脚 TXD（P3.1，串行数据输出端）。

2. 串行口控制寄存器 SCON

80C51 串行通信的方式选择、接收和发送控制以及串行口的状态标志均由串行口控制寄存器 SCON 控制和指示，它的字节地址是 98H，该寄存器可以位寻址。复位时，SCON 所有位均清零。SCON 各位名称及位地址见表 9.4。

表 9.4　串行口控制寄存器 SCON 各位名称及位地址

SCON	位 7	位 6	位 5	位 4	位 3	位 2	位 1	位 0
位地址	9FH	9EH	9DH	9CH	9BH	9AH	99H	98H
位名称	SM0	SM1	SM2	REN	TB8	RB8	TI	RI

各位功能如下：

（1）SM0 和 SM1——串行方式选择位。这两位用于选择串行口的 4 种工作方式，见表 9.5。由表中功能项可以看出这几种方式的帧格式不完全相同，串行通信工作方式的说明详见 9.2.2 节。

表 9.5　串行口工作方式选择

SM0	SM1	工 作 方 式	功　能	波 特 率
0	0	方式 0	8 位同步移位寄存器通信方式	$f_{osc}/12$
0	1	方式 1	10 位异步通信方式	可变
1	0	方式 2	11 位异步通信方式	$f_{osc}/64$ 和 $f_{osc}/32$
1	1	方式 3	11 位异步通信方式	可变

（2）SM2——多机通信控制位。在方式 2 或方式 3 中 SM2 主要用于多机通信控制。当串

行口用于接收时，如果 SM2=1，允许多机通信，且接收到第 9 位 RB8 为 0 时，则 RI 不置 1，放弃主机发来的数据；如果 SM2=1 且 RB8 为 1 时，RI 置 1，产生中断请求，将接收到的 8 位数据送入 SBUF。如果 SM2=0，则不论 RB8 为 0 还是为 1，都将接收到的 8 位数据送入 SBUF 中，此时 RI 置 1，并产生中断请求。

在方式 1 中，当用于接收时，若 SM2=1，则只有收到有效的停止位时，RI 才置 1。

在方式 0 中，SM2 应置 0。

（3）REN——串行口允许接收控制位。REN 由软件置位或清零。REN=1 时，允许接收；REN=0 时，禁止接收。

（4）TB8——发送数据的第 9 位（D8）。在方式 2 或方式 3 中，TB8 根据需要由软件置位或复位。双机通信时它可作为奇偶校验位；在多机通信中它可作为区别地址帧和数据帧的标识位。一般由指令设定地址帧时 TB8 为 1，由指令设定数据帧时 TB8 为 0。在方式 0 或方式 1 中不存在该位。

（5）RB8——接收数据的第 9 位（D8）。在方式 2 或方式 3 中，RB8 的功能类似于 TB8（可能是奇偶校验位，或是地址/数据标识位）。

（6）TI——发送中断标志位。在方式 0 中，发送完 8 位数据后，TI 由硬件置 1；在其他方式中，TI 在发送停止位之初由硬件置 1。TI=1 时，可申请中断，也可用于软件查询。在任何方式中都必须由软件来使 TI 清零。

（7）RI——接收中断标志位。在方式 0 中，接收完 8 位数据后，RI 由硬件置 1；在其他方式中，RI 在接收停止位的中间，由硬件置 1。RI=1 时，可申请中断，也可用于软件查询。在任何方式中都必须由软件使 RI 清零。

SCON 中低两位因与中断有关，将在 9.3.2 节详细介绍。

3. 80C51 串行口的帧格式

80C51 的串行口通过编程可设置为 4 种工作方式，有 3 种帧格式。

方式 0 以 8 位数据为一帧，不设起始位和停止位，先发送或接收最低位，其帧格式如下：

...	D0	D1	D2	D3	D4	D5	D6	D7	...

方式 1 以 10 位为一帧传输，设有 1 个起始位 0，8 个数据位和 1 个停止位 1，其帧格式如下：

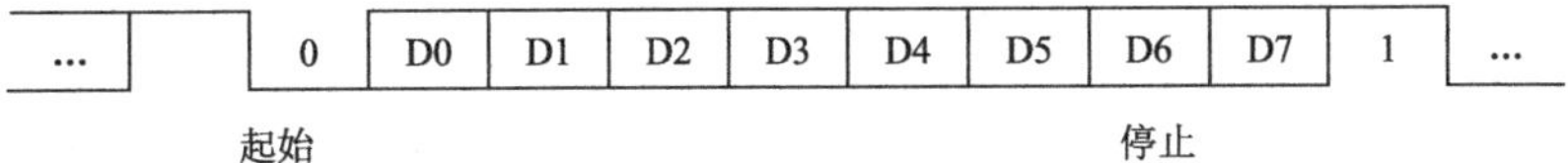

方式 2 和方式 3 以 11 位为一帧传输，设有 1 个起始位 0，8 个数据位，1 个可编程位（第 9 数据位）D8 和 1 个停止位 1，其帧格式如下：

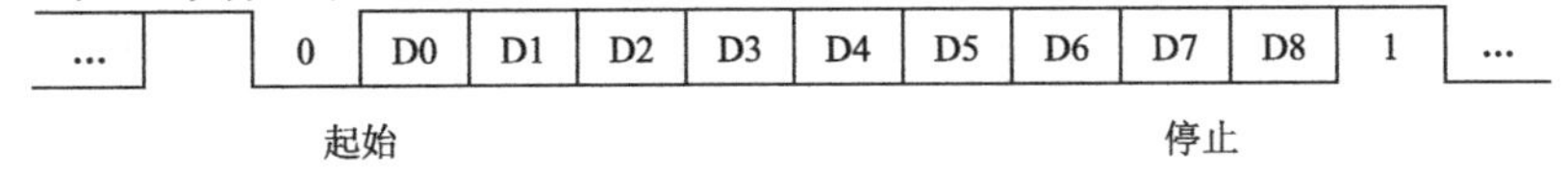

可编程位 D8 由软件置 1 或清零，该位可作奇偶校验位，也可另作他用。

4. 波特率的设置

在串行通信前，首先要设置收、发双方发送或接收数据的速率，即波特率。波特率的设置与晶振频率 f_{OSC}、电源控制寄存器 PCON 的 SMOD 位以及定时/计数器 T1、T2 有关。通过软件对 80C51 的串行口编程可约定 4 种工作方式，这 4 种方式的波特率计算方法不同，其中方式 0 和方式 2 的波特率是固定的，而方式 1 和方式 3 的波特率是可变的，由定时/计数器 T1

的溢出率控制。

1）方式 0 和方式 2 的波特率

（1）方式 0：波特率固定为晶振频率的 1/12，且不受 PCON 中的 SMOD 位的影响。

（2）方式 2：波特率取决于 PCON 中的 SMOD 位的值，PCON 主要用于电源控制，但它的最高位 SMOD 是串行口波特率倍增位。当 SMOD=0 时，波特率为f_{OSC}的 1/64；当 SMOD=1 时，波特率为f_{OSC}的 1/32，即

$$方式2的波特率=\frac{2^{SMOD}}{64}\times f_{OSC}$$

2）方式 1 和方式 3 的波特率

80C51 系列单片机串行口的方式1和方式 3 的波特率由定时/计数器 T1 的溢出率与 SMOD 位的值决定，即

$$方式1和方式3的波特率=\frac{2^{SMOD}}{32}\times T1的溢出率$$

其中，T1 的溢出率取决于计数速率和定时/计数器的预置值。计数速率与 TMOD 中 $C/\overline{T}$ 位的状态有关。当 $C/\overline{T}$ =0 时，计数速率=f_{OSC}/12；当 $C/\overline{T}$ =1 时，计数速率取决于外部输入时钟频率。

当 T1 作为串行口波特率发生器使用时，通常选用自动重装载方式，即方式 2。在方式 2 中，TL1 作为计数器使用，而自动重装载的值放在 TH1 内，设计数初值为 X，那么每过 256–X 个机器周期，T1 就会产生一次溢出。为了避免因溢出而产生不必要的中断，应禁止 T1 中断。溢出周期为

$$T=\frac{12}{f_{OSC}}\times(256-X)$$

溢出率为溢出周期的倒数，所以

$$波特率=\frac{2^{SMOD}}{32}\times\frac{f_{OSC}}{12\times(256-X)}$$

则 T1 工作在方式 2 下的初值为

$$X=256-\frac{f_{OSC}\times(SMOD+1)}{384\times 波特率}$$

表 9.6 列出在选择 T1 作为串行口波特率发生器时，各种常用的波特率及相应的控制位和初值。

表 9.6　T1 的常用波特率及相应的控制位和初值

波特率/(b/s)	f_{OSC}/MHz	SMOD	T1		
			$C/\overline{T}$	模　式	初　值
方式 0:　1×10^6	12	×	×	×	×
方式 2:　375×10^3	12	1	×	×	×
方式 1、3:　62.5×10^3	12	1	0	2	FFH
19.2×10^3	11.0592	1	0	2	FDH
9.6×10^3	11.0592	0	0	2	FDH
4.8×10^3	11.0592	0	0	2	FAH
2.4×10^3	11.0592	0	0	2	F4H
1.2×10^3	11.0592	0	0	2	E8H

续表

波特率/(b/s)	f_{osc}/MHz	SMOD	T1		
			$C/\overline{T}$	模　式	初　值
137.5×10^3	11.0592	0	0	2	1DH
110	6	0	0	2	72H
110	12	0	0	1	FEE4H

例 9.5 已知 80C51 系列单片机的晶振频率为 11.0592MHz，T1 工作在方式 2 下作为串行口波特率发生器，波特率为 2400 b/s，求 T1 初值。

解：设波特率控制位 SMOD=0，则 T1 的初值为

$$X=256-\frac{11.0592\times10^6\times(0+1)}{384\times2400}=244=\text{F4H}$$

所以，TH1=TL1=F4H。

由于上述公式包含除法，所以当晶振频率和波特率不同时，计算值有时会有一定的误差，例如，如果晶振频率为 12 MHz，波特率要求为 2400 b/s，在 SMOD=0 时，TH1=F3H，波特率的实际计算值为 2404，误差为 0.11%。但如果两个单片机之间的波特率相同，如均为 2404 b/s，则不会影响通信。如果两个单片机之间的波特率误差超过 5%，则可能会引起通信错误。

当串行通信选用很低的波特率时，可将 T1 置于方式 0 或方式 1，即 13 位或 16 位定时方式。但在这种情况下，T1 溢出时，需重装初值，从而使波特率产生一定的误差。

AT89S52 单片机的 T2 也可作为串行口波特率发生器，其编程设置可参考文献［1］。

9.2.2　串行通信工作方式

通过软件编程可使串行通信有 4 种工作方式，下面分别予以介绍。

1．方式 0

在方式 0 下，串行口作为同步移位寄存器用，以 8 位数据为一帧，先发送或接收最低位，每个机器周期发送或接收 1 位，故其波特率是固定的，为 $f_{osc}/12$。串行数据由 RXD（P3.0）引脚输入或输出，同步移位脉冲由 TXD（P3.1）引脚送出。这种方式常用于扩展 I/O 口，采用不同的指令实现输入或输出。其发送与接收情况如下所述。

1）发送

当执行“MOV　SBUF, A”指令时，CPU 将一个数据写入发送 SBUF（地址为 99H），串行口即把 8 位数据以 $f_{osc}/12$ 的波特率从 RXD 引脚送出（低位在前），发送完毕，置发送中断标志位 TI 为 1。如果要继续发送，必须使 TI 清零。

2）接收

在准备接收时，首先要使 RI 清零，然后用软件置串行口允许接收控制位 REN 为 1，使其允许接收。此时就启动接收，CPU 即开始从 RXD 引脚以 $f_{osc}/12$ 的波特率输入数据（低位在前），当接收完 8 位数据时，置接收中断标志位 RI 为 1，然后执行“MOV　A, SBUF”指令，即读入数据，读取数据后一定要使 RI 清零。

在方式 0 中未用串行口控制寄存器 SCON 中的 TB8 和 RB8。每当发送或接收完 8 位数据时，由硬件将发送中断标志位 TI 或接收中断标志位 RI 置位。不管是中断方式还是查询方式，都不会使标志位 TI 或 RI 清零，必须用软件清零。在方式 0 下，SM2 必须为 0。

2．方式 1

在方式 1 下，串行口为 10 位通用异步接口，发送或接收的一帧数据包括 1 位起始位 0、8 位数据位和 1 位停止位 1，其波特率可调，其接收与发送情况如下所述。

1）发送

当执行“MOV　SBUF, A”指令时，CPU 将一个数据写入发送 SBUF（地址为 99H），就启动发送，数据从 TXD 引脚输出。当发送完一帧数据后，发送中断标志位 TI 置 1，在中断方式下将申请中断，通知 CPU 可以发送下一个数据，如果要继续发送，必须将 TI 清零。

2）接收

接收时，首先要将 RI 清零，然后将 REN 置 1，使串行口允许接收，CPU 就开始采样 RXD（P3.0）引脚。当采样到 1 至 0 的负跳变时，确认是起始位 0，就开始接收一帧数据。当停止位到来之后把停止位送入 RB8，则置位接收中断标志位 RI，在中断方式下将申请中断，通知 CPU 从接收 SBUF 中取走接收到的一个数据。

不管是中断方式还是查询方式，都不会使 TI 或 RI 清零，必须用软件清零。

3．方式 2 和方式 3

方式 2 和方式 3 均为 11 位异步通信方式，只是波特率的设置方法不同，其余完全相同。这两种方式发送或接收的一帧的信息包括 1 位起始位 0、8 位数据位、1 位可编程位和 1 位停止位 1。其信息传输速率与 SMOD 位有关。

1）发送

发送前，先根据通信协议由软件设置 TB8（如作为奇偶校验位或地址/数据标识位），然后将要发送的数据写入 SBUF 即能启动发送。同时串行口还自动把 TB8 装到输出移位寄存器的第 9 数据位上，并通知发送控制器，要求进行一次发送，然后从 TXD（P3.1）引脚输出一帧数据。当发送完一帧数据后，发送中断标志位 TI 置 1。

2）接收

在接收时，先要将 RI 清零，然后置 REN 为 1，使串行口处于允许接收状态。在满足这个条件的前提下，与方式 1 类似，在 RXD 引脚检测到负跳变时，开始接收数据。接收完毕，CPU 再根据 SM2 的状态（因为 SM2 是方式 2 和方式 3 的多机通信控制位）和所接收到的 RB8 的状态决定此串行口是否会使 RI 置 1。

当 SM2=0 时，不管 RB8 是 0 还是 1，RI 都置 1，此串行口将接收发来的信息。

当 SM2=1 且 RB8 为 1 时，表示在多机通信情况下，接收的信息为地址帧，此时 RI 置 1，说明串行口接收的是发来的地址。

当 SM2=1 且 RB8 为 0 时，表示接收的信息为数据帧，但不是发给本从机的，此时 RI 不置 1，因而 SBUF 中所接收的数据帧将丢失。

在方式 2 和方式 3 中，同样不管是中断方式还是查询方式，都不会使标志位 TI 或 RI 清零，在发送和接收之后也都必须用软件使 TI 和 RI 清零。

由上述介绍可见，这 4 种方式的数据位均为 8 位，但帧格式和波特率的设置方法都不完全相同，使用时要注意选择。特别是两个单片机之间互相传输时，设置要求完全相同。

4. 多机通信

80C51 系列单片机的方式 2 和方式 3 有一个专门的应用领域，即多机通信。这使它可以方便地应用于集散式分布系统中。这种系统由一台主机和多台从机构成，它们的通信方式之一如图 9.9 所示。

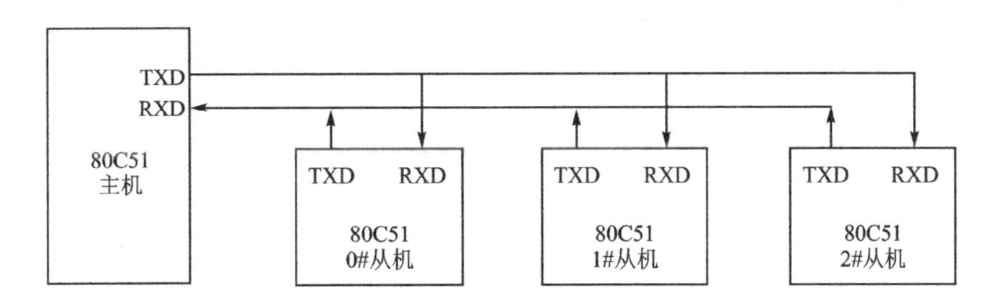

图 9.9　多机通信连接图

多机通信的实现，主要靠主、从机之间正确地设置与判断多机通信控制位 SM2 和发送或接收的第 9 数据位（D8），以下简述如何实现多机通信。

在编程前，首先要给各从机定义地址编号，如分别为 00H，01H，02H，…。当主机想发送一数据块给几个从机中的一个时，它首先发送一个地址字节，以辨认从机。地址字节和数据字节可用第 9 数据位来区别，前者的第 9 位为 1，后者的第 9 位为 0，所以在主机发送地址帧时，地址/数据标识位 TB8 应设置为 1，以表示是地址帧。例如，可编如下指令：

```
    MOV   SCON, #0D8H          ; 设串行口为方式 3，TB8 置 1，准备发地址
```

此时，所有的从机初始化时均置 SM2=1，使它们只处于接收地址帧的状态。例如，从机中可以编写如下指令：

```
    MOV   SCON, #0F0H          ; 置串行口为方式 3，SM2=1，允许接收
```

当从机接收到从主机发来的信息后，RB8 若为 1，则置位中断标志位 RI，中断后判断主机送来的地址与本从机地址是否相符。若相符，则被寻址的从机的标志位 SM2 清零，即设 SM2=0，准备接收即将从主机发来的数据帧，未被选中的从机仍保持 SM2=1。

当主机发送数据帧时，应该置 TB8 为 0，此时虽然各从机都处于能接收的状态，但由于 TB8=0，只有 SM2=0 的那个被寻址的从机才能接收到数据，那些未被选中的从机将不理睬进入串行口的数据字节，继续进行它们自己的工作，直到一个新的地址字节到来，这样就实现了由主机控制的主、从机之间的通信。

综上所述，通信只能在主、从机之间进行，从机之间的通信只有经主机才能实现。多机之间的通信过程可归纳如下：

（1）主、从机均初始化为方式 2 或方式 3，置 SM2=1，允许多机通信。

（2）主机置 TB8=1，发送要寻址的从机地址。

（3）所有从机均接收主机发送的地址，并进行地址比较。

（4）被寻址的从机确认地址后，如果符合，置本机 SM2=0，向主机返回地址，供主机核对；如果不符合，置本机 SM2=1。

（5）核对无误后，主机向被寻址的从机发送命令，通知从机接收或发送数据。

（6）通信只能在主、从机之间进行，两个从机之间的通信需主机作为中介。

（7）本次通信结束后，主、从机重置 SM2=1，主机可再寻址其他从机。

有关多机通信的编程实例可参考文献［3］。

在实际应用中，因为单片机功能有限，所以在较大的测控系统中，常常把单片机应用系统作为前端机（也称下位机或从机）直接用于控制对象的数据采集与控制，而把 PC 机作为中央处理机（也称为上位机或主机）用于数据处理和对下位机的监控管理。它们之间的信息交换主要采用串行通信，此时单片机可直接利用其串行口再配上电平转换芯片，然后与 PC 机的串行口相接。实现单片机与 PC 机串行通信的关键是在通信协议的约定上要一致。

9.2.3 串行口应用举例

本节将介绍串行口在 I/O 口扩展及一般异步通信和多机通信中的应用原理及实例。

1. 用串行口扩展 I/O 口

例 9.6 用并行输入 8 位移位寄存器 74HC165 扩展 16 位并行输入口。编程实现从 16 位扩展口读入 20 字节数据，并把它们转存到内部 RAM 的 50H～63H 单元中。

解：在此采用 74HC165 与单片机相接实现 I/O 口扩展，单片机与 74HC165 的具体接线如图 9.10 所示。图 9.10 所示电路为将 80C51 的 3 根口线扩展为 16 根输入口线的实用电路，由 2 块 74HC165 串接而成。74HC165 是 TTL 并入串出移位寄存器（也可选用其他具有同样功能的 CMOS 器件），74HC165 引脚图见附录 B，图中 CK 为时钟脉冲输入端，D0～D7 为并行输入端，SIN、QH 分别为数据输入端、输出端。前级的数据输出端 QH 与后级的数据输入端 SIN 相连，$S/\overline{L}=0$ 时允许并行置入数据，$S/\overline{L}=1$ 时允许串行移位。

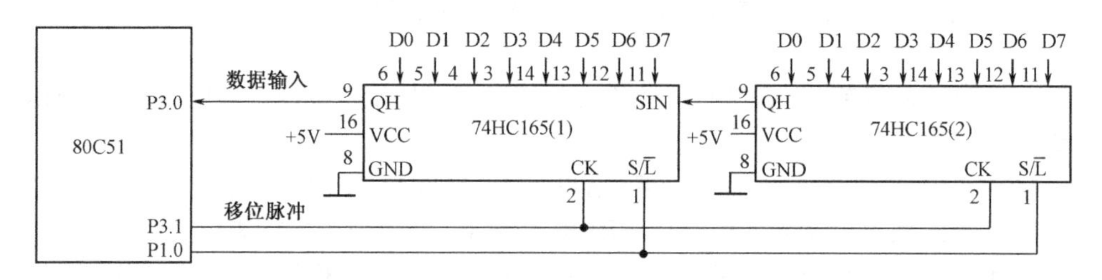

图 9.10 单片机与 74HC165 的具体接线

按题意，用汇编语言编程如下：

```
        MOV   R7, # 20         ; 设置读入字节数
        MOV   R0, # 50H        ; 设置片内 RAM 指针
        SETB  F0               ; 设置读入字节数的奇偶标志
RCV0:   CLR   P1.0             ; 允许并行置入数据
        SETB  P1.0             ; 允许串行移位
RCV1:   MOV   SCON, #10H       ; 设串行口为方式 0 并启动接收
        JNB   RI, $            ; 接收 1 帧数据
        CLR   RI               ; 接收中断标志位清零
        MOV   A, SBUF          ; 取缓冲器数据
        MOV   @ R0, A
        INC   R0
        CPL   F0
        JB    F0, RCV2         ; 判断是否接收完偶数帧，接收完则重新并行置入
        DEC   R7
        SJMP  RCV1             ; 否则再接收 1 帧数据
```

```
    RCV2: DJNZ   R7, RCV0                ; 判断是否已读入预定的字节数
          …                              ; 对读入数据进行处理
```

C51 语言程序如下：

```
#include <reg51.h>                          //定义 51 寄存器
unsigned char data_buf[20]   _at_ 0x50 ;    //定义输入数据数组存放在以 50H 为起始地址的 RAM 中
unsigned char i;                            //定义变量
sbit input_c = P1^0;                        //定义输入引脚
void main (void)
{
    input_c = 0;                            //允许并行置入数据
    input_c = 1;                            //允许串行移位
    SCON = 0x10;                            //设串行口为方式 0 并启动接收
    for (i=0;i<20;i++)
    {
        while(RI ==0);                      //等待接收 1 帧数据（前 8 位）
        data_buf[i] = SBUF;                 //存入接收数组
        RI = 0;                             //接收中断标志位清零
        i++;
        while(RI ==0);                      //等待接收 1 帧数据（后 8 位）
        data_buf[i] = SBUF;                 //存入接收数组
        RI = 0;                             //接收中断标志位清零
    }                                       //数据接收完毕
    …                                       //对读入数据进行处理
    while(1);                               //程序停止
}
```

汇编程序中 F0 用作读入字节数的奇偶标志。由于每次由扩展口并行置入移位寄存器的是 2 字节数据，置入一次，串行口应接收 2 帧数据，故已接收的数据字节数为奇数时 F0=0，不再并行置入数据就直接启动接收过程；否则 F0=1，在启动接收过程前，应该先在外部移位寄存器中置入新的数据。而在 C51 语言程序中，1 次循环就接收 2 字节数据，不再需要进行奇偶字节判别，显然比汇编语言程序简洁易懂。

例 9.7 用 80C51 系列单片机的串行口接两片 8 位 TTL 串入并出移位寄存器 74HC164 扩展 16 位输出口。图 9.11 是利用 74HC164（也可选用其他具有同样功能的 CMOS 器件）扩展的 16 位发光二极管接口电路。编程使 16 个发光二极管交替为间隔点亮状态，循环交替时间为 2 s。

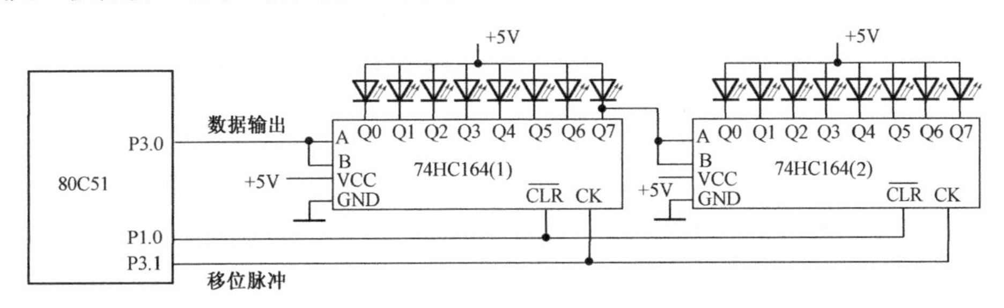

图 9.11 利用 74HC164 扩展的 16 位发光二极管接口电路

解：在图 9.11 所示电路中 74HC164 是 TTL 串入并出移位寄存器，其外部引脚见附录 B。

Q0～Q7 为并行输出端；A、B 为串行输入端；$\overline{CLR}$ 为清除端，0 电平时，使 74HC164 输出清零；CK 为时钟脉冲输入端，在 CK 脉冲的上升沿作用下实现移位。在 CK=0、$\overline{CLR}$ =1 时，74HC164 保持原来的数据状态。由于 74HC164 无并行输出控制端，在串行输入过程中，其输出端的状态会不断变化，故在某些使用场合，在 74HC164 与输出装置之间还应加上输出可控的缓冲级（如 74HC244），以便串行输入过程结束后再输出。图 9.11 中的输出装置是 16 个发光二极管，由于 74HC164 在低电平输出时，允许通过的电流可达 8mA，故可以不加驱动电路。

按题意，用汇编语言编程如下：

```
ST：  MOV    SCON, # 00H        ；设串行口的工作方式为方式 0
      MOV    A, # 55H           ；发光二极管间隔点亮初值
LP2： MOV    R0, # 2            ；输出口字节数
      CLR    P1.0               ；对 74HC164 清零，熄灭所有发光二极管
      SETB   P1.0               ；允许数据串行移位
LP1： MOV    SBUF, A            ；启动串行口发送
      JNB    TI, $              ；等待 1 帧数据发送结束
      CLR    TI                 ；串行口发送中断标志位清零
      DJNZ   R0, LP1            ；判断预定字节数发送完否
      LCALL  DEL2s              ；调用延时 2s 子程序（略）
      CPL    A                  ；交替点亮发光二极管
      SJMP   LP2                ；循环显示
```

C51 语言程序如下：

```
#include <reg51.h>
unsigned char i,out_data;
sbit output_c = P1^0;
void main (void)
{
    SCON = 0x0;
    out_data = 0x55;
    while(1)                          //程序循环输出
    {
        for (i=0;i<2;i++)
        {
            output_c = 0;             //对 74HC164 清零
            output_c =1;              //允许数据串行移位
            SBUF = out_data;          //启动串行口发送
            while(TI ==0);            //等待 1 帧数据发送结束
            TI = 0;
        }
        delay2s();                    //延时可通过软件或定时器实现（省略）
        out_data =~out_data;          //交替点亮发光二极管
    }
}
```

从理论上讲，74HC164 和 74HC165 可以无限地串级上去，进一步扩展 I/O 并行口，但这种扩展方法，输入和输出的速度是不高的。

2. 用串行口进行异步通信

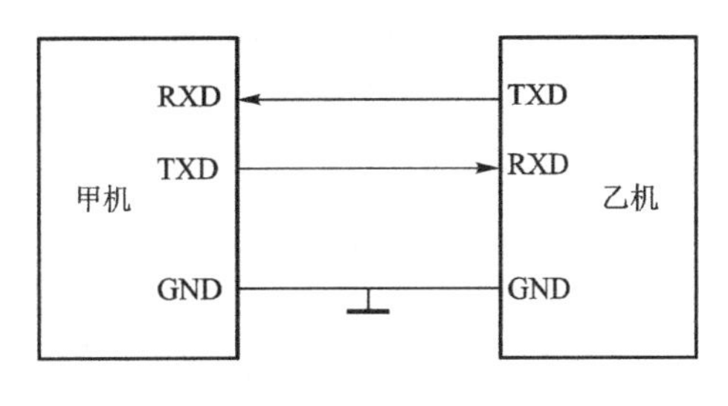

图 9.12　双机异步通信连接图

例 9.8　双机异步通信连接图如图 9.12 所示。编程把甲机片内 RAM 的 60H～7FH 单元中的数据块从串行口输出。定义在方式 3 下发送，TB8 作为奇偶校验位。采用方式 2 下的定时/计数器 T1 作为波特率发生器，波特率为 4800 b/s，f_{OSC}=11.0592 MHz，定时器初始预置值 TH1=TL1=0FAH。

编程使乙机从甲机接收 32 字节数据块，并存入片外 1000H～101FH 单元。接收过程中要求判别奇偶校验位 RB8。若出错，置 F0（PSW.5）为 1；若正确，置 F0 为 0，然后返回。

解：用汇编语言编写发送子程序如下：

```
        MOV     TMOD, #20H      ；设置 T1 的工作方式为方式 2
        MOV     TL1, #0FAH      ；设预置值
        MOV     TH1, #0FAH
        SETB    TR1             ；启动 T1
        MOV     SCON, #0C0H     ；设置串行口的工作方式为方式 3
        MOV     PCON, #00H      ；SMOD=0
        MOV     R0, #60H        ；设置数据块指针
        MOV     R7, #20H        ；设置数据块长度为 20H
TRS:    MOV     A, @R0          ；取数据送入累加器 A
        MOV     C, P
        MOV     TB8, C          ；将奇偶校验位 P 送入 TB8
        MOV     SBUF, A         ；将数据送入 SBUF，启动发送
WAIT：  JNB     TI, $           ；判断 1 帧数据是否发送完
        CLR     TI
        INC     R0              ；更新数据单元
        DJNZ    R7, TRS         ；循环发送至结束
        RET                     ；返回
```

C51 语言程序如下：

```
#include <reg51.h>
unsigned char uart_buf[32] _at_ 0x60;
void main (void)
{
    unsigned char i;
    TMOD = 0x20;                //设置 T1 的工作方式为方式 2
    TL1 = 0xfa;                 //设预置值
    TH1 = 0xfa;
    TR1 = 1;                    //启动 T1
    SCON = 0xc0;                //设置串行口的工作方式为方式 3
    PCON = 0x00;                // SMOD＝0
    for(i=0;i<32;i++)
    {
        ACC = uart_buf[i];      //将要发送的数据送入累加器 A，改变 P 值
        TB8 = P;                //将 P 值送入 TB8
```

```
        SBUF = uart_buf[i];            //发送数据
        while(TI ==0);                 //等待发送完
        TI = 0;                        //标志位清零
    }
    while(1);
}
```

进行双机通信时，两机应用相同的工作方式和波特率，因而接收汇编子程序如下：

```
        MOV     TMOD, #20H      ; 设置 T1 的工作方式为方式 2
        MOV     TL1, #0FAH      ; 设预置值
        MOV     TH1, #0FAH
        SETB    TR1             ; 启动 T1
        MOV     SCON, #0C0H     ; 设置串行口的工作方式为方式 3
        MOV     PCON, #00H      ; SMOD=0
        MOV     DPTR, #1000H    ; 设置数据块指针
        MOV     R7, #20H        ; 设置数据块长度
        SETB    REN             ; 允许接收
WAIT：  JNB     RI, $           ; 判断 1 帧数据是否接收完
        CLR     RI
        MOV     A, SBUF         ; 读入 1 帧数据
        JNB     PSW.0, PZ       ; 若奇偶校验位 P 为 0 则跳转
        JNB     RB8, ERR        ; P=1，RB8=0 则出错
        SJMP    YES             ; 二者全为 1 则正确
PZ：    JB      RB8, ERR        ; P=0，RB8=0，则正确；RB8=1 则出错
YES：   MOVX    @DPTR, A        ; 正确则存放数据
        INC     DPTR            ; 修改地址指针
        DJNZ    R7, WAIT        ; 判断数据块是否接收完
        CLR     PSW.5           ; 接收正确，且接收完，则置 F0 为 0
        RET                     ; 返回
ERR：   SETB    PSW.5           ; 出错则置 F0 为 1
        RET                     ; 返回
```

C51 语言程序如下：

```
#include <reg51.h>
xdata unsigned char uart_buf[32] _at_ 0x1000;
void main (void)
{
    unsigned char i;
    TMOD = 0x20;
    TL1 = 0xfa;
    TH1 = 0xfa;
    TR1 = 1;
    SCON = 0xc0;
    PCON = 0x00;
    REN = 1;                           //允许接收
    for(i=0;i<32;i++)
    {
```

```
        while(RI ==0);              //判断 1 帧数据是否接收完
        RI = 0;
        ACC = SBUF;                 //读入 1 帧数据
        if (P^RB8==0)               //判断奇偶校验位，正确则接收
        {
            uart_buf[i] = SBUF;
        }else
         {
            F0 = 1;                 //出错则置 F0 为 1
         }
    }
    while(1);
}
```

在两机进行通信时应用相同的工作方式和波特率，本例是在方式 3 下进行收、发的，用奇偶校验位校验。下面介绍在方式 1 下进行双机通信，用累加和进行校验的方法。

例 9.9 设甲机发送，乙机接收，波特率为 9600 b/s，两机的晶振频率均为 24 MHz。要求甲机将外部数据存储器 100H～1FFH 单元的内容发送给乙机，在发送数据之前先发送 1 字节的前导码 40 H，之后等待乙机的应答信号，若乙机正确接收前导码，则向甲机回答 55H，否则回答 0AAH。甲机接收到 55H 后，依次将数据块长度、数据块及数据块的累加和发送给乙机，并再次等待乙机的应答信号。乙机在收到正确的前导码后，根据接收到的数据块长度，依次将数据存入片外以 1000H 为首地址的数据存储区，并计算接收数据的累加和，当所有数据接收完毕，进行累加和检验，若检验正确，向甲机发送正确标志 0FH，否则发送 0F0H。

解： 已知波特率要求为 9600 b/s，首先需要确定定时初值和 SMOD 的值。初值的计算公式为

$$X=256-\frac{f_{\mathrm{OSC}}\times(\mathrm{SMOD}+1)}{384\times\text{波特率}}=256-\frac{24\times10^6\times(\mathrm{SMOD}+1)}{384\times9600}$$

当取 SMOD=0 时，得 X=249.49≈249=F9H，此时实际波特率=$\frac{2^{\mathrm{SMOD}}}{384}\times\frac{f_{\mathrm{OSC}}}{256-X}$≈8928 b/s，误差为 7%。而取 SMOD=1 时，得 X=242.98≈F3H，实际波特率=$\frac{2^{\mathrm{SMOD}}}{384}\times\frac{f_{\mathrm{OSC}}}{256-X}$≈9615 b/s，误差为 0.16%，即 SMOD 取不同值时，实际波特率的大小是不一样的，程序中取 SMOD=1。

发送程序约定如下：

（1）T1 按方式 2 工作，计数初值为 F3H，SMOD=1。

（2）串行口按方式 1 工作，允许接收。

（3）R6 设为数据块长度寄存器，R5 设为累加和寄存器。

甲机发送汇编语言程序清单如下：

```
TRT: MOV    TMOD, #20H        ; 设 T1 工作在方式 2
     MOV    TH1, #0F3H        ; 设置 T1 初值
     MOV    TL1, #0F3H
     SETB   TR1               ; 启动 T1
     MOV    SCON, #50H        ; 串行口初始化为方式 1，允许接收
     MOV    PCON, #80H        ; SMOD=1
RPT: MOV    DPTR, #100H
```

```
        MOV     R6, #00H            ; 数据块长度寄存器初始化
        MOV     R5, #00H            ; 累加和寄存器初始化
        MOV     SBUF, #40H          ; 发送前导码
        JNB     TI, $               ; 等待发送
        CLR     TI
        JNB     RI, $               ; 等待接收
        CLR     RI
        MOV     A, SBUF             ; 接收乙机的应答数据
        CJNE    A, #55H, ERR_F      ; 乙机接收正确，继续执行；否则转入出错处理程序
        MOV     SBUF, R6            ; 发送长度
        JNB     TI, $               ; 等待发送
        CLR     TI
    L1：MOVX    A, @DPTR            ; 读取数据
        MOV     SBUF, A             ; 发送数据
        ADD     A, R5               ; 形成累加和并送入 R5
        MOV     R5, A
        INC     DPTR                ; 修改地址指针
        JNB     TI, $               ; 等待发送
        CLR     TI
        DJNZ    R6, L1              ; 判断是否发送完 256 个数据
        MOV     SBUF, R5            ; 发送校验码
        MOV     R5, #00H
        JNB     TI, $
        CLR     TI
        JNB     RI, $               ; 等乙机回答
        CLR     RI
        MOV     A, SBUF
        CJNE    A, #0FH, ERR_S      ; 数据发送正确则返回
        RET
ERR_F：…                            ; 前导码发送出错处理（省略）
ERR_S：…                            ; 数据发送出错处理（省略）
```

接收程序的通信约定同发送程序。在接收过程中，当前导码接收正确时，向甲机发送 55H，否则发送 0AAH，并等待甲机重发。当所有数据接收完毕，进行累加和检验。若累加和检验正确，向甲机发送 0FH，否则发送 0F0H。

乙机接收汇编语言程序清单如下。

```
     RSU：  MOV     TMOD, #20H      ; T1 初始化
            MOV     TH1, #0F3H
            MOV     TL1, #0F3H
            SETB    TR1
            MOV     SCON, #50H
            MOV     PCON, #80H
RE_RECF：   MOV     R7, #55H        ; 初始化前导码接收正确标志
            JNB     RI, $           ; 接收前导码
            CLR     RI
            MOV     A, SBUF
```

```
        CJNE    A, #40H, F_ERR       ; 接收前导码不正确，转出错处理程序
C_FIR:  MOV     SBUF, R7             ; 向甲机发送前导码应答标志
        JNB     TI, $                ; 等待发送
        CLR     TI
        CJNE    R7, #55H, RE_RECF    ; 若前导码接收出错，转接收前导码程序，否则程序继续
RPT:    MOV     DPTR, #1000H         ; 接收数据存放首地址
        JNB     RI, $
        CLR     RI
        MOV     A, SBUF              ; 接收发送长度
        MOV     R6, A
        MOV     R5, #00H             ; 累加和寄存器清零
WTD:    JNB     RI, $
        CLR     RI
        MOV     A, SBUF              ; 接收数据
        MOVX    @DPTR, A             ; 存储数据
        INC     DPTR                 ; 修改地址指针
        ADD     A, R5
        MOV     R5, A
        DJNZ    R6, WTD              ; 未接收完，继续接收
        JNB     RI, $                ; 接收校验码
        CLR     RI
        MOV     A, SBUF
        XRL     A, R5                ; 比较校验码
        MOV     R5, #00H
        JZ      L6                   ; 正确则转 L6
        MOV     SBUF, #0F0H          ; 出错则发送 0F0H
        SJMP    L7
L6:     MOV     SBUF, #0FH           ; 正确则发送 0FH
L7:     JNB     TI, $                ; 发送完返回
        CLR     TI
        RET
F_ERR:  MOV     R7, #0AAH            ; 置前导码出错标志
        SJMP    C_FIR                ; 继续接收前导码
```

9.3 中断系统

本节将以 80C51 系列单片机的中断系统为例介绍中断控制的功能及设置方法，中断的处理过程及应用等。

9.3.1 AT89S51 单片机的中断系统

由第 1 篇所述可知，中断过程是在硬件基础上再配以相应的软件实现的。不同的计算机其硬件结构和软件指令是不完全相同的，因而中断系统的结构一般是不相同的。但同一系列的单片机即使型号不同，中断系统的基本结构也是类似的，只是能响应的中断源个数不完全一样。本节将以 AT89S51 单片机的中断系统为例进行介绍。

1．中断系统的结构

AT89S51 单片机的中断系统主要由几个与中断有关的特殊功能寄存器和顺序查询逻辑电路等组成。AT89S51 单片机的中断系统结构框图如图 9.13 所示。图 9.13 中，AT89S51 单片机有 5 个中断源，可提供两个中断优先级，即可实现二级中断嵌套。与中断有关的特殊功能寄存器有 4 个，分别为中断源寄存器（特殊功能寄存器 TCON、SCON 的相关位）、中断允许控制寄存器 IE 和中断优先级寄存器 IP。5 个中断源的排列顺序由中断优先级寄存器 IP 和顺序查询逻辑电路（图 9.13 中的硬件查询）共同决定。5 个中断源对应 5 个固定的中断入口地址，也称向量地址。

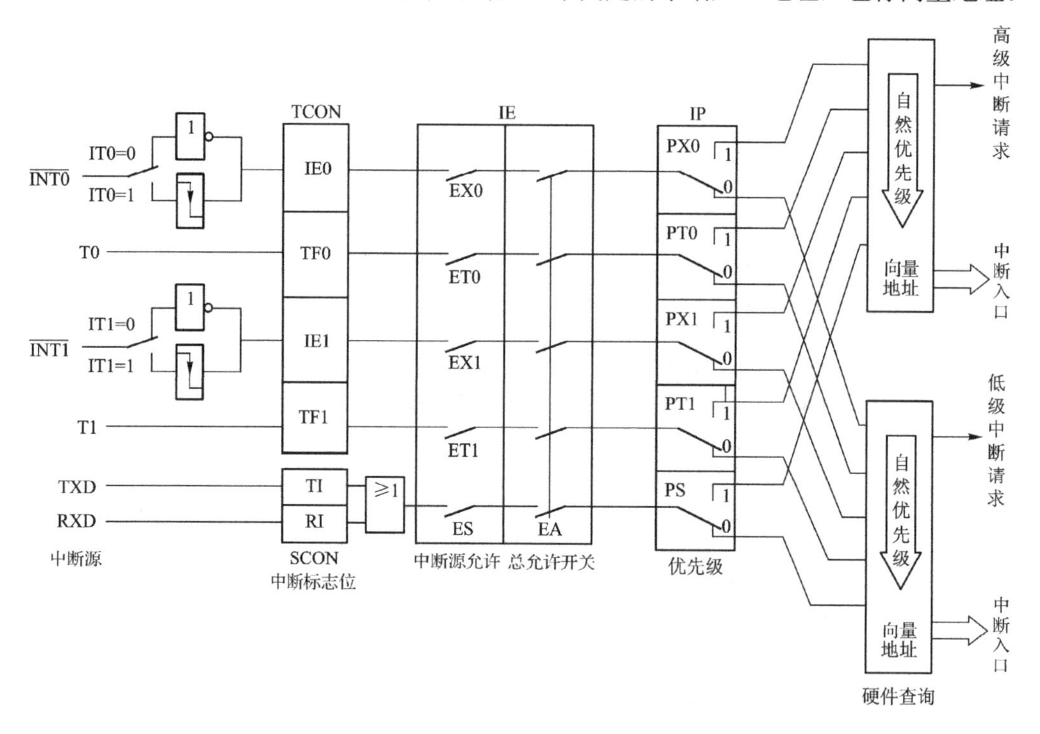

图 9.13　AT89S51 单片机的中断系统结构框图

2．中断源及中断入口

1）中断源

AT89S51 单片机能响应的中断源分为三类，即外部中断、定时中断和串行口中断。从图 9.13 所示结构可见，AT89S51 单片机有 5 个中断请求源，分别为两个外部中断源、两个片内定时/计数器 T0 和 T1 的溢出中断源以及一个片内串行口发送和接收中断源。此外，AT89S52 单片机还增加了一个定时/计数器 T2 的中断源 TF2（T2CON.7）。

下面分类予以介绍。

（1）外部中断类。外部中断是由外部原因（详见第 1 篇）引起的，包括外部中断 0 和外部中断 1。这两个中断请求信号分别通过两个固定引脚，即 P3.2（$\overline{\text{INT0}}$）引脚和 P3.3（$\overline{\text{INT1}}$）引脚输入。

外部中断请求信号有两种信号输入方式，即电平方式和脉冲方式。在电平方式下，低电平有效，即在 P3.2（$\overline{\text{INT0}}$）引脚或 P3.3（$\overline{\text{INT1}}$）引脚出现有效低电平时，外部中断请求标志位 IE0 或 IE1 就置 1。在脉冲方式下，外部输入脉冲的下降沿有效，即在这两个引脚出现有效下降沿时，外部中断请求标志位 IE0 或 IE1 就置 1。

中断请求信号是低电平有效还是下降沿有效，是由 TCON 中的 IT0（TCON.0）或 IT1（TCON.2）位决定的。一旦输入信号有效，就向 CPU 申请中断，并且使相应的外部中断请求标志位 IE0 或 IE1 置 1。

（2）定时/计数中断类。定时/计数中断是为满足定时或计数溢出处理的需要而设置的。

定时方式的中断请求是由单片机内部引起的，输入脉冲是内部产生的周期固定的脉冲信号（1 个机器周期），无须在芯片外部设置引入端。

计数方式的中断请求是由单片机外部引起的，脉冲信号由 T0（P3.4）引脚或 T1（P3.5）引脚输入，脉冲下降沿为计数有效信号，这种脉冲信号的周期是不固定的。

当定时/计数器中的计数值发生溢出时，表明定时时间到或计数值已到，这时就以计数溢出信号作为中断请求信号使溢出标志位置 1，即 T0 溢出标志位 TF0（TCON.5）=1，或 T1 溢出标志位 TF1（TCON.7）=1。如果允许中断，则请求中断处理。

（3）串行口中断类。串行口中断是为串行数据的传输需要而设置的。每当串行口由 TXD（P3.1）引脚发送一完整的串行帧数据，或从 RXD（P3.0）引脚接收一完整的串行帧数据时，都会使内部串行口中断标志位 RI（SCON.0）或 TI（SCON.1）置 1，并请求中断。

由 AT89S51 单片机的中断系统结构框图可以看出，当这些中断源的中断标志位为 1 时，并不一定能引起中断，还需要经过 IE 的控制，才能响应中断请求。

2）中断入口地址及中断优先级

当 CPU 响应某中断源的中断请求之后，CPU 将把此中断源的中断服务程序入口地址装入程序计数器 PC，中断服务程序即从此地址开始执行，因而将此地址称为中断入口地址，也称为中断向量。在 AT89S51 单片机中，各中断源以及与之对应的入口地址及优先级分配如下：

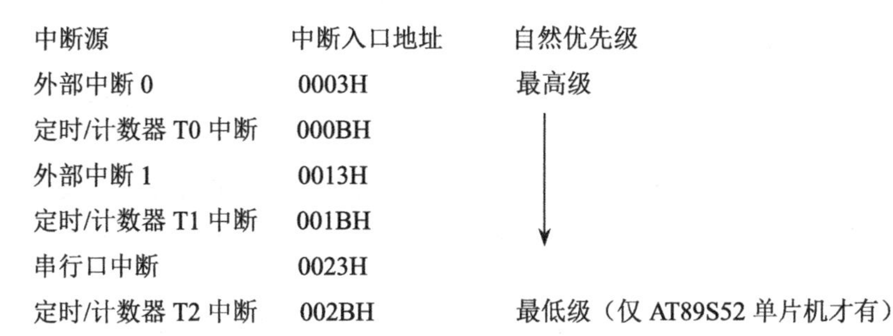

中断源	中断入口地址	自然优先级
外部中断 0	0003H	最高级
定时/计数器 T0 中断	000BH	
外部中断 1	0013H	
定时/计数器 T1 中断	001BH	
串行口中断	0023H	
定时/计数器 T2 中断	002BH	最低级（仅 AT89S52 单片机才有）

中断入口地址由单片机硬件电路决定，不能更改，所有的 80C51 系列单片机都有这 5 个中断源，有些型号的单片机与 AT89S51 完全相同，如 Philip 公司的 P89C51 单片机；另有一些型号的单片机则增加了新的中断源，如 AT89S52 单片机增加了定时/计数器 T2 中断源，中断入口地址为 002BH；还有一些型号的单片机的中断源多达 9 个，其中断入口地址按 8 字节一个中断源顺序往下排，可以表达为入口地址=$8n$+3，其中，n 为中断自然优先级。

注意，通常不能从此地址开始运行中断服务程序，因为各中断入口地址之间只相隔 8 字节，一般的中断服务程序是容纳不下的，所以最常用的方法是在中断入口地址单元处存放一条无条件转移指令，使程序跳转到用户安排的中断服务程序起始地址上。这样可使中断服务程序灵活地安排在 64KB 程序存储器的任何空间。

由硬件形成的自然优先级排列顺序在实际应用中很方便和合理。如果重新设置了优先级，则顺序查询逻辑电路将会相应改变排列顺序。当几个同一优先级的中断源同时向 CPU 申请中断时，CPU 通过内部顺序查询逻辑电路，按自然优先级顺序确定先响应哪个中断请求。

9.3.2 与中断有关的寄存器

中断功能虽然是硬件和软件相结合的产物，但用户只需要对中断硬件电路和发生过程进行一般了解，对于用户来说，重点是怎样通过软件管理和应用中断功能。为此，首先应该掌握与中断控制和管理有关的几个寄存器，下面分别予以介绍。

1. 中断允许控制寄存器 IE

IE 是 80C51 系列单片机中的中断允许控制寄存器，由它控制对中断的开放或关闭。通过向 IE 写入中断控制字，可以实现对中断的两级控制，此处所说的两级是指控制字中有一个中断允许总控制位 EA，它为 0 时将屏蔽所有的中断申请，而当 EA=1 时，虽然 CPU 已经开放中断，但还需要设置相应中断源的中断允许控制位，才可确定允许哪个中断源中断。

IE 的字节地址是 A8H，各位名称及位地址见表 9.7，该寄存器可以位寻址。

表 9.7 中断允许控制寄存器 IE 的各位名称及位地址

位序	位 7	位 6	位 5	位 4	位 3	位 2	位 1	位 0
位地址	AFH	AEH	ADH	ACH	ABH	AAH	A9H	A8H
位名称	EA	—	ET2*	ES	ET1	EX1	ET0	EX0

IE 各位的作用如下所述。

（1）EA——中断允许总控制位。

当 EA=1 时，CPU 开放中断，允许所有中断源申请中断，但每个中断源的允许与禁止，分别由各自的中断允许控制位确定；当 EA=0 时，CPU 屏蔽所有的中断申请，称为关中断。

（2）ET2*——T2 中断允许控制位（仅 AT89S52/C52 或类似型号单片机有）。当 ET2=1 时，允许 T2 中断；当 ET2=0 时，禁止 T2 中断。

（3）ES——串行口中断允许控制位。当 ES=1 时，允许串行口中断；当 ES=0 时，禁止串行口中断。

（4）ET1——T1 中断允许控制位。当 ET1=1 时，允许 T1 中断；当 ET1=0 时，禁止 T1 中断。

（5）EX1——外部中断 1 允许控制位。当 EX1=1 时，允许外部中断 1 中断；当 EX1=0 时，禁止外部中断 1 中断。

（6）ET0——T0 中断允许控制位。当 ET0=1 时，允许 T0 中断；当 ET0=0 时，禁止 T0 中断。

（7）EX0——外部中断 0 允许控制位。当 EX0=1 时，允许外部中断 0 中断；当 EX0=0 时，禁止外部中断 0 中断。

AT89S51 单片机复位后，IE 中各中断允许控制位均被清零，即禁止所有中断。

2. 中断请求标志寄存器

当有中断源发出中断申请时，由硬件将相应的中断标志位置 1。在响应中断请求前，相应中断标志位被锁存在特殊功能寄存器 TCON 或 SCON 中。

1）定时/计数器控制寄存器 TCON

TCON 为 T0 和 T1 的控制寄存器，同时锁存 T0 和 T1 的溢出中断标志位及外部中断 $\overline{\text{INT0}}$ 和 $\overline{\text{INT1}}$ 的中断标志位。

TCON 的各位名称及排列格式在 9.1.2 节已介绍。

下面介绍 TCON 中与中断有关的各位的功能。

（1）TF1——T1 溢出标志位。当 TF1=1 时，说明计数值产生溢出，在中断工作方式下向 CPU 请求中断，此标志位一直保持到 CPU 响应中断请求后，才由硬件自动清零，也可用软件查询该标志位，并由软件清零；TF1=0，说明 T1 没有工作，或者在工作但没有产生溢出。

（2）TF0——T0 溢出标志位。其操作功能与 TF1 相同。

（3）IE1——外部中断 1 中断请求标志位。当 IE1=1 时，表明外部中断 1 向 CPU 申请中断；当 IE1=0 时，表明外部中断 1 没有向 CPU 申请中断。

（4）IT1——外部中断 1 触发方式选择位。

当 IT1=0 时，外部中断 1 设置为电平触发方式。在这种方式下，CPU 在每个机器周期的 S5P2 期间对 $\overline{\text{INT1}}$（P3.3）引脚采样，若采到低电平，则认为有中断申请，随即使 IE1=1；若采到高电平，认为无中断申请或中断申请已撤除，则使 IE1 清零。在电平触发方式中，CPU 响应中断请求后不能自动使 IE1 清零，也不能由软件使 IE1 清零，所以在中断返回前必须撤销 $\overline{\text{INT1}}$ 引脚上的低电平，否则会引起再次中断，造成出错。

当 IT1=1 时，外部中断 1 设置为边沿触发方式。在这种方式下，CPU 在每个机器周期的 S5P2 期间采样引脚，若在连续两个机器周期采样到先高电平后低电平，则使 IE1=1，此标志位一直保持到 CPU 响应中断请求时才由硬件自动清零。在边沿触发方式中，为保证 CPU 在两个机器周期内检测到由高电平到低电平的负跳变，输入高、低电平的持续时间至少要保持 12 个时钟周期。

（5）IE0——外部中断 0 中断请求标志位。其操作功能与 IE1 相同。

（6）IT0——外部中断 0 触发方式选择位。其操作功能与 IT1 相同。

AT89S52 单片机增加的定时器 T2 的中断标志在 T2CON 中，详见参考文献［1］。

2）串行口控制寄存器 SCON

SCON 的各位名称及排列格式在 9.2.1 节已介绍。

SCON 的低两位 TI 和 RI 用于锁存串行口的接收中断标志和发送中断标志。

下面介绍 SCON 中与中断有关的两位的功能。

（1）TI——发送中断标志位。当 TI=1 时，说明 CPU 将一字节数据写入发送数据缓冲寄存器 SBUF，并且已发送完一个串行帧数据，此时，硬件使 TI 为 1。在中断工作方式下，可以向 CPU 申请中断，在中断工作方式和查询工作方式下都不能自动使 TI 清零，必须由软件使该标志位清零。当 TI=0 时，说明没有进行串行发送，或者串行发送没有完。

（2）RI——接收中断标志位。当 RI=1 时，在串行口允许接收后，每接收完一个串行帧数据，硬件使 RI 为 1。同样在中断工作方式和查询工作方式下都不会自动使 RI 清零，必须由软件使该标志位清零。当 RI=0 时，说明没有进行串行接收，或者串行接收没有完。

AT89S51 单片机系统复位后，TCON 和 SCON 中各位均置 0，应用中要注意各位的初始状态。

3. 中断优先级寄存器 IP

IP 用于 80C51 单片机中断优先级的统一设定和管理，它具有两个中断优先级，用户可用软件设置每个中断源为高优先级中断或低优先级中断，可实现两级中断嵌套。

在 80C51 单片机的中断系统中，内部有两个优先级状态触发器（用户不能访问），它们分别指示出 CPU 是否在执行高优先级或低优先级中断服务程序，从而决定是否屏蔽所有的中断申请或同级的其他中断申请。高优先级中断源可中断正在执行的低优先级中断服务程序，但在执行低优先级中断服务程序时，如果已经设置了 CPU 关中断，则即使高优先级中断源再申请中断，CPU 也不能马上响应。同级或低优先级的中断源不能中断正在执行的中断服务程序。

IP 的字节地址是 B8H，其各位名称及位地址见表 9.8，该寄存器可以位寻址。

表 9.8　中断优先级寄存器 IP 的各位名称及位地址

位　序	位 7	位 6	位 5	位 4	位 3	位 2	位 1	位 0
位地址	BFH	BEH	BDH	BCH	BBH	BAH	B9H	B8H
位名称	—	—	PT2*	PS	PT1	PX1	PT0	PX0

其各位名称及作用如下：

（1）PS——串行口中断优先级选择位。当 PS=1 时，设定串行口为高优先级中断；当 PS=0 时，设定串行口为低优先级中断。

（2）PT1——T1 中断优先级选择位。当 PT1=1 时，设定 T1 为高优先级中断；当 PT1=0 时，设定 T1 为低优先级中断。

（3）PXl——外部中断 1 中断优先级选择位。当 PX1=1 时，设定外部中断 1 为高优先级中断；当 PX1=0 时，设定外部中断 1 为低优先级中断。

（4）PT0——T0 中断优先级选择位。当 PT0=1 时，设定 T0 为高优先级中断；当 PT0=0 时，设定 T0 为低优先级中断。

（5）PX0——外部中断 0 中断优先级选择位。当 PX0=1 时，设定外部中断 0 为高优先级中断；当 PX0=0 时，设定外部中断 0 为低优先级中断。

（6）PT2*——T2 中断优先级选择位（仅 AT89S52/C52 或类似型号单片机有）。当 PT2=1 时，设定 T2 为高优先级中断；当 PT2=0 时，设定 T2 为低优先级中断。

当系统复位后，IP 全部清零，将所有中断源设置为低优先级中断。通过设置 IP 可以改变自然优先级排列顺序。

例如，如果 IP 中设置的优先级控制字为 09H，则 PT1 和 PX0 均为高优先级中断，但当这两个中断源同时发出中断申请时，CPU 将先响应自然优先级高的 PX0 的中断申请。对于中断源多于 5 个的单片机型号，其优先级顺序依次往下排。

9.3.3　中断请求的撤除

CPU 响应某中断请求后，在中断返回前，应该撤销该中断请求，否则会引起另一次中断。

对定时器 T0 或 T1 的溢出中断和边沿触发的外部中断，CPU 在响应中断请求后，就用硬件使有关的中断标志位 TF0、TF1、IE0 或 IE1 清零，即中断请求是自动撤除的，无须采取其他措施。

对于串行口中断，CPU 响应中断请求后，没有用硬件使 TI、RI 清零，故这些中断请求不能自动撤除，而要靠软件来使相应的标志位清零。

以上中断请求的撤除都较简单，只有对于电平激活的外部中断，撤除方法较复杂。因为在电平触发方式中，CPU 响应中断请求时不会自动使 IE1 或 IE0 清零，所以在响应中断请求后应立即撤除 $\overline{\mathrm{INT0}}$ 引脚或 $\overline{\mathrm{INT1}}$ 引脚上的低电平。因为 CPU 对 $\overline{\mathrm{INT0}}$ 引脚和 $\overline{\mathrm{INT1}}$ 引脚上的信号不能控制，所以这个问题要通过硬件再配合软件来解决。该方法要配合硬件，较麻烦，所以一般不提倡采用低电平触发中断的方法，详见参考文献［1］。

9.3.4 扩充外部中断源

AT89S51 单片机具有两个外部中断请求输入端 $\overline{INT0}$ 和 $\overline{INT1}$，在实际应用中，若外部中断源超过两个，就需要扩充外部中断源输入端。下面介绍利用定时/计数器扩充外部中断源的比较简单可行的方法。

AT89S51 单片机有两个定时/计数器，有两个内部中断标志和外部计数引脚。将定时/计数器设置成计数方式，计数初值设定为满量程，一旦从外部计数引脚输入一个负跳变信号，计数器加 1 产生溢出中断。把外部计数引脚 T0（P3.4）或 T1（P3.5）作为扩充外部中断源的输入端，该定时/计数器的溢出中断标志及中断服务程序作为扩充中断源的中断标志和中断服务程序。例如，将定时器 0 设定为方式 2（自动重装载常数）代替一个扩充外部中断源，TH0 和 TL0 的初值为 FFH，允许 T0 中断，CPU 开放中断，初始化程序如下：

```
MOV    TMOD, #06H
MOV    TL0, #0FFH
MOV    TH0, #0FFH
SETB   TR0
SETB   ET0
SETB   EA
```

当连接在 T0（P3.4）引脚的外部中断请求输入线发生负跳变时，TL0 计数加 1 产生溢出，置位 TF0，向 CPU 发出中断申请，同时将 TH0 的内容 FFH 送到 TL0，即 TL0 恢复初值。T0 引脚每输入一个负跳变信号，TF0 都会置 1 且向 CPU 申请中断，这就相当于边沿触发的外中断源输入了。

扩充外部中断源还可以采取在外部把几个中断源相与的方法，但这种方法比较麻烦，所以很少用，通常可以采用有更多外部中断源输入引脚的芯片。

9.3.5 中断程序的设计与应用

本节将介绍单片机中断程序的一般设计方法，并通过几个简明易懂的实例说明中断系统的应用。通过这些实例，读者可以了解中断控制和中断服务程序的设计思想及设计时应注意的问题。

1. 中断程序的一般设计方法

1）主程序中的中断初始化

在单片机复位后，与中断有关的寄存器都复位为 0，即都处于中断关闭状态。要实现中断功能，必须进行中断初始化设置。主程序中的中断初始化主要包括两个方面：一是对 4 个与中断有关的特殊功能寄存器 TCON、SCON、IE 和 IP 的中断初始化，二是对相关中断源的初始化。除此之外，在多数情况下还需要重新设置堆栈指针，因为系统复位后的堆栈指针的值为 07H，而 08H～1FH 区域为工作寄存器区，20H～2FH 区域为位寻址区，系统有可能用到它们，所以最好重新设置堆栈指针的值为 30H 以上。

对于与中断有关的特殊功能寄存器的相应位，按照要求进行状态预置后，CPU 就会按照要求对中断源进行管理和控制。在 80C51 系列单片机中，管理和控制的项目如下：

（1）CPU 开中断与关中断。

（2）某中断源中断请求的允许和禁止（屏蔽）。

（3）各中断源优先级别的设定（中断源优先级排序）。

（4）外部中断请求的触发方式。

中断管理与控制程序一般不独立编写，而是包含在主程序中，根据需要通过几条指令来实现。例如，CPU 开中断，可用指令“SETB　EA”或“ORL　IE, #80H”实现，CPU 关中断可用指令“CLR　EA”或“ANL　IE, #7FH”实现。

对相关中断源的初始化也要在主程序中进行，如对定时/计数器或串行口的初始化等。现在假设应用程序中有两个中断源，一个是外部中断 1，另一个是串行口，则与中断初始化有关的程序的一般编写格式如下：

```
        ORG   0000H
        LJMP  MAIN
        ORG   00013H              ；外部中断 1 的中断入口地址
        LJMP  SUB1                ；转外部中断 1 的中断入口地址
         …
        ORG   0023H               ；串行口的中断入口地址
        LJMP  SUB4                ；转串行口的中断入口地址
         …
        ORG   0030H
MAIN：   …
         …
        MOV   TCON, #04           ；外部中断 1 选择边沿触发方式
        MOV   IE, #10010100B      ；CPU 开中断，外部中断 1 和串行口开中断
         …                        ；执行主程序
        ORG   100H                ；外部中断 1 的中断入口地址
SUB1：   …                        ；外部中断 1 的中断服务程序
         …
        RETI                      ；中断返回
         …
        ORG   200H                ；串行口的中断入口地址
SUB4：   …
         …                        ；串行口的中断处理程序
        RETI                      ；中断返回
```

在上面的程序中分别确定了外部中断 1 和串行口的中断服务程序的入口地址，这样初学者容易明确中断服务程序的入口地址。但在使用这种方法时要特别注意，中断服务程序所占的空间不能和主程序发生冲突。例如，如果主程序所占的空间为 30H～200H 区域，此时把中断服务程序入口地址定为 100H，则会导致出错。在多数情况下采用的方法是不给中断服务程序的入口地址定位，此时汇编程序能通过设置的标号自动给中断服务程序的入口地址定位，但使用这种方法时一定要注意不能把中断服务程序插在主程序中，而是安排在主程序的最前面或最后面。

2）中断服务程序

中断服务程序是具有特定功能的独立程序段，它为中断源的特定要求服务，以中断返回指令结束。

单片机中中断服务程序的一般编写格式如下：

```
CH1：   CLR   EA                  ；关中断
        PUSH  ACC                 ；保护现场
        PUSH  PSW
```

```
    …
    SETB  EA            ; 开中断（如果不希望高优先级中断进入，则不用开中断）
    …                   ; 中断服务程序
    CLR   EA            ; 关中断
    …                   ; 恢复现场
    POP   PSW
    POP   ACC
    SETB  EA
    RETI                ; 中断返回
```

对于只需要一次中断服务的程序，中断返回前可关中断。

2．中断程序应用举例

下面通过具体实例说明中断控制和中断服务程序的设计。

例 9.10 利用 80C51 系列单片机的 T0 定时，在 P1.0 引脚输出一方波，方波周期为 20 ms，已知晶振频率为 12 MHz。

解：在第 9.1 节已用查询方法做过类似题目，现在采用中断的方法实现这一要求，T0 的中断服务程序入口地址为 000BH。

T0 的初值 X=65536–10000=55536=D8F0H。

汇编语言源程序如下：

```
        ORG   0000H
        LJMP  MAIN
          …
        ORG   000BH          ; T0 中断入口
        LJMP  SUB1           ; 转 T0 中断服务程序的入口地址
          …
        ORG   30H
MAIN：  MOV   TMOD, #01H     ; 设置定时器的工作方式
        MOV   TL0, #0F0H     ; 设置 10 ms 定时初值
        MOV   TH0, #0D8H
        MOV   IE, #82H       ; CPU 开中断，T0 开中断
        SETB  TR0            ; 启动 T0
HERE：  SJMP  HERE           ; 循环等待定时到
          …
SUB1：  MOV   TL0, #0F0H     ; 重赋初值
        MOV   TH0, #0D8H
        CPL   P1.0           ; 输出取反
        RETI
          …
```

C51 语言程序如下：

```
#include <reg51.h>
sbit out = P1^0;
void main (void)
{
    TMOD = 0x01;                    //设置定时器的工作方式
```

```
        TL0 = 0xf0;
        TH0 = 0xd8;
        IE = 0x82;                      // CPU 开中断，T0 开中断
        TR0 = 1;                        //启动定时器 T0
        while(1);                       //主程序等待
    }
    void T0_int(void) interrupt 1       //定义 T0 中断服务程序
    {
        TL0 = 0xf0;                     //定时器重新赋初值
        TH0 = 0xd8;
        out = !out;                     //输出反相
    }
```

在本例的中断服务程序中没有关中断，也没有保护现场，因为只有一个中断源，且主程序中没有需要保护的内容。

在以上程序中没有用对 TF0 清零的指令，因为进入中断服务程序后，硬件可自动将 TF0 清零。采用中断方式后程序可以完成更多的工作，例如，以上程序中的“SJMP”指令，要反复运行 10 ms，在这期间可以执行许多其他操作。

例 9.11 要求用 80C51 系列单片机的 P1.0 引脚产生周期为 200 μs 的方波，用 P1.1 引脚产生周期为 400 μs 的方波，并要求用 T1 作为串行口波特率发生器，产生的波特率为 2400 b/s，单片机的晶振频率为 12 MHz。

解：由于所要求的两路方波的周期较短，因而可采用 T0 在方式 3 下工作，此时 T1 可在方式 2 下工作，作为串行口波特率发生器。因为在一个程序中有两个定时/计数器同时工作，此时不适合用查询方式定时，所以在此例中采用了中断方式定时。

首先计算两路信号的定时初值：

$TL0=2^8-(12\times10^6\times100\times10^{-6})/12=256-100=156$

$TH0=2^8-(12\times10^6\times200\times10^{-6})/12=256-200=56$

然后计算 T1 的波特率初值 X：

$X=2^8-(12\times10^6\times(0+1))/(384\times2400)=256-13=243=F3H$

汇编语言源程序如下：

```
        ORG     0000H
        LJMP    MAIN
        ORG     000BH               ; TL0 的中断入口地址
        LJMP    ITL0
        ORG     001BH               ; TH0 的中断入口地址，原来是 T1 的中断入口地址
        LJMP    ITH0
        ORG     100H
    MAIN:
        MOV     SP, #50H            ; 设置堆栈指针
        MOV     TMOD, #00100011B    ; 设 T0 的工作方式为方式 3，T1 的工作方式为方式 2
        MOV     TL0, #156           ; 给 TL0 赋初值
        MOV     TH0, #56            ; 给 TH0 赋初值
        MOV     TL1, #0F3H          ; 给 TL1 赋初值
        MOV     TH1, #0F3H          ; 给 TH1 赋初值
```

```
        SETB    TR0                 ; 启动 TL0
        SETB    TR1                 ; 启动 TH0
        SETB    ET0                 ; 允许 TL0 中断
        SETB    ET1                 ; 允许 TH0 中断
        SETB    EA                  ; CPU 开放中断
        SJMP    $
        ORG     200H
ITL0:
        MOV     TL0, #156           ; 重新装初值
        CPL     P1.0                ; 输出取反，形成方波
        RETI
        ORG     300H
ITH0:
        MOV     TH0, #56            ; 重新装初值
        CPL     P1.1                ; 输出取反，形成方波
        RETI
```

C51 语言程序如下：

```
#include <reg51.h>
sbit out0 = P1^0, out1 = P1^1;
void main (void)
{
    SP = 0x50;                          //设置堆栈指针
    TMOD = 0x23;                        //设置定时器的工作方式
    TL0 = 156;                          //给 T0 赋初值
    TH0 = 56;
    TL1 = 0xF3;                         //给 T1 赋初值
    TH1 = 0xF3;
    TR0 = 1;                            //启动 TL0
    TR1 = 1;                            //启动 TH0
    ET0 = 1;                            //允许 TL0 中断
    ET1 = 1;                            //允许 TH0 中断
    EA = 1;                             //CPU 开放中断
    while(1);                           //主程序等待
}
void T0_int(void) interrupt 1           //定义 TL0 的中断服务程序
{
    TL0 = 156;                          //重新装初值
    out0= !out;                         //输出反相，形成方波
}
void T1_int(void) interrupt 3           //定义 TH0 的中断服务程序
{
    TH0 = 56;                           //重新装初值
    out1 = !out1;                       //输出反相，形成方波
}
```

注意：在程序中把 T1 的工作方式初始化为方式 2 之后，它就可作为串行口波特率发生器

自动工作，不必再对它操作。

由以上程序可知，定时/计数器仅在初始化和计满溢出产生中断时才占用CPU的工作时间，一旦启动之后，定时/计数器的定时、计数过程全部是独立运行的，因而采用中断方式可使CPU有较高的工作效率。

例 9.12 要求在甲、乙两台 AT89S51 单片机之间进行串行通信，甲机发送，乙机接收。本例题实现的功能是把甲机片内以 50H 为起始地址的 16 字节数据发送到乙机。甲机首先发送数据长度，然后开始发送数据。乙机以接收到的第 1 字节作为接收数据的长度，从第 2 字节开始为数据。乙机将接收的数据存放在片内以 60H 为起始地址的 16 个存储单元内。已知两机所使用的晶振频率均为 11.0592 MHz，波特率为 9600 b/s。

解：甲机串行发送的内容包括数据长度和数据。在以下程序中数据长度是在主程序中发送的，甲机启动运行后即开始发送数据长度，此时串行口是关中断的，当数据长度发送完后，再开中断。发送数据是在中断服务程序中完成的。本例中，乙机必须先启动运行，做好接收数据的准备，甲机每发送一个数据至乙机，都使乙机 RI 置 1。因为乙机串行口是开中断的，所以它能够响应中断请求，转至中断服务程序处理传来的数据。在甲机、乙机等待发送的时候还可以使 CPU 执行一些其他操作。

设甲机、乙机的定时器 1 按方式 2 工作，串行口按方式 1 工作。

在乙机接收程序中需要设置一个数据长度与数据的识别位，在此用 F1 表示，当 F1 为 1 时表示接收的是数据，为 0 时表示接收的是数据长度。

甲机有关发送的汇编语言程序如下：

```
          ORG     0000H
          LJMP    MAIN
          ORG     0023H
          LJMP    ESS
          …
  MAIN:   …
          MOV     TMOD, #20H          ; T1 设置为方式 2
          MOV     TL1, #0FDH          ; T1 赋初值
          MOV     TH1, #0FDH
          SETB    EA                  ; CPU 开中断
          CLR     ES                  ; 串行口关中断
          SETB    TR1                 ; 启动定时器 1 工作
          CLR     TI                  ; 发送中断标志位清零
          MOV     SCON, #40H          ; 串行口按方式 1 工作
          MOV     08H, #50H           ; 发送数据起始地址→第 1 组工作寄存器的 R0
          MOV     09H, #16            ; 数据长度→第 1 组工作寄存器的 R1
          MOV     A, #16
          MOV     SBUF, A             ; 输出数据长度
          SETB    ES                  ; 串行口开中断
          SJMP    $                   ; 等待发送
          …
          ORG     100H                ; 串行口中断服务程序
  ESS:    PUSH    ACC                 ; 把累加器 A 的内容压入栈保护
          SETB    RS0                 ; 保护第 0 组工作寄存器
          CLR     RS1                 ; 选择第 1 组工作寄存器
```

```
        MOV     A, @R0          ; 发送数据至累加器 A
        CLR     TI              ; TI 清零
        MOV     SBUF, A         ; 输出数据
        INC     R0
        DJNZ    R1, L1          ; 数据未发送完转至 L1
        CLR     ES              ; 串行口关中断
L1:     POP     ACC             ; 弹出栈，恢复现场
        CLR     RS0             ; 恢复第 0 组工作寄存器
        RETI
```

C51 语言程序如下：

```
#include <reg52.h>                        //包含 52 单片机特殊功能寄存器的定义
static unsigned char number = 0;          //定义一个静态变量
data unsigned char send_data[16] _at_ 0x50;   //定义发送数据数组
void main (void)
{
    TMOD = 0x20;                          //设置 T1 的定时方式
    TL1 = 0xfd;                           //为 T1 赋初值
    TH1 = 0xfd;
    EA = 1;                               //CPU 开中断
    ES = 0;                               //关串行中断
    TR1 = 1;                              //启动 T1
    TI = 0;                               //串行口发送标志位清零
    SCON = 0x40;                          //串行口按方式 1 工作
    SBUF = 16;                            //发送数据的个数
    ES = 1;                               //串行口开中断
    while(1);
}
void UART_int(void) interrupt 4 using 1   //串行口中断服务函数
{
    if(TI)                                //判断数据是否发送完成
    {
        TI = 0;                           //发送标志位清零
        if (number<16)                    //数据未发送完，则继续发送
        {
            SBUF = send_data[number];     //发送一个数据
            number++;                     //计数值加 1
        }else
         {
            ES = 0;                       //禁止串行口中断
            TR1   = 0;                    //T1 停止工作
         }
    } else RI = 0;                        //接收标志位清零
}
```

乙机有关接收的汇编语言程序如下：

```
        ORG     0000H
        LJMP    MAIN
```

```
        ORG     0023H
        LJMP    ESS
        …
MAIN:
        …
        MOV     TMOD, #20H          ; Tl 按方式 2 工作
        MOV     TL1, #0FDH          ; Tl 赋初值
        MOV     TH1, #0FDH
        SETB    EA                  ; CPU 开中断
        SETB    ES                  ; 串行口开中断
        SETB    TR1                 ; 启动 T1 工作
        MOV     SCON, #50H          ; 串行口按方式 1 工作
        CLR     F1                  ; F1 为 0，表示接收的是数据长度
        MOV     08H, #60H           ; 接收数据首地址→第 1 组工作寄存器的 R0
        SJMP    $                   ; 等待接收

        ORG     100H                ; 串行口中断服务程序
   ESS: SETB    RS0                 ; 保护第 0 组工作寄存器
        CLR     RS1                 ; 选择第 1 组工作寄存器
        PUSH    ACC                 ; 累加器 A 的内容入栈保护
        JB      F1, L1
        MOV     A, SBUF             ; 接收数据长度信息
        CLR     RI                  ; RI 清零
        MOV     R1, A               ; 数据长度→R1
        SETB    F1                  ; 置接收数据标志
        SJMP    L2
    L1: MOV     A, SBUF             ; 接收数据长度信息
        MOV     @R0, A              ; 存放数据
        CLR     RI                  ; RI 清零
        INC     R0
        DJNZ    R1, L2              ; 数据未接收完转至 L2
        CLR     ES                  ; 串行口关中断
        CLR     TR1                 ; 关闭 T1
    L2: POP     ACC                 ; 弹出栈，恢复现场
        CLR     RS0                 ; 恢复第 0 组工作寄存器
        RETI
        END
```

C51 语言程序如下：

```
#include <reg52.h>
data unsigned char receive_data[16] _at_ 0x60;       //定义接收数据数组
static unsigned char i = 0, number = 0;              //定义两个静态变量
void main (void)
{
    TMOD = 0x20;                                      //设置 T1 的定时方式
    TL1 = 0xfd;                                       //为 T1 赋初值
```

```
    TH1 = 0xfd;
    EA = 1;                                 //CPU 开中断
    ES = 1;                                 //串行口开中断
    TR1 = 1;                                //启动 T1
    SCON = 0x50;                            //设置串行口允许接收
    F1=0;                                   //F1 为 0，表示接收的是数据长度
    while(1);
}
void UART_int(void) interrupt 4 using 1     //串行口中断服务函数
{
    if(RI)                                  //判断是否接收到数据
    {
        RI = 0;                             //接收标志位清零
        if(F1)
        {
            receive_data[i] = SBUF;         //接收数据并存储
            i++;                            //计数器加 1
            if (i>=number)                  //判断接收数据的个数
            {
                ES = 0;                     //关串行中断
                TR1 = 0;                    //T1 停止工作
            }
        }else
         {                                  //接收数据长度
            number = SBUF;
            F1 = 1;                         //标志位置 1，表示接下来接收数据
         }
    } else   TI = 0;                        //发送标志位清零
}
```

显然，以上中断程序中省略了等待发送和接收的指令，提高了程序执行效率。在中断程序中使 TI、RI 清零的作用是当下一次发送和接收完成之后，又可以自动进入中断程序。

在例 9.12 中甲机只负责发送，它不管乙机是否已接收到数据或接收正确与否，这样的通信是不太可靠的，通常采用的方法是甲机先呼叫乙机，乙机应答并同意接收时，甲机再开始发送。

在中断程序中之所以要保护第 0 组工作寄存器，是因为它用到了 R0，而在主程序中通常默认的工作寄存器均为第 0 组，为避免发生冲突，需要选择其他组工作寄存器。

当需在两台以上的单片机间传输数据时，常采用多机通信的方法。限于篇幅，本书不再举例说明，多机通信举例详见参考文献［1］。

思考与练习

1．AT89S51/C51 单片机内部有几个定时/计数器？它们由哪些专用寄存器组成？

2．AT89S51/C51 单片机的定时/计数器有哪几种工作方式？各有什么特点？

3．定时/计数器用于定时时，其定时时间与哪些因素有关？用于计数时，对外界计数频率有什么限制？

4．当 T0 按方式 3 工作时，由于 TR1 已被 T0 占用，如何控制 T1 的开启和关闭？

5．已知 AT89S51 单片机的系统时钟频率为 24 MHz，请利用 T0 和 P1.2 引脚输出矩形脉冲，其波形如图 9.14 所示。

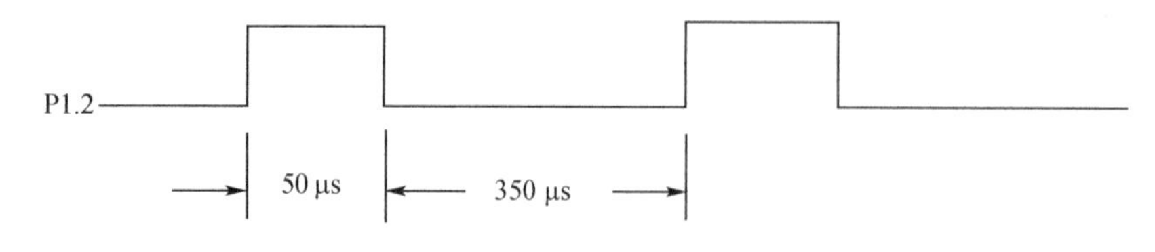

图 9.14　P1.2 引脚输出的矩形脉冲波形

6. 在 AT89S51 单片机中，已知时钟频率为 12 MHz，请编程使 P1.0 引脚和 P1.1 引脚分别输出周期为 2 ms 和 500 μs 的方波。

7. 设系统时钟频率为 24 MHz，试用 T0 作为外部计数器，编程实现每计到 1000 个脉冲，使 Tl 开始 2 ms 定时，定时时间到后，T0 又开始计数，这样反复循环不止。

8. 利用 AT89S51 单片机的定时/计数器测量某正脉冲宽度，已知此脉冲宽度小于 10 ms，主机频率为 24 MHz。编程测量脉冲宽度，并把结果转换为 BCD 码，顺序存放在以片内 50H 为首地址的内存单元中（50H 单元存个位）。

9. 某异步通信接口按方式 3 传输，已知其每分钟传输 3600 个字符，计算其波特率。

10. AT89S51 单片机的串行口由哪些基本功能部件组成？简述工作过程。

11. 简述 AT89S51 单片机串行口控制寄存器 SCON 各位的功能。

12. AT89S51 单片机的串行口有几种工作方式？如何设置不同方式下的波特率？

13. 为什么 T1 用作串行口波特率发生器时，常按方式 2 工作？若已知系统时钟频率、通信选用的波特率，如何计算其初值？

14. 已知 T1 的工作方式设置成方式 2，可用作串行口波特率发生器，如果单片机时钟频率为 24 MHz，则可能产生的最高和最低的波特率是多少？

15. 设计一个 AT89S51 单片机的双机通信系统，并编写程序将甲机片外 RAM 3400H～3420H 单元的数据块通过串行口传输到乙机的片内 RAM 40H～60H 单元中。

16. 利用 AT89S51 单片机的串行口控制 8 只发光二极管工作，要求发光二极管每隔 1 s 交替地亮灭，画出电路并编写程序。

17. AT89S51 单片机有几个中断源？各中断标志是如何产生的？又是如何清零的?

18. AT89S51 单片机响应中断请求时，中断入口地址各是多少？

19. AT89S51 单片机中断优先级处理的原则是什么？ 其中断源优先级是否可变?

20. 中断响应时间是否是确定不变的？为什么？响应中断请求的条件是什么？

21. 用 T1 定时，要求在 P1.6 引脚输出一个方波，周期为 1 min。晶振频率为 12 MHz，请用中断方式实现，并分析采用中断方式的优点。

22. 简述中断程序的一般设计方法。

23. 试用中断方法设计秒、分脉冲发生器。

24. 试用中断技术设计一个秒闪电路，其功能是使发光二极管每秒闪亮且维持 400 ms，主机频率为 24 MHz。

25. 试设计一个 AT89S51 单片机的双机通信系统，并编写程序将 A 机片内 RAM 40H～5FH 单元中的数据块通过串行口传输到 B 机的片内 RAM 60H～7FH 单元中去。已知单片机的晶振频率为 12 MHz，要求采用中断方式接收，传输时进行奇偶校验，若出错，则置 F0 为 1，波特率为 1200 b/s。

第10章 单片机的系统扩展

系统扩展是指当单片机内部的存储器、I/O 接口、片上外设等不能满足应用系统的要求时，在片外连接相应的外围芯片，对单片机进行功能扩展，以满足应用要求。通常情况下，应该尽量选择内部资源可满足要求的单片机形成应用系统，这样最能体现单片机体积小、成本低的优点。由于控制对象的多样性和复杂性，有些情况下单片机内部的资源不能满足应用系统的要求，此时需要对单片机系统进行扩展。从传输方式上分，单片机的系统扩展方法主要有并行扩展和串行扩展两种。

10.1 并行扩展概述

并行扩展是指利用单片机的三总线（地址总线、数据总线和控制总线）进行系统扩展，这种方法传输速度快，但占用引脚数较多，布线较复杂。80C51 系列单片机很适宜进行外部并行扩展，其扩展电路及扩展方法较典型、规范，外围扩展电路芯片大多是一些常规芯片。用户比较容易通过标准扩展电路来构成较大规模的应用系统。

10.1.1 外部并行扩展总线

80C51 系列单片机在进行系统并行扩展时需要依靠地址总线、数据总线和控制总线把外部芯片与单片机连接为一体。一般的计算机外部三总线是相互独立的，但是 80C51 系列单片机由于受引脚的限制，作为低 8 位地址线的 P0 口是地址/数据复用口。为了获得低 8 位地址线，需要在 P0 口外部加一个地址锁存器，从而形成一个与一般计算机类似的外部扩展三总线。单片机的三总线外部扩展电路原理图如图 10.1 所示。图 10.1 中单片机芯片为 80C51 系列中的一种，地址锁存器采用 74HC373。

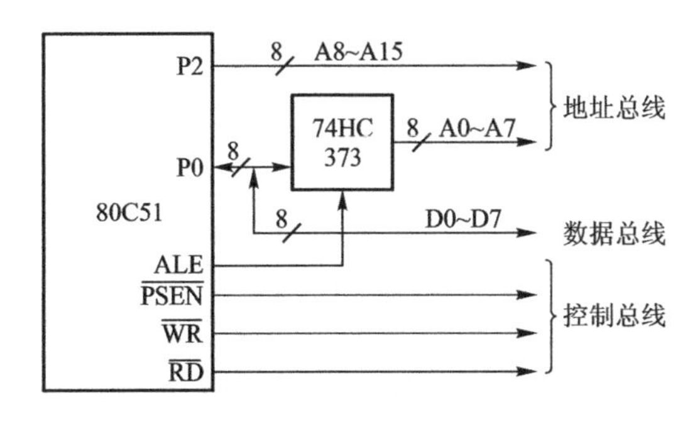

图 10.1 单片机的三总线外部扩展电路原理图

由图 10.1 可见，P2 口作为高 8 位地址线使用，P0 口的低 8 位地址信号首先送到地址锁存器 74HC373 中，当 ALE 信号由高电平变为低电平时，此地址被锁存到 74HC373 中，这样 P2 口的高 8 位地址线与被锁存的 P0 口的低 8 位地址线共同构成了 16 位的地址总线，寻址范围可以达到 64 KB。直到 ALE 信号再次变为高电平，低 8 位地址才会发生变化，在 ALE 信号无效时，P0 口将用于传输数据。作为高 8 位地址线的 P2 口在应用中可根据实际寻址范围确定采用几根接口线，并不一定把 8 位口全部接上。此外，由于一些外围接口芯片的地址也在这 64 KB 范围之内，选择外围芯片地址时要注意不要与存储器地址发生冲突，还要注意保证存储器的地址是连续的。

P0 口作为地址线使用时是单向的，作为数据线使用时是双向的。P0 口的数据/地址复用功能是通过软件、硬件配合共同实现的。在第 5 章中介绍的 P0 口多路转换开关 MUX 及地址/数据控制电路就是为此而设计的。因为 P0 口是分时提供低 8 位地址和数据信息的，在软件上通过采用访问片外存储器的指令就可以实现在送出低 8 位地址信号和锁存信号之后，接着送出数据信息。

单片机系统扩展所用到的控制线主要有如下几种：

（1）ALE 输出低 8 位地址锁存的选通信号。

（2）$\overline{\text{PSEN}}$ 输出扩展程序存储器的读选通信号。

（3）$\overline{\text{RD}}$ 、$\overline{\text{WR}}$ 输出扩展数据存储器和外接 I/O 接口芯片的读、写选通信号。

10.1.2 并行扩展的寻址方法

系统并行扩展的寻址是指当单片机扩展了存储器、I/O 接口等外围接口芯片之后，如何寻找这些芯片的地址及芯片内部单元地址。外围接口芯片的寻址与存储器寻址方法是类似的，甚至更简单一些。下面重点介绍存储器的寻址。存储器寻址是通过对地址线进行适当连接，使得存储器中任一单元都对应唯一的地址。存储器寻址包括存储器芯片的寻址和芯片内部存储单元的寻址。在存储器寻址问题中，对于芯片内部存储单元的寻址方法很简单，就是把存储器芯片的地址线和相应的单片机地址线按位相连即可，但芯片的寻址方法有多种，存储器寻址主要是研究芯片的寻址问题。目前常用的芯片寻址方法有两种：线选法和译码法，此外还有混合片选法。

1）线选法寻址

当扩展存储器采用的芯片不多时，比较简单的一种方法是采用线选法寻址。

线选法是指直接以系统的某根高位地址线作为芯片的片选信号，把选定的地址线和存储器芯片的片选端直接相连即可，低位地址线用于选择内部存储单元。当要选择某片芯片时，P2 口对应引脚的片选信号应该为低电平，其余引脚为高电平。线选法的特点是连接简单，不必专门设计逻辑电路，只是芯片占用的存储空间不紧凑，并且地址空间利用率低，一般用于简单的系统扩展。

2）译码法寻址

当扩展存储器或其他外围芯片的数量较多时，常常采用译码法寻址。译码法寻址是指由译码器组成译码电路对系统的高位地址进行译码，译码电路将地址空间划分若干块，其输出作为存储器芯片的片选信号分别选通各芯片，这样既充分利用了存储空间，又避免了空间分散的缺点，不会产生因高位地址不确定而出现的地址重叠现象，还可减少 I/O 接口线。这种方法也适用于其他外围电路芯片。

3）混合片选法寻址

混合片选法寻址是指把线选法与译码法结合起来，一部分高位地址采用线选法寻址，其余地址采用译码法寻址。

在此仅以 74HC138 译码器为例说明译码器的用法。74HC138 是 3 线-8 线译码器，具有三个选择输入端，可组合成 8 种输入状态，输出端有 8 个，每个输出端分别对应 8 种输入状态中的一种，低电平有效，即对应每种输入状态，仅允许一个输出端为低电平，其余全为高电平。74HC138 译码器还有三个使能端 E3、$\overline{E2}$ 和 $\overline{E1}$，必须同时输入有效电平，译码器才能工作，也就是仅当输入电平为 100 时，才选通译码器，否则译码器的输出全无效。其引脚图和真值表如图 10.2 所示。

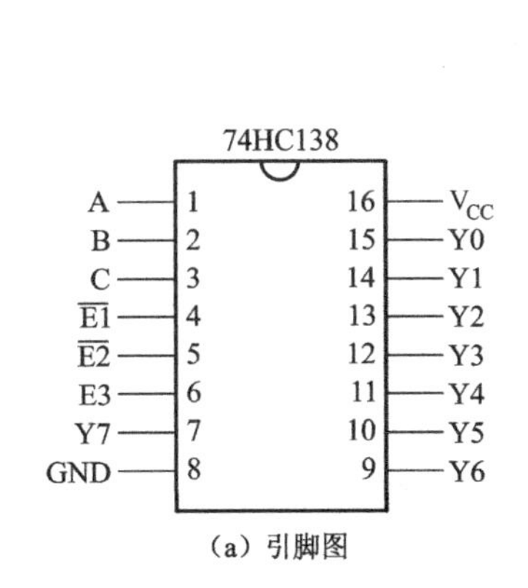

（a）引脚图

输入						输出							
使能			选择			Y0	Y1	Y2	Y3	Y4	Y5	Y6	Y7
E3	$\overline{E2}$	$\overline{E1}$	C	B	A								
1	0	0	0	0	0	0	1	1	1	1	1	1	1
1	0	0	0	0	1	1	0	1	1	1	1	1	1
1	0	0	0	1	0	1	1	0	1	1	1	1	1
1	0	0	0	1	1	1	1	1	0	1	1	1	1
1	0	0	1	0	0	1	1	1	1	0	1	1	1
1	0	0	1	0	1	1	1	1	1	1	0	1	1
1	0	0	1	1	0	1	1	1	1	1	1	0	1
1	0	0	1	1	1	1	1	1	1	1	1	1	0
0	×	×	×	×	×	1	1	1	1	1	1	1	1
×	1	×	×	×	×	1	1	1	1	1	1	1	1
×	×	1	×	×	×	1	1	1	1	1	1	1	1

（b）真值表

图 10.2　74HC138 译码器的引脚图及真值表

如果把单片机的地址线 A13、A14、A15 分别与 74HC138 译码器的 A、B、C 端相接，则输出端产生 8 个片选信号 Y0～Y7，可选择的寻址范围依次为 0000H～1FFFH，2000H～3FFFH，4000H～5FFFH，…，E000H～FFFFH，显然其寻址空间是连续的，这样做也节约了单片机的 I/O 接口线。当单片机外部扩展的并行芯片较多时，适宜采用此方法。

10.2　存储器的并行扩展

当单片机片内存储器不够用或采用片内无存储器的芯片时，需要扩展程序存储器或数据存储器，扩展容量根据应用系统的需要而定。由于单片机技术的进步，目前单片机片内程序存储器的容量基本能满足要求，因而一般不必扩展程序存储器。本节仅介绍单片机采用并行总线扩展数据存储器的方法，此方法也适用于具有并行 I/O 接口的其他芯片。

10.2.1　数据存储器扩展概述

在 80C51 系列单片机扩展系统中，数据存储器由随机存取存储器组成，最大可扩展 64KB。数据存储器一般采用静态 RAM，数据读/写的访问时间根据不同型号一般为几十到几百纳秒。

数据存储器的地址空间同程序存储器一样，访问时由 P2 口提供高 8 位地址，P0 口分时提供低 8 位地址和 8 位双向数据。数据存储器的读和写由 $\overline{RD}$（P3.7）和 $\overline{WR}$（P3.6）信号控制，而程序存储器由读选通信号 $\overline{PSEN}$ 控制，两者虽然共处同一地址空间，但由于控制信号不同，故不会发生总线冲突。

访问片外扩展数据存储器和片外其他外围芯片可用下面 4 条寄存器间接寻址指令：

```
MOVX   A, @Ri
MOVX   A, @DPTR
MOVX   @Ri, A
MOVX   @DPTR, A
```

在 80C51 系列单片机中，可以用作数据存储器的芯片主要是静态数据存储器、动态数据存储器和可改写的只读存储器。常用芯片 62128 为 16KB RAM，62256 为 32KB RAM，芯片 62512 为 64KB RAM 等。可改写的只读存储器目前使用最多的是闪存类型的芯片，如 AT29C256、AT29C512 等。

10.2.2 访问片外数据存储器的操作时序

访问片外数据存储器的操作包括读、写两种操作时序，通过对操作时序的了解，可以更好地理解 ALE、$\overline{RD}$、$\overline{WR}$、P0 及 P2 等信号和地址、数据线的作用，以及 P0 口是如何分时控制低 8 位地址和数据传输的。

现在以“MOVX　@DPTR, A”和“MOVX　A, @DPTR”指令为例，说明访问片外数据存储器的操作时序，如图 10.3 所示。“MOVX　@Ri, A”和“MOVX　A, @Ri”指令的时序与其相似，在此省略。片外 RAM 的读、写指令均为 2 个机器周期，第 1 个机器周期为从程序存储器取指令周期，第 2 个机器周期为向片外数据存储器读/写数据。

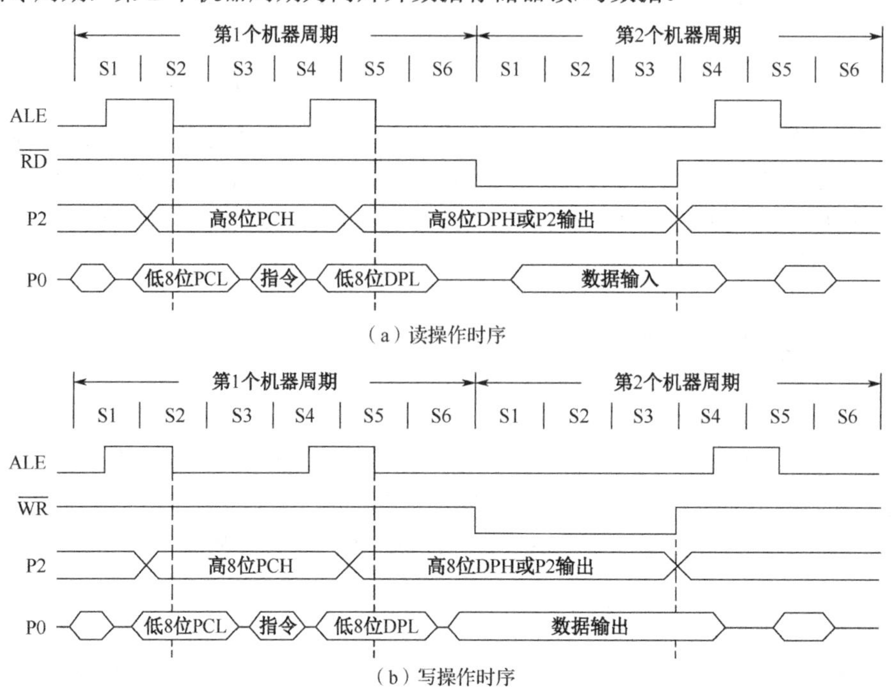

图 10.3　访问片外数据存储器的操作时序

图 10.3（a）为读片外数据存储器的操作时序，在第 1 个机器周期的 S1 状态时，开始读操作。在 S2 状态时，CPU 首先读入低 8 位指令地址（PCL，即 A0～A7），几乎与此同时读入程序存储器的高 8 位指令地址（PCH，即 A8～A15），接着是读指令，在从片内程序存储器取指令时，与片外相接的 P0、P2 和 ALE 不起作用，指令是通过内部总线传输的。在第 1 个机器周期的 S4 状态之后，把片外数据存储器（也可以是其他外设）低 8 位地址（DPL）送到 P0 总线，在 ALE 信号由高电平变为低电平时，把低 8 位地址（DPL）锁存到外部的地址锁存器

中，同时把高 8 位地址（DPH）送到 P2 总线，而 P2 口的高 8 位地址信号保持不变，可以不用外部锁存器，此时选通要寻址的片外 RAM 单元。在第 2 个机器周期中，读控制信号 $\overline{RD}$ 有效，在 S1～S2 状态，减少一个 ALE 信号，经过适当延时后，把被寻址的片外数据存储器单元中的数据送到 P0 总线。在 $\overline{RD}$ 有效时 CPU 将数据读入累加器 A。注意，在任何情况下低 8 位地址与 8 位数据都是分时使用 P0 口的。当 $\overline{RD}$ 变为高电平后，被寻址的片外数据存储器的总线驱动器变为悬浮状态，使 P0 总线驱动器又进入高阻状态。

图 10.3（b）为写片外数据存储器的操作时序，在第 1 个机器周期中读取指令，操作过程与读片外数据存储器的操作时序类似，同样，在读指令后，CPU 把低 8 位地址（DPL）送到 P0 总线，在 ALE 信号由高电平变为低电平时，把低 8 位地址（DPL）锁存到外部的地址锁存器中，同时把高 8 位地址（DPH）送到 P2 总线，此时选通被寻址的片外数据存储器单元，在第 2 个机器周期写控制信号 $\overline{WR}$ 有效，在 S1～S2 状态，也减少一个 ALE 信号，经过适当延时后，P0 口将送出累加器 A 中的数据，在 $\overline{WR}$ 有效时 CPU 将数据写入被寻址的片外数据存储器单元。

由于在对片外存储器进行读、写操作时都会减少一个 ALE 信号，在这种情况不能把 ALE 信号作为一个频率不变的输出信号源使用。

10.2.3 数据存储器扩展举例

图 10.4 是采用 1 片 62256 RAM 扩展 32KB 数据存储器的实例。

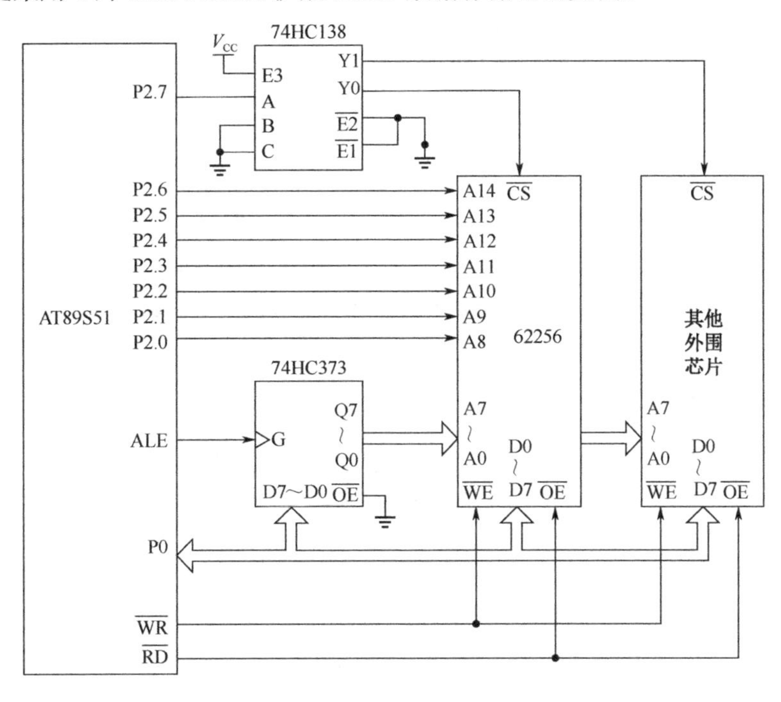

图 10.4　扩展 32KB 数据存储器及其他外围芯片

图 10.4 中 8D 锁存器 74HC373 的三态控制端 $\overline{OE}$ 接地，以保持输出端常通。G 端与 ALE 端相连接，每当 ALE 信号发生负跳变时，74HC373 锁存低 8 位地址 A0～A7，并输出，供外围芯片使用。

本例中，AT89S51 单片机采用片内程序存储器工作，$\overline{EA}$ 引脚（图 10.4 中未画出）应接高电平。

AT89S51 的 $\overline{WR}$（P3.6）和 $\overline{RD}$（P3.7）引脚分别与 62256 的写允许 $\overline{WE}$ 和读允许 $\overline{OE}$ 引

脚连接，实现写/读控制。在此选用 74HC138 译码器仅为说明当扩展多片外围芯片时地址译码线的接法及地址如何确定。62256 的片选端 $\overline{CS}$ 与 74HC138 的 Y0 相连，在 P2.7 引脚为 0 时有效，所以其寻址范围为 0000～7FFFH；在 P2.7 引脚为 1 时，可寻址范围为 8000～FFFFH，这个地址空间可用于扩充其他外围芯片。图 10.4 中其他外围芯片读、写信号的名称有可能与实际芯片不同，地址线也可能不需要这么多。

在图 10.4 所示的线路中，当采用“MOVX @DPTR”类指令访问片外 RAM 时，AT89S51 的 P0 口和 P2 口上的全部 16 根口线同时用于传递地址信息。

10.3 扩展并行 I/O 接口

80C51 系列单片机的 4 个 8 位并行 I/O 接口可以满足一般的使用要求，但是在有些情况下，如 I/O 接口数量不够用或者带负载能力不能满足要求时，需要对单片机应用系统进行 I/O 接口的扩展，当然也可选择 I/O 接口多的其他型号单片机芯片。

10.3.1 扩展并行 I/O 接口简述

80C51 系列单片机的 P0 口～P3 口具有输入数据可以缓冲，输出数据可以锁存的功能（见第 5 章），并且有一定的带负载能力，因而在有些简单应用的场合，I/O 接口可直接与外设相接，如开关、发光二极管等。但在需要扩展 I/O 接口或者需要提高系统带负载能力时，则要采用锁存器、缓冲/驱动器等作为 I/O 接口扩展芯片，这是单片机应用系统中经常采用的方法。扩展的 I/O 接口通常应该具有以下主要功能。

1．输出数据锁存

由于 CPU 与 I/O 设备在时序上不一定匹配，因而在工作时一般不同步，所以接口电路必须具备锁存与缓冲的功能。特别是 P0 口在用作数据/地址复用线时，通常是先发地址信号再发数据，CPU 在执行指令时需先把地址信息置入锁存器，然后 I/O 设备可按自己的时序从锁存器取得地址信息。

2．输入数据缓冲

当单片机与多个输入接口相连时，为避免输入数据混乱，每一时刻仅允许一个接口发送数据，此时对其他接口要进行隔离操作，因此要求单片机与具有隔离功能的三态缓冲器相连。

3．增加带负载能力

I/O 接口可以为外设提供足够的驱动功率，以保证外设能正常平稳地工作。

4．地址译码及外设选择

CPU 通过译码电路可以选择 I/O 接口芯片，同时通过该芯片选择不同的外设。

在 80C51 系列单片机中，对扩展的 I/O 接口采取与数据存储器相同的寻址方法。所有扩展 I/O 接口以及通过扩展 I/O 接口连接的外设均与片外数据存储器统一编址，所以对片外 I/O 接口的输入和输出指令就是访问片外 RAM 的指令。

扩展并行 I/O 接口所用芯片主要有通用可编程 I/O 接口芯片和 TTL、CMOS 锁存器、缓冲器电路芯片等两大类。

可编程 I/O 接口芯片是指其功能可由计算机的指令来加以改变的接口芯片。为满足计算机硬件的需要，曾生产了多种可编程并行接口芯片，如早期生产的可编程 I/O 接口芯片 8255A、计数/定时器 8253、可编程串行接口 8250 等。多年前，单片机在进行并行 I/O 接口扩展时常采用 8255A 等芯片（可参看文献［3］)，但现在随着单片机 I/O 接口功能的增强以及 8255A 等芯片的功能被整合到多功能芯片中，基本不再采用此类方法了。下面仅以单片机中常用的简单并行 I/O 接口扩展的具体电路为例说明问题。

10.3.2 简单并行 I/O 接口的扩展

简单并行 I/O 接口扩展方法具有电路简单、成本低、配置灵活的优点。一般在扩展单个 8 位 I/O 接口时，十分方便。

可以作为简单 I/O 接口扩展使用的芯片有 74HC373、74HC377、74HC244、74HC245、74HC273 等。在实际应用中可根据系统对输入、输出的要求，选择合适的扩展芯片。

图 10.5 为采用 74HC244 作扩展输入、74HC273 作扩展输出的简单 I/O 接口扩展电路。显然在此利用单片机的 9 个 I/O 接口扩展了 16 路输入和输出口，并且均提高了带负载能力。

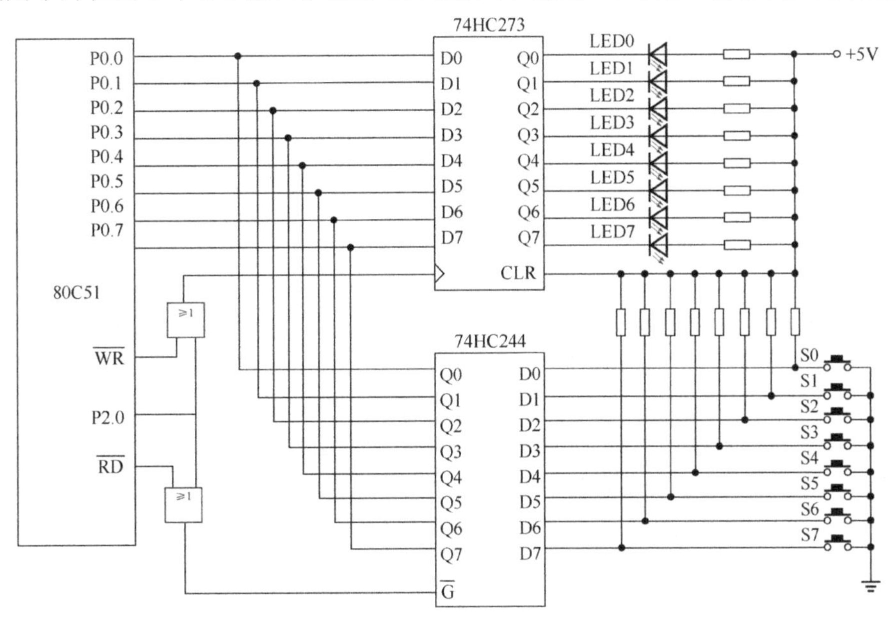

图 10.5 简单 I/O 接口扩展电路

P0 口为双向数据线，既能从 74HC244 输入数据，又能将数据传输给 74HC273 输出。输出控制信号由 P2.0 信号和 $\overline{WR}$ 信号合成，当二者同时为 0 时，或门输出 0，将 P0 口的数据锁存到 74HC273，其输出控制发光二极管的亮、灭。当某位输出 0 时，该线上的发光二极管发光。

输入控制信号由 P2.0 信号和 $\overline{RD}$ 信号合成，当二者同时为 0 时，或门输出 0，选通 74HC244，将外部信息读入总线。当与 74HC244 相连的按键开关无键按下时，输入全为 1，若按下某键，则所在线输入为 0。可见，输入和输出都是在 P2.0 引脚为 0 时有效，它们占有相同的地址空间，即端口地址均为 FEFFH，实际上只要保证 P2.0=0，与其他地址位无关。例如，如果地址为 00FFH，同样可以选中这两个芯片，但由于它们分别用 $\overline{RD}$ 和 $\overline{WR}$ 信号控制，尽管它们都直接与 P0 口相接，却不可能同时被选中，这样在总线上就不会发生冲突。

系统中若有其他扩展 RAM 或其他 I/O 接口，则可用线选法或译码法将地址空间区分开。

按照图 10.5 所示电路的接法，要求实现如下功能：任意按下一个键，对应的发光二极管亮，例如，按 S1 则 LED1 亮，按 S2 则 LED2 亮等。汇编语言程序如下：

```
LOOP： MOV    DPTR, #0FEFFH      ；数据指针指向扩展 I/O 接口地址
       MOVX   A, @DPTR           ；从 74HC244 读入数据，检测按键开关
       MOVX   @DPTR, A           ；向 74HC273 输出数据，驱动发光二极管
       SJMP   LOOP               ；循环
```

10.4 串行扩展概述

串行扩展是指利用 UART、SPI 和 I²C 等串行总线中的任意一种进行系统扩展。用并行总线进行系统扩展要占用较多的 I/O 接口，电路较复杂。为了能进一步缩小单片机及其外围芯片的体积，降低价格，简化互连电路，近年来，各单片机制造厂商先后推出专门用于串行数据传输的各类器件和接口。除了早期的 UART 串行口，后来陆续出现的 I²C 总线和 SPI 串行总线也已获得广泛应用，并已形成系列，近年又推出了用于单片机的 CAN 和 USB 串行总线。

10.4.1 常用串行总线与串行口简介

目前在单片机应用系统中开始越来越广泛地采用串行总线进行系统扩展。常用串行总线由早期的 UART 串行口一种发展为多种。目前广泛使用的串行总线与串行口主要有 I²C 总线、SPI、CAN 总线、USB（见第 3 篇）和单总线等，其中 UART 串行口已经在第 9 章详细介绍过，本节将简单介绍其他总线。

1）I²C **总线**

I²C（Inter Intergrated Circuit）总线是 Philips 公司推出的，自推出后即以其完善的性能、严格的规范和简便的操作方法被其他半导体厂商和用户所接受。随后出现的带 I²C 接口的单片机和带 I²C 接口的外围芯片（存储器、模/数转换器等）推动了它的广泛应用。

I²C 总线由两根线实现串行同步通信，其中一根是时钟线 SCL，另一根是数据线 SDA。典型的 I²C 总线单主系统配置原理如图 10.6 所示。在 I²C 总线中每一个 I²C 接口称为一个节点。节点的数量受两个因素限制，一个是总线电容不能大于 400 pF，因为电容过大可能使信号传输失真；另一个是节点地址容量，节点地址实际就是扩展的外围器件地址，显然节点的数量受器件地址的最大寻址范围限制，I²C 总线的原理及应用详见文献［1］。

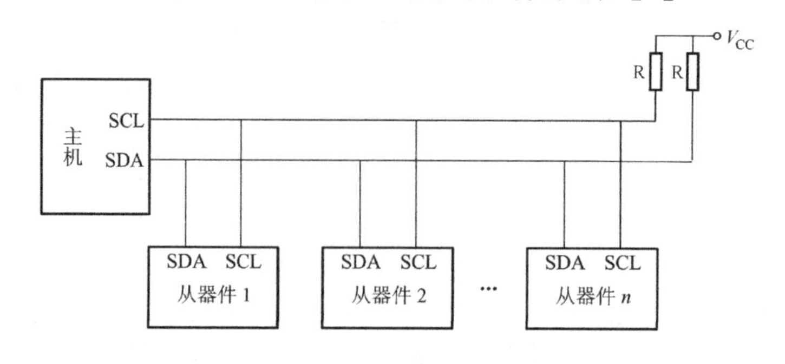

图 10.6 典型的 I²C 总线单主系统配置原理图

2）SPI

SPI（Serial Peripheral Interface，串行外设接口）是 Motorola 公司推出的，该公司生产的

68HC05 系列单片机均具有 SPI，随后出现的带 SPI 的单片机和带 SPI 的外围芯片推动了它的广泛应用。

SPI 串行扩展系统原理图如图 10.7 所示，其主机与从机的时钟线与数据线均为同名端相接。

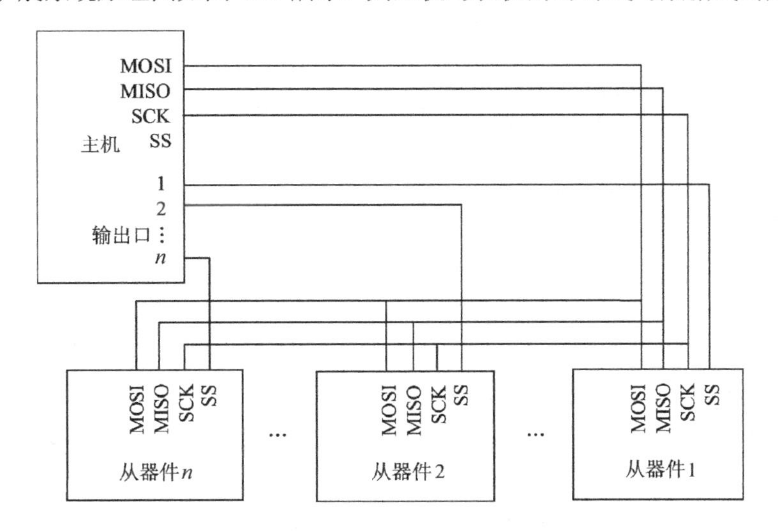

图 10.7　单主机 SPI 串行扩展系统原理图

SPI 需要用到 3 根通信线，这 3 根线是 SCK（串行时钟线）、MOSI（主机输出/从机输入线）、MISO（主机输入/从机输出线）。此外，带 SPI 的器件都有片选端 SS，SPI 系统主机上的输出口 1～n 用于选择从器件 1～n 的片选端 SS。

3）CAN 总线

CAN（Controller Area Network，控制器局域网）总线是用于各种设备检测及控制的一种现场总线。CAN 总线于 1980 年底由德国 Bosch 公司首先提出，之后很快在工业控制领域得到了广泛应用，近年来已经出现了多种带有 CAN 总线接口的单片机和能与单片机相配接的 CAN 总线接口芯片。

CAN 总线用于数据通信，具有突出的可靠性、实时性和灵活性，抗干扰能力强。其主要特点是：结构简单，只有两根线与外部相连；通信方式灵活，为多主方式工作；通信格式为短帧格式，保证了通信的实时性；通信距离最大可达 10 km（传输速率为 5 kb/s 以下），最大传输速率可达 1 Mb/s（此时距离最长为 40 m）；通信介质可以是双绞线、同轴电缆或光导纤维。

图 10.8 所示为 CAN 总线系统结构图。一个总线节点通常包括 3 部分：控制节点任务的单片机、CAN 总线控制器及 CAN 总线驱动器。对于内部已经集成 CAN 总线控制器的单片机，要使总线运行，只要接 CAN 总线驱动器即可。

4）单总线

单总线是由 DALLAS 公司推出的外围串行扩展总线。单总线只有一根数据 I/O 线 DQ，所有的器件都挂在这根线上。DALLAS 公司生产的最著名的单总线器件是数字温度传感器，如 DS1820、DS1620 等。每个单总线器件都有 DQ 接口，DQ 接口是漏极开路，需加上拉电阻。DALLAS 公司为每个器件都提供了唯一的地址，并为器件的寻址及数据传输制定了严格的时序规范。图 10.9 所示为用单总线构成的温度检测系统。

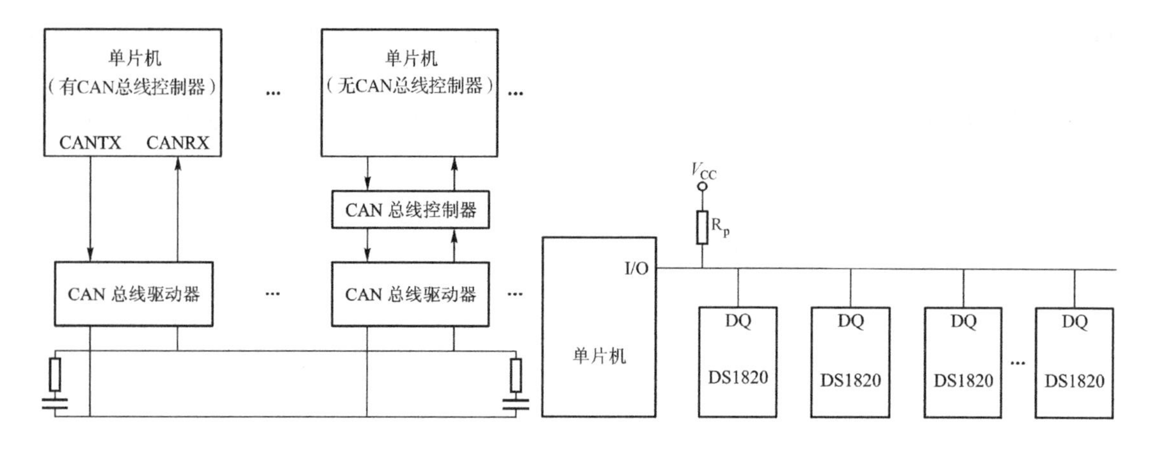

图 10.8 CAN 总线系统结构图　　图 10.9 单总线构成的温度检测系统

单总线数据通信与目前多数标准串行数据通信方式不同，它采用单根信号线，既传输数据位，又传输定时同步信号，而且数据传输是双向的。大多数单总线器件不需要额外的供电电源，可直接从单总线上获得足够的电源电流（寄生供电方式）。它具有节省 I/O 接口线、结构简单、成本低廉、便于总线扩展和维护等诸多优点，主要缺点是软件设计较复杂。

单总线适用于单主机系统，主机能够控制一个或多个从机设备。

10.4.2 单片机串行扩展的模拟技术

串行总线除了要求扩展的外围器件有相应的串行口，还要求计算机有相应的串行口。目前单片机大多数有 UART 串行口，但多数不同时具备上述几种串行口，通常具备其中的 1～3 种接口，因而为推广串行扩展技术，就需要采用模拟接口技术，即用单片机的通用 I/O 接口通过软件模拟（也可称为虚拟）串行口的时序和运行状态，构成模拟的串行口。这样任何具有某种串行口的外围器件就都可以扩展到任何型号的单片机应用系统中。

成功实现串行扩展模拟技术的要点如下所述。

1）严格模拟时序

目前大多数串行扩展总线和扩展接口都采用同步数据传输。在同步数据传输中，由串行时钟控制数据传输的时序。所以在模拟串行时钟时，一定要严格按照规范的时序控制，满足数据传输的时序要求。

2）确保硬件与软件的配合

不同的串行扩展总线和扩展接口所需要的传输线数、速率及规范一般不相同，需认真查看手册。在模拟传输时要考虑到相互间的配合，使用时在硬件上要符合接口标准对传输线数及时序的严格要求，在软件上要遵守标准要求的通信协议。对于在原来设计中没有这种接口的单片机，只要在硬件和软件上能模拟它的通信要求，同样可以与带有这类串行通信标准接口的芯片相连使用。采用模拟方法时，只占用单片机的通用 I/O 接口。

3）设计通用模拟软件包

为简化模拟串行口软件的设计，依据串行总线/接口规范，可以设计出各种类型接口的通用模拟软件包。这样在应用程序设计时直接调用软件包中的子程序，就可以完成相应的数据输入和输出操作，简化了串行口软件设计，实例参考文献［1］。

综上所述，串行总线的共同特点是一般只需 1～3 根信号线，结构紧凑，可大大减小系统的体积，降低功耗。此外，串行总线可十分方便地将一个单片机和一些外围器件连接起来组成单片机系统，系统易修改，且可扩展性好。随着串行通信协议软件包的成熟、普及及模块化，串行通信的编程变得简单，因此，近年来串行扩展技术发展迅速。串行总线适用于所需传输的数据量不很大，对写入速度又要求不高的情况。在系统扩展时究竟采用哪种方法，应根据扩展应用的主要要求决定。

10.5　扩展数/模转换器

在计算机控制系统中，有些被控对象需用模拟量来控制，模拟量在此指连续变化的电压量。此时，就需要把计算机运算处理的数字量结果转换为相应的模拟量，以便操纵控制对象。这一过程即 D/A 转换。能实现 D/A 转换的器件称为数/模转换器（D/A 转换器或 DAC），扩展 D/A 转换器是单片机扩展的重要技术之一。

本节将简要介绍 D/A 转换原理，D/A 转换器 DAC0832 及其和 80C51 系列单片机的连接方法（包括硬件电路和应用实例）。

10.5.1　D/A 转换原理

D/A 转换是指将数字量转换成与此数值成正比的模拟量。如前所述，一个二进制数是由各位代码组合起来的，每位代码在二进制数中的位置代表一定的权。为了将数字量转换成模拟量，应将每一位代码按权大小转换成相应的模拟输出分量，然后根据叠加定理将各代码对应的模拟输出分量相加，其总和就是与数字量成正比的模拟量，由此完成 D/A 转换。

为了实现上述 D/A 转换，需要使用解码网络，解码网络的主要形式有二进制权电阻解码网络和 T 型电阻解码网络。

实际应用的 D/A 转换器多数采用 T 型电阻解码网络。由于它所采用的电阻阻值小，具有简单、直观、转换速度快、转换误差小等优点，因而本节仅介绍 T 型电阻解码网络 D/A 转换法。图 10.10 所示为 T 型电阻解码网络 D/A 转换原理图。图 10.10 中包括一个 4 位切换开关、4 路 R-2R 电阻网络、一个运算放大器和一个比例电阻 R_F。

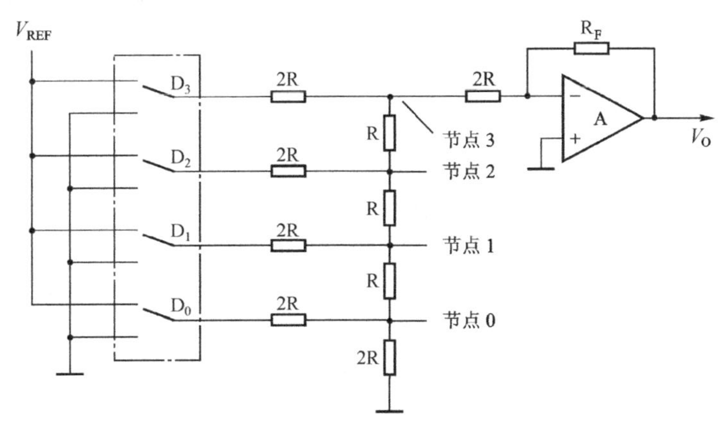

图 10.10　T 型电阻解码网络 D/A 转换原理图

图 10.10 中无论从哪一个 R-2R 节点向上或向下看，等效电阻都是 2R。从 D_0～D_3 看进去的等效输入电阻都是 3R，于是每一开关流入的电流 I 可以看作相等，即 $I=V_{REF}/3R$。这样由

D_0～D_3流入运算放大器的电流自上向下以 $\frac{1}{2}$ 系数逐渐递减，依次为 $\frac{1}{2}I$、$\frac{1}{4}I$、$\frac{1}{8}I$、$\frac{1}{16}I$。设 $d_3d_2d_1d_0$ 为输入的二进制数字量，于是输出的电压值为

$$V_O=-R_F\sum_{i=0}^{3}I_i=-(R_F\times V_{REF}/3R)\times(d_3\times2^{-1}+d_2\times2^{-2}+d_1\times2^{-3}+d_0\times2^{-4})$$
$$=-[(R_F\times V_{REF}/3R)\times2^{-4}]\times(d_3\times2^3+d_2\times2^2+d_1\times2^1+d_0\times2^0)$$

式中，d_0～d_3 取值为 0 或 1，0 表示切换开关与地相连，1 表示切换开关与参考电压 V_{REF} 接通，该位有电流输入。

由以上公式可以看出，当 V_{REF} 不变时，V_O 的电压正好与 d_0～d_3 的大小成正比，从而实现了由二进制数到模拟量电压信号的转换。

10.5.2 D/A 转换器的主要技术指标

1）建立时间

建立时间是描述转换速度快慢的一个重要参数，是指 D/A 转换器输入数字量为满刻度值（二进制数各位全为 1）时，从加上输入开始到模拟量电压输出达到满刻度值或满刻度值的某一百分比（如 99%）所需的时间，也可称为输入 D/A 转换速度。

2）转换精度

转换精度用于表明 D/A 转换的精确程度，一般用误差大小表示，通常以满刻度电压（满量程电压）V_{FS} 的百分数形式给出。例如，转换精度为±0.1%指的是最大误差为 V_{FS} 的±0.1%，如果 V_{FS} = 5 V，则最大误差为±5 mV。

3）分辨率

分辨率表示对输入的最小数字量信号的分辨能力，即当输入数字量最低位（LSB）产生一次变化时，所对应输出模拟量的变化量。它与可输入数字量的位数有关，如果数字量的位数为 n，则 D/A 转换器的分辨率为 2^{-n}。显然，在 D/A 转换器输出满量程电压相同的情况下，位数越多，分辨率就越高。

需要注意的是，转换精度和分辨率是两个不同的概念。转换精度取决于构成 D/A 转换器的各个部件的误差和稳定性，分辨率取决于 D/A 转换器的位数。

10.5.3 扩展并行 D/A 转换器

目前，D/A 转换器有很多现成的集成电路芯片，对应用设计人员来讲，只需要掌握典型的 DAC 集成电路性能及其与计算机之间接口的基本知识，就可以根据应用系统的要求，合理选取 DAC 集成电路芯片，并配置适当的接口电路。早期生产的 D/A 转换器都是并行转换芯片，下面以一种 8 位并行 DAC0832 为例，说明并行 D/A 转换器的结构与应用。

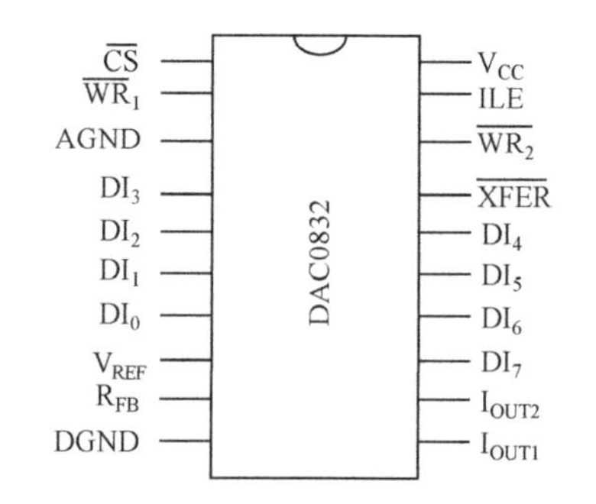

图 10.11 DAC0832 引脚图

1. DAC0832 芯片的引脚功能

DAC0832 芯片为 20 脚双列直插式封装，其引脚图如图 10.11 所示。各引脚功能如下所述。

（1）DI_0～DI_7：数据输入线，TTL 电平，有效时间大于 90ns。

（2）ILE：数据锁存允许控制信号输入线，高电平有效。

（3）$\overline{CS}$：片选信号输入端，低电平有效。

（4）$\overline{WR_1}$：输入寄存器的写选通输入端，负脉冲有效（脉冲宽度应大于 500ns）。当$\overline{CS}$为“0”，ILE 为“1”，$\overline{WR_1}$有效时，DI_0～DI_7状态被锁存到输入寄存器。

（5）$\overline{XFER}$：数据传输控制信号输入端，低电平有效。

（6）$\overline{WR_2}$：DAC 寄存器写选通输入端，负脉冲（脉冲宽度应大于 500ns）有效。当$\overline{XFER}$为“0”且$\overline{WR_2}$有效时，输入寄存器的状态被传送到 DAC 寄存器中。

（7）I_{OUT1}：电流输出端，当输入全为“1”时，I_{OUT1}最大。

（8）I_{OUT2}：电流输出端，其值和I_{OUT1}值之和为一常数。

（9）R_{FB}：反馈电阻端，芯片内部此端与I_{OUT1}之间接有一个 15kΩ的电阻。

（10）V_{CC}：电源电压端，电压范围为 5～15V。

（11）V_{REF}：基准电压输入端，电压范围为−10～10V。此端电压决定 D/A 输出电压的范围。如果V_{REF}接 10V，则输出电压范围为−10～0V；如果V_{REF}接−5V，则输出电压范围为 0～5V。

（12）AGND：模拟地，为模拟信号和基准电源的参考地。

（13）DGND：数字地，为工作电源地和数字逻辑地，两种地线最好在电源处一点共地。

DAC0832 是电流型输出，应用时需外接运算放大器，使之成为电压型输出。

2. DAC0832 的原理结构

DAC0832 的转换原理与 T 型电阻解码网络电路一样。它的原理结构框图如图 10.12 所示，由图可见各引脚的作用与逻辑关系。在 DAC0832 中除有一个 8 位 D/A 转换器外，还有两级寄存器，第一级即输入寄存器，第二级即 DAC 寄存器，由于它拥有两级寄存器，所以可以工作在双缓冲方式下，这样在输出模拟信号的同时可以输入下一个数字量，从而大大地提高了转换速度，DAC0832 的转换时间可达到 1μs。

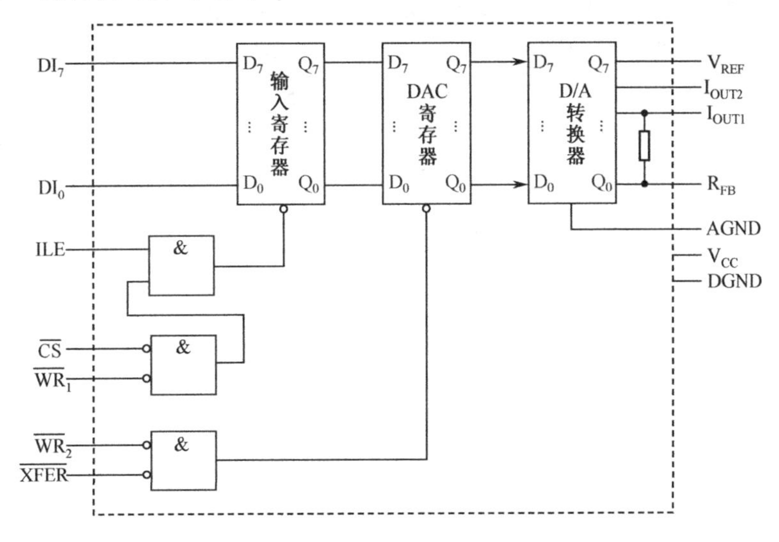

图 10.12　DAC0832 的原理结构框图

3. DAC0832的应用

根据对DAC0832的输入寄存器和DAC寄存器的不同控制方法，DAC0832有三种工作方式：单缓冲方式、双缓冲方式和直通方式。下面介绍常用的单缓冲方式的接口及应用。

单缓冲方式适用于只有一路模拟量输出或几路模拟量非同步输出的情形。在这种方式下，将两级寄存器的控制信号并接，输入数据在控制信号作用下，直接送入DAC寄存器中。也可以采用把$\overline{WR_2}$、$\overline{XFER}$这两个信号固定接地的方法。图10.13为DAC0832按单缓冲方式与AT89S51的连接图。

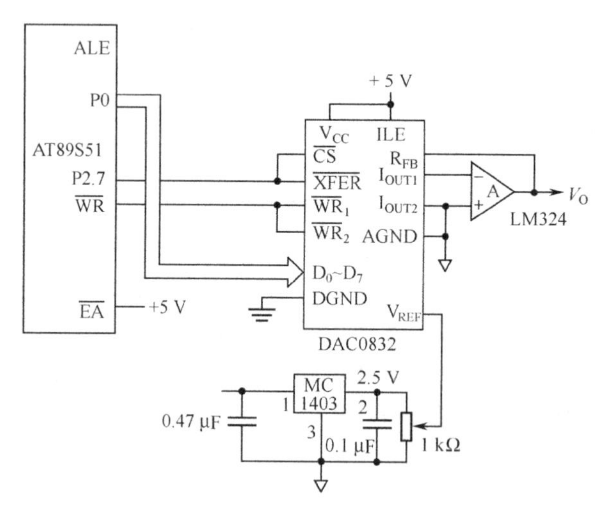

图10.13 DAC0832按单缓冲方式与AT89S51的连接图

在图10.13所示电路中，ILE接+5 V，$\overline{CS}$和$\overline{XFER}$都连到P2.7引脚，这样输入寄存器和DAC寄存器的地址都是7FFFH。$\overline{WR_1}$和$\overline{WR_2}$都和AT89S51的$\overline{WR}$连接，CPU对DAC0832执行一次写操作，就把一个数据直接写入DAC寄存器，DAC0832的输出模拟信号随之相应变化。由于DAC0832是电流型输出，所以在电路中采用运算放大器LM324，使之成为电压型输出。D/A转换器的基准电压取自基准电源MC1403的输出分压。MC1403称为带隙基准电源，其最大的优点是高精度低温漂，输入电压为4.5～15 V，输出电压在2.5 V左右，最大输出电流为10 mA。

根据图10.13所示的电路，可以编写多种波形输出的D/A转换程序。例如，要得到图10.14所示的4种波形，则汇编语言程序如下：

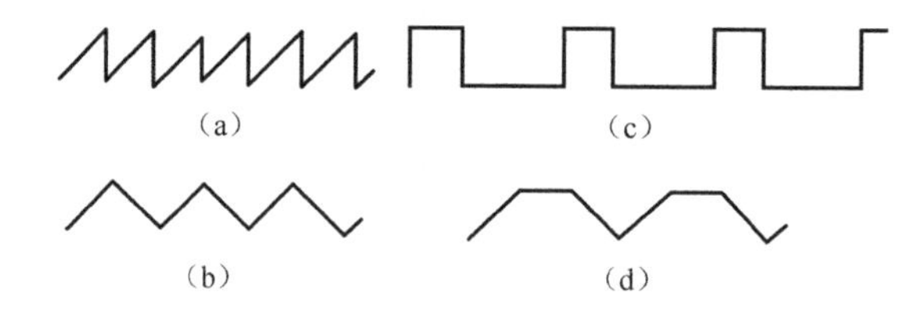

图10.14 D/A转换器输出的各种波形

锯齿波：

```
START:  MOV     DPTR, #7FFFH        ; 选中DAC0832
        MOV     A, #00
LP:     MOVX    @DPTR, A            ; 向DAC0832输出数据
        INC     A                   ; 累加器A的值加1
        SJMP    LP
```

图 10.13 所示电路中运算放大器为反相输入，因此当累加器 A 的值增加时，显示波形的幅度会减小。如果要改变锯齿波的频率，只需在“SJMP　LP”指令前插入延时程序即可。

三角波：

```
START:  MOV     DPTR, #7FFFH
        MOV     A, #00
   UP:  MOVX    @DPTR, A
        INC     A
        JNZ     UP                  ; 上升到累加器 A 中为 FFH
DOWN:   DEC     A
        MOVX    @DPTR, A
        JNZ     DOWN                ; 下降到累加器 A 中为 0
        INC     A
        SJMP    UP
```

矩形波：

```
START:  MOV     DPTR, #7FFFH
   LP:  MOV     A, #DATAH           ; 置输出矩形波上限
        MOVX    @DPTR, A
        LCALL   DELH                ; 调用高电平延时程序，省略
        MOV     A, #DATAL           ; 置输出矩形波下限
        MOVX    @DPTR, A
        LCALL   DELL                ; 调用低电平延时程序，省略
        SJMP    LP
```

梯形波：

```
START:  MOV     DPTR, #7FFFH
   L1:  MOV     A, #DATAL-1         ; 下限减 1 送入累加器 A
   UP:  INC     A
        MOVX    @DPTR, A
        CJNE    A, #DATAH, L3       ; 与上限比较
   L3:  JC      UP
        LCALL   DEL                 ; 调用上限延时程序，省略
   L2:  DEC A
        MOVX    @DPTR, A
        CJNE    A, #DATAL, L4       ; 与下限比较
   L4:  JC      L1
        SJMP    L2
```

上述程序中#DATAH、#DATAL 的值均可在伪指令中设置。

C51 语言程序如下：

锯齿波：

```
#include <reg52.h>
#include <absacc.h>
#define DAC0832 XBYTE[0x7FFF]          // DAC0832 的地址
unsigned char i,dac_value;
void main(void)
{
```

```
    unsigned char   ;
    dac_value =0;
    while(1)
    {
        DAC0832 = dac_value;              //向 DAC0832 送入数据
        dac_value++;                      //输出值增 1
    };
    while (1);
}
```

因为下面三段程序的初始化部分与上面一段程序相同，故均省略。

三角波：

```
{
    while(1)
    {
        for(i=0 ;i<255;i++)
            {DAC0832 = i; }               //输出值上升到 255
        for(i=255 ;i> 0;i--)
            {DAC0832 = i; }               //输出值下降到 0
    }
}
```

矩形波：

```
{
    DAC0832 = dataH;                      //置输出矩形波上限
    Delay1();                             //延时，时间自定
    DAC0832 = dataL;                      //置输出矩形波下限
    Delay2();                             //延时，时间自定
};
```

梯形波：

```
while(1)
{
    for(dac_value=0; dac_value<dataH; dac_value++)
        DAC0832 = dac_value;                          //输出值递增
    delay1();                                         //延时，时间自定
    for(dac_value=dataH;dac_value>dataL;dac_value--)
        DAC0832 = dac_value;                          //输出值递减
}
```

并行 D/A 转换器转换速度较高，但要占用较多的 I/O 接口线。随着单片机串行接口技术的发展，出现了越来越多的串行 D/A 转换芯片，限于篇幅，本节不予介绍，可参考文献［1］。

10.6 扩展模/数转换器

模/数转换的作用是把一个模拟量转换为计算机能接收的数字量。模拟量是时间、数值都连续变化的物理量，如温度、压力、流量等都属于模拟量，与此对应的电信号是模拟电信号。显然，模拟量要输入计算机，首先要经过模拟量到数字量的转换（A/D 转换），计算机才能接

收。实现 A/D 转换的设备称为 A/D 转换器或 ADC。

A/D 转换电路种类很多，根据转换原理可以分为逐次逼近式、双积分式、并行式、跟踪比较式、串并式等。目前使用较多的是前两种。逐次逼近式 A/D 转换器在精度、速度和价格上都适中，是目前最常用的 A/D 转换器。双积分式 A/D 转换器具有精度高、抗干扰性好、价格低廉等优点，但速度较慢，经常应用于对速度要求不高的仪器仪表中。

本节将介绍逐次逼近式 A/D 转换原理，A/D 转换器的技术指标和典型并行、串行转换芯片及其与 AT89S51 单片机的连接和应用。

10.6.1 逐次逼近式 A/D 转换原理

A/D 转换过程主要包括采样、量化与编码。采样是使模拟信号在时间上离散化，量化就是用一个基本的计量单位（量化电平）使模拟量变为一个整数的数字量，编码是把已经量化的模拟量（它是量化电平的整数倍）用二进制数码、BCD 码或其他数码表示。总之，量化与编码就是把采样后所得到的离散幅值经过舍入的方法变换为与输入量成比例的二进制数。图 10.15 所示为一个 N 位的逐次逼近式 A/D 转换器原理图。它由 N 位逐次逼近寄存器、D/A 转换器、比较器和时序与逻辑控制电路等部分组成，为使问题简化，图中没有画采样保持电路。

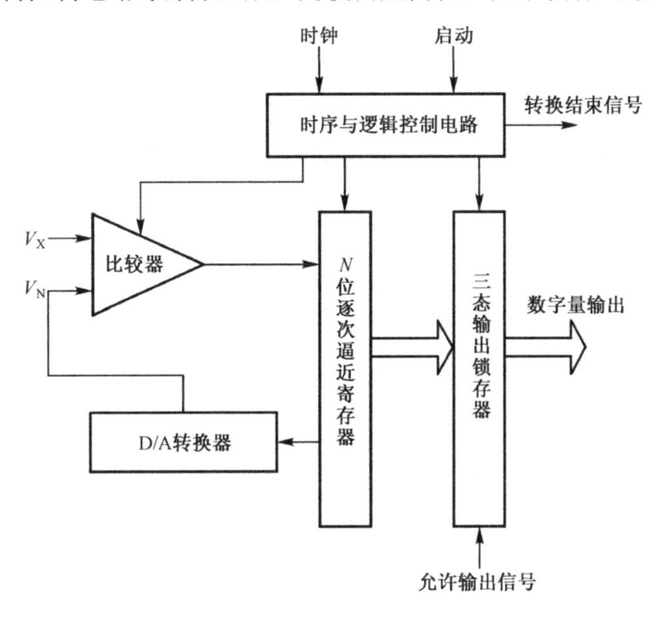

图 10.15　逐次逼近式 A/D 转换器原理图

逐次逼近式 A/D 转换原理即“逐位比较”，其过程类似于用砝码在天平上称物体重量。其方法是用一个二进制数作为计量单位与模拟量比较，当输入电压 V_X 送入比较器后，启动信号通过时序与逻辑控制电路开始 A/D 转换，首先，使 N 位逐次逼近寄存器逐次输出由大到小的连续的二进制数到 D/A 转换器，将经 D/A 转换后得到的模拟电压 V_N 与输入电压 V_X 进行比较。比较结果再送入 N 位逐次逼近寄存器，由时序与逻辑控制电路判别和比较，重复上述过程，直至判别出 d_0 位取 1 还是 0 为止。这样经过 N 次比较后，N 位逐次逼近寄存器的内容就是转换后的数字量数据，此时时序与逻辑控制电路发出转换结束信号，应答后，经三态输出锁存器读出，整个转换过程就是一个逐次逼近的过程。

10.6.2 A/D 转换器的主要技术指标

A/D 转换器所涉及的主要技术指标包括以下几项。

1）**转换时间和转换频率**

A/D 转换器完成一次模拟量转换为数字量所需的时间即 A/D 转换时间。通常，转换频率是转换时间的倒数，它反映了 A/D 转换器的实时性能。

2）**分辨率**

A/D 转换器的分辨率是指转换器对输入电压微小变化响应能力的度量，习惯上以输出的二进制数位数或者 BCD 码位数表示。例如，A/D 转换器 AD574A 的分辨率为 12 位，即该转换器的输出数据可以用 2^{12} 个二进制数进行量化，可分辨的最小电压为 $V_{FS}/2^{12}$（V_{FS}是输入电压满量程值）。如果用百分数来表示分辨率，则分辨率为

$1/2^{12}\times100\%=(1/4096)\times100\%\approx0.024414\%\approx0.0244\%$

当转换位数相同而输入电压的满量程值 V_{FS} 不同时，可分辨的最小电压值不同。例如，分辨率为 12 位、V_{FS}=5 V 时，可分辨的最小电压是 1.22 mV；而 V_{FS}=10 V 时，可分辨的最小电压是 2.44 mV。当输入电压的变化低于此值时，转换器不能分辨。例如，9.998～10 V 所转换的数字量均为 4095。

3）**转换精度**

A/D 转换器的转换精度反映了一个实际 A/D 转换器在量化值上与一个理想 A/D 转换器进行 A/D 转换的差值，可表示成绝对误差或相对误差，与一般测试仪表的定义相似。

10.6.3 扩展并行 A/D 转换器

常用的逐次逼近式 A/D 转换器有并行输出和串行输出等多种，本节仅以最简单和经典的有 8 路输入通道的 ADC0809 为例进行介绍。

1．主要技术指标和特性

转换时间：取决于芯片的时钟频率，转换一次的时间为 64 个时钟周期，当时钟频率为 500 kHz 时，转换时间 T=128 μs，最大允许转换频率为 800 kHz。

模拟输入电压范围：单极性 0～+5 V。

2．ADC0809 的引脚与功能

ADC0809 的引脚如图 10.16 所示。

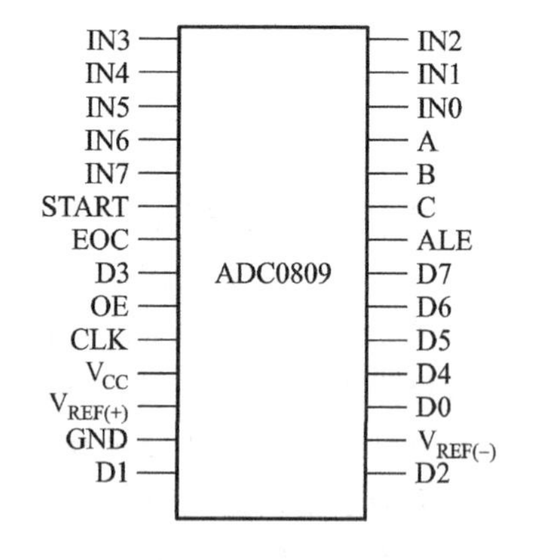

图 10.16 ADC0809 的引脚图

各引脚定义与功能如下：

（1）IN0～IN7：8 路模拟量的输入端。

（2）D0～D7：A/D 转换后的数据输出端，为三态可控输出，可直接与计算机数据线相连。

（3）A、B、C：模拟通道地址选择端，A 为低位，C 为高位，三位可选择 8 个通道。

（4）$V_{REF(+)}$、$V_{REF(-)}$：正、负基准电压输入端，决定了输入模拟量的范围，可用单一电源供电，如果 $V_{REF(+)}$接 5 V，$V_{REF(-)}$接地，则输入电压范围为 0～5 V，此时的数字量变化

范围为 0～255。如果输入电压范围为 0～2 V，但希望得到的数字量变化范围仍为 0～255，则可以采取使 $V_{REF(+)}$接 2 V、$V_{REF(-)}$仍然接地的方法。

（5）CLK：时钟信号输入端，输入范围为 50～800 kHz。

（6）ALE：地址锁存允许信号端，高电平有效。当此信号有效时，A、B、C 三位地址信号被锁存，译码选通对应模拟通道。

（7）START：启动转换信号端，正脉冲有效，通常与单片机的 $\overline{WR}$ 相连，控制启动 A/D 转换。

（8）EOC：转换结束信号端，高电平有效，表示一次 A/D 转换已完成，可作为中断触发信号，也可用程序查询的方法检测转换是否结束。

（9）OE：输出允许信号端，高电平有效，可与单片机的 $\overline{RD}$ 相连。当计算机发出此信号时，ADC0809 的三态门被打开，此时可通过数据线读到正确的转换结果。

3．ADC0809 的原理结构

ADC0809 的原理结构框图如图 10.17 所示。由图 10.17 可见，它主要包括 8 路模拟量开关、8 位 A/D 转换器等几部分。8 路模拟量开关用于选择进入 ADC0809 的模拟通道信号，最多允许 8 路模拟量分时输入，共用一个逐次逼近式 A/D 转换器进行转换，8 路模拟量开关的切换由地址锁存与译码电路控制，模拟通道地址选择端 A、B、C 通过 ALE 锁存。改变 A、B、C 的电平，可以切换 8 路模拟通道，选择不同的模拟量输入。A/D 转换结果通过三态输出锁存器输出，所以在系统连接时允许直接与单片机的数据总线相连。

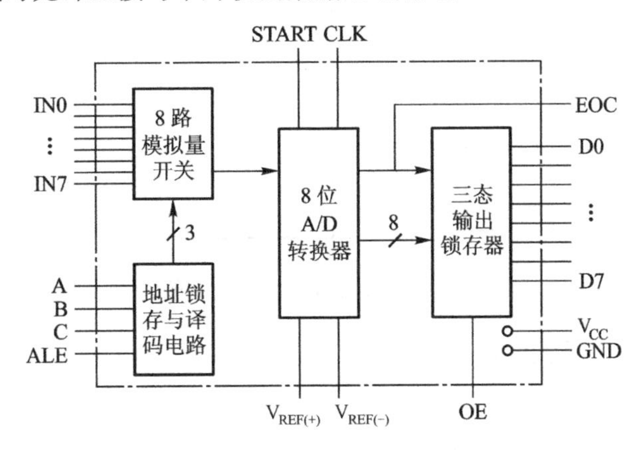

图 10.17　ADC0809 的原理结构框图

4．ADC0809 与 AT89S51 单片机的连接

图 10.18 所示是 ADC0809 与 AT89S51 单片机的连接示意图，8 路输入模拟量的变化范围是 0～5 V。ADC0809 的 EOC 引脚与 $\overline{INT1}$（P3.3）引脚相接，用查询方式读取 A/D 转换结果。AT89S51 单片机通过地址线 P2.0 和读、写线 $\overline{RD}$ 、 $\overline{WR}$ 来控制转换器的模拟输入通道地址锁存、启动和转换结果的输出。由 P0.0～P0.2 提供输入通道地址，经地址锁存、输出后与 A、B、C 相接。

如图 10.18 所示，举例说明 ADC0809 的应用。要求采用查询方式巡回采集一遍 8 路输入模拟量，将读数依次存放在片内数据存储器 40H～47H 单元。

程序清单如下：

```
    MAIN:    …
```

```
        MOV     R0, #040H       ; 将数据暂存区首地址存入 R0
        MOV     R2, #08H        ; 将 8 路计数初值存入 R2
        MOV     DPTR, #0FEF8H   ; 指向 ADC0809 首地址
        MOVX    @DPTR, A        ; 启动 A/D 转换
BACK：  JB      P3.3, BACK      ; 等待转换完毕
        JNB     P3.3, $
        MOVX    A, @DPTR        ; 读数
        MOVX    @R0, A          ; 存数
        INC     DPTR            ; 更新通道
        INC     R0              ; 更新暂存单元
        MOVX    @DPTR, A        ; 启动 A/D 转换
        DJNZ    R2, BACK        ; 是否检测完 8 路，若未完则继续
          …
```

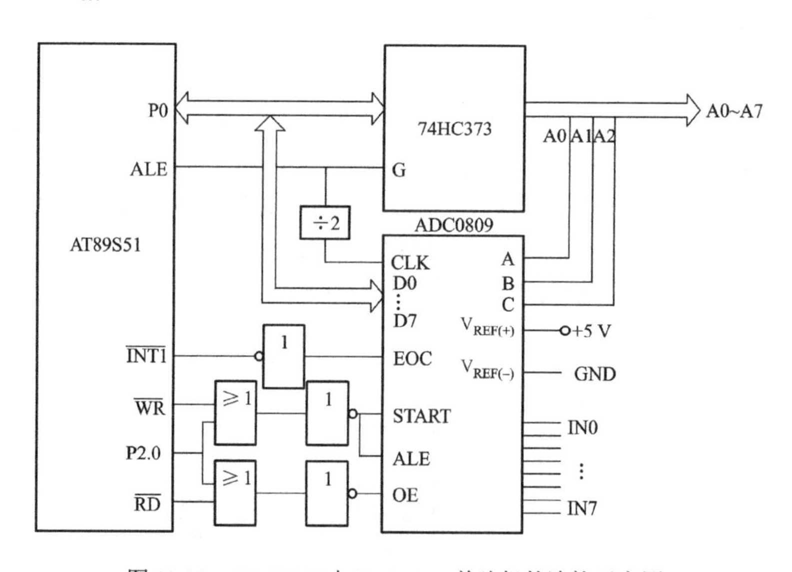

图 10.18　ADC0809 与 AT89S51 单片机的连接示意图

10.6.4　扩展串行 A/D 转换器

串行 A/D 转换器的输出均为一根串行线，因而其连线简单，现在应用越来越广泛，在此选择美国 TI 公司的 TLC549 芯片举例说明串行 A/D 转换器的工作原理及应用。

1．TLC549 各引脚的名称及功能

TLC549 芯片的引脚如图 10.19 所示。各引脚的名称及功能如下。

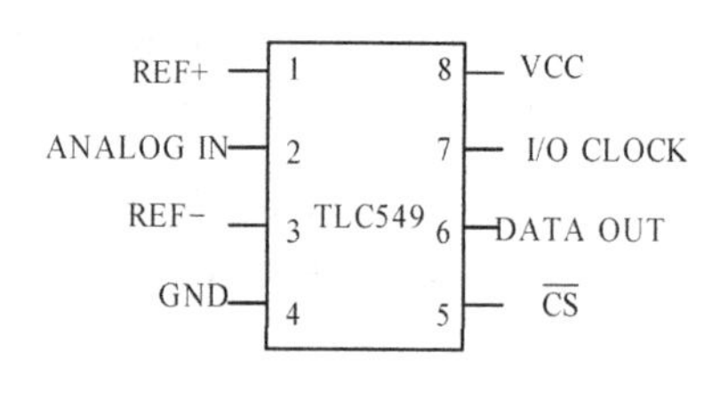

图 10.19　TLC549 芯片的引脚图

- REF+：正基准电压输入端。
- ANALOG IN：模拟信号输入端。
- REF−：负基准电压输入端。
- GND：接地端。
- $\overline{CS}$：芯片选择输入端。
- DATA OUT：数字量输出端，与 TTL 兼容。
- I/O CLOCK：时钟信号输入端，用于控制串行输入/输出的定时运行。

● VCC：电源电压（+3V～+6V）。

2. TLC549 的基本工作原理

TLC549 是一种 CMOS 单通道 8 位逐次逼近式 A/D 转换器，它采用串行方法输出数据，其分辨率为 8 位。TLC549 的 I/O 时钟输入频率可设置为 1.1MHz，A/D 转换的采样频率为 40kHz，输入参考电压为差分式，具有 4MHz 的内部系统时钟。TLC549 芯片通过 I/O CLOCK 和 $\overline{\text{CS}}$ 这两个输入控制信号和三态输出信号 DATA OUT 与微处理器或单片机进行串行通信。内部系统时钟和 I/O CLOCK 之间互不影响。TLC549 的片上系统时钟用于驱动转换电路，不需要附加外部器件即可使用。

模拟输入电压转换后的数字量与参考电压有关，如果模拟输入电压比 V_{REF+} 大，则转换成全 1（FFH），而比 V_{REF-} 小的输入电压转换成全 0。正参考电压 V_{REF+} 必须比负参考电压 V_{REF-} 高 1V 以上。

TLC549 是在读出前一次数据后，马上进行电压采样，并进行 A/D 转换，转换完后就进入保持（HOLD）模式，直到再次读取数据时，芯片才会进行下一次的 A/D 转换；即本次读出的数据是上一次的转换值，读操作后就会再启动一次转换。芯片本身没有 A/D 转换结束信号，需要软件延时一段时间等待转换结束。

3. 应用举例

利用图 10.20 所示电路，对串行 A/D 转换器 TLC549 进行一路模拟量的测量，将读取后转换的数字量存放在内部 RAM 的 30H 单元，然后予以显示，要求这个过程重复进行。

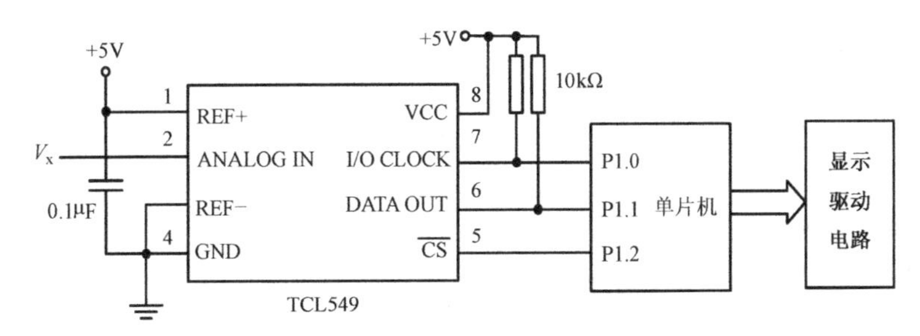

图 10.20　TLC549 例题原理图

汇编语言程序如下：

```
        SCLA    BIT  P1.0        ；时钟线
        SDAA    BIT  P1.1        ；数据线
        CS549   BIT  P1.2        ；片选线
        ORG     0000H
        SJMP    MAIN
        ORG     0100H
MAIN:   ACALL   TLC549           ；启动第一次 A/D 转换
  L1:   LCALL   DIR              ；调用显示程序（省略），同时延时等待
        ACALL   TLC549           ；读取上一次转换值，并再次启动 A/D 转换
        MOV     30H, A
        SJMP    L1
```

TLC549 为 A/D 转换程序，读取上一次转换值并返回，然后启动下一次 A/D 转换。

汇编语言程序如下：

```
TLC549：  CLR     SCLA             ；启动 A/D 转换
          SETB    SDAA
          CLR     CS549            ；CS 为低电平，选中 TLC549
          MOV     R7, #8
LOOP1：   SETB    SCLA
          NOP
          NOP
          MOV     C, SDAA
          RLC     A
          CLR     SCLA             ；SCLA=0，为读出下一位数据做准备
          NOP
          DJNZ    R7, LOOP1
          SETB    CS549            ；禁止 TLC549 工作，再次启动 A/D 转换
          RET
          END
```

C51 语言程序如下：

```
#include <reg51.h>
#include <intrins.h>                     //包含_nop_ ()函数的头文件
#include <absacc.h>                      //绝对地址访问宏定义
#define uchar unsigned char
sbit   SCLA = P1^0;                      //定义串行时钟线
sbit   SDAA = P1^1;                      //定义串行数据线
sbit   CS549 = P1^2;                     //定义片选信号线
uchar   ADC549(void)                     //A/D 转换函数
{
    uchar i,advalue;
    advalue = 0;
    SCLA = 0;                            //串行总线初始化
    SDAA = 1;
    CS549 = 0;
    for (i=0;i<8;i++)                    //循环读取 8 位数据
    {
        SCLA = 1;
        _nop_();                         //延时
        _nop_();
        if (SDAA) advalue +=1;           //读取位数据，为 1 则 A/D 转换值加 1
        advalue = advalue<<1;            //左移一位
        SCLA = 0;
        _nop_();
    }
    CS549 = 1;
    return(advalue);                     //返回 A/D 转换值
}
void    dis_pro(void)                    //显示函数略
```

```
{}
void main (void)
{
    while(1)
    {
        DBYTE[0x30] = ADC549();         //启动 A/D 转换，将结果送入 30H 单元
        dis_pro();                      //显示程序略
    }
}
```

随着单片机内存容量的不断扩大及内部功能的不断完善，如增加了更多的 I/O 接口，扩大了 RAM、ROM 容量，增加了 EEPROM，增加了 A/D、D/A 等功能模块，单片机“单片”应用的情况更加普遍，采用系统扩展增加单片机功能的方法将逐渐减少，这也是单片机发展的一种趋势。

思考与练习

1. 在 AT89S51 单片机的扩展系统中，程序存储器和数据存储器共用 16 位地址线和 8 位数据线，为什么两个存储空间不会发生冲突？

2. 为什么当 P2 作为扩展存储器的高 8 位地址线后，不再适宜作 I/O 口了？

3. 以 AT89S51 单片机作为主机，扩展两片 RAM6264 存储器芯片，设计硬件布线图。

4. 根据图 10.5 所示电路设计程序，其功能是按下 S0～S3 按键后，对应 LED4～LED7 发光，按下 S4～S7 按键时，对应 LED0～LED3 发光。

5. 请利用译码器 74HC138 设计一个译码电路，分别选中两片 29C256 芯片和两片 62256 芯片，且列出各芯片所占的地址空间范围。

6. 说明 I^2C、SPI 两种串行总线的传输方法，以及这两种串行总线与并行总线相比各有什么优缺点？

7. 在一个晶振频率为 6MHz 的 AT89S51 单片机中，接有一片 DAC0832，它的地址为 7FFFH，输出电压为 0～5V。请画出有关逻辑框图，并编写一个程序，使其运行后，DAC0832 能输出一个矩形波，波形占空比为 1:3。高电平时电压为 2.5V，低电平时电压为 1.25V。

8. TLC549 与 AT89S51 单片机连接时有哪几个信号？其作用是什么？

9. 在一个晶振频率为 12 MHz 的 AT89S51 单片机中，接有一片 ADC0809，它的地址为 0EFF8H～0EFFFH。试画出有关逻辑框图，并编写定时采样 0～3 通道的程序。设每 2 ms 采样一次，每个通道采 50 个数。把所采样的数按 0、1、2、3 通道的顺序存放在以 300H 为首地址的片外数据存储区中。

第11章 接 口 技 术

单片机广泛地应用于工业测控、智能化仪器仪表和家电产品中，由于实际工作需要和用户的不同要求，单片机常常需要配接键盘、显示器、打印机及功率器件等外设，接口技术就是解决计算机与外设连接的技术。本章将从一些常用的外设接口电路入手，帮助读者了解单片机与外设的接口技术。

11.1 键盘接口

单片机应用系统通常要有人机对话功能，它包括人对应用系统的状态干预、数据的输入以及应用系统向人报告运行状态与运行结果等。

对于需要人工干预的单片机应用系统，键盘就成为人机联系的必要手段，此时需配置适当的键盘。键盘电路的设计应使 CPU 不仅能识别是否有键按下，还要能识别是哪一个键按下，而且能把此键所代表的信息翻译成计算机所能接收的形式，如 ASCII 码或其他预先约定的编码。

计算机常用的键盘有全编码键盘和非编码键盘两种。全编码键盘能够由硬件逻辑自动提供与被按键对应的编码，此外，一般还具有去抖动和多键、窜键保护电路。这种键盘使用方便，但需要专门的硬件电路，价格较贵，一般用于 PC 机系统。

非编码键盘分为独立式键盘和矩阵式键盘，硬件上此类键盘只提供通、断两种状态，其他工作都靠软件来完成，由于其经济实用，目前在单片机应用系统中多采用这种键盘。本节将着重介绍非编码键盘接口。

11.1.1 键盘的工作原理

在单片机应用系统中，除了复位键有专门的复位电路及专一的复位功能，其他的按键都是以开关状态来设置控制功能或输入数据的，因此，这些按键只用于简单的电平输入。键盘信息输入是与软件功能密切相关的过程。对某些应用系统，如智能仪表，键输入程序是整个应用程序的重要组成部分。

1．键盘输入原理

键盘中每个键都是一个常开的开关电路，当所设置的功能键或数字键按下时，开关则处于闭合状态，对于一组键或一个键盘，需要通过接口电路与单片机相连，以便把键的开关状态通知单片机。单片机可以采用查询方式或中断方式了解有无键输入并检查是哪一个键被按下，并通过转移指令转入执行该键功能的程序，执行完再返回到原始状态。

2．键盘输入接口与软件应解决的问题

键盘输入接口与软件应可靠而快速地实现键盘信息输入与执行键功能的任务。为此，应解决下列问题。

1）键开关状态的可靠输入

目前，无论是键或键盘，大都是利用机械触点的闭合、断开作用实现输入的，机械触点在闭合及断开瞬间由于弹性作用的影响，均存在抖动过程，从而使电压信号也出现抖动，如图11.1所示。抖动时间长短与开关的机械特性有关，一般为5～10 ms。

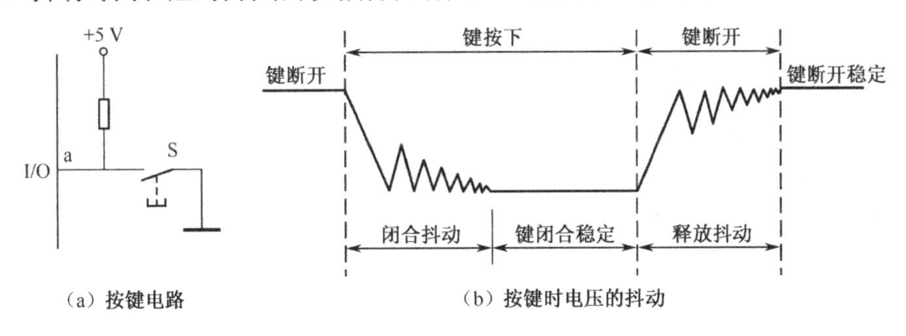

（a）按键电路　　（b）按键时电压的抖动

图 11.1　键闭合及断开时的电压波动

键的稳定闭合时间，由操作人员的按键动作确定，一般为十分之几秒至几秒。为了保证CPU对键的一次闭合仅进行一次键输入处理，必须去除抖动影响。

通常去抖动影响的方法有硬、软件两种。在硬件上采取的措施是：在键输出端加 R-S 触发器或单稳态电路构成去抖动电路。在软件上采取的措施是：在检测到有键按下时，执行一个10ms左右的延时程序后，再确认该键电平是否仍保持闭合状态电平，若仍保持闭合状态电平，则确认该键处于闭合状态，否则认为是干扰信号，从而去除了抖动影响。为简化电路，通常采用软件方法。

2）对键进行编码以给定键值或直接给出键号

任何一组键或键盘都要通过I/O接口线查询键的开关状态。根据不同的键盘结构，采用不同的编码方法。但无论有无编码，以及采用什么编码，最后都要通过程序转换成为与累加器A中数值相对应的键值，以实现按键功能程序的散转转移（相应的散转指令为JMP @A+DPTR），因此一个完善的键盘控制程序应能完成下述任务。

（1）监测有无键按下。

（2）有键按下后，在无硬件去抖动电路时，应用软件延时方法去除抖动的影响。

（3）有可靠的逻辑处理方法，如 *n* 键锁定，即只处理一个键，其间任何按下又松开的键不产生影响，不管一次按键持续多长时间，仅执行一次按键功能程序。

（4）输出确定的键值以满足散转（间接转移）指令的要求。

11.1.2　独立式按键

独立式按键是指直接用I/O接口线构成的单个按键电路。每个独立式按键单独占有一根I/O接口线，每根I/O接口线的工作状态不会影响其他I/O接口线的工作状态，这是一种最简单易懂的按键结构。

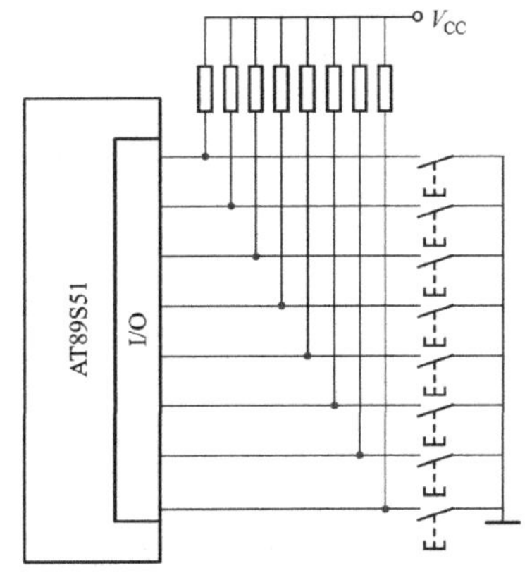

图 11.2　独立式按键电路

1）独立式按键电路

独立式按键电路如图11.2所示。图11.2中每个I/O引脚上都加了上拉电阻，在实际使用中，如I/O接口内部已有上拉电阻（如 P1 口），可省去。

独立式按键电路配置灵活，硬件结构简单，但每个按键必须占用一根 I/O 接口线，在按键数量较多时，I/O 接口线浪费较大。故只在按键数量不多时采用这种按键电路。

在此电路中，按键输入都设置为低电平有效，上拉电阻保证了按键断开时，I/O 接口线有确定的高电平。

2）独立式按键的软件编制

下面是一段简化的键盘程序。这段程序的作用是当检测到相应的键按下时就转向每个按键的功能程序。程序中省略了软件延时部分；OPR0～OPR7 分别为每个按键的功能程序的入口地址。设 I/O 接口为 P1 口，P1.0～P1.7 对应 OPR0～OPR7。

汇编语言程序如下：

```
START：MOV     A, #0FFH          ；设置输入方式
       MOV     P1, A
   L1：MOV     A, P1             ；输入键状态
       CJNE    A,#0FFH, L3       ；有键按下转 L3
       LCALL   DELAY             ；调用延时 5ms 子程序，省略
       SJMP    L1
   L3：LCALL   DELLAY            ；延时 5ms
       LCALL   DELLAY            ；延时 5ms
       MOV     A, P1             ；再读 P1 口
       CJNE    A,#0FFH, L2       ；确实有键按下则转 L2
       SJMP    L1                ；误读键，返回
   L2：JNB     ACC.0, TAB0       ；为 0 则转 0 号键首地址
       JNB     ACC.1, TAB1       ；为 1 则转 1 号键首地址
       …
       JNB     ACC.7, TAB7       ；为 7 则转 7 号键首地址
       SJMP    L1                ；再次读入键状态
 TAB0：LJMP    OPR0              ；转向 0 号键功能程序
 TAB1：LJMP    OPR1
 …
 TAB7：LJMP    OPR7
       …
 OPR0：                          ；0 号键功能程序
       …
       LJMP    START             ；0 号键功能程序执行完，返回
 0PR7：…
       …
       LJMP    START             ；7 号键功能程序执行完，返回
```

C51 语言程序如下：

```
#include <reg52.h>                 //包含特殊功能寄存器的头文件
#define uint unsigned int          //定义数据类型
#define uchar unsigned char        //定义数据类型
main(void)
{
```

```
    uint i;                                  //定义一个整型变量
    uchar value;
    while(1)
    {
        P1 = 0xff;                           //设置 P1 口为输入方式
        do{}while(P1 == 0xff);               //等待键盘输入
        for(i=0;i<1000;i++){};               //延时（值可自定义）去抖动
        value = P1;                          //读取键值
        switch (value)
        {
            case 0xfe: K0_pro();break;       //0 号键调用 K0_pro()键处理程序
            case 0xfd: K1_pro();break;       //1 号键调用 K1_pro()键处理程序
            …
            case 0x7f: K7_pro();break;       //7 号键调用 K7_pro()键处理程序
            default : break;
        }
        do{}while(P1 != 0xff);               //等待键盘释放
        for(i=0;i<1000;i++){};               //延时（值可自定义）去抖动
    }
}
```

11.1.3 行列式键盘

独立式按键电路每一个按键开关占用一根 I/O 接口线，当按键数较多时，要占用较多的 I/O 接口线。因此，在按键数大于 8 时，通常采用行列式（也称矩阵式）键盘电路。

1. 行列式键盘电路的结构及原理

图 11.3 所示为用 AT89S51 单片机扩展 I/O 接口组成的行列式键盘电路。图 11.3 中行线 P2.0～P2.3，通过 4 个上拉电阻接电源，处于输入状态，列线 P1.0～P1.7 为输出状态。按键设置在行、列线交点上，行线、列线分别连接到按键开关的两端。图 11.3 中右上角为每个按键的连接图。

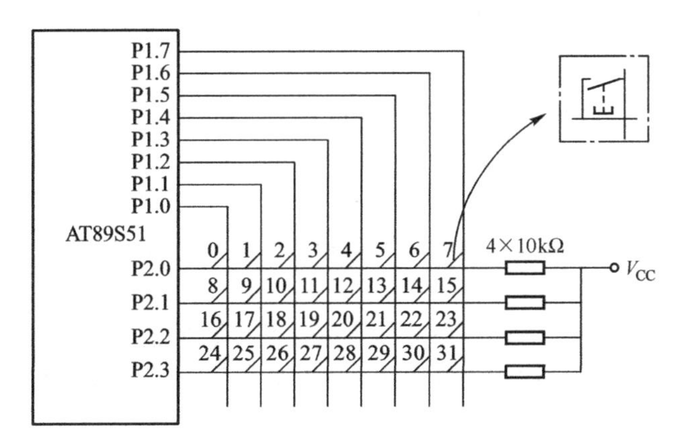

图 11.3　单片机扩展 I/O 接口组成的行列式键盘电路

当键盘上没有键闭合时，行线和列线之间是断开的，所有行线 P2.0～P2.3 输入全部为高电平。当按下键盘上某个键使其闭合时，则对应的行线和列线短路，行线输入即列线输出。如果此时把所有列线初始化为输出低电平，则通过读取判断行线 P2.0～P2.3 输入值是否全为 1，即可判断有无键按下。

但键盘中究竟按下的是哪一个键，并不能立刻判断出来，只能用将列线逐列置低电平后，检查行输入状态的方法来确定。其方法是：先令列线 P1.0 输出低电平 0，P1.1～P1.7 全部输出高电平 1，然后读行线 P2.0～P2.3 输入电平。如果读得某行线输入为低电平，则可确认对应于该行线与列线 P1.0 相交处的键被按下，否则 P1.0 列线上无键按下。如果列线 P1.0 上无键按下，接着令列线 P1.1 输出低电平 0，其余为高电平 1，再读行线 P2.0～P2.3 输入电平，判断其是否全为 1，若是，表示被按键也不在此列，以此类推直至列线 P1.7。如果所有列线均判断完，仍未出现行线 P2.0～P2.3 读入值有 0 的情况，则表示此次并无键按下。这种逐列检查键盘状态的过程称为对键盘进行扫描。

2．键盘的工作方式

在单片机应用系统中，扫描键盘只是 CPU 的工作任务之一。在实际应用中，要想做到既能及时响应键操作，又不过多地占用 CPU 的工作时间，就要根据应用系统中 CPU 的忙闲情况，选择适当的键盘工作方式。键盘的工作方式一般有循环扫描方式和中断扫描方式两种，下面分别加以介绍。

1）循环扫描方式

循环扫描方式是指利用 CPU 在完成其他工作的空余时间，调用键盘扫描子程序来响应键输入要求。在执行键功能程序时，CPU 不再响应键输入要求。下面以图 11.3 电路为例说明。

键盘扫描程序一般应具备下述几个功能。

（1）判断键盘上有无键按下。方法为 P1 口输出全扫描为 0（低电平）时，读 P2 口状态，若 P2.0～P2.3 输出全为 1，则键盘无键按下，若不全为 1 则有键按下。

（2）去除键的抖动影响。方法为在判断有键按下后，软件延时一段时间（一般为 10ms 左右）后，再判断键盘的状态，如果仍处于有键按下状态，则认为有一个确定的键被按下，否则按键抖动处理。

（3）扫描键盘，得到被按下键的键值。按照行列式键盘的工作原理，图 11.3 中 32 个键的键值从左上角的数字 0 键开始对应如下分布（键值用十六进制数表示）：

00H，　01H，　02H，　03H，　04H，　05H，　06H，　07H
08H，　09H，　0AH，　0BH，　0CH，　0DH，　0EH，　0FH
10H，　11H，　12H，　13H，　14H，　15H，　16H，　17H
18H，　19H，　1AH，　1BH，　1CH，　1DH，　1EH，　1FH

这种顺序排列的键值按照行首键号与列号相加的方法处理，即每行的行首键号固定编号 0，8，16，24；列号依列线顺序为 0～7。

行扫描法的基本原理是：先使一条列线为低电平，如果这条列线上有闭合键，则相应的那条行线即低电平，否则各行线都为高电平，这样就可以根据行线号和列线号求得闭合键的键值。

获取这 32 个键值时，P1 口和 P2 口输出与输入的相应键码值分布如下（键码值用十六进制数表示）：

	0	1	2	3	4	5	6	7
0	FE×E	FD×E	FB×E	F7×E	EF×E	DF×E	BF×E	7F×E
8	FE×D	FD×D	FB×D	F7×D	EF×D	DF×D	BF×D	7F×D
10H	FE×B	FD×B	FB×B	F7×B	EF×B	DF×B	BF×B	7F×B
18H	FE×7	FD×7	FB×7	F7×7	EF×7	DF×7	BF×7	7F×7

上述分布的意义表示当行键码值与列键码值同时满足要求时，则选中（按下）该键。例如，0 号键的表达式为 FE×E，表示当列键码值为 11111110B，行键码值为 1110B 时，选中（按下）0 号键，以此类推。

行扫描的过程是：先使输出口输出 FEH（扫描首列键码值），即使列线 P1.0 输出低电平 0，然后读入行状态，判断行线中是否有低电平。如果没有低电平，则使输出口输出 FDH（扫描第二列键码值），以此类推，当行线中有状态为低电平时，则找到闭合键。根据此时零电平所在的行号和扫描列的列号得出闭合键的键值。

闭合键的键值=行首键号+列号

例如，当 P1 口的输出为 FDH（11111101B），即其第 1 列有输出，读出 P2 口低 4 位的值为 0BH（1011B），说明是第 2 行与第 1 列相交的键闭合，则键值=16+1=17。

（4）判别闭合的键是否释放。键闭合一次仅进行一次键功能操作。等键释放后去除键的抖动，再将键值送入累加器 A 中，然后执行键功能操作。

设在主程序中已把 AT89S51 初始化为 P1 口作为基本输出口，接键盘列线；P2 口作为基本输入口，接 4 根行线。设计键扫描子程序框图，如图 11.4 所示。键盘扫描子程序如下（程序中 KS 为查询有无键按下子程序，DELAY 为延时子程序，延时时间为 5～10ms）：

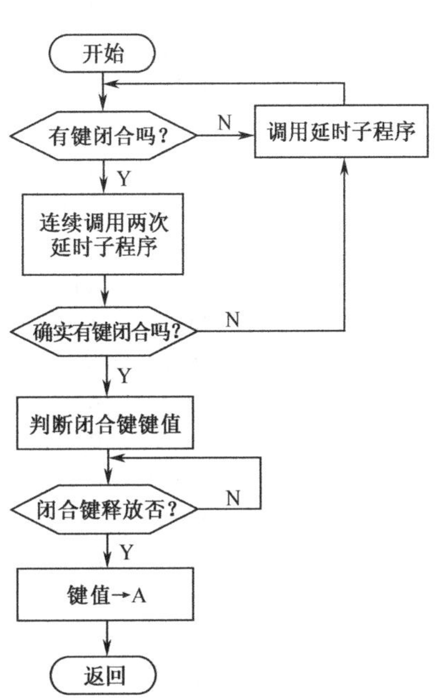

图 11.4　键扫描子程序框图

```
KEY:  LCALL   KS          ; 调用 KS 子程序判别有无键按下
      JNZ     K1          ; 有键按下则转移
      LCALL   DELAY       ; 无键按下，则调用延时子程序（省略）
      LJMP    KEY
K1:   LCALL   DELAY       ; 加长延时时间，消除键抖动
      LCALL   DELAY
      LCALL   KS          ; 再次调用 KS 子程序判别有无键按下
      JNZ     K2          ; 有键按下，则转逐列扫描
      LJMP    KEY         ; 误读键，则返回
K2:   MOV     R2, #0FEH   ; 将首列扫描键码值送入 R2
      MOV     R4, #00H    ; 将首列号送入 R4
K3:   MOV     A, R2
      MOV     P1, A       ; 将列扫描键码值送入 P1 口
      MOV     A, P2       ; 读取行扫描键码值
      JB      ACC.0, L1   ; 第 0 行无键按下，转查第 1 行
```

```
        MOV     A, #00H        ；第 0 行有键按下，将该行的行首键号#00H 送入累加器 A
        LJMP    LK             ；转求键值
L1:     JB      ACC.1, L2      ；第 1 行无键按下，转查第 2 行
        MOV     A, #08H        ；第 1 行有键按下，将该行的行首键号#08H 送入累加器 A
        LJMP    LK             ；转求键值
L2:     JB      ACC.2, L3      ；第 2 行无键按下，转查第 3 行
        MOV     A, #10H        ；第 2 行有键按下，将该行的行首键号#10H 送入累加器 A
        LJMP    LK             ；转求键值
L3:     JB      ACC.3, NEXT    ；第 3 行无键按下，改查下一列
        MOV     A, #18H        ；第 3 行有键按下，将该行的行首键号#18H 送入累加器 A
LK:     ADD     A, R4          ；行首键号加列号形成键值，送入累加器 A
        PUSH    ACC            ；键值入栈保护
K4:     LCALL   DELAY
        LCALL   KS             ；待键释放
        JNZ     K4             ；未释放，等待
        POP     ACC            ；键释放，弹栈送入累加器 A
        RET                    ；键扫描结束，返回
NEXT:   INC     R4             ；修改列号，指向下一列
        MOV     A, R2
        JNB     ACC.7, KEY     ；第 7 位为 0，已扫描完最高列，转 KEY
        RL      A              ；未扫描完，键码值左移一位，变为下列键码值
        MOV     R2, A          ；键码值暂存入 R2
        LJMP    K3             ；转下列扫描
KS:     MOV     A, #00H
        MOV     P1, A          ；将全键码值#00H 送入 P1 口
        MOV     A, P2          ；读入 P2 口行状态
        CPL     A              ；变正逻辑，以高电平表示有键按下
        ANL     A, #0FH        ；屏蔽高 4 位
        RET                    ；出口状态：累加器 A 的内容不等于 0，表示有键按下
```

在配有键盘的应用系统中，一般相应配有显示器，此时可以把键盘程序中去抖动的延时子程序用显示子程序代替（详见 11.2 节）。需注意的是，显示子程序执行所花费的时间应与键盘去抖动的延时时间相当。

在系统初始化后，CPU 必须反复不断地轮流调用扫描显示子程序和键盘输入程序，在发现有键闭合后，执行规定的操作，再重新进入上述循环。

2）中断扫描方式

采用上述扫描键盘的工作方式，虽然也能响应输入的命令或数据，但是这种方式不管键盘上有无键按下，CPU 总要定时扫描键盘，而应用系统在工作时，并不经常需要键输入，因此 CPU 经常处于空扫描状态。为了提高 CPU 的工作效率，可采用中断扫描方式。即只有在键盘有键按下时，发出中断请求，CPU 响应中断请求后，转向中断服务程序，进行键盘扫描，识别键值。中断扫描方式的一种简易键盘电路如图 11.5 所示。该键盘直接由 AT89S51 的 P1 口的高字节、低字节构成 4×4 行列式键盘。键盘的列线与 P1 口的低 4 位相接，键盘的行线接到 P1 口的高 4 位。

图 11.5 中的 4 输入端与门就是为中断扫描方式而设计的，其输入端分别与各列线相连，输出端接单片机外部中断输入端 $\overline{\text{INT0}}$。初始化时，使键盘行输出口全部置 0。当有键按下时，

$\overline{\text{INT0}}$端为低电平，向 CPU 发出中断申请，若 CPU 开放外部中断，则响应中断请求，进入中断服务程序。编写中断服务程序中键盘扫描输入子程序时，注意返回指令要改用 RETI，此外还要注意保护与恢复现场。

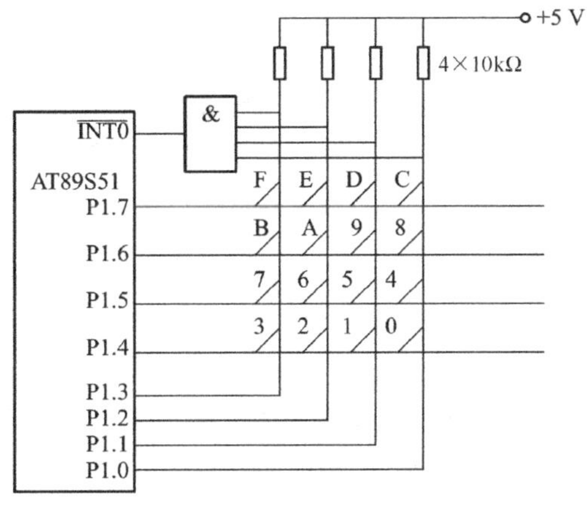

图 11.5　中断扫描方式键盘电路

由于 P1 口为双向 I/O 接口，可以采用线路反转法识别键值，步骤如下：

（1）P1.0～P1.3 输出 0，由 P1.4～P1.7 输入并保存数据到 A 中。

（2）P1.4～P1.7 输出 0，由 P1.0～P1.3 输入并保存数据到 B 中。

（3）A 的高 4 位与 B 的 4 位相或，形成键码值。

（4）查表求得键值。

线路反转法汇编语言程序如下：

```
        ORG     0000H
        LJMP    START
        ORG     0003
        LJMP    FZH             ；转读键值程序
        ORG     0030H
START： MOV     SP, #50H
        MOV     P1, #0FH
        SETB    IT0             ；外部中断 0 采用边沿触发方式
        MOV     IE, #81H        ；CPU 开中断，允许外部中断 0 中断
   L1： …
        SJMP    L1
        ORG     200H            ；读键值中断处理程序
  FZH： SETB    RS0             ；使用第 1 组工作寄存器，保护第 0 组工作寄存器
        PUSH    ACC
        MOV     P1, #0F0H       ；设 P1.0～P1.3 输出 0
        MOV     A, P1           ；读 P1 口
        ANL     A, #0F0H        ；屏蔽低 4 位，保留高 4 位
        MOV     B, A            ；将 P1.4～P1.7 的值存入 B
        MOV     P1, #0FH        ；反转设置，设 P1.4～P1.7 输出 0
        MOV     A, P1
        ANL     A, #0FH         ；屏蔽高 4 位，保留低 4 位
        ORL     A, B            ；与 P1.4～P1.7 的值相或，形成按键的键码值
```

```
            MOV     B, A
            MOV     R0, #00H              ; 设置键号初值
            MOV     DPTR, #TAB
     LOOP:  MOV     A, R0
            MOVC    A, @A+DPTR            ; 取键码值
            CJNE    A, B, NEXT2           ; 与按键的键码值相比较，如果不相等，则继续
            SJMP    RR0                   ; 相等则返回，键值在第 1 组寄存器 R0 中
    NEXT2:  INC     R0                    ; 键值加 1
            CJNE    R0, #10H, LOOP        ; 判断是否到最后一个键
      RR0:  CLR     RS0                   ; 恢复第 0 组工作寄存器
            POP     ACC
            RETI
      TAB:  DB      0EEH,0EDH,0EBH,0E7H, 0DEH,0DDH,0DBH,0D7H     ; 0～7 的键码值
            DB      0BEH,0BDH,0BBH,0B7H, 7EH,7DH,7BH,77H         ; 8～15 的键码值
            END
```

C51 语言程序如下：

```
uchar keycode;
uchar code key_value[16]= {0xee,0xed,0xeb,0xe7,0xde,0xdd,0xdb,0xd7,
                          0xbe,0xbd,0xbb,0xb7,0x7e,0x7d,0x7b,0x77};     //键码值
void main(void)
{
    P1 = 0x0F ;
    IT0 = 0;                              //外部中断 0 采用边沿触发方式
    IE = 0x81 ;                           //CPU 开中断，允许外部中断 0 中断
    while(1)                              //等待键值处理
        {…} ;
    }
    void int0_pro() interrupt 0 using 1   //定义外部中断 0 中断函数，使用第 1 组工作寄存器
    {
    uchar key,i;
    keycode = 0x00;                       //设置键号初值
    P1 = 0xf0;                            //设 P1.0～P1.3 输出 0
    key = P1&0xf0;                        //保存 P1.4～P1.7 的值
    P1 = 0x0f;                            //反转设置，设 P1.4～P1.7 输出 0
    key += P1&0x0f;                       //与 P1.4～P1.7 的值相或，形成键码值
    for (i =0;i<16;i++)
    {
        if (key == key_value[i])          //查表的键码值与按键的键码值相比较
        {
            keycode = i;                  //返回键值
            break;
        }
    }
}
```

如果采用中断扫描方式，最好采用硬件方法去除抖动。

11.2 显示器接口

为了方便人们观察和监视单片机的运行情况，通常需要用显示器作为单片机的输出设备，以显示单片机的键输入值、中间信息及运算结果等。

11.2.1 显示器概述

在单片机应用系统中，常用的显示器主要有发光二极管（Light Emitting Diode，LED）显示器和液晶显示器（Liquid Crystal Display，LCD）。这两种显示器都具有耗电少、配置灵活、线路简单、安装方便、耐振动、寿命长等优点。两者的主要不同点如下所述。

（1）发光方式：LED 显示器本身可直接发光，而 LCD 本身不能直接发光，需要依靠外界光反射才能显示字符，所以在黑暗条件下需要加背光。

（2）驱动方式：LED 显示器用直流电驱动，结构较简单，LCD 必须用交流电驱动，结构较复杂。

（3）功耗：LCD 的功耗比 LED 显示器小约三个数量级。

（4）使用寿命：LED 显示器的寿命比 LCD 长约两个数量级。

（5）响应速度：LCD 为 10～20 ms，LED 显示器为 100 ns 以下。

（6）显示容量：一个 LED 显示器只能显示一个字符或一个字段，一个 LCD 可同时显示多个字符，有的型号 LCD 还能显示复杂的图形，且显示清晰度较高。

由以上介绍可见两种显示器各有千秋，用户可根据实际需要选择其中一种显示器。

由于 LCD 在结构和使用方法上比 LED 显示器要复杂得多，限于篇幅，本节仅介绍 LED 显示器的原理与使用，LCD 的内容详见文献［1］。

11.2.2 LED 显示器的结构与原理

LED 显示器是由发光二极管显示字段的显示器件，也可称为数码管，其外形如图 11.6（a）所示，它由 8 个发光二极管（简称字段）构成，通过不同的组合来显示 0～9、A～F 及小数点“.”等字符。图 11.6 中 dp 表示小数点，COM 表示公共端。

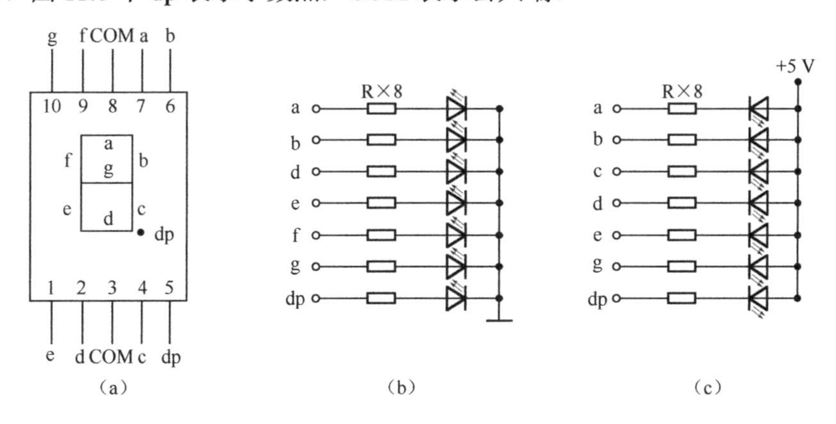

图 11.6 “8”字形数码管

数码管通常有共阴极和共阳极两种，如图 11.6 中（b）和（c）所示。图 11.6 中电阻为外接的。共阴极数码管的发光二极管的阴极必须接低电平，当某一发光二极管的阳极为高电平(一般为+5V）时，此发光二极管点亮；共阳极数码管的发光二极管是阳极并接到高电平，对于需点亮的发光二极管，使其阴极接低电平（一般为地）即可。显然，要显示某字形，就应使此字形的相应字段点亮，实际就是将一个用不同电平组合代表的数据送至数码管。这种装入数码管中显示字形的数据称为字形码。

下面以共阴极数码管为例说明字形与字形码的关系。

对照图 11.6（a）所示字段，字形码各位定义如下：

D_7	D_6	D_5	D_4	D_3	D_2	D_1	D_0
dp	g	f	e	d	c	b	a

数据位 D_0 与 a 字段对应，D_1 与 b 字段对应，以此类推。由图 11.6 中（a）和（b）可以看出，如果要显示“7”字形，a、b、c 三个字段应点亮，所以对应的字形码为 00000111B。

如果要显示“E” 字形，对应的 a、f、g、e、d 字段应点亮，所以其字形码为 01111001B。

共阴极数码管常用来显示的字形见表 11.1，按照显示字符（十六进制数）由小到大的顺序排列。通常显示代码（字形码）存放在程序存储器的固定区域中，构成显示代码表。当要显示某字符时，可根据地址及显示字符查表。

表 11.1 常用显示字形表（共阴极）

字　符	字　形	D7	D6	D5	D4	D3	D2	D1	D0	字 形 码
0	0	0	0	1	1	1	1	1	1	3FH
1	1	0	0	0	0	0	1	1	0	06H
2	2	0	1	0	1	1	0	1	1	5BH
3	3	0	1	0	0	1	1	1	1	4FH
4	4	0	1	1	0	0	1	1	0	66H
5	5	0	1	1	0	1	1	0	1	6DH
6	6	0	1	1	1	1	1	0	1	7DH
7	7	0	0	0	0	0	1	1	1	07H
8	8	0	1	1	1	1	1	1	1	7FH
9	9	0	1	1	0	1	1	1	1	6FH
A	A	0	1	1	1	0	1	1	1	77H
B	b	0	1	1	1	1	1	0	0	7CH
C	C	0	0	1	1	1	0	0	1	39H
D	d	0	1	0	1	1	1	1	0	5EH
E	E	0	1	1	1	1	0	0	1	79H
F	F	0	1	1	1	0	0	0	1	71H

参考表 11.1，可以得到共阳极数码管显示字形 0～FH 的字形码，只要将表 11.1 中对应的字形码取反即可，其顺序为 C0H、F9H、A4H、B0H、99H、92H、82H、F8H、80H、90H、88H、83H、C6H、A1H、86H、8EH。

LED 显示方式有静态和动态两种，下面分别予以介绍。

11.2.3 静态显示方式

静态显示是指在显示器显示某个字符时，相应的字段（发光二极管）一直导通或截止，直到变换为其他字符。数码管工作在静态显示方式下时，其位选线统一接地（共阴极）或高电平（共阳极）。数码管段选线各位相互独立，通常是与一个锁存器的输出口相接。只要在各位的段选线上保持段选码电平，该数码管就能保持相应的显示字符。如果要显示新的字符，则重新发送新字符的段选码电平。

静态显示通常有以下两种方法。

1．用并行口控制显示器

并行输出接口可以采用 74 系列的锁存器（如 74373 等），也可以采用可编程 I/O 接口芯片等，还可以采用专门用于驱动显示的硬件（译码器等）与段选线相连。显示时只需把待显示字符的段选码电平送入输出口。图 11.7 所示为一个由 3 个数码管相连的三位静态显示器。显然这个显示器至少要占用 24 位 I/O 接口线。由于这种方法需要占用较多 I/O 接口线，当要显示的数码管超过 4 个时，这种方法对于 80C51 单片机就不再适用。

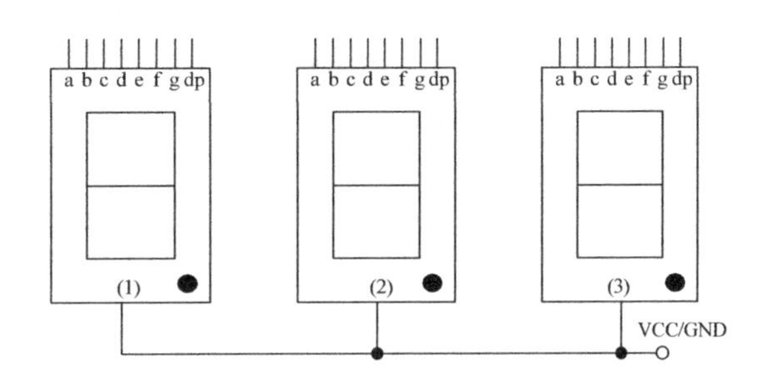

图 11.7　三位静态显示器的构成

2．用串行口控制显示器

静态显示方式常将串行口设定为方式 0 输出方式，采用串行输入/并行输出的移位寄存器构成显示电路，可参考第 9 章的例 9.6。

这种方式下要显示某字符，首先要把这个字符转换为相应的字形码，然后通过串行口发送到串行输入/并行输出的移位寄存器，如 74HC164 芯片，即一个数码管需要一片 74HC164。74HC164 把串行口收到的数转换为并行输出，并加到数码管上，详见文献［1］。这种方式虽然节约了 I/O 接口线，却增加了电路的复杂程度和移位寄存器芯片，在位数较多时，字符更新速度慢。

通常静态显示方式下显示器亮度较高，软件编程较简单。但由于静态显示方式需要占用较多 I/O 接口线，或者需要较多的芯片，线路较复杂，所以在位数较多时常采用动态显示方式。

11.2.4 动态显示方式

动态显示方式是指把各显示器的相同段选线并联在一起，并由一个 8 位 I/O 口控制，而其公共端由其他相应的 I/O 口控制，然后采用扫描方法轮流点亮各位发光二极管，使每位分时显示该位应该显示的字符。这是常用的显示方式之一。

图 11.8 所示电路为单片机应用系统中的一种动态显示方式示意图。为简化问题，该例中直接用单片机的 I/O 口输出相应的字形码和位选扫描电平。其中 P1 口输出与选通的数码管相

对应的字形码信号，P2 口的 6 位口输出位选信号，每次仅有 1 路输出 1（其余为 0）。

通常采用动态显示方式输出字形码及位选信号时，信号应经驱动后，再与数码管相连。图 11.8 中字形驱动选用 8 路三态同相缓冲器 74HC244，位选驱动使用 ULN2803 反相驱动芯片（参见附录 B）。采用 8 段共阴极数码管时，字形驱动输出 1 有效，位选驱动输出 0 有效。

由于 8 路段选线都由 P1 口控制，因此，每个要显示的字符都会同时加到这 6 个数码管上。要想让每位显示不同的字符，就必须采用如下的扫描工作方式。

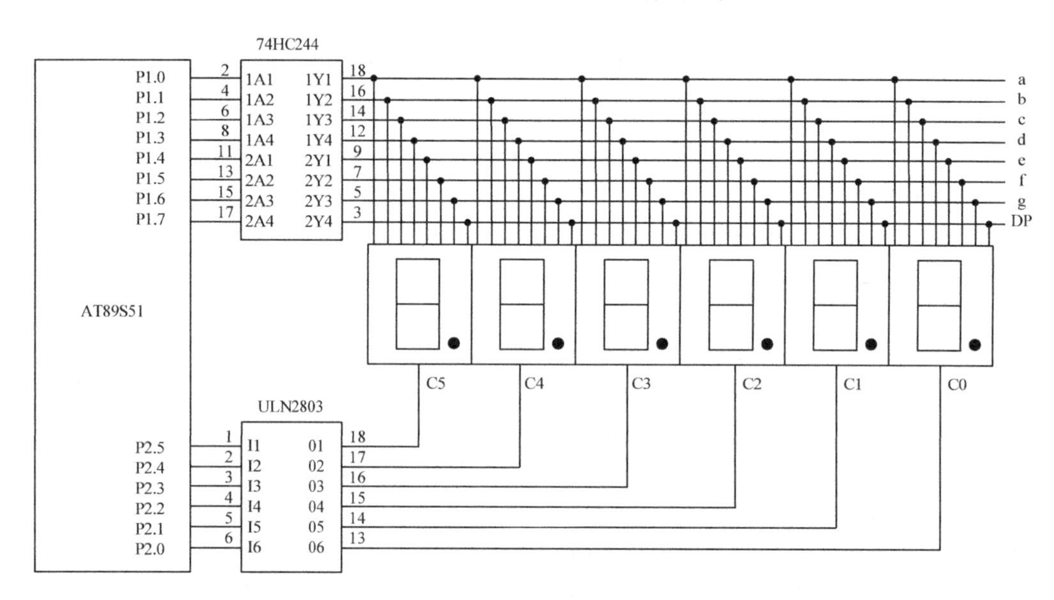

图 11.8　扫描式显示电路

这种方式是分时轮流选通数码管的公共端，使得各数码管轮流导通，即各数码管是由脉冲电流导电的（循环扫描 1 次的时间一般为 10ms）。当所有数码管依次显示一遍后，软件控制循环，使每个数码管分时点亮。例如，要显示“123DEF”，则位选码、段选码扫描一遍的相应显示内容见表 11.2。

表 11.2　6 位显示器动态扫描显示内容

段选码	位选码	显示器显示内容					
06H	20H	1					
5BH	10H		2				
4FH	08H			3			
5EH	04H				D		
79H	02H					E	
71H	01H						F

这种方式不但能提高数码管的发光效率，而且由于各数码管的字段线并联使用，从而大大简化了硬件线路。

各数码管虽然是分时轮流通电的，但由于发光数码管的余辉特性及人眼的视觉暂留作用，因此，当循环扫描频率选取适当时，看上去所有数码管是同时点亮的，察觉不出有闪烁现象。不过，采用这种方式时，数码管不宜太多，否则每个数码管所分配到的实际导通时间就会太短，从而使得亮度不够。

按照图 11.8 所示电路编写一段 6 位数码管的显示子程序。设 DIS0～DIS5 是片内显示缓冲区，共 6 个单元，对应 6 个数码管的显示内容。程序中，先取 DIS5 中的数据，对应选中图 11.8 所示电路中最左边的数码管，其余以此类推。

汇编语言程序如下：

```
DIR:    PUSH    ACC
        PUSH    DPH
        PUSH    DPL
```

```
        MOV     R0,#DIS5                ;指向显示缓冲区首单元
        MOV     R6,#20H                 ;选中最左边的数码管
        MOV     R7,#00H                 ;设定显示时间
        MOV     DPTR,#TAB1              ;指向字形表首地址
DIR1:   MOV     A,#00H
        MOV     P2,A                    ;关断显示
        MOVC    A,@R0                   ;取要显示的数据
        MOVC    A,@A+DPTR               ;查表得字形码
        MOV     P1,A                    ;发送字形码
        MOV     A,R6                    ;取位选字
        MOV     P2,A                    ;发送位选字
HERE:   DJNZ    R7,HERE                 ;延时
        INC     R0                      ;更新显示缓冲单元
        CLR     C
        MOV     A,R6
        RRC     A                       ;位选字右移
        MOV     R6,A
        JNZ     DIR1                    ;未扫描完，继续循环
        POP     DPL
        POP     DPH
        POP     ACC                     ;恢复现场
        RET
TAB1:   DB      3FH,06,5BH,4FH,66H,6DH,7DH,07       ;0H~7H
        DB      7FH,6FH,77H,7CH,39H,5EH,79H,71H     ;8H~FH
```

C51 语言程序如下：

```
#include<reg51.h>
#define uchar   unsigned char
uchar TABLE1[]={0x20,0x10,0x08,0x04,0x02,0x01};         //位选码
uchar TABLE2[]={0x06,0x5b,0x4f,0x5e,0x79,0x71};         //段选码，显示 1、2、3、D、E、F
void delay(void)                                         //延时函数
{
    uchar i,j;
    for(i=0;i<200;i++)
    {
        for(j=0;j<5;j++){;}                              //延时（参数可自定义）
    }
}
main(void)
{
    uchar i;
    for(;;)
    {
        for(i=0;i<6;i++)
        {
            P2=0x00;                                     //关断显示
```

```
                P1=TABLE2[i];                    //发送字形码，显示某个字符
                P2=TABLE1[i];                    //发送位选字，选中某一位
                delay();                         //调用延时函数
            }
        }
    }
```

每调用 1 次此显示子程序，仅扫描 1 遍；要得到稳定的显示，则必须不断地调用显示子程序。

动态扫描式显示接口硬件虽然简单，但在使用时必须反复循环显示，若 CPU 须做其他操作，则只能插入循环程序中，这就降低了 CPU 的工作效率。因此，在实际应用中，要根据具体情况来选用显示方式。

在单片机应用系统中，有时需要同时使用键盘与显示器，此时，为了节省 I/O 接口线，常常把键盘和显示电路做在一起，构成实用的键盘显示电路。可以采用并行扩展的方法实现，也可以采用串行扩展的方法实现（见参考文献［1］)。但当要扩展的键盘或显示器较多时，这两种方法的硬件电路都较复杂。为简化系统的软硬件设计，改善显示质量，充分提高 CPU 的工作效率，陆续出现了一些专用于键盘与显示器连接的芯片。这些芯片通过编程设置键盘与显示功能，可大大简化硬件电路和减小软件工作量，是微处理器仪表理想的键盘与显示驱动电路，如早期出现的 Intel 8279 等。随着串行技术的发展，近年出现的 HD7279、MAX7219/7221 和 ZLG7290 等芯片，具有外部占用引线少、显示方式可调节等优点，逐渐取代了 8279，因篇幅关系，本书不予介绍，可参阅其他文献。

11.3 功率开关器件接口

单片机的主要作用之一就是利用 I/O 接口对外设进行控制，但因为单片机的 I/O 接口驱动能力有限，不可能直接驱动大功率开关及设备，如电磁阀、电动机、电炉及接触器等，所以输出端口必须配接输出驱动电路来控制功率开关器件，再通过功率开关器件控制大功率设备的工作。此外，许多大功率设备在开关过程中会产生强电磁干扰，可能会造成系统的误动作或损坏，所以在强电情况下还要考虑电气隔离问题。本节介绍常用的隔离技术、常见的几种功率开关器件及接口电路。

11.3.1 输出接口的隔离技术

为防止大功率设备在开关过程中产生强电磁干扰，单片机的输出端口常采用隔离技术，现在最常用的就是光电隔离技术，因为光信号的传输不受电场、磁场的影响，可以有效地隔离电信号。根据这种技术生产的器件称为光电隔离器，简称光隔。

目前生产的光电隔离器品种很多，性能参数也不尽相同，但它们的基本工作原理是相同的。图 11.9 所示为光电隔离器的工作原理及接法。图 11.9（a）所示为一个三极管型的光电隔离器原理图。当发光二极管中通过一定值的电流时，发光二极管发出的光使光电三极管导通；当发光二极管中无电流时，则光电三极管截止，由此达到控制开关的目的。

在利用光电隔离器实现输出通道的隔离时，一定要注意，被隔离的通道必须单独使用各自的电源，即驱动发光二极管的电源与驱动光电三极管的电源必须是各自独立的，不能共地，否则外部干扰信号可能会通过电源进入系统，就起不到隔离作用了。图 11.9（b）所示为光电隔离器的正确接法，图 11.9（c）所示为光电隔离器的错误接法。

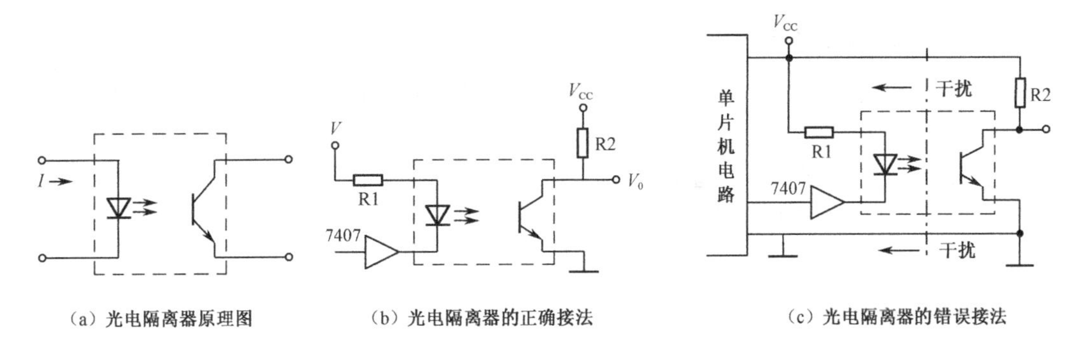

（a）光电隔离器原理图　（b）光电隔离器的正确接法　（c）光电隔离器的错误接法

图 11.9　光电隔离器的工作原理及接法

一般单片机的 I/O 接口可以直接驱动光电隔离器，对于有些驱动能力有限的 I/O 接口，可以采用集电极开路的门电路（如 7406、7407 等）去驱动光电隔离器。

11.3.2　功率开关器件接口举例

功率开关器件品种很多，接口电路也有差别，在此仅举几例说明。

1．直流电源负载驱动电路

在采用直流电驱动负载且所需电流不大的情况下，常见的驱动接口电路有如下几种。

1）三极管驱动电路

三极管通常用于控制所需电流不大（几百毫安）的直流负载。当三极管处于开关工作状态时，三极管的基极输入一个毫安级（或更小）的小电流，集电极即可饱和导通，从而达到控制较大负载电流的目的。如图 11.10（a）所示，图中逻辑输入即单片机 I/O 引脚。在要求不高的情况下，I/O 引脚也可直接加到三极管的基极。

2）达林顿管驱动电路

把两个三极管接成复合型，制作成的晶体管称为达林顿管。达林顿管的特点是输入电流小，输出阻抗高，输出电流大，可以直接驱动较大的负载，电路如图 11.10（b）所示。ULN2068、ULN2803 等芯片内部为达林顿管，均可直接与单片机连接，可驱动多路负载。

3）功率场效应管驱动电路

功率场效应管简称 VMOS 场效应管，这种场效应管只要求微安级输入电流即可控制中功率或大功率负载，一般单片机的 I/O 接口均可直接与之连接，电路如图 11.10（c）所示。

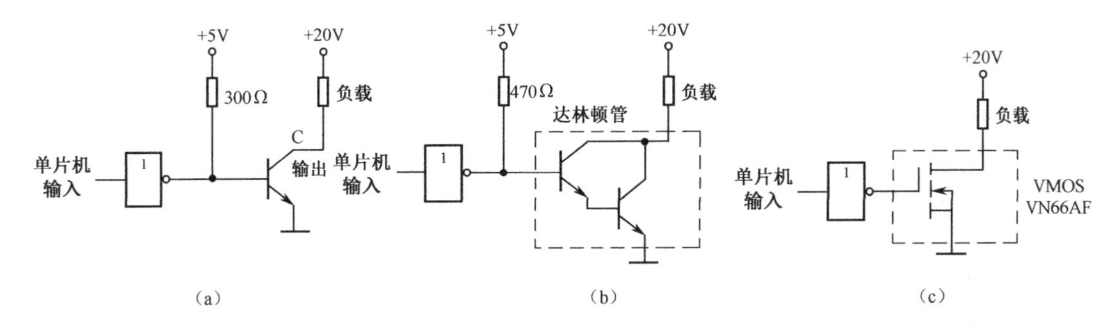

（a）　（b）　（c）

图 11.10　直流电源负载驱动电路

2. 晶闸管驱动的负载电路

晶闸管（也称可控硅）是一种可控的半导体功率器件，通过控制极的小电流可控制大电流负载的电流通断，很容易实现计算机控制。晶闸管具有容量大、效率高、体积小、无噪声、寿命长、无电磁干扰等许多优点，适用于易燃、多粉尘等场合，因此用途很广，被广泛应用于可控整流、变频等大功率开关电路中。

1）晶闸管的主要特性

晶闸管按导通方式可分为单向晶闸管和双向晶闸管，其符号如图 11.11 所示。

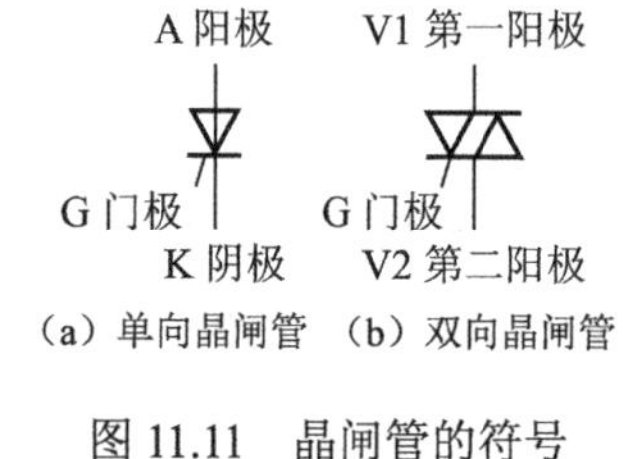

图 11.11　晶闸管的符号

这两种晶闸管的结构特性如下所述。

（1）单向晶闸管。

单向晶闸管的符号如图 11.11（a）所示，显然，其导通方向是由 A 到 K，G 为控制端。单向晶闸管的导通条件：阳极电压必须大于或等于阴极电压，门极 G 必须加正向电压，两者必须同时具备，晶闸管才可导通。

单向晶闸管的关断条件：单向晶闸管一旦导通，即使去掉控制极电压，仍能继续维持导通，要使晶闸管关断，必须把阳极电压减小到不足以维持其导通。为了加速其关断，常在阳极与阴极之间加一反向电压。单向晶闸管可作为直流开关。

（2）双向晶闸管。

双向晶闸管的符号如图 11.11（b）所示，由图可见，一只双向晶闸管相当于两只反向并联的单向晶闸管，它常用于控制交流负载，可作为交流开关。若负载为电阻负载，在交流电源过零时自动关断，不必采取专门关断措施。双向晶闸管的导通灵敏度与其触发方式有关。

2）晶闸管与单片机接口电路

在用晶闸管作开关时，由于交流电属强电，为防止交流电对单片机的干扰，一般要用光电耦合器隔离。现在已经生产出很多种光电耦合触发的晶闸管，如 Motorola 公司的 MOC3020/1/2/3 等，这种器件可以直接由单片机的 I/O 引脚控制交流电，如图 11.12 所示。图 11.12 中双向晶闸管和交流负载串联，当 AT89S51 单片机的 P1.0 引脚输出高电平（建议在输出端加一个反相器，以避免开机即导通）时，光电耦合器导通，从而使双向晶闸管导通，接通负载回路。

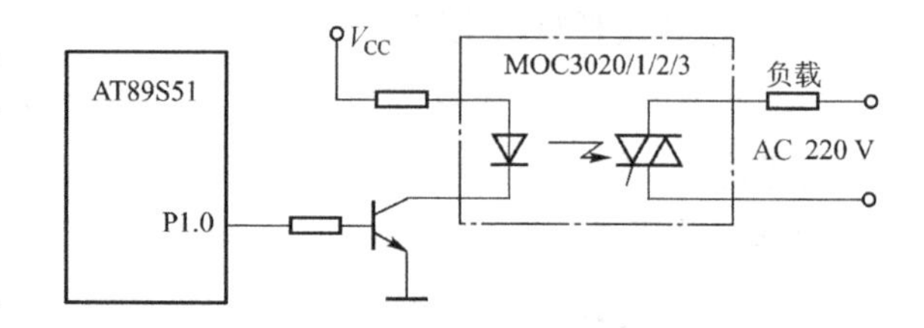

图 11.12　单片机控制的晶闸管接口电路

3. 继电器接口电路

继电器是一种历史悠久、较成熟的功率开关器件，在家电、国防及工业控制等领域应用非常广泛。其由于具有接触电阻小、流通电流大、耐高压等特点而得到广泛应用。其种类非常多，如果按工作原理分类，可分为电磁继电器、固态继电器、温度继电器、时间继电器和舌簧继电器等。限于篇幅，本节仅介绍电磁继电器和固态继电器。

1）电磁继电器

电磁继电器的工作原理是通过控制电流通过继电器线圈后产生的电磁吸力，控制大电流通过的触点闭合或断开，从而控制大型设备电路的通断。例如，用十几毫安电流接通线圈，可使能通过几十安培电流的触点接通。它控制的负载可以是直流负载也可以是交流负载。

注意：继电器线圈是电感性负载，所以线圈两端要并联续流二极管，以保护驱动器不被浪涌电压损坏。

图 11.13 所示是一个电磁继电器与单片机的接口电路。为简化电路，在此图中假设 J1 线圈所需电流很小，由光电隔离器输出就可带动。不同大小的继电器所需要的驱动电流不相同，但一般情况下单片机的 I/O 口都是不能直接驱动这个线圈的，所以通常是在 I/O 口和线圈之间接晶体管或 7407 等驱动器。在这个电路中的继电器 J1 是用直流电源励磁的，通过直流继电器 J1 对需要用交流电源工作的交流负载 J2 间接控制。

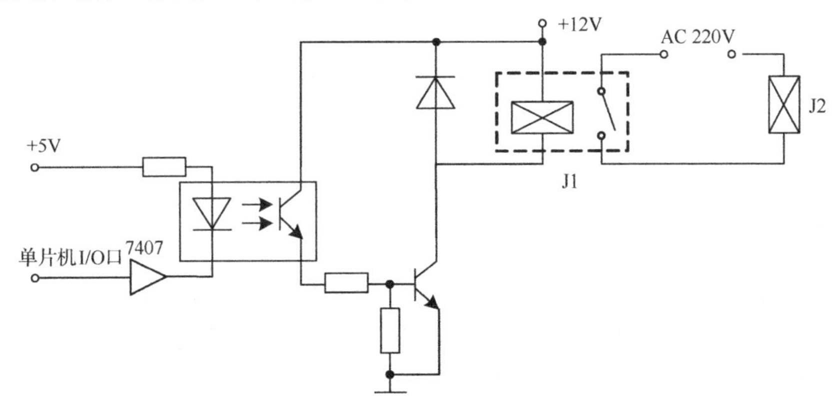

J1—中间继电器；J2—交流负载

图 11.13　电磁继电器与单片机的接口电路

2）固态继电器

固态继电器（Solid State Relay，SSR）是一种无触点的功率开关器件。固态继电器是一个 4 端口的器件，其内部有光电耦合器将输入与输出隔离开，在输出回路中有功放电路（主要采用双向晶闸管或功率场效应管）。它的两个输入端为控制端，两个输出端用于接通和切断负载电流。固态继电器特别适用于在测控系统中作为输出通道的控制元件，与普通的电磁继电器相比，它有很多显著的优点，如寿命长、功耗小、体积小、可靠性高、开关速度快（比电磁继电器响应速度快）、耐冲击等，特别是它的输入端电流小，用计算机的 I/O 接口即可直接驱动，便于计算机控制，且输出端电流大，适用于大功率设备。因此，在很多场合，它已经逐渐取代传统的电磁继电器用于开关量输出控制。但由于固态继电器具有漏电流较大、触点单一、过载能力差、使用温度范围窄等缺点，它并不能完全取代电磁继电器。

固态继电器有直流固态继电器（DC-SSR）和交流固态继电器（AC-SSR）两类，两类固态继电器的接口电路如图 11.14 所示，DC-SSR 用于直流大功率控制，它的输入电流一般小于 15 mA，所以 DC-SSR 可以用 TTL 电路、集电极开路门（OC 门）或晶体管直接驱动，在图 11.14（a）所示电路中，计算机的 I/O 接口可直接控制 DC-SSR。AC-SSR 用于交流大功率的控制，输入电流通常大于 DC-SSR，小于 500 mA，一般要加接晶体管驱动，如图 11.14（b）所示。在此电路中，单片机的低电平输出使三极管导通，从而接通固态继电器的输入电源，固态继电器导通后输出端接通负载电路。因为固态继电器的输入电压一般为 4～30 V，所以在使用时要注意选择适当的电压 V_{CC} 和限流电阻。

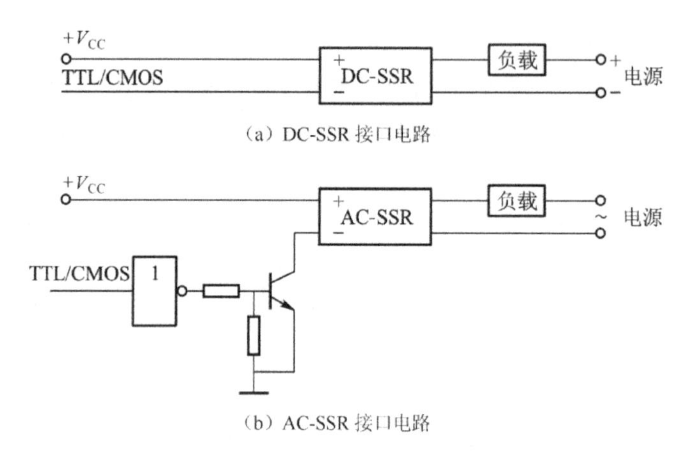

图 11.14　固态继电器接口电路

在控制电路中到底采用何种功率开关器件，要具体问题具体分析。

11.4　打印机接口

打印机是计算机系统常用的外设之一。打印机品种很多，打印原理也不完全相同。在打印票据、表格、曲线等时，常常使用微型打印机。因为其体积小，便于携带，也便于安装在仪器中。这些打印机都是由单片机控制的智能打印机，在仪器中使用较广泛，本节将以微型打印机为例进行介绍。

11.4.1　微型打印机简介

目前较流行的微型打印机品牌有爱普生、富士通、兄弟、斯普瑞特等。早期生产的微型打印机的接口均为并行口，打印方式均为针打方式。现在的微型打印机接口有并行口+USB 接口和串行口+USB 接口的形式，还有 Wi-Fi 方式。打印方式增加了热敏打印方式。针打信息保存时间比较长。热敏打印是指利用能发热的打印头把字符打印到专用热敏打印纸上，这种方式信息保存时间比针打方式短，但这种打印机价格低。

本节以斯普瑞特（SPRT）公司生产的 SP-RMDIIID 型热敏微型打印机为例，介绍微型打印机的一般应用。SPRT 热敏微型打印机有串行口和并行口两种接口模式，应用较广泛。

一般微型打印机的接口与时序要求完全相同，操作方式相近，硬件电路及引脚完全兼容，只是指令代码不完全相同，打印宽度不相同。

1. 一般微型打印机的主要特点

（1）采用单片机控制，具有控制打印程序及标准的接口，便于和各种计算机应用系统或智能仪器仪表联机使用。

（2）具有较丰富的打印命令，命令代码均为单字节，格式简单。

（3）可产生全部标准的 ASCII 码字符，以及 1 万个以上的非标准字符和图符。用户可通过程序自行定义 96 个代码字符（6×7 点阵），并可通过命令用此 96 个代码字符去更换任何驻留代码字型，以便用于多种文字的打印。

（4）打印时只需将相应的代码送入打印机即可实现打印。可混合打印代码字符和点阵图。

（5）字符、图符和点阵图可以在宽和高的方向放大 2 倍、3 倍、4 倍。不同型号的打印机打印宽度不同，一般为 54～88mm。

（6）可用命令更换每行字符的点行数（包括字符的行间距），即字符行间距空点行可在 0～256 间任选。

（7）带有水平和垂直制表命令，便于打印表格。

2．打印接口举例

目前打印接口有多种，限于篇幅，在此以串行口举例。串行口的打印机一般支持 TTL 电平和 RS232 电平两种接口方式。

SP-RMDIIID 型热敏微型打印机的串行口有 5 针和 10 针两种形式。这里仅介绍 10 针引脚信号，引脚排列如图 11.15 所示，图中引脚名称及功能如下：

（1）RXD：数据线，打印机接收从计算机发来的数据。

（2）TXD：数据线，打印机向计算机发送数据。TXD 信号低电平有效，宽度应大于 0.5 μs。在该信号的上升沿，数据线上的 8 位并行数据被打印机读入机内锁存。

（3）CTS：打印机"忙"状态信号。当该信号有效（高电平）时，表示打印机正忙于处理数据。此时，主计算机不能向打印机送入新的数据，否则将丢失。

（4）DCD：功能同 CTS。

（5）DSR：该信号指示打印机在线与否。

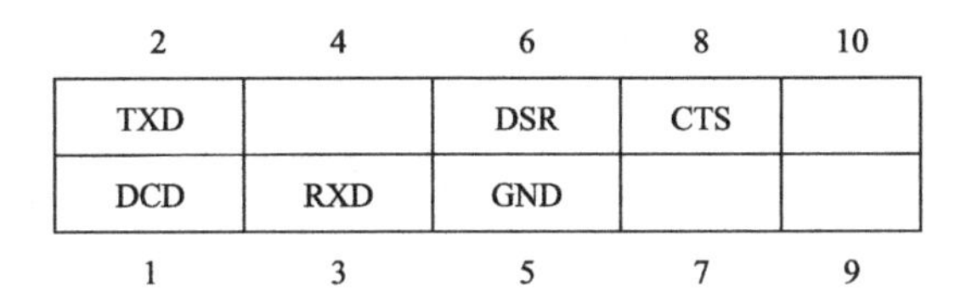

图 11.15　SP-RMDIIID 型热敏微型打印机串行口引脚排列

11.4.2　字符代码及打印命令

SP-RMDIIID 型热敏微型打印机在西文方式下兼容字符集 1 和字符集 2，在中文方式下按汉字点阵的不同可以打印 24 点阵高的 12×24 半角字符、16 点阵高的 8×16 半角字符，包括汉字（可从 24×24、16×16 的国标一、二级字库中选择），以及大量的数学符号、专用符号、图形、曲线、条形码等。可通过命令修改打印行距和字符的大小，还可以自定义部分代码字符。

1．命令代码

SP-RMDIIID 型热敏微型打印机提供的打印命令与传统 ESC 打印命令完全兼容。表 11.3 给出了一些常用的打印命令。命令代码通常由 1～2 字节组成，其第一字节范围是 00H～1FH，如表 11.3 中代码的第一列数；第二字节范围是 04H～77H，如选择字符集 1 的命令代码是 1B 36。有些命令代码还有第 3 字节 n，如表 11.3 中 1C 57 n 命令的功能是设置放大倍数，如果 n 为 2，则表示放大 2 倍。

表 11.3　常用打印命令代码及功能

命令代码（十六进制）	符号和格式	命 令 功 能
0A	LF	换行
0D	CR	回车

续表

命令代码（十六进制）	符号和格式	命 令 功 能
1B 36	ESC 6	选择字符集 1
1B 37	ESC 7	选择字符集 2
1B 40	ESC @	初始化打印机
1C 26	FS &	设置国标一、二级汉字库打印
1C 2E	FS .	取消汉字打印方式
1C 57 n	FS W n	设置放大倍数
1D 68 n	GS h n	设置条码高度

2．字符代码

SP-RMDIIID 型热敏微型打印机中全部字符代码的范围为 20H～FFH，分为以下几种情况：

- 20H～7FH 为标准 ASCII 码。
- 80H～FFH 为非 ASCII 码，包括少量汉字、希腊字母、块图图符和一些特殊的字符。非 ASCII 码编号范围表详见打印机说明书。
- 西文方式下字符代码来自两个字符集，每个字符集中的字符代码范围都是 20H～0FFH，可以参见厂家提供的详细说明书。
- 中文方式下字符代码范围也是 20H～FFH，其他中文汉字符合 GB 2312 汉字编码表。汉字区域，高位为 B0H～F7H，低位为 A1H～FEH。用 2 字节能确定一个汉字，如“年”对应“C4H EAH”。

字符串的回车换行代码为 0AH。但是，当输入代码满 32 个字符或 12 个汉字时，打印机自动回车。字符代码示例如下：

（1）打印字符串“$3265.37”

输送代码为：24，33，32，36，35，2E，33，37，0A。

（2）打印“32.8cm”

输送代码为：33，32，2E，38，63，6D，0A。

（3）打印“2021 年 8 月 8 日”

输送代码在西文方式下为：32，30，32，31，8C，38，8D，38，8E，0A。

输送代码在中文方式下为：32，30，31，37，C4，EA，38，D4，C2，38，C8，D5，0A。

11.4.3　打印机与单片机的连接举例

本节以 SP-RMDIII 型智能打印机为例介绍打印机与单片机的连接与编程。打印机与单片机的连接如图 11.16 所示。该智能打印机默认的串行口波特率为 9600 b/s，也可以通过厂家给定的上位机软件更改波特率，本例采用厂家默认设置。

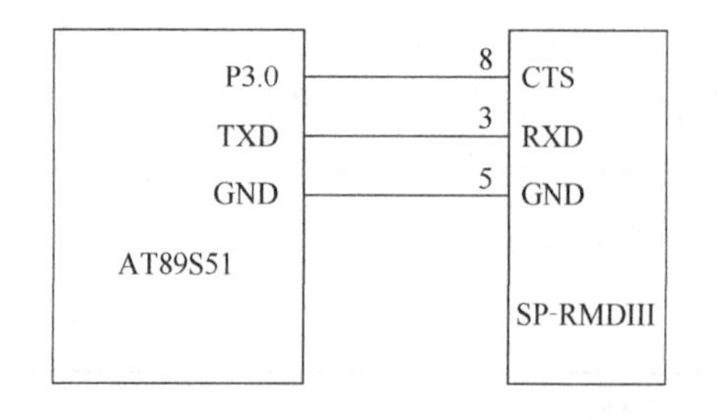

图 11.16　SP-RMDIII 型智能打印机与单片机的连接图

按照图 11.16 所示电路，编制一个程序：要求打印机先打印片内 50H～5FH 单元内的数据，此数据区内的数据是已分离的 BCD 码，均放在低半字节，然后打印时间“2021 年 8 月 8 日”。

汇编语言程序如下：

```
        ORG     0000H
        LJMP    MAIN

        ORG     0200H
MAIN:   MOV     SCON,#40H
        MOV     TMOD,#20H
        MOV     TH1,#0FDH       ；串行口波特率设置为 9600 b/s
        SETB    TR1
        MOV     R0,#50H         ；发送打印数据区首地址
        MOV     R7,#16          ；发送数据长度
LOOP1:  MOV     A,@R0
        ADD     A,#30H          ；转换为 ASCII 码
        LCALL   PRT             ；打印一个数据或字符
        INC     R0
        DJNZ    R7, LOOP1       ；是否打印完数据
        MOV     A,#0AH          ；发送换行命令代码
        LCALL   PRT
        CLR     A
        MOV     R3,A
LP2:    MOV     DPTR,#TAB       ；指向表首地址
        MOVC    A,@A+DPTR       ；取待打印字符
        LCALL   PRT             ；调用打印程序
        INC     R3
        MOV     A,R3
        XRL     A,#9
        JZ      LP3             ；打印完 9 个字符后转向 LP3
        MOV     A,R3
        SJMP    LP2
LP3:    MOV     A,#0AH          ；发送回车换行符
        LCALL   PRT
HERE:   SJMP    HERE
PRT:    PUSH    DPH
        PUSH    DPL
PRT1:   JB      P3.0,PRT1       ；没准备好则等待
        MOV     SBUF,A          ；将待打印数据送至串行口缓冲区
WAIT:   JNB     TI,WAIT         ；等待发送完成
        CLR     TI              ；将发送完成标志清零
        POP     DPL
        POP     DPH
        RET
TAB:    DB 32H,30H,32H,31H,8CH,38H,8DH,38H,8EH
```

C51 语言程序如下：

```c
#include<reg51.h>
#define uchar unsigned char
```

```
sbit busy=P3^0;
uchar data   prt1[16] _at_ 0x50;                                  //待打印数据
uchar code prt2[9]= {'2','0','2','1',0x8c,'8',0x8d,'8',0x8e};     //待打印字符为“2021 年 8 月 8 日”
void send_char_com(unsigned char ch)                              //定义发送打印函数
{
    while(busy);                                                  //等待打印机空闲
    SBUF=ch;                                                      //向串行口发送待打印的字符
    while(TI==0);                                                 //等待串行口数据发送完成
    TI=0;                                                         //串行口发送完成标志清零
}
void main(void)                                                   //定义主函数
{
    uchar i,temp;
    SCON=0x40;                                                    //设置串行口工作模式
    TMOD=0x20;                                                    //设置定时器工作模式
    TH1=0xfd;                                                     //串行口波特率设置为 9600 b/s
                                                                  //与打印机的波特率相匹配
    TR1=1;
    for(i=0;i<16;i++)
    {
        temp = prt1[i]+0x30;                                      //取出数据并转换为 ASCII 码
        send_char_com(temp);                                      //打印一个数据或字符
    }
    send_char_com(0x0a);                                          //发送换行命令代码
    for(i=0;i<9;i++)
    {
        temp = prt2[i] ;                                          //取出字符或数据
        send_char_com(temp);                                      //打印一个数据或字符
    }
    send_char_com(0x0a);                                          //发送换行命令代码
    while(1){};
}
```

思考与练习

1．试说明非编码键盘的工作原理。为何要消除键抖动？

2．用串行口扩展 4 个数码管显示电路，编程使数码管轮流显示“ABCD”和“EFGH”，每秒钟变换一次。

3．设计一个用 AT89S51 单片机控制的显示与键盘应用系统，要求外接 4 位显示器、4 个按键，试画出该部分的接口逻辑电路，并编写相应的显示子程序和读键盘的子程序。

4．常见的功率驱动器件有哪几种？各有什么特点？

5．单向晶闸管与双向晶闸管的导通条件、关断条件有什么不同？

6.用单片机控制 SP-RMDIII 型智能打印机工作，打印机串行口波特率为 9600 b/s，实现打印片外 RAM 的 2000H～2080H 单元的数据，最后打印当前时间，要求有年、月、日。

第 12 章　单片机应用系统的设计与开发

单片机现在已越来越广泛地应用于智能仪表、工业控制、日常生活等领域，可以说单片机的应用已渗透到人类生活、工作的每一个角落，这说明它和每个人的工作、生活都密切相关，也说明每个人都有可能利用单片机去改造身边的仪器、产品、工作与生活环境，学习单片机的目的也就在于此。由于它的应用领域很广，技术要求各不相同，因此应用系统的硬件与软件设计是不同的，但总体设计方法和开发步骤基本相同。本章将针对大多数应用场合，简要介绍单片机应用系统的一般设计、开发方法及其所用的开发工具。

12.1　应用系统设计过程

所谓应用系统，就是利用单片机为某应用目的所设计的专门的单片机系统（在调试过程中通常称为目标系统）。

像一般的计算机系统一样，单片机的应用系统也是由硬件和软件组成的。硬件指单片机、扩展的存储器、外围器件及 I/O 设备等硬件组成的系统，软件是各种工作程序的总称。硬件和软件只有紧密配合，协调一致，才能组成高性能的单片机应用系统。在应用系统的开发过程中，软件和硬件的功能总是在不断地调整，以便相互适应、相互配合，达到最佳的性能价格比。

单片机应用系统的设计过程包括总体方案设计、硬件设计、软件设计等几个阶段，但它们不是绝对分开的，有时是交叉进行的。

12.1.1　总体方案设计

总体方案设计主要包括如下几方面内容。

1．确定系统的设计方案和技术指标

在开始设计前，必须根据应用系统的任务要求和工作环境状况等，综合考虑系统的先进性、可靠性、可维护性和成本、经济效益，再参考国内外同类产品的资料，提出合理、可行的设计方案和技术指标，以达到最高的性能价格比。

2．选择机型

选择机型时，要根据应用系统的要求，选择技术先进且最容易实现产品技术指标的机型，尽可能把要求的功能集成在一个单片机芯片上，即尽可能选择存储器容量、I/O 口数量、定时器数量及 A/D 转换器、D/A 转换器等片上外设能同时满足要求的单片机。当然，还要考虑有较高的性能价格比和有稳定、充足的货源。同时考虑开发团队本身的实际特点，开发人员对机型的熟悉程度、时间要求和芯片开发商的技术支持等。

3．硬件和软件功能的选择与配合

系统硬件的配置和软件设计是紧密联系在一起的，通常软件是建立在硬件基础上的。但在某些场合，同一功能既可以通过硬件也可以通过软件实现，即它们具有一定的互换性。例如，

日历时钟的产生可以用独立的时钟电路芯片，也可以用单片机内部的定时器通过软件设计为时钟，还可以选择具有片上实时时钟的单片机。当用硬件完成某种功能时，可以减少软件开发的工作量，但增加了硬件成本。若用软件代替某些硬件的功能，则可以节省硬件开支，提高可靠性，但增加了软件的复杂性，且要占用 CPU 的工作时间。由于软件是一次性投资，因此在开发大批量产品时，能够用软件实现的功能尽量由软件来完成，以便简化硬件结构，降低生产成本。到底采取哪种方法更合适，需具体问题具体分析。

12.1.2 硬件设计

硬件设计的任务是根据总体设计要求，在所选择机型的基础上，确定系统扩展所要使用的存储器、I/O 电路、A/D 转换电路及有关外围电路等，然后设计出系统的电路原理图。下面介绍硬件设计的各个环节。

1. 存储器

由于目前单片机片内存储器的容量越来越大，已能满足用户程序的存储要求，所以现在已不再使用外部扩展程序存储器。对于数据存储器的容量要求，各个应用系统之间差别比较大。有的测量仪器和仪表对 RAM 容量要求不高，此时应尽量选用片内 RAM 容量能符合要求的单片机。对于要求较大容量 RAM 的系统，对 RAM 芯片的选择原则是尽可能减少芯片的数量。例如，选一个 62256 芯片（32KB）比选 4 个 6264 芯片（8KB）价格低得多，连线也简单。也可以选择采用串行总线的 EEPROM 保存需要掉电保护的数据。

2. 选择扩展外围芯片

在很多情况下，一个单片机芯片不能满足应用系统的要求，此时需要对应用系统进行扩展，应根据应用系统总的输入和输出要求选择适当的外围芯片，并设计接口电路。扩展方法见第 10 章。

随着集成电路的发展，出现了多种复杂可编程逻辑器件，如 CPLD（Complex Programmable Logic Device）、FPGA（Field Programmable Gate Array）等。这些器件具有可靠性高、规范及开发便捷等优点，用户可以根据自己的需要定义其逻辑功能。这些器件是一种专用集成电路领域中的硬件可编程电路。使用这些器件可提高系统集成度，减小系统体积，在设计外围电路时要尽可能选择这样的器件。

对于 A/D 转换电路和 D/A 转换电路芯片的选择，应根据系统对芯片的通道数、速度、精度和价格的要求而确定。在要求不高的情况下，可直接选择本身有此功能的单片机。

3. 测控通道外围设备和电路的配置

除了单片机系统，按系统的功能要求，应用系统中可能还需要配置键盘、显示器、打印机等外设。这些部件的选择应符合系统的精度、速度、体积和可靠性等方面的要求。

在测量和控制系统中，经常需要对一些现场物理量进行测量或者将其采集下来进行信号处理之后再反过来控制被测对象或相关设备。在这种情况下，嵌入式应用系统的硬件设计就应包括与此有关的传感器、隔离电路、驱动电路和输入/输出接口电路等。

图 12.1 为典型的单片机测控系统框图，图中左边为单片机扩展的外设、功能芯片及存储器等。它们各自通过相应的接口与单片机的内部总线相连，如果单片机接口够用，也可以直接与单片机相接。图 12.1 右边是输入和输出通道，为被测控对象，统称为用户。按被测物理量的特点，它们可分为如下三种类型。

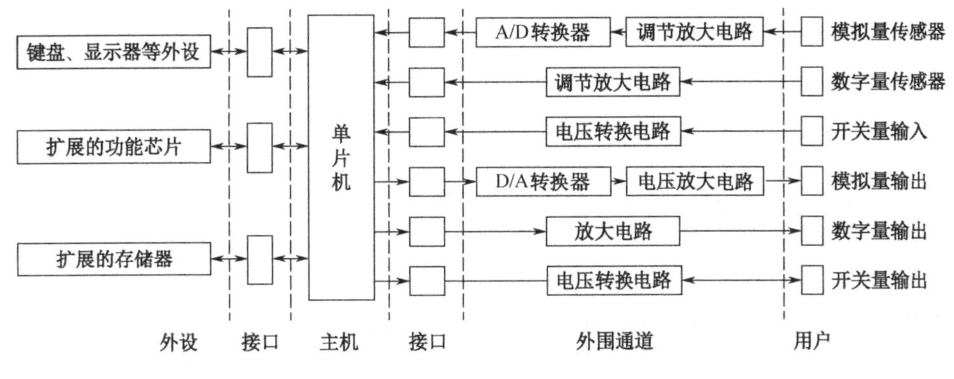

图 12.1　典型的单片机测控系统框图

1）**模拟量**

模拟量是连续变化的物理量。这些物理量可以是电信号（如电压、电流等），也可以是非电信号（如压力、温度等）。对于非电信号，首先要转换为电信号，此时就要用传感器来实现转换（传感器是把其他非电信号转换成与其具有相应比例关系的电信号的仪表或器件），详见有关非电量测量的书籍。

2）**数字量**

数字量一般是常见的频率信号或脉冲发生器所产生的电脉冲，这些信号如果不符合 TTL 电平的要求，则需要先进行转换，然后才能输入。但是像串行口信号及某些数字式传感器计数的数字量，所传输的信息为“0”“1”两种 TTL 电平状态的有序组合，则可以不经转换直接输入。

3）**开关量**

开关量是指如按键开关、行程开关等接点通、断时产生的突变电压信号。

图 12.1 右上方的 3 条外围通道是信号输入单片机的通道。第 1 条外围通道用于将模拟量送到单片机中，所以外围通道中的主要器件是 A/D 转换器，此信号一般经信号调节放大处理使之符合 A/D 转换器输入的要求，才能送入 A/D 转换器。第 2 条外围通道中来自用户的信息已是数字量，则可不用 A/D 转换器，此时只需将数字量信号调节到与接口电路（通常为计数器）的要求相适配即可。第 3 条外围通道中来自用户的信息是开关量，必须将其转换成能接收的直流电平。

图 12.1 右下方的 3 条外围通道是由单片机输出去控制用户（控制对象）的通道，根据被控制装置的类型，可以有模拟量输出、数字量输出及开关量输出。

这些信号在送到用户装置以前，一般也要经过信号调节，才能驱动外设。

由此可见，设计一个单片机的测控系统时，还需设计相关的外围电路，如信号调节放大电路、驱动电路等。

4．硬件可靠性设计

单片机应用系统的可靠性是一项最重要最基本的技术指标，这是硬件设计时必须考虑的一个指标。

可靠性通常是指在规定的条件下，在规定的时间内完成规定功能的能力。

规定的条件包括环境条件（如温度、振动等）、供电条件等；规定的时间一般指平均故障时间、平均无故障时间、连续正常运转时间等，所规定的功能随单片机应用系统的不同而异。

单片机应用系统在实际工作中，可能会受到各种外部和内部的干扰，特别是单片机的测控系统常常工作在环境恶劣的工业现场，此时非常容易受到电网电压、电磁辐射、高频干扰等的影响，使系统工作出现错误或故障。为减少这种错误和故障，需要采取各种提高硬件可靠性的措施，使系统有较强的抗干扰能力，通常采用以下措施。

（1）提高元器件的可靠性。

在系统硬件设计和加工时应注意选用质量好的电子元器件、接插件，并进行严格的测试、筛选和老化处理。设计时技术参数（如负载）应留有余量。

（2）提高印制电路板和组装的质量，设计电路板时布线及接地方法要符合要求，特别要注意以下两点。

- 地线与电源线应适当加粗，数字地应尽量远离模拟地，且单独走线，最后在一点共地，地线最好设计成网格状。
- 在印制电路板的各个关键部位和芯片上应配置去耦电容。例如，在电源输入端跨接一个 100μF 的电容，在每个集成电路芯片的电源端配置一个 0.01μF 的电容。

（3）对供电电源采取抗干扰措施。

- 选用带屏蔽层的电源变压器。
- 增加电源低通滤波器。
- 可根据情况选择滤波效果更好的开关电源供电。
- 电源变压器的容量应留有余地。

（4）输入和输出通道采取抗干扰措施。

- 采用光电隔离电路，用光电隔离器作为数字量、开关量的输入和输出，这种电路隔离效果很好。
- 采用正确的接地技术。
- 采用双绞线或者屏蔽电缆作为信号传输线，可以获得较强的抗共模干扰能力。

硬件电路系统设计主要包括电子电路的原理图设计和印制电路板的设计。市场上有多种软件可以完成电路设计，如 Altium Designer（Protel）、PowerPCB、AutoCAD 等。近年来在国内开始推广的 Proteus 软件，不仅具有其他 EDA 工具软件的仿真功能，还能仿真单片机及外围器件，是目前比较好的仿真单片机及外围器件的工具，已经在 8.5 节做过介绍。

12.1.3 软件设计

在单片机应用系统的开发中，软件设计一般是工作量最大、任务最重的环节。下面介绍软件设计的一般方法与步骤。

1. 系统定义

系统定义是指在软件设计前，首先要明确软件所要完成的任务，然后结合硬件结构，进一步厘清软件承担的任务细节。

- 定义和说明各 I/O 口的功能。
- 在程序存储器区域，合理分配存储空间。
- 在数据存储器区域，定义数据暂存区标志单元等。
- 面板开关、按键等控制输入量的定义与软件编制密切相关，所以事先也必须进行定义，作为编程的依据。

2. 软件结构设计

合理的软件结构是设计出一个优良的单片机应用系统软件的基础，必须予以充分重视。根据系统的定义，可以把整个工作分解为几个相对独立的操作，根据这些操作的相互联系及时间关系，设计出合理的软件结构。

在程序设计方法上，模块程序设计是单片机应用系统中最常用的程序设计技术。这种方法是把一个完整的程序分解为若干个功能相对独立的较小的程序模块，对各个程序模块分别进行设计、编制和调试，最后将各个调试好的程序模块连成一个完整的程序。

3. 程序设计

在软件结构设计好后就可以进入程序设计了。一般设计过程如下。首先根据问题的定义，描述出各个输入变量和输出变量之间的数学关系，即建立数学模型。然后根据系统功能及操作过程，先绘制出程序的简单功能流程框图（粗框图），再对粗框图进行扩充和具体化，即对存储器、寄存器、标志位等工作单元进行具体的分配和说明。把粗框图中每一个粗框转变为具体的存储单元、寄存器和I/O口的操作，从而绘制出详细的程序流程图（细框图）。

在完成流程图设计以后，便可编写程序。单片机应用程序可以采用汇编语言编写，也可以采用某些高级语言编写，编写完后均必须汇编成 80C51 系列单片机的机器码，经调试正常运行后，再固化到非易失性存储器中，完成系统的设计。

4. 软件可靠性设计

软件可靠性设计通常也称为软件抗干扰设计，是系统抗干扰设计的重要一环。在很多情况下，系统的干扰问题是不可能完全靠硬件来解决的，因而软件可靠性设计是不可缺少的一环。单片机系统在运行过程中所受到的干扰，多数情况通过软件执行混乱反映出来，通常简称此现象为程序跑飞。为解决此问题，除了要采取一些硬件措施，还可采用以下软件可靠性设计方法。

1）指令冗余技术

在软件设计时，应多采用单字节指令（NOP），并在关键的地方人为地插入一些单字节指令，或将有效单字节指令重复书写，这就是指令冗余。

单字节指令的一般插入原则如下：

- 在跳转指令或多字节指令前插入，保证指令的正确执行。
- 在比较重要的指令（如中断指令、堆栈指令等）前插入。
- 在程序中每隔若干条指令插入一次。

2）软件陷阱

若 CPU 受到干扰，造成程序跑飞到非程序区，则指令冗余技术无能为力。此时，可在非程序区设置拦截措施，使程序进入陷阱，迫使程序转向一个指定的地址，执行一段专门对程序出错进行处理的程序。软件陷阱由 3 条指令构成，ERR 为指定的出错处理程序的入口地址：

```
NOP
NOP
LJMP ERR
```

软件陷阱安排在下列 3 种地方：

- 未使用的中断区。
- 未使用的 ROM 空间。
- 程序区。当程序执行到 LJMP、SJMP、RET、RETI 等指令时，程序计数器的值应产生正常的跳变，此时程序不可能继续往下顺序执行。若在这些指令之后设置软件陷阱，就可拦截跑飞到此处的程序，而不影响正常执行流程。

陷阱安排在正常程序执行不到的地方，则不影响程序执行的效率，在存储器容量允许的条件下，多设置软件陷阱有百利而无一害。

3）看门狗定时器（Watch Dog Timer，WDT）技术

看门狗定时器是一个软、硬件相结合的重要的常用抗干扰技术。

当程序跑飞到一个临时构成的死循环中时，冗余指令和软件陷阱都将无能为力，系统将完全瘫痪。看门狗定时器能监视系统的运行状况，可在干扰使程序跑飞的情况下退出死循环，并使程序转向出错处理程序。

12.2 开发工具和开发方法

一个单片机应用系统从提出任务到正式投入运行的过程称为单片机的开发。开发过程所用的设备即开发工具，通常称为仿真系统。用开发工具对单片机要实现的功能进行调试的方法称为开发方法。

12.2.1 开发工具

如前所述，单片机本身只是一个电子芯片，只有当它和其他器件、设备有机地组合在一起，并配置适当的工作程序后，才能构成一个单片机应用系统，完成特定的功能，因此单片机的开发包括硬件开发和软件开发两个部分。通常，新开发的系统是不可能完美的，多少都会有一些错误。此时就需要通过一步一步调试程序发现系统在硬件和软件上的错误。但是单片机本身没有自开发功能，必须借助开发工具来排除应用系统（指调试中的目标系统）样机中的硬件故障，生成目标程序，并排除程序错误。当目标系统调试成功以后，还需要用开发工具把目标程序固化到单片机内部或外部程序存储器中。

现代计算机系统的硬件和软件调试，仅靠万用表和示波器等常规工具是不够的，通常采用自动化调试手段，即用计算机来调试单片机。单片机的开发调试技术主要有仿真技术和监控程序调试技术，通常称这两种开发工具为仿真器和调试器。下面分别予以介绍。

1. 仿真器

单片机仿真系统通常是一个特殊的计算机系统，简称仿真器。从单片机诞生就出现了仿真器，图 12.2 就是典型的单片机仿真系统连接示意图。图 12.2 中的编程器部分不是每一个仿真器必带的，有很多编程器是单独出售的。图 12.2 中的串行线可以是 RS-232，也可以是 USB。

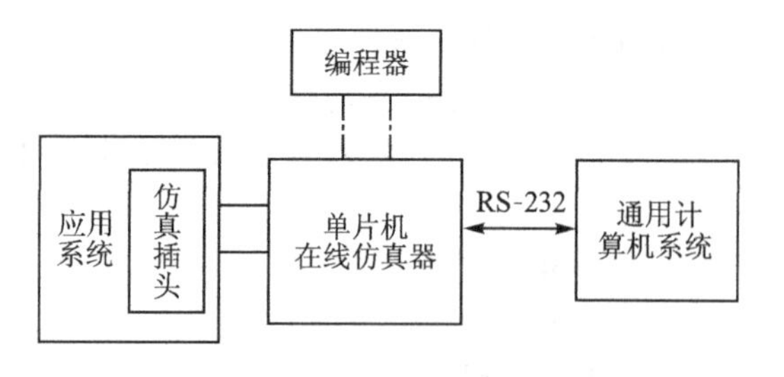

图 12.2 单片机仿真系统连接示意图

单片机仿真系统和通用计算机系统相比，

在硬件上增加了目标系统的在线仿真器、编程器等部件，所提供的软件除有类似一般计算机系统的简单操作系统外，还增加了目标系统的汇编和调试程序等。由图 12.2 可见，仿真器是通过串行线与 PC 机相连的，用户可以在 PC 机上利用仿真软件编辑、修改源程序，然后通过汇编软件生成目标码，再传输到仿真器，之后就可以开始调试了。在调试应用系统时，必须把仿真插头插入应用系统的单片机插座上，仿真插头的引脚与被仿真单片机的引脚完全一致。调试完毕，把仿真插头拔出，换上已经装入用户程序的单片机就可以运行了。

单片机仿真系统的功能主要有程序编辑与编译、在线仿真和调试。下面主要介绍在线仿真功能。

在线仿真器（In Circuit Emulator，ICE），是由一系列硬件构成的设备。开发系统中的在线仿真器应能仿真应用系统（也称为目标系统）中的单片机，并能模拟应用系统的 ROM、RAM 和 I/O 口及外部可扩展的数据存储器地址空间，使应用系统能根据单片机固有的资源特性进行硬件和软件的设计。

在线仿真时，开发系统应能将在线仿真器中的单片机完整地出借给应用系统，不占用应用系统中单片机的任何资源，使应用系统在联机仿真和脱机运行时的环境（工作程序、使用的资源和地址空间）完全一致，即运行环境完全“逼真”，实现完全的一次性仿真（需注意，有些仿真器不能 100%地仿真），使用户在应用系统样机还未完全配置好以前，便可以借用开发系统提供的资源进行软件的开发。

在开发应用系统的初级阶段，应用程序还未生成，更谈不上已固化的应用程序。因此，用户的应用程序必须存放在仿真器的 RAM 内，以便于在调试过程中对程序进行修改。仿真器能出借给用户的作为应用系统程序存储器的 RAM，我们称之为仿真 RAM。仿真器中仿真 RAM 的容量和地址映射应和应用系统完全一致，并保持原有复位入口地址和中断入口地址不变。

2. 调试器

仿真器的应用比较成熟也比较广泛，仿真器通常是针对单片机的某一种具体型号设计的，所以没有通用性，一旦更换单片机，就需要更换仿真器。仿真器的价格一般是比较昂贵的。此外，仿真器并不能完全仿真目标单片机的所有行为，如时钟和复位特性。另外，仿真插头多数只适用于直插式芯片，而对现在已经出现的很多表面贴装式芯片则很难配合使用。为了解决上述问题，出现了基于监控程序的调试技术。这种技术可实现直接在单片机应用系统上调试和运行程序，通常称为在线调试。调试监控程序通常要占用一定的单片机资源，一般为几千字节 Flash 存储器和几十字节的 RAM。这类单片机内部配置了与调试有关的一些寄存器，并设置了调试接口模块等，对外现在多数采用 JTAG/SWD（Joint Test Action Group / Serial Wire Debug）接口，通过该调试接口可以下载程序并控制单片机的运行，同时获取内部信息。图 12.3 为单片机与调试器的连接示意图，图中调试器与单片机之间通常采用 JTAG/SWD 接口连接，调试器与 PC 机系统之间采用的串行线多数是 USB（通用串行总线）。调试器就是一个具有专用连接插头的简单开发调试板。调试监控程序的主要功能是通过某种通信方式从 PC 机把程序传入单片机的存储器，然后进行调试。在 PC 机软件的支持下，可直接对应用系统的单片机进行在系统动态仿真调试，不再需要仿真插座，可以直接配置与修改目标单片机内部资源（如定时器、I/O 口等），直接方便地擦除与下载单片机应

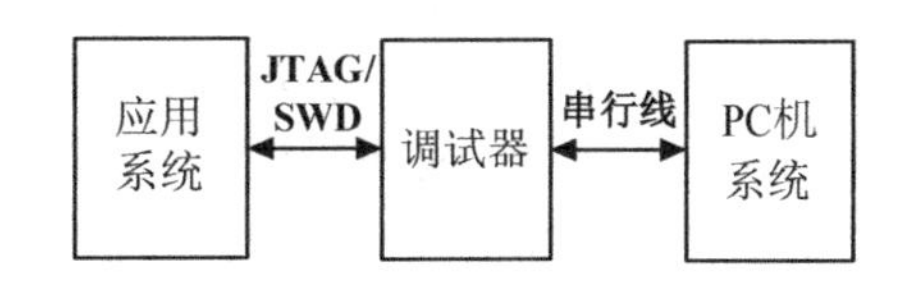

图 12.3　单片机与调试器的连接示意图

用程序，不再需要编程器。尽管调试器的功能不如一般的通用仿真器强，如目前很多调试器可设断点不多，且调试监控程序通常要占用单片机内一定的系统资源，但它价格低廉，可以直接把程序固化到单片机的 Flash 存储器中，节省了编程器，因而随着这种技术的完善和发展，在线调试器的应用会越来越广泛。

除以上方法外，还可以采用 ISP（In System Programming）技术，即在 PC 机上运行一个下载软件，通过串行口通信把程序目标码传输到已经安装到应用系统单片机内部的 Flash 存储器，然后运行程序并观察结果。只要保留单片机对外的这个串行口，对于用户的单片机就可以利用 ISP 技术反复擦除和再编程，直至运行结果正确。这种技术可以不用仿真器和调试器，比较简单，但因为不能对用户程序采取单步、断点及跟踪等方法，所以不容易发现程序中的问题。

12.2.2 开发方法

在完成了应用系统样机的组装和软件设计以后，便进入系统的调试阶段。应用系统的调试步骤和方法基本是相同的，但具体细节则和所采用的开发工具及应用系统选用的单片机型号有关。单片机的开发方法实际上就是如何对一个新的应用系统进行调试，一般调试包括硬件调试和软件调试，通常是先排除系统中明显的硬件故障后才与软件结合起来调试。

在正式调试前可以先利用 Proteus 软件设计系统的硬件原理电路，然后编写程序，在 Proteus 环境下进行仿真调试，再根据仿真结果设计实际的硬件电路。这种方法可以在没有硬件的情况下比较快捷地发现设计中的大部分问题，节约了调试时间。但由于该软件不能对硬件电路的各部件进行诊断，也不能进行实时在线仿真，所以最后还是需要采用仿真器、调试器等进行最后调试。

1．硬件调试

在进行硬件调试时首先要排除常见的硬件故障，包括逻辑错误、元器件失效、电源故障、可靠性差等问题，然后进行脱机调试和联机调试。脱机调试是在样机加电之前，先用万用表等工具，根据硬件电气原理图和装配图仔细检查样机线路的正确性，并核对元器件的型号、规格和安装是否符合要求。应特别注意电源的走线，防止电源之间的短路和极性错误的发生，并重点检查扩展系统总线是否存在相互间的短路或与其他信号线的短路。联机前先断电，把仿真器的仿真插头插到样机的单片机插座上，检查开发机与样机之间的电源、接地是否良好。若一切正常，即可接通电源。

通电后仿真器或者调试器开始工作，对样机的存储器、I/O 口进行读/写操作、逻辑检查，如有故障，可用示波器观察有关波形（如选中的译码输出波形、读/写控制信号、地址数据波形及有关控制电平）。通过对波形的观察分析，寻找故障原因，并进一步排除故障。可能的故障有：线路连接上有逻辑错误、有断路或短路现象，集成电路失效等。在样机（主机部分）调试好后，可以插上应用系统的其他外围部件，如键盘、显示器、输出驱动板、A/D 板、D/A 板等，再对这些部件进行初步调试。

2．软件调试

软件调试与所选用的软件结构和程序设计技术有关。如果采用模块程序设计技术，则逐个模块调好以后，再进行系统程序总调试。

对于模块结构程序，要逐个调试子程序。调试子程序时，一定要符合现场环境，即入口条件和出口条件。调试时可采用单步运行方式和断点运行方式（详见 8.4 节），通过检查应用系统 CPU 的现场、RAM 的内容和 I/O 口的状态，确定程序执行结果是否符合设计要求。通过检查，可以发现程序中的故障、软件算法及硬件设计错误等。在调试过程中不断调整应用系统的软件和硬件，逐步调试通过一个个程序模块。各程序模块调试通过后，可以把有关的功能模块联合起来进行整体程序综合调试。在这个阶段若发生故障，可以考虑各子程序在运行时是否破坏了现场，缓冲单元是否发生冲突，标志位的建立和清除在设计上是否有失误，堆栈区域是否有溢出，输入设备的状态是否正常，等等。

通过单步和断点调试后，还应进行连续调试，这是因为单步运行只能验证程序的正确与否，而不能确定定时精度、CPU 的实时响应性能等。待全部调试完成后，应反复运行多次，除了观察稳定性，还要观察应用系统的操作是否符合设计要求、安排的用户操作是否合理等，必要时还要进行适当的修正。

在全部调试和修改完成后，将用户软件固化在程序存储器中，对于采用仿真器的系统，需要把编程后的单片机插入样机，应用系统才能脱离开发工具独立工作。对于采用调试器的系统，则可以立即正常工作。至此，单片机应用系统开发完成。

当熟练掌握一种单片机的开发和应用之后，在开发其他型号单片机时也可以不再专门购买这种型号单片机的仿真器。因为现在生产的单片机都具有 Flash 存储器，且大多数具有 ISP 接口，所以可以方便地多次在线擦除和下载程序。本书介绍的 AT89S51/52 就具有 ISP 接口，但没有在线调试功能，所以在开发初期还需要用仿真器。

12.3 单片机用于水位控制系统

单片机通常可用于一些简单的控制系统，本节用单片机实现对某水塔水位的控制，使得水塔的水位可自动维持在一个正常的范围之内。

12.3.1 题目分析

首先通过分析水塔水位的控制原理，明确任务，确定硬件结构和软件控制方案，再画框图，分配需要用到的引脚及通用寄存器等。

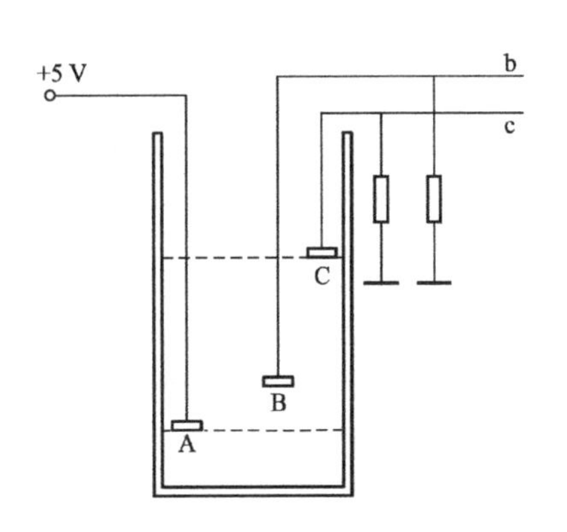

图 12.4 水塔水位控制原理图

图 12.4 所示为水塔水位控制原理图。图中虚线表示允许水位变化的上、下限。在正常情况下，水位应保持在虚线范围之内。为此，在水塔内的不同高度安装 3 根金属棒，以感知水位变化情况。其中 A 棒处于下限水位，C 棒处于上限水位，B 棒处于上、下限水位之间。A 棒接+5 V 电源，B 棒、C 棒各通过一个电阻与地相连。

水塔由电动机带动水泵供水，单片机控制电动机转动以达到控制水位的目的。供水时，水位上升，当达到上限时，由于水的导电作用，B 棒、C 棒连通+5 V 电源。因此，b、c 两端为 1 状态，这时应停止电动机和水泵的工作，不再给水塔供水。

当水位降到下限时，B 棒、C 棒都不能与 A 棒导通，因此 b、c 两端均为 0 状态，这时应启动电动机，带动水泵工作，给水塔供水。

当水位处于上、下限之间时，B 棒与 A 棒导通，b 端为 1 状态。因 C 棒不能与 A 棒导通，c 端为 0 状态。这时，无论电动机已在带动水泵给水塔供水使水位上升，还是电动机没有工作，使水位下降，都会继续维持原有的工作状态。

12.3.2 硬件设计

根据上述控制原理设计单片机控制水塔水位的电路，如图 12.5 所示，对控制电路说明如下：

（1）选择 AT89S51 单片机作为控制机，此程序很短，仅需 4 个 I/O 引脚。

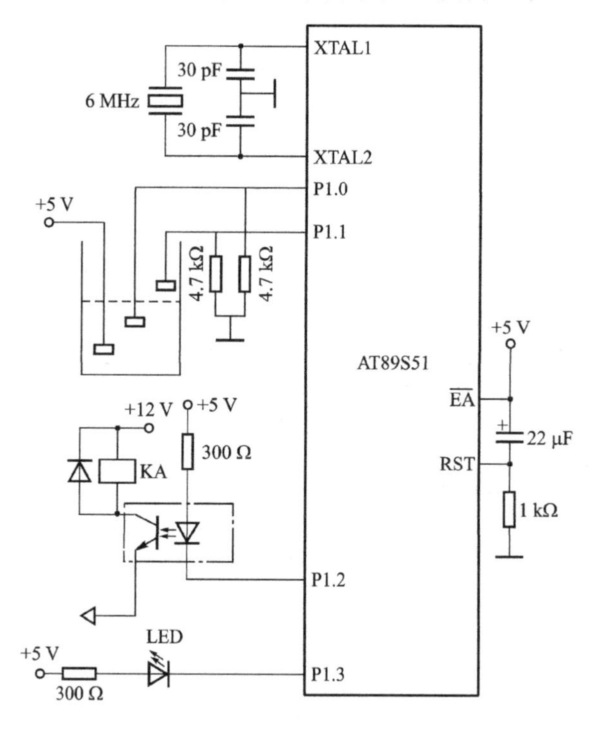

图 12.5　单片机控制水塔水位的电路

（2）两个水位信号由 P1.0 和 P1.1 引脚输入，这两个信号共有 4 种组合状态，见表 12.1。其中第 3 种组合（b = 0，c = 1）在正常情况下是不可能发生的，但在设计中还是应该考虑到，并作为一种故障状态。

表 12.1　两个水位信号的组合

c（P1.1）	b（P1.0）	操　　作	c（P1.1）	b（P1.0）	操　　作
0	0	电动机运转	1	0	故障报警
0	1	维持原状	1	1	电动机停转

（3）控制电动机的信号由 P1.2 引脚输出，为了提高控制的可靠性，使用了光电隔离器。图 12.5 中 KA 表示继电器，由继电器直接控制电动机工作。如果电动机功率较大，则在光电隔离器后面还要增加功率放大电路。

（4）由 P1.3 引脚输出报警信号，控制一个发光二极管进行光报警。

12.3.3 软件设计

按照上述设计思路设计汇编语言主程序如下：

```
        ORG     0000H
        LJMP    LOOP
        …
        ORG     0100H
LOOP:   ORL     P1, #03H          ; 为检查水位状态做准备
        MOV     A, P1             ; 读入状态信号
        JNB     ACC.0, ONE        ; P1.0=0 则转 ONE
        JB      ACC.1, TWO        ; P1.1=1 则转 TWO
BACK:   ACALL   D10S              ; 调用延时 10 s 子程序（略）
        SJMP    LOOP
ONE:    JNB     ACC.1, THREE      ; P1.1=0 则转 THREE
        CLR     P1.3              ; P1.3←0，启动报警装置
        SETB    P1.2              ; P1.2←1，停止电动机工作
FOUR:   SJMP    FOUR              ; 等待处理
THREE:  CLR     P1.2              ; 启动电动机工作
        SJMP    BACK
TWO:    SETB    P1.2              ; 停止电动机工作
        SJMP    BACK
```

12.4 恒温箱温度测控报警系统

本节介绍一个由电炉加热的恒温箱的温度测控报警系统，要求温度控制在 80℃左右，当温度在 78～82℃时绿色指示灯亮；当温度超过 82℃或低于 78℃时，红色指示灯亮，并且发出报警声。当温度超过 82℃时关闭电炉，当温度低于 78℃时接通电炉。要求用 4 个数码管显示，前三位数码管显示温度，温度显示范围为 00.0～99.9℃，最后一位数码管显示“C”。

12.4.1 题目分析

根据本题的要求，选用 AT89S51 单片机为控制器组成温度测控报警系统，温度输入通道采用 ADC0809 对温度传感器感知的模拟信号进行量化，温度测量结果经过处理后在发光二极管上显示。本题中温度信号首先要经过温度传感器变换为 0～5V 的电压信号，然后将此信号送入 ADC0809 芯片进行 A/D 转换，转换后的数字量送入单片机。此量值与输入的电压值相对应。例如，当采用 8 位的 A/D 转换器时，输出的数码 0～255 对应于输入电压 0～5V。如果输入量是线性变化的，则 7FH 对应 2.49V，FFH 对应 4.99V。如果要显示实际温度值，还需要进行物理量与数字量的变换，通常称为标度变换。对于本实例的情况，标度变换值应该为 B=99.9℃/255，如果采集的数字量用 D 表示，则变换后的温度值为 $T=D\times B$。这就是要显示的数字值。

温度超过 82℃或低于 78℃时要求报警，因而这是两个用于比较的值，按照上述公式，在 82℃时，相应的数字值为 209；在 78℃时，相应的数字值为 199。

12.4.2 硬件设计

根据本题目要求，硬件电路设计如图 12.6 所示，图中 AT89S51 的 P1.4 引脚接绿色指示灯，P1.3 引脚接红色指示灯，P1.1 引脚输出驱动蜂鸣器报警，P1.2 引脚接继电器，控制电炉的开、关。

温度信号只有一路，因此，采用将 ADC0809 的地址 A、B、C 端全部接地的方法，用硬件选择 0 通道（IN0）可以简化电路。转换启动信号（SC）和地址锁存信号（ALE）连接在一起，由 $\overline{\text{WR}}$ 信号和 A/D 转换器地址共同控制 ADC0809 IN0 的选通。按图 12.6 中连接情况，通道 IN0 的地址为 0DFF8H。

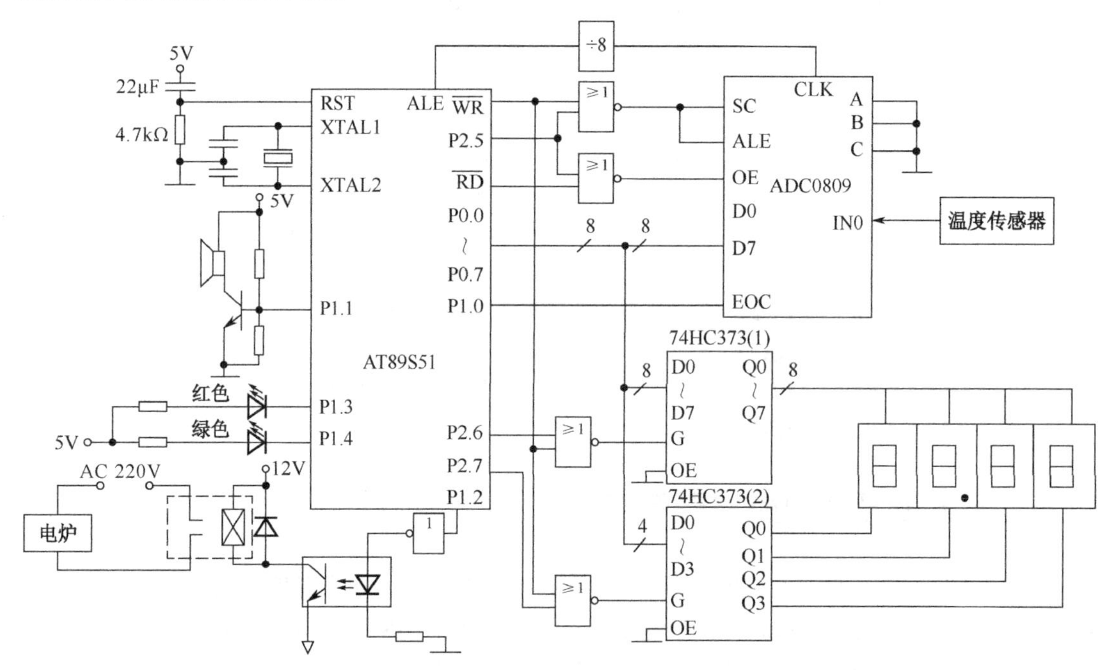

图 12.6　温度测控报警系统硬件电路设计

转换后的数据以查询方式传送给 AT89S51，当查询到 A/D 转换完成后，进行数据的读操作。当 A/D 转换器地址和 $\overline{\text{RD}}$ 信号同时有效时选通 OE，转换数据通过数据总线读入 AT89S51 内部。

测量结果采用共阴极数码管动态扫描显示，其中两片 74HC373 分别用来锁存发光二极管的段码和位选通信号，74HC373(1)的选通地址为 0BFFFH，74HC373(2)的选通地址为 7FFFH。因为 74HC373 的驱动能力不够大，所以在对显示亮度要求高的场合还需要再加驱动器。4 位数码管显示缓冲区的存储单元设为单片机内部 RAM 40H～43H 单元。

设晶振频率为 6MHz，单片机的 ALE 脉冲经 8 分频后进入 ADC0809 的 CLK 引脚。

12.4.3 软件设计

软件设计工作的主要内容就是把已经转换为电压量的温度信号经 A/D 转换变成数字量，然后通过计算得到温度值，再进行控制、显示和报警等处理。

按上述工作原理和硬件结构设计主程序框图，如图 12.7 所示。

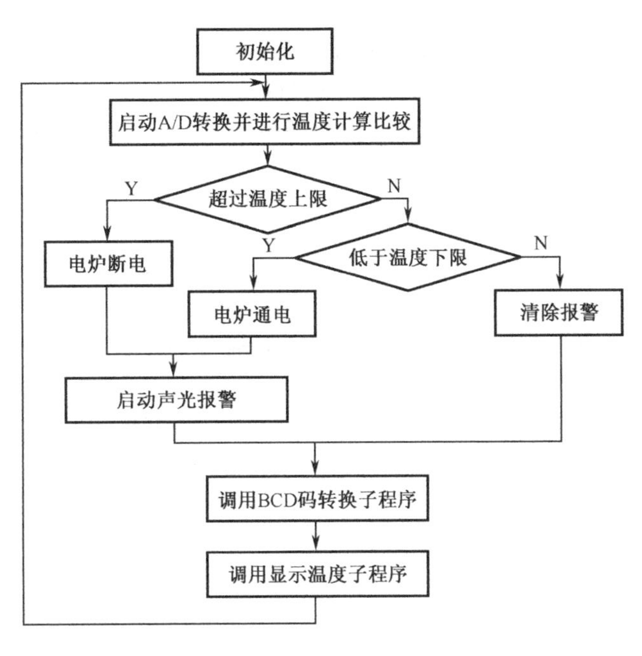

图 12.7　温度测控报警系统主程序框图

C51 语言主程序如下：

```
#include <reg51.h>                          //包含 51 寄存器
#include <absacc.h>                         //包含宏定义库，可访问绝对地址
#define uchar unsigned char                 //定义变量
#define TMAX   209                          //82℃时对应的 A/D 转换器值
#define TMIN   199                          //78℃时对应的 A/D 转换器值
#define ADC0809_IN0 XBYTE[0x0DFF8]          //ADC0809 IN0 的地址
#define LEDC   XBYTE[0xBFFF]                //发光二极管段码地址
#define LEDS   XBYTE[0x7FFF]                //发光二极管位码地址
uchar DISBUF[4] _at_ 0x40;                  //显示数据缓存
uchar xdata *adc_ADR;                       //定义 A/D 地址指针
unsigned int temperature;                   //定义整型温度变量
//位定义
bdata FLAG _at_ 0x21;                       //位地址空间变量
sbit   ALARMU = FLAG^0;                     //温度超过上限报警标志位
sbit   ALARMD = FLAG^1;                     //温度超过下限报警标志位
sbit   EOC = P1^0;                          //A/D 转换完毕标志位
sbit   ALARM = P1^1;                        //报警控制位
sbit   HEAT = P1^2;                         //电炉控制位
sbit   RED = P1^3;                          //红色指示灯控制位
sbit   GREEN = P1^4;                        //绿色指示灯控制位
//函数定义
unsigned   int   adc_pro(void);             //数据采集子函数
void HextoBCD(unsigned int hex_result);     //二进制转换成 BCD 码子函数
void disp(void);                            //显示子函数
void delay(void);                           //延时子函数
unsigned char code Discode[16]={0x3f,0x06,0x5b,0x4f,
```

```
                        0x66,0x6d,0x7d,0x07,
                        0x7f,0x6f,0x77,0x7c,
                        0x39,0x5e,0x79,0x71};      // 0~F 字形码表

void main(void)                                 //主函数
{
    ALARM = 0;                                  //清除声音报警
    ALARMU = 0;                                 //清除上限报警
    ALARMD = 0;                                 //清除下限报警
    HEAT =1;                                    //电炉关闭
    GREEN = 0;                                  //绿色指示灯亮
    RED = 1;                                    //红色指示灯灭
    SP = 0x5F;                                  //设置堆栈值
    while(1)
    {
        temperature=adc_pro();                  //采集温度值，并进行判断
        if (ALARMD ==1)                         //低于温度下限
        {
            HEAT =0;                            //电炉开启，加热
            RED = 0;                            //红色指示灯亮
            GREEN = 1;                          //绿色指示灯灭
            ALARM = 1;                          //声音报警
        }
        if (ALARMU ==1)                         //超过温度上限
        {
            HEAT   = 1;                         //电炉关闭，不加热
            ALARM = 1;                          //声音报警
            RED = 0;                            //红色指示灯亮
            GREEN = 1;                          //绿色指示灯灭
        }
        if(ALARMD | ALARMU ==0)                 //温度没有超范围
        {
            HEAT   = 1;                         //电炉关闭，不加热
            RED    = 1;                         //红色指示灯灭
            GREEN = 0;                          //绿色指示灯亮
        }
        HextoBCD(temperature);                  //十六进制温度值转换为 BCD 码
        DISBUF[3]  = 0x0c;                      //把字母 C 在字形码表的位置存放在显示缓存区 3 中
        disp();                                 //数码管上显示温度值
    }
    while(1);
}
```

下面分别介绍各子函数。

1. 温度采集子函数

温度采集子函数主要完成数据采集、转换，对温度上、下限的比较，根据比较结果设置相应的报警标志位。这个函数还要完成物理量到温度数字值的变换，即标度变换。由前文所述，标度变换值应该为 B=99.9℃/255，为达到转换精度，即能准确显示到小数点后一位，则计算公式应修改为 T=D×10×B=D×10×99.9/255（D 为采集的数字量），数据扩大 10 倍计算可避免小数运算，所以变换后的实际温度最大值为 999。

```
unsigned int adc_pro(void)
{
    unsigned char temp1;                  //定义一个无符号字符型变量
    unsigned int temp_adult;              //定义一个无符号整型变量
    adc_ADR = &ADC0809_IN0;               //取 ADC0809 IN0 地址
    *adc_ADR = 0;                         //向 ADC0809 写入数据，启动 A/D 采集
    while(EOC==1);
    while(EOC==0);                        //等待 A/D 转换完毕
    temp1 = *adc_ADR;                     //读取采集结果并放入 temp1 中
    if (temp1 >TMAX) ALARMU = 1;          //如果温度超过上限，高温报警标志位置 1
        else    ALARMU = 0;               //否则清零
    if (temp1 <TMIN) ALARMD = 1;          //如果温度低于下限，低温报警标志位置 1
        else    ALARMD = 0;               //否则清零
    temp_adult =temp1*999;                //电压值变为温度值
    temp_adult = temp_adult/255;
    return(temp_adult);                   //返回温度的十六进制值
}
```

2. 十六进制值变换为 BCD 码子函数

经过标度变换后的温度值还是十六进制数，需要变换为 BCD 码用于显示。因为测量的温度最大可能值为 99.9℃，实际需要转换的字长不超过 2 字节，相应的 BCD 码不超过百位数。转换完之后，压缩 BCD 码的结果需要占用 3 字节，即温度显示值占用 3 个单元。

```
void HextoBCD(unsigned int hex_result)
{
    DISBUF[0] =    (uchar)((hex_result%1000)/100);     //取得百位数值
    DISBUF[1] =    (uchar)((hex_result%100)/10);       //取得十位数值
    DISBUF[2] =    (uchar)( hex_result%10);            //取得个位数值
}
```

3. 显示子函数

由于要求显示的数据精确到小数点后一位，所以测量结果用三位数码管显示，显示格式为××.×C（其中××.×为温度值）。第 2 位数码管在显示时应带有小数点。

在数码管上显示小数点，常用的有 3 种方法。第一种是硬件方法，即根据固定需要显示小数点的那一个数码管是共阳极还是共阴极的，将其与低电平端或高电平端相接。第二种是软件方法，即根据固定需要显示小数点的那一个数码管是共阳极还是共阴极的，把要显示的数字与 3FH 相“与”，或者与 80H 相“或”。第三种也是软件方法，即在显示时采用两个字形表，一个是不带小数点的，另一个是带小数点的，根据需要去取数。这里采用第二种方法。

```
void disp(void)
{
    unsigned char i,j,m,dis_data;
    for (j=0;j<250;j++)
    {
        m = 0xfe;                              //设定位选字最高位值
        for(i=0;i<4;i++)
        {
            LEDS = m;                          //输出位码
            dis_data = Discode[DISBUF[i]] ;    //取段码值
            if (i==1) dis_data += 0x80;        //如果为第二位，则加上小数点
            LEDC =dis_data;                    //输出段码
            delay();                           //调用延时程序（略）
            m = (m<<1)+ 0x01;                  //位选字左移，最低位补 1
            LEDC =0x00;                        //数码管不显示
        }
    }
}
```

思考与练习

1．在单片机应用系统总体设计中，应考虑哪几方面的问题？简述硬件设计和软件设计的主要过程。

2．如何提高应用系统的抗干扰性？可采取哪些措施？

3．请自行设计一个节日彩灯循环闪烁的应用系统。

4．请自行设计一个交通灯控制系统，此系统要求显示秒倒计数时间，每当还差 10 s（如红灯变绿灯）该变换指示灯时，指示灯变为闪烁点亮。

5．请自行设计一个温度采集系统，要求按 1 路/s 的速率顺序检测 8 路温度点，测温范围为+20～+100 ℃，测量精度为±1%。要求用 5 位数码管显示温度，最高位显示通道号，次高位显示“–”，低 3 位显示温度值。

第3篇

微机原理及应用

本篇主要介绍微机中的微处理器、存储器、8086指令系统、汇编语言程序、总线技术、微机系统的中断技术和微机系统应用等内容。本篇内容是建立在前两篇内容的基础上，在已经理解前述内容的情况下，将比较容易学习本篇内容。

第13章 微处理器

微处理器是微型计算机的核心部件，是采用超大规模集成电路技术制成的半导体芯片。通过它可控制与管理微型计算机系统的全部工作。要想理解微型计算机的工作原理并正确使用它的指令系统，就必须了解它的工作原理。本章介绍微处理器的结构和寄存器、存储器管理等内容，以便读者了解微型计算机的工作原理，并通过学习典型微处理器加深理解。本章是本篇的重点和难点。

13.1 8086微处理器

微处理器从诞生至今，经过了几代的发展，其中Intel公司开发的80x86系列微处理器是应用最早且最为广泛的微处理器。从1978年Intel公司生产的第一个16位微处理器8086开始，Intel公司的微处理器经历了80x86系列→Pentium（奔腾）系列→Itanium（安腾）系列→Core（酷睿）系列等几代的发展。但正是从8086开始，PC机的概念开始在全世界范围内发展起来。虽然8086只是16位微处理器，且多年前就已经不再使用，但由于后来推出的32位微处理器、64位微处理器等都是在它的基础上开发的，它们不仅在硬件基本原理上有共同之处，而且软件全部向下兼容，即后续的微处理器仍然可以使用80x86指令集。此外，8086无论在硬件结构方面还是指令集方面都相对比较容易理解，所以本节首先从8086入门。

13.1.1 8086微处理器的内部结构

8086微处理器的内部结构框图如图13.1所示。从功能上讲，它由两个独立的逻辑单元组成，图13.1中点画线的左边为执行部件EU，右边为总线接口部件BIU。

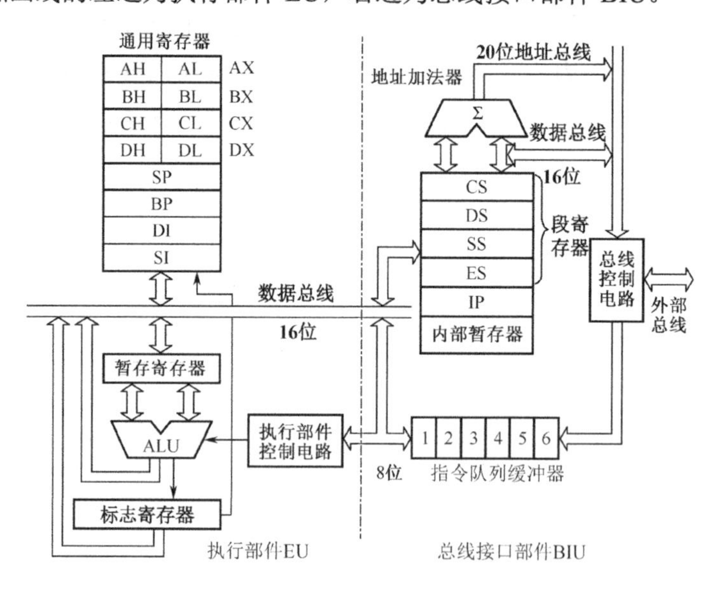

图13.1 8086微处理器的内部结构框图

1. 总线接口部件

总线接口部件（Bus Interface Unit，BIU）主要用于微处理器与存储器或I/O设备之间传送信息，即 BIU 负责从指定内存单元取出指令，送至指令队列缓冲器排队，或直接传送给执行部件，执行后送到相应寄存器或者通过内部暂存器把执行部件的操作结果传送到指定的存储单元或外设端口。BIU 内部包括 4 个 16 位段寄存器，1 个 16 位指令指针寄存器 IP，1 个 6 字节指令队列缓冲器，20 位地址加法器和总线控制电路。

对图 13.1 中 BIU 的主要部件介绍如下。

（1）指令队列缓冲器：其作用相当于指令寄存器 IR。当执行部件正在执行指令时，BIU 会自动预取下一条或几条指令，将所取得的指令按先后次序存入指令队列缓冲器中排队，然后由执行部件按顺序取出来执行。

（2）地址加法器和段寄存器：用于把 16 位段基址（在段寄存器中）与 16 位段内偏移地址（由指令指定）两部分组成的存储单元逻辑地址转换为一个 20 位的实际物理地址。

（3）指令指针寄存器 IP：其功能类似于单片机中的程序计数器，用于存放将要取出的下一条指令首地址的段内偏移地址，需与代码段寄存器 CS 连用。

（4）总线控制电路与内部暂存器：总线控制电路用于产生外部总线操作时的相关控制信号，实现对存储器和外设的读/写控制，内部暂存器用于暂存 BIU 与执行部件之间交换的信息。

2. 执行部件

执行部件（Execution Unit，EU）不与外部总线相连，它用于取出并执行内部指令。它主要是由 1 个 16 位的算术逻辑部件（ALU）、8 个通用寄存器、1 个暂存寄存器、1 个标志寄存器和执行部件控制电路等组成，它们之间通过内部总线连接在一起。EU 对指令的执行，是从取指令操作码开始的，它从 BIU 的指令队列缓冲器中获得指令，在执行指令过程中所需要的数据和执行结果也都由 EU 向 BIU 发出请求，再由 BIU 对存储器或者外设进行存/取操作。EU 主要完成两种类型的操作：算术/逻辑运算，计算指令要求寻址的 16 位偏移地址（有效地址 EA）并将其送至 BIU。

对图 13.1 中 EU 的主要部件介绍如下。

（1）ALU：用于 16 位的算术/逻辑运算，也可以按指令的寻址方式计算出寻址单元的 16 位偏移地址。在运算时数据先送到暂存寄存器中，再经 ALU 运算处理。运算结果经内部总线送到累加器或其他寄存器、存储单元中。

（2）暂存寄存器：它协助 ALU 完成运算，暂存参加运算的数据。

（3）标志寄存器：用于存放 CPU 最近一次运算结果的状态标志或存放控制标志。

（4）通用寄存器组：它包括 4 个 16 位数据寄存器 AX、BX、CX、DX 和 4 个 16 位地址指针与变址寄存器 SP、BP、DI、SI（详见 13.1.2 节）。

（5）执行部件控制电路：它是控制、定时与状态逻辑电路。它接收从 BIU 的指令队列缓冲器取来的指令，对指令进行译码，形成各种定时控制信号，对 EU 的各个部件实现指令要求的操作。

3. 指令队列与流水线管理

由于 BIU 和 EU 两部分是分开的，是按流水线方式并行工作的，所以取指令和执行指令可以同时进行，在 EU 执行指令的过程中，BIU 可以取出多条指令，并将其放进指令流队列中排队。这样，当 EU 执行完一条指令后，就可以立即执行下一条指令，从而减少了 CPU 为取指令而等待的时间，提高了运算速度和 CPU 的利用率。

13.1.2 8086 微处理器的寄存器

8086 内部的各寄存器如同单片机中的特殊功能寄存器一样重要，因为大部分指令在寄存器中执行，所以应该熟练掌握 8086 内部寄存器的结构与功能。

8086 内部的 14 个 16 位寄存器，如图 13.1 所示。为了便于说明，把它们分为 3 类。

1．通用寄存器

通用寄存器均可用于存放数据，按其功能特点的不同，又可分为两类：数据寄存器与地址指针和变址寄存器。

1）数据寄存器

数据寄存器包括 4 个 16 位寄存器：AX、BX、CX 和 DX，它们中的每一个又可根据需要分成独立的两个 8 位寄存器（高 8 位和低 8 位）来使用，8 位寄存器依次表示为 AH、AL、BH、BL、CH、CL、DH 和 DL。16 位数据寄存器主要用于存放 CPU 常用数据，也可以用来存放地址。而 8 位寄存器只能用于存放数据。在实际使用时，每个寄存器又各自有某种专门的用途，所以它们又有专门的名称。

（1）AX 称为累加器：用于暂存参加运算的数据和结果，在 8 位数据运算时，用 AL 作为累加器。AL 在 I/O 指令中作为数据寄存器使用。

（2）BX 称为基址寄存器：在基址寻址和基址加变址寻址时用于存放基地址。

（3）CX 称为计数器：在循环指令和串操作指令中作为计数器使用。

（4）DX 称为数据寄存器：在进行双倍字长运算或者乘除法运算时，与 AX 共同组成 32 位寄存器，DX 存放高 16 位数据，AX 存放低 16 位数据。

2）地址指针和变址寄存器

（1）设置地址指针和变址寄存器的目的。在程序执行过程中，经常要到存储器中存取操作数。如果存储单元的地址完全由指令中地址码来表示，则必然加长指令的长度。因此，通常不采用在指令中直接给出存储单元偏移地址的方法，而是将存储单元的偏移地址放置在某个地址寄存器中，并给那些能够用来存放存储单元偏移地址的寄存器编码。这样在指令中不必直接给出存储单元的地址，只给出寄存器的编码即可。此外，还可以方便地通过修改寄存器的内容来修改地址，提高了指令寻址的灵活性。

这种能存放指令操作数地址的寄存器，称为地址指针寄存器或地址寄存器。

（2）地址指针和变址寄存器的功能。如图 13.1 所示，SP、BP、SI 和 DI 均为地址指针和变址寄存器。这组寄存器在功能上的共同点是，在对存储器操作数寻址时，用于形成 20 位物理地址。在任何情况下，访问存储器的地址码都是由段寄存器内容和段内偏移地址两部分构成的。而这 4 个寄存器用于存放段内偏移地址的全部或一部分，后面讨论寻址方式时将进一步说明。

BP 称为基址指针（Base Pointer）寄存器，通常用作 16 位地址指针。如果在指令中不另加说明，BP 作为堆栈的地址指针使用，它可以指向堆栈内任意位置的存储单元。这时，其段地址由段寄存器 SS 提供。

SP 称为堆栈指针（Stack Pointer）寄存器，用于指示堆栈栈顶的偏移量，与段寄存器 SS 内容共同形成堆栈的顶部地址。当进行堆栈操作时，默认使用的就是堆栈指针 SP。

SI 称为源变址（Source Index）寄存器，与数据段寄存器 DS 连用，存放段内偏移地址的全部或一部分。在字符串操作指令中，由 SI 提供源偏移地址。

DI 称为目的变址（Destination Index）寄存器，与 DS 连用，存放段内偏移地址的全部或一部分。在字符串操作指令中，由 DI 提供目的偏移地址。

2. 段寄存器

8086 有 20 条地址线，可寻址的空间达到 1 MB，而地址寄存器只有 16 位，能寻址的空间最大为 64 KB，所以必须把这个空间分成许多存储段来管理，段寄存器就用于存放各段的地址。8086 共有 4 个 16 位段寄存器，它们用于存放当前可以访问的 4 个逻辑段的基址。程序可以从 4 个段寄存器给出的逻辑段中存取代码和数据。

CS 是 16 位的代码段寄存器，用于存放当前程序所在段的段首地址。

DS 是 16 位的数据段寄存器，用于存放当前程序所用数据段的段首地址。

ES 是 16 位的附加（扩展）段寄存器，用于存放附加数据段的段首地址。

SS 是 16 位的堆栈段寄存器，用于存放当前程序所用堆栈段的段首地址。

段寄存器的运用不仅使存储器地址空间扩大到 1 MB，而且信息按特点分段使存储更方便。通常，存储器可相应划分为程序区、数据区、堆栈区。段寄存器的分工是：代码段寄存器 CS 用于程序区，数据段寄存器 DS 和附加段寄存器 ES 用于数据区，而堆栈段寄存器 SS 用于堆栈存储区。

3. 控制寄存器

1）指令指针寄存器 IP

IP 的内容是指令码在代码段 CS 中的 16 位偏移地址，在一般情况下，每取 1 字节指令码，IP 的内容就自动加 1，取一个字后自动加 2，从而保证指令的顺序执行。IP 的内容可以被转移类指令强迫改写，用于控制程序中指令的执行顺序。应当注意，用户不能直接访问 IP。

2）标志寄存器 F

标志寄存器为 16 位，见表 13.1，共定义了 9 个标志位。其中状态标志位有 6 个，分别是 CF、PF、AF、ZF、SF、OF，状态标志位用来反映最近一次 ALU 操作结果的特征。这些标志位的值常常作为条件转移类指令中的测试条件，用于控制程序的运行方向。

表 13.1　8086 标志寄存器标志位

15	14	13	12	11	10	9	8	7	6	5	4	3	2	1	0
—	—	—	—	OF	DF	IF	TF	SF	ZF	—	AF	—	PF	—	CF

控制标志位有 3 个，分别是 DF、IF、TF。控制标志是一种用于控制 CPU 的工作方式或工作状态的标志。用户可以使用指令设置/清除控制标志，以改变 CPU 的工作方式或工作状态。

状态标志中的 CF（Carry Flag，进位标志位）、OF（Overflow Flag，溢出标志位）与 AF（Auxiliary Carry Flag，辅助进位标志位）的定义与作用与 80C51 系列单片机相同，在此就不重复了，但注意 OF 包括 8 位和 16 位两种情况，其余 3 位的功能如下。

（1）PF（Parity Flag）：奇偶标志位。如果操作结果的低 8 位中含有偶数个 1，则 PF=1，否则 PF=0。在 51 单片机中偶数个 1 时该位置 0，定义正好相反。

（2）ZF（Zero Flag）：零标志位。如果运算结果各位都为零，则 ZF=1，否则 ZF=0。

（3）SF（Sign Flag）：符号标志位，反映带符号数运算结果的符号。它总是和结果的最高位（字节操作时是 D_7，字操作时是 D_{15}）相同，所以运算结果为负时，SF=1，否则 SF=0。

3 个控制标志的功能与作用如下。

（1）DF（Direction Flag）：方向标志位，用于控制字符串操作指令的步进方向，当 DF=1 时，字符串操作指令将以递减的顺序按从高地址到低地址的方向对字符串进行处理；当 DF=0 时，字符串操作指令将以递增的顺序按从低地址到高地址的方向对字符串进行处理。

（2）IF（Interrupt Enable Flag）：中断允许标志位。它是控制可屏蔽中断的标志，若 IF=1，表示允许 CPU 接收外部从 INTR 引线上发来的可屏蔽中断请求信号；若 IF=0，则禁止 CPU 接收可屏蔽中断请求信号。IF 的状态不影响非屏蔽中断（NMI）请求，也不影响 CPU 响应内部的中断请求。

（3）TF（Trap Flag）：陷阱标志位，也称为跟踪标志位。它是为了调试程序而设置的。当 TF=1 时，使 CPU 处于单步工作方式，在这种工作方式下，CPU 每执行完一条指令，就自动地转去执行一个中断服务程序，这样就可以检查程序中每条指令的执行情况；当 TF=0 时，CPU 正常执行程序。

13.1.3 存储器寻址

8086 是以字节为单位对存储单元编址的，存储器地址范围为 00000H～FFFFFH。每字节单元对应唯一的 20 位地址总线产生的物理地址，这是存储器的实际地址码。但是 8086CPU 的内部寄存器均为 16 位的，故只能直接提供 16 位地址，寻址 64 KB 存储空间。为实现用 16 位寄存器对 20 位地址的寻址，在 8086CPU 中采用把存储器地址空间分段的方法。

1．存储器的分段及逻辑地址

存储器分段就是把 1 MB 存储空间划分成若干个独立的逻辑段，每个逻辑段最多由 64 KB 连续的单元组成，即一个逻辑段的最大段长为 64 KB。在此，要求每个逻辑段的起始地址必须能被 16 整除，即 20 位的逻辑段起始地址的低 4 位二进制码必须是 0，而把一个逻辑段起始地址剩下的高 16 位称为该逻辑段的段基址，并存入段寄存器中。

存储器地址空间被划分成若干个逻辑段以后，每一个存储单元的逻辑地址由两部分组成，即段基址和偏移量（地址）。一个逻辑段的起始地址的高 16 位二进制数为该段的段基址。显然，在 1 MB 的存储空间中，可以有 2^{16} 个段基址，每相邻的两个段基址之间相隔 16 个存储单元。

在一个逻辑段内的每个存储单元，可以用相对于本逻辑段的起始地址的偏移量来表示。所谓偏移量，是指一个存储单元与它所在段的段基址之间的距离（以字节数计）。偏移量用一个 16 位的无符号二进制数表示。因此，一个存储单元的逻辑地址可以表示为段基址: 偏移量。这个偏移量称为段内偏移地址，也称为有效地址（EA），在一个段内有 2^{16} 个偏移地址。

在程序设计中使用的地址称为逻辑地址。逻辑地址也称为虚拟地址，物理地址也称为实地址，把逻辑地址转换为物理地址的过程称为地址映射。

2．物理地址的生成

由逻辑地址计算物理地址的方法是把段基址乘以 16（10H，即左移 4 位，低 4 位补 0），再加上偏移地址，形成物理地址，其公式为

$$物理地址=段基址\times 10H+偏移地址$$

其中段基址为逻辑段的起始地址。

物理地址生成方法如图 13.2 所示。

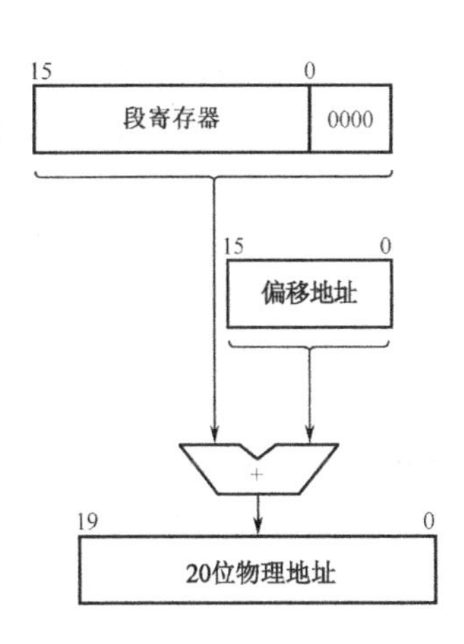

图 13.2　物理地址生成方法示意图

由此可见，存储器中的每个单元都可以用物理地址和逻辑地址两种方式表示，8086CPU 与存储器交换数据时实际采用的是物理地址，但用户在程序中通常采用逻辑地址。8086 CPU 访问存储器时，对物理地址的计算是在 BIU 中由地址加法器完成的。

例如，已知 CS=2021H，IP=0056H，则它的物理地址为：2021H×10H+0056H=20210H+0056H= 20266H。

在存储器分段时，段和段之间可以是连续的、分开的、部分重叠的或完全重叠的。一个程序所占用的具体存储空间可以为一个逻辑段，也可以为多个逻辑段。

由于段和段之间可以重叠，因此，一个实际物理地址可对应两个（或多个）逻辑地址。即一个存储单元的物理地址可以用多个不同的逻辑地址表达。例如，上述的物理地址 20266H，它的逻辑地址可以用 2021H: 0056H 表示，也可以用 2000H: 0266H 表示，还可以用 2010H: 0166H 表示等。通常物理地址是由计算机自动生成的，用户不必关心。

段和段之间可以互相重叠，例如，CS=2000H，其物理地址范围为 20000～2FFFFH。而 DS=2200H，其物理地址范围为 22000～31FFFH。

在 8086 系统中可以对字或者双字直接寻址，字或者双字在内存中要占用相邻的 2 个或者 4 个存储单元，低字节存放在低地址中，高字节存放在高地址中。寻址时以低地址作为该字或者双字的首地址，物理地址生成方法同上。

在实际应用中不会出现因为地址重叠而发生地址冲突之类的问题，因为微处理器的硬件和软件系统的设计会使用户方便又合理地使用存储器。

采用对存储器分段的方法，便于操作系统对应用程序进行有效的内存管理（地址浮动）。在程序代码量、数据量不是太大的情况下，可使它们处于同一段（同一个 64 KB 的范围）内，这样可以减少指令的长度，提高指令运行的速度。

13.1.4　8086 微处理器的总线周期

8086 微处理器与存储器或外设通信是通过 20 位分时多路复用地址/数据总线来实现的。为了取出指令或传输数据，CPU 至少要执行一个总线周期。

通常把 CPU 对存储器或 I/O 接口进行一次数据的输入或输出所需要的时间称为总线周期，也称机器周期。一个总线周期通常包括几个时钟周期，时钟周期是计算机 CPU 定时的基本时间单位，时钟周期是主频的倒数。如果 8086 的主频为 5MHz，则时钟周期为 200ns。一个指令周期又包括几个总线周期。不同指令的指令周期不一定相同，最短的为一个总线周期。由于总线周期是基于 BIU 的，所以也把总线周期称为 BIU 总线周期。

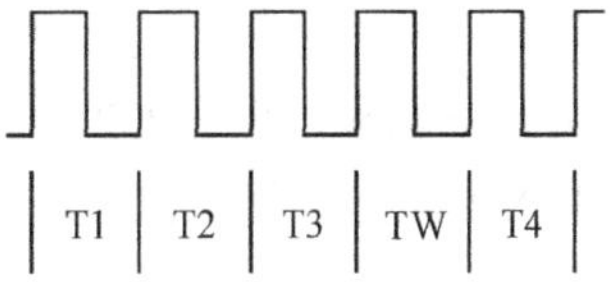

8086 微处理器的总线周期至少由 4 个时钟周期组成，每个时钟周期也称为 T 状态周期，用 T1、T2、T3 和 T4 表示，如图 13.3 所示。下面对图 13.3 中的几种时钟状态进行说明。

T1　T2　T3　TW　T4

图 13.3　8086 微处理器的总线周期

（1）T1 状态：CPU 向多路复用地址/数据总线发送地址信息，以指出要寻址的存储单元或外设端口的地址。

（2）T2 状态：CPU 从总线上撤销地址，为传输数据做好准备。

（3）T3 状态：总线的低 16 位上出现由 CPU 写出的数据或者 CPU 从存储器或 I/O 接口读入的数据。检查 READY（是外部输入 CPU 引脚的信号线）的状态，准备就绪则进入 T4。

（4）T4 状态：结束总线周期。

在 CPU 与慢速的存储器和 I/O 接口交换信息时，为了防止丢失数据，在总线周期的 T3 和 T4 之间自动插入一个或者多个等待状态 TW（Wait State），称为等待时钟周期，在等待状态期间，总线上的信息保持不变。通过检查 READY 的状态，判断等待是否结束，当 READY 为高电平时进入 T4。

在两次总线周期之间，有可能存在 BIU 不执行任何操作的时钟周期，此时总线空闲，称为空闲周期或者空闲状态，用 TI（Idle State）表示。

13.1.5 8086 系统中的部分专用地址空间

1）系统专用存储空间

在 8086 系统的存储区中有一些地址空间是已经被占用的，用户不能使用，主要有如下几个区域。

（1）中断向量区：00000H～003FFH，共 1 KB，用于存放 256 个中断向量，每个中断向量占用 4 B，共 256×4=1024=1 KB。

（2）显示缓冲区：B0000H～B0F9FH，约 4 KB，是单色显示器的显示缓冲区，存放文本方式下所显示字符的 ASCII 码及属性码；B8000H～BBF3FH，约 16 KB，是彩色显示器的显示缓冲区，存放图形方式下屏幕显示像素的代码。

（3）启动区：FFFF0H～FFFFFH，共 16 B，用于存放一条无条件转移指令的代码，转移到系统的初始化部分。

注意：不同的微处理器占用的专用存储空间不完全相同，使用时要注意。

2）堆栈

在 8086 系统中，堆栈是在存储器中开辟的一个临时存储区，这个存储区的一端固定（栈底），另一端可动（栈顶），且只允许数据从栈顶进出。

8086 系统中堆栈的作用与 5.3.3 节所介绍的相同，在 8086 中它的压栈与弹栈操作过程与 8051 单片机相同，即它也是按照先进后出（LIFO-Last In First Out）也称为后进先出的原则工作的。另外，它的压栈指令也是 PUSH，弹栈指令也是 POP，且指令的作用与 8051 单片机相同。

与 8051 单片机不同的是，8086 堆栈的生长方向是从高（大）地址向低（小）地址，每次压栈操作 SP 递减 2 B，弹栈操作 SP 递加 2B，详见第 15 章。

3）I/O 设备的地址

I/O 设备指用于与外界通信和存储大容量信息的各种外部设备。由于这些外部设备的复杂性和多样性，特别是运行速度比 CPU 低得多，因此 I/O 设备不能直接和总线相连接。I/O 接口是保证信息和数据在 CPU 和 I/O 设备之间正常传送的电路。I/O 接口与 CPU 之间的通信是利用 I/O 接口寄存器来完成的，一个 I/O 接口有一个唯一的 I/O 地址与之对应。

I/O 设备的编址方式一般有以下两种：统一编址方式和独立编址方式。在 8086 系统中采用独立编址方式，此方式接口所需的地址线较少，地址译码器较简单，采用专用的 I/O 指令，端口操作指令执行时间短，指令长度短。由于 8086 用地址总线的低 16 位 A15～A0 来寻址端口，所以 8086 可以访问的 I/O 接口地址为 0000H～FFFFH，共 64 KB。这些端口均为 8 位端口。寻址有直接寻址方式和间接寻址方式两种。直接寻址方式适用于地址在 00H～FFH 范围内的端口寻址。间接寻址方式适用于地址在 0000H～FFFFH 范围内的端口寻址（所有端口均可采用间接寻址方式），具体应用详见第 15 章。

13.2 80x86 系列微处理器

如 13.1 节所述，80x86 系列微处理器从 8086 开始经历了几代的发展，但它们都是以 8086 为基础的，是 8086 在功能和性能上的延伸，该系列每一种新型号的微处理器都兼容前一代产品的功能，该系列是一个兼容的微处理器系列。本节将概述从 8086 到 80486 微处理器在功能与性能上的发展。

13.2.1 功能的扩展

1）从 16 位到 32 位的扩展

8086 是 16 位微处理器，其运算器、寄存器及数据线均为 16 位的，作为地址指针的指针寄存器也是 16 位的，但其地址线是 20 位的，所以通过存储器分段的方法，它的寻址空间才可以达到 1 MB。

16 位数能表示的数的范围很有限，所以 8086 不论是在数值计算还是在寻址空间方面都远远不能满足要求，因而在 1985 年，Intel 公司推出了第一个 32 位的微处理器 80386。

80386 的内部寄存器、数据总线、地址总线均为 32 位的，这使得它处理数据的范围扩大了，速度提高了，并且它的寻址空间可以达到 4 GB，这也使它的应用范围扩大了。

2）工作模式的扩展

早期采用 8086 的 PC 机中的操作系统是 PC-DOS，这是单任务、单用户的磁盘操作系统，操作系统本身没有程序隔离，没有保护。8086 在此方式下的工作模式称为实地址模式，简称实模式，它可寻址的空间为 1 MB。

随着 PC 机的普及和计算机硬件性能的提高，需要有能保护操作系统核心软件的多任务操作系统，因而要求微处理器本身能为这样的操作系统提供支持，于是从 80286 开始就开发了保护模式，也称为虚拟地址模式。到 80386，该保护模式就比较完善了。保护模式支持多任务机制，且在任务之间完全隔离。在保护模式下，可访问虚拟存储空间，对存储器、多任务和 4 级任务特权级都有保护措施，

80386 还增加了虚拟 8086 模式，在此模式下可同时模拟多个 8086，运行多个 8086 的应用程序，并有保护功能。

3）片内存储管理单元

虽然 80386 的寻址空间已经可以达到 4 GB，但实际上大多数 PC 机的物理内存远小于 4 GB，而这不能满足用户程序的要求，于是提出了虚拟存储器管理机制。这就需要硬件的支持，因而从 80386 开始，在微处理器芯片中提供了片内的存储管理单元。

4）浮点运算支持功能

从 80486 开始，微处理器内部集成了 80x87 协处理器，它可支持浮点运算。80x87 协处理器有自己的寄存器和指令系统，增加了新的可处理的数据类型，一般的算术运算和函数运算可

由硬件直接完成，运算速度提高了 10～100 倍甚至更高，这极大地支持了复杂的科学计算和图形处理任务。

5）扩展指令集

为了加强微处理器对多媒体、三维图形及计算机网络方面的处理能力，Intel 公司对 80x86 指令集进行了扩展，增加了 MMX（Multi Media Extension）和 SSE（Streaming SIMD Extension，）等扩展指令集，其中 SIMD 是 Single Instruction Multiple Data 的缩写，表示单指令多数据。

MMX 多媒体扩展技术是指在 80x86 微处理器中增加 MMX 技术和相关多媒体扩展指令集。MMX 指令集包括 57 条多媒体指令，通过这些指令可以一次处理多个数据，在处理结果可能超过实际处理能力的时候也能进行正常处理，这样在软件的配合下，就可以得到更高的性能。这大大增强了微处理器的视频、音频、图形、图像等多媒体处理能力。

SSE 指令集包括 70 条指令，不仅涵盖了 MMX 指令集的所有功能，而且特别加强了 SIMD 的浮点运算能力。SIMD 技术就是使单一指令同时对不同的数据进行同一操作，用一条指令完成原来 4 条指令才能完成的任务，可以让浮点数据流和 MMX 数据流同时访问寄存器。

13.2.2 性能的提高

80x86 性能的提高主要表现在如下几个方面。

1）流水线技术的提高

在 8086 中虽然已经开始利用流水线技术，但还远远不够，它的大部分指令的执行时间为 4 个时钟周期。在 80386 中利用芯片内 6 个能并行操作的功能部件，使一条指令的执行时间缩短为 2 个时钟周期。在 80486 中指令执行和译码部件的流水线操作扩展为 5 级流水线方式，因而在 80486 中最快可以达到执行一条指令的时间为 1 个时钟周期。指令流水线操作时序如图 13.4 所示。

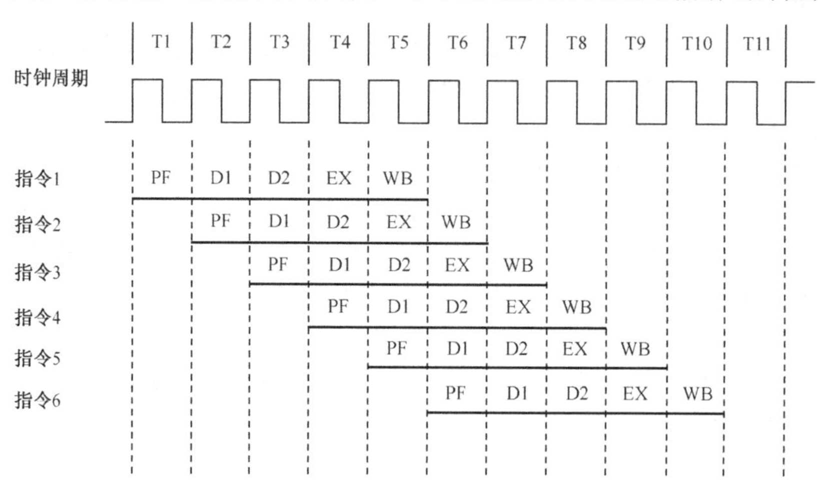

图 13.4 指令流水线操作时序示意图

图 13.4 中 PF 表示预取操作，D1 表示首次译码操作，D2 表示二次译码操作，EX 表示执行操作，WB 表示写回操作。在非流水线操作的情况下，执行每条指令都需要 5 个时钟周期。但在流水线操作的情况下，虽然每条指令的执行时间仍然是 5 个时钟周期，但在第一条指令的 1 个时钟周期后，每个时钟周期都有一条指令进入流水线操作，且第一条指令的 5 个时钟周期后的每个时钟周期都有一条指令执行完毕退出流水线，所以在流水线方式下执行一条指令仅需

一个时钟周期。

2）片内引入高速缓存

高速缓存（详见 14.2 节）是为了减少从存储器中读/写信息的时间而在 CPU 与主存储器之间增加的一种存储器。早期这种存储器是在微处理器芯片外部的，后来随着半导体技术的发展，从 80486 开始已经实现了把第一级高速缓存与 CPU 做在一块芯片上，这样进一步提高了 CPU 的运行速度。

13.3 Pentium 系列微处理器

Pentium 系列微处理器是 Intel 公司在 1993 年 3 月继 80x86 系列之后推出的 32 位微处理器，译为“奔腾”。后又相继推出了高能 Pentium、多能 Pentium 及 Pentium 2、Pentium 3 和 Pentium 4 等产品，Pentium 机主频提高到 2GHz 以上，数据线为 64 位的，地址线为 32 位的，但仍保持了与 80x86 兼容。

13.3.1 内部组成与工作方式

1. Pentium 系列微处理器的内部组成

Pentium 系列微处理器的内部组成框图如图 13.5 所示，图中的主要部件有总线部件、分页部件、分段部件、执行部件、浮点部件和控制部件等，其中主要的几个部件的作用如下所述。

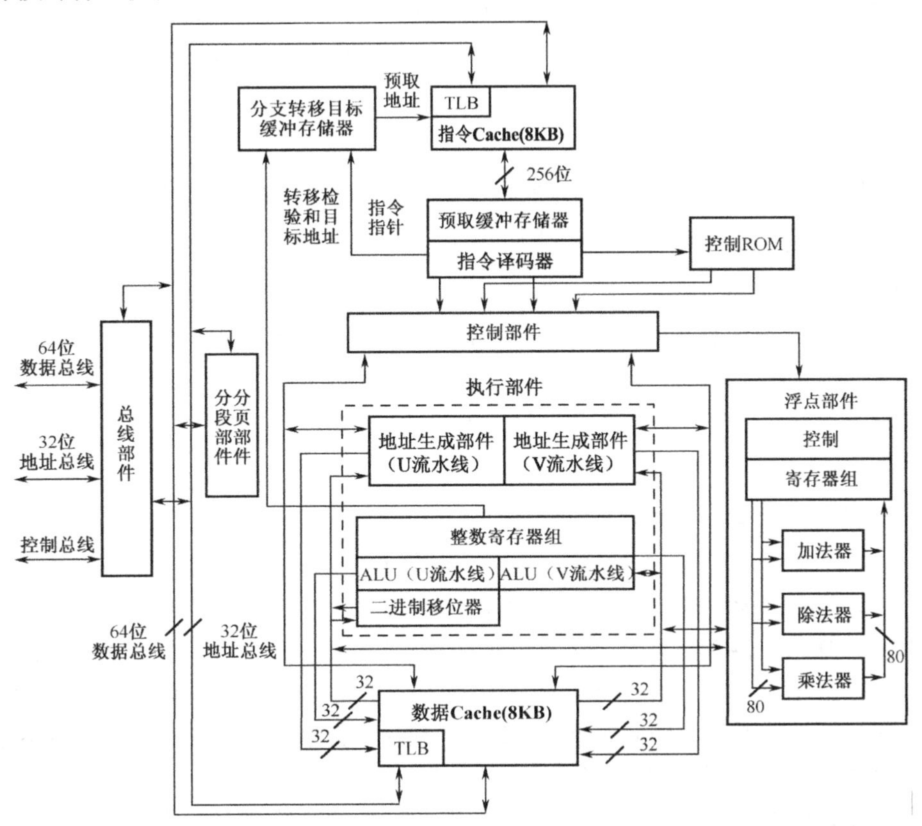

图 13.5　Pentium 系列微处理器的内部组成框图

1）**总线部件**

总线部件用于内部高速缓存与外部系统总线的连接，它包括 64 位数据总线，32 位地址总线和控制总线。总线部件主要完成地址驱动和接收、信息的读出和写入，并产生相应的总线周期信号等。

2）**分页部件和分段部件**

分页部件和分段部件一起构成存储器管理部件，用来实现主存储器和虚拟存储器（详见 14.3 节）的地址空间管理。

分段部件的功能是将由程序提供的逻辑地址转换成一种线性地址。线性地址定义为由程序产生的地址，分页部件把由分段部件产生的线性地址进行分页，并转化成物理地址。

3）**分支转移目标缓冲存储器**

分支转移目标缓冲存储器（Branch Target Buffer，BTB）用于动态预测程序的分支操作，从而可减少当循环操作时 CPU 对循环条件的判断所占用的时间。

4）**预取缓冲存储器**

预取缓冲存储器用于预取指令。Pentium 系列微处理器总是提前把指令从存储指令代码的高速缓存中取到预取缓冲存储器中，以备指令译码器译码。

5）**指令译码器**

指令译码器用于对来自预取缓冲存储器的指令流进行译码。对绝大多数指令来说，Pentium 系列微处理器可以做到每个时钟周期以并行方式完成两条指令的译码操作，且将这两条指令分别发送给 U 流水线和 V 流水线。

6）**控制部件**

控制部件用于执行来自指令译码器的指令和来自控制 ROM 的微代码。控制部件的输出控制着整数流水线部件和浮点流水线部件的工作。

7）**执行部件**

图 13.5 中虚线框内为执行部件，包括地址生成部件、整数寄存器组、ALU、二进制移位器等。执行部件主要用于执行各种指令规定的具体操作，如算术运算、逻辑操作及转移等。由图 13.5 可见，地址生成部件和 ALU 均有 U、V 两条流水线，这样每个时钟周期可以同时执行两条整型指令。

8）**指令 Cache 与数据 Cache**

Cache 是高速缓冲存储器（详见 14.2 节），简称高速缓存，在微处理器内部设置了 16 KB 的一级 Cache，分为 8KB 数据 Cache 和 8KB 指令 Cache。

如图 13.5 所示，每个指令 Cache 和数据 Cache 中各有一个 TLB（Translation Look Aside Buffer，转换后备缓冲区）。在 TLB 中保存了 32 个最近使用的页转换地址，即最后 32 个页表转换地址被存入了 TLB 中，因此如果访问某个存储区，其地址已经在 TLB 中，就不需要再访问页目录和页表，这样加速了程序的执行。

数据 Cache 有两个接口，分别与地址生成部件的 U 流水线和 V 流水线相接，以便在相同时刻向两个独立工作的流水线交换数据。

9）**浮点部件**

浮点部件主要可支持多精度的二进制数计算和多精度的十进制整数计算等，大大提升了微处理器的数值计算功能，在其内部还包括专用的加法器、乘法器和除法器，对加法指令、乘法指令和除法指令等常用浮点指令采用硬件电路实现，可大大提高浮点运算速度。浮点部件内部的寄存器组是 8 个 80 位的浮点寄存器，内部数据总线宽度为 80 位，每个时钟周期可以执行一条浮点指令。

2．工作模式

Pentium 系列微处理器有 4 种工作模式，分别是实地址模式、保护模式（虚拟地址模式）、虚拟 8086 模式和系统管理模式。

1）**实地址模式**

实地址模式是为了与 8086 兼容而设置的模式，在这种工作模式下，Pentium 系列微处理器的工作原理与 8086 相同，所以也称为 8086 模式。在这种工作模式下，Pentium 系列微处理器的地址线中只有低 20 条地址线有效。在操作时其 32 位偏移地址不能超过 64 KB 的限制，否则将发生异常。

2）**保护模式**

保护模式是建立在虚拟存储器与保护机制基础上的工作模式，该工作模式可最大限度地发挥微处理器的存储管理功能及硬件支持的保护机制。下面简要介绍存储空间及保护机制。

（1）保护模式下的存储空间。

保护模式下 Pentium 系列微处理器有 3 种存储空间，即物理地址空间、线性地址空间和虚拟地址空间。物理地址空间是可直接寻址的，由微处理器地址总线位数决定寻址空间。线性地址空间是由分段机制产生的，不分页时与物理地址空间相同。

虚拟地址空间是用户编程使用的空间，决定于分段分页管理机制。对于 32 位地址总线的微处理器来说，这种工作模式下用户所拥有的虚拟地址空间最高可达 64 TB。

（2）保护机制。

Pentium 系列微处理器支持两种主要的保护功能：一是通过给每个任务分配不同的虚拟地址空间，使各任务之间完全隔离；二是任务内的保护，即保护操作系统存储段及特别的处理器、寄存器，使其不能被其他应用程序破坏。

3）**虚拟 8086 模式**

虚拟 8086 模式是为在保护方式下与 8086 兼容而设置的，是一种既有保护功能又能执行 8086 代码的工作模式。

4）**系统管理模式**

系统管理模式（System Management Mode，SMM）可使设计者实现高级管理功能，如对电源的管理，以及对操作系统和正在运行的程序进行安全性管理等。

13.3.2 Pentium 系列微处理器的寄存器

Pentium 系列微处理器的寄存器主要包括通用寄存器、段寄存器、标志寄存器、控制寄存器及调试寄存器等，如图 13.6 所示。

		31	16 15 0
指令指针寄存器	EIP		IP

		31	16 15 0
标志寄存器	Eflags		Flags

			31	16 15	0
通用寄存器	累加寄存器	EAX		AH	AL
	基址寄存器	EBX		BH	BL
	计数寄存器	ECX		CH	CL
	数据寄存器	EDX		DH	DL
	源变址寄存器	ESI		SI	
	目的变址寄存器	EDI		DI	
	基址指针寄存器	EBP		BP	
	堆栈指针寄存器	ESP		SP	

			15 0
6个段寄存器	代码段寄存器	CS	
	数据段寄存器	DS	
	堆栈段寄存器	SS	
	附加段寄存器	ES	
	附加段寄存器	FS	
	附加段寄存器	GS	

存储器管理寄存器	IDTR		IDT基地址(32b)	IDT段界(20b)
	GDTR		GDT基地址(32b)	GDT段界(20b)
	LDTR	LDT选择器(16b)	属性(16b)、基地址(32b)、段界(20b)、由描述符Cache实现	
	TR	TSS选择器(16b)	属性(16b)、基地址(32b)、段界(20b)、由描述符Cache实现	

		31	16 15 0
5个控制寄存器	CR4、CR3、CR2、CR1、CR0		

		31	16 15 0
8个调试寄存器	CR7、CR6、CR5、CR4、CR3、CR2、CR1、CR0		

		63	48 47	32 31	16 15 0
专用模式寄存器	机器检测地址寄存器				
	机器检测类型寄存器				
	测试寄存器TR1~TR12				

图 13.6 Pentium 系列微处理器的主要寄存器结构

Pentium 系列微处理器的寄存器中除了 5 个控制寄存器 CR0～CR4 和 12 个测试寄存器 TR1～TR12，其他所有的寄存器都是在 80386 和 80486 中已经有的，但在 Pentium 系列微处理器的寄存器中定义了一些新功能位。另外，控制寄存器和存储器管理寄存器仅在保护模式下使用，下面分别说明。

1）指令指针寄存器 EIP

由图 13.6 可见，指令指针寄存器 EIP 是 32 位的，但它可以用作 16 位的 IP。

2）通用寄存器

Pentium 系列微处理器中，通用寄存器都扩展成 32 位的，寄存器的名称前加了一个前缀

"E"，其低16位的功能与用法与8086中的完全相同。这8个通用寄存器既支持1位、8位、16位和32位的算术及逻辑运算，又支持16位和32位存储器操作数寻址时的地址计算。

3）段寄存器

段寄存器CS、DS、SS、ES的功能与作用与8086中的相同，新增加的两个附加段寄存器FS、GS的作用与ES相同。

4）标志寄存器

Pentium系列微处理器的标志寄存器Eflags的各位分配见表13.2，它的第0位至第11位的定义和作用与8086中的相同。下面介绍从80286开始增加的标志位，它们多数是在保护模式下使用的。

表13.2 Pentium系列微处理器中标志寄存器标志位

15	14	13	12	11	10	9	8	7	6	5	4	3	2	1	0
—	NT	IOPL		OF	DF	IF	TF	SF	ZF	—	AF	—	PF	—	CF
31	30	29	28	27	26	25	24	23	22	21	20	19	18	17	16
—	—	—	—	—	—	—	—	—	—	ID	VIP	VIF	AC	VM	RF

（1）IOPL（第12、13位）：IOPL（I/O Protection Level）称为输入/输出特权级保护位，由第12位和第13位共同选择在保护模式下操作时访问I/O空间的4个特权级：0、1、2、3。

（2）NT（第14位）：NT（Nested Task）称为嵌套任务标志位。在保护模式下中断与过程调用指令会导致任务切换，此时NT=1；只在任务内部产生控制转移时，NT=0。

（3）RF（第16位）：RF（Resume）称为恢复标志位，它与调试寄存器的断点同时使用。如果将该位置1，则会暂时中止调试异常事件。

（4）VM（第17位）：VM（Virtual 8086 Mode）称为虚拟8086模式标志位。在保护模式下，如果将该位置1，则微处理器在虚拟8086模式下运行。

（5）AC（第18位）：AC（Alignment Check）称为对准检测位。如果设置AC=1，则当数据存放格式出现未对准错误时微处理器将给出提示。

（6）VIF（第19位）：VIF（Virtual Interrupt Flags）称为虚拟中断允许标志位，它在虚拟8086模式下模拟中断标志位IF的功能。

（7）VIP（第20位）：VIP（Virtual Interrupt Pending）称为虚拟中断挂起标志位，用于在虚拟8086模式下提供中断信息，在多任务环境下，为操作系统提供虚拟中断标志和中断挂起信息。

（8）ID（第21位）：ID（Identification）称为识别标志位。如果将该位置1，表示支持微处理器自动识别指令，从而可获得微处理器的版本与特性等信息；如果将该位置0，则不支持自动识别指令。

5）存储器管理寄存器

在Pentium系列微处理器中配置了4个存储器管理寄存器，也称为系统地址寄存器，用于管理系统的存储器，它们分别是图13.6中的描述符表寄存器GDTR、中断描述符表寄存器IDTR、局部描述符表寄存器LDTR和任务状态寄存器TR。这4个寄存器保存系统要保护的信息和地址转换表信息，控制分段存储器管理中数据结构的位置。LDTR和TR只能在保护模式下使用。

6）控制寄存器

在 Pentium 系列微处理器中配备了 5 个控制寄存器 CR0～CR4，用于控制管理。它们与存储器管理寄存器一起，保存系统中所有任务的机器状态，可以控制微处理器的操作模式。

大多数系统会阻止应用程序写这些控制寄存器，但应用程序可以读这些寄存器。在控制寄存器中总是保留着以前设置的值。

7）调试寄存器

Pentium 系列微处理器有 8 个 32 位的调试寄存器 DR0～DR7，可以使系统程序设计者定义 4 个断点，DR0～DR3 就是断点寄存器，用于保存断点地址。DR4～DR5 备用。DR6 是断点状态寄存器。DR7 是断点控制寄存器，该寄存器的高 16 位规定断点的长度、方向及类型，低 16 位用于“允许”断点及“允许”所选择的条件。

8）专用模式寄存器

Pentium 系列微处理器定义了几种专用模式寄存器，用于控制可测试性、执行跟踪、性能监测和机器错误检测等功能。Pentium 系列微处理器可使用新指令 RDMSR 和 WRMSR 等读/写这些寄存器。Pentium 系列微处理器可实现探针式调试方式，用这种方式可以检验和修改 Pentium 系列微处理器的内部状态和系统的外部状态。微处理器、寄存器可以读和写，系统存储器和 I/O 空间也可以读和写。

13.3.3 Pentium 系列微处理器采用的新技术

Pentium 系列微处理器采用了新的体系结构，大大提高了微处理器的整体性能。第一代 Pentium 系列微处理器芯片内置 32 位地址总线和 64 位数据总线，以及浮点运算单元、存储管理单元和两个 8KB 的 Cache（分别用于缓存指令和数据），还增加了系统管理模式。

Pentium 系列微处理器与 80x86 系列相比，增加了许多新技术，因而性能有了较大的提高，它所采用的新技术主要有如下几个。

1）超标量流水线

超标量流水线设计是 Pentium 系列微处理器技术的核心，在整数运算部件内配置的超标量执行机构由 U 与 V 两条流水线构成。每条流水线都有自己的 ALU、地址生成电路和数据 Cache 接口等，如图 13.5 所示。

由于 Pentium 系列微处理器的双流水线结构，它可以在每个时钟周期内一次执行两条指令，每条流水线中执行一条。这个过程称为指令并行。U、V 两条流水线都可以执行整数指令，但只有 U 流水线可以执行全部浮点指令，而在 V 流水线中主要执行一些简单的整型指令。因此，Pentium 系列微处理器能够在每个指令周期内并行执行两条整数指令，或一条整数指令和一条浮点指令。

到 Pentium 4 微处理器时，已经拥有 20 级的超长流水线，流水线的级数越多，每级的执行过程越简单，所有部件都能以很高的速度运行，可以大大提高指令执行速度。

2）分支转移预测技术

分支转移和循环操作在软件设计中应用十分普通，而且每次在分支转移和循环操作中对分支转移和循环条件的判断都占用了微处理器的大量时间，如果微处理器能在前一条指令结果出来之前就预测到分支是否要转移，那么就可以提前执行相应指令，减少流水线的空闲等待时间。

为此，Pentium 系列微处理器提供一个 BTB 来动态地预测程序分支，即当一条指令导致程序分支时，BTB 记下这条指令和分支目标地址，并用这些信息预测这条指令再次产生分支时的路径，预先从此处取指令，保证流水线的指令预取不会空置。当 BTB 判断正确时，分支程序立刻得到解码。如果 BTB 判断错误，则需重新计算分支目标地址，因此，程序循环次数越多，采用 BTB 的效果越明显，由此可提高分支转移和循环程序的运行速度。

3）CISC 技术和 RISC 技术相结合

在指令系统方面，Pentium 系列微处理器也有了比较大的改进，80x86 系列微处理器采用的都是 CISC 技术，从 Pentium 系列微处理器开始，将 CISC 技术和 RISC 技术相结合，取长补短，提高了指令的性能。

在 Pentium 系列微处理器指令系统中大多数采用了简化指令，但保留了一部分复杂指令，并对这部分复杂指令采用硬件实现，加快了指令的执行速度。

4）独立的指令 Cache 和数据 Cache

在 Pentium 系列微处理器中设置了两个独立的 8KB Cache：一个用来作为指令 Cache；另一个用来作为数据 Cache，使指令和数据分别使用不同的 Cache，可使 Pentium 系列微处理器比 80486 更快地预取指令和存取存储器操作数，从而大大提高了微处理器的性能。

到 Pentium 4 微处理器时，芯片内部增加了两级高速缓存（Cache）。第一级高速缓存（L1 Cache）包括执行跟踪缓存（Execution Trace Cache，ETC）和数据 Cache。ETC 中存储经过译码的微操作序列。第二级高速缓存（L2 Cache）作为高速传输缓存使用，它的时钟频率与 CPU 相同，与 CPU 内部连接的专用总线宽度为 256 位。它的最初容量为 256 KB，当它与 PCI 总线等部件传输信息时都是以 64 B 为单位的，保证了大量突发信息传输时的速度和质量。

5）重新设计的浮点运算单元

Pentium 系列微处理器的浮点运算单元在 80486 的基础上进行了改进，每个时钟周期能完成一个或两个浮点运算，其总体性能比 80486 提高了 5 倍多。

Pentium 系列微处理器的浮点运算单元的体系结构不仅支持传统的数值处理，还支持复杂实验数据的分析、三维图形的处理等多种功能。它可以处理 18 位数字的十进制数而不会出现舍入误差，也可以对大到 2^{64} 的数值进行精确的算术运算。

6）第 2 代与第 3 代 SSE 指令集

Pentium 4 微处理器的第 2 代 SSE（Streaming SIMD Extension 2，SSE2）指令集增加了 144 条处理多媒体及三维图形的指令，进一步提高了多媒体及三维图形的处理速度。SSE2 指令集可以同时使用多种数据类型。目前第 3 代 SSE（SSE3）指令集在 SSE2 的基础上又增加了 13 条 SIMD 指令。

13.4 新一代微处理器

随着科学技术的发展，生产、科学研究、航空航天等各领域对于计算机的功能提出了更高要求，促使微处理器的功能、性能也在不断提高和完善。为进一步提高微处理器的计算能力，2001 年，Intel 公司推出了第一款 64 位的 Itanium（安腾）系列处理器。为了进一步提高 32 位微处理器的工作效率，2005 年，Intel 公司又推出了多核处理器。本节简要介绍这两类微处理器。

13.4.1 64位微处理器

由于32位微处理器的寻址范围不能超过4 GB，无法满足大容量、高负荷运算的要求，因此，采用具有更大的内存寻址范围、更强计算能力的64位微处理器是大势所趋。于是2000年64位Itanium系列微处理器诞生了，该处理器支持需要高性能运算功能的应用，是为顶级、企业级服务器及工作站设计的，如超大型数据库、尖端科学运算等。

1. IA-64微处理器简介

Itanium微处理器是Intel公司和HP公司合作开发的IA-64（Intel Architecture-64）架构系列中的第一款通用64位微处理器，64位寻址能力使其可寻址范围为10^6TB，可以支持更大的内存。它具有64位的寄存器，可以进行更大范围的整数运算，可以使CPU的浮点运算达到非常高的精度，足以支持企业级或超大规模的数据库运算任务。64位整型数据的应用程序在64位硬件上进行运算可以大幅度提高计算性能，减少运算时间，特别适合数值运算（包括三维动画、数字艺术和游戏、科学计算领域）。其实在Itanium微处理器中所体现的全新的设计思想，完全是基于平行并发计算而设计的，它可以很好地满足需要高性能运算功能的应用的要求。IA-64微处理器还具有显性并行性、分支预测、投机装载等特性，这些技术都是为顶级、企业级服务器及工作站设计的，指令级并行性可优化软件指令结构，从而使处理器能够在相同时间内执行更多的指令。

但是IA-64微处理器不能兼容X86-32指令集，于是AMD公司推出了自己研发的64位微处理器，命名为X86-64，这个微处理器可兼容以前的32位指令集。2005年Intel公司也推出了与X86-32指令集兼容的64位处理器架构，即Itanium 4E微处理器，命名为EM64T。本书仅以IA-64微处理器为例，说明64位微处理器的结构特点。

IA-64微处理器的一般体系结构如图13.7所示，图中共有256个显式（指用户可见）寄存器，其中128个是64位的通用或整数寄存器，另128个是82位的浮点或图形寄存器，大量显式寄存器可支持高度并行性。64个1位的断定（也译为“预测”）寄存器用于指令的条件转移。此外，还有一些专用寄存器。图13.7中的4个执行部件（EU）可执行4条并行流水线，在实际产品中，执行部件可增加到8个以上。

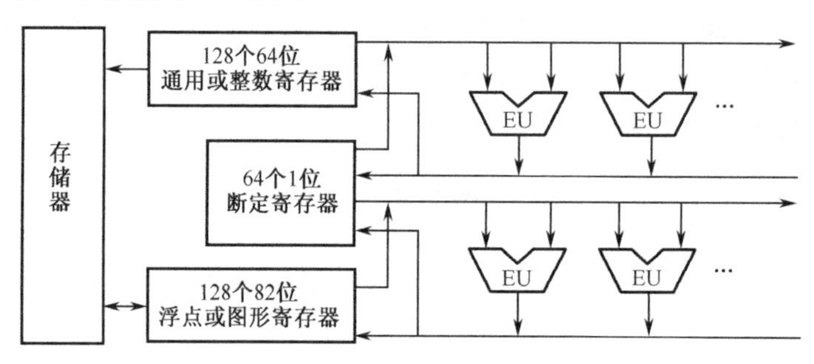

图13.7 IA-64微处理器的一般体系结构示意图

2. EPIC技术

Intel公司Itanium系列微处理器没有采用原有的X86指令集结构，而是采用了一种新的指令集结构，称为显式并行指令计算（Explicitly Parallel Instruction Computing，EPIC）。EPIC模式是专为实现高效并行性而设计的，旨在同时处理多个指令或进程。它具有如下优点：具有64位的寻址空间，大规模的并行执行内核，较强的预测能力，大容量、高速的缓存，高速的总线结构和充足的命令执行部件等。EPIC 关键技术主要有如下几点。

1）**预测式执行**

预测式执行也称为断定式执行，是指每条指令都包含对某一位预测寄存器的引用，它允许微处理器推测执行 if 语句的两路分支，并能在条件确定后，即该位为 1（真）时，转向一路分支。

2）**推测装入**

推测装入也称为控制推测，是指把装入指令的位置在程序中向上移动，以便提前执行，而在原来的位置安排一条检测指令，可由检测指令评定该指令是否可提前执行。如果提前执行的指令将引发“异常”，则不执行此指令，这样可减少访问存储器的等待时间。

3）**高级装入**

高级装入又称为数据推测，是指当一条装入指令提前到某条存储指令前执行，而该存储指令会修改装入指令的源操作数，则装入指令会产生语义错误（装入过时内容），这时通过采用一个称为高级装入地址表的数据结构，可以检查指令装入的数据是否正确。

4）**提供足够资源实现 EPIC 技术**

这些资源包括 4 个整数单元、2 个浮点单元、3 个分支单元、三级高速缓存（L1 Cache 为 32KB、L2 Cache 为 256KB、L3 Cache 为 3MB）、5 组供指令引用的寄存器，128 个 64 位整数寄存器，128 个 82 位浮点寄存器，64 个预测寄存器，8 个程序寄存器和 128 个专门的应用寄存器。

5）**采用超长指令字处理器实现并行操作**

超长指令字（VLIW）是一种非常长的组合指令，在采用 VLIW 的指令集中编译器可以把许多简单、独立的指令组合成一条长指令字指令。当这些指令从 Cache 或者内存中取出并放到处理器中时，可以被合理地分解成几条简单指令并同时执行，这样大大提高了处理速度。

此外，64 位微处理器还支持超线程技术，即一个微处理器可同时运行两个或者多个各自独立的程序，具有 8 级流水线，每个时钟周期可以处理 6 条指令。

13.4.2 多核微处理器

提高 CPU 的运算速度的方法之一是提高它的主频，但单纯提高主频会带来 CPU 的散热、电流泄漏及热噪声等问题，于是在 2005 年 Intel 公司推出了第一款双核微处理器，后来又不断开发出新的双核微处理器，如 Pentium EE、Pentium D、Core 2 Duo 等系列产品。这些产品的时钟频率为 1.86～3.2 GHz，传输频率为 800～1066 MHz，Cache 的容量一般为 1 MB 或者 2 MB×2；均支持 64 位扩展技术、节电技术、防病毒技术等。

1. 多核微处理器的特点

多核微处理器是指在一块处理器基板上，集成多个微处理器核心，并通过并行总线将各个核心连接起来。早期产品是双核微处理器，这是最基本、最简单的一种，它是将两个独立的微处理器核心集成在一个芯片上，这两个核心是相互独立的。每个核心都有独立的高速缓存、寄存器及运算单元等，其基本结构如图 13.8 所示。在微处理器内部，两个独立

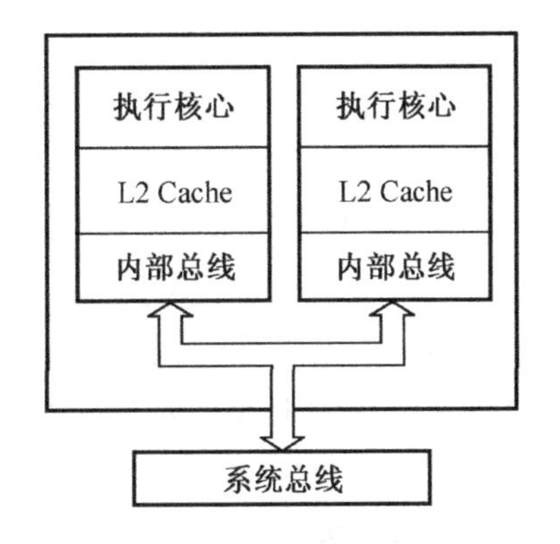

图 13.8　双核微处理器的基本结构

进程互不干扰，每个时钟周期内可执行的指令增加了一倍，相当于速度提高了一倍，且能处理多个任务。在微处理器外部，通过主板上的多功能芯片负责两个微处理器核心之间的任务分配和缓存数据的同步等协调工作。相应的操作系统和指令集也支持多核微处理器，因而提高了微处理器的工作效率。

2．多核微处理器的性能

多核微处理器的总体性能比单核微处理器提高了 40%以上，不同型号多核微处理器的性能不完全相同，下面以 Core 2 Duo 为例介绍。Core 2 Duo 有很多创新特性，主要表现在以下 5 个方面。

1）宽位动态执行

多核微处理器每个核有 14 级流水线，可以同时完成 4 条完整指令，显著提高了系统性能。

2）智能内存访问

全新设计的预测机制可减少执行指令时的等待时间，新的预测算法可在指令执行前将内存中的数据移至 L2 Cache 中，这些功能使流水线保持满负荷，提高了指令吞吐率。

3）智能高速缓存

根据每个微处理器核心的工作负载情况，可将共享二级高速缓存动态分配给每个核心，使每个核心能更容易地访问二级高速缓存，以最大限度地减少对内存的访问，缩短常用数据的存取时间。

4）数字多媒体增强技术

多核微处理器可高速执行 128 位的 SSE2 和 SSE3 指令，吞吐率为每时钟周期一次，执行速度比前一代微处理器提高一倍，大大提高了在视频、音频、多媒体、图像等应用领域的处理能力。

5）64 位扩展技术

多核微处理器支持 64 位计算，支持微处理器访问大部分内存。

在这里要特别说明超线程技术与多核技术的区别。超线程技术实际上是一种多线程技术，在物理上只有一个处理器，它通过采用操作系统等软件把处理器识别为两个逻辑处理器（“软”的方式），这两个逻辑处理器可以分别执行特殊线程，但是它们没有独立的执行部件，如寄存器、缓存器等。在执行多线程时，它们是交替工作的，如果两个线程需要同一个资源，其中一个要暂停，因此超线程技术仅是对单个处理器资源的优化利用。而多核技术采用“硬”的物理核心实现多线程工作，每个核心均有独立的执行部件，它是实际的多处理器，可以同时执行多项任务，真正实现了并行处理模式，其效率和性能显然要比超线程技术高得多。

3．多核微处理器的发展

由于多核微处理器展现的优点，它从诞生后就没有停止过前进的步伐。下面以 Intel 微处理器为例简介其发展。Intel 微处理器于 2007 年从双核发展到 4 核 Core 2 Quad（通常称为酷睿 2 四核），此 4 核是把两个双核封装在一起，并非原生的 4 核心设计。2008 年后 Intel 公司陆续推出了 Core i7、i5、i3 三种高、中、低端产品。此时的 Core i7 就实现了真正的 4 核心设计；并采用了先进的 QPI（Quick Path Interconnect）总线设计，传输速度是 FSB（Front Side Bus）的 5 倍以上；采用了三级内含式 Cache 设计，L1 Cache 设计同前，L2 Cache 采用超低延迟设计，每个内核为 256KB（共 256×4KB），L3 Cache 采用共享设计，即由片上所有内核共享；Core i7 还将内存控制器整合到芯片内部，而不再由北桥芯片控制，使其内存带宽达到 Core 2 Quad 的 4 倍，大幅提升了内存性能，除此之外，还有其他改进。而到 2018 年 Intel 公司推出的酷睿第 10 代产品 i9 系列，已经实现了 8 核 16 线程的设计，工作频率为 4 GHz 以上，其中有的型号甚至有更高的架构。例如，i9-10980XE 型号是 18 核 36 线程，工作频率是 3.0 GHz；i9-10940X 是 14 核 28 线程，工作频率是 3.3 GHz，它们的速度和响应能力更快，能实现的功能更完美、更全面。2020 年推出的酷睿第 11 代产品主要用于笔记本电脑，其工作频率是 3.0 GHz，但功耗更低，待机时间更长，图形和显示功能有了比较大的提升。

多核处理技术必将推动并行程序、并行计算技术的发展，可以使微处理器的性能更高，处理信息的能力更强，速度更快，所以多核微处理器是当前微处理器的发展趋势。

思考与练习

1．8086 微处理器在内部结构上由哪几部分组成？简述其主要功能。

2．8086 微处理器有哪些常用寄存器？说明它们的主要用途。

3．介绍 8086 标志寄存器各标志位的名称与功能。

4．8086 系统的地址总线有多少位？物理地址最大是多少？逻辑地址最大是多少？8086 是怎样实现对整个地址空间寻址的？

5．已知数据段寄存器 DS=3200H，说明该存储区段物理地址范围。

6．计算以下两式的物理地址，并分析结果。

（1）DS=4C82H，IP=FA25H；（2）DS=5A00H，IP=2245H。

7．有一个由 20 个字组成的数据区，其起始地址为 320AH: 2057H。试写出该数据区首、末单元地址。

8. 如果一个程序开始执行之前 CS=20F0H，IP=3440H，试问启动该程序段执行指令时的实际地址是什么？

9．若 SS=4B50H，SP=0500H，试问堆栈栈顶的实际地址是什么？

10．有两个 16 位的字 12DAH、5E89H，它们在 8086 系统存储器中的地址分别为 00220H 和 00234H，试说明它们存储在哪几个地址中。

11．已知 SS=20A0H，SP=0032H，欲将 CS=0A5BH，IP=0012H，AX=0FF42H，SI=537AH，BX=5CH 依次推入堆栈保存。

（1）试写出堆栈存放的物理地址及相应内容。

（2）写出入栈完毕时 SS 和 SP 的值。

12．8086 微处理器读/写总线周期包含多少个时钟周期？什么情况下需要插入等待周期 TW？什么情况下会出现空闲状态 TI？

13．Pentium 系列微处理器采用的新技术主要有哪些？

14．简述 Pentium 系列微处理器标志寄存器中新增加的标志位的功能与作用。

15．简述 64 位处理器的主要特点。

16．什么是 EPIC？介绍它的几项关键技术。

17．什么是多核微处理器？它的主要特点是什么？

18．超线程技术与多核技术有什么区别？

第14章　存　储　器

微型计算机中存储器的作用及原理与单片机系统基本相同，但其组成及结构较复杂，且容量要大得多。微型计算机的存储系统不是由一种存储器组成，而是由几种存取速度、容量、构成介质及在微型计算机系统中所处位置均不同的存储器组成。微处理器执行指令的环境，除了内部的各种寄存器，主要是外部的存储器，所以在介绍指令前，有必要先了解其存储器系统。本章主要介绍微型计算机中存储器系统的组成及现代常用高速缓冲存储器与虚拟存储器技术。

14.1　微型计算机存储器系统的组成

本节将介绍存储器系统的层次结构、微处理器与主存储器的连接及内存条。

14.1.1　存储器系统的层次结构

随着 CPU 速度的成倍增加，存储器成为计算机系统性能提高的明显瓶颈。在微型计算机系统中，为了同时满足存储器的速度快、容量大和成本低的要求，只靠采用高速存储器芯片扩大存储器容量目前是不现实，也是不经济的，还需要一种容量大，但价格低廉、速度较慢的存储器，如硬盘、U 盘和光盘等，称为外存。

为了协调各类存储器的工作，充分发挥它们各自的优点，需要一个存储器管理体系，即存储器系统，这种系统的层次结构如图 14.1 所示。按照存储器所处的位置可分为三大部分，即微处理器芯片内部、主板内和外设；按其工作原理和作用可以分为四个层次。在这个体系的最上层是 CPU，它控制各级存储器的输入和输出。

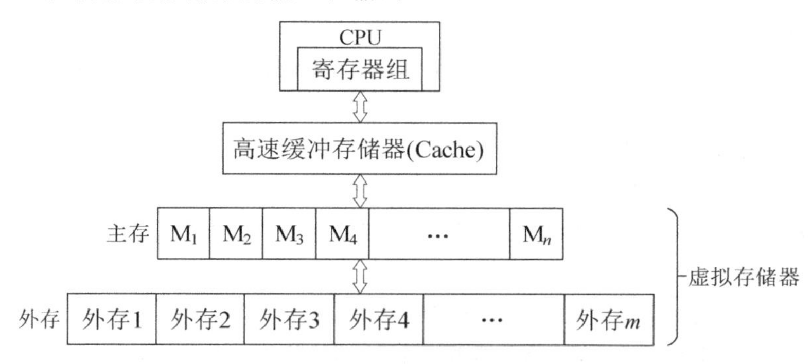

图 14.1　存储器系统的层次结构示意图

第一层次存储器是 CPU 内部的寄存器组，它的容量虽然小，但速度最快，对它的访问不是按存储器地址，而是按照寄存器名进行的。CPU 能以极高的速度访问这些寄存器，一般在单时钟周期即可完成，与 CPU 速度相同。

第二层次存储器是高速缓冲存储器，也称为 Cache，详见 14.2 节，通常装在主板上。从 80386 开始在微处理器芯片内集成了一个高速缓冲存储器，其容量较小，一般为几十 KB，也称为第一级 Cache（L1 Cache）或者片内 Cache。其读/写速度与 CPU 速度相同，在更高档的微处理器芯片内甚至增配了二级 Cache（L2 Cache），后来的高端微处理器芯片内部已经有三级 Cache。在主板上配置的 Cache 通常称为片外 Cache，其读/写速度通常比微处理器芯片内的 Cache 慢，时钟周期比 CPU 长一倍或者更长，但其容量已经超过 3 MB。

第三层次存储器是主存储器，简称主存或者内存。主存用于存放正在执行的程序和数据，它一般由 DRAM 构成，其读/写速度略低于 Cache，价格相对 Cache 便宜，但容量比 Cache 要大得多。现在一般微型计算机的主存容量可超过 64 GB，在结构上是做成插条形式，也称为内存条，在主板上设有相应的主存插座。通常不止一块内存条，如图 14.1 所示，可以是 M_1、M_2 等。片外 Cache 和主存均制作和安装在计算机的主板上。主存除大部分采用 DRAM 构成外，还包括少量保存固化程序和数据（如 BIOS 程序）的只读存储器，通常采用 Flash 存储器，以便于升级。

第四层次存储器是外部（也称辅助）存储器，简称外存。外部存储器主要包括磁盘、光盘、U 盘等容量很大，但速度较慢（一般为毫秒级）的存储器，它们通常作为微型计算机的外设。在计算机工作时将把需要用到的程序或者数据从外部存储器调入主存，工作结束再存入外部存储器，掉电后程序和数据将长久保存在里面。下面简介这些常用的外部存储器。

1. 磁盘存储器

磁盘存储器一般是指硬磁盘存储器，简称硬盘。硬盘是构成计算机的不可缺的主要外部存储器，硬盘是通过专门的硬盘驱动器经接口安装在计算机中的，常见的接口有 IDE、EIDE 和 SCSI 等（详见第 18 章）。目前硬盘的最大容量可达到 10 TB，是外部存储器中性价比最高的。

2. 光盘存储器

光盘存储器由光盘和光盘驱动器（简称光驱）组成。光驱是通过专门的接口安装在计算机系统中的。目前常见的光盘有只读光盘、可擦写光盘、DVD 光盘等，不同光盘的容量不同，目前最大容量可达 100 GB。光盘是外部存储器中价格最便宜的。

3. U 盘存储器

U 盘存储器，其介质采用 Flash 存储器（也可译为闪存），通过 USB 接口（详见第 18 章）与计算机相连，所以简称 U 盘。由于它的体积很小，有些甚至比人的指甲盖还小，但其存储容量已经可以达到 128 GB，使用和携带均十分方便，所以是目前使用越来越广泛的一种外部存储器。其读写速度高于以上两种外存，但 U 盘价格目前相对略高。

14.1.2 微处理器与主存储器的连接

如果是自己开发微处理器的应用系统，微处理器与主存储器的连接是一个很重要的必须掌握的技术。但对于一个商用的 PC 机，通常是不需要用户扩展存储器的。读者通过这节的学习可更好地理解在 PC 机中存储器的组成、寻址及访问 32 位数据的方法。

因为微型计算机中的存储器容量比一般单片机大得多，所以通常需要多个存储器芯片组合起来作为主存使用。此外，在不同的微型计算机系统中，字长有 8 位、16 位、32 位和 64 位之分，而存储器均以字节为基本单元，所以在连接时要考虑采用“字节编址结构”。不同的微处理器，其存储器扩展电路不完全相同，在此仅以 80486 为例，介绍存储器扩展电路的连接。

80486 是 32 位微处理器，但它在硬件与软件上都是向下兼容的，所以在设计时要考虑可以实现对 8 位、16 位和 32 位数据访问。一般单字节的起始地址可以任意，双字节地址以偶地址作为起始地址，4 字节地址以低 2 位为 0 的地址作为起始地址。为了实现这一点，80486 设有 4 个特殊引脚 $\overline{BE_3} \sim \overline{BE_0}$，专门用来控制不同字节数据的寻址。

1．32 位存储器的组成与控制方式

80486 有 32 位地址线，但它的直接引出线是 $A_{31} \sim A_2$，其低 2 位 $A_1 \sim A_0$ 由内部编码产生字节选择信号 $\overline{BE_3} \sim \overline{BE_0}$。为实现对 8 位、16 位和 32 位数据的访问，通常采用把其主存分成 4 个存储体，依次存放 32 位数据的不同字节的方法，每个存储体的 8 位数据线依次连接到外部的 32 位数据线，如图 14.2 所示。每个存储体的 15 位地址 $A_{14} \sim A_0$ 与微处理器的 $A_{16} \sim A_2$ 相连，片选信号由高位地址的译码结果与 $\overline{BE_3} \sim \overline{BE_0}$ 相与产生。当存储容量不大时，高位地址线的部分就会空闲不用，图 14.2 中高位地址线仅选择了 17、18 两位。由 $\overline{BE_3} \sim \overline{BE_0}$ 确定是一个或者几个存储体被选择，一旦地址有效，CPU 就可以对选中的单元同时进行读/写操作。

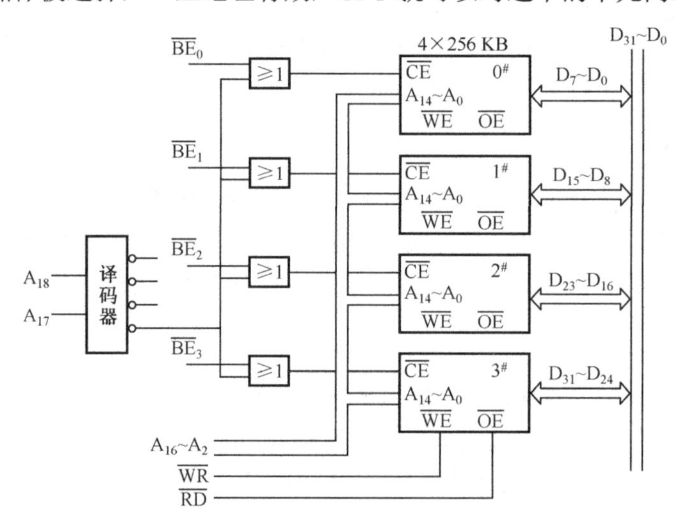

图 14.2　32 位存储器的组成示例

2．不同字节数据的访问控制

图 14.2 所示的电路虽然可方便地实现 32 位数据的访问，但访问 8/16 位的存储单元或者 I/O 端口就不太方便。例如，对于 8 位 I/O 端口，如果直接用 $A_{15} \sim A_2$ 寻址，端口地址将差 4，不连续，造成地址空间的浪费。为了使外部地址空间连续，一方面采用字节选择线 $\overline{BE_3} \sim \overline{BE_0}$，另一方面在 8 位数据线和 32 位数据线之间设置转换电路，如图 14.3 所示。图 14.3 中 245 为 8 总线接收/发送器 74HC245。通过 $\overline{BE_3} \sim \overline{BE_0}$ 和 M/$\overline{IO}$ 控制 32 位数据中的某一字节与 I/O 端口接通。16 位与 32 位数据端口转换电路与此类似。

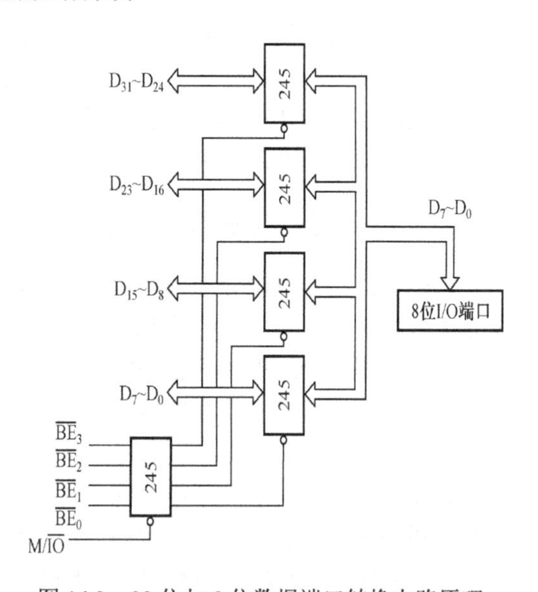

图 14.3　32 位与 8 位数据端口转换电路原理

14.1.3 内存条

在微型计算机中的主存，也称为内存，主要采用 SDRAM 半导体存储器，其具有体积小、速度快、有电可存、无电清空的特点。它通常是以几个内存条的形式提供的。把内存芯片、电阻和电容等元件组装在一块双面印制电路板上，该板卡就称为内存条，通常插在主板的内存插槽中。内存条的特点是容易安装，便于用户更换或者扩充内存容量（在有空余插槽时）。在选择内存条时要注意存储器芯片的类型、工作速度、采用的电压及引脚类型等。一般情况下，不同的内存条在不同的内存插槽上是不能互换使用的。在选择内存条时要注意同一代产品也有多种型号，其容量、工作频率等参数是不完全一样的。近几年来，内存条技术发展很快，在此仅简要介绍其发展概况及各代内存条的特点。

1）SDRAM

SDRAM（Synchronous DRAM，同步动态随机存储器）是早期普遍使用的内存条，其设计目的是与微处理器的计时同步。它在一个 CPU 时钟周期内即可完成一次数据的访问和刷新，可与 CPU 外频同步工作，故称同步 DRAM。其传输频率可达 166 MHz。其结构均为双边接触（早期为单边结构），有 168 个引脚，即 168 根引线，采用 64 位数据读/写方式，工作电压为 3.3 V。

2）DDR SDRAM

DDR（Double Data Rage，双倍数据率）SDRAM 是 SDRAM 的换代产品。它可以在时钟脉冲的上升沿和下降沿都传输数据，这样在不提高时钟频率的情况下就可得到双倍的传输速率。数据传输频率可达 266 MHz。DDR SDRAM 内存条为双面，有 184 个引脚，工作电压为 2.5 V，容量为 128 MB～1 GB。

3）DDR2 SDRAM

为了进一步提高工作频率，DDR2 内存条采用了 4 位数据预读取架构，即一次可以读取 DRAM 矩阵中的 4 位数据，通过内部的 4 路传输线同步传输到 I/O 缓存中。而 I/O 端口则以 4 倍的速率依次向外部传输，故可得 4 倍的数据流量。DDR2 内存条为双面，有 240 个引脚，工作电压为 1.8 V，工作频率在 667 MHz 以上，容量大于 2 GB，采用 FBGA 封装。

4）DDR3 SDRAM

DDR3 SDRAM 是 SDRAM 的第三代，DDR3 内存条具有如下特点。

（1）重置功能：是 DDR3 内存条新增的一项重要功能，并为此专门准备了一个引脚。这一引脚将使 DDR3 内存条的初始化处理变得简单。当 Reset 命令有效时，DDR3 内存条将停止所有操作，并切换至最简操作状态，以节约电能。

（2）点对点连接：在 DDR3 内存条系统中，一个内存控制器只控制一个内存通道，而且这个内存通道只能有一个插槽，因此，内存控制器与 DDR3 内存模组之间是点对点的关系，或者是点对双点的关系，从而减轻了地址/控制总线与数据总线的负担。

（3）8 位预取设计：DDR3 内存条预读取位数是 8 位，而 DDR2 内存条的预读取位数为 4 位，这样 DRAM 内核的工作频率可达 2000 MHz。

（4）容量：4 GB、8 GB 直至 16 GB。

5）DDR4 SDRAM

DDR4 SDRAM 是目前较流行的 SDRAM 产品，它具有如下特点。

（1）工作频率更高：起始频率为 2133 MHz，目前最高可达 2933 MHz。

（2）传输速率为 1.6～3.2 Gb/s，而基于差分信号技术的 DDR4 内存条速率可达 6.4 Gb/s。

（3）容量：8 GB、16 GB、32 GB 直至 128 GB。

（4）工作电压：降为 1.2 V，采用电气性能和散热更好的 FBGA 封装。

14.2 高速缓冲存储器

在微型计算机中，随着 CPU 时钟频率的提高，由于寄存器数量有限，主存不能满足大量数据的处理速度要求。只有采用高速存储器才能与 CPU 的速度匹配，但高速存储器成本很高，而通过采用高速缓冲存储器（Cache）就可以解决 CPU 与主存之间速度不匹配的矛盾，这是一种以硬件为主的存储器解决方案。从 Intel 80386 开始，就在 CPU 与主存之间增加一级或者多级与 CPU 速度匹配的 Cache，这可以大大提高存储系统的性能价格比。

14.2.1 高速缓冲存储器简介

任何程序或数据要为 CPU 所使用，必须先放到主存（内存）中，所以主存的速度在很大程度上限制了系统的运行速度。通常主存采用的 DRAM 价格便宜，但速度较慢，为了使 CPU 与主存之间的速度匹配，在 CPU 和主存间增加一个容量小但速度高的存储器，就可实现此目的。

程序在运行期间，在一个较短的时间间隔内，运行程序的地址往往集中在存储器的一个很小范围的地址空间内，而指令地址本来就是连续分布的，再加上循环程序和子程序段要多次重复执行，因此对这些地址中内容的访问就自然地具有时间集中分布的倾向。数据分布的集中倾向不如程序这么明显，但对数组的存储和访问以及工作单元的选择可以使短时间访问的存储器地址相对集中。这种对局部范围的存储器地址频繁访问，而对此范围外的地址访问甚少的现象称为程序访问的局部性。由此性质可知，如果把在一段时间内一定地址范围被频繁访问的信息集合成批地从主存中读到一个能高速存取的小容量存储器中存放起来，供程序在这段时间内随时使用而减少或不再去访问速度较慢的主存，就可以加快程序的运行速度。这个介于 CPU 和主存之间的高速小容量存储器就称为高速缓冲存储器（Cache）。

Cache 是由小容量 SRAM（容量一般只有主存的几百分之一）和高速缓存控制器组成的。它的存取速度能与 CPU 相匹配。根据程序访问的局部性原理，正在访问的主存某一单元邻近的那些单元将被访问的可能性很大。因而，当 CPU 访问主存某一单元时，高速缓存控制器就自动地将包括该单元在内的那一组单元内容调入 Cache，CPU 近期即将访问的指令与数据尽量多地保存在 Cache 的那一组单元内。于是，CPU 就可以直接对 Cache 进行存取，相应可以减少访问主存的次数，计算机系统的数据处理速度就能显著提高。

14.2.2 高速缓冲存储器的结构与工作原理

Cache 的硬件结构相当复杂，其基本结构与原理框图如图 14.4 所示。图 14.4 中虚线框内是高速缓存控制器，通过该控制器可协调 CPU、Cache 的存储器和主存之间的信息传输。当 CPU 要访问主存时，首先由地址总线送出待访问主存单元的地址，该地址通过主存地址寄存器进入主存-Cache 地址转换机构。该机构通过获取的地址判断该单元内容是否已经在 Cache 中存有副本，如果有，即命中，立即把待访问的单元地址转换为 Cache 中相应的地址，然后访问 Cache 的存储器中的相应单元。

如果 CPU 要访问的内容不在 Cache 中，即没有命中，则需要执行访问主存的操作，这时如果 Cache 还可以装入，就直接将主存信息块装入 Cache。如果已经装不进去，即 Cache 已满，则 CPU 通过替换控制部件，将 Cache 中的某信息块替换出去，并修改有关的地址关系，然后在 Cache 中装入新的信息块。

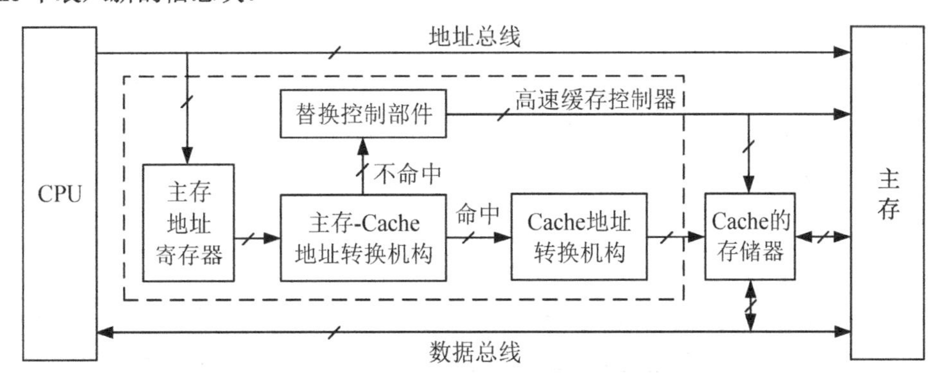

图 14.4　Cache 的基本结构与原理框图

在 Cache 中始终保存着主存部分内容的映像，即部分内容的副本，该内容副本是最近被 CPU 使用过的数据和程序代码。Cache 的有效性正是基于程序运行时对存储器的访问在时间上和空间上所具有的局部性，即对大多数程序来说，在某个时间片内会集中重复地访问某个特定的区域。因此，如果针对某个特定的时间片，用连接在局部总线上的 Cache 代替低速大容量的主存，作为 CPU 集中重复访问的区域，系统的速度就会明显提高。

系统开机或复位时，Cache 中无任何内容。当 CPU 送出 1 组地址去访问主存时，访问的主存中的内容才被同时“复制”到 Cache 中。此后，每当 CPU 访问主存时，高速缓存控制器都要检查 CPU 送出的地址，判断 CPU 要访问的地址单元是否在 Cache 中。

14.2.3　高速缓冲存储器的读/写方法

Cache 的基本操作有读和写，其衡量指标为命中率，它表示 CPU 在 Cache 中能够找到 CPU 要执行指令的概率，它是 Cache 的一个重要指标，与 Cache 的大小、替换算法、程序特性等因素有关。增加 Cache 后，CPU 访问主存的速度是可以预算的，只要 Cache 的容量与主存容量保持一定比例，Cache 的命中率还是相当高的，一般规定 Cache 容量与主存容量之比为 4:1000，例如，64 KB 的 Cache 可以映射 16 MB 的主存，此时命中率可在 90%以上。所以增加了 Cache 后，CPU 的工作速度大大提高了。

Cache 的读/写方法实际上是指 CPU 对存储器的读/写操作，但在这里因为涉及 CPU、Cache 与主存之间的协调，使得读/写操作比较复杂，下面予以简介。

1）读方法

在 CPU 从主存读入指令和数据的同时，还要将该指令和数据复制到 Cache 中，主存地址也要存入 Cache。在从 Cache 中读取指令和数据时，同时将相应的 Cache 标记与主存地址中的主存页标记进行比较，如果两者相同，表示访问命中，则不必等待主存的读操作结束就可以进行下一次访问存储器的操作。如果两者不相同，即非命中情况，高速缓存控制器就必须从主存中读取数据，CPU 插入等待时钟周期，等待 Cache 控制器将所需数据传送到 CPU。

2）替换方法

当从主存读出的新信息块调入 Cache 时，主存中新的信息块还要不断替换掉过时的信息块。这个过程由替换控制部件控制完成。理想的替换方法是：让 Cache 中总是保持 CPU 使用频率最高的指令和数据，从而使 CPU 访问 Cache 的命中率最高。替换的规则是希望被替换掉的信息块是下一段时间内估计最少用到的，这些规则称为替换方法或替换策略。常用的替换方法有 3 种：随机替换、先入先出（First In First Out，FIFO）替换与近期最少使用（Least Recently Used，LRU）替换。

随机替换是不管 Cache 中数据块过去、现在还是将来使用的情况随机地选择某数据块。先入先出替换是根据进入 Cache 的先后次序替换的。近期最少使用替换是指把当前 Cache 中近期使用次数最少的数据块替换出去，这是目前使用较多的方法。不管采用哪种方法，都只能用硬件电路实现。

3）写方法

当前 Cache 中保存的信息是主存中信息的映像。在 CPU 运行过程中，Cache 中的信息会被随时修改，为保证程序正确运行，Cache 中信息与主存中信息要始终保持一致，为此设计了 3 种 CPU 向 Cache 与主存写入数据的方法。

（1）直写（Write Through），也译为贯穿写、通写。该方法是在对 Cache 写入信息的同时，也把同样的信息写到主存中。该方法简单可靠，但由于每次对 Cache 更新时都要对主存进行写操作，会影响运行速度。

（2）回写（Write Back）。该方法是当 Cache 中某一存储块被刷新时，才把这一存储块写回主存。这样就减少了写入主存的信息。这种方法要设置与行有关的修改位。当准备刷新或者替换 Cache 中的一个存储块，且修改位也置位时，才把它写回到主存。

（3）记入式写（Post Write）。该方法是把要写入主存的数据先复制到一个缓冲器中，这样 CPU 不必等待数据写入主存，便可进行下一周期的操作，从而避免直写方法造成的延时。

以上是 CPU 写存储器操作时 Cache 命中后可采用的方法，如果 Cache 未命中，可以采用配写与不配写两种方法。

配写是指 CPU 将数据写到主存后，再由高速缓存控制器向 Cache 中复制一个新的 Cache 行。不配写是指 CPU 只将数据写到主存，而不写到 Cache。

由上所述可知，在主存和 Cache 之间的读/写操作是以存储块的形式进行的，为了把信息从主存调到 Cache，必须采用某种地址转换机制把主存地址映射到 Cache 中定位，并建立它们地址之间的对应关系，这个转换过程称为地址映射。常用的地址映射方式有直接地址映射、全相联地址映射和组相联地址映射几种，限于篇幅，不具体介绍，详见参考文献 [21]。

14.2.4 高速缓冲存储器的发展

随着微处理器技术的发展，CPU 的速度越来越快，高速 CPU 与低速主存之间的矛盾越来越大。为解决这些矛盾，在微型计算机系统中产生了多级 Cache 技术，目前已经达到三级。

L1 Cache 是 CPU 第一层高速缓存，直接集成在 CPU 内部，其速度极快，但容量较小，一般是 8～256 KB。它分为数据缓存区（数据 Cache）和指令缓存区（指令 Cache）。内置的 L1 Cache 的容量和结构对 CPU 的性能影响较大，不过 Cache 均由 SRAM 组成，结构较复杂，受 CPU 芯片面积的限制，L1 Cache 的容量不可能太大，其工作频率与主频相同。

L2 Cache 是 CPU 的第二层高速缓存，早期分内部和外部两种芯片。内部的 L2 Cache 芯片与 CPU 内核封装在一起，其工作频率与主频相同，外部的 L2 Cache 芯片的速度只有主频的二分之一。L2 Cache 的容量也会影响 CPU 的性能，原则是越大越好，现在家庭用 CPU 容量最大的是 512 KB，而服务器和工作站上用的 L2 Cache 的容量达 256 KB～1 MB，有的高达 2 MB 或者 3 MB。现在 L2 Cache 已经都集成到 CPU 中。

L3 Cache 是 CPU 的第三层高速缓存，通常封装在另一块芯片中，容量一般大于 4 MB，L3 Cache 是给 L1 Cache 和 L2 Cache 进行计算前准备的缓存信息库。有一些高端 CPU 中集成了 L3 Cache。采用 L3 Cache 可以进一步降低内存延迟，同时提升大量数据计算时 CPU 的性能。

14.3 虚拟存储器

为满足计算机用户对更大存储空间的要求，出现了一种新的存储器管理技术，即虚拟存储器技术。虚拟存储器是一种以软件为主的扩大用户可用存储空间的技术，该技术只适用于 32 位以上微处理器的计算机系统。

14.3.1 虚拟存储器简介

在实际中经常会遇到一种程序和数据比主存容量大的情况，此时如果靠增加实际主存容量的方法，则会出现造价高、存储器利用率低的问题，虚拟存储器可使此问题迎刃而解。

虚拟存储器是一种在主存不变的情况下，通过软件和硬件结合，扩大用户可用存储空间的技术。它是由负责信息划分以及内存（主存）与外存之间信息传输的辅助硬件（用于把虚拟地址转换成实地址）和操作系统中的存储管理软件所组成的虚拟存储系统。

计算机中所有运行的程序都需要经过内存来执行，如果执行的程序占用空间很大，就会导致内存不足，造成计算机运行速度变慢或死机。在虚拟存储系统中，当内存用完时，计算机就会自动调用硬盘来充当内存，对用户来说就好像存在一个比实际内存大得多的虚拟内存。虚拟存储器允许用户访问比实际内存容量大得多的地址空间，即其指令的地址码涉及的范围可以远大于实际内存的地址范围，通常把这种地址码称为虚拟地址或者逻辑地址。用户可以按逻辑地址编程，不必考虑地址转换的具体过程，实际内存的地址称为物理地址或者实地址。

虚拟存储器的工作原理是：在执行程序时，允许将程序的一部分先调入内存中，其他部分保留在外存中，即由操作系统的管理软件将当前要执行的程序段先从外存调入内存，暂不执行的程序段仍保留在外存，然后把待运行程序的逻辑地址转换成物理地址，再到内存中取出对应信息。其由硬件和软件自动实现对存储信息的调度和管理。

所以虚拟存储器技术是为了给用户提供更大的随机存取空间而采用的一种存储技术。它将内存与外存结合使用，好像有一个容量极大的存储器，其工作速度接近内存，成本又与外存相近，是一种性价比高的多层次存储系统。

虚拟存储器涉及以下三个地址空间。

（1）虚拟地址空间：是用户编程时所用的地址空间，与此相对应的地址称为虚拟地址或者逻辑地址。

（2）内存（主存）地址空间：又称为实存地址空间，是存储、运行程序的空间，其相应地址称为主存物理地址，或者实地址。

（3）外存（辅存）地址空间：即磁盘存储器的地址空间，是用来存放程序的空间，其相应地址称为辅存地址，或者磁盘地址。

14.3.2 虚拟存储管理方案

虚拟存储器是由硬件和操作系统自动实现存储信息调度和管理的。由于采取的存储地址映射算法不同，便出现了多种不同的虚拟存储管理方案，主要有以下几种。

1）分段存储管理

该方案把虚拟存储器分成大小可以变化的几个段。段的大小取决于程序的逻辑结构，一般将具有共同属性的程序代码和数据定义在一个段中。每个任务或者进程对应一个段表，每个段都配有一个段描述符，它包括段基址、大小限制等参数。

2）分页存储管理

该方案把虚拟存储器分成大小固定的几页（在 Pentium 系列微处理器中是把 4 KB 定义为一页），然后以页为单位来分配、管理和保护内存。每个任务或者进程对应一个页表，页表由若干页表项组成，里面包含有关地址映射的信息和一些控制信息。

3）混合存储管理（也称段页式管理）

该方案是在大小可以变化的段的基础上，再把段细分成大小固定的几页。每个任务或者进程对应一个段表，每段对应自己的页表。逻辑地址经分段部件转换后形成的地址称为线性地址。如果不需分页，则这就是物理地址；如果需要分页，则还要使用二级地址转换机构（分页机构），才能生成物理地址。

根据程序访问的局部性原理，在程序装入时，不必将其全部读入内存，而只要将当前需要执行的部分页或段读入内存，就可让程序开始执行。在程序执行过程中，如果需要执行的指令或访问的数据没有在内存中，则由 CPU 通知操作系统将相应的页或段调入内存，然后继续执行程序。此外，操作系统会将内存中暂时不使用的页或段调出，保存在外存中，从而腾出空间存放将要装入的程序以及将要调入的页或段。虚拟存储技术的基本特征是物理内存分配是不连续的，虚拟地址空间的使用也是不连续的，如数据段和堆栈段之间可以存在一定的空闲虚拟地址空间。与交换技术不同的是，调入和调出是在部分虚拟地址空间中进行的，通过物理内存和外存相结合，提供大范围的虚拟地址空间。

14.3.3 虚拟存储器与 Cache 的主要异同点

虚拟存储器与 Cache 都基于程序访问的局部性原理，都把程序划分为小的信息块，运行时都能自动把信息块从低速的存储器向高速的存储器调度，这种调度采用的地址变换、映像方法及替换方法等在原理上也是相同的。然而这两种存储体系还是有比较明显的区别的，主要表现在如下几点：

（1）引入虚拟存储器是为了解决内存与外存之间的容量差距，引入 Cache 是为了解决内存与 CPU 的速度差距。

（2）CPU 可以直接访问 Cache，却不能直接访问外存。

（3）Cache 每次传送的信息块是定长的，一般只有几十字节，读/写速度快；而虚拟存储器的信息块可以是几百或者几千字节，读/写速度比较慢。

（4）虚拟存储器由操作系统的管理软件和一些辅助硬件结合进行信息块的划分和调度，而

Cache 全部由辅助硬件实现信息块的划分和调度。

（5）CPU 访问 Cache 的速度比访问主存的速度快 5～10 倍，而虚拟存储器中 CPU 访问主存的速度是访问外存速度的 100～1000 倍。

思考与练习

1. 在微型计算机系统中的存储器为什么采用分级存储系统？有哪几种存储器？它们各起什么作用？性能上有什么特点？

2. 一些存储器芯片的地址线数量分别为 8、10、12，问每个存储器芯片对应的存储单元个数为多少？

3. 已知某 RAM 存储器芯片中有 15 条地址线，8 条数据线，则该芯片的存储容量是多少？

4. 试分析图 14.5 中存储器芯片 6116 的存储容量及在系统中的地址范围。

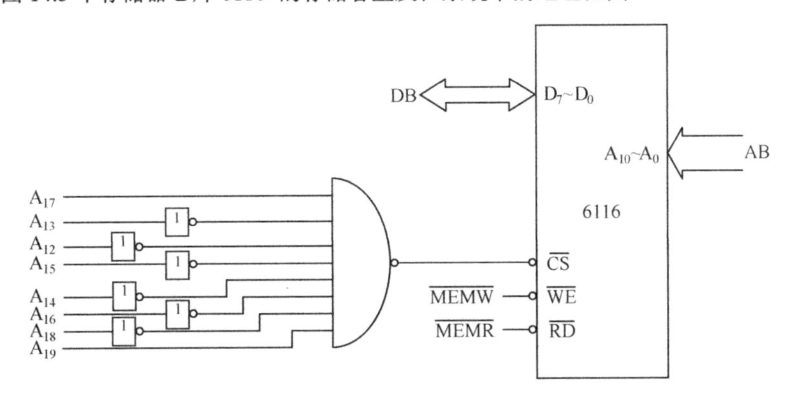

图 14.5　存储器芯片 6116 片选地址连线图

5. 试简述高速缓冲存储器 Cache 的基本工作原理。

6. 什么是虚拟地址？试简述虚拟存储器的基本工作原理。

7. 简述虚拟存储器与高速缓冲存储器的主要异同点。

第15章　8086指令系统

Intel 公司微处理器指令系统的一个显著特点是向前（或称向上）兼容，即后续开发的新一代微处理器都能兼容先前的微处理器指令，而8086的指令系统相对较易学习和理解，所以本章将介绍8086指令系统的寻址方式及全部指令的功能和作用，在此基础上读者将较容易自学80x86/Pentium系列微处理器指令系统中扩展的指令。

15.1　寻址方式

8086指令系统的寻址方式与80C51指令系统基本相同，只是其基本寻址方式虽然也为7种，但其中有几种不完全相同，且每一种寻址方式的寻址计算方法都更复杂一些，在表达方式上也略有差别。

15.1.1　指令系统符号说明

在描述8086指令系统的功能时，规定了一些描述寄存器、地址及数据等的缩写符。8086指令系统中常用的缩写符见表15.1。

表15.1　8086指令系统中常用的缩写符

缩　写　符	说　　明
[ ]	表示存储器的内容。括号内为寄存器或者存储器中存储单元的偏移地址
im或者data	8位或16位立即数
PORT	I/O端口地址
mem/reg	mem表示存储器操作数，reg表示通用寄存器操作数
disp8	8位带符号数的位移量，简写d8
disp16	16位带符号数的位移量，简写d16
cnt	表示1或寄存器CL的内容
src	表示源操作数，可以是16位的寄存器或者存储器
dst	表示目的操作数，可以是16位的寄存器或者存储器
sreg	表示段寄存器
opr	转移目标地址的标号名
PTR	类型运算符
FAR	表示转移范围是段间
NEAR/SHORT	NEAR表示段内近转移，SHORT表示段内短转移（在−128～+127字节之内）

在注释8086指令系统的功能时，为了简化说明，本书在指令注释中规定了（该规定各书不统一）一些说明操作功能的描述符号。

（1）（X）——由通用寄存器或者存储器X指出地址的存储单元的内容。

（2）→——指令操作流程，将箭头左边的内容送入箭头右边的单元内。

（3）∧、∨、⊕——逻辑运算符“与”“或”“异或”。

（4）+、−、×、÷——算术运算符“加”“减”“乘”“除”。

15.1.2 寻址方式说明

8086 指令系统的寻址方式有 7 种，下面分别举例说明。

1）立即寻址

8086 指令系统的立即寻址方式与 80C51 指令系统相同，注意只是在表达方式上立即数前没有“#”。例如：

```
MOV   CL, 40H            ；将 8 位立即数 40H 传送到寄存器 CL 中
MOV   AX, 3A00H          ；将 16 位立即数 3A00H 传送到累加器 AX 中
```

上述指令执行后，CL 中为 40H，AX 中为 3A00H，其中，AH 中为 3AH，AL 中为 00H。

2）直接寻址

8086 指令系统的直接寻址方式与 80C51 指令系统基本相同，但它在操作码后给出的是操作数地址的 16 位偏移量，也称为有效地址，通常用 EA 表示。如果操作数存放在数据段以外的其他段中，应在指令中指明段寄存器。此外，在表达方式上有效地址要加方括号。

例如，MOV　AX, [1000H]表示将存储器中逻辑地址为 DS: 1000H 的字单元的内容传送到 AX，其中 DS 是该指令默认的段寄存器。

如果操作数存放在附加段寄存器 ES 中，则该指令要改写成 MOV　AX, ES: [1000H]。

设 DS=2000H，则该字单元的实际地址=DS×10H+1000H=21000H。

如果 21000H 单元中的数为 30H，21001H 单元中的数为 B0H，则执行上述指令后，AX 的内容为 B030H。

注意：80x86 系列微处理器中存储器操作数的存放顺序是高位地址存放高位数，低位地址存放低位数，这一点与 80C51 系列单片机中操作数的存放顺序正好相反。

3）寄存器寻址

8086 指令系统的寄存器寻址方式类似于 80C51 指令系统，在此，对于 8 位操作数，寄存器可以是 8 个通用的 16 位寄存器中任一个的高 8 位或者低 8 位。对于 16 位操作数，寄存器可以是 8 个通用寄存器或者 4 个段寄存器中的任一个。例如：

```
MOV   BX, AX             ；将 AX 中的内容复制到寄存器 BX 中
```

这条指令中的源操作数和目的操作数都为寄存器寻址。指令执行后 BX=AX。

4）寄存器间接寻址

寄存器间接寻址也类似于 80C51 指令系统，但 16 位有效地址是从间址寄存器 BX、BP、SI 或 DI 中得到的。如果选择不同的间址寄存器，则涉及不同的段寄存器，通常规定如下。

若用 SI、DI、BX 间接寻址，则通常操作数默认在数据段寄存器 DS 中。计算操作数的物理地址，应使用数据段寄存器 DS。

例如，MOV　AX, [SI]，其操作数默认在数据段寄存器 DS 中。

如果已知 DS=3000H，SI=2000H，则源操作数[SI]的物理地址为 DS×10H+SI=32000H。

如果在 32000H 和 32001H 单元中存放的数分别为 20H、88H，则执行后 AX=8820H。

若用 BP 间接寻址，则操作数默认在堆栈段中，即需使用堆栈段寄存器 SS。

例如，MOV　AX, [BP]，其操作数默认在堆栈段寄存器 SS 中。

如果已知 SS=3A00H，BP=1340H，则源操作数[BP]的物理地址为 SS×10H+BP=3B340H。

如果在 3B340H 和 3B341H 单元中存放的数分别为 10H、48H，则执行后 AX=4810H。

5）寄存器相对寻址

寄存器相对寻址在有的书中也称为变址寻址。它是把变址寄存器的内容加上位移量形成操作数的有效地址，用 EA 表示，其变址寄存器为 SI 和 DI，位移量可以是 8 位数或者 16 位数，是一个带符号的补码。一般情况下操作数在内存的数据段中，但有些指令也允许段超越。如果指令允许段超越，则可用其他段寄存器作为地址基准。通过在指令中加上段超越前缀改变默认段寻址，就可以访问其他段内的数据。

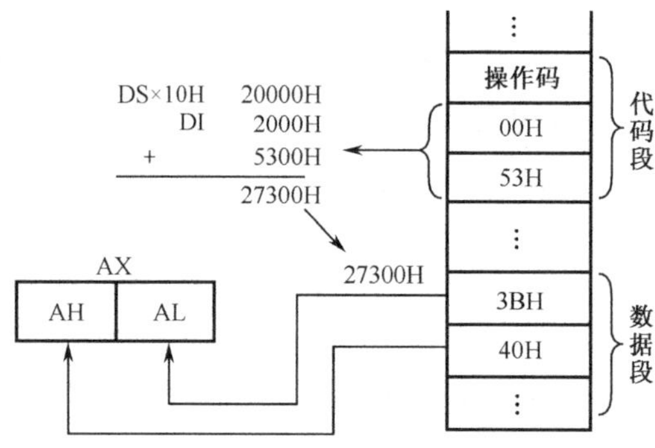

图 15.1 寄存器相对寻址指令执行示意图

例如，MOV AX, [DI+5300H]，如果已知 DS=2000H，DI=2000H，则指令执行示意图如图 15.1 所示。显然 EA= DI+5300H=7300H，则实际物理地址=20000H+7300H=27300H。

执行后 AH 中为 40H，AL 中为 3BH。

如果操作数在附加段寄存器 ES 中，则可以表达为 MOV AX, ES: [DI+5300H]。

该寄存器相对寻址指令还可以有如下几种表达方式，它们代表同一条指令。

```
MOV   AX, 5300H[ DI ]
MOV   AX, [ DI]+5300H
```

6）基址变址寻址

基址变址寻址的有效地址 EA 是基址寄存器 BX 或者 BP 和变址寄存器 SI 或者 DI 的和。当使用 BX 实现寻址时，一般情况下操作数在数据段，而用 BP 实现寻址时，操作数通常在堆栈段，但是也允许段超越。

例如，MOV AX, [BX+SI]，如果 DS=2000H，SI=2050H，BX=1000H，那么这条指令执行后其物理地址为

$$2000H\times10H+1000H+2050H=23050H$$

如果 23050H 单元中为 20H，23051H 单元中为 55H，则 AX 中为 5520H。

7）相对基址变址寻址

相对基址变址寻址方式是寄存器相对寻址方式和基址变址寻址方式的结合。该指令中规定一个基址寄存器和一个变址寄存器，再给出一个 8 位或者 16 位的位移量，将三者的内容相加得到操作数的有效地址。段地址通常与该指令中所用的基址寄存器有关，与基址寻址情况相同。这种方式特别适合访问数组、表格及堆栈。

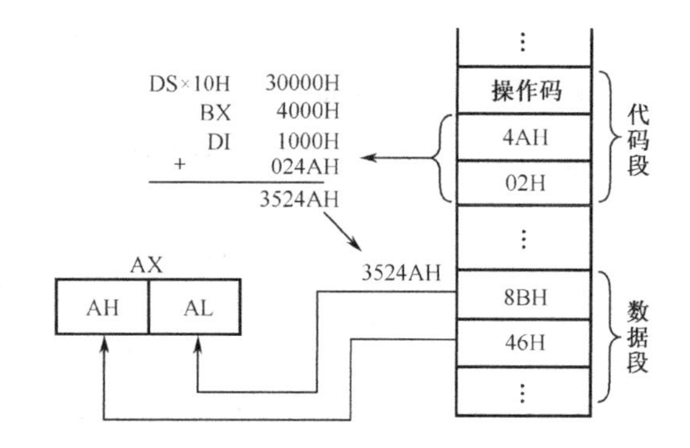

图 15.2 相对基址变址寻址指令执行示意图

例如，MOV AX, 24AH[BX][DI]，如果已知 DS=3000H，BX=4000H，DI=1000H，则指令执行示意图如图 15.2 所示，执行后 AH 中为 46H，AL 中为 8BH。

15.2 指令系统分类介绍

8086 的指令系统中，按指令长短，指令可以分为单字节指令、双字节指令和多字节指令等；按寻址方式分类，指令可以分为寄存器寻址指令、直接寻址指令和基址变址寻址指令等。

按指令功能分类，指令可分为数据传送类、算术运算类、逻辑运算和移位及循环类、串操作类、控制转移类、微处理器控制类 6 类。在此按指令功能分类予以介绍。

15.2.1 数据传送类指令

数据传送类指令是使用最频繁的指令，根据其功能不同，可以分为 4 类：通用传送指令、I/O 指令、地址传送指令和标志传送指令，其中除标志传送指令可能影响标志位外，其余均不影响标志位，下面分别予以介绍。

1. 通用传送指令

通用传送指令包括一般传送指令 MOV、数据交换指令 XCHG、堆栈操作指令 PUSH 和 POP 及换码指令 XLAT。

1）一般传送指令——MOV

指令格式：MOV dst, src ; src→dst

指令功能：将源操作数传送到目的操作数，实际上是进行数据的复制，源操作数本身不变。MOV 指令使用举例见表 15.2。

表 15.2 MOV 指令使用举例

指令格式及作用	指 令 举 例
MOV mem, ACC ；将累加器内容送至存储器	MOV [0470H], AL
MOV ACC, mem ；将存储器内容送至累加器	MOV AX, DISP[SI]
MOV reg, reg ；将寄存器内容送至寄存器	MOV CL, DL
MOV reg, mem ；将存储器内容送至寄存器	MOV BX, [3334H]
MOV mem, reg ；将寄存器内容送至存储器	MOV [3450H], CX
MOV reg, im ；将立即数送至寄存器	MOV CL, 8
MOV mem, im ；将立即数送至存储器	MOV [0170H], 3AH
MOV sreg, reg ；将 16 位寄存器内容送至段寄存器	MOV DS, AX
MOV sreg, mem ；将存储器内容送至段寄存器	MOV DS, [0A20H]
MOV reg, sreg ；将段寄存器内容送至寄存器	MOV BP, SS
MOV mem, sreg ；将段寄存器内容送至存储器	MOV WORD PTR[BX+SI], ES

说明：在使用 MOV 指令时应特别注意，目的操作数不能是立即数、CS 和 IP，两个存储器单元之间和两个段寄存器之间不能传送数据。立即数不能直接传送到 DS、ES、SS。

2）数据交换指令——XCHG

指令格式：XCHG dst, src

指令功能：将 dst 和 src 的内容互换，可以是字节也可以是字。

注意：dst 和 src 可以分别是存储器或者寄存器，但不能同时为存储器，两个段寄存器的内容也不能交换。例如：

```
XCHG   CL, AL            ; 两个寄存器之间交换数据，字节操作
XCHG   BX, [BP+SI]       ; 寄存器与存储器之间交换数据，字操作
```

3）堆栈操作指令——PUSH 和 POP

堆栈操作指令的形式和功能与 80C51 系列单片机指令类似，最大的差别是，80C51 系列单片机堆栈操作指令的操作数是一字节，而这里是一个字。其操作数可以是寄存器、存储器和段寄存器（但对于 CS 只能用 PUSH 指令，不能用 POP 指令）。还有一个差别是在进栈时，栈顶指针减 2，出栈时栈顶指针加 2。

入栈指令格式：

```
PUSH   src               ; SP−2→SP，src→（SP+1，SP）
```

指令功能：入栈时指针 SP 值自动递减 2，然后将一个字的源操作数 src 压入堆栈。压入顺序是将源操作数的高字节存放在堆栈区的高地址（SP+1）单元，源操作数的低字节存放在堆栈区的低地址（SP）单元，SP 指向当前栈顶。src 为 16 位的寄存器或者存储器操作数。

出栈指令格式：

```
POP    dst               ;（SP+1，SP）→dst，SP+2→SP
```

指令功能：将当前栈顶中的一个字数据弹出到目的操作数 dst 中，然后 SP 值自动递增 2。出栈时是堆栈区的高地址（SP+1）单元内容存入源操作数的高字节单元中，低地址（SP）单元内容存入源操作数的低字节单元中，SP 指向当前栈顶。dst 为 16 位的寄存器或者存储器操作数，也可以是除 CS 以外的段寄存器。

例如，设 SP=0010H，AX=1234H，BX=5678H，则执行下列指令后 SP、AX、BX 的值是多少？

```
PUSH   AX
PUSH   BX
POP    AX
```

执行上述指令后，SP=000EH，AX=5678H，BX=5678H。

如果要利用堆栈保护寄存器或者存储器的内容，则压入堆栈与弹出堆栈的顺序必须相反，且 PUSH 指令与 POP 指令必须成对使用，这样才能保证原有内容不变。当然如果这个过程中改变了原来的寄存器或者存储器的地址，则会改变内容。

4）换码指令——XLAT

XLAT 是一字节的换码指令，也称为查表指令，查表的默认段为 DS，若表格不在当前默认的 DS 中，换码指令就应该提供带有段跨越前缀的操作数。

指令格式：XLAT　TAB　;（AL+BX）→AL

指令功能：将有效地址 BX+AL 所对应的一字节存储单元中的内容送至 AL，实现 AL 中一字节的查表换码。

说明：在上述指令中 TAB 表示表格首地址，如果表格在 DS 中，则可省略，直接写为 XLAT 即可，如果表格在 ES 中，则要写为 XLAT　ES: TAB。

指令操作过程如下：

（1）建立一个换码表，其最大容量为 256 B，将表格首地址的偏移地址送入 BX。

（2）将要换码的存储单元在表中的序号（也称索引值或者位移量，从 0 算起）送入 AL。即在执行 XLAT 指令前，AL 的内容实际上就是表中某项元素与表格首地址之间的距离（位移量），因此有效地址 EA=BX+AL。

（3）执行 XLAT 指令后，将 AL 指向的换码表中的内容再送到 AL 中，此时 AL 的内容即

表中相应位移量所对应的该单元中的编码，即查表的结果。

例 15.1 设 DS=2000H，表格首地址为 B0H，表中数据存放情况如图 15.3 所示，查表中第 5 个数据，程序如下：

```
MOV   BX, 00B0H
MOV   AL, 04H
XLAT
```

该程序段指令操作过程如图 15.3 所示，程序执行后，AL=09H。

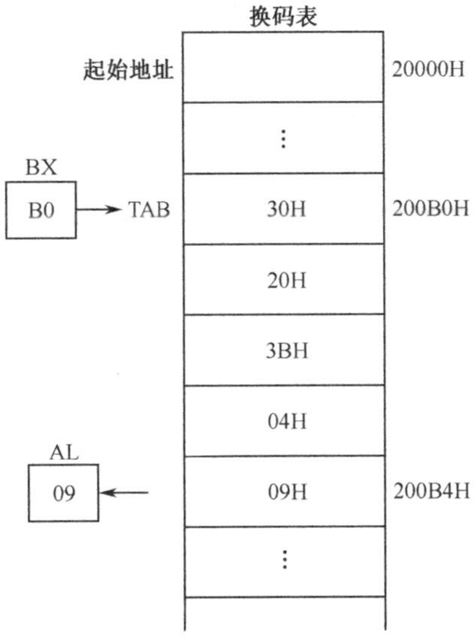

图 15.3　例 15.1 指令操作过程示意图

2. 输入/输出指令

IN 指令和 OUT 指令是仅有的两条访问 I/O 端口的指令。IN 指令用于从外设端口接收数据，OUT 指令用于向外设端口发送数据。无论是接收（输入）的数据还是要发送（输出）的数据，其中一个操作数必须在累加器 AL 或者 AX 中。传送 8 位数据占用 1 个端口地址，传送 16 位数据占用 2 个端口地址，传送 32 位数据占用 4 个端口地址。

1）输入指令——IN

指令格式：

```
IN   AL, PORT   ; (PORT) →AL
IN   AX, PORT   ; (PORT+1，PORT) →AX
IN   AL, DX     ; (DX) →AL
IN   AX, DX     ; (DX +1，DX)→AX
```

指令功能：把指定端口中的一个数据（字节或字）送入 AL 或 AX。PORT 是 I/O 端口地址，且在 00H～0FFH 之间。当端口地址为 00H～FFH 时，可用直接寻址方式（或者间接寻址方式），当端口地址为 100H～FFFFH，只可用间接寻址方式。使用 DX 作间址寄存器，通常在 DX 中事先输入外设的地址。

2）输出指令——OUT

OUT 指令的寻址方式同 IN 指令。

指令格式：

```
OUT   PORT, AL     ; AL→PORT
OUT   PORT, AX     ; AX→PORT+1，PORT
OUT   DX, AL       ; AL→（DX），通常在 DX 中事先输入外设的地址
OUT   DX, AX       ; AX→（DX）+1，（DX）
```

指令功能：把累加器 AL（字节）或者 AX（字）中的数据输出到指定的端口。

输入/输出指令举例如下：

```
IN    AL, 80H      ; 从 80H 端口输入一字节数据至 AL
IN    AX, 81H      ; 从 81H 和 82H 两个端口输入一个字数据至 AX
OUT   40H, AL      ; 将 AL 中一字节数据输出到 40H 端口
MOV   DX, 0800H    ; 把外设地址 0800H 输入 DX
OUT   DX, AX       ; 把 AX 中一个字数据分为高、低字节输出到 801H 端口和 800H 端口
```

3. 地址传送指令

8086 指令系统中有三条可以把地址指针传送到寄存器的指令，分别介绍如下。

1）LEA 指令

指令格式：LEA　reg, mem16　; mem16→reg

指令功能：将源操作数（存储器）的 16 位偏移地址（通常称为近地址指针）装入指定的 16 位通用寄存器中。要求源操作数必须是存储器，该存储器可采用变量名或地址表达式，目的操作数必须是 16 位通用寄存器。

可以采用直接寻址存储器操作数的有效地址的方法，例如：

```
LEA   SP, [3500H]            ; 3500H→SP
```

通常多采用间接寻址存储器操作数的有效地址的方法，例如：

```
LEA   DX, [BX+SI+130H]       ; EA=BX+SI+130H
```

设指令执行前，BX=0200H，SI=1000H，则指令执行后，DX=1330H。注意，DX 得到的是有效（偏移）地址，而不是[BX+SI+130H]所指定的存储单元的内容。

2）LDS 指令

LDS 指令用于传送远地址（32 位地址通常称为远地址）指针。

指令格式：LDS　reg16, src32　；（src）→reg，（src +2）→DS

指令功能：从源操作数指定的 4 个连续存储单元中取出两个字数据，对应低地址的字（为偏移地址）装入 reg，对应高地址的字（为段地址）装入 DS。

例如，LDS　DI, [2000H]，设 DS=2000H，相关存储器数据存放的内容为（22000H）=12H，（22001H）=34H，（22002H）=56H，（22003H）=78H，则执行上述指令后，DI=3412H，DS=7856H。

3）LES 指令

LES 指令的功能与 LDS 指令类似，只是把 DS 换成 ES。

指令格式：LES　reg16, src32　；（src）→reg，（src +2）→ES

4. 标志传送指令

标志传送指令共有 4 条，包括读标志指令、写标志指令、标志入栈指令和标志出栈指令，用于对标志的各种操作，分别介绍如下。

1）LAHF（Load AH From FLAGS）指令

指令格式：LAHF

指令功能：将标志寄存器 FLAGS 中的低 8 位（共有 5 个标志位，即 SF、ZF、AF、PF 和 CF）分别装入累加器 AH 的对应位。

指令操作如图 15.4 所示。

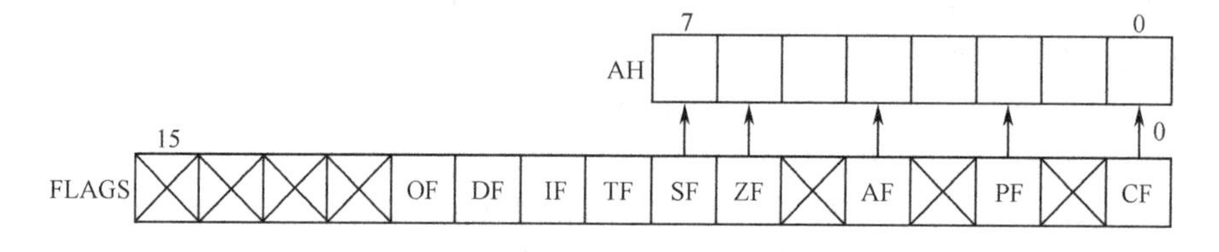

图 15.4　FLAGS 低 8 位存取操作

2）SAHF（Store AH into FLAGS）**指令**

指令格式：SAHF

指令操作如图 15.4 所示，只是箭头方向相反。

指令功能：该指令的传送方向与 LAHF 指令相反，是将累加器 AH 的第 7、6、4、2、0 位分别传送到标志寄存器的对应位，故将影响这些标志位的状态，而对其余标志位没有影响。

3）PUSHF （Push FLAGS into Stack）**指令**

指令格式：PUSHF

指令操作：SP−2→SP，FLAGSH→（SP+1），FLAGSL→（SP）。

指令功能：将堆栈指针 SP 的值减 2，然后将 FLAGS（16 位）内容推入堆栈。

该指令不影响标志位。

4）POPF（Pop FLAGS off Stack）**指令**

指令格式：POPF

指令操作：（SP）→FLAGSL，（SP+1）→FLAGSH，SP+2→SP

指令功能：将 SP 所指示的栈顶字单元内容弹出到标志寄存器 FLAGS，然后将 SP 加 2。

该指令对标志位有影响，使各标志位恢复为入栈前的状态。PUSHF 和 POPF 指令成对使用，可保护和恢复调用子程序前后标志寄存器的内容，还可改变跟踪标志位 TF。

15.2.2 算术运算类指令

8086 指令系统有 5 类算术运算指令，包括加法指令、减法指令、乘法指令、除法指令及十进制调整指令，共 20 条。算术运算指令能对字节、字或者双字进行运算，但段寄存器不能参加运算，目的操作数不能是立即数。这类指令大都对标志位有影响，注意不同指令对标志位的影响不同，下面分别予以介绍。

1. 加法指令

加法指令包括不带进位加法指令、带进位加法指令和加 1 指令。

1）**不带进位加法指令**——ADD

指令格式：ADD dst, src ; dst+ src→dst

指令功能：把目的操作数与源操作数相加，然后将结果存到目的操作数。目的操作数可以是寄存器或者存储器，源操作数也可以是寄存器或者存储器，还可以是立即数。目的操作数与源操作数不能同时为存储器。目的操作数与源操作数的位数必须相同，可以是 8 位或者 16 位，它影响标志位 SF、ZF、AF、PF、OF、CF。例如：

```
MOV   CL, 7EH
ADD   CL, 5BH
```

上述两条指令执行后，CL=D9H，各标志位状态如下：

SF=1，AF=1，PF=0，CF=0，ZF=0，OF=1（因为相加结果超过 127）。

2）**带进位加法指令**——ADC

ADC 指令在形式和功能上都与 ADD 类似，只是进行加法操作时需要加进位标志位 CF，对标志位的影响同 ADD。

指令格式：ADC dst, src ; dst+src+CF → dst

指令功能：与 ADD 指令基本相同，只是增加了加进位标志位的内容。

例如，ADC　AX, 422H　　; AX+422H+CF→AX

该指令主要用于多字节数的加法运算，可以把低字节相加产生的进位加进去。

3）加 1 指令——INC

指令格式：INC　dst　　　; dst+1→dst

指令功能：对目的操作数加 1，再送回原处。目的操作数可以是寄存器或者存储器，但不能是段寄存器。该指令影响标志位 SF、ZF、AF、PF、OF，但对进位标志位 CF 无影响。INC 指令常用于在循环程序中修改地址指针。

例如，INC　BL，如果 BL 中原来内容为 3，则执行一次该指令，BL 中内容就变为 4。

2．减法指令

1）不带借位减法指令——SUB

指令格式：SUB　dst, src　; dst−src→dst

指令功能：目的操作数减源操作数，然后将结果存到目的操作数。该指令影响标志位 SF、ZF、AF、PF、OF、CF，操作数类型与加法指令相同。

2）带借位减法指令——SBB

指令格式：SBB　dst, src　; dst−src−CF→dst

指令功能：目的操作数减源操作数，再减 CF，然后将结果送入目的操作数。

该指令主要用于多字节数减法运算，该指令影响标志位 SF、ZF、AF、PF、OF、CF。

目的操作数与源操作数的类型同加法指令。

3）减 1 指令—DEC

指令格式：DEC　dst　　　; dst−1→dst

指令功能：目的操作数内容减 1，再送回原处，对操作数的要求同 INC 指令。

该指令影响标志位 SF、ZF、AF、PF、OF，该指令对标志位 CF 无影响。

4）求补指令—NEG

指令格式：NEG　dst　　　; 0−dst→dst

指令功能：用“0”减去目的操作数，然后将结果送回目的操作数。该指令影响的标志位同加法指令。目的操作数可以是寄存器或者存储器，可以对 8 位和 16 位数求补。

利用该指令可以得到负数的绝对值。

例如，原来 AL=FFH（FFH 是−1 的补码），执行 NEG　AL 后，则 AL=1。

5）比较指令——CMP

指令格式：CMP　dst, src　; dst−src

指令功能：用目的操作数减源操作数，但结果不送回目的操作数，只影响标志位 SF、ZF、AF、PF、OF、CF。该指令可用来比较两数是否相等，操作数的类型与加法指令相同。

3．乘法指令

一般乘法指令有 2 条，即无符号数乘法指令和有符号数乘法指令。

1）**无符号数乘法指令**——MUL

指令格式：MUL　src

指令功能：字节相乘时操作为　AL×src→AX

　　　　　字相乘时操作为　AX×src→DX（高 16 位），AX（低 16 位）。

说明：该指令只影响标志位 OF 和 CF。执行指令后，如果乘积的高字/高字节为 0，则 OF=CF=0；否则 OF=CF=1，其他位不确定。

做乘法操作时，目的操作数必须是 AL 或者 AX，这个操作数是隐含的，源操作数是 8 位或者 16 位的寄存器或者存储器。

字节操作的乘积在 AX 中，其中 AH 中为乘积的高 8 位，AL 中为乘积的低 8 位，字操作的乘积的低 16 位在 AX 中，高 16 位在 DX 中。

2）**有符号数乘法指令**——IMUL

指令格式：IMUL　src

指令功能：将两个操作数按有符号数处理，其他与 MUL 指令相同。

说明：执行指令后，如果乘积的高字/高字节是符号扩展位，则 OF=CF=0；否则，OF=CF=1。

例 15.2　编写程序段计算 0FFH×020H ，按无符号数和有符号数分别计算。

（1）**解**：将两数看成无符号数，则程序段如下：

```
MOV   AL, 0FFH
MOV   BL, 020H
MUL   BL            ; AX=1FE0H=8160 , OF=CF=1
```

（2）**解**：将两数看成有符号数，则程序段如下：

```
MOV   AL, 0FFH      ; AL=-1
MOV   BL, 020H
IMUL  BL            ; AX=FFE0H=-32 , OF=CF=0
```

4．除法指令

一般除法指令有 2 条，即无符号数除法指令和有符号数除法指令。

1）**无符号数除法指令**——DIV

指令格式：DIV　src　; src 中内容为除数

指令功能：字节相除时，AX÷src（8 位）→被除数为 16 位，8 位商在 AL，余数在 AH。

字相除时，（DX: AX）÷src（16 位）→被除数为 32 位，16 位商在 AX，余数在 DX。

说明：指令执行后对所有标志位的影响是不确定的。

在做字节除法时，被除数隐含在 AX 中；在做字除法时，被除数隐含在 DX: AX 中。除数必须是寄存器或者存储器，被除数和除数均看成无符号数。

若除数为 0 或做字节除法时，AL 中的商大于 FFH，或者字除法时，AX 中的商大于 FFFFH，则除法“溢出”，OF=1，CPU 自动产生一个类型 0 的内部中断。

例如，已知 AX=0AH，BL=02H，执行 DIV　BL，则 AX 中内容变为 5。

2）**有符号数除法指令**——IDIV

指令格式：IDIV　src　; src 中内容为除数

指令功能：IDIV 指令与 DIV 指令操作类似，只是把操作数作为有符号数处理。

若除数是字节类型，则商在−128～+127之间；若除数是字类型，则商在−32768～+32767之间，超过此范围则与DIV指令相同，会产生类型0的内部中断。

说明：有符号数除法，商及余数均为有符号数，余数的符号同被除数的符号。

3）符号扩展指令——CBW和CWD

（1）CBW。

指令格式：CBW　　;字节扩展成字

指令功能：将AL的符号位扩展到AH中。如果AL<80H，则AH=00H，否则，AH=FFH。该指令可以确保被除数字长为除数字长的2倍，该指令不影响标志位。例如：

```
MOV   AL, 18H
CBW               ; AH=00000000B
MOV   AL, 0E8H
CBW               ; AH=11111111B
```

（2）CWD。

指令格式：CWD　　;字（16位）扩展成双字（32位）

指令功能：将DX: AX的符号位扩展到DX中。如果AX<8000H，则DX=0000H，否则DX=FFFFH。该指令不影响标志位。例如：

```
MOV   AX, 09800H
CWD               ; DX=FFFFH
```

5．十制制调整指令

十进制调整指令共有6条，用于对BCD码运算结果进行十进制调整，调整操作过程均为机器自动进行的，类似80C51系列单片机指令的操作过程，下面分别予以说明。

1）压缩BCD码加法调整指令

指令格式：DAA

指令功能：把AL中的两个压缩BCD码相加的和调整为压缩BCD码格式。DAA调整原则同80C51系列单片机指令。

说明：DAA指令应紧跟在ADD、ADC或INC指令之后，对AL中的相加结果进行处理，处理后的结果仍然存在AL中，DAA指令不影响标志位OF，但影响其余标志位。

2）非压缩BCD码加法调整指令

指令格式：AAA

指令功能：把AL中的两个非压缩BCD码相加的和调整为非压缩BCD码格式。

说明：AAA指令应紧跟在ADD、INC或ADC指令之后，对AL中的相加结果进行处理，处理后的结果仍然存在AL中，调整产生的进位值存入AH。

AAA指令只影响标志位AF和CF，对其余标志位无影响。例如：

```
MOV   BX, 0003
MOV   AL, 08
ADD   AL, BL      ; AL=0BH
AAA               ; AL=1, AH=1
```

3）压缩BCD码减法调整指令

指令格式：DAS

指令功能：把 AL 中两个压缩 BCD 码相减的差调整为压缩 BCD 码格式。

说明：DAS 指令应紧跟在 SUB、SBB 或者 DEC 指令之后，对 AL 中的相减结果进行处理，处理后的结果仍然在 AL 中。该指令影响标志位 SF、ZF、AF、PF、CF。

例 15.3 编写十进制数 4567 减 1278 的程序段，要求结果还是 BCD 码形式。

解： 编写的程序如下。

```
MOV    AL, 67H
SUB    AL, 78H
DAS
MOV    BL, AL        ; 暂存低字节结果 89
MOV    AL, 45H
SBB    AL, 12H       ; 考虑到低字节减时可能有借位，所以采用 SBB 指令
DAS
MOV    BH, AL        ; 结果 3289 在 BX 中
```

4）非压缩 BCD 码减法调整指令

指令格式：AAS

指令功能：把 AL 中两个非压缩 BCD 码相减的差调整为非压缩 BCD 码格式。

说明：AAS 指令应紧跟在 SUB、SBB 或者 DEC 指令之后，对 AL 中的相减结果进行处理，处理后的结果存入 AL。如果相减产生借位情况，则机器自动产生的操作是 AL−6→AL，AL 的高 4 位清零，AH+1→AH，CF=AF=1。调整产生的借位值存入 AH。指令只影响标志位 AF 和 CF，对其余标志位无影响。

5）非压缩 BCD 码乘法调整指令

指令格式：AAM

指令功能：把 AL 中的乘积调整为非压缩 BCD 码并存入 AX。

说明：该指令要求被乘数和乘数都是非压缩 BCD 码，操作数隐含在寄存器 AL 中。执行指令后十位数在 AH 中，个位数在 AL 中。

AAM 指令只影响标志位 SF、ZF 和 PF，其余标志位未定义。

例如，已知 AL 中为 06H，BL 中为 05H，则执行指令：

```
MUL   BL              ; AX=05H×06H=001EH
AAM                   ; AH=03H，AL=00H
```

6）非压缩 BCD 码除法调整指令

指令格式：AAD

指令功能：把预先存放在 AX 中的非压缩 BCD 码调整为二进制数。

说明：该指令隐含的操作数寄存器为 AH、AL。机器自动产生的操作是：AH×10 +AL→AL，0→AH。

特别注意，该指令是在除法运算前调整，而不是在除法运算之后进行的。被除数是两位非压缩 BCD 码，十位数在 AH 中，个位数在 AL 中。除数是一位非压缩 BCD 码，使用 AAD 指令后使用 DIV 指令进行除法运算，然后将所得的商送入 AL，余数送入 AH。该指令影响的标志位同 AAM 指令。

例 15.4 编程实现对非压缩 BCD 码 77 除 2，结果还是非压缩 BCD 码。

解：
```
MOV       AX, 0707H
```

```
AAD                   ; 调整后 AL=4DH（十进制数 77），AH=0
MOV   BL, 02
DIV   BL              ; AL=26H（商），AH=01H（余数）
AAM                   ; AH=03H，AL=08H
```

显然，本例在调整后 AX 中是正确的非压缩 BCD 码格式的商，但余数丢了，所以如果需要保留余数，应在 AAM 指令前将余数暂存到另外的寄存器中。

15.2.3 逻辑运算和移位及循环指令

8086 指令系统的逻辑运算指令、移位指令和循环指令共有 13 条，下面分类介绍。

1. 逻辑运算指令

逻辑运算指令有以下 5 条，其中大部分应用形式与 80C51 指令相同，所以一般不再举例。

1）逻辑与指令

指令格式：AND　dst, src　; dst ∧ src→dst
指令功能：将目的操作数与源操作数按位进行逻辑与操作，然后将结果送到目的操作数中。
说明：两个操作数不能同时为存储器，目的操作数永远不能是立即数。
该指令使状态标志位 CF 和 OF 清零，对 AF 无影响，SF、ZF 和 PF 由运算结果设置。

2）逻辑或指令

指令格式：OR　dst, src　; dst ∨ src→ dst
指令功能：将目的操作数与源操作数按位进行逻辑或操作，然后将结果送到目的操作数中。
说明：同 AND 指令。

3）逻辑异或指令

指令格式：XOR　dst, src　; dst ⊕ src → dst
指令功能：将目的操作数与源操作数按位进行逻辑异或操作，然后将结果送到目的操作数中。
说明：同 AND 指令。

4）逻辑非指令

指令格式：NOT　dst
指令功能：将目的操作数按位取反，然后将结果送到目的操作数中。
说明：不影响标志位。

5）检测指令

指令格式：TEST　dst, src
指令功能：将目的操作数与源操作数按位进行逻辑与操作，但结果不送到目的操作数中，只对标志位有影响。

```
例如，TEST   AL, 80H     ; 检测 AL 最高位，判断正、负号
      TEST   AX, 8080H   ; 可以判断 AH 和 AL 中的最高位是否同时为 0
```

2. 移位指令

移位指令共有 4 条，分为算术移位和逻辑移位两类，其操作过程如图 15.5 所示。

1）算术左移

指令格式：SAL　dst, cnt　;cnt 表示左移次数，可以是 1，或者 CL 指定的次数

指令功能：功能如图 15.5（a）所示，dst 中各位按位顺序左移，左移一次相当于操作数乘 2 一次，最低位补 0。

说明：操作数 dst 可以是寄存器或者存储器，但不能是立即数，长度可以是字节也可以是字。

该指令影响状态标志位 SF、ZF、PF 和 CF，OF 只在 cnt=1 时有效，但对 AF 未定义。

2）算术右移

指令格式：SAR　dst, cnt　;cnt 表示右移次数，可以是 1，或者 CL 指定的次数

指令功能：功能如图 15.5（b）所示，dst 中各位按位顺序右移，右移一次相当于操作数除 2 一次，最高位在移入次高位的同时其值不变。

说明：对操作数与状态标志位的说明同算术左移指令。

3）逻辑左移

指令格式：SHL　dst, cnt

指令功能：功能如图 15.5（c）所示，dst 中各位按位顺序左移，左移一次相当于无符号操作数乘 2 一次，最低位补 0。

说明：对操作数与状态标志位的说明同算术左移指令。

4）逻辑右移

指令格式：SHR　dst, cnt

指令功能：功能如图 15.5（d）所示，dst 中各位按位顺序右移，右移一次相当于无符号操作数除 2 一次，最高位补 0。

说明：对操作数与状态标志位的说明同算术左移指令。

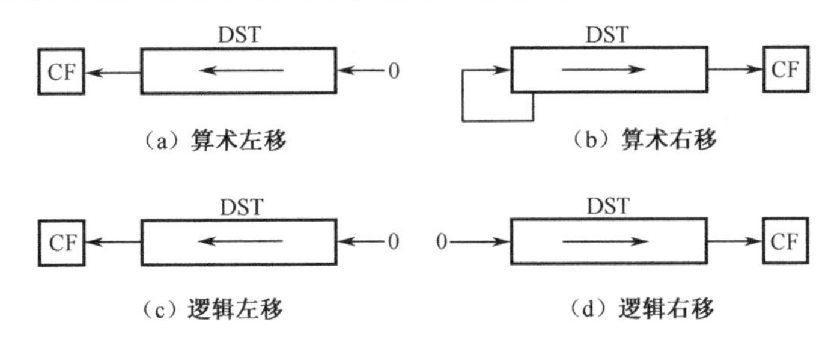

图 15.5　算术和逻辑移位指令操作过程示意图

3. 循环移位指令

循环移位指令共有 4 条，分为不带进位位循环和带进位位循环两类，其操作过程如图 15.6 所示。操作数的类型同移位指令，下面分别予以介绍。

1）循环左移

指令格式：ROL　dst, cnt

指令功能：如图 15.6（a）所示，dst 中各位按位顺序循环左移，最高位至最低位。

说明：最高位左移至 CF，但 CF 不参加循环。该指令影响 CF 和 OF 两个标志位。

2）循环右移

指令格式：ROR　dst, cnt

指令功能：如图 15.6（b）所示，dst 中各位按位顺序循环右移，最低位至最高位。

说明：最低位右移至 CF，但 CF 不参加循环。该指令影响 CF 和 OF 两个标志位。

3）带进位循环左移

指令格式：RCL　dst, cnt

指令功能：如图 15.6（c）所示，dst 中各位与 CF 一起按位顺序循环左移。

说明：最高位左移至 CF，且 CF 参加循环，CF 移入最低位。该指令影响 CF 和 OF 两个标志位。

4）带进位循环右移

指令格式：RCR　dst, cnt

指令功能：如图 15.6（d）所示，dst 中各位与 CF 一起按位顺序循环右移。

说明：最低位右移至 CF，且 CF 参加循环，CF 移入最高位。该指令影响 CF 和 OF 两个标志位。

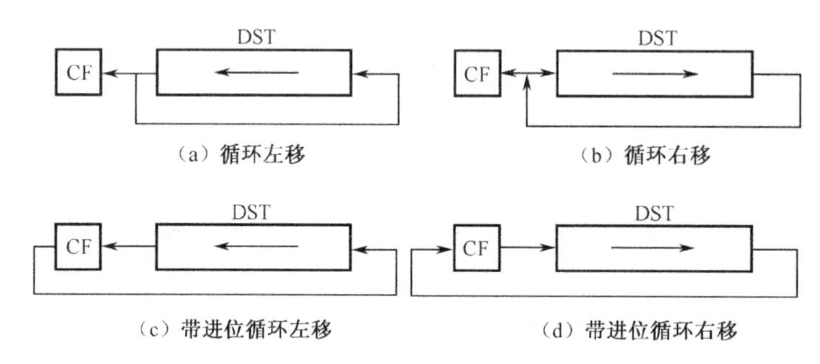

图 15.6　循环移位指令操作过程示意图

15.2.4　串操作类指令

串操作类指令主要用于处理批量数据。这类指令的操作对象是内存中地址连续的一组相同类型的数据或者字符，每执行一次串操作类指令只对字节/字串中的一字节/字进行操作，所处理的串长度可达 64 KB。

串操作类指令包括串传送指令、串比较指令、串检索指令、串读取指令、串存储指令、串输入指令和串输出指令，此外，还有 3 条串重复前缀指令。

串操作类指令均采用隐含寻址方式，串操作类指令隐含的寄存器和标志寄存器中有关标志位的作用随指令的不同而不完全相同，注意每条指令的说明。

1. 串传送指令

```
指令格式：MOVS   dst, src        ; 字节串/字串传送
          MOVSB                  ; 字节串传送
          MOVSW                  ; 字串传送
```

指令功能：将字节或者字数据从存储器某个区域逐个直接传送到另一个区域，并能根据标志位 DF 自动修改地址指针。

上述指令格式的基本操作：（DS: SI）→（ES: DI），SI±1 或 2，DI±1 或 2。

说明：该指令有如下特点。

（1）必须用 SI 和 DI 作为间址寄存器来设置地址指针，源串：起始地址为 DS: SI，隐含段寄存器 DS 但也允许段超越。目的串：起始地址为 ES: DI，隐含段寄存器 ES 但不允许段超越。可以使 DS 和 ES 指向同一段。

（2）在第一种格式中，必须用类型运算符 PTR 说明操作数是字节串还是字串，即表示为 WORD/BYTE PTR。第二种格式和第三种格式已经分别明确是字节串和字串传送，因此可不写操作数。

（3）用标志位 DF 决定存储单元地址改变的方向，DF=0，SI、DI 自动增加，DF=1，则 SI、DI 自动减少。

（4）结果不影响标志位。

2. 串比较指令

指令格式：CMPS src, dst ；比较两字节串/字串

CMPSB ；比较两字节串

CMPSW ；比较两字串

指令功能：检查两个串是否一致，它与 CMP 指令类似，源操作数和目的操作数均不改变，但在 CMPS 指令中是用源操作数减去目的操作数，结果影响标志位 SF、ZF、AF、PF、OF、CF，并自动修改指针。

不管是哪种格式，它们的基本操作均为：

（DS: SI）-（ES: DI），SI±1 或 2，DI±1 或 2（修改 DI，指向下一单元地址）

说明：同串传送指令。

3. 串检索（扫描）指令

指令格式：SCAS dst ；检索字节串/字串

SCASB ；检索字节串

SCASW ；检索字串

指令功能：查找一个字符串中有无指定的关键字（要找的元素称为关键字）。关键字放在 AL 或者 AX 中，把 AL/AX 与（DI）所指的目标串元素逐个进行比较，不回送比较结果，结果影响标志位 SF、ZF、AF、PF、OF、CF，并自动修改地址指针 DI。不管是哪种格式，它们的基本操作均为：

AL/AX -（DI）， DI±1 或 2→DI

说明：同串传送指令。

4. 串读取

指令格式：LODS src ；读字节/字串

LODSB ；读字节串

LODSW ；读字串

指令功能：把 SI 所指的字节/字单元内容装入 AL/AX 中，并修改 SI。不管是哪种格式，它们的基本操作均为：

（DS: SI）→AL/AX， SI±1 或 2→SI

该指令一般是不重复执行的，故一般不加重复前缀。AL/AX 中只保留最后一次装入的内容。

说明：同串传送指令。

5. 串存储

指令格式：STOS dst ；存入字节/字串
STOSB ；存入字节串
STOSW ；存入字串

指令功能：把 AL 或者 AX 存到 DI 指向的存储单元中，并自动修改 DI。存储区首地址要预先设置到 ES: DI 中。不管是哪种格式，它们的基本操作均为：

AL/AX→（DI）， DI±1 或 2→DI

说明：同串传送指令。

6. 串输入

指令格式：INS dst, DX
INSB ；从 8 位 I/O 设备输入数据至 DI 指向的字节单元
INSW ；从 16 位 I/O 设备输入数据至 DI 指向的字单元

指令功能：从 I/O 设备传送字节或者字数据到 ES 中由 DI 寻址的存储单元。I/O 设备地址存放在寄存器 DX 中。不管是哪种格式，它们的基本操作均为：

[DX]→ES: [DI]，DI±1 或 2→DI ; DX 中为 I/O 设备地址

该指令不影响标志位。

说明：同串传送指令。

7. 串输出

指令格式：OUTS DX, src
OUTSB ；输出字节串
OUTSW ；输出字串

指令功能：从 DS 中由 SI 寻址的存储单元输出字节或者字数据到 I/O 设备，I/O 设备地址存放在寄存器 DX 中。不管是哪种格式，它们的基本操作均为：

DS: [SI]→[DX]，SI±1 或 2→SI ; DX 中为 I/O 设备地址

说明：同串传送指令。

8. 重复前缀的定义及使用

串操作指令常常与重复前缀联合使用，这样可以简化程序，例如，可节省寄存器 CX 减 1 指令，从而提高了运算速度。通常在字符串指令前加上重复前缀，带重复前缀的串操作指令可以自动循环。重复前缀只能用于串操作指令，在其他指令中无效。重复前缀有 3 种：

1）REP

功能：无条件重复。

REP 可用在串传送（MOVS）和存字串（STOS）指令前面，重复次数由 CX 决定，使指令执行到 CX =0 为止，完成一组字符的传送或建立一组相同数据字符串。

2）REPE/REPZ

功能：相等重复（REPE 与 REPZ 是同一前缀的两种助记符形式）。

REPE/REPZ 常与 CMPS 或 SCAS 指令联用。例如，REPE/REPZ　CMPS，可比较两个字符串是否相同，是否存在不相同字符。当字符一致时重复操作，重复次数由 CX 决定，当 CX≠0，且 ZF=1 时重复执行串操作指令，使指令执行到 ZF=0（比较的两字符不相同）或者 CX=0 为止。

3）REPNE/REPNZ

功能：不相等/不为零时重复（REPNE 与 REPNZ 是同一前缀的两种助记符形式）。

REPNE/REPNZ 常与 CMPS 或 SCAS 指令联用，查找字符串中是否有要找的字符。当字符不一致时重复操作，当 CX≠0，且 ZF=0 时重复执行串操作指令，使指令执行到 ZF=1（找到相同的字符）或者 CX=0 为止。

例 15.5　将首地址为 TAB1 的 100 字节传送到附加段首地址为 TAB2 的内存中。

解： 程序如下：

```
LEA     SI, TAB1
LEA     DI, TAB2
MOV     CX, 100
CLD                         ; 方向标志清零，使 DF=0
REP     MOVSB               ; 连续传送 100 字节
```

例 15.6　把从 3000H 单元开始的 100 个存储单元清零。

解： 设 ES 已设置为数据段的段基址，程序段如下：

```
MOV     DI, 3000H           ; 设置起始地址
MOV     AL, 0
MOV     CX, 0064H
CLD                         ; 方向标志清零
REP     STOSB               ; 重复存入 0
```

例 15.7　有两个数据串分别存放在 DS: 1000H 单元开始和 ES: 2000H 单元开始的存储区中，串长为 50 字节，试比较两个数据串是否相等。如果不相等，则将 BX 置 0，并记下该不等数据的存放地址。

解： 程序段如下：

```
        LEA     SI, 1000H
        LEA     DI, 2000H
        CLD                     ; 方向标志清零
        MOV     CX, 50
        REPE    CMPSB           ; 重复比较两个数据串
        JNZ     LP1             ; 不为 0 则继续，转 LP1
LP2:    RET                     ; 为 0 则返回
LP1:    DEC     SI              ; 恢复不相等值的地址
        DEC     DI
        MOV     BX, 0
        JMP     LP2             ; 判断结束返回
```

15.2.5　控制转移类指令

控制转移类指令用于控制程序的执行流程，改变程序的走向。控制转移类指令有无条件转移指令、条件转移指令、循环控制指令、过程调用和返回指令、中断与中断返回指令等类型。

1. 无条件转移指令

指令格式：JMP　opr　　; opr 表示待转移目标地址

指令功能：无条件地将程序转移到指定的目标地址去执行，目的操作数规定指令要转移到的地址。此操作数可以是立即数、某通用寄存器或某内存单元。此类指令的实质是改变 IP 或者 CS 的内容。

说明：JMP 指令有段内转移和段间转移之分。无论段内转移还是段间转移，都有直接转移与间接转移（寻址）之分。通常在指令中的目标地址前用 SHORT、NEAR 和 FAR（SHORT、NEAR 和 FAR 是伪指令，在 16.1.3 节介绍）来表示转移范围。JMP 指令对标志位无影响。

根据设置 CS、IP 的方法，JMP 指令有以下几种形式。

1）段内直接转移

指令格式：JMP　disp8/disp16

说明：转移到当前代码段，也称为近转移。只改变 IP 值（只改变偏移量），不改变 CS，在目标地址前用 NEAR 表示。例如：

```
JMP   NEAR PTR opr        ; 该操作为近转移，位移量 opr 在本段内
```

转移范围在当前 IP 的−128～+127 字节之内的段内转移称为短转移，在目标地址前用 SHORT 表示，通常 SHORT 可省略。例如：

```
JMP   SHORT opr           ; 该操作为短转移，opr 在本段内
```

2）段内间接转移

指令格式：JMP　reg/mem

说明：转移的目标地址间接存储于某个寄存器或某个内存单元中，以下是两个例子：

```
JMP   SI                  ; 将 SI 的内容作为新 IP 值，为有效转移地址
JMP   WORD PTR[SI]        ; 由[SI]所指字存储单元内容为有效转移地址
```

3）段间直接转移

指令格式：JMP　FAR PTR opr

说明：opr 为转移目标地址标号，包括段地址和偏移量，目标地址前用 FAR 表示该目标地址不在本段之内。该指令同时改变 CS 和 IP 值（段值和偏移量都改变），即用 opr 的段地址取代 CS 的内容，用 opr 的偏移地址取代 IP 的内容。例如：

```
JMP   4500H: 2000H        ; 4500H→CS，2000H→IP
```

4）段间间接转移

指令格式：JMP　mem32

说明：该指令的操作数是一个连续的 32 位存储器地址，指令的操作是将从指定存储器地址开始的 4 个连续存储单元中的前两个连续的存储单元（字节）送到 IP，后两个连续的存储单元送到 CS。

例如，指令 JMP　DWORD PTR[BX][SI]，表示段间间接转移的转移地址是一个双字，目标地址的 CS 和 IP 值存放在从[BX+SI]开始的 4 个连续存储单元中，其中由[BX+SI]所指字单元内容→IP；由[BX+SI]+2 所指字单元内容→CS。

设默认段 DS=3000H，BX=1000H，SI=5000H，存储单元（36000H）=1600H，（36002H）=2000H。则上述指令执行后，IP=1600H，CS=2000H。

2. 条件转移指令

指令格式：JCC（条件码）opr

说明：CC 为条件，opr 为转移目标地址标号。

指令功能：以上一条指令执行后状态寄存器中相应位的变化作为条件，如果满足条件，则转移到目标地址；若不满足条件则不转移，继续顺序执行下一条指令。条件转移指令见表 15.3。

表 15.3 条件转移指令表

分　组	指令助记符	转移条件	功　能
单个状态标志位条件转移指令	JC opr	CF=1	有进（借）位转移
	JNC opr	CF=0	无进（借）位转移
	JP/JPE opr	PF=1	校验结果为偶数转移
	JNP/JPO opr	PF=0	校验结果为奇数转移
	JO opr	OF=1	有溢出转移
	JNO opr	OF=0	无溢出转移
	JS opr	SF=1	结果为负转移
	JNS opr	SF=0	结果为正转移
	JZ/JE opr	ZF=1	相等或为零转移
	JNZ/JNE opr	ZF=0	不等或非零转移
无符号数条件转移指令	JA/JNBE opr	CF=0 和 ZF=0	高于/不低于或不等于转移
	JNA/JBE opr	CF=1 或 ZF=1	不高于/低于或等于转移
	JB /JNAE opr	CF=1 和 ZF=0	低于/不高于或不等于转移
	JNB/JAE opr	CF=0 或 ZF=1	不低于/高于或等于转移
有符号数条件转移指令	JG/JNLE opr	SF=OF 且 ZF=0	大于/不小于且不等于转移
	JNG/JLE opr	SF≠OF 或 ZF=1	不大于/小于或等于转移
	JL/JNGE opr	SF≠OF 且 ZF=0	小于/不大于也不等于转移
	JNL/JGE opr	SF=OF 或 ZF=1	不小于/大于或等于转移

说明：条件转移指令为双字节指令，属短转移指令，该转移指令的下一条指令到目标地址间的转移范围为−128～+127 字节。

3. 循环控制指令

循环控制指令用于控制某程序段循环的次数，循环控制指令执行后对标志位均无影响。循环控制指令都是相对短转移指令，该指令隐含寄存器 CX 减 1 操作。循环控制指令有如下 4 类。

1）循环指令

指令格式：LOOP　opr

指令功能：CX−1→CX，如果 CX≠0，转移到 opr 处继续执行，否则退出循环。

说明：CX 为默认计数器，以 CX 内容控制循环次数。循环指令要对 CX 内容进行测试，判断其是否为 0，作为转移条件。

2）相等或为 0 时转移循环指令

指令格式：LOOPZ/LOOPE　opr

指令功能：CX−1→CX，如果 CX≠0，且 ZF=1，转移到 opr 处继续执行，否则退出循环。

ZF 由前面指令操作结果决定。

说明：与 LOOP 指令类似，但要加判 ZF=1。LOOPZ 和 LOOPE 是这条指令的两种助记符。

3）不相等或为 0 时转移循环指令

指令格式：LOOPNZ/LOOPNE opr

指令功能：CX−1→CX，如果 CX≠0，且 ZF=0，转移到 opr 处继续执行，否则退出循环。

说明：与 LOOP 指令类似，但要加判 ZF=0。LOOPNZ 和 LOOPNE 是这条指令的两种助记符。

例 15.8 从 3000H 开始的长度为 100 字节的字符串中查找字符“A”，若找到，把其偏移地址记录在 ADDR 单元中，否则将 ADDR 单元内容置为 0FFFFH，试编写程序段。

解：

```
        MOV    DI, 3000H
        MOV    CX, 64H          ; 重复计数初值
        MOV    AL, 'A'          ; 把字符 A 的 ASCII 码值保存到 AL
        MOV    ADDR, 0FFFFH
LP1：   SCASB                   ; 串扫描，并自动修改 DI 地址
        LOOPNZ    LP1           ; 没有“A”则继续，有“A”则退出循环
        JNZ    DONE             ; 没有找到“A”则退出转 DONE
        DEC    DI               ; 找到“A”，修改地址指针
        MOV    ADDR, DI         ; 保存“A”的地址指针到 ADDR
DONE：  HLT
```

4）测试转移循环指令

指令格式：JCXZ opr

指令功能：如果检测到 CX=0，转移到 opr 处继续执行，否则顺序执行。

说明：JCXZ 指令的作用是避免 CX=0 的时候进入循环，因此在进入循环前用该指令对 CX 进行一次检测。JCXZ 指令常同循环指令 LOOP 一起使用。转移范围为−128～+127 字节。

例 15.9 两个无符号数分别存放在 AX 和 BX 中，比较两者大小，然后将大数存入 AX 中。

解：编写程序段如下。

```
      CMP     AX, BX
      JNB     LL              ; 如果 AX 大于或者等于 BX，则转移到 LL
      XCHG    AX, BX          ; 如果 AX 小于 BX，则交换内容
LL：…
```

4．过程调用和返回指令

过程调用指令 CALL 和过程返回指令 RET 的功能及操作过程与 8051 单片机指令基本相同，只是增加了段地址内容，下面分别予以介绍。

1）过程调用指令

指令格式：CALL dst ; dst 为子程序的入口地址，也称为过程名

指令功能：用子程序入口地址取代当前的 CS: IP 指令指针值，同时把当前地址压入堆栈。

说明：过程调用分段内调用与段间调用，前者是指调用程序与子程序都处在同一指令段，因此 CS 内容不变，只改变 IP 内的偏移量；而在段间调用时，主程序要调用另一指令段的子程序，因此 CS 和 IP 内容都会发生变化。例如：

```
CALL   WORD   PTR[SI]              ; 该指令为段内调用
CALL   DWORD  PTR[BX][SI]          ; 该指令为段间调用
```

2）**返回指令**

指令格式：RET 或者 RET N ;N 为一个 0～64KB 的偶数立即数，称为弹出值

指令功能：从堆栈中弹出断点地址，装入 IP 或者 CS: IP 中，即返回主程序断点处。

说明：RET 指令的类型是隐含的，它自动与过程定义时的类型匹配。

弹出值 N 表示从堆栈中返回时丢弃的字节数，如 RET 20 表示返回时丢弃的字节数为 20。CPU 将自动执行一个（SP）+20→SP 的操作。

过程调用时，CPU 将自动执行调用和返回指令涉及的堆栈操作。

5．中断与中断返回指令

中断与中断返回指令同过程调用与过程返回指令的相似之处与区别在 80C51 系列单片机中已经介绍，但它们在形式和操作上略有差别，且 8086 指令系统中增加了一条溢出中断指令 INTO，下面分别予以介绍。

1）**中断指令**

指令格式：INT n ;n 为一个 0～255 之间的常数，称为中断类型号

指令功能：该指令将产生并执行类型号为 n 的软中断，又称内部中断。在操作系统中，给某些类型号的中断编制了一些标准服务程序，用户程序可以直接用 INT n 指令方便地调用它们。

执行该指令后 CPU 自动把标志寄存器、CS 和 IP 的当前值压入堆栈，然后 CPU 根据中断类型号从中断向量表（中断向量表放在内存中，表中存放的是中断服务程序入口地址，详见第 17 章）中查到中断服务程序的入口地址。入口地址在 n×4 处的两个存储器字单元中，将其装入 CS: IP 中，即开始执行中断服务程序。该指令使 IF=TF=0，对其余标志位无影响。

2）**溢出中断指令** INTO

指令格式：INTO

指令功能：该指令与 INT n 指令基本相同，不同点是其中断类型号隐含为 4，只有当运算结果 OF=1（有溢出）时，INTO 指令才会启动一个中断类型 4 的中断过程。

说明：同 INT n 指令。

3）**中断返回指令**

指令格式：IRET

指令功能：将入栈的段基址和偏移地址弹出，恢复 CS、IP 和标志寄存器内容。

该指令总是放在中断服务程序的末尾，以便返回被中断程序的断点继续执行。该指令影响所有标志位。

15.2.6 处理器控制类指令

处理器控制类指令具有简单的控制功能，均无操作数，分为两类：一类是标志操作指令，均影响相应标志位；另一类是系统控制指令，影响 CPU 的工作状态，共 12 条，见表 15.4。

表 15.4　处理器控制类指令

指令类型	指令格式	功能说明
标志操作指令	STC	1→CF，设置进位标志
	CLC	0→CF，清除进位标志
	CMC	$\overline{CF}$→CF，对进位标志求反
	STD	1→DF，设置方向标志（地址指针移动方向为减址方向）
	CLD	0→DF，清除方向标志（地址指针移动方向为增址方向）
	STI	1→IF，设置中断允许标志（允许中断）
	CLI	0→IF，清除中断允许标志（禁止中断）
系统控制指令	HLT	处理器暂停（停机）指令，使 CPU 处于睡眠状态，仅当复位或外部中断才能使 CPU 退出这种状态
	WAIT	处理器等待，使 CPU 进入等待状态，不进行任何操作
	ESC	处理器交权（换码），CPU 要求协处理器完成某种功能
	LOCK	总线锁定前缀，为一特殊的单字节前缀，不是一条独立指令，它可放在任何指令前面，作用是把总线锁存，禁止其他协处理器使用总线
	NOP	空操作，不完成任何有效功能，每执行一条 NOP 指令，耗费 3 个时钟周期，然后继续执行后面的指令

至此已经介绍完 8086 指令系统，随着 80x86 各代微处理器及 Pentium 系列微处理器的问世，其指令系统也在不断丰富和发展。从 80x86 系列到 Pentium 系列直至 Core（酷睿）系列，虽然芯片的品质和功能有了很大提高，但是从使用角度来看，没有质的区别，其基本架构、工作原理、编程理念未变，虽然每代微处理器都对上一代微处理器的指令系统进行了增强和扩充，但微处理器的指令大部分是完全相同的，所以学习高档微处理器，首先要掌握 8086 指令系统。32 位机和 64 位机的指令系统在原有 8086 的 16 位整数指令集基础上扩展了 32 位、64 位整数指令：增加了位测试、位扫描、整数 MMX、单精度浮点 SSE 和双精度浮点 SSE2、SSE3 的多媒体指令等。

这些指令集极大地丰富了 Intel 各代微处理器的指令系统，有效地增强了 Intel 微处理器的功能。限于篇幅，本书不介绍增加的指令，读者可参考相关文献。

思考与练习

1．8086 指令系统有哪几种寻址方式？各类寻址方式的基本特征是什么？

2．设 BX=2000H，DS=5000H，[52032H]=11H，[52033H]=22H，试比较以下两条指令单独执行时的结果。

（1）LEA　BX, 32H[BX]

（2）MOV　BX, 32H[BX]

3．设 BX=01B0H，DI=0170H，DS=2000H，AX=5657H，(20370H)=3AH，(20371H)=67H，数据段中的变量 WYL 的偏移地址为 50H。

（1）求指令“ADD AX, WYL[BX][DI]”中源操作数的物理地址。

（2）指令执行后 OF=? CF=?

4．设指令“CMP　AL,BL”执行后，CF=0，AF=1，PF=0, OF=1，SF=0，ZF=0，请回答如果 AL、BL 中的数均为无符号数，则两数的大小关系是____。如果 AL、BL 中的数均为有符号数，则两数的大小关系是_____。

5．已知 SS=2000H，SP=00F8H，AX=1234H，则执行 PUSH　AX 后 SP=?AX 内容存放在堆栈何处？

6．已知 SS=2000H，SP=0100H，BX=56ABH，(20100H)=5678H，则执行 POP　BX 后 SP=?堆栈实际物理地址是多少？BX=?

7．编写程序段，将标志寄存器的标志位 SF 置 1。

8．设 AL=66H，BL=21H，执行“ADD　AL,BL”后 AL=?BL=? 标志位 CF、ZF、SF、AF、OF、PF 的值为多少？

9.编程把偏移地址 2000H 开始的双字（低字在前）和偏移地址 1000H 开始的双字相加，结果存放于 2000H 单元。

10．采用逻辑左移指令编程实现将一个 16 位无符号数 B1 乘 10 的运算，假设运算结果没有超出字的范围。

11．编程实现统计 BX 中 1 的个数。

12．编程计算 1+2+3+…+100。

13．将从偏移地址 2000H 开始的内存中的 100 个数据向高地址方向移动一个单元（字节）。

14．编程实现下列运算，设运算中各变量均为有符号的字变量。

（1）$Y=A+(B-6)-(C+100)$　　（2）$Y=(A\times B)\div(C+100)$（余数送至 R）。

15．要求在一个长度为 100 的字符串中查找第一个非空格字符，一旦找到就退出循环。

16．存储器中有一个首地址为 SHOU 的 NN 个字的数组，要求测试这个数组中正数、0 及负数的个数，测试完后正数、0、负数的个数分别存放在 DI、SI、AX 中。

第16章　汇编语言程序设计

本章以8086指令系统为例学习如何编写与调试汇编语言源程序。在编写程序时，为提高编程质量及效率，加快调试进度，本章还要介绍常见的宏汇编程序提供的伪指令、宏指令及操作系统提供的常见DOS、BIOS的功能子程序，并学会在程序设计时熟练运用。

16.1　概述

16.1.1　汇编语言程序的格式

在8086指令系统的汇编语言程序中，除了要采用指令系统中的指令，还要采用一些伪指令和宏指令，在编程时要严格按照约定的格式书写。

1）汇编语言语句格式

8086指令系统的汇编语言语句格式在形式与功能上与80C51指令系统的完全相同，其语句格式如下：

[标号:]　操作码　　操作数　[; 注释]

其中各段之间用空格隔开，方括号中内容为可选项。在书写汇编语言语句时，上述各段应该严格地用定界符加以分离。定界符包括空格符、冒号、分号、逗号等，例如：

```
LP:       MOV      AL, 40H   ; 40H→AL
```

每一段的作用基本相同，只是标号的属性有所不同。标号具有段地址、偏移地址和类型三种属性，段地址和偏移地址是指标号所在位置对应的指令首字节的段基址和段内偏移地址。它的类型属性有两种：NEAR类型和FAR类型。NEAR指示近程（段内）标号，表示该标号所在语句与转移指令或者调用指令在同一代码段内，FAR指示远程（段间）标号，表示该标号所在语句与转移指令或者调用指令不在同一个代码段内。

2）一般程序格式

一个完整的8086汇编语言程序通常分为几段书写，一般格式如下：

```
N1   SEGMENT
     语句1
     …
N1   ENDS
N2   SEGMENT
     语句2
     …
N2   ENDS
     END [标号]
```

其中，N1、N2为段名，SEGMENT是段定义伪指令，ENDS是段结束伪指令，END是程序结束伪指令。任何程序都必须有代码段，可根据需要选择堆栈段、数据段和附加段。

16.1.2 表达式与运算符

汇编语言语句中的操作数常用一个表达式表示，在 8086 系统的汇编语言程序中这个表达式是用运算符把常量、变量和标号等连起来形成的式子，在程序汇编时确定其值，而不是在程序运行时取得值，这样可简化程序的编写。常用的运算符有 5 类，分别介绍如下。

1. 算术运算符

算术运算符有+（加）、-（减）、*（乘）、/（除）、MOD（取余）、SHL（左移）、SHR（右移）共 7 种。算术运算符可用于数值表达式或地址表达式中。

例 16.1
```
XX     EQU    100
MOV    AX , XX-80            ; 汇编后，形成指令为 MOV   AX, 20
MOV    BX , XX   MOD 100     ; 汇编后，形成指令为 MOV   BX, 0
MOV    CX , XX/100           ; 汇编后，形成指令为 MOV   CX, 1
```

2. 逻辑运算符

逻辑运算符是按位操作的 AND（与）、OR（或）、XOR（异或）、NOT（非）。逻辑运算符的操作对象只能是整型常量，只用于数值表达式。

例 16.2
```
MOV    AL, NOT   0FFH              ; 汇编后，形成指令为 MOV   AL, 0
MOV    BL, 83H   OR 73H            ; 汇编后，形成指令为 MOV   BL, F3H
AND    CX, A703H   AND   FF00H     ; 汇编后，形成指令为 AND   CX, A700H
```

3. 关系运算符

关系运算符有 EQ（等于）、NE（不等于）、LT（小于）、GT（大于）、LE（小于或等于）和 GE（大于或等于）。关系运算符的两个操作数必须同是数值或同是在一个段内的存储器地址。比较时，若关系成立（为真），则结果为全“1”；若关系不成立（为假），则结果为全“0”。

例 16.3
```
MOV    AX, 10H   GT   26      ; 汇编后，形成指令为 MOV   AX, 0
ADD    BL, 16   EQ 10H        ; 汇编后，形成指令为 ADD   BL, 0FFH
```

4. 分析运算符

分析运算符又称数值返回操作符，它的运算对象是存储器操作数，该操作数是一个变量，存储单元地址可以用一个标号表示。而变量和标号都具有相应的属性，利用分析运算符可以得到变量或者标号的属性值。分析运算符有 SEG、OFFSET 等，分别介绍如下。

1）SEG

指令格式：SEG 变量名或者标号
指令功能：得到变量/标号的段地址值。

2）OFFSET

指令格式：OFFSET 变量名或者标号
指令功能：得到变量/标号的偏移地址值。

3）TYPE

指令格式：TYPE 变量名或者标号

指令功能：得到变量名/标号所属类型的数字，对于 DB、DW 或者 DD 定义的变量名，返回值分别为 1、2、4；对于 NEAR 类型和 FAR 类型的标号，返回值分别为-1 和-2。

4）LENGTH

指令格式：LENGTH　变量名

指令功能：返回数组变量的数据个数，如果已经用重复操作符 DUP 说明，则返回最外层 DUP 给定的值；如果没有用 DUP 说明，则返回值总是 1。

5）SIZE

指令格式：SIZE　变量名

指令功能：返回数组变量所占的总字节数，其值为 TYPE 和 LENGTH 的乘积。

例 16.4　已知变量 TABLE 所在段的段基址为 2020H，TABLE 的偏移地址为 1000H，执行下述指令：

```
MOV     AX, SEG  TABLE          ; 2020H→AX
MOV     DS, AX                  ; 给数据段寄存器赋值
MOV     DI, OFFSET  TABLE       ; 1000H→DI
BUF     DW  300  DUP（40H）     ; 在 BUF 缓冲区重复定义 300 个字的 40H
```

则　LENGTH　BUF =300，SIZE BUF =600。

5. 合成运算符

合成运算符又称属性操作符，用于修改变量或者标号对应的存储器操作数的类型属性。常用的合成运算符有 PTR、THIS 等。

1）PTR

指令格式：类型　PTR 地址表达式

说明：类型可以是 BYTE、WORD、DWORD 或 NEAR、FAR，地址表达式可以是变量名、标号以及其他形式给出的有效地址。

指令功能：临时修改变量或标号的类型属性（原有的段地址属性和偏移地址属性保持不变）。

例如：

```
MOV  BYTE  PTR[BX], 6          ; 将数据 6 存入字节单元
ARY2  DW 0,6,7,3,9             ; 定义字变量
MOV  CL, BYTE  PTR  ARY2[7]    ; 将 03H→CL
MOV  WORD  PTR [SI], 4         ; 将 0004H 送至 SI 开始的字单元中
JMP  FAR  PTR  SUB1            ; 转到标号 SUB1，SUB1 不在本段范围内
```

2）THIS

指令格式：THIS　类型

指令功能：与 EQU 配合使用，将 THIS 后的类型属性赋给变量所表示的存储单元，可用来定义一个新的变量名或者标号，因此该操作符具有 LABEL 伪指令的功能（见 16.1.3 节）。

例如：BRD　EQU　THIS　BYTE　；将 BRD 定义为字节类型属性

该语句也可写为 BRD　LABEL　BYTE

表达式中不同的运算符和操作符具有不同的优先级，具体见参考文献［4］。

16.1.3 常用伪指令

在 8086 指令系统中所用的伪指令比 80C51 指令系统多，因而在此分类介绍。

1. 数据定义伪指令

数据定义伪指令的格式如下：

[变量名] 命令 操作数 1, 操作数 2, …[;注释]

常用的数据定义伪指令有如下 4 种。

（1）DB 和 DW 的定义同 80C51 指令系统，但 DW 定义的变量是高字节存放在高地址。

（2）DD——定义双字类型变量，每个操作数占 2 个字，即 4 字节，在内存中按低位字在低地址，高位字在高地址存放。

（3）DQ——定义 4 个字（8 字节）变量，在内存中按低位双字（4 字节）在低地址，高位双字（4 字节）在高地址存放。

例如：DQ 8877665544332211H ；将顺序存入 11H,22H,33H,44H,55H,66H,77H,88H

（4）DT——定义 10 字节变量，DT 后面的操作数是 10 字节的压缩 BCD 码。

例如：DT 9876543210H ；将顺序存入 10H,32H,54H,76H,98H,00,00,00,00,00

数据定义伪指令后面的操作数可以是常数、表达式和字符串，还可以是“？”（此时不给变量某个确定的初值），但每一项的值均不能超过伪指令所定义的数据类型限定范围。

当同样的操作数重复多次时，可以使用重复操作符“DUP”，其形式如下：

n DUP （初值[,初值…]）

其中 n 为重复次数，圆括号中为重复内容，方括号中为可选项，表示可以嵌套。

2. 符号定义伪指令

常用的符号定义伪指令有如下 3 种。

1）赋值伪指令 EQU

赋值伪指令的功能与第 7 章所述的 EQU 的功能完全相同。

2）等号伪指令

等号伪指令的格式：变量名=表达式

等号伪指令的功能与 EQU 的功能基本相同，主要区别在于它可以对同一个符号名重复定义，用新的数值表达式重新赋值。例如：

```
COUNT = 70              ; COUNT 的值为 70
COUNT = COUNT+3         ; COUNT 的值为 73
```

3）定义符号名伪指令 LABEL

指令格式：符号名 LABEL 类型

指令功能：用于定义标号或者变量的类型，标号的类型属性可以是 NEAR 或者 FAR，变量的类型属性可以是 BYTE、WORD 等或者结构名、记录名。

利用该指令可以使同一个数据区兼有 BYTE 和 WORD 两种类型属性，这样在后面的程序中可以根据不同的需要以字节或者字为单位存取其中的数据。

例如，修改标号的类型属性，把类型属性已经定义为 NEAR 的标号重新定义为 FAR。

```
AGA   LABEL   FAR       ; 定义标号 AGA 的类型属性为 FAR
```

例如，修改变量的类型属性。

```
A1  LABEL  WORD        ; 定义变量 A1 为字类型
A2  DB 1,2,3,4         ; 定义变量 A2 为字节类型的数据区
MOV    AL, A2          ; AL=01H
MOV    AX, A1          ; AX=0201H
```

A1 和 A2 两个变量指向同一数据块，具有同样的段地址属性和偏移地址属性，但两者类型不同。

3. 段定义伪指令

1）SEGMENT/ENDS

指令格式：段名　SEGMENT [定位类型][组合类型]['类别名']

　　　　　　…　　; 程序或者数据

　　　　　段名　ENDS

指令功能：表示汇编语言源程序段的开始和结束。SEGMENT 伪指令位于一个逻辑段的开始，段名由用户自己定义；ENDS 伪指令则表示该逻辑段的结束。这两条伪指令总是成对出现，二者前面的段名必须一致，两个语句之间就是该逻辑段的内容。

SEGMENT 伪指令后面有 3 个放在方括号内的可选项，如果 3 个可选项都存在，则三者的顺序必须符合格式规定。这几项是给汇编程序和连接程序（LINK）的指令。

对可选项说明如下：

（1）定位类型：用来确定逻辑段的边界在存储器中的位置。定位类型有以下 4 种。

BYTE：表示逻辑段从字节（BYTE）的边界开始，即可以从任何地址开始，此时本段的起始地址紧接在前一段的后面，段间不留任何间隙。

WORD：表示逻辑段从一个字（WORD）的边界开始，通常一个字有 2 字节，故本段的起始地址必须是偶数。

PARA：表示逻辑段从一个节（PARAGRAPH）的边界开始，通常一个节有 16 字节，故本段的起始地址（十六进制数）是能被 16 整除的位置，应表示为 XXXX0H。如果省略定位类型，则默认其为 PARA。

PAGE：表示逻辑段从页（PAGE）边界开始。通常一页为 256 字节，故本段的起始地址（十六进制数）应为 XXX00H。

（2）组合类型：用于组合几个不同的逻辑段。若省略组合类型，则汇编程序默认该逻辑段是不组合的。组合类型共有以下 6 种。

NONE：表示本段与其他段无任何关系，每段都有自己的起始地址。

PUBLIC：连接时，将段间具有相同段名的类型段连接成为一个逻辑段并装入内存，连接顺序由连接指令指定。

STACK：仅用于堆栈段，同名段都连接成一个连续段。在运行时自动初始化堆栈段寄存器 SS 和 SP。

COMMON：段间具有相同类别名的段连接时，段起始地址相同，因而各段将发生重叠，可以共享相同的存储空间。覆盖后的段长度等于原来最长的逻辑段的长度。

MEMORY：表示当几个逻辑段连接时，本逻辑段定位在最高的地址空间，如果被连接的逻辑段中有多个段的组合方式都是 MEMORY，则汇编语言程序只将首先遇到的段作为 MEMORY 段，而其余的段均作为 PUBLIC 段处理。

AT 表达式：表示本逻辑段根据表达式求值的结果定位段基址。此项不能用于代码段。

（3）'类别名'：'类别名'是用单引号括起来的字符串，其作用是当几个程序模块进行连接时，把具有相同类别名的逻辑段装入连续的内存区，形成一个统一的程序段。典型的类别名有DATA（数据段）、CODE（代码段）、STACK（堆栈段）。

2）ASSUME

指令格式：ASSUME 段寄存器名: 段名[, 段寄存器名: 段名 , …]。

指令功能：指定段寄存器与段的关系，但不能把段地址装入段寄存器中。段寄存器必须是CS、DS、ES 和 SS 中的一个或者几个，例如：

```
ASSUME   CS:CODE, DS:TAB1,SS:TAB2
```

4．段起始偏移地址伪指令 ORG

指令格式：ORG 常数表达式

指令功能：指定段起始偏移地址。

5．程序结束伪指令 END

指令格式：END [标号]

指令功能：表示源程序结束，即汇编结束，可选项“标号”指明程序执行的起始地址。

6．标识符说明伪指令 PUBLIC

指令格式：PUBLIC 标识符

指令功能：说明标识符是公共标识符，可以使本段与同名段连接在一起，形成一个新的逻辑段，共用一个段基址。

7．多文本汇编连接伪指令 INCLUDE

指令格式：INCLUDE 文件名

指令功能：把指定的几个文件一起汇编，再继续汇编其他的语句。

8．过程定义伪指令（PROC 和 ENDP）

指令格式：

```
过程名    PROC [NEAR/FAR]
              …                    ；被定义的过程体
过程名    ENDP
```

指令功能：过程名是过程的标识符，也是过程的入口地址，由程序员定义。过程也称为子程序，在一个过程中至少有一条 RET 指令，以便程序能正常返回。如果过程和调用过程的程序在同一个逻辑段内，则该过程具有近调用（NEAR）属性，否则为远调用（FAR）属性。

16.1.4 宏指令

宏指令用于定义在程序中多次重复使用的一个程序段，定义后，在编写后续源程序时，就可以直接使用这个宏指令名代替这一段代码，可以作为一条指令使用，从而简化程序设计。

1. 宏定义

宏指令必须先定义，然后才能使用，宏指令的定义格式如下：

```
宏指令名  MACRO      [形式参数 1, 形式参数 2, …]
          …          ; 宏指令体
          ENDM
```

说明如下：

（1）MACRO 和 ENDM 必须成对出现。

（2）MACRO 和 ENDM 之间的部分是宏指令体，它由指令、伪指令等组成，汇编时除伪指令外，其他指令被汇编成指令代码。

（3）“宏指令名”为用户取的名称，必须以字母开头，后面可跟字母、数字或下画线。定义后，宏指令名可供宏调用时使用。

（4）形式参数为可选项，多个参数之间用逗号分开。宏调用时用实际参数代替形式参数。参数的形式可以为常数、表达式、寄存器、存储单元、指令操作码等。

例 16.5 定义一条可以实现移位操作的宏指令。

```
SHIFT  MACRO  n, reg, X        ; n 为移位次数，X 代表移位方式
       MOV    CL, n
       S&X    reg, CL          ; S 为移位指令的第一个字母
       ENDM
```

说明：形式参数 X 出现在操作码部分，在 X 与 S 之间必须用符号“&”连接，此时 S& X 中的 X 才被看作形式参数。

宏调用时，把 n, Reg, X 的实际参数分别代入，可实现对任意一个寄存器，对任意指定的位数，进行任意方式的移位（算术左移、算术右移、逻辑右移）。

2. 宏调用

经宏定义后的宏指令可以在源程序中被调用，它与过程调用不同，它不使用堆栈，仅仅简化了程序，每调用一次，程序代码就会嵌入一次，为了与过程调用有所区分，使用宏指令的调用称为宏调用。

宏调用的格式如下：

宏指令名 [形式参数 1, 形式参数 2, …]

说明如下：

（1）调用宏指令时，参数是通过实际参数替换形式参数的方式实现传递的。

（2）实际参数的位置要与形式参数的位置一一对应，如果定义时没有形式参数，则调用时也没有实际参数。

例如，对例 16.5 进行宏调用，实现将累加器 AX 内容算术右移 5 次（位）。则定义形式参数如下：

```
SHIFT  5, AX, AR  ; 实现 AX 内容算术右移 5 次
```

3. 宏展开

宏展开就是用宏定义中的宏指令体的程序段取代源程序中的宏指令名，且用实际参数取代宏定义中的形式参数，因而宏指令体占用的存储空间与调用次数有关，调用次数越多，占用的存储空间也越大。

例如，将例 16.5 进行宏展开的指令如下：

```
MOV    CL, 5
SAR    AX, CL
```

4. 宏指令与子程序的比较

宏指令与子程序都可以简化源程序的编写，但是二者之间主要存在如下差别。

(1) 宏指令在宏展开时，用宏指令体取代宏指令名，故不会节省存储空间，但执行速度快。子程序不论被调用多少次，在目标程序中都只出现一次，因此可以节省存储空间，但执行速度慢。

(2)宏指令的位置必须放在程序的最前面，而子程序的位置可以在主程序的前面或者后面，汇编语言程序未进行严格规定。

由于篇幅所限，不能介绍全部伪指令，其余伪指令可参考其他文献。

16.2 DOS 和 BIOS 系统功能调用

在微型计算机系统中为编程用户提供了两个系统服务程序，一个是磁盘操作系统 DOS，另一个是固化在 ROM 中的基本 I/O 系统，即 BIOS。使用汇编语言编程时可以直接调用其中的功能模块（功能子程序），调用时不必了解设备的硬件结构、接口方式，也不必写烦琐的控制程序，这样既简化了程序，又能充分利用系统提供的资源。本节仅从应用角度介绍如何调用这类功能子程序。

16.2.1 DOS 系统功能调用

在 80x86 指令系统中有一条软中断指令，调用该指令的格式：INT n，其中 n 为相应的中断服务程序类型号，简称中断类型号，n 为 0～255 之间的一个整数，为查表的索引值。当 n=5～1FH 时，调用的是 BIOS 中的服务程序；当 n =20H～2FH 时，调用的是 DOS 中的服务程序。其中软中断指令 INT 21H 可以实现多种功能服务程序的调用，一般称为 DOS 系统功能调用。

DOS 提供的功能子程序主要完成文件管理、内存管理和设备管理等。DOS 的中断功能号均事先设置在 AH 寄存器，用户可根据需要选择功能号。

1. DOS 常用系统功能调用

常用 DOS 软中断（以指令的方式产生的中断）指令的功能、入口参数及出口参数见表 16.1。

表 16.1　常用 DOS 软中断指令

软中断指令	功　能	入 口 参 数	出 口 参 数
INT 20H	程序正常退出		
INT 21H	DOS 系统功能调用	AH=功能号	详见表 16.2
INT 22H	结束退出		
INT 23H	按 Ctrl+Break 组合键可退出		
INT 24H	出错退出		
INT 25H	读盘	CX=扇区数，DX=扇区号，DS:BX=缓冲区地址，AL=盘号	若 CF=1 则出错

软中断指令	功　　能	入 口 参 数	出 口 参 数
INT 26H	写盘	CX=写扇区数，DX=扇区号， DS:BX=缓冲区地址，AL=盘号	若 CF=1 则出错
INT 27H	驻留退出		
INT 28H～2FH	DOS 专用		

表 16.1 中的入口参数是在执行该软中断指令前必须设置的值，出口参数是执行软中断指令后的结果和特征。

在表 16.1 中，当类型号 n 为 22H、23H 和 24H 时用户不能直接调用相应的功能。例如，INT 23H 只有当同时按下 Ctrl 键和 Break 键时，才能实现调用。当类型号 n 为 25H、26H 时为绝对读盘和绝对写盘调用，但这种方法比较落后，除特殊用途外，基本上不采用，在系统功能调用中有比较方便的磁盘读/写方法。

2．DOS 系统功能调用方法

表 16.1 中的类型号 n 为 21H 的中断指令是用户最常用的软件中断指令，即 DOS 系统功能调用指令 INT 21H。

在执行 DOS 系统功能调用时必须按下列三个步骤进行。

（1）设置系统功能调用的入口参数，指调用前必须对相应寄存器输入的初值。

（2）将子程序功能号送入 AH，功能号是一个 1～62H 的整数。

（3）执行软中断指令 INT　21H。

在执行 DOS 系统功能调用后，如果有出口参数，一般将它放在事先指定的寄存器中，或者由屏幕显示。

由于 DOS 系统功能调用可实现的功能较多，因篇幅关系，在此仅介绍部分常用的 DOS 功能调用。表 16.2 为部分常用的 DOS 功能调用，其他系统功能调用可参考相关书籍。

表 16.2　部分常用的 DOS 功能调用（INT 21H 类型）

功能号（AH）	功 能 描 述	入 口 参 数	出 口 参 数
01H	接收键盘输入单字符，判断是否按 Ctrl+Break 组合键：是则退出正在执行的命令；否则，将键值送入 AL，同时送至显示器显示		AL=输入字符
02H	显示单字符	DL=显示字符的 ASCII 码	
05H	字符打印（将 DL 中字符送至打印机）	DL=‘待打印字符’	
06H	从键盘输入单字符并显示，不检查是否按 Ctrl+Break 组合键	DL=0FFH	AL=输入字符
	显示 DL 中的单字符，检查是否按 Ctrl+Break 组合键	DL=输出字符 （DL=00H～0FEH）	
07H	接收键盘输入单字符，但不判断是否按 Ctrl+Break 组合键，也不送至显示器显示		AL=输入字符
08H	从键盘输入单字符，与 01H 功能的区别是不送至显示器显示		AL=输入字符
09H	显示字符串	DS:DX=字符串（STR）首地址	串以“$”结束，光标随串移动

续表

功能号（AH）	功 能 描 述	入 口 参 数	出 口 参 数
25H	设置中断向量	DS: DX=中断向量 AL=中断类型号	
35H	取得中断向量	AL=中断类型号	ES: BX=中断向量
2AH	取得日期		CX: 年，DH: 月， DL: 日
2BH	设置日期	CX: 年号 DH: 月号（1～12） DL: 日号（1～31）	AL=0，设置成功 AL=0FFH，设置无效
4CH	结束当前程序，返回 DOS 系统		屏幕显示操作提示符

3. 常用 DOS 系统功能调用举例

例 16.6 要求在显示屏上显示“WELCOME！”字符串，试编写此程序。

解：汇编语言源程序如下：

```
DATA     SEGMENT                      ; 定义数据段
STR1     DB   'WELCOME!','$'          ; 定义待显示的字符串，‘$’是字符串的结束符
DATA     ENDS
CODE     SEGMENT                      ; 定义代码段
         ASSUME   CS: CODE, DS: DATA
START:   MOV   AX, DATA
         MOV   DS, AX                 ; 设置字符串的段基址
         MOV   DX, OFFSET   STR1      ; 设置字符串首地址的偏移地址
         MOV   AH, 09H                ; 设置 9 号功能（显示字符串）
         INT   21H                    ; 调用 9 号功能
         MOV   AH, 4CH                ; 设置返回 DOS 功能号
         INT   21H                    ; 返回 DOS
CODE     ENDS
         END   START                  ; 汇编结束
```

例 16.7 编写一个连续向显示器输出 0～9 的 ASCII 码字符的程序，在这 10 个数后面加一个空格，然后延时一段时间，再继续循环。

解：按题意编写如下程序：

```
DATA     SEGMENT                      ; 定义数据段
         DB   20   DUP (?)
DATA     ENDS
CODE     SEGMENT                      ; 定义代码段
         ASSUME   CS: CODE
START:   MOV    BL, 0FFH
         PUSH   BX
LOOP0:   MOV    CX, 10
LOOP1:   POP    BX
         MOV    AL, BL
         INC    AL
         DAA                          ; 为了保证是十进制数，增量后要调整
```

```
        AND     AL, 0FH             ; 保证是一位十进制数
        MOV     BL, AL
        PUSH    BX
        OR      AL, 30H             ; 转换为0～9的ASCII码字符
        MOV     DL, AL              ; 入口参数装入DL
        MOV     AH, 02H             ; 将DOS功能号02H装入AH，显示字符
        INT     21H
        LOOP    LOOP1               ; 不够10个数则继续
        MOV     CX, 0FFFFH          ; 延时
LOOP2:  DEC     CX
        JNE     LOOP2
        JMP     LOOP0
CODE    ENDS
        END     START
```

16.2.2 BIOS系统功能调用

BIOS是固化在系统板ROM中的I/O设备处理软件和许多常用的例行程序，可直接对外设进行输入和输出操作。用户通过中断方式，用软中断指令INT n（n是中断类型号）实现BIOS系统功能调用，每个功能模块的入口地址都在中断向量表中，功能号也事先设置到AH寄存器。调用方法与DOS系统功能调用类似，其功能及入口参数设置等详见参考文献［4］。

1．常用的BIOS中断类型

BIOS中断类型较多，在此仅介绍几种常用的BIOS中断类型。

（1）INT 10H：显示器中断调用（AH=0～0FH）。

BIOS中显示器中断调用功能比DOS中的强，主要功能包括设置显示方式、设置光标的位置与大小、设置调色板号、显示字符、显示图形等。

（2）INT 14H：串行口功能调用（AH=0～3）。

串行口的功能主要包括向串行口写字符、发字符以及读串行口的状态等。

（3）INT 16H：键盘输入功能调用（AH=0、1、2）。

键盘输入功能中的0、1号与DOS调用功能类似，只是比DOS调用功能给出的信息更多。例如，0号功能，调用一次不仅在AL中可获得ASCII码，在AH中还可获得扩充码（扫描码）。

（4）INT 17H　打印机中断调用（AH=0、1、2）。

打印机中断调用0、1号功能，与DOS调用类似，但它还需要提供打印机号，2号功能可以获取打印机状态。

2．常用BIOS中断调用举例

例16.8　通过按Y键和N键实现程序的分支转移，按其他键转出错处理程序。

解：

```
    MOV     AH, 0           ; 置0号功能
    INT     16H             ; 从键盘读一个字符，将输入字符的扫描码装入AH
    CMP     AH, 15H         ; Y键的扫描码是15H
    JE      L1
    CMP     AH, 2DH         ; N键的扫描码是2DH
    JE      L2
```

```
        JMP    ERR
L1:     …                        ; 按 Y 键功能段
        …
L2:     …                        ; 按 N 键功能段
        …
ERR:    …
```

16.3 汇编语言程序设计举例

8086 汇编语言程序设计步骤与 80C51 汇编语言程序基本相同，程序结构也分为顺序结构、分支结构、循环结构和子程序结构，由于顺序结构包含在各种结构中，所以本节就不专门介绍这种结构，重点介绍其他三种结构，而它们的设计方法与 80C51 汇编语言程序基本相同，只是具体实现的指令有差别，所以本节只介绍实例。

16.3.1 循环结构程序举例

例 16.9 在内存的 ME1 单元中有一个 16 位二进制数，要求统计出该单元中含 1 的个数，并存入 ME2 单元，试编写此程序。

解：用 CX 寄存器作为计 1 计数器，采用移位方法统计 1 的个数。

汇编语言源程序如下：

```
DSEG    SEGMENT
ME1     DW   6543H
ME2     DW   ?
DSEG    ENDS
CSEG    SEGMENT
        ASSUME CS: CSEG, DS: DSEG
START:  MOV    AX, DSEG
        MOV    DS, AX            ; 初始化 DS
        MOV    CX, 0             ; 计 1 计数器清零
        MOV    AX, ME1           ; 取 ME1 内容到 AX
L1:     AND    AX, AX            ; 判断是否 AX=0
        JZ     EXIT              ; 移位完结束
        SAL    AX, 1             ; 算术左移
        JNC    L2                ; 每移一位，判断是否为 1
        INC    CX                ; 若为 1，则 CX 加 1
L2:     JMP    L1                ; 没有移完则继续
EXIT:   MOV    ME2, CX           ; 保存结果
        MOV    AX, 4C00H         ; 4CH 是程序结束功能号，0 是自定义的返回码
        INT    21H               ; 程序结束，返回调用进程
CSEG    ENDS
        END    START
```

上述程序为编写较完整的程序，以下例题为节省篇幅，多数仅写出程序段。

例 16.10 已知从地址 BUF 开始的存储单元中存放着 50 字节的数据块，编程统计数据块中负数的个数，并将其存放到 NUM 单元中。

解：程序段如下：

```
START:  MOV     AX, DATA        ; 设置段基址
        MOV     DS, AX
        LEA     SI, BUF         ; 设置数据块指针
        MOV     CX, 50          ; 设置循环次数
        MOV     BL, 0
LP1:    MOV     AL, [SI]        ; 从该数据块取 1 字节数据
        OR      AL, AL          ; 设置状态标志
        JNS     LP2             ; 非负数则转移
        INC     BL              ; 为负数则计数器加 1
LP2:    INC     SI              ; 地址指针加 1
        LOOP    LP1             ; CX 不为 0，则继续循环
        MOV     NUM, BL         ; 负数的个数存放到 NUM 单元中
        END     START
```

16.3.2 分支结构程序举例

8086 指令系统的分支条件比 80C51 指令系统更丰富和全面，因而编程也更加灵活。设计分支结构程序的关键是如何选择和判断分支条件。

例 16.11 根据 X 的值（0～15），编写计算下述函数式的程序。设变量 X 存放在 VAL1 单元中，结果存入 VAL2 单元。

$$Y=\begin{cases} X^2-1, & X<5 \\ X^2+8, & 10\geqslant X\geqslant 5 \\ 41, & X>10 \end{cases}$$

解：本题需要采用分支结构程序设计，根据题意，首先计算 X^2 并将结果暂存于 BL 中，然后根据 X 值的范围，确定 Y 的值。

程序段如下：

```
        MOV     AL, VAL1
        MOV     BL, AL
        MUL     BL              ; X²→AX
        MOV     BL, AL          ; X² →BL
        MOV     AL, VAL1        ; 重新把 X 装入 AL
        CMP     AL, 5
L1：    JL      L2              ; X<5 转 L2
        MOV     DL, 41          ; 先假设 X>10
        CMP     AL, 10          ; X 与 10 比较
L3：    JG      L4              ; X>10 转 L4
        MOV     AL, BL
        ADD     AL, 08          ; 10 ≥ X ≥ 5 ,Y=X²+8
        MOV     DL, AL
        JMP     L4
L2：    MOV     AL, BL
        CLC
        SUB     AL, 01          ; X<5，Y=X²-1
```

```
        MOV   DL, AL
L4:     MOV   VAL2, DL
```

例 16.12 在一个段内设有 6 个子程序，已知其入口地址分别为 SUB0，SUB1，…，SUB5，依次放在从 TAB 开始的地址表中，每个地址占两字节。当从键盘输入 0～5 中任一数字 *i* 时，便可转移到相应的分支程序中执行。

解：设地址表首地址为 TAB，根据输入的数字 *i* 计算查表地址。

查表地址=转移表首地址+偏移地址=TAB+2*i*（*i*=0～5 中任一值）

源程序段如下：

```
DSG      SEGMENT
TAB      DW  SUB0, SUB1, SUB2, SUB3, SUB4, SUB5  ；定义入口地址表
KEYIN    DB ?                           ；定义一字节的键盘输入数字
DSG      ENDS
SSG      SEGMENT   PARA   STACK   'STACK'
         DW   20   DUP(?)
SSG      ENDS
CODE     SEGMENT
         ASSUME   CS: CODE, DS: DSG, SS: SSG
START:   MOV   AX, DSG
         MOV   DS, AX
LL:      MOV   AH, 01                   ；输入功能号，准备从键盘输入
         INT   21H                      ；DOS 的 1 号功能调用，输入数在 AL 中
         MOV   AH, 0
         AND   AL, 0FH
         SHL   AL, 1                    ；AL 中内容乘 2
         MOV   BX, OFFSET   TAB         ；转移表首地址送入 BX
         ADD   BX, AX                   ；求查表地址
         JMP   WORD PTR[BX]             ；转入相应入口地址
SUB0:    …                              ；第 1 个分支程序入口
         JMP   LL
SUB1:    …
         JMP   LL
…        …
SUB5:    …                              ；第 6 个分支程序入口
         JMP   LL
CODE     ENDS
         END   START
```

16.3.3 子程序结构程序举例

例 16.13 用汇编语言编程实现把从键盘上输入的大写字母转换为小写字母并输出到屏幕上。

解：已知小写英文字母 a，b，c，…，z 的 ASCII 码比大写英文字母 A，B，C，…，Z 的 ACSII 码多 20H，故要实现转换必须把相应的 ASCII 码加上 20H。

源程序如下：

```
CODE    SEGMENT
        ASSUME   CS: CODE,   DS: DATA
MSG     DB      'ERR1!', '$'        ; 定义输出字符串，必须以“$”字符结束
START:  MOV     AH, 1               ; DOS 的 1 号功能调用
        INT     21H
        CALL    SUB1                ; 调用子程序 SUB1
        JC      ERR                 ; 子程序执行后，如果 CF=1，表示不是大写字母
        ADD     AL, 20H             ; CF=0，将大写字母转换为小写字母
        MOV     DL, AL
        MOV     AH, 02              ; 设置 2 号功能调用
        INT     21H                 ; 显示小写字母
        MOV     AH, 4CH
        INT     21H                 ; 返回 DOS
ERR:    MOV     DX, OFFSET   MSG
        MOV     AH, 9
        INT     21H                 ; DOS 的 9 号功能调用，显示字符串
        JMP     START               ; 循环输入判断
SUB1    PROC
        CMP     AL, 'A'
        JB      FF1
        CMP     AL, 'Z'
        JA      FF1
        CLC                         ; AL 中的字符是大写字母，CF 清零
        RET
FF1:    STC                         ; AL 中的字符不是大写字母，CF 置位
        RET
SUB1    ENDP
CODE    ENDS
        END     START
```

例 16.13 中，子程序的入口参数和出口参数都是通过寄存器 AL 传递的。

例 16.14 设数据段中有 ARY1 和 ARY2 两个字数组，要求利用存储器传递参数法编写子程序，对数据段中两个字数组分别求和，求得的和分别存入 SUM1 和 SUM2 两个字单元，忽略求和时的溢出。

解：源程序如下：

```
DATA    SEGMENT
ARY1    DW   10   DUP  （1）          ; 定义字数组 1
SUM1    DW   ?
ARY2    DW   20   DUP  （4）          ; 定义字数组 2
SUM2    DW   ?
DATA    ENDS
STACK   SEGMENT   PARA   STACK   'STACK'
        DB         50    DUP  （？）
STACK   ENDS
```

```
CODE    SEGMENT
        ASSUME  CS: CODE,   DS: DATA,   SS: STACK
START:  MOV     AX, DATA
        MOV     DS, AX
        LEA     SI, ARY1                ; 字数组 1 首地址
        MOV     CX, LENGTH  ARY1        ; 字数组 1 长度
        CALL    SUM                     ; 调用求和子程序
        MOV     SUM1, AX                ; 将和送至单元 SUM1
        LEA     SI, ARY2                ; 数组 2 首地址
        MOV     CX, LENGTH  ARY2        ; 数组 2 长度
        CALL    SUM                     ; 再调用求和子程序
        MOV     SUM2, AX
        MOV     AH, 4CH
        INT     21H
SUM     PROC    NEAR                    ; 求和子程序
        XOR     AX, AX                  ; AX 清零
L1:     ADD     AX, WORD  PTR[SI]       ; 加数组元素
        INC     SI
        INC     SI
        LOOP    L1
        RET                             ; 子程序返回
SUM     ENDP                            ; 子程序结束
CODE    ENDS
        END     START
```

8086 汇编语言程序的编辑、汇编和调试过程与 80C51 汇编语言程序类似，只是所采用的软件不完全相同。8086 汇编语言程序的编辑通常采用 EDIT，也可以用其他的文本编辑软件，程序的汇编常采用 ASM 和 MASM，调试程序大多数采用 DEBUG。由于篇幅关系，在此不介绍，可参考相关文献。

思考与练习

1．在汇编语言源程序中，主要有哪几种运算符？举例说明 PTR 操作符的格式与功能。

2．分别用 DB、DW、DD 伪指令写出在变量 ARE1 开始的连续 8 字节单元中依次存放数据 12H、34H、56H、78H、90H、21H、88H、99H 的定义语句。

3．设有两个 32 位无符号数 X 和 Y，Z 是 16 位无符号数，编写计算（$X-Y+25$）/Z 的程序，要求将商和余数分别存放在起始单元为 M1 和 M2 的存储区中。

4．编程实现：将从偏移地址 2000H 开始的 50 字节传送到从偏移地址 1000H 开始的单元中。

5．设有 2 个有符号字数据 X 和 Y，编写程序计算 $|X-Y|$ 的值，并将结果存入 M3 单元中。

6．在内存中，自 M1 开始的 11 个单元中，连续存放 0～10 的平方值，任给一个数 x（$0 \leq x \leq 10$）存放在 M2 单元中，查表求 x 的平方值，并将结果存放在 M3 单元中。

7．从键盘输入一个字符，判断其是否为大写字母，如果是则输出这个大写字母，如果不是，则输出“这不是一个大写字母”的英文语句。要求能连续输入直到输入“#”结束。

8．有一个数据长度为 50 的字类型数据串，找出其中大于零、等于零和小于零的数据个数，并存放于原

数据串之后。

9. 编程实现：从键盘上输入任意一个字符，将该字符的 ASCII 码以二进制形式显示输出。例如，输入“B”，则运行时在屏幕上显示“01000010B”。

10．编写将 16 位二进制数转换成 4 位十六进制数的 ASCII 码的子程序。

11．编程实现显示字符串"Welcome to MASM !"

12．将内存中以 M1 为起始单元存储的一组 8 位有符号数按从小到大排列。

13．编写程序，将下列两个多字数据相加，并保存结果。

DATA1=548FB9963CE7H，DATA2=3FCD4FA23B8DH

14．编程实现：两个 16 位的十进制数以压缩 BCD 码的形式存放在内存中，并求两个数的和。

15．有两个用非压缩 BCD 码表示的 3 位十进制数，分别存放在起始单元为 M1 和 M2 的存储区中。编程求这两个数相加的绝对值，将结果存放在起始单元为 DG 的存储区中，低字节存放在低地址，高字节存放在高地址，同时在屏幕上显示运算结果。

16．将一个 16 位二进制数转换为十进制数，形成的十进制数以 ASCII 码形式表示。

17．要求从键盘输入 3 个字的十六进制数，并根据对这 3 个数的比较显示如下信息：

（1）如果 3 个数都不相等则显示 0。

（2）如果 3 个数中有两个数相等则显示 2。

（3）如果 3 个数都相等则显示 3。

编写程序实现上述要求。

18．编写两个 4 字节的 BCD 码（8 位十进制数）的加法运算程序。

第 17 章　微型计算机的中断系统

在微型计算机中中断的概念与作用与单片机中的相同，但它的中断系统的结构、功能、中断源与单片机不完全相同。本章以 8086 CPU 为例，讲述它的中断结构、中断源、中断处理过程、中断向量表以及 NMI 和 INTR 的区别，并介绍中断控制器 8259A 的内部结构、外部引脚、工作原理及其使用方法。

17.1　8086 的中断结构

8086 具有一个简单而灵活的中断系统，它最多可以处理 256 种中断，其值为 0～255，启动中断既可以用软件，也可以用硬件。

17.1.1　中断源

8086 的中断源可以分为两大类，即外部中断和内部中断。外部中断也称为硬件中断，是由 CPU 外部引脚触发的一种中断；内部中断也称为异常中断，是由 CPU 检测到异常情况或执行软件中断指令引起的一种中断，它们属于非屏蔽中断。图 17.1 表示了 8086 CPU 的中断源结构，图中虚线框内的是内部中断，虚线框外的是外部中断，下面分别予以介绍。

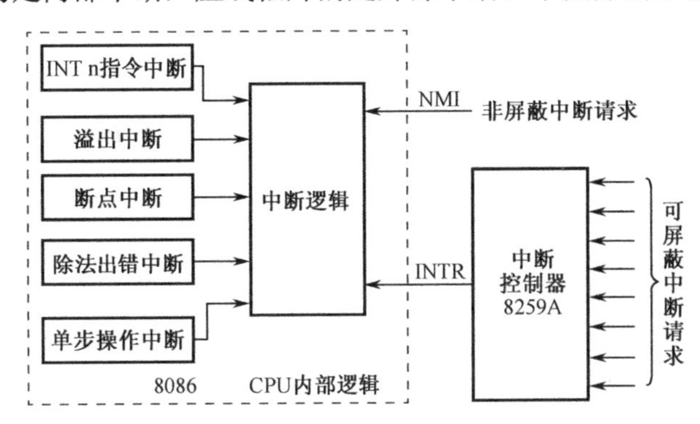

图 17.1　8086 CPU 的中断源结构

1．外部中断

外部中断来自 CPU 外部的接口芯片，是由用户确定的硬件中断，又分为可屏蔽中断 INTR 和非屏蔽中断 NMI。

1）可屏蔽中断

当 CPU 的 INTR 引脚接收到一个请求（正跳变）信号，且中断允许标志 IF=1 时，产生一次可屏蔽中断。当 IF=0 时，可屏蔽中断请求信号被屏蔽，此类中断请求信号通常经过可编程中断控制器 8259A 管理之后发出，并由 INTR 引脚输入 CPU。

2）**非屏蔽中断**

当CPU的NMI引脚接收到一个请求（正跳变）信号时，则产生一次非屏蔽中断。中断允许标志IF不能屏蔽该信号，只要有非屏蔽中断请求信号到达，CPU就立即响应，因此常用于对系统中发生的某种紧急事件的处理。

8086要求NMI信号变成高电平后保持两个时钟周期以上的宽度，以便进行锁存，等待当前指令完成之后再予以响应。

2. 内部中断

内部中断包括除法出错中断、INT n指令中断、溢出中断（INTO）、断点中断和单步操作中断。

1）**除法出错中断**

在CPU进行除法运算时，若除数为零或太小，使商超出了目标寄存器所能存放的最大值，导致除法出错，则CPU立即产生被零除中断，其类型号是0。

2）**INT n指令中断**

INT n是8086指令系统中的一条软中断指令，CPU执行一条这样的指令，即发生一次中断。

3）**溢出中断**

当执行有符号数算术运算指令时，如果溢出标志OF=1，则执行指令INTO，产生溢出中断。溢出中断的类型号是4。

4）**断点中断**

断点中断即INT 3指令中断，中断类型号是3，是专供设断点用的，是INT n指令的特例。可方便地把INT 3指令插入程序的任何地方，在插入处程序停止执行。断点中断通常用于调试程序。

5）**单步操作中断**

单步操作中断用于调试程序，当标志寄存器FLAGS中的跟踪标志TF=1，且中断允许标志IF=1时，每执行一条指令就引起一次中断。单步操作中断的类型号是1。

8086系统的中断源优先级由高到低的顺序为：除法出错→INT n指令中断→溢出中断→NMI→INTR→单步操作中断。

除法出错、溢出中断和INT n指令中断是优先级较高的中断源，以后按优先级顺序查询NMI和INTR，单步操作中断优先级最低。INTR和单步操作中断还要求中断标志位IF=1才能响应。

17.1.2 中断向量

每一个中断源都有一个相应的中断服务程序入口地址，称其为中断向量。在8086中，这些中断向量集中存放在一个区域，构成一个表，称为中断向量表，也称为中断指针表，如图17.2所示。

8086可设置256个中断入口地址，顺序存放，序号称为中断类型号，用*n*表示（称*n*为向量号）。类型号为*n*的中断服务程序入口地址（CS: IP），事先存放在物理地址为4*n*（段基址为0）的4个存储单元中，如图17.2所示。这4个存储单元称为类型号为*n*的中断向量（向量）。

n 为单字节数，取值范围为 0～255，这些类型的向量共占 1 KB，从最低物理地址 0 开始，顺序排到 3FFH。

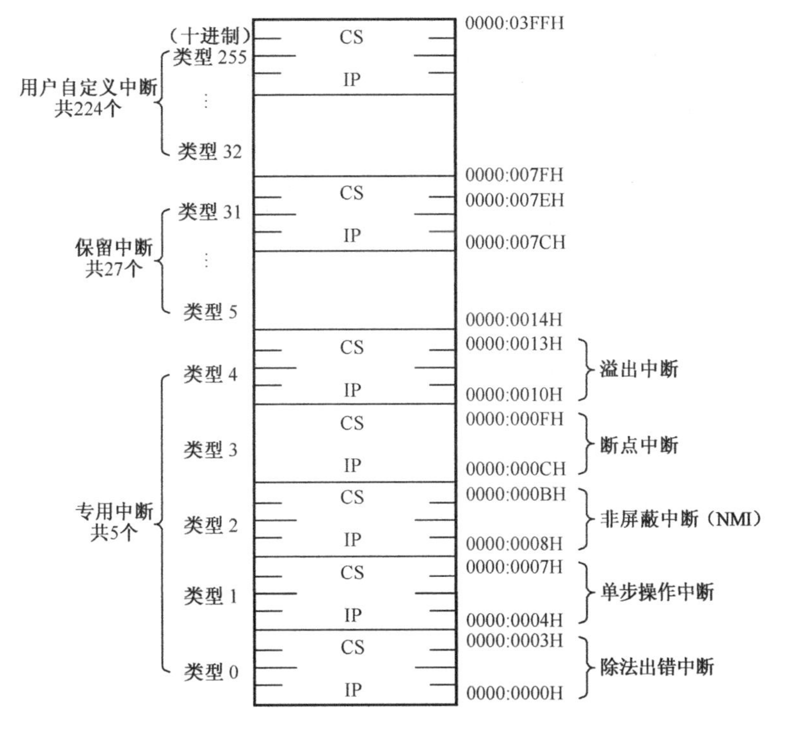

图 17.2　8086 的中断向量表

中断响应时，CPU 用获得的中断类型号 n 乘以 4，得到中断向量表的入口地址 $4n$，然后把此入口地址开始的 4 字节中的两个低字节内容装入指令指针寄存器 IP，即（$4n$: $4n$+1）→IP；再把两个高字节的内容装入代码段寄存器 CS，即（$4n$+2: $4n$+3）→CS，这样就可以把 CPU 引导至类型 n 中断服务程序的起点，于是就开始执行中断服务程序，整个过程完全是由 CPU 自动实现的。

在中断向量表中，第一类 5 个专用中断是由 8086 内部设定的，用户不能修改。

第二类从类型 5 到类型 31 共有 27 个中断是系统保留的中断，这是 Intel 公司为开发软、硬件保留的中断指针，用户不应使用。这类中断一般用于 BIOS 中断调用，参考本书 16.2 节。

第三类从类型 32 到类型 255 共 224 个中断是用户自定义中断，类型号是 32～255，这些中断类型号和中断向量可由用户指定。这类中断可以是由 INT n 指令引入的 DOS 软中断，参考本书 16.2 节，也可以是通过 INTR 引脚引入的可屏蔽中断，参考本书 17.2 节。

用户自定义中断在使用之前，必须采用一定的方法，将中断服务程序的入口地址置入与类型号相对应的中断向量表中，完成中断向量表的设置。一般可以采用如下两种方法：

第一种方法是用 MOV 指令直接进行传送。即将中断服务程序入口地址偏移量存放到物理地址为 $4n$（n 为中断类型号）的字单元中。然后将中断服务程序入口地址的段基址存放到物理地址为 $4n$+2 的字单元中。

第二种方法是采用 DOS 功能调用的方法。通过执行 INT 21H 指令，把中断服务程序的入口地址置入中断向量表中。在执行该功能调用之前，应预置的参数如下：

（1）AH 中置入功能号 25H；

（2）AL 中置入中断类型号；

（3）DS: DX 中置入中断服务程序的入口地址（包括段基址和偏移地址）。

按以上要求置入各参数后，执行指令 INT 21H，就把中断服务程序的入口地址置入中断向量表内的适当位置了。

例如，要装入中断类型号为 06H 的中断向量，程序段如下：

```
        MOV   AX, CS
        MOV   DS, AX                    ; 中断服务程序的段基址
        MOV   DX, OFFSET   INT_SUB      ; 中断服务程序的偏移地址
        MOV   AX, 2506H                 ; 06H 为中断类型号
        INT   21H
        …
INT_SUB:                                ; 中断服务程序
```

17.1.3 中断处理过程

8086 的中断处理过程与单片机类似，但又不完全相同。当中断源发出中断请求，并且满足 CPU 响应中断请求的条件（详见第 1 篇）后，操作步骤如下。

1）获得中断类型号

CPU 在执行完当前指令后，要连续产生两个中断响应周期，在第二个中断响应周期中，CPU 从中断管理电路中获得中断类型号 n。

2）保护断点

将 CPU 的标志寄存器 FLAGS 内容压入堆栈，然后清除 FLAGS 的 IF 和 TF 位；再将代码段寄存器 CS 和指令指针寄存器 IP 的内容压入堆栈。至此，在栈顶 6 个单元中保存了返回断点时所需要的信息。中断时的堆栈操作过程如图 17.3 所示。保护断点的过程是由硬件自动实现的，不需要入栈指令。

3）转入中断服务程序

每个中断服务程序的入口地址包括 CS 和 IP 的内容，共 4 字节。在中断响应时，根据中断类型号 n，在中断向量表中从地址 0000: 4n 开始连续取 4 个单元内容分别装入 IP 和 CS，然后 CPU 以新的 CS: IP 为入口，转入中断服务程序。

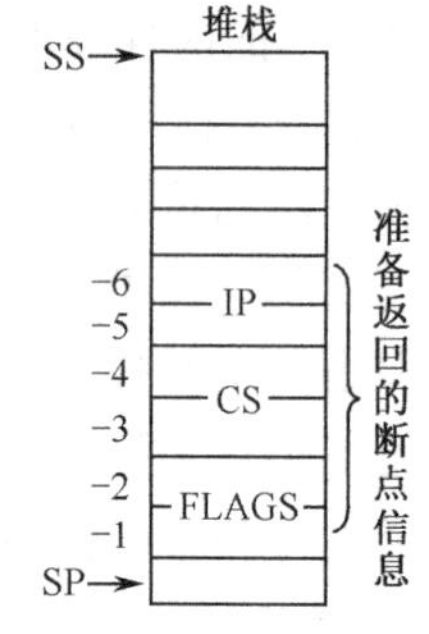

图 17.3 中断时的堆栈操作

4）返回断点

中断服务完成后，子程序的最后一条指令是中断返回指令 IRET。执行该指令，将栈顶 6 个单元的内容依次弹出到 IP、CS 和 FLAGS，只要中断返回时和中断响应时栈顶是一致的，就可恢复中断前的情况，于是返回断点，继续执行主程序。

以上 4 步都是由硬件自动实现的，不需人工干预。

5）现场的保护和恢复

现场指 CPU 内部除 CS、IP、FLAGS 外，主程序用到的其他寄存器内容。由于中断发生的随机性，响应中断请求时 CPU 内部的这些寄存器可能存放着主程序运行的中间数据，为保护这些数据，通常在中断服务程序的开始，用入栈指令将服务程序中会重新赋值的所有寄存器内容顺序推入堆栈（保护现场）；在中断服务程序结束前又安排相等数目的出栈指令，将栈顶

的内容弹出给这些寄存器（恢复现场），上述过程需编程实现。

为了保证断点和现场的正确恢复，中断服务程序中的入栈、出栈指令一般要成对使用，而且入栈、出栈指令中寄存器的排列顺序应符合“先进后出”原则。只有正确地恢复了断点，程序才能顺利地回到断点处，执行下一条指令。

对于用户自定义中断，在启动中断服务程序前，主程序中应该进行如下初始化操作：

（1）设置中断向量，将中断服务程序的入口地址设置在与类型号相对应的中断向量表中；

（2）清除用户设备中的中断屏蔽位；

（3）CPU 开中断（采用 STI 指令使 IF=1）。

17.2　可编程中断控制器 8259A

在微型计算机系统的微处理器芯片中不包含可屏蔽中断的控制管理功能，且微处理器只有一个可屏蔽中断引脚 INTR 和一个非屏蔽中断引脚 NMI，而计算机有很多外设，因而要实现和完善中断系统的功能必须配置专门的中断控制管理芯片。在早期的 80x86 系统中均采用 Intel 8259A 可编程中断控制器，该芯片几乎集成了与中断控制有关的所有功能，如中断锁存、优先权排队、中断屏蔽等，并且通过多片级联，最多可构成 64 级优先中断控制系统。后来随着集成电路技术的发展，已经把该芯片的功能集成到主板控制芯片组中，但它的基本工作原理和作用没有改变，对于用户而言，中断系统的硬件与软件功能仍然保持与 8259A 兼容，所以了解 8259A 的结构及工作原理，有利于熟悉和理解微型计算机系统中断响应和处理过程。

17.2.1　8259A 的引脚与结构

1. 8259A 的引脚

8259A 的引脚如图 17.4 所示。各引脚信号如下所述。

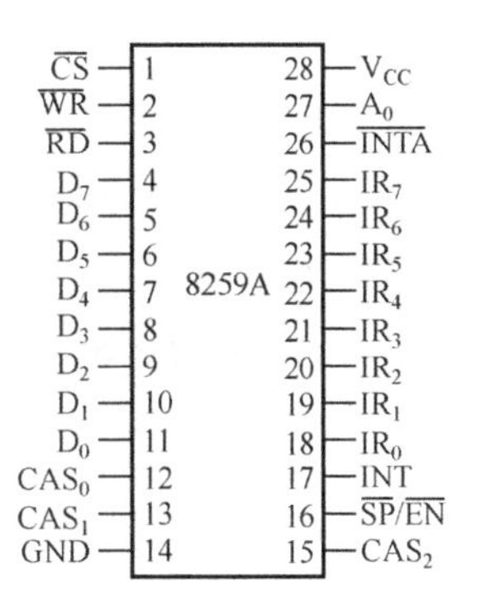

图 17.4　8259A 的引脚图

（1）$\overline{CS}$：片选输入信号，低电平有效。

（2）$\overline{WR}$：写控制信号，低电平有效。

（3）$\overline{RD}$：读控制信号，低电平有效。

（4）D_0～D_7：双向三态数据信号。

（5）CAS_0～CAS_2：级联控制信号，用来控制 8259A 的主从式级联结构。当只使用单片 8259A 时，不使用这些信号。

（6）$\overline{SP}/\overline{EN}$：从片编程/允许缓冲信号，双向，低电平有效。该信号有两种功能：当 8259A 工作在缓冲方式时，它是输出信号，用作允许缓冲器接收和发送的控制信号（$\overline{EN}$）；在多片 8259A 级联时，是输入信号，用于判断该 8259A 是主片还是从片。

（7）INT：由 8259A 向 CPU 输出的中断请求信号。

（8）IR_0～IR_7：8 个中断请求输入信号，接收来自外设接口的中断请求。

（9）$\overline{INTA}$：输入信号，是由 CPU 发送至 8259A 的中断响应信号。

（10）A_0：地址选择信号，用于选择 8259A 内部的两个可编程寄存器。

2. 8259A 的结构

8259A 是一种可编程外部中断控制器，每片 8259A 可以管理 8 级外部中断，包括中断屏蔽、中断优先权、中断向量管理等，通过多片8259A级联，最多可构成64级优先中断控制系统。8259A的内部结构框图如图17.5所示。通过对8259A内部各部分作用的了解，可在一定程度上了解其工作原理。

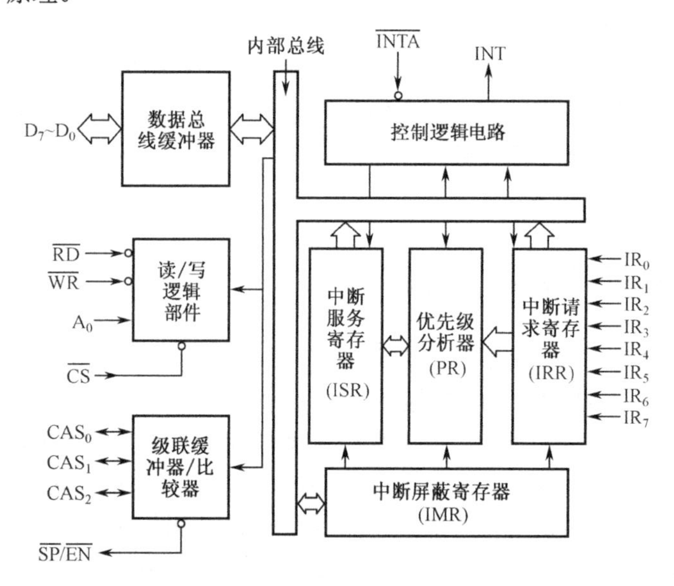

图 17.5　8259A 的内部结构框图

1）中断请求寄存器

中断请求寄存器（IRR）用于寄存要求服务的中断请求，当8条中断服务请求线的任何一条的信号有效时，IRR中相应位就置1。

2）中断服务寄存器

中断服务寄存器（ISR）用于寄存正在被服务的中断请求，当任何一级中断被响应时，ISR的相应位就置1，直至该中断处理结束。

3）中断屏蔽寄存器

中断屏蔽寄存器（IMR）用于存放中断级的屏蔽码，当某位为1时，表示屏蔽该级中断。

4）优先级分析器

优先级分析器（PR）也称为优先级判别器，用于确定IRR中各位的优先等级。

5）控制逻辑电路

根据优先级分析器的请求向CPU发送中断请求信号INT，该信号与CPU的可屏蔽中断引脚INTR相接；同时接收CPU发送的中断响应信号，并进行相应处理。

6）读/写逻辑部件

读/写逻辑部件用于接收CPU的读/写命令。在读/写逻辑部件中有初始化命令寄存器组和操作命令寄存器组，这是两组可编程控制寄存器，通过 A_0 再配合 $\overline{RD}$ 、$\overline{WR}$ 信号选择这些寄存器，实现规定的操作。

7）数据总线缓冲器

数据总线缓冲器用于连接系统数据总线和8259A内部的总线。

8）级联缓冲器/比较器

级联缓冲器/比较器用于控制多片 8259A 的级联，以实现多片 8259A 的管理和选择功能。多片 8259A 级联时，一片 8259A 为主片，其余为从片。

17.2.2 8259A 的工作过程及工作方式

1. 8259A 的工作过程

在使用 8259A 之前，首先要对其进行初始化和对其操作方式进行编程。根据应用需要将初始化命令字 ICW_1～ICW_4 和操作命令字 OCW_1～OCW_3 分别写入初始化命令寄存器组和操作命令寄存器组，使其处于准备就绪状态，此时 8259A 随时可接收外部的中断请求信号。一旦有中断请求信号，8259A 的响应和处理过程如下：

（1）当中断请求输入信号 IR_0～IR_7 中有一个或者多个电平有效时，则 IRR 的相应位置 1。

（2）从中断请求输入信号中选择优先级最高的中断请求，与 ISR 中的中断请求比较，如果新请求的中断优先级比正在服务中的中断优先级高，则 8259A 通过 INT 引脚向 CPU 发送中断申请。

（3）如果 CPU 处于开中断状态，则在当前指令执行完毕后，发出 $\overline{INTA}$ 信号响应。

（4）8259A 在接到第一个 $\overline{INTA}$ 信号后，使优先级最高的 ISR 位置 1，而相应的 IRR 位清零。在该中断响应周期中，8259A 没有向系统总线发送任何信息。

（5）CPU 输出第二个 $\overline{INTA}$ 信号，启动第二个中断响应周期。此时 8259A 向数据总线发送中断类型号。CPU 读取中断类型号后获得中断服务程序入口地址，开始执行中断程序。

（6）发出中断结束命令后返回断点。中断服务程序结束前，CPU 向 8259A 发出中断结束（End of Interrupt，EOI）命令，使 ISR 中的相应位复位，然后才可返回断点。

2. 8259A 的工作方式

8259A 的工作方式有中断优先级管理方式、中断结束方式、中断屏蔽方式、优先级循环方式、中断请求触发方式 5 类，可通过编程选择。

1）中断优先级管理方式

中断优先级管理方式具有以下 4 种。

（1）普通完全嵌套方式。这是一种固定优先级的方式，固定为 IR_0 优先级最高，IR_7 优先级最低。8259A 初始化后自动进入此方式，在此方式工作时不响应同一级和低一级的中断请求。

（2）特殊完全嵌套方式。此方式与普通完全嵌套方式的区别是允许同一级中断请求中断当前的服务程序。

（3）中断循环方式。中断循环方式是当某一中断请求处理完后，其优先级自动降为最低，而排在其后面的一个中断请求优先级升为最高，其余以此类推。

（4）优先级特殊循环方式。这种方式是当某一中断请求处理完后，由程序设置某一中断源为最低优先级，其后为最高优先级。

2）中断结束方式

中断结束方式是指中断结束后对 ISR 中相应位的处理方式，有如下 3 种。

（1）自动 EOI 方式。该方式只适用于系统中只有一片 8259A 和没有中断嵌套的情况，这种方式是在 8259A 接到第二个中断响应信号 $\overline{INTA}$ 后，自动将 ISR 中的相应位复位的。

（2）普通 EOI 方式。该方式适用于完全嵌套方式，是在中断服务程序结束时向 8259A 发出普通中断结束命令字，使 ISR 中优先级最高的一位清零，表示当前中断处理结束。

（3）特殊 EOI 方式。该方式适用于非完全嵌套方式，是在中断服务程序结束之前向 8259A 发出特殊中断结束命令字，以确定 ISR 哪一位清零。

3）中断屏蔽方式

（1）普通屏蔽方式。该方式通过编程将 IMR 中的相应位置 1。

（2）特殊屏蔽方式。该方式允许优先权级别低的中断请求中断正在执行的高级别的中断程序。

4）优先级循环方式

优先级循环方式与中断结束方式有关，有以下 3 种：

（1）固定优先级方式：IR0 的优先级为最高，IR7 的优先级为最低。

（2）普通 EOI 循环方式：收到 EOI 命令（详见 17.2.4 节）后，ISR 中正在服务的中断源标志位清零，其优先级变为最低，其后的中断源优先级为最高。

（3）特殊 EOI 循环方式：通过编程指定最低优先级中断源，其余顺序排列。

5）中断请求触发方式

中断请求有两种触发方式，即电平触发方式和边沿触发方式，由初始化命令字 ICW_1 决定。

17.2.3 8259A 的级联

在实际应用中外部的中断源可能不止 8 个，这时就需要对可输入的中断源进行扩展。

8259A 可以单片工作，也可以多片级联工作，级联时是用一片 8259A 作为主控制器，而其各个 IR 输入端均可以另接一片 8259A 作为从控制器，这样可输入的中断源最多可以扩展至 64 个。其中一片 8259A 是主片，$\overline{SP}/\overline{EN}$ 端接高电位，其 CAS_2～CAS_0 输出 3 位编码选择从片，从片的 $\overline{SP}/\overline{EN}$ 端接地，它们的 CAS_2～CAS_0 为输入端，对应接主片的 CAS_2～CAS_0，接收主片发出的从片选择编码。而每个从片的 IR_7～IR_0 可以管理 8 个中断源。8 个从片的 INT 信号顺序接至主片的 IR_7～IR_0，这样用 9 片 8259A 按级联方式接起来后，可以直接管理 64 个中断源。图 17.6 是扩展了一片 8259A 的例子，图中主片（8259A）在其 IR_2 引脚上扩展了一个从片（8259A），于是又增加了 8 个中断请求端 IRQ_8～IRQ_{15}。图中定义主片中断向量初值从 08H 开始，从片中断向量初值从 70H 开始。

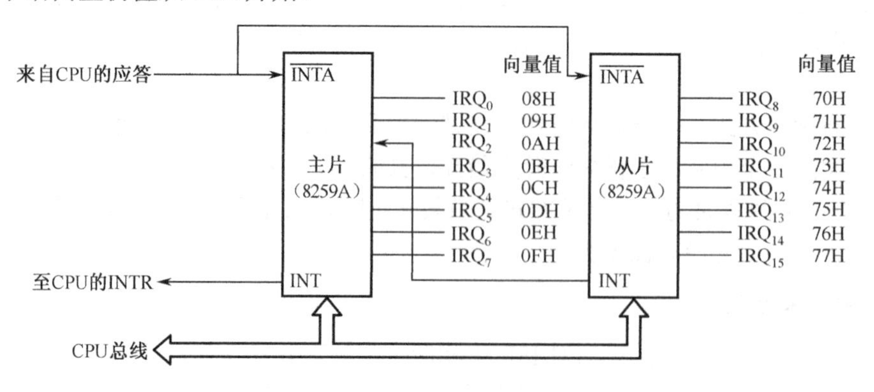

图 17.6 8259A 的级联举例

17.2.4　8259A 的编程

在使用 8259A 时，必须用程序选定其工作状态，如各中断请求信号的优先权分配、中断屏蔽等。每一种状态都由一个命令字或一个命令字中的某些位来规定，并根据命令字配置自己的工作方式。8259A 的命令字分为初始化命令字（Initialization Command Word，ICW）和操作命令字（Operation Command Word，OCW）两种，因此，8259A 的编程也分为初始化编程和操作编程两步。初始化编程后一般不再改变，而操作命令字可以在中断开始前写，也可以在工作过程中写，目的是对中断处理过程进行动态控制。

1．8259A 的初始化编程

8259A 工作前必须先进行初始化编程，然后进行操作编程。初始化编程由写入 ICW_1（称为主初始化命令字）开始，然后写入 ICW_2。至于是否写入 ICW_3 和 ICW_4，取决于 ICW_1 的内容。

下面介绍每个初始化命令字各位的作用。

1）ICW_1

当地址 A_0=0 时，若对 8259A 写入一个 D_4=1 的字节，则会启动其初始化编程。写入的字节被当成 ICW_1，D_4=1 是其特征标志位，其余各位的作用如图 17.7 所示 。

D_1=1 表示单片 8259A 工作，不用写 ICW_3；D_1=0 表示系统中有多片 8259A 级联工作，需要写 ICW_3。在级联方式下 D_1 位均为 0。

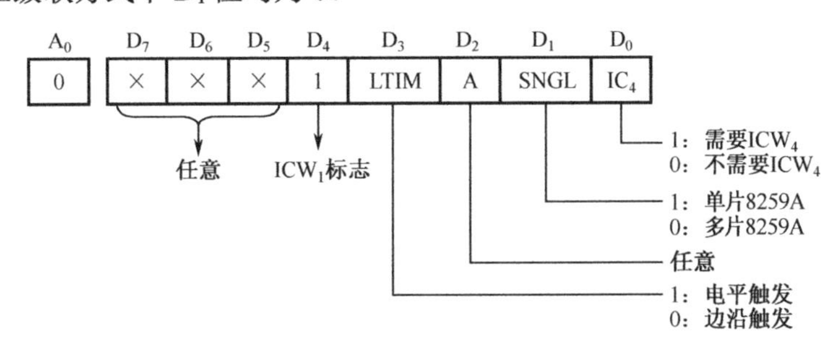

图 17.7　初始化命令字 ICW_1 各位及作用

2）ICW_2

ICW_2 用于设置中断类型号，必须紧跟在 ICW_1 之后，地址 A_0=1，其格式如图 17.8 所示。D_7～D_3 表示中断类型号的高 5 位，中断类型号的低 3 位在中断响应时由 8259A 按照中断进入时 IR 引脚序号决定。初始化编程时低 3 位可填 0

A_0	D_7	D_6	D_5	D_4	D_3	D_2	D_1	D_0
1	T_7	T_6	T_5	T_4	T_3	0	0	0

图 17.8　初始化命令字 ICW_2 的格式

3）ICW_3

ICW_3 是 8259A 的级联命令字，单片 8259A 工作时不需要写入。多片 8259A 级联工作时，有主片、从片之分，需要分别写入 ICW_3，其格式如图 17.9 所示。主片 ICW_3 的各位对应中断请求线 IR_7～IR_0，若某条 IR 线上接有从 8259A 片，则 ICW_3 的相应位写成 1，否则写 0。

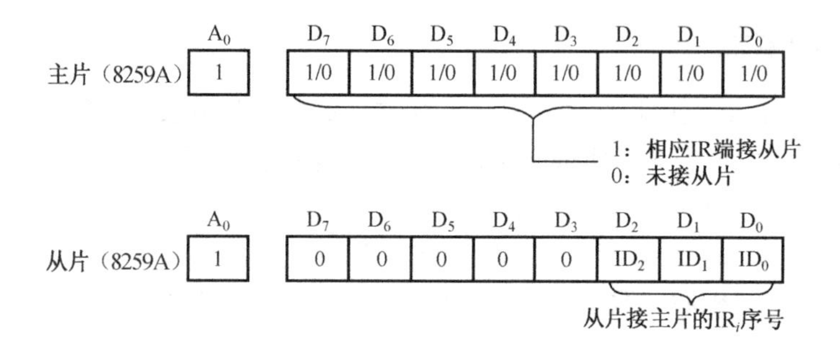

图 17.9　初始化命令字 ICW_3 的格式

各从片的 ICW_3 仅 D_2～D_0 有意义，作为从片标识码，高 5 位固定为 0。

4）ICW_4

ICW_4 是方式命令字，只有当 A_0=1 且 ICW_1 的 D_0=1 时，才能写入该命令字。ICW_4 各位的作用如图 17.10 所示。

其中 D_1 说明中断结束的方式，D_1=0 是普通方式（非自动 EOI 方式），即在中断服务结束时，需要向 8259A 写入一个 EOI 命令字（OCW_2），于是 ISR 中与中断源相对应的位被清零；D_1=1 是自动 EOI 方式，即在中断响应时，在 8259A 发送中断向量后，自动将 ISR 复位。

上述 4 个初始化命令字必须按顺序写入，如果不修改系统设置，一般不再重复写。

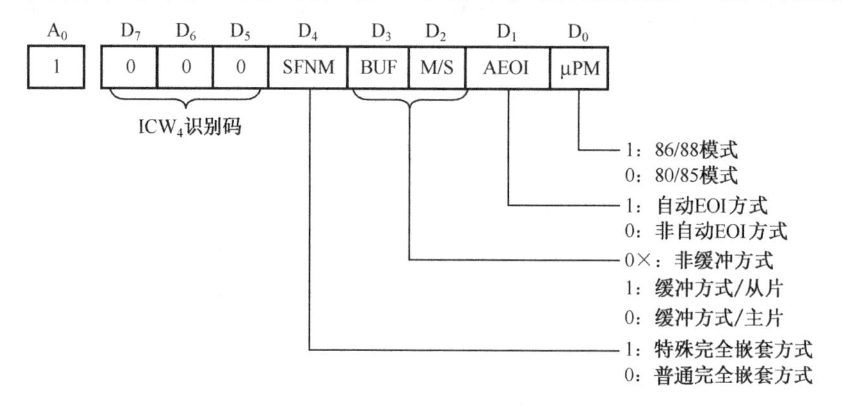

图 17.10　初始化命令字 ICW_4 各位的作用

2．8259A 的操作命令字设置

8259A 在初始化编程后，应进行操作命令字编程，即写入操作命令字。操作命令字共有三个，它们各有自己的特征标志位，因此对写入的顺序没有要求。在中断系统工作中，某些操作命令字会重复地写多次。

1）OCW_1

OCW_1 是中断屏蔽命令字，在地址 A_0=1 时写入 8259A 中，其格式如图 17.11 所示。当 OCW_1 某 1 位为 1 时，对应的中断请求信号被屏蔽；否则被允许。在初始化开始时，OCW_1 各位全被置 0。

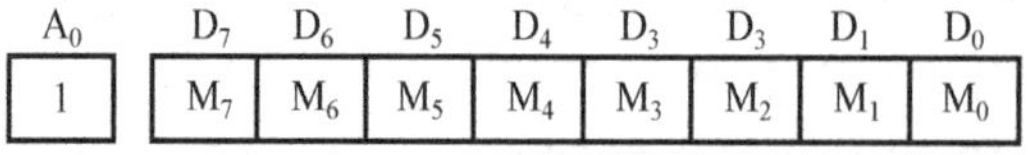

A_0	D_7	D_6	D_5	D_4	D_3	D_3	D_1	D_0
1	M_7	M_6	M_5	M_4	M_3	M_2	M_1	M_0

图 17.11　操作命令字 OCW_1 的格式

2）OCW_2

OCW_2是优先循环方式和中断结束方式命令字，在地址 A_0=0 且 D_4D_3=00 时写入 8259A，其各位的作用如图 17.12 所示。

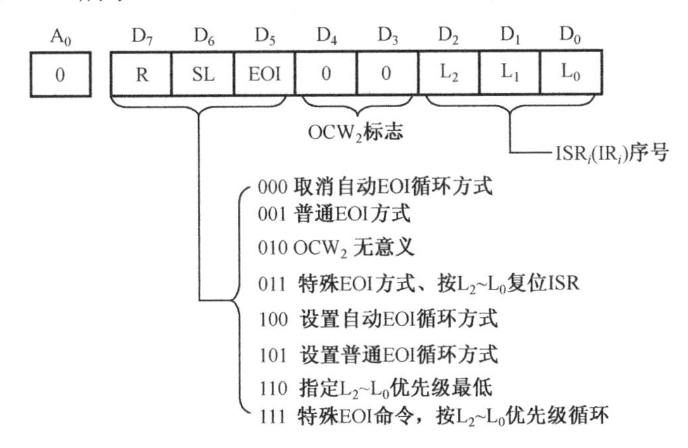

图 17.12　操作命令字 OCW_2 各位的作用

其中 EOI 位是中断结束命令位。在采用非自动中断结束方式时，EOI=1 表示中断结束，使 ISR 中的相应位清零；EOI=0，则不起作用。

3）OCW_3

OCW_3是特殊屏蔽与查询方式命令字，在地址 A_0=0 且 D_4D_3=01 时写入 8259A。OCW_3 各位的作用如图 17.13 所示。它经常用来配合读取 8259A 内部寄存器 IRR/ISR 的内容。

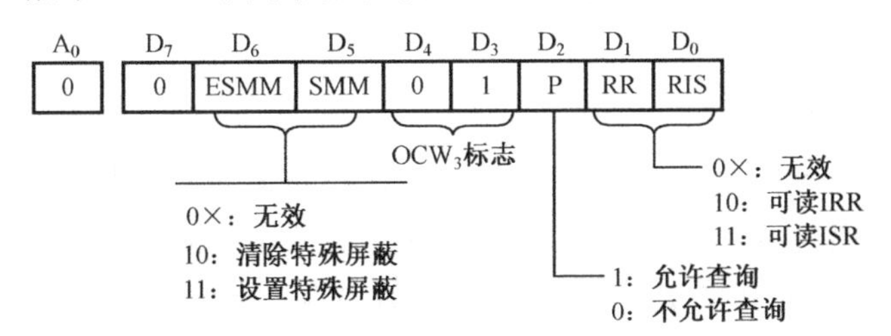

图 17.13　操作命令字 OCW_3 各位的作用

CPU 可以反复对 8259A 查询，但每次查询前都应先发送一次 D_2=1 的 OCW_3。

D_6D_5 用来控制特殊屏蔽功能，当正在执行一个优先级较高的中断服务程序时，如果希望开放较低级的中断，可先用 OCW_1 命令字屏蔽该高级中断，然后使 OCW_3 中的 D_6D_5=11，则设置了特殊屏蔽，此时允许优先级较低的中断源产生中断嵌套。在优先级较低的中断服务完成后，再使 D_6D_5=10 时，清除特殊屏蔽，显然这种方式可动态地改变中断系统的优先级。

3. 8259A 设置举例

例 17.1　如果 8259A 的 A_0 接地址总线 A_0，占用地址为 20H 和 21H，8259A 可为系统提供 8 条中断输入线。现在允许所连接的时钟、键盘和打印机中断，它们的中断级分别为 0、1 和 4。根据实际使用情况对 8259A 进行初始化编程，部分相关程序如下：

```
MOV   AL, 13H          ; 写入ICW1，边沿触发，单片工作，需要写ICW4
OUT   20H, AL
MOV   AL, 8            ; 写入ICW2，设中断类型号，形成8个向量08H～0FH
```

```
OUT   21H, AL
MOV   AL, 1              ; 写入ICW4，设置非自动结束、非缓冲、完全嵌套方式
OUT   21H, AL
```

系统初始化完毕，即可接受中断，然后根据需要写入操作命令字，设置中断屏蔽字。例如，允许 IR_0、IR_1 和 IR_4 中断，其余禁止，可编写如下程序：

```
MOV   AL, 0ECH           ; 设中断屏蔽字，只允许IR0、IR1和IR4中断
OUT   21H, AL            ; 写入OCW1
```

如果要读 IRR 的状态，则可编写如下程序：

```
MOV   AL, 0AH            ; 设查询方式命令字
OUT   20H, AL            ; 写入OCW3
IN    AL, 20H            ; 读IRR
```

当中断执行完毕需要返回时，可编写如下程序：

```
MOV   AL, 20H            ; 设OCW2命令字，普通EOI方式
OUT   20H, AL            ; 写入OCW2，使寄存器ISR相应位清零
IRET
```

17.3 高档微型计算机的中断系统

微处理器为 Pentium 及以上的微型计算机系统在中断机理上与 8086 的是相同的，可定义的中断源最多也是 256 个，中断类型与各类中断的处理流程也基本相同。但 Pentium 的中断机理在实地址模式和保护模式下有所不同，且 Pentium 进一步丰富了软件中断的种类，它把许多在执行指令时产生的错误归纳到中断处理的范围，这类中断称为异常中断，简称异常。

17.3.1 异常和中断向量

中断是在程序执行期间由硬件信号引起的，是随机出现的，而异常是在执行某些指令时产生错误引起的，有的资料将软中断指令 INT n 也列入异常中断的范围。异常源可分为三类：失效（Fault）、陷阱（Trap）和终止（Abort）。三类异常源的差别表现在两方面：一是发生异常的报告方式，二是异常中断服务程序的返回方式。

1）异常中断

（1）失效。失效也称为故障，若某条指令在启动之后、真正执行之前被检测到异常，即产生异常中断，而且在处理异常的中断服务完成后返回到该指令处，重新启动并执行该指令。例如，在读虚拟存储器时，首先产生存储器页失效或段失效，相应的中断服务程序立即按被访问的页或段将虚拟存储器的内容从磁盘上转移到物理内存中，然后返回主程序中重新执行这条指令，于是可以正常执行下去。

（2）陷阱。陷阱也称为自陷，产生陷阱的指令在执行后才被报告，且相应的中断服务程序执行完后返回到主程序中的下一条指令处。例如，用户预先设定的单步调试、断点调试和自定义的中断指令 INT n 就属于此类。

（3）终止。此类异常是系统本身无法处理的错误，如硬件错误或非法系统调用等。此类异常发生后无法确定造成异常的指令的实际位置，在此情况下原来的程序已无法继续执行，只能终止，因此中断服务程序往往重新启动操作系统或者使系统复位。

2）中断向量

Pentium 系列微处理器最多可以定义 256 个不同的中断或异常，其中系统已经定义和保留的中断及异常见表 17.1。由表 17.1 可见，Pentium 系列微处理器在实地址模式下的中断类型号分配情况与 8086 微处理器相同，INTR 的类型号可以是 20H～0FF 范围内的任一个。目前，Pentium 系列微处理器并没有全部用到这些向量，未被使用的向量是为以后可能的应用而保留的，用户不要使用它们。

表 17.1　Pentium 系列微处理器的异常和中断类型（保护模式）

中断类型号	中断/异常名称	说　明	中 断 类 型
00H	除法出错	在执行除法指令时，除数为零	Fault
01H	调试异常	标志寄存器中 TF=1 时，每执行完一条指令即产生	Trap/Fault
02H	非屏蔽中断（NMI）	由 NMI 引脚的有效输入信号引起	NMI
03H	断点中断	执行单字节指令 INT 时产生	Trap
04H	溢出中断	标志寄存器的 OF 位为 1	Trap
05H	边界范围异常	执行 BOUND 指令，操作数超过数组的边界	Fault
06H	无效操作码	遇到无定义的指令时产生	Fault
07H	设备不可用	执行 ESC、WAIT 时可能产生异常	Fault
08H	双重故障	进入中断类型号为 0AH、0BH、0CH、0DH 的异常中断服务程序后，又出现了某种异常条件	Abort
09H	协处理器越段运行	引用存储器的浮点指令	Abort
0AH	无效任务状态段运行	在任务切换时，因任务 TSS 不正确产生	Fault
0BH	段不存在	要访问的段的描述符中的 P 位为 0（段不在内存中）	Fault
0CH	堆栈异常	访问堆栈越界或企图用不在内存的段作为堆栈段的操作	Fault
0DH	一般保护异常	CPU 检测出违反保护规则的异常	Fault
0EH	页面故障	在页功能有效时，访问不在内存的页面	Fault
0FH	（保留）		
10H	协处理器异常	浮点运算出错	Fault
11H	对准检查异常	字操作时访问奇数地址，双字操作时访问非 4 倍数地址	Fault
12～1FH	（保留）	系统开发软件使用	
20～0FFH	用户可使用的中断	由 INTR 引脚引入的外部可屏蔽中断	INTR

17.3.2　中断描述符表

Pentium 系列微处理器在实地址模式下工作时，对于中断的管理与 8086 微处理器一样，系统的中断向量表存放于系统物理存储器的最低地址区中，共 1 KB。当 Pentium 系列微处理器工作于保护模式时，设立了一个中断描述符表（Interrupt Descriptor Table，IDT）来管理中断，该表最多可包含 256 个描述符项，对应 256 个中断或异常，描述符项中包含了各个中断服务程序入口地址的信息。

系统的 IDT 可以置于内存的任意区域，其起始地址存放在 CPU 内部的中断描述符表寄存器（IDTR）中。有了这个起始地址，再根据中断或异常的类型号，即可得到相应的描述符项。每个描述符项（又称为中断门或者陷阱门）占 8 字节，包括 2 字节的段选择符，4 字节的偏移量，这 6 字节共同决定了中断服务程序的入口地址，其余 2 字节存放类型值等说明信息。

IDT 的起始地址可通过写 CPU 内部的 IDTR 设置或者修改，IDTR 里面存放着 IDT 的一个

32 位的基地址和一个 16 位的边界范围，即段界限值。根据向量号和基地址，即可得到相应的描述符项。装中断描述符指令 LIDT 可以把保存在存储器中的基地址和界限值装入 IDTR；而存中断描述符指令 SIDT 可以把 IDTR 中的地址值复制到存储器中。

17.3.3 中断的响应与处理过程

在 Pentium 系列微处理器中各类中断/异常从检测到处理完的过程，除在获取相应向量号这一点上不同外，其余基本相同，即都可分为中断检测、中断响应和中断处理三个阶段。中断检测是在每条指令执行结束时进行的，且按规定的优先级顺序依次查询是否有内部异常、NMI 和 INTR。如果没有这些中断/异常，再检测陷阱标志 TF，如果 TF=1，执行陷阱处理程序；如果 TF=0，则顺序执行下一条指令。

如果检测到中断/异常，在对一个中断/异常响应时，Pentium 系列微处理器将利用异常/中断向量在中断描述符表中寻找与其对应的描述符项。如果找到的是一个中断门或者陷阱门，则 Pentium 系列微处理器以一种与过程调用类似的方式调用一个中断/异常服务程序。

各类中断/异常的向量号是在中断响应阶段获取的，获取方法因中断源不同而不同。

（1）对于各种内部异常，CPU 在执行指令过程中自动产生中断类型号。例如，执行除法指令过程中，若发生除以零中断（除法出错中断），则自动产生类型号为 0 的中断，即 INT 0。

（2）对于软中断指令 INT n，由指令本身给出向量号。

（3）对于发生 NMI 的情况，自动产生类型号为 2 的中断，即 INT 2。

（4）对于外部可屏蔽中断源引发的硬中断——INTR，由中断管理电路（功能类似 8259A）在中断响应时提供中断类型号，如系统时钟中断、键盘中断、硬磁盘中断等。

思考与练习

1．在基于 8086 的微型计算机系统中，中断类型号为 8 的中断服务程序的入口地址是多少？

2．8086 系统的中断源分为哪两大类？试叙述基于 8086 的微型计算机系统的中断源结构。

3．8086 系统中设置中断向量表有哪几种方法？

4．在 PC 机中对于“用户中断”的中断入口请求如何进行初始化编程？

5．8086 系统中断源的优先级是如何排列的？

6．简述 8086 系统中的中断处理过程。

7．8259A 的主要功能是什么？它内部的主要寄存器有哪些？分别完成什么功能？

8．8259A 的初始化命令字和操作命令字分别有哪些？它们的使用场合有什么不同？

9．8086 响应中断请求后要获得中断向量，举例说明不同的中断类型产生中断向量的方法有哪几种?

10．8259A 的中断屏蔽寄存器 IMR 与 8086 中断允许标志 IF 有什么区别？

11．在 8086 系统中只有一片 8259A，中断请求信号使用电平触发方式，完全嵌套中断优先级，数据总线无缓冲，采用中断自动结束方式，中断类型号为 20H～27H，8259A 的端口地址为 B0H 和 B1H，按照以上要求对 8259A 编写初始化命令字。

12．用一个单脉冲电路产生中断请求信号给 8259A 的 IR_7，要求每按一次单脉冲开关，即进行一次中断处理，并在 PC 机显示器上输出 “This is a interrupt request !”，中断 10 次后程序退出，返回 DOS。

第 18 章　总 线 技 术

本章介绍有关微型计算机总线的基本知识，包括总线的标准、总线的分类、总线的操作与控制及总线的发展等，并以当代较流行的 PCI 总线为例介绍微型计算机的系统总线，然后简单介绍微型计算机中常见的几种通用外部总线接口，最后介绍与输入/输出有关的典型主板控制芯片组。

18.1　微型计算机的总线

I/O 接口是基于计算机系统总线的接口，总线是计算机系统中重要的组成部分，所有的外设通过 I/O 接口与计算机系统总线相连。可以说 I/O 设备对计算机的接口，实际上是对系统总线的接口；计算机对 I/O 设备的管理，实际上是通过系统总线信号对接口电路的管理。因此，了解系统总线，掌握系统总线信号之间的配合关系，是理解计算机 I/O 传送原理、正确设计和使用接口的基础。本节将介绍总线的分类、总线的标准和总线的操作及控制等。

18.1.1　总线概述

任何一个微处理器都要与一定数量的部件和外设连接，但如果将各部件和每一种外设都分别用一组线与 CPU 直接连接，那么连线将会错综复杂，甚至难以实现。为了简化硬件电路设计，常用一组线，配置以适当的接口电路与各部件和外设连接，这组共用的连接线被称为总线，它是部件或者外设之间的公共数据通道。在计算机系统中采用总线可以简化系统结构，降低成本，尤其在制定了统一的总线标准后，有力地推动了微型计算机技术及扩展设备的普及和应用。

1. 总线的分类

在微型计算机系统中按照总线的作用范围，总线可以分成如下三类，也可以说是三个级别。

1）片内总线

片内总线是指在微处理器芯片内部的总线，用于芯片内部单元电路的连接，也称为内部总线。片内总线用于连接控制器、寄存器、运算器及存储器等，是它们之间的信息通道，根据其功能又分为地址总线、数据总线和控制总线。

2）系统总线

系统总线也称为内总线，指微型计算机机箱内部的主板总线，用于微型计算机中各模块或者各插件板间的相互连接。系统总线在微型计算机主板上，以几个并列的扩展插槽形式提供给用户。制造厂家按统一的总线标准生产大量各种功能的插卡和部件，将它们插到主板上可组装成不同的系统，所以系统总线技术使计算机真正成为开放体系，实现了技术的兼容和共享。

3）设备总线

设备总线也称为外部总线，用于微型计算机之间或者微型计算机与外设之间的连接。这类总线的数据传输方式有并行和串行两种。这类总线通过某种形式的接口安装在机箱外部，这种在机箱外的通用外部设备总线接口简称为外部总线接口。随着计算机技术和其他技术的发展，I/O 设备的品种日益增多，但都遵循统一的设备总线接口标准，如串行接口总线标准 RS-232、外部总线标准 USB 及通用接口标准 SCSI 等。采用设备总线实现了设备的兼容，扩大了计算机的应用范围。

2. 系统总线标准

微型计算机中的各个功能模块，除一部分直接集成在主板上外，主要是以插卡的形式插到系统总线上工作。为了使不同厂家生产的计算机部件或者设备都能通过总线连接，要求总线必须符合一定的标准，而且是开放的技术标准。总线标准就是为计算机中不同模块的相互连接提供的一个标准。它对连接总线的接插件的几何尺寸、引脚排序、电路信号名称及其电气特性等都有详细规定，成为实际的工业标准，然后获得行业或国际标准组织的批准，即成为某种系统总线标准。总线标准为计算机系统中各个模块的相互连接提供了一个标准界面，界面的任一方只需根据总线标准实现接口的要求，按总线标准设计的接口就是通用接口。总线标准和总线结构的通用性与规范化使得用于计算机的各级别产品（芯片、模块及设备等）的兼容性、互换性和整个系统的可靠性、可扩展性从根本上得到保证。

随着微处理器和微型计算机技术的发展，早期的一些总线技术和标准已经或者正在被淘汰，新的总线技术和总线标准在不断发展和完善。

3. 总线的主要性能指标

总线的主要性能指标是总线带宽、总线位宽和总线工作频率。

1）总线数据传输速率（总线带宽）

总线数据传输速率指单位时间内总线上可传输的数据量，又称为总线带宽，通常以比特/秒（b/s）或者字节/秒（B/s）为单位。

2）总线位宽

总线位宽指总线上能同时传输的数据位数，如 8 位、16 位、32 位、64 位等。

3）总线工作频率

总线工作频率指控制总线操作周期的时钟信号频率，也称为总线时钟频率，通常以 MHz 为单位。在现代微型计算机系统中，一般可做到一个总线时钟周期即可完成一次数据传输，所以以上三项指标的关系可以用下式表达：

$$\text{总线数据传输速率（总线带宽）}=\text{总线位宽}\div 8\times\text{总线工作频率}$$

例如，某总线位宽为 64，总线工作频率为 66 MHz，则其最大数据传输速率为 528 MB/s。

18.1.2 总线的操作及控制

微型计算机系统中的各种操作，如读/写存储器、读/写各种 I/O 设备等都要通过总线进行信息交换，统称为总线操作。但在同一时刻，总线上只允许一对模块进行操作，当有多个模块需要使用总线传输信息时，只能采用时间分段方法。每个时间段完成一次完整的数据交换，通常称为一个总线操作周期。CPU 访问系统总线实现一个总线操作周期的过程通常分为如下 4 个阶段：

（1）总线请求和仲裁阶段。由总线的主模块提出请求，由总线仲裁机构确定把下一个传输周期的总线使用权分配给哪一个请求源。主模块是具有总线控制能力的模块，在获得总线控制权后能启动数据信息的传输，如 CPU 或者 DMA 控制器均可以成为主模块。

（2）寻址阶段。取得使用权的主模块通过总线发出本次要访问的从模块的地址，启动从模块准备工作。从模块指能对总线上的数据做出响应，但本身不具备总线控制能力的模块，如中断控制器 8259A 等。

（3）传输阶段。在主模块发出控制信号后，主模块与从模块之间进行数据传输。

（4）结束阶段。主、从模块的有关信息均从总线上撤出，让出总线。

为了确保这个过程正确进行，必须对总线的操作予以控制。对于只有一个主模块的单处理器系统，不存在总线的请求、分配等问题，数据传输周期只需要寻址和传输两个阶段，但对于包含多处理器、DMA 控制器和中断控制器的系统，则必须利用某种总线管理机构来控制总线的分配与管理。

总线操作控制包括两个层面，即总线仲裁和总线握手。

总线仲裁的作用是合理地管理系统中需要占用总线的请求源，确保任何时刻同一总线上只有一个模块占用总线，防止总线冲突。为此，必须在微型计算机系统中设置总线仲裁器，它的任务就是响应总线请求，合理分配总线资源。

总线握手的作用是在主控模块取得总线占用权后，通过控制总线中与数据传输有关的基本信号线的时序关系，确保主、从模块间的正确寻址和传输。

18.1.3 PC 机总线的发展

总线技术是随着计算机的发展而发展起来的，直到微型计算机出现以后，计算机才正式采用总线结构。不同应用领域，不同时期流行着不同的系统总线，如早期 PC 机中使用的 PC/XT 总线、ISA 总线及目前使用的 PCI 总线等，工业上使用的 STD 总线及 PC104 总线等。随着微电子技术和计算机技术的发展，总线技术也在不断地发展和完善，而使计算机总线种类繁多，各具特色。本书仅对微型计算机各类总线发展过程中采用较多的总线加以介绍。

1）ISA 总线

ISA（Industrial Standard Architecture）总线是 IBM 公司于 1984 年为适配 PC/AT 机而推出的系统总线，也称 AT 总线，其插槽引脚数为 98。该总线允许多个 CPU 共享资源，兼容性好，但速度慢，工作频率为 8 MHz，总线数据传输速率为 16 MB/s。

2）EISA 总线

EISA 是 1988 年由 Compaq 等 9 家公司联合推出的总线标准。EISA 总线把 ISA 总线扩展到 32 位，与 8/16 位的 ISA 总线完全兼容，其插槽引脚数为 188，工作频率为 8.3 MHz，总线数据传输速率为 33 MB/s。

3）PCI 总线

PCI（Peripheral Component Interconnect，外设部件互连）总线是由 Intel 公司基于 Pentium 系列等微处理器推出的总线，它从 1992 年推出至今，已经成为当前最流行的总线。它定义了 32 位数据总线，且可扩展至 64 位，其插槽引脚数为 124（32 位）/188（64 位）。PCI 总线插槽的体积比 ISA 总线插槽还小，其功能比 EISA 更强大，支持突发读/写操作，对于 32 位的 PCI 总线，数据传输速率可达 133 MB/s，可同时支持多组外设，所以这种总线技术出现后很快就替代了 ISA 总线。18.2 节将详细介绍 PCI 总线。

以上所列举的几种系统总线一般用于PC机中，在计算机系统总线中，还有另一类为适应工业现场或者更恶劣环境而设计的系统总线，如STD总线、PC/104总线、CPCI总线等。其中CPCI总线，即紧凑型PCI总线，是当前工业计算机的热门总线。CPCI是以PCI电气规范为标准的高性能工业用总线。CPCI继承了PCI的优点，可用于满足工业环境应用要求的高性能工业计算机。

18.2 PCI总线

PCI总线是一种高性能局部总线，是为了满足外设间以及外设与主机间高速数据传输而推出的。在数字图形、图像和语音处理，以及高速实时数据采集与处理等对数据传输速率要求较高的应用中，采用PCI总线来进行数据传输，可以解决原有的标准总线数据传输速率低带来的问题。

18.2.1 PCI总线简介

PCI总线是目前个人计算机中使用最广泛的总线，几乎所有的主板产品上都带有PCI总线插槽。目前流行的台式机ATX结构的主板一般带有5～6个PCI总线插槽。

PCI总线是一种不依附于某个具体处理器的局部总线。从结构上看，PCI总线是在CPU和原来的系统总线之间插入的总线，具体由一个桥接电路实现对这一层的管理，并实现上下层之间的接口，以协调数据的传送。

PCI总线的主要特点如下：

（1）传输速率高。PCI总线提供32/64位的数据宽度，地址总线可以扩展到64位，尤其适合与Intel公司的CPU配合。在33 MHz的时钟频率下，对于32位的PCI总线，峰值数据传输速率可以达到132MB/s，64位的PCI总线数据传输速率可达264 MB/s。对于64位的66 MHz时钟频率的PCI总线，其数据传输速率可以达到528 MB/s。

（2）支持突发传送。即在访问一组连续数据时，只在传送第一个数据时给出地址，以后不必每次都给出地址，减少了地址操作，更有效地利用总线的带宽来传输数据。

（3）支持即插即用，具有自动配置能力。即当新板卡插入系统时，系统会自动对板卡所需资源进行分配，如基地址、中断号等，并自动寻找相应的驱动程序，完成功能配置。

（4）对总线上传送的数据和地址进行奇偶校验，增加系统的可靠性。

（5）除+5V信号电源外，还提供3.3 V信号环境，使系统频率不断提高的同时可以进一步降低功耗。

（6）支持总线主控技术，允许智能设备在需要时取得总线控制权，以加速数据传送。

（7）与原有的ISA总线、EISA总线等兼容。

（8）能支持10种外设，并能在高时钟频率下保持高性能。

（9）具有优良的软件兼容性，PCI总线设备可完全兼容现有的驱动程序。

（10）采用独立于处理器的结构，不受处理器的限制，所以，PCI总线设备的设计独立于处理器的升级，即任何微处理器都可以使用PCI总线。

由此可见，PCI总线确实有较好的应用与发展前景，目前生产的微型计算机中多数采用PCI总线。

18.2.2 PCI 总线的引脚信号

在 32 位微型计算机中，所使用的 PCI 总线通常是 32 位的，它有 120 个引脚。对于 64 位计算机，则需要增加 64 个引脚。图 18.1 所示为 PCI 扩展总线的主要信号的名称、传输方向。

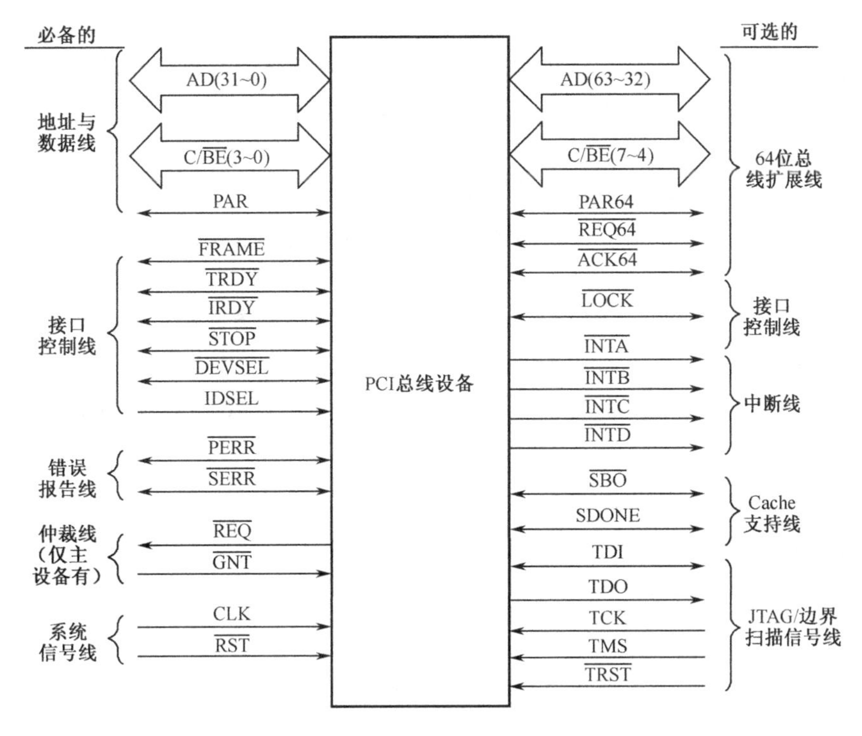

图 18.1　PCI 扩展总线的引脚信号

如图 18.1 所示，图中左边表示的是 32 位 PCI 总线必备的信号线及相关信号，32 位 PCI 总线有 62 对引脚位置，其中有 2 对用作定位缺口。PCI 板卡分成 A、B 两面，A 面是焊接面，B 面是元件面。图中右边多数表示的是扩展为 64 位总线时的信号线及相关信号。

下面分类介绍 32 位 PCI 总线的有关信号，便于以后对于 PCI 板卡的理解与使用。

1. 系统信号

（1）CLK：输入，系统时钟信号。该信号是所有操作的定时同步时钟信号，频率一般为 33 MHz/66 MHz。

（2）$\overline{RST}$：输入，复位信号。该信号有效时，使 PCI 总线进入初始化状态。

2. 地址和数据信号

（1）AD0～AD31：双向，三态，地址和数据分时复用。

（2）C/$\overline{BE0}$～C/$\overline{BE3}$：双向，三态，是总线命令/数据允许信号，分时复用。当 AD0～AD31 线上传输地址时，C/$\overline{BE0}$～C/$\overline{BE3}$ 线上传输的是总线命令；当 AD0～AD31 线上传输数据时，C/$\overline{BE0}$～C/$\overline{BE3}$ 线上传输的是字节允许信号，用来指定哪些字节是有效数据。

（3）PAR：双向，三态，它是针对上述地址和数据信号的奇偶校验信号，以保证数据的有效性。

3. 接口控制信号

（1）$\overline{\text{IRDY}}$：双向，三态，该信号为低电平时，表示主设备（源设备）准备好。该信号由当前的主设备驱动，写周期时，表示主设备已经将数据传输到数据总线上；读周期时，表示主设备已经收到数据。

（2）$\overline{\text{TRDY}}$：双向，三态，该信号为低电平时，表示从设备（目标设备）准备好。该信号由当前的从设备驱动，读周期时，表示从设备已经将数据传输到数据总线上；写周期时，表示从设备正在接收数据。

$\overline{\text{IRDY}}$ 与 $\overline{\text{TRDY}}$ 是传输双方约定的握手信号。

（3）$\overline{\text{FRAME}}$：双向，三态，帧周期信号。该信号由当前主设备驱动，表示一个总线周期的开始与结束。

（4）$\overline{\text{STOP}}$：双向，三态，由当前从设备驱动，通知发起方从设备停止当前的传输。

（5）$\overline{\text{LOCK}}$：双向，三态，用于主设备对存储器的锁定操作。

（6）IDSEL：输入，用于初始化设备选择，在配置系统参数的读/写周期作为片选信号。

（7）$\overline{\text{DEVSEL}}$：双向，三态，主设备对于从设备的选通信号。

4. 其他常用的控制或状态信号

1）仲裁信号

PCI 总线能支持多个主设备工作，主设备在工作前均需要向总线发出申请，由内部仲裁，裁定是否允许它使用总线，通常由以下两个信号控制。

（1）$\overline{\text{REQ}}$：输出，由发出该信号的主设备向仲裁方提出使用总线的请求。

（2）$\overline{\text{GNT}}$：输入，总线允许信号，表示仲裁方允许提出申请的主设备使用总线。

2）错误报告信号

（1）$\overline{\text{PERR}}$：双向，三态，该信号为低电平表示在 PCI 总线传输中检测到奇偶错误。

（2）$\overline{\text{SERR}}$：双向，三态，该信号为低电平表示系统错误，此时系统产生非屏蔽中断 NMI。

3）中断信号

中断信号共有 $\overline{\text{INTA}}$、$\overline{\text{INTB}}$、$\overline{\text{INTC}}$ 和 $\overline{\text{INTD}}$ 4 个，均为低电平触发有效。利用 PCI 总线实现了中断资源的共享，所以中断请求的连接不是固定不变的。

18.2.3 PCI 总线的数据传送操作

PCI 总线的地址总线与数据总线是分时复用的。这样，一方面可以节省接插件的引脚数，另一方面便于实现突发数据传输。通过上述的控制信号可以很好地实现地址与数据的传输。在进行数据传输时，由一个设备作为主设备（发起方），另一个设备作为从设备。总线上所有时序的产生与控制都由主设备发起。PCI 总线在同一时刻只能供一对设备完成传输，如果在一个系统中有多个主、从设备，就要求有一个仲裁机构来判定总线的主控权。

当 PCI 总线进行操作时，主设备先置 $\overline{\text{REQ}}$ 为低电平，当得到仲裁机构的许可（$\overline{\text{GNT}}$ 信号）时，会将 $\overline{\text{FRAME}}$ 置为低电平，并在 AD 总线上设置从设备地址，同时主设备通过 C/$\overline{\text{BE0}}$～C/$\overline{\text{BE3}}$ 线发出命令信号，说明接下来的传输类型。所有 PCI 总线上设备都需对此地址译码，被选中的设备要置 $\overline{\text{DEVSEL}}$ 为低电平，以声明自己被选中，然后当 $\overline{\text{IRDY}}$ 与 $\overline{\text{TRDY}}$ 都置为低

电平时，在 AD 总线上可以传输数据。所有的 PCI 总线传送周期由一个地址节拍和一个或者几个数据节拍组成，地址节拍是一个 PCI 时钟周期，数据节拍数取决于要传送的数据个数，任何一个数据节拍都可以插入等待周期。当主设备数据传输结束前，将 $\overline{\text{FRAME}}$ 置高电平（表示无效）以表明只剩最后一组数据要传输，并在传完数据后置 $\overline{\text{IRDY}}$ 为高电平以释放总线控制权，从而使总线变为空闲状态。

为了适应微处理器性能的发展及主板等对于传输带宽日益增长的要求，PCI 总线的规范也在不断地更新和发展。例如，从 1992 年发布 PCI 1.0 版本后，又陆续发布了 2.0 版本、2.1 版本、2.3 版本、3.0 版本。到 2000 年又推出了新一代 PCI 总线规范即 PCI-X 和更新的 PCI-X2.0。PCI-X2.0 可以支持的时钟频率高达 533 MHz，其总体性能有了明显提高。为了进一步提高 PCI 总线的性能，最终实现总线标准统一，Intel 公司又推出了 PCI-E 总线（PCI-Express 总线的简称）。其主要优点是数据传输速率高，已经可达到 10 GB/s，并具有支持热插拔、支持数据同步传输等优点。PCI-E 总线被称为第三代总线技术，它是对现有总线技术的一种突破，此外，它在软件与硬件上均与早期的 PCI 总线兼容。注意不同主板的 PCI 总线插槽数量不一定相同。

18.3 常用外部总线接口

计算机的外设有多种，它们要与计算机相连不能直接挂在总线上，而必须通过计算机的总线接口，通常称这些接口为外部总线接口。为适应不同外设的不同要求，这些总线接口有并行的，也有串行的，且传输速度、传输原理等也不完全相同，本节介绍较常用的几种外部总线接口。

18.3.1 IDE 接口

硬盘是微型计算机中不可缺少的一个部件，IDE（Integrated Drive Electronics）接口即硬盘与主机之间的接口。它把硬盘控制电路与硬盘驱动器本身的控制电路集成在一起，称为电子集成驱动器。IDE 接口支持磁盘驱动器（包括光驱），其通过电缆与主机相连。

1）IDE 接口简介

IDE 接口也称为 ATA（Advanced Technology Attachment）接口，但一般还是习惯沿用 IDE 接口。IDE 接口由一个 40 脚的双列插头连接到系统总线上，它采用 40 芯的扁平电缆。在连接硬盘之前必须设置它的工作模式，通常 IDE 硬盘有三种工作模式（单机、主机和从机）。

硬盘是 PC 机中发展较快的部件之一，特别是它的传输速度和存储容量这两项指标的提升速度最快。因而 IDE 接口的性能必须与时俱进，IDE 接口的传输速率从早期的 3.3 MB/s 发展到 133 MB/s（ATA-7 标准），可支持硬盘的最大容量从 40MB 发展到 10TB 以上。在硬盘与主机之间传输数据的主要方式是 DMA 方式。

IDE 接口共 40 根信号线，主要包括 16 根双向数据线，3 根地址线，2 根片选信号线，1 根复位线，2 根 DMA 传输控制线（用于 DMA 请求、应答），1 根 16 位数据传送控制线，1 根中断请求信号线，读、写选通线各 1 根，1 根主、从驱动器的同步信号线，1 根主驱动器选择信号线以及若干地线，具体引脚分配见参考文献［4］。

IDE 接口技术从诞生至今就一直在不断发展，性能也不断提高，其价格低廉、兼容性强的特点，使其至今仍然具有一定生命力。

2）SATA 接口

IDE（ATA）接口价格低、兼容性好，性价比高，但随着工作频率的提高，原来在低频率下工作的 IDE 接口越来越受到交叉干扰、地线增多、信号混乱等因素的制约，且还存在传送速度较慢，只能内置使用，对接口电缆的长度有严格限制等问题。所以后来又推出了 Serial ATA 接口，简称 SATA 接口，它使 IDE 标准长达十几年的并行数据传输方式改为串行数据传输方式，具有更强的纠错能力。SATA 接口能对传输指令（不仅仅是数据）进行检查，如果发现错误会自动修正，这在很大程度上提高了数据传输的可靠性。串行接口还具有结构简单、支持热插拔的优点。

SATA 接口与并行 IDE 接口可以完全兼容，在软件方面，目前的各种驱动程序与操作系统都和并行 IDE 接口保持了软件兼容性；在硬件方面，SATA 接口只要利用一个简单的串/并转换器，就能把来自主板的并行 IDE 信号转换成 SATA 硬盘能够使用的串行信号。但需说明的是，只有纯粹的 SATA 系统才能实现 150 MB/s 的高性能，若采用转换方式，则本质上还是 IDE 系统，只是这样做可以在某种程度上利用原来的设备，减小升级成本。SATA 接口连线比传统的并行 IDE 接口连线要简单得多，SATA 在主板上采用更易于插拔的 7 针扁平插座。同时，这样的架构还能降低系统能耗和系统复杂性。其次，SATA 的起点更高、发展潜力更大，SATA 1.0 接口的数据传输速率可达 150 MB/s，这比目前最快的并行 IDE 接口所能达到的 133 MB/s 的最高数据传输速率还高，而已经发布的 SATA 2.0 接口的数据传输速率达到 300 MB/s，SATA 3.0 接口已实现 600 MB/s 的数据传输速率。

采用 SATA 接口的主要特点如下：

（1）传输速率高。SATA 1.0、SATA 2.0、SATA 3.0 接口的数据传输速率分别为 150 MB/s、300 MB/s、600 MB/s。

（2）连接设备数量更多。SATA 接口采用点对点传输协议，不存在主从关系，每个 SATA 硬盘都独占一个传输通道，用户只需增加通道数目，即可连接更多设备。

（3）支持热插拔。SATA 接口技术允许在不关机的状态下添加和移除硬盘。

（4）连线更简单。IDE 接口数据线通常在 40 根以上，而 SATA 接口只需 4 根数据线，再加 3 根地线，7 根线即可满足传输要求。

（5）具有内置数据校验功能。SATA 接口技术在传输线中引入了 CRC 校验以保护系统。

18.3.2 SCSI 接口

SCSI 接口是一种与 IDE 接口完全不同的接口，它不是专门为硬盘接口设计的，而是一种应用于小型机上的高速数据传输总线接口。因为原来的 IDE 接口的硬盘转速太慢，传输速率太低，不能满足要求较高的小型计算机系统的要求，所以出现了一种高速的数据传输总线接口 SCSI（Small Computer System Interface），也称为 SCSI 接口。

1）SCSI 接口简介

在 SCSI 接口上通常为外设配备了两个用于连接的部件：一个用于连接到输入端，一个用于连接到输出端。SCSI 接口可支持的设备种类比较多，如硬盘、光驱、打印机、扫描仪等设备，每个 SCSI 接口上可以连接包括 SCSI 控制卡在内的 8 个 SCSI 设备。这些外设都可以连接到 SCSI 接口，但它们又都是互相独立的，既可以与计算机交换数据，也可以互相交换数据。独立的总线使它们对 CPU 的占有率很低，数据传输速率比 IDE 接口快。

SCSI 接口的发展也比较快，出现了多种型号的接口，从最初的 SCSI-1 到 SCSI-2、SCSI-3、Ultra2 SCSI，一直到 Ultra3 SCSI，其性能在不断提高。例如，最初的 SCSI 接口的数据宽度是 8 位，后来发展到 16 位、32 位，传输速率由最初的 5 MB/s 发展到 20 MB/s。在 SCSI-3 标准中，工作频率提高到 20MHz、40 MHz，数据传输速率可达到 160 MB/s。Ultra320 SCSI 接口的数据宽度为 16 位，工作频率为 80 MHz，最大数据传输速率可达 320 MB/s。

2）SCSI 接口信号

SCSI 接口总线可以是 8 位、16 位、32 位的，所以设备之间采用的电缆线数不相同。例如，8 位总线采用 50 芯的扁平电缆（称为 A 电缆），16 位、32 位总线采用 68 芯的扁平电缆（称为 B 电缆）。这些信号线主要有数据线、奇偶校验线、复位线、请求信号线、忙信号线、应答信号线和 I/O 线。

其中 I/O 线是从目标设备发出的，表示数据方向，当该位为 1 时，表示启动设备接收数据。启动设备是向其他 SCSI 设备发出操作请求的设备，目标设备是执行启动设备发来的操作请求的设备，如硬盘、打印机等。

SCSI 接口具有应用范围广、可靠性高、多任务、数据传输速率高、CPU 占用率低以及热插拔等优点，但较高的价格使得其普及程度不如 IDE 接口，因此 SCSI 硬盘主要应用于中、高端服务器和小型机上。目前 SCSI 接口正向着支持即插即用、多功能和网络化方向发展。

18.3.3 AGP 总线

AGP（Accelerated Graphics Port，图形加速端口）总线是从 PCI 总线中分离出来的一种显示卡专用的局部总线。AGP 总线主要用于图形显示的优化，AGP 卡又称为图形加速卡。

1. AGP 总线简介

随着多媒体计算机的发展，人们对视觉效果的要求越来越高，使三维技术的应用越来越广。对三维图形的处理如果都由 CPU 负责，则 CPU 负担太重，因此通常将处理量极大的绘制着色处理交给三维图形加速卡（现在已经有集成了 AGP 功能的主板）上的三维图形加速芯片完成，这样可成倍提高运算速度。三维图形加速卡上的显存除存储屏幕上的画面数据外，还存放纹理图像数据。

三维图形加速卡上的显存主要分为两部分，即帧显存和纹理显存，其中帧显存的大小决定了可支持的分辨率。例如，2 MB 帧显存对应 640 像素×480 像素的分辨率。目前一些高级游戏程序已经要求 128 MB 以上的帧显存。而显存价格昂贵，为了降低成本，需要减小显存容量，把要求大容量显存的纹理数据存放到主存中。主存与三维图形加速卡之间是通过 PCI 总线连接的，其最大的数据传输速率为 133 MB/s。实际上由于在 PCI 总线上还有其他设备工作，因此实际传输速率远低于此值。而三维图形加速卡在进行数据处理时不仅要求有惊人的数据量，还要有更宽的数据传输带宽。如果通过改变 PCI 总线的方法解决这一问题，则成本较高。于是 Intel 公司在 1996 年提出了一种新型视频总线接口技术标准，即 AGP 标准。AGP 总线插槽的形状与 PCI 总线插槽相似，但它是 AGP 卡专用的点对点通道。AGP 总线把图形控制器直接与控制芯片组相连，三维图形加速芯片可以将主存作为帧缓冲器，实现高速存取。AGP 总线的地址线与数据线分离，不需切换，提高了访问主存时的性能。AGP 总线可实现“流水线”处理，提高了数据传输速率。同时 AGP 总线是图形加速卡的专用总线，不与其他设备共享，故效率极高。总之，AGP 技术可以提高三维图形/视频的处理速度，所以目前在 PC 机中广泛采用 AGP 总线。

2. 应用 AGP 时需注意的问题

（1）在主板上要求有 AGP 总线插槽，以安插符合 AGP 标准的三维图形加速卡，系统芯片组要有一个新的 32 位的 I/O 接口插槽。三维图形加速卡上要有从 PCI 转换到 AGP 的通信协议，AGP 也要有操作系统的支持。

（2）AGP 技术使信息在图形控制器和系统芯片组之间专用的点对点的通道上传输，所以，AGP 只是一种实现一对一连接的端口，不是一种系统总线。

（3）AGP 是为 Pentium II 以上芯片设计的技术，所以采用 AGP 技术必须考虑系统的软件/硬件支持，否则不能正常使用。

AGP 标准经过了几年的发展，从 AGP 1.0、AGP 2.0 发展到 AGP 3.0。AGP 总线的数据传输速率为 266 MB/s，是 PCI 总线的两倍。后来厂商又依次推出了 AGP 2X、AGP 4X、AGP 8X 等，目前的传输速率已经可以达到 2.1 GB/s。

18.3.4 USB 接口

USB（Universal Serial Bus，通用串行总线）是由 Intel、Compaq 等 7 家世界著名的计算机和通信公司共同推出的一种新型总线接口标准。USB 接口是一种基于通用连接技术的、快速的、双向同步传输的、廉价并可以进行热插拔的串行接口，使用十分方便，是 PC 机的一种标准接口，目前已生产出多种带有 USB 接口的设备。

1. USB 系统的结构

在 USB 系统中采用拓扑总线结构，该结构由以下三个基本部分组成：主机中的根集线器、集线器（Hub）和功能设备，如图 18.2 所示。图中主机（Host）是整个 USB 系统的核心，它包括主机接口控制器硬件和驱动程序，USB 系统只允许有一个主机。

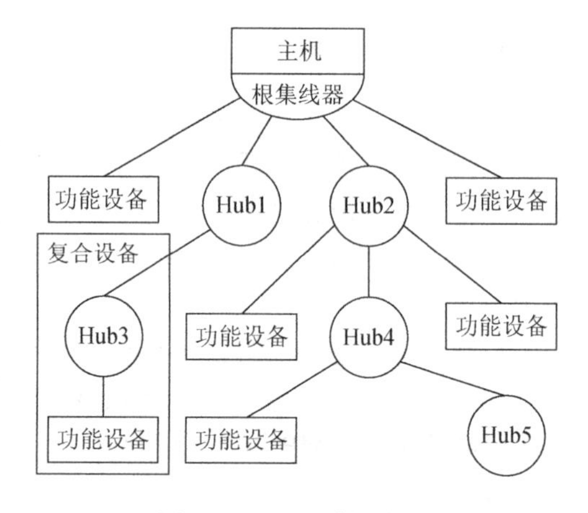

图 18.2　USB 系统结构

集线器是 USB 系统结构中的特定部分，主要用于管理与其连接的设备，收、发主机的信息，还能为 USB 设备提供电源。如果想连接更多的 USB 设备，则利用 USB 集线器扩展，该集线器可提供多个 USB 接口。USB 插座都是 4 芯的，采用 4 线电缆，其中两根线作为传送数据的串行通道，另两根线为电源线，USB 设备本身不需要单独的电源，只需利用计算机或集线器中的电源。

USB 系统的软件部分包括主控制器驱动程序、USB 驱动程序及 USB 设备驱动程序。

主控制器驱动程序用于管理和控制主控制器，并通过根集线器或其他的集线器完成对传输的初始化。USB 驱动程序用于对 USB 设备提供支持，组织数据传输。USB 设备驱动程序是用来驱动 USB 功能设备的程序，通常由操作系统或 USB 设备制造商提供。符合 USB 规范的功能设备（如鼠标、键盘等）在驱动程序作用下能在 USB 上收、发数据或控制信号。

2. USB 接口的优点

USB 接口近年来之所以得到迅速普及，是因为它具有如下优点。

（1）连接简单、快速：USB 接口能自动识别系统中任何具有 USB 接口的设备的接入和移出，真正做到即插即用。

（2）可用一种类型的连接器连接外设：USB 接口用统一的 4 针插头取代了机箱后面种类繁多的串/并插头，实现了将常规 I/O 设备、多媒体设备、通信设备等统一为一种接口的愿望。

（3）通过集线器支持多达 127 个设备的连接，而且只占用 1 个中断 I/O 资源。

（4）USB 接口支持低速、全速和高速三种数据传输速率，其中高速可达到 480Mb/s。

（5）内置电源：一般的串/并行口设备都需要自备专用电源，而 USB 接口能向 USB 设备提供 5 V、100 mA 电源，以供低功耗设备使用，免除了自带电源的麻烦。

（6）现行软件及硬件均支持各种 USB 设备。

（7）基于无线传输平台的无线 USB，使设备的相互连接更方便，且便于移动。

鉴于 USB 接口的上述优点，现在很多常用的中、低速 PC 机外设，如鼠标、键盘、打印机及扫描仪等都配置了 USB 接口，大大简化了外设与微型计算机的接口，这是微型计算机外设接口的重大变革。

18.3.5 串行通信接口

为了实现微型计算机与外设间串行数据的传输，需要实现数据的并行传输与串行传输的转换操作。在计算机内部早期配有支持串行异步通信的可编程接收/发送的独立接口芯片，如 8250 芯片、8251A 芯片及后来的 16550 芯片，现在这种独立芯片的功能已经集成到一个大的多功能芯片组中，但其对外的性能是相同的。串行通信的功能是通过串行通信接口实现的。

1. RS-232C 接口

RS-232C 是最早出现的常用串行通信接口标准，是美国电子工业协会（Electronic Industry Association，EIA）制定的一种串行物理接口标准，用于定义数据终端设备、计算机相互之间接口的机械与电气特性。一般的串行通信系统包括计算机和调制解调器。RS-232C 接口的具体规定如下。

1）适用范围

RS-232C 接口适用于计算机之间、计算机与外设之间的串行通信。RS-232C 标准规定的数据传输速率为 50～19200 b/s。不同的数据传输速率可以通过对内部功能芯片的设定实现。由于 RS-232C 接口用于单端信号传送，存在共地噪声和不能抑制共模干扰等问题，因此一般用于 20 m 以内的通信。

2）RS-232C 接口的信号特性

RS-232C 标准电平采用负逻辑，规定+3～+15 V 之间的任意电压表示逻辑 0 电平，−3～−15 V 之间的任意电压表示逻辑 1 电平。采用 TTL 电平正逻辑的器件不能直接与 RS-232C 接口连接，中间必须进行电平转换。

3）RS-232C 接口信号说明

RS-232C 接口的信号引脚共有 22 个，采用标准的 25 芯 D 型连接器，但计算机之间的异步串行通信并不要求使用全部的 RS-232C 信号引脚，通常 PC 机上只引出 COM1 和 COM2 两个9芯插座，因此本书不详细讲述全部信号。实际上在PC机近距离通信时只需要3个信号引脚就够了。这3个信号引脚分别是信号地（5脚）、发送数据输出端TXD（2脚）和接收数据输入端RXD（3脚）。在两台PC机间连线时要注意引脚连接顺序：2脚—3脚、3脚—2脚、5脚—5脚，其余信号主要用于双方设备通信过程中的联络（握手信号），而且有些信号仅用于和调制解调器的联络，一般不需要连接。

PC机的BIOS中的软中断指令INT 14H为异步串行通信提供了4种功能调用，详见参考文献［4］。串行通信的编程实例见文献［1］。

2. RS-422和RS-485接口

当要求通信距离在20 m以上时，广泛采用RS-422或者RS-485串行总线标准。RS-422和RS-485电路原理基本相同，都是以差动方式发送和接收数据的，因此具有抑制共模干扰的能力。差动工作是相同速率条件下传输距离远的根本原因，这正是两者与RS-232的根本区别，加上总线收发器具有高灵敏度，能检测低至200 mV的电压，故传输距离可达数千米，传输速率可以提高到10 Mb/s。

RS-422和RS-485的电平与TTL电平兼容。RS-422的通信原理和RS-485类似，区别在于RS-422的总线是两组双绞线（4根线），分别标示为R+、R−、T+、T−，RS-422通过两对双绞线可以全双工工作，收发互不影响，缺点是布线成本高，容易搞错。而RS-485采用半双工方式工作，收发不能同时进行，任何时候电路中只允许有一个发送器，可有多个接收器，但它只需要一对双绞线。

RS-232C接口只允许在总线上连接一个收发器，而RS-422接口允许在一根总线上连接最多10个收发器，RS-485接口允许在总线上连接多达128个收发器，所以RS-422接口和RS-485接口用于多点互连时非常方便。在新型收发器线路上可连接多台设备，便于联网构成分布式系统。

18.3.6 IEEE1394接口

以上介绍的总线接口是一般计算机必备的接口，在一些高档主板和笔记本电脑中通常还配备有IEEE1394接口，该接口是为了加强多媒体设备（如数字照相机、摄像机等）与计算机的连接而设计的高速串行总线接口。

1）IEEE1394接口简介

IEEE1394最初由Apple公司提出，并在1995年由IEEE（电气与电子工程师协会）正式制定为总线标准，IEEE1394接口与USB接口在外形及功能上都有很多相似之处。IEEE1394总线也需要一个总线适配器与系统总线相连，主适配器称为主端口，是IEEE1394树状结构的根节点，一个主端口最多可以接63台设备。IEEE1394总线能同时传送数码摄像机（DV）的数字视频和音频信号。

IEEE1394接口目前有两种规格，即通常所使用的IEEE1394a接口和发展中的更高速的IEEE1394b接口。当前应用最多的是IEEE1394a接口，其数据传输速率一般为100 Mb/s、200 Mb/s和400 Mb/s，电缆长度一般为4.5 m，与其相比，正在发展中的IEEE1394b接口的数据传输速率为800 Mb/s、1.6 Gb/s，甚至可达3.2 Gb/s，可以实现长达100 m的数据传输。

2）IEEE1394 **接口的主要特点**

（1）使用方便，支持热插拔，即插即用，不需要驱动程序。

（2）数据传输速率快，比 USB 接口快 8 倍以上。

（3）自带供电线路，IEEE1394 串行总线共有 6 根传输线，其中 4 根用于数据信号传输，两根用于设备供电，能提供 8～40 V 可变电压，允许通过的最大电流达到 1.5 A，可以直接给低功耗的数码摄像机等设备供电，既方便又节省资源。

（4）实现真正点对点连接，设备间不分主从，可以直接通过 IEEE1394 接口将数码摄像机中的图像数据保存到带有 IEEE1394 接口的硬盘中。

（5）易于扩展，不同数据传输速率的设备可以共享总线。

在多媒体信息处理系统中，IEEE1394 是很有前途的串行接口。通过它可以开创以计算机为中心，集计算、娱乐、通信及各种多媒体应用为一体的信息技术应用新领域。

18.4 主板控制芯片组

主板又称为主机板或者系统板，是计算机的核心部件，其上安装了处理器和控制芯片组等（见 1.3.1 节）。控制芯片组也称为多功能芯片组，因为它被安装在主板上，所以也简称为主板芯片组，它不仅要支持 CPU 的工作，还要控制和协调整个微型计算机系统包括总线的正常运行。上文介绍的总线和各类总线接口的工作也建立在主板芯片组的基础上，所有的信息交换都由它完成，它的性能优劣直接影响微型计算机的性能。

18.4.1 主板控制芯片组简介

CPU 虽然是微型计算机的核心部件，但它在工作时还需要一系列支持电路和接口电路的配合。例如，为满足计算机各种外设的不同要求，需要有并行和串行接口电路；要具有中断功能，需要中断控制电路；要支持 DMA 功能，需要有 DMA 控制电路；要进行数据传输，需要有总线控制电路；要与主存交换数据，需要有内存控制电路。此外，还需要有时钟电路、电源管理电路等。在早期的微型计算机中，主板上这些接口电路和支持电路都是由一些中、小规模的芯片和一些电阻、电容等分立元器件组成的。微处理器的 I/O 接口芯片都是一些功能独立的芯片，如 I/O 并行接口芯片 8255A、定时/计数器芯片 8253/8254、串行通信芯片 8251A、存储器存取芯片 8237A 及中断控制器芯片 8259A 等。这种组成方式不但占用了主板的较大面积，而且给维修带来麻烦。但随着电子技术和半导体集成技术的发展以及计算机对外围电路要求的不断提高，原来多片单一功能的 I/O 接口电路及微型计算机中的一些外设管理电路等，现在已做到一个或者几个超大规模集成芯片中，形成主板芯片组。这种芯片通常把多种功能集于一体，体积更小，功能更全面，有效地减少了主板空间和微型计算机的总体功耗，性价比更高，提高了微型计算机的稳定性与可靠性。

如果把 CPU 形容为人的大脑，那么主板芯片组就好像人的五官和四肢。CPU 之外的所有操作都离不开它，它与微型计算机的系统功能有直接的联系。例如，微型计算机是否支持 AGP、IDE 等接口技术并不取决于 CPU 的性能，而与主板芯片组是否支持这些接口有关，所以主板芯片组不仅极大地影响了系统的整体性能，还决定了系统是否具有某些功能。例如，在 Intel 控制芯片组中，只有 440LX 以上型号的产品才支持 AGP 接口技术。

在当今的主板中，主板芯片组的作用和地位已经越来越受到重视，选择一块好的主板，首先必须选择性能卓越的主板芯片组。采用主板芯片组可以简化主板设计，降低系统成本，提高可靠性。

从诞生开始，主板芯片组已经历了几代的发展，随着微型计算机新技术的不断出现，控制芯片组的发展也非常迅速，新的主板芯片组一般是在保留原来主板芯片组功能的基础上增加新的功能。

世界上有多家研发生产主板芯片组的公司，主要有 Intel（英特尔）、AMD、VIA（威盛）、SIS（矽统）等公司，他们生产的主板芯片组在性能、价格和对 CPU 的支持上都各有特色。

18.4.2 主板控制芯片组的功能

从开始出现主板芯片组至今，随着芯片集成度的提高，集成的功能也越来越多，不同的主板芯片组其功能是不完全相同的，但它们都是用于控制和协调 PC 机系统工作的。一般情况下它们都具有如下功能。

（1）配合 CPU 工作，决定该主板可使用的 CPU 芯片类型及芯片的主频、读/写模式。

（2）集成了 DRAM 控制器，可控制主存的工作；决定该主板可使用的内存条类型，例如，是 DDR3 SDRAM 还是 DDR4 SDRAM 或者是突发式 DRAM；决定可支持 SDRAM 存储器的数量等。

（3）提供 IDE 接口、AGP 接口、USB 接口及 IEEE1394 接口等接口的功能，并能决定其数量。

（4）决定存储器总线的最大频率是 66 MHz、75 MHz、83 MHz 还是 100 MHz 等。

（5）具有 PCI 总线控制器，支持 PCI 总线的工作，形成 PCI 总线与外部 PCI 总线设备之间的接口，并可决定 PCI 总线的类型是 32 位还是 64 位，与存储器总线速度是同步还是异步。

（6）可以支持单个或者几个 CPU 工作。

（7）配备鼠标、键盘及显示器控制接口电路。

（8）集成了中断控制器 8259A 的功能，可以管理系统的中断操作。

（9）具有定时器与实时时钟 RTC，其内部集成的实时时钟 RTC 是为系统提供时间与日期的带后备电池的专用器件。

（10）具有 GPIO 通用 I/O 接口，所以可支持多种 I/O 设备的工作。

（11）具有电源控制管理功能，可支持系统的管理。

（12）具有 AC’97 音频与调制解调控制器，因而具有音频输出和音频录音功能。

（13）配备 DMA 控制器，可实现 DMA 数据传输。

（14）集成了 FWH（Firm Ware Hub）接口，可与 BIOS 连接。

显然微型计算机系统的大部分功能由主板芯片组完成，一旦选定了主板芯片组，则系统的上述功能就同时确定，在使用过程中主板芯片组是无法升级的。

说明：并不是每一个主板芯片组都同时具有上述功能，且不同的主板芯片组所能控制的接口类型和数量是不同的，所支持的 CPU 的主频也是不同的。

18.4.3 主板控制芯片组的结构

由于 Intel 公司的主板芯片组是众多厂商主板芯片组中的领军品牌，所以在此以 Intel 公司的主板芯片组为例介绍主板芯片组的结构。

在 Intel 公司的主板芯片组历史上，曾有 440BX、810、815、845、865、915、965、P35

等诸多型号的经典产品，至 2015 年又推出了 100 系列芯片组以及 82875P、82801EB 等型号产品。早期的 80386/486 微型计算机中主板芯片组由 6～8 片芯片组成，到了 Pentium 系列微型计算机时代，主板芯片组发展到两片，目前主流的主板芯片组主要分为两大体系结构，即南桥、北桥结构和加速集线器结构，分别介绍如下：

1）南桥、北桥结构

南桥、北桥结构的芯片组主要由主板上的南桥芯片和北桥芯片组成，合称主板芯片组。南桥芯片通常靠近 PCI 总线插槽一端，负责除显示接口外的所有内部和外部功能接口与 PCI 总线之间的数据通信。

在 CPU 插槽旁边是北桥芯片。北桥芯片主要负责控制 CPU、内存条、显卡等硬件，由于发热量较大，因而需要散热片散热。北桥芯片还负责将主机周期转换成 PCI 总线周期，所以它是 PCI 总线上一个初始阶段的启动部件。在 PCI 总线上，北桥芯片是不能进行高速缓冲操作的部件。作为 PCI 总线的输出目标时，在一个 PCI 总线操作周期内，北桥芯片仅支持如下操作：存储器的读/写操作、其他命令操作及独占的访问操作等。北桥芯片起着数据交换核心的作用，决定着 CPU、主存和图形处理系统三者之间接口的带宽、数据传输速率和系统前端总线的工作频率。北桥芯片是主桥，可以和不同的南桥芯片搭配使用，以实现不同的功能。

南桥芯片可支持与控制的功能接口包括 DMA 接口、USB 接口、IDE 接口、GPIO 接口、中断控制器接口、电源管理逻辑电路接口、音频控制器接口及 PCI 总线接口等。南桥芯片可以接收上述设备支持的 PCI 总线上的周期信号，在仲裁机构的控制下，可以启动由上述设备所使用的 PCI 总线的各周期。南桥芯片决定计算机外设功能的强弱。

简言之，桥就是一个总线转换器和控制器，可实现 CPU 总线通过 PCI 总线进行连接的标准，北桥芯片与南桥芯片之间通过 PCI 总线通信。

每个型号的北桥芯片都有相应规格的南桥芯片与其对应，南桥芯片的功能也需要北桥芯片的支持，因此各个主板厂商生产的主板都将同一时期的南桥芯片、北桥芯片搭配在一起，形成一套主板芯片组。通常主板芯片组是以北桥芯片命名的，如 Intel 845E 主板芯片组的北桥芯片是 82845E，875P 主板芯片组的北桥芯片是 82875P 等。

2）加速集线器结构

加速集线器结构（Accelerated Hub Architecture），也有书称为 Hub 结构。从 Intel 810 主板芯片组以后，Intel 公司把北桥芯片称为图形和内存控制中心（Graphics Memory Controller Hub，GMCH），把南桥芯片称为输入/输出控制中心（I/O Controller Hub，ICH），GMCH 与 ICH 分别与北桥芯片、南桥芯片功能类似（所以人们习惯上还是称为北桥芯片、南桥芯片），但由于新的主板芯片组采用专门的总线来连接主板的各设备，而不是像原来那样使用 PCI 总线进行数据传输，因此在多个设备工作时不容易发生阻塞现象，也有利于减少线路干扰。由于在 ICH 中集成了更多的功能电路，PCI 总线可以只用于输入和输出，有利于提高主板的整体性能。另外，把 BIOS 称为 FWH（Firm Ware Controller Hub，固件控制中心）。

正是由于主板芯片组的性能和功能不断进步，才有了如今高性能的主流计算机。

3）主板控制芯片组的结构举例

不管是哪一种结构的主板芯片组，其实际电路都是很复杂的，在此仅以南桥、北桥结构的主板芯片组为例简要说明主板芯片组的结构。图 18.3 所示为某主板芯片组的逻辑结构示意图。

图 18.3 中南桥、北桥芯片之间通过 PCI 总线相连，北桥芯片与微处理器直接相连，北桥

芯片的基本功能是把微处理器与主存、AGP 显示器和南桥芯片相连。南桥芯片、北桥芯片的左边与右边是其可直接控制与管理的外设或者接口。通过图 18.3 可以看到 AGP 显示器、USB 端口等是如何连接的。

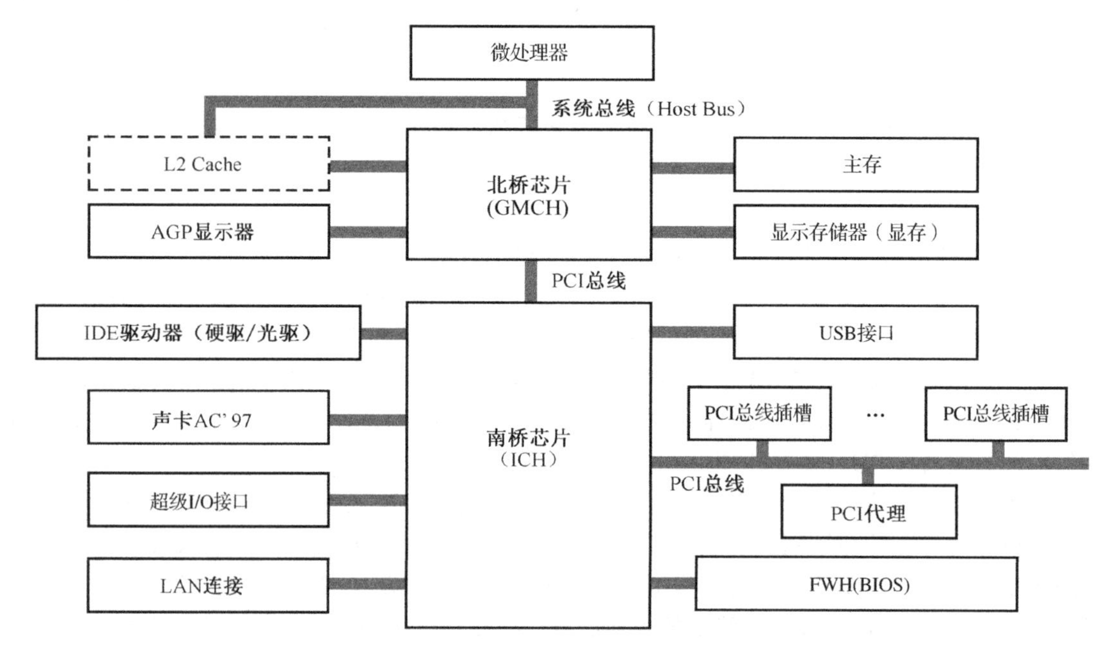

图 18.3　主板芯片组的逻辑结构示意图

思考与练习

1．微型计算机系统中的总线按使用范围可以分为哪几种？说明其作用。

2．什么是总线标准？为什么要制定总线标准？

3．试说明 PCI 总线的特点和其在 PC 机中的作用。

4．目前在微型计算机中较常用的外部接口有哪几种？主要功能是什么？USB 接口为什么能得到广泛应用？

5．主板芯片组的主要作用是什么？Pentium 系列微处理器中的南桥芯片与北桥芯片各起什么作用？

6．试通过上网查阅资料，了解目前的主流主板芯片组有哪些？各有什么特点？

第 19 章　微型计算机系统的应用

由于微型计算机系统在结构与功能上与单片机有较大差别，因而其应用范围与单片机也不同。微型计算机系统的主要应用有科学计算、信息管理、测量控制、计算机辅助设计、机器人、人工智能、多媒体及网络等。限于篇幅，本章仅简要介绍它的常见应用。

19.1　科学计算与信息管理

科学计算与信息管理均是微型计算机常见的应用，虽然它们是两类不完全相同的应用，但由于它们的系统组成与图 1.2 所示基本相同（均可能要增加打印机、扫描仪、绘图仪等办公设备），因而放在同一节中介绍。

19.1.1　科学计算

科学计算是发明计算机的初衷，因而，这也是计算机最经典的应用。

1. 科学计算的功能

科学计算主要用于解决科学研究和工程技术中提出的数学问题。该领域要求计算的速度快、精度高，且存储容量大，只有计算机能满足这一要求，所以科学计算催生了计算机，而计算机的应用又大大地促进了科学计算的发展。虽然微型计算机在速度和容量上不如巨型计算机，但它能胜任一般的科学计算任务，还可以通过计算的方法仿真客观物理世界的变化过程，可以仿真在实际中无法重复或进行实验的自然或者社会现象，所以可部分取代实验或者作为实验的补充，以检验理论模型的正确性等。例如，汽车的碰撞实验，目前可以先用计算机进行数值仿真实验。

在各种科学和工程领域已经逐步形成了各种计算性学科分支，如计算力学、计算物理、计算化学等。生物科学、经济学、航天工程、医学等多个领域也都在发展科学计算理论。总之，微型计算机是各领域科学计算的重要工具。

2. 科学计算的支持软件

计算机要实现科学计算是离不开程序设计软件的，有关这方面的内容在第 1 篇已经予以简要介绍。在第 2 篇和第 3 篇中所介绍的主要是汇编语言，而在科学计算中所采用的一般是高级语言。高级语言更接近数学语言。高级语言种类很多，但其程序设计基本过程是类似的。

19.1.2　信息管理

微型计算机的信息管理功能实现了办公信息系统的自动化，大大提高了事业与企业单位的管理与办公的效率。

1. 信息处理与管理功能

在社会各行业的工作过程中会产生大量的原始数据，以及图形、声音、图像等各种非数字信息。信息处理是指对各种数值形式的数据和文字、图形、图像等各种非数值信息进行处理，包括对数据资料的收集、存储、分类、检索和发布等。信息管理包括办公自动化、企业管理、情报检索等，结果通常要求以表格或者文件形式存储或输出。例如，大家都很熟悉的银行利用计算机管理银行业务，图书馆利用计算机进行图书的自动化管理等，可以说信息处理与管理是计算机应用广泛的领域。

2．常用办公软件

微软公司的 Office 套件是人们常用的办公软件，下面对 Office 中的几个常用软件进行简单说明，具体应用见参考文献［25］。

1）**字处理软件** Word

Word 是基本的、常用的字处理软件，它可对文字信息进行加工处理。字处理是指利用计算机在某种编辑软件窗口中创建文档，并将文档以文件的形式保存在磁盘上，需要时可以按特定格式打印输出。Word 的基本应用包括文档的建立、编辑、排版与打印等。

Word 应用程序是运行在 Windows 环境下的集文字、图形、表格、打印于一体的典型字处理软件，是应用计算机办公的基本工具。

2）**电子表格软件** Excel

Excel 是一个通用电子表格软件，可用于电子表格的生成、管理，支持文字表格和图形表格编辑，具有功能丰富、界面友好等特点。利用 Excel 提供的函数计算功能，不用编程就可以完成日常办公的数据计算、排序、分类汇总及报表等。Excel 使对于批量数据表格的操作变得更加简单，这给普通用户提供了很大的便利，所以该软件是实现办公自动化和数据库应用的一个理想软件。

3）**演示文稿编辑软件** Power Point

Power Point（PPT）是一个制作演示文稿的应用软件，其主要功能是将各种文字、图形、图表及声音等多媒体信息以“幻灯片”的形式播放出来。它所提供的多媒体技术使得播放效果声形俱佳、图文并茂，抽象枯燥的信息通过计算机的加工处理可变得生动、活泼，所以，常常利用 Power Point 创建演讲报告、电子教案及节日贺卡等演示文档。

19.2 多媒体技术

随着计算机软件与硬件的不断发展与完善，计算机从只能处理文字与计算发展到可以综合处理声音、图像、图形、视频等多媒体信息。多媒体技术已经渗透到社会的各个方面，给人们的学习、生活带来巨大的变化。

19.2.1 多媒体技术概述

媒体是指承载与传播信息的载体，如报纸、杂志、电视、电影等。多媒体技术是指将声音、图像、图形、文字、数字、动画等各种媒体进行有机结合。此外，它具有交互性和集成性。交互性是指用户与计算机应用系统之间能进行交互操作，可以按照用户的需要处理和提供数据，从而有效地控制与使用数据；集成性表现在两个方面，即多媒体信息的集成和处理这些媒体的设备的集成。多媒体技术就是把计算机技术、音频和视频技术、通信和广播电视技术等技术相结合，形成一个可以组织、存储、处理和控制多媒体信息的集成环境和交互系统。

19.2.2 多媒体系统的组成

多媒体系统是一个能处理多媒体信息的计算机系统，一个专业的多媒体系统由硬件和软件两部分组成。

1. 多媒体硬件系统

多媒体硬件系统是由图形工作站和多媒体板卡以及可以接收和播放多媒体信息的各种多媒体外部设备组成的。

1）图形工作站

图形工作站是可处理图形、图像、动画与视频的高档专用计算机的总称。其特点是：整体运算速度高，存储容量大，具有较强的图形处理能力（配有图形加速卡），支持 TCP/IP，以及拥有大量科学计算或工程设计软件包等。图形工作站通常采用多核处理器，在性能、可扩充性、稳定性、运行连续性、图形/图像画质等多方面都大大超越普通微型计算机，可满足较高层次的多媒体制作和应用需求。普通微型计算机在配置了多媒体板卡、多媒体设备和多媒体软件后，也可以进行一般的多媒体信息的采集和播放。

2）多媒体板卡

多媒体板卡是建立多媒体应用程序工作环境必不可少的硬件设备。它根据多媒体系统获取或处理各种媒体信息的需要插接在计算机上。常用的多媒体板卡有音频卡、视频采集卡等。

音频卡可以用来录制、编辑和回放数字音频文件，控制各声源的音量并加以混合，在记录和回放数字音频文件时进行压缩和解压缩。

视频采集卡可以采集视频源和音频源（如数码摄像机、手机、DVD 播放器等）的信号，将其经过压缩、编辑和特技制作等处理，转换为数字信号保存并输出到目标计算机中。视频信号符合 HDMI、1394 等接口标准。高清晰度多媒体接口（High Definition Multimedia Interface，HDMI）是一种数字化视频/音频接口技术，是适合影像传输的专用型数字化接口。

3）多媒体外部设备

多媒体外部设备十分丰富，其工作方式一般为输入或输出。常用的多媒体外部设备有光盘存储器、扫描仪、数码照相机、摄像头、数码摄像机、触摸屏、扬声器、彩色喷墨打印机、显示器和投影仪等。

2. 多媒体软件系统

一个多媒体系统中，硬件是基础，软件是灵魂。多媒体系统中软件的主要任务是将硬件有机地组织在一起，使用户能够方便地使用和编辑多媒体信息。多媒体系统中软件按功能可分为多媒体系统软件、多媒体工具软件和多媒体应用软件。

1）多媒体系统软件

多媒体系统软件包括多媒体驱动软件、支持多媒体的操作系统及多媒体处理软件等。多媒体系统软件不仅能综合使用各种媒体、灵活调度多媒体信息进行传输和处理，还能控制各种媒体硬件设备协调工作。多媒体系统软件除了具有一般系统软件的特点，还能反映多媒体技术的特点，如数据压缩、多媒体硬件接口的驱动、新型交互方式等。

2）多媒体工具软件

多媒体工具软件是指多媒体创作工具或开发工具等一类软件，它是多媒体开发人员用于获取、编辑和处理多媒体信息，编制多媒体应用软件的一系列工具软件的统称。常用的多媒体工具软件主要应用于网页制作、矢量图形与动画编辑、视频编辑、三维建模与动画制作等领域。

3）多媒体应用软件

多媒体应用软件又称多媒体应用系统或多媒体产品，它是由各种应用领域的专家或开发人员利用编程语言或多媒体工具软件编制的最终多媒体产品，是直接面向用户的。各种多媒体教学软件、培训软件、游戏软件、声像俱全的电子图书等都属于多媒体应用软件。

19.2.3 多媒体技术的应用

多媒体技术可以综合处理声音、图像、图形、视频等多种媒体信息，并形成多种媒体信息同时或者交互表达的作品。多媒体技术可以应用于很多领域，如教育和培训、远程会话、商业与咨询、出版与图书等，下面分类简要介绍。

1）教育和培训

多媒体技术具有图、文、声及活动影像并茂的特点，可使教学方法更直观、活泼，从而提高教学效果。利用多媒体技术编制的教学课件，能创造出图文并茂、绘声绘色、生动逼真的教学环境和交互操作方式，从而可以大大激发学生学习的积极性和主动性，提高学习质量。利用多媒体技术不仅能模拟物理和化学实验，还能制作出天文或自然现象等逼真场景，也能十分逼真地模拟社会环境以及生物繁殖和进化等。多媒体技术和网络技术的发展已经将教学和培训推向一个新的阶段，使远程教学成为可能，这相当于创建了一个虚拟教室，在这里可以实现实时的互动。这些新技术为教育工作者提供了前所未有的工具和手段，总之，它提高了教育和培训的水平，扩大了教育和培训的范围。

2）远程会话

多媒体系统应用到通信上，将把电话、电视、传真、音响、卡拉 OK 机等电子产品与计算机融为一体，由计算机完成音频和视频信号的采集、压缩和解压缩、多媒体信息的网络传输、音频播放和视频显示，形成新一代的家电类消费产品。

随着多媒体技术和网络技术的发展，视频会议系统、多媒体办公系统、家庭间的网上聚会、交谈等日渐普及。多媒体通信系统和分布式系统相结合出现了分布式多媒体系统，使远程多媒体信息的编辑、获取、同步传输成为可能。例如，远程医疗会诊就是以多媒体系统为主体的综合医疗信息系统，对于疑难病例，各路专家可以通过该系统联合会诊，这样不仅为危重病人赢得了宝贵的时间，还为专家们节约了大量的时间。

在军事通信中使用多媒体系统可以使现场信息及时、准确地传给指挥部。同时指挥部也能根据现场情况正确地判断形势，将信息反馈给现场，实施实时控制与指挥。在国防和工业领域，多媒体系统对于现场设备故障诊断和生产过程参数的监测有很大的实用价值。

3）商业与咨询

多媒体系统的商业应用包括商品简报、查询服务、产品演示以及商品交易等方面。在商品交易方面，电子商务已形成一股热潮，它提供经网络及其他在线服务进行产品或信息的买卖功能。

利用多媒体系统可为各类咨询提供服务，如旅游、邮电、交通、商业、气象等公共信息以及宾馆、百货大楼等服务指南都可以存放在多媒体系统中，向公众提供多媒体咨询服务。用户可通过触摸屏进行操作，查询所需的多媒体信息。

4）出版与图书

随着多媒体技术和光盘技术的迅速发展，出版业已经进入多媒体光盘出版时代。电子出版物具有容量大、体积小、成本低、检索快、易于保存和复制、能存储图文声像等特点。例如，用一张光盘就可以装下一套百科全书的全部内容。电子出版物的大量涌现对传统的新闻出版业形成了巨大的冲击，给图书馆带来了巨大的变化。

此外，多媒体技术在娱乐方面的应用已经众所周知，它还有保存资料等很多用途，在此就不一一列举了。实际上，多媒体技术的优势可能不在于某些具体的应用，而在于它能把复杂的事物变得简单，把抽象的东西变得具体。因此，多媒体技术的发展将会改变人类的工作、学习和生活方式。

19.3 计算机测控系统

为满足现代科学实验和生产过程中高精度、多测量路数、过程可控制、数据易处理等多样化的要求，通常需要采用现代化的计算机测量与控制系统来完成。计算机测控是微型计算机很重要的一个应用领域。计算机测控系统的作用是把从传感器或其他方式得到的各种信号经过处理后变成微型计算机能接收的数字信号，以便于存储、传输、显示、处理，多数情况下还可进行闭环控制。计算机测控系统是当代传感器技术、计算机技术、自动控制技术等的综合应用，它是解决测量、控制、计算、存储问题的最好选择。与单片机测控系统相比，它的性能更强，功能更全面。

19.3.1 计算机测控系统的功能

现代计算机测控系统是科学发展的产物，早期的计算机测控系统完全是由分立元件拼凑起来的，结构庞大，可靠性差，精度低。随着科学技术的进步，计算机测控系统在硬件和软件上都有了惊人的进步。现代计算机测控系统是由包括微型计算机在内的一些模块（在此不是指独立的芯片，而是代表台式仪器或插件板）组成的，因此结构紧凑，可靠性高，抗干扰能力强。由于采用硬件和软件相结合的技术，该系统具有相当的通用性，性能指标已达到很高的程度。

一般计算机测控系统具有下列功能。

（1）自动测量和控制：由于计算机能控制开关通断、量程自动切换、结果自动输出等，操作人员只要按键盘上所规定的功能键，计算机测控系统就能按预先编制的程序进行自动测量、控制。

（2）多项选择：能按要求选择测量项目、信号通道、测量范围、增益和频率范围，并达到最佳的工作状态，可提高测量精度。

（3）结果判断：计算机测控系统可根据预先给定的标准，判断测试结果是否正确，并能自动记录和显示结果。

（4）自动校正：可进行自动调零，按预先给定的标准进行自校，消除温度、噪声及干扰等因素，便于修正系统误差，提高测试精度。

（5）数据处理：能把测量的数据进行分类处理，进行数学运算、模拟运算、误差修正、工程单位转换等。

（6）故障报警：能进行自身的故障诊断报警。

19.3.2 计算机测控系统的组成

计算机测控系统种类很多，但其基本构成是相似的。组装计算机测控系统比组装一个单片机测控系统要简单得多。首先要正确选择适用的 I/O 板卡或者 A/D 板卡、D/A 板卡等。对用于测控的计算机，则应该选择工业控制计算机，简称工控机，其可靠性要远高于普通微型计算机。

随着组建计算机测控系统所需要的功能部件越来越丰富，用户只需将各功能模板组合就能轻松设计出新的计算机测控系统，但在组建系统时要考虑工控机中需要多少可用的扩展插槽，所选择的模板是属于哪一类插槽的。除非有极特殊的要求，一般是不需要从最底层的芯片开始开发的，这一点与单片机测控系统是不同的。图 19.1 所示为一个典型的计算机测控系统框图。

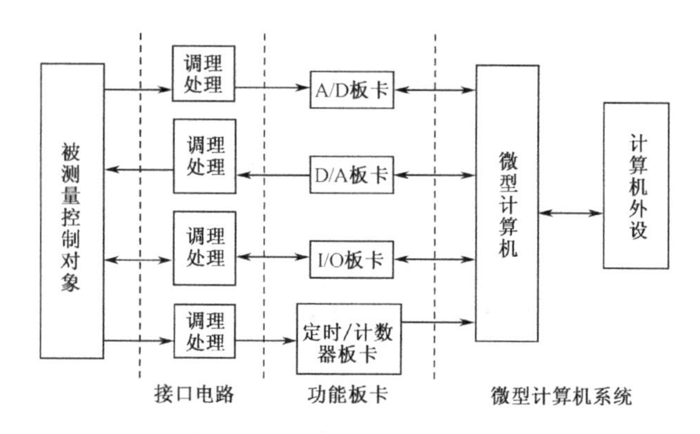

图 19.1　计算机测控系统框图

由图 19.1 可见，组建计算机测控系统就是把各种功能的 I/O 接口板卡（如图 19.1 中的 I/O 板卡、A/D 板卡、D/A 板卡等）插入计算机的总线扩展槽中，这些板卡对外的挡板都配有相应的接口插座，便于与外设相接。插上不同的功能板卡，就使计算机具有不同的功能，不过即使是同样功能的板卡，它的性能指标也有很大差别。这些板卡的性能与功能决定所组建的计算机测控系统的相应性能与功能。处于被测量控制对象与功能板卡之间的调理处理接口电路把被测信号调节为功能卡能接收的信号，或者把功能板卡输出的信号调节为对象能接收的信号。虽然每块板卡对应的接口电路都称为调理处理，但它们的原理与作用是不相同的。下面分别介绍这些板卡的主要功能及相应的调理处理接口电路的作用。

1）A/D **板卡**

A/D 转换功能通常采用 A/D 转换卡（简称 A/D 板卡）实现，该卡上的主要芯片就是 A/D 转换芯片，此外，上面还有采样保持电路、模拟多路开关电路及一些辅助元器件。A/D 转换芯片具有很多种，其转换位数、速度、精度等都有差别，所以组建系统时要根据实际需要选择合适的 A/D 板卡。由于被测对象的输入电压范围是不一定的，而 A/D 板卡的输入范围是有限的，所以在输入 A/D 板卡前应该对输入电压进行调节处理，把它调节到 A/D 板卡可接收的范围，有时还要求对信号进行隔离处理。

2）D/A **板卡**

D/A 转换功能通常采用 D/A 转换卡实现（简称 D/A 板卡），该卡上的主要芯片就是 D/A 转换芯片，上面还配有运放及基准电压电路等。图 19.1 中 D/A 板卡是用于反馈控制相关设备的，其输出电压的大小由计算机控制，可以管理与控制需要用变化的电压量控制工作的设备。由于 D/A 板卡的输出电压范围是有限的，且功率较小，所以需要加输出调节电路把输出信号功率放大，以便于驱动被控制对象。

3）I/O **板卡**

输入/输出控制功能也是很常见的功能，通常采用输入/输出卡（简称 I/O 板卡）实现，图 19.1 中 I/O 板卡用于接收外界的开关（数字）量信号，或者输出数字量信号，其作用与单片机中的 I/O 接口作用相同。同样不管是输入的信号还是输出的信号，也都需要进行隔离处理。特别是用于输出控制时，板上的调理电路还需要增加放大隔离电路，而如果输入信号符合 TTL 电平要求，则可以直接输入。

4）定时/计数器板卡

定时/计数器板卡的功能类似单片机中的定时/计数器，图 19.1 中定时/计数器板卡用于定时或者接收外界的频率信号。该卡上的主要芯片就是可编程的定时/计数器芯片。一般也需要配隔离调理电路，才能与外设相接。同样如果输入信号符合 TTL 电平要求，则可以直接输入。

除了上述主要功能板卡，其实还有很多功能电路板卡，如伺服电动机控制卡、数字电压表模块卡、恒流源功能卡等。

19.3.3 计算机测控系统的分类

计算机测控系统并没有统一规范的分类方法，在实际应用中为便于说明问题和突出其某方面的特点，人们从不同角度出发提出了几种分类方法。例如，从系统的结构形式分，可分为专门接口型和通用接口型；从系统的用途分，又可分为通用计算机测控系统和专用计算机测控系统等；还可以按所用程控设备来分。下面按结构形式分类介绍计算机测控系统。

1）专门接口型

专门接口型计算机测控系统是将一些具有一定功能的模块相互连接而成的，优点是结构紧凑，模块利用率高，可做得很精致。但是，由于各模块的差别，组成系统时相互之间的连接是十分麻烦的，各系统之间接口没有统一标准，而且各模块是系统不可分割的一部分，不能单独应用，缺乏灵活性。专门接口型计算机测控系统又可分为两类，一类是专业生产厂家设计生产的大型、高精度的专用计算机测控系统。例如，美国的太平洋 6000 系统等，这类系统通道多（一般可达几千路），抗干扰能力强，传输距离远，适用于飞机、火箭实验这样的实验环境恶劣，条件复杂，测量精度要求高的大型、严密的实验场合。还有一类是小型智能测量仪器或系统，或者科研人员自己研制的采集仪器或系统。这类系统一般是按照所要求的功能，选择芯片及元器件进行硬件设计及软件编程，构成所需要的系统或仪器。这类系统具有非模块化结构，一般适用于不太复杂的小系统，如以单片机为中心的测量仪器。专门接口型系统具有功能固定的特点。

2）通用接口型

通用接口型计算机测控系统是由模块（如台式仪器或插件板）组合而成的，不过所有模块的对外接口都是按国际标准设计的。组成系统时，如果模块是台式仪器，用标准的无源电缆将各模块接插起来就形成系统；如果模块为插件板，则将各插件板插入标准机箱或插槽即可。组建这类系统非常方便，且这类系统适应性强，在不改变硬件的情况下，仅修改软件就可完成另一种测量任务，这类系统的灵活性和可扩展性是显而易见的。目前，在世界上得到广泛采用的通用接口型计算机测控系统种类很多，如 PCI 标准总线接口计算机测控系统、STD 标准总线接口计算机测控系统和 VXI 标准总线接口计算机测控系统等。由于篇幅所限，不能一一列举。这类系统首次投资较大。

应该注意，所谓通用仅是相对于专用而言的，并非万能的。专门接口型系统并不就是专用系统，它可以设计成具有较强的通用性的系统；通用接口型系统也并非就是万能系统，只能说它的接口通用性强，不能把两者混为一谈。

随着微型计算机的普及，符合各种总线标准的功能卡，如 A/D 板卡、D/A 板卡、I/O 板卡等应运而生。现在成功地生产了大量功能模板，这些功能模板都配备了驱动软件。这样用户可以将它们方便地组装成以微型计算机为中心的测量控制系统。把一台普通的微型计算机组装成微型计算机测量控制系统的方法十分简单，只需在微型计算机剩余的 I/O 扩展槽中插上所需要的 I/O 功能模板（如 A/D 模板、D/A 模板等），再加上相应的软件就构成了一个可以在实验室环境下运行的测量控制系统。现在生产的工业级 PC 机在结构上做了很大的改进，不但大大提高了可靠性，且更加方便和实用，它把 CPU 模板等全部做成插卡形式。

随着计算机技术日新月异的发展以及各种微型计算机 I/O 功能模板的问世，计算机测控系统的功能越来越丰富，应用越来越广泛。

19.4　计算机网络

计算机网络是计算机技术与通信技术密切结合的产物。它是通过特定的通信设备和传输介质将处于不同地理位置的多台计算机连接起来，并在相应的网络软件管理下实现多台计算机之间信息传递与资源共享的系统。计算机网络的出现大大促进了信息化社会的发展，这已经是人所共知的事实。由于计算机网络使信息的收集、存储、传播形成有机的整体，人们不论身处何地，通过计算机网络都能得到所需的信息，因此它已经成为人们获取信息的重要工具。网络改变着人们的工作与生活方式，学会通过网络进行交流、获取信息成为当前社会对人才的基本要求。

19.4.1　计算机网络的分类

计算机网络有多种分类方式，通常按照地理（也称为覆盖）范围、网络规模大小、拓扑结构等分类。按照网络规模的大小可以把计算机网络分为局域网、城域网和广域网。

注意：计算机网络没有严格意义上的地理范围划分，只是一个定性的概念。

1）局域网

局域网（Local Area Network，LAN）是指在局部地区范围内建立的网络系统，常见于一个工厂、一个学校或者一栋大楼内，它所覆盖的地区范围较小，这是常见的、应用广泛的一种网络。

2）城域网

城域网（Metropolitan Area Network，MAN）是在一个城市范围内所建立的计算机通信网，网络覆盖范围一般在几十千米之内。城域网连接的计算机数量更多，在地理范围上可以说是 LAN 的一种延伸。

3）广域网

广域网（Wide Area Network，WAN）也称为远程网，所覆盖的范围更广，它一般是连接不同城市和不同国家之间的局域网或者城域网计算机通信的远程网，地理范围可从几百千米到几千千米。因为距离较远，信号衰减比较严重，广域网目前多采用光纤线路，通过 IMP（接口信息处理）协议和线路连接起来，构成网状结构，解决路径问题。广域网因为所连接的用户多，总出口带宽有限，所以一般连接速率较低。

不同的局域网、城域网和广域网可以根据需要互相连接，形成规模更大的网际网，如 Internet，详见 19.4.4 节。

还有一种分类方法是按照拓扑结构，即网络中各设备间的物理连接方式分类。一般将网络中的设备定义为节点，设备之间的连接定义为链路。按拓扑结构划分，计算机网络可分为总线网络、星状网络、环状网络、树状网络和网状网络等，其中星状网络应用最广泛，详见参考文献［25］。

19.4.2 计算机网络系统的组成

计算机网络系统是由网络硬件和网络软件组成的，其中对网络硬件的选择对计算机网络系统有决定作用，而网络软件则是挖掘网络潜力的工具。

1. 网络硬件

网络硬件主要包括计算机设备、接口设备、传输介质和互联设备等。

1）计算机设备

根据计算机在网络中的服务特性，计算机可分为服务器和工作站。服务器主要用于数据处理任务和提供资源，是网络运行、管理和提供服务的中枢。根据计算机网络的规模可选择大、中或者小型计算机。

在计算机网络系统中，只向服务器提出请求或者共享资源，不为其他计算机提供服务的计算机称为工作站。工作站要参与网络活动必须先与服务器连接，并登录，按照被给予的一定权限访问服务器。

2）接口设备

接口设备主要是网卡或者网板，是计算机与传输介质进行数据交换的中间部件，可完成编码转换和收发信息的工作。不同的计算机网络需要不同的网卡，在接入计算机网络时需要知道网络类型（常见类型为以太网和令牌环网），从而购买适当的网卡，现在很多主板上已经集成了网卡的功能。网卡按速率不同有百兆网卡、千兆网卡及万兆网卡几种。现在还有一种通过USB 接口即插即用的 WiFi 网卡。

3）传输介质

传输介质是传输数据的载体，用于将计算机网络中的各种设备连接起来。传输介质分为有线和无线两类。有线传输介质包括双绞线、同轴电缆和光纤，无线传输介质包括红外线、微波、激光和无线电等。

4）互联设备

网络互联设备主要用于相同网络的连接和扩展，按各种层次可分为中继器、集线器、网桥、交换机、路由器和网关等。中继器和集线器具有对信号整形、放大的再生功能，主要用于相同网络的连接和拓展。网桥是连接两个局域网的一种存储/转发设备。交换机是网桥的发展，它具有更高的端口密度、更小的传输时延，目前在局域网中应用越来越广泛。

路由器和网关作为通信控制处理机处在网络的节点上，都属于网络互联设备。路由器用于实现多个逻辑上分开的网络互联。网关也称为网间连接器、协议转换器，通常采用软件的方法实现在互联网中高层协议转换的作用。

2. 网络软件

网络软件主要有网络操作系统和网络协议软件及其他相关软件等。

网络操作系统用于管理和协调网络的正常工作，为用户提供基本通信服务、资源共享服务及网络系统安全服务等。常见的网络操作系统有微软公司的 Windows 及 Novell 公司的 UNIX 和 Linux 等。

网络协议软件是用于实现计算机通信而制定的规则、约定和标准。计算机在通信时必须使用相同的通信协议，TCP/IP 是计算机网络中使用最广泛的协议。

网络管理人员使用的网络管理软件是用于控制特定通信硬件设备的驱动软件，如网卡的驱动程序等。网络管理软件很多，功能各异。

此外，还有在网络环境中直接面向用户的网络应用软件。

19.4.3 局域网基本知识

局域网是目前家庭、单位计算机连网最常采用的网络类型。下面简要介绍局域网的基础知识。

1）局域网概述

局域网的特点是连接范围小、组建方便、用户数少、配置容易、传输速率高（可达 10000 Mb/s）且误码率较低，其覆盖范围没有严格定义，一般距离为 0.01 km～2.5 km。

局域网通常由一个单位或者小组自行建立，在其内部使用。

局域网的关键技术是连接网络的拓扑结构、传输介质和介质访问控制协议。

（1）拓扑结构：星状、环状、树状和总线型。

（2）传输介质：双绞线、同轴电缆、光纤、无线介质等。

（3）介质访问控制协议：指在多个站点共享同一介质时，合理地把带宽分配给各站点的方法，主要包括随机访问和令牌传递两类。介质访问控制协议是局域网特有的。

2）局域网的组成

局域网一般由服务器、工作站、外部设备和一组网络软件组成。外部设备主要指用于连接服务器与工作站的一些传输介质（多采用双绞线）或网络连接设备（如网卡、集线器或者交换机等）。

3）以太网

现在多数局域网采用以太网标准，这是 Xerox 公司在 20 世纪 70 年代开发的，后来 IEEE 在此基础上制定了 IEEE 802.3 标准，传输速率为 10 Mb/s～10 Gb/s。

在 IEEE 802.3 标准中定义的以太网将数据包广播到所有网络节点和设备上，只有目标节点可以接收数据包，而其他节点则将不属于自己的数据包抛弃。

在以太网中通常采用交换机作为中央连接设备，交换机是由网桥演变而来的，它比网桥性能更好，其转发延时比网桥短得多。

19.4.4 Internet 简介

Internet（因特网）是全球最大的、开放的，由众多网络互联而成的计算机网络。Internet 可以连接各种计算机系统和计算机网络，不论是大、中型计算机还是微型计算机，不论是局域网还是广域网，不管在世界什么地方，只要遵循 TCP/IP 协议，就可以连入 Internet。Internet 提供了包罗万象、瞬息万变的信息资源，是获取信息的一种方便、快捷和有效的手段，是信息社会不可或缺的重要工具。

1. Internet 协议

Internet 采用 TCP/IP 协议，这种协议使用分组交换技术，即将要传送的数据信息划分为一定长度，每部分为一个分组，每个分组前面加一个分组头，用于标明该分组的目的地址。

TCP/IP 协议是 Internet 所使用的一组协议集的统称，它包括上百个各种功能的协议，其中最主要和最常用的是 TCP 和 IP 协议。

2. Internet 地址

网络地址（简称网址）是节点在网络中定位的标识符，就像每部电话的号码一样，这个地址必须是唯一的。在 Internet 中有两种主要的地址识别系统，即 IP 地址和域名系统。

1）IP 地址

IP 地址分为网络地址和主机地址两部分，一共由 32 位二进制数组成，通常书写为十进制数，按字节分为 4 段，每段的取值范围为 0～255，段间用圆点“.”隔开。例如，有一个 IP 地址：00001111 11111111 00000111 00000011，用十进制数表示则为 15.255.7.3。

为了便于管理网络，Internet 管理委员会按网络规模的大小将 IP 地址划分为 A、B、C、D、E 5 类，5 类 IP 地址的格式如图 19.2 所示。

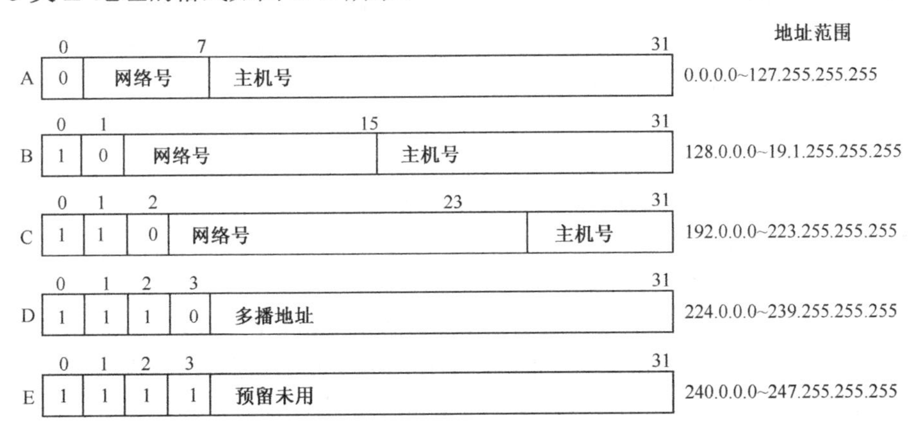

图 19.2　5 类 IP 地址的格式

这 5 类 IP 地址的结构相同，均由特征号、网络号和主机号组成，它们的主要区别是网络号和主机号所占用的位数不同。例如，B 类的特征号是 10，网络号是第 2～15 位，共 14 位，主机号是第 16～31 位，共 16 位。其中，A 类 IP 地址适用于主机较大的大型网络，B 类 IP 地址适用于中等规模的网络，C 类 IP 地址适用于小规模的网络，D 类 IP 地址适用于组播，允许发送到一组计算机，E 类 IP 地址暂时保留。

随着网络数和主机数的增加，会出现网络号不够的问题，解决方法就是采用子网技术。此方法通常是将原主机号的高位分配给子网，其余位作为主机号。

由于子网的划定没有统一算法，单从 IP 地址无法判断一台计算机属于哪个子网，所以又提出了子网掩码技术。子网掩码也是一个 32 位数，用十进制数表示时也用圆点“.”隔开，其标识方法是网络号和子网号用二进制数字 1 表示，主机号用 0 表示。A 类网络的默认子网掩码为 255.0.0.0，B 类网络的默认子网掩码为 255.255.0.0，C 类网络的默认子网掩码为 255.255.255.0。对于已经划分了子网的网络，不能采用默认子网掩码。例如，要将一个 B 类网络（IP 地址为 166.208.0.0）划分为 4 个子网，选择第 3 字节的最高 2 位作为子网号，则 4 个子网的 IP 地址分别为 166.208.0.0、166.208.64.0、166.208.128.0、166.208.192.0。

2）域名系统

由于 IP 地址是用数字表示的，不便于记忆和识别， Internet 提出了一种直观明了的字符型主机识别符，即域名系统（Domain Name System，DNS）。

域名由若干个分量组成，各分量之间用圆点“.”隔开，如下所示：

…三级域名. 二级域名. 顶级域名

每一级域名都由英文字母和数字组成，级别最低的域名在最左边，级别最高的域名在最右边。例如，mail.tsinghua.edu.cn 表示清华大学的电子邮件服务器，其中 mail.为邮件服务器主机名，tsinghua 为清华大学域名，edu 为教育科研域名，cn 为中国域名。

3．Internet 的接入技术

对于家庭及小型单位等小规模用户，主要有以下几种接入技术。

（1）ADSL 接入，传输介质为传统电话线，通过特殊的线路编码调制技术，能支持上行速率 640 kb/s～1 Mb/s，下行速率 1 Mb/s～8 Mb/s，有效距离在 3 km～5 km 范围内的通信。

（2）电缆调制解调器接入，传输介质为有线电视的同轴电缆，通过电缆调制解调器在有线电视的同轴电缆上调制数据，然后在有线网的某个频段范围内传输，传输速率一般为 2 Mb/s。

（3）光纤接入，传输介质为光纤，目前多数采用这种方式，传输速率一般为 100 Mb/s。这种方式具有容量大、频带宽、更稳定的优点。

4．Internet 的典型应用

由于 Internet 所包括的资源极其丰富，是公认的人类最大的知识宝库，而其通信又极其方便、快捷，因而 Internet 正快速改变着人们的生活和工作方式。它的典型应用有信息搜索、收发电子邮件、文件传输和在线学习等。

在 Internet 中发展最迅速、最公众化的网络服务系统是万维网（World Wide Web，WWW），它是一个融合信息检索技术和超文本技术形成的使用简单而功能强大的全球信息系统。

要利用 WWW 需要用一种定位和访问 WWW 信息的专门工具，即浏览器。使用浏览器，用户可以将计算机连到 Internet，从服务器上搜寻信息，收发电子邮件等。目前常用的浏览器包括微软的 IE 浏览器、谷歌的 Chrome 浏览器、苹果的 Safari 浏览器等。

目前广为流行和很有前途的云计算（Cloud Computing）是分布式处理、并行处理和网格计算的发展，或者说是这些计算机科学概念的商业实现。简言之，“云”就是存在于互联网上服务器集群中的大量软件与硬件资源，云计算就是利用互联网上的这些资源实现各种应用的。

云计算的基本原理是把普通的服务器或者 PC 机连接起来以获得超级计算机的功能，或者说是一种基于 Internet 的超级计算模式，在远程的数据中心，成千上万台计算机和服务器通过网络连接起来，使其资源可以共享，因此用户通过网络就可以不受时间和空间的限制，获取无限的资源。云计算依靠强大的计算能力，使得成千上万的终端用户不必担心所使用的计算技术和接入方式等，都能够进行有效的、依靠网络连接起来的硬件平台的计算能力来实现多种应用。用户可以通过计算机、笔记本电脑、手机等方式接入数据中心，切换到需要的应用上，这使得用户能够根据需求访问计算机和存储系统。

云计算模式必定能大大提高科学计算和商业计算能力，它的目标是让每个用户感觉连网的计算机是一个分时系统——就像 PC 机一样——而不是一个由许多计算机联合起来的集体。未来利用云计算只需要一台笔记本电脑或者一部手机，就可以通过网络服务来实现需要的一切，这是一种很有前途的网络应用。

思考与练习

1．常用办公软件有哪些？用途是什么？

2．什么是多媒体系统？其主要用途是什么？

3．计算机测控系统的主要功能是什么？试画出其系统组成框图，说明每一部分的作用。

4．计算机网络一般有哪几类？说明各类的特点，介绍计算机网络的基本组成。

附录 A　80C51 指令表

80C51 指令系统表所用符号和含义如下：

addr11　11 位地址

addr16　16 位地址

bit　位地址

rel　相对偏移量，为 8 位有符号数（补码形式）

direct　直接地址单元（RAM、SFR、I/O）

#data　立即数

Rn　工作寄存器 R0～R7

A　累加器

Ri　i=0，1，数据指针 R0 或 R1

X　片内 RAM 中的直接地址或寄存器

@　间接寻址方式中，表示间址寄存器的符号

（X）　表示 X 中的内容

((X))　在间接寻址方式中，表示间址寄存器 X 指出的地址单元中的内容

→　数据传送方向

∧　表示逻辑与

∨　表示逻辑或

⊕　表示逻辑异或

√　表示对标志位产生影响

×　表示不影响标志位

表 A　80C51 指令表

十六进制代码	助 记 符	功　能	对标志位的影响				字节数	周期数
			P	OV	AC	CY		
算　术　运　算　指　令								
28~2F	ADD　A，Rn	（A）+（Rn）→A	√	√	√	√	1	1
25	ADD　A，direct	（A）+（direct）→A	√	√	√	√	2	1
26,27	ADD　A,@Ri	（A）+（Ri）→A	√	√	√	√	1	1
24	ADD　A,#data	（A）+#data→A	√	√	√	√	2	1
38~3F	ADDC　A，Rn	（A）+（Rn）+CY→A	√	√	√	√	1	1
35	ADDC　A，direct	（A）+（direct）+CY→A	√	√	√	√	2	1
36,37	ADDC　A,@Ri	（A）+（(Ri)）+CY→A	√	√	√	√	1	1
34	ADDC　A,#data	（A）+#data+CY→A	√	√	√	√	2	1
98~9F	SUBB　A，Rn	（A）-（Rn）-CY→A	√	√	√	√	1	1
95	SUBB　A，direct	（A）-（direct）-CY→A	√	√	√	√	2	1

续表

十六进制代码	助 记 符	功 能	对标志位的影响				字节数	周期数
			P	OV	AC	CY		
96,97	SUBB A,@Ri	（A）－（(Ri)）－CY→A	√	√	√	√	1	1
94	SUBB A,#data	（A）－#data－CY→A	√	√	√	√	2	1
04	INC A	A+1→A	√	×	×	×	1	1
08~0F	INC Rn	（Rn）+1→ Rn	×	×	×	×	1	1
05	INC direct	（direct）+1→（direct）	×	×	×	×	2	1
06,07	INC @Ri	（(Ri)）+1→（Ri）	×	×	×	×	1	1
A3	INC DPTR	（DPTR）+1→ DPTR					1	2
14	DEC A	（A）－1→A	√	×	×	×	1	1
18~1F	DEC Rn	（Rn）－1→ Rn	×	×	×	×	1	1
15	DEC direct	（direct）－1→（direct）	×	×	×	×	2	1
16,17	DEC @Ri	（(Ri)）－1→（Ri）	×	×	×	×	1	1
A4	MUL AB	（A）•（B）→BA	√	√	×	0	1	4
84	DIV AB	（A）/（B）高位→A，余数→B	√	√	×	0	1	4
D4	DA A	对（A）进行十进制调整	√	×	√	√	1	4
逻 辑 运 算 指 令								
58~5F	ANL A, Rn	（A）∧（Rn）→ A	√	×	×	×	1	1
55	ANL A,direct	（A）∧（direct）→ A	√	×	×	×	2	1
56,57	ANL A,@Ri	（A）∧（(Ri)）→ A	√	×	×	×	1	1
54	ANL A, #data	（A）∧data →A	√	×	×	×	2	1
52	ANL direct, A	（direct） ∧（A）→（direct）	×	×	×	×	2	1
53	ANL direct, #data	（direct）∧#data→（direct）	×	×	×	×	3	2
48~4F	ORL A, Rn	（A）∨（Rn）→ A	√	×	×	×	1	1
45	ORL A,direct	（A）∨（direct）→ A	√	×	×	×	2	1
46,47	ORL A,@Ri	（A）∨（(Ri)）→ A	√	×	×	×	1	1
44	ORL A, #data	（A）∨#data →A	√	×	×	×	2	1
42	ORL direct, A	（direct）∨（A）→（direct）	×	×	×	×	2	1
43	ORL direct, #data	（direct）∨#data→（direct）	×	×	×	×	3	2
68~6F	XRL A, Rn	（A）⊕（Rn）→ A	√	×	×	×	1	1
65	XRL A,direct	（A）⊕（direct）→ A	√	×	×	×	2	1
66,67	XRL A,@Ri	（A）⊕（(Ri)）→ A	√	×	×	×	1	1
64	XRL A, #data	（A）⊕#data →A	√	×	×	×	2	1
62	XRL direct, A	（direct）⊕（A）→（direct）	×	×	×	×	2	1
63	XRL direct, #data	（direct）⊕#data→（direct）	×	×	×	×	3	2
E4	CLR A	0→A	√	×	×	×	1	1
F4	CPL A	$\overline{A}$ → A	×	×	×	×	1	1
23	RL A	（A）循环左移一位	×	×	×	×	1	1
33	RLC A	（A）带进位循环左移一位	√	×	×	√	1	1
03	RR A	（A）循环右移一位	×	×	×	×	1	1
13	RRC A	（A）带进位循环右移一位	√	×	×	√	1	1

续表

十六进制代码	助 记 符	功 能	对标志位的影响				字节数	周期数
			P	OV	AC	CY		
C4	SWAP A	(A) 半字节交换	×	×	×	×	1	1
数 据 传 送 指 令								
E8~EF	MOV A,Rn	(Rn) → A	√	×	×	×	1	1
E5	MOV A,direct	(direct) → A	√	×	×	×	2	1
E6,E7	MOV A,@Ri	((Ri)) → A	√	×	×	×	1	1
74	MOV A, #data	data →A	√	×	×	×	2	1
F8~FF	MOV Rn ,A	(A) → Rn	×	×	×	×	1	1
A8~AF	MOV Rn,direct	(direct) → Rn	×	×	×	×	2	2
78~7F	MOV Rn, #data	# data → Rn	×	×	×	×	2	1
F5	MOV direct ,A	(A) → (direct)	×	×	×	×	2	1
88~8F	MOV direct ,Rn	(Rn) → (direct)	×	×	×	×	2	2
85	MOV direct1,direct2	(direct2) → (direct1)	×	×	×	×	3	2
86,87	MOV direct,@Ri	((Ri)) → (direct)	×	×	×	×	2	2
75	MOV direct, #data	#data → (direct)	×	×	×	×	3	2
F6,F7	MOV @Ri ,A	(A) → (Ri)	×	×	×	×	1	1
A6,A7	MOV @Ri, direct	(direct) → (Ri)	×	×	×	×	2	2
76,77	MOV @Ri , #data	#data → (Ri)	×	×	×	×	2	1
90	MOV DPTR, #data16	#data16 → DPTR	×	×	×	×	3	2
93	MOVC A,@A+DPTR	((A) + (DPTR)) →A	√	×	×	×	1	2
83	MOVC A,@A+PC	(PC) +1→PC, ((A) + (PC)) →A	√	×	×	×	1	2
E2,E3	MOVX A,@Ri	((Ri)) →A	√	×	×	×	1	2
E0	MOVX A,@ DPTR	((DPTR)) →A	√	×	×	×	1	2
F2,F3	MOVX @Ri ,A	(A) → (Ri)	×	×	×	×	1	2
F0	MOVX @ DPTR ,A	(A) → (DPTR)	×	×	×	×	1	2
C0	PUSH direct	(SP) +1→SP, (direct) → (SP)	×	×	×	×	2	2
D0	POP direct	((SP)) → (direct), (SP) -1→SP	×	×	×	×	2	2
C8~CF	XCH A ,Rn	(A) ←→ Rn	√	×	×	×	1	1
C5	XCH A ,direct	(A) ←→ (direct)	√	×	×	×	2	1
C6,C7	XCH A,@Ri	(A) ←→ ((Ri))	√	×	×	×	1	1
D6,D7	XCHD A,@Ri	(A) 0~3←→ ((Ri)) 0~3	√	×	×	×	1	1
位 操 作 指 令								
C3	CLR C	0→cy	×	×	×	√	1	1
C2	CLR bit	0→bit	×	×	×		2	1
D3	SETB C	1→cy	×	×	×	√	1	1
D2	SETB bit	1→bit	×	×	×		2	1
B3	CPL C	$\overline{cy}$ →cy	×	×	×	√	1	1
B2	CPL bit	$\overline{bit}$ →bit	×	×	×		2	1

续表

十六进制代码	助 记 符	功 能	对标志位的影响				字节数	周期数
			P	OV	AC	CY		
82	ANL C,bit	cy ∧bit→cy	×	×	×	√	2	2
B0	ANL C,/bit	cy ∧ $\overline{\text{bit}}$ →cy	×	×	×	√	2	2
72	ORL C, bit	cy ∨bit→cy	×	×	×	√	2	2
A0	ORL C, /bit	cy ∧ $\overline{\text{bit}}$ →cy	×	×	×	√	2	2
A2	MOV C, bit	bit →cy	×	×	×	√	2	1
92	MOV bit ,C	cy →bit	×	×	×	×	2	2
控 制 转 移 指 令								
*1	ACALL addr11	（PC）+2 →PC,（SP）+1→SP, PCL→（SP）,（SP）+1→SP, PCH→（SP）, addr11→PC10~0	×	×	×	×	2	2
12	LCALL addr16	（PC）+3 →PC,（SP）+1→SP, PCL→（SP）,（SP）+1→SP, PCH→（SP）, addr16→PC	×	×	×	×	3	2
22	RET	（SP）→PCH,（SP）–1→SP, （SP）→ PCL,（SP）–1→SP	×	×	×	×	1	2
32	RETI	（SP）→PCH,（SP）–1→SP, （SP）→ PCL,（SP）–1→SP, 从中断返回	×	×	×	×	1	2
*2	AJMP addr11	（PC）+2→PC, addr11→ PC10~0	×	×	×	×	2	2
02	LJMP addr16	addr16→ PC	×	×	×	×	3	2
80	SJMP rel	（PC）+2→ PC ,（PC）+rel→PC	×	×	×	×	2	2
73	JMP @A+DPTR	（A+DPTR）→ PC	×	×	×	×	1	2
60	JZ rel	（A）=0:（PC）+2+rel=PC （A）≠0:（PC）+2=PC	×	×	×	×	2	2
70	JNZ rel	（A）≠0:（PC）+2+rel=PC （A）=0:（PC）+2 =PC	×	×	×	×	2	2
40	JC rel	C=1：PC+2+rel =PC C=0:（PC）+2 =PC	×	×	×	×	2	2
50	JNC rel	C=0:（PC）+2+re1=PC C=1:（PC）+2 =PC	×	×	×	×	2	2
20	JB bit,rel	bit=1，则（PC）+3+rel =PC bit=0，则（PC）+3=PC	×	×	×	×	3	2
30	JNB bit,rel	bit=0，则（PC）+3+rel =PC bit=1，则（PC）+3=PC	×	×	×	×	3	2
10	JBC bit,rel	bit=1，则（PC）+3+rel=PC , 0→ bit; bit=0，则（PC）+3=PC					3	2
B5	CJNE A,direct,rel	（A）=（direct），则（PC）+3→ PC; （A）>（direct），则（PC）+3+rel→PC; （A）<（direct）,则（PC）+3+rel→PC , 1→cy	×	×	×	√	3	2

续表

十六进制代码	助 记 符	功 能	对标志位的影响				字节数	周期数
			P	OV	AC	CY		
B4	CJNE A,#data,rel	（A）=#data，则（PC）+3→PC； （A）>#data，则（PC）+3+rel→PC； （A）<#data，则（PC）+3+rel→PC, 1→cy	×	×	×	√	3	2
B8~BF	CJNE Rn,#data,rel	（Rn）=#data，则（PC）+3→PC； （Rn）>#data，则（PC）+3+rel→PC； （Rn）<#data，则（PC）+3+rel→P，1→cy	×	×	×	√	3	2
B6~B7	CJNE @Ri,#data,rel	((Ri)) =data，则（PC）+3→PC； ((Ri)) >data，则（PC）+3+rel→PC； ((Ri)) <#data，则（PC）+3+rel→PC, 1→cy	×	×	×	√	3	2
D8~DF	DJNZ Rn, rel	(Rn)−1→Rn，(Rn)=0，则(PC)+2→PC； （Rn）≠0，则（PC）+2+rel→PC	×	×	×	×	2	2
D5	DJNZ direct, rel	（direct）−1→（direct） （direct）≠0,则（PC） +3+rel→PC； （direct）=0，则（PC）+3→PC	×	×	×	×	3	2
00	NOP	空操作	×	×	×	×	1	1

注：表中的周期数是指机器周期。

*1 表示 A10A9A810001，*2 表示 A10A9A800001，其中 A8～A10 指 addr11.8～addr11.10。

附录B　常用芯片引脚图

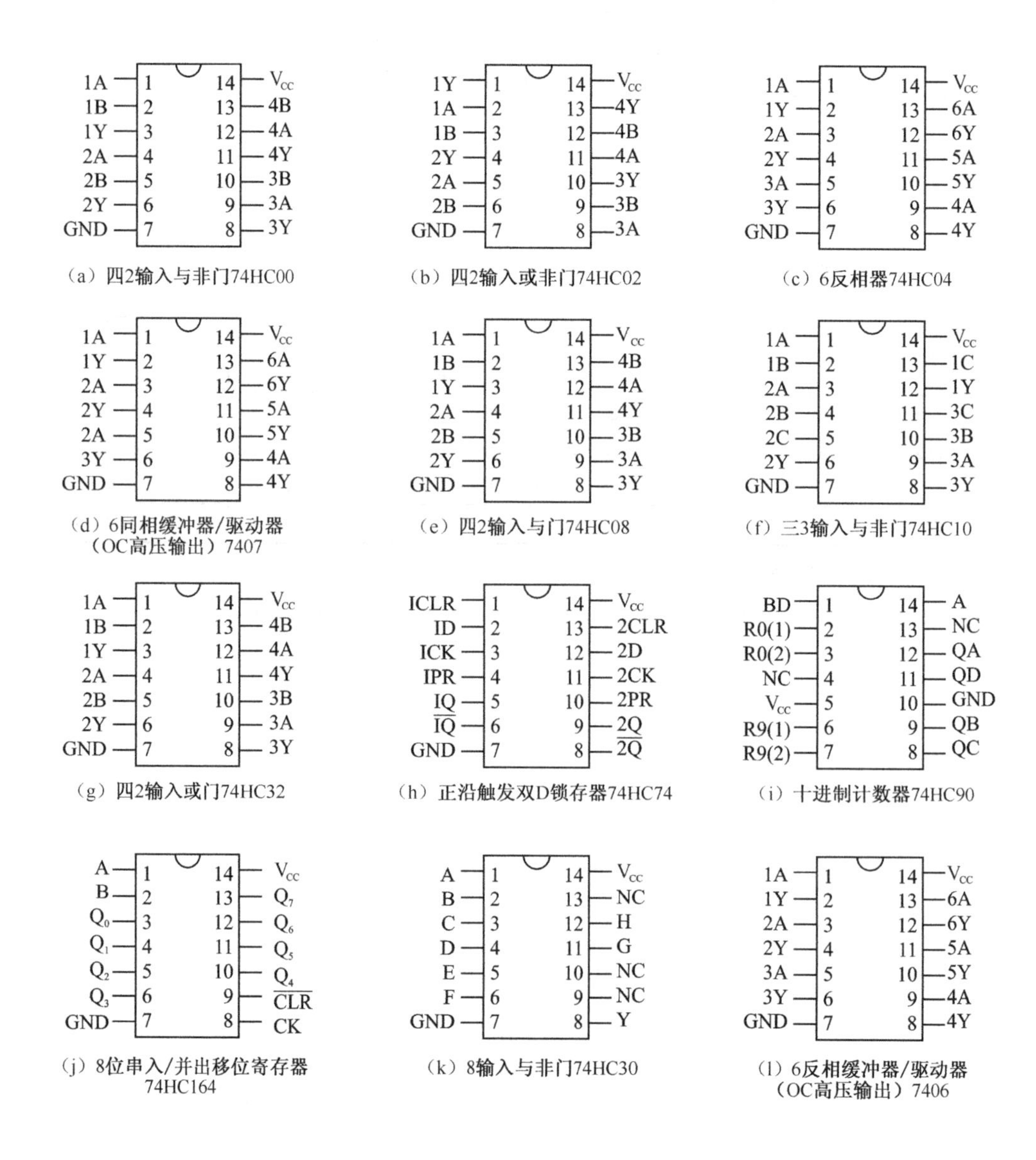

（a）四2输入与非门74HC00　（b）四2输入或非门74HC02　（c）6反相器74HC04

（d）6同相缓冲器/驱动器（OC高压输出）7407　（e）四2输入与门74HC08　（f）三3输入与非门74HC10

（g）四2输入或门74HC32　（h）正沿触发双D锁存器74HC74　（i）十进制计数器74HC90

（j）8位串入/并出移位寄存器74HC164　（k）8输入与非门74HC30　（l）6反相缓冲器/驱动器（OC高压输出）7406

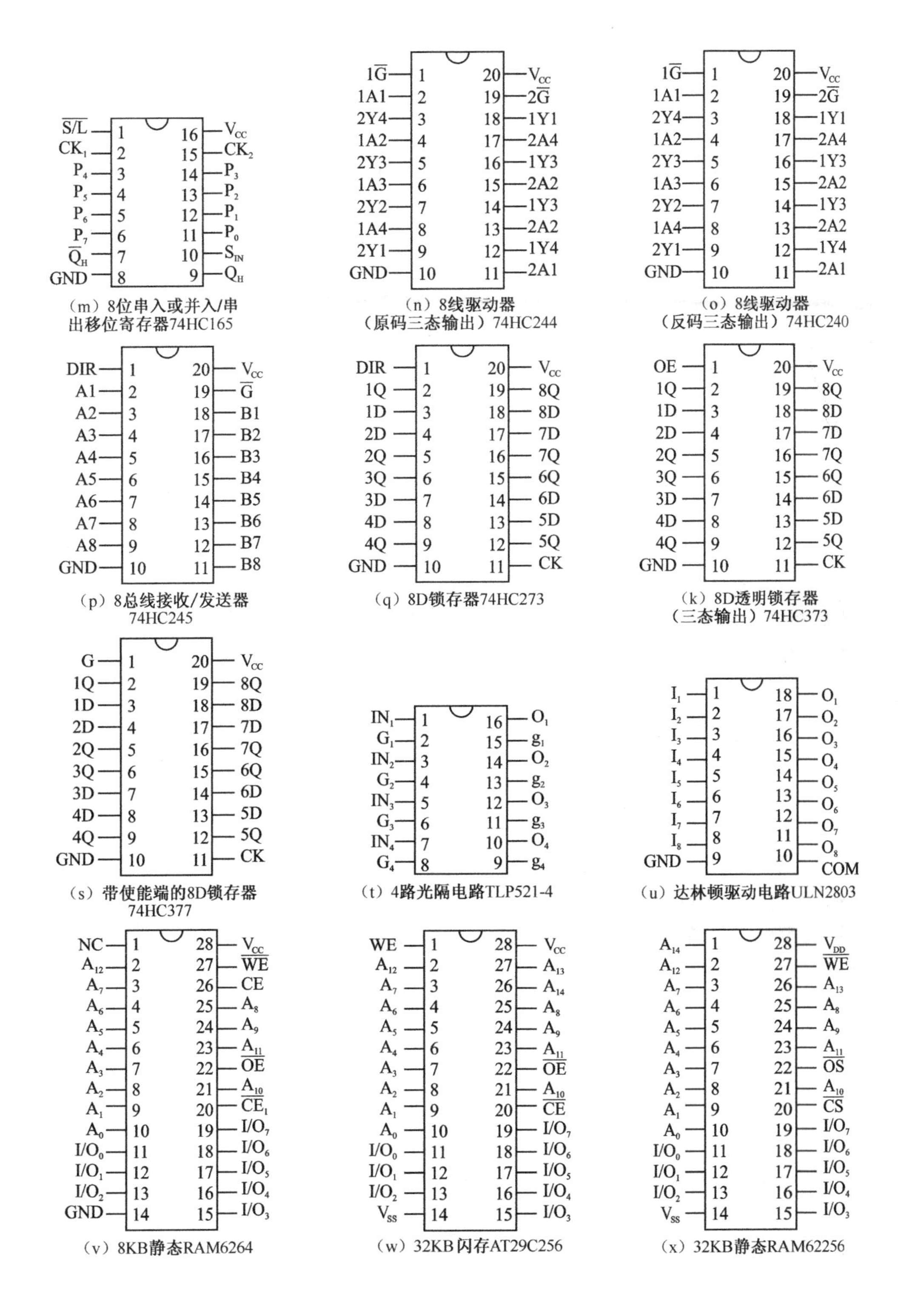

（m）8位串入或并入/串出移位寄存器74HC165

（n）8线驱动器（原码三态输出）74HC244

（o）8线驱动器（反码三态输出）74HC240

（p）8总线接收/发送器74HC245

（q）8D锁存器74HC273

（k）8D透明锁存器（三态输出）74HC373

（s）带使能端的8D锁存器74HC377

（t）4路光隔电路TLP521-4

（u）达林顿驱动电路ULN2803

（v）8KB静态RAM6264

（w）32KB闪存AT29C256

（x）32KB静态RAM62256

参考文献

[1] 张迎新，等. 单片机原理及应用. 2 版. 北京：电子工业出版社，2009.

[2] 张迎新，等. 单片机原理及应用. 3 版. 北京：电子工业出版社，2017.

[3] 张迎新. 单片微型计算机原理、应用及接口技术. 2 版. 北京：国防工业出版社，2004.

[4] 孙得文，章鸣嬛. 微型计算机技术. 4 版. 北京：高等教育出版社，2018.

[5] Atmel Corporation ,Microcontroller Data Book[Z]. 1999-10.

[6] 张颖超，等. 微机原理与接口技术. 2 版. 北京：电子工业出版社，2017.

[7] 陈建铎. 微机原理与接口技术. 北京：高等教育出版社，2008.

[8] 万光毅，严义. 单片机实验与实践教程（一）. 北京：北京航空航天大学出版社，2003.

[9] 王克义. 微机原理与接口技术. 2 版. 北京：清华大学出版社，2016.

[10] 李华. MCS-51 系列单片机实用接口技术. 北京：北京航空航天大学出版社，1993.

[11] 马春燕. 微机原理与接口技术. 3 版. 北京：电子工业出版社，2018.

[12] 杨素行. 微型计算机系统原理及应用. 2 版. 北京：清华大学出版社，2008.

[13] 牟琦. 微机原理与接口技术. 3 版. 北京：清华大学出版社，2018.

[14] 马忠梅，等. 单片机的 C 语言应用程序设计（第 5 版）. 北京：北京航空航天大学出版社，2013.

[15] 张毅刚，等. 单片机原理与应用设计. 北京：电子工业出版社，2020.

[16] 孙传友，等. 测控系统原理与设计. 北京：北京航空航天大学出版社，2002.

[17] 余永权，等. ATMEL 系列单片机应用技术. 北京：北京航空航天大学出版社，1999.

[18] 王幸之，等. AT89 系列单片机原理与接口技术. 北京：北京航空航天大学出版社，2004.

[19] 顾刚. 大学计算机基础. 北京：高等教育出版社，2008.

[20] 马争. 微型计算机与单片机原理及应用. 北京：高等教育出版社，2009.

[21] 李珍香. 微机原理与接口技术. 2 版. 北京：清华大学出版社，2018.

[22] 谢端和，等. 微机原理与接口技术 北京：高等教育出版社，2007.

[23] 谢维成，等. 单片机原理与应用及 C51 程序设计. 北京：清华大学出版社，2006.

[24] 周明德. 微型计算机系统原理及应用. 5 版. 北京：清华大学出版社，2007.

[25] 王移芝，罗四维. 大学计算机基础. 北京：高等教育出版社，2009.

[26] 曲建民. 计算机应用基础教程. 北京：高等教育出版社，2009.

[27] 张迎新. 单片机与微机原理及应用. 北京：电子工业出版社，2011.

[28] 牟琦. 微机原理与接口技术. 3 版. 北京：清华大学出版社，2018.

[29] 宋汉珍. 微型计算机原理. 3 版. 北京：高等教育出版社，2010.

[30] 陈炳和. 计算机控制原理与应用. 北京：北京航空航天大学出版社，2008.